中国国家标准汇编

2006年修订-11

中国标准出版社 编

中国标准出版社
北京

图书在版编目（CIP）数据

中国国家标准汇编：2006年修订．11/中国标准出版社编．—北京：中国标准出版社，2007

ISBN 978-7-5066-4607-9

Ⅰ．中…　Ⅱ．中…　Ⅲ．国家标准-汇编-中国-2006　Ⅳ．T-652.1

中国版本图书馆CIP数据核字（2007）第105547号

中国标准出版社出版发行
北京复兴门外三里河北街16号
邮政编码：100045
网址 www.spc.net.cn
电话：68523946　68517548
中国标准出版社秦皇岛印刷厂印刷
各地新华书店经销

*

开本 880×1230　1/16　印张 40.75　字数 1191千字
2007年8月第一版　2007年8月第一次印刷

*

定价 180.00 元

ISBN 978-7-5066-4607-9

出 版 说 明

1.《中国国家标准汇编》是一部大型综合性国家标准全集，自 1983 年起，按国家标准顺序号以精装本、平装本两种装帧形式陆续分册汇编出版。《汇编》在一定程度上反映了我国建国以来标准化事业发展的基本情况和主要成就，是各级标准化管理机构，工矿企事业单位，农林牧副渔系统，科研、设计、教学等部门必不可少的工具书。

2. 由于标准的动态性，每年有相当数量的国家标准被修订，这些国家标准的修订信息无法在已出版的《汇编》中得到反映。为此，自 1995 年起，新增出版在上一年度被修订的国家标准的汇编本。

3. 修订的国家标准汇编本的正书名、版本形式、装帧形式与《中国国家标准汇编》相同，视篇幅分设若干册，但不占总的分册号，仅在封面和书脊上注明“2006 年修订-1，-2，-3，……”等字样，作为对《中国国家标准汇编》的补充。读者配套购买则可收齐前一年新制定和修订的全部国家标准。

4. 修订的国家标准汇编本的各分册中的标准，仍按顺序号由小到大排列(不连续)；如有遗漏的，均在当年最后一分册中补齐。

5. 2006 年度发布的修订国家标准分 27 册出版。本分册为“2006 年修订-11”，收入新修订的国家标准 39 项。

中国标准出版社

2007 年 6 月

目　　录

ICS 35.080
L 77

中华人民共和国国家标准

GB/T 8567—2006
代替 GB/T 8567—1988

计算机软件文档编制规范

Specification for computer software documentation

2006-03-14 发布　　2006-07-01 实施

中华人民共和国国家质量监督检验检疫总局
中国国家标准化管理委员会　发布

前　言

本标准是GB/T 8567—1988《计算机软件产品开发文件编制指南》的修订版，并改名为《计算机软件文档编制规范》。本标准从实施之日起代替GB/T 8567—1988。

本标准与GB/T 8567—1988相比，主要变化如下：

a) 本标准增加了文档编写过程。其内容参考了ISO/IEC JTC1/SC7 N2106 1999/04/15《软件工程——用户文档过程》。

b) 本标准主要从软件开发与管理的角度，规定相应的文档及规范。其内容依据GB/T 8566—2001《软件生存周期过程》。

c) 在编写本标准时，综合了在软件开发与管理中的经验及中软网络技术股份有限公司有关CMM中拟订的一些文档规范。

d) 本标准与SJ 20778—2000《软件开发与文档编制》很好地链接。

e) 本标准在规定软件需求规格说明、软件测试文件、软件质量保证计划与软件配置管理计划等文档时，既依据相应的国标，又根据发展与实践经验作了相应的扩展。

f) 本标准把SJ/T 11291—2003《面向对象的软件系统建模规范　第3部分：文档编制》中的文档编制规范作为本标准的规范性附录。

本标准的附录A是规范性附录。

本标准由中华人民共和国信息产业部提出。

本标准由信息产业部电子工业标准化研究所归口。

本标准起草单位：中软网络技术股份有限公司、信息产业部电子工业标准化研究所、北京联想软件有限公司、用友软件股份有限公司。

本标准主要起草人：周明德、冯惠、韩乃平、欧阳春生、殷树勋、黄万镒、張学锋、韩振江、邓适宜。

计算机软件文档编制规范

1 范围

本标准根据GB/T 8566—2001《信息技术　软件生存周期过程》的规定，主要对软件的开发过程和管理过程应编制的主要文档及其编制的内容、格式规定了基本要求。

本标准原则上适用于所有类型的软件产品的开发过程和管理过程。

使用者可根据实际情况对本标准进行适当剪裁(可剪裁所需的文档类型，也可对规范的内容作适当裁剪)。软件文档从使用的角度大致可分为软件的用户需要的用户文档和开发方在开发过程中使用的内部文档(开发文档)两类。供方应提供的文档的类型和规模，由软件的需方和供方在合同中规定。

2 规范性引用文件

下列文件中的条款通过本标准的引用而成为本标准的条款。凡是注日期的引用文件，其随后所有的修改单(不包括勘误的内容)或修订版均不适用于本标准，然而，鼓励根据本标准达成协议的各方研究是否可使用这些文件的最新版本。凡是不注日期的引用文件，其最新版本适用于本标准。

GB/T 8566—2001　信息技术　软件生存周期过程(idt ISO/IEC 12207:1995)

GB/T 11457—2006　软件工程术语

3 术语和定义

GB/T 11457—2006确立的以及下列术语和定义适用于本标准。

3.1

验收　acceptance

需方授权代表的一项活动，通过该活动，需方接受履行合同的部分或全部的软件产品的所有权。

3.2

需方　acquirer

为自己或为另一个组织采购软件产品的组织。

3.3

批准　approval

需方的授权代表或开发方的上级组织对开发方的项目计划、设计或其他方面表示满意并可以作为下一阶段工作基础而签署的书面文件。

3.4

体系结构　architecture

一个系统或CSCI(Computer Software Configuration Item——计算机软件配置项)的组织结构，标明它的组成，这些组成的接口和它们之间的操作概念。

3.5

相关开发方　associate developer

一个既不是主承包方也不是开发方的分承包方的组织，但它在同一个或相关的系统或项目中承担开发工作。

3.6

行为设计　behavioral design

从用户观点出发，对整个系统或CSCI的行为进行的设计，它只考虑满足用户需求而不考虑系统或

CSCI 的内部实现。这种设计与体系结构设计不同，后者要标明系统或 CSCI 的内部部件，并有这些部件的详细设计。

3.7

构建版；开发阶段　build

(1)　软件的一个版本，它满足完整的软件所要满足的全部需求的一个特定的子集。

(2)　开发满足特定需求子集的软件版本所经历的时间。

注：术语"开发阶段"和"版本"之间的关系依赖于开发方：例如，可以通过几个版本来实现一个开发阶段，一个开发阶段也可以发行几个并行的版本(如发往不同的地点)，或者将它们用作同义词。

3.8

计算机数据库　computer database

见 3.14 数据库。

3.9

计算机硬件　computer hardware

能接收和存储计算机数据的，对计算机数据执行一系列系统性的操作的，或能产生控制输出的设备。这类设备能实现基本的解释、计算、通信、控制或其他逻辑功能。

3.10

计算机程序　computer program

能使计算机硬件实现计算或控制功能的计算机指令和数据定义的集合。

3.11

计算机软件　computer software

见 3.32 软件。

3.12

计算机软件配置项　computer software configuration item(CSCI)

满足最终使用功能的软件集合，而且它由需方指定进行单独的配置管理。CSCI 应从下列诸因素中进行折衷选择：软件功能、规模、宿主机或目标计算机、开发方、支持概念、重用计划、关键性、接口考虑、是否需要单独编写文档和控制以及其他因素。

3.13

配置项　configuration item

能满足最终使用功能的硬件集合、软件集合或者软、硬件两者的集合，且由需方指定进行单独的配置管理。

3.14

数据库　database

以一种能被用户或计算机程序通过一个数据库管理系统进行访问的方式，存储在一个或多个计算机文件中的相关数据的集合。

3.15

数据库管理系统　database management system

是一整套计算机程序，它提供为建立、修改、使用和完整性维护一个数据库所需的功能。

3.16

可交付的软件产品　deliverable software product

合同要求交付给需方或其他指定的接受方的软件产品。

3.17

设计　design

开发方为响应一定的需求而对一个系统或 CSCI 选取的一些性能/规格。这些特性中有些是与需求相匹配的;有一些是需求的精细化,如为了响应显示错误信息这一需求而定义所有的错误信息;有一些则是与实现有关的,如为满足需求,决定选用哪些软件配置项和逻辑。

3.18

开发方　developer

开发软件产品的组织(“开发”包括新的软件开发、修改、重用、再工程、维护或产生软件产品的任何其他活动)。开发方可以是一个承制方或者政府机构。

3.19

文档/文档编制　document/documentation

能供人或机器阅读的,一般具有永久性的一套资料(不管它们记录在什么媒体上)。

3.20

评价　evaluation

确定一个项或一个活动是否满足指定准则的过程。

3.21

固件　firmware

硬件设备和以只读软件的形式驻留在硬件设备上的计算机指令和/或计算机数据的组合。

3.22

硬件配置项　hardware configuration item(HWCI)

满足最终使用功能并由需方指定进行单独配置管理的一套硬件。

3.23

独立验证与确认　independent verification and validation(IV&V)

由一个机构对软件产品和活动作系统的评估,这个机构不负责该产品的开发或被评估的活动。IV&V不在本标准的范围内。

3.24

接口　interface

在软件开发中,两个或多个实体(如CSCI-CSCI CSCI-HWCI CSCI-用户,或软件配置项-软件配置项)之间的关系。这些实体依据这种关系共享、提供或交换数据。接口并不是CSCI、软件配置项或其他的系统部件;接口只是这些实体间的一种关系。

3.25

联合评审　joint review

由需方和开发方双方的代表参加的对项目状态、软件产品和/或项目中的问题进行检查和讨论的活动或会议。

3.26

非交付的软件产品　Non-deliverable software product

不是合同中要求交付给需方或其他指定接受方的软件产品。

3.27

过程　process

为实现某个既定目的而进行的一组有组织的活动,例如,软件开发过程。

3.28

合格性测试　qualification testing

为了向需方表明一个CSCI或系统满足其指定的需求而进行的测试。

3.29

再工程　reengineering

为了以一种新的形式重组一个现有的系统而对其进行检查和改造的过程。再工程可包括逆向工程

(分析一个系统并产生更高一级的抽象来表示它,如从代码到设计)、重构(在同一个抽象级上把系统从一种表示形式转换到另一种表示形式)、重编文档(分析一个系统并产生用户文档式支持文档)、正向工程(从现有的系统的软件产品结合新的需求,产生新系统)、重定目标系统(对系统进行转换以便将其安装到不同的目标系统上)和翻译(将源码从一种语言转换到另一种语言或者从一种语言的某个版本转换成另一种版本)。

3.30

需求 requirement

(1) 为了使需方能够接受一个系统或 CSCI 所必需具备的特性。

(2) 本标准或合同中规定的必须遵守的陈述。

3.31

可重用的软件产品 reusable software product

为一个用途开发但还具有别的用途的软件产品,或者专门为了用于多个项目而开发的软件产品,或者在一个项目中有多种作用的软件产品。例子包括(但不限于)上市的商用软件产品,需方已装备的软件产品,重用库中的软件产品和开发方现存的软件产品。每一次使用可以包括这些软件产品的全部或部分,也可以涉及对它的修改。这个术语可以应用于任何软件产品(例如需求,体系结构等)而不只限于软件本身。

3.32

软件 software

计算机程序和计算机数据库。

注:虽然有些软件的定义中包括文档,本标准把这个定义只限于计算机程序和计算机数据库。

3.33

软件开发 software development

产生软件产品的一整套活动。软件开发可以包括新开发、修改、重用、再工程、维护或者任何会产生软件产品的其他活动。

3.34

软件开发文件 software development file(SDF)

与特定软件实体开发有关的资料库。其内容一般包括(直接的或引用的)有关需求分析、设计和实现的考虑、原理和约束条件;开发方内部的测试资料;进度和状态资料。

3.35

软件开发库 software development library(SDL)

一组受控的软件、文档、其他中间的和最终的软件产品,以及相关的用以促进软件的有序开发和后续支持的工具和方法。

3.36

软件开发过程 software development process

为了把用户的需求转换成软件产品而进行的一系列有组织的活动。

3.37

软件工程 software engineering

一般情况下,它是软件开发的同义词。在本标准中,软件工程是软件开发的一个子集,它包含除了合格性测试之外的全部活动。本标准之所以加以这种区分只是为了给软件工程和软件测试环境以不同的命名。

3.38

软件工程环境 software engineering environment

实施软件工程所需要的设施、硬件、软件、固件、方法和文档。它可以包括(但不限于)计算机辅助软件工程(CASE)的工具、编译程序、汇编程序、连接程序、装载程序、操作系统、排错程序、仿真程序、模拟程序、文档工具和数据库管理系统。

3.39

软件产品　software product

为了满足一个合同而建立、修改或组合的软件及相关资料。例如包括计划、需求、设计、代码、数据库、测试资料和手册。

3.40

软件质量　software quality

软件满足所规定的需求的能力。

3.41

软件支持　software support

为保证软件安装后能继续按既定目标持续运行而且在系统的运行中能起到既定的作用而实施的一系列活动。软件支持包括软件维护、用户支持和有关的活动。

3.42

软件系统　software system

只由软件组成的系统,有时可能还包括该软件赖以运行的计算机设备。

3.43

软件测试环境　software test environment

为完成软件合格性测试和可能的其他测试所需的设施、硬件、软件、固件、方法和文档。其要素可以包括(但不限于)仿真程序、代码分析程序、测试用例生成程序和路径分析程序,还可能包括在软件工程环境下用到的要素。

3.44

软件移交　software transition

使软件开发的责任从一个组织转交给另一个组织的一系列活动。一般说,前一个组织是实现初期软件开发,而后一个组织是进行软件支持。

3.45

软件单元　software unit

CSCI 设计中的一个基本单位:例如,CSCI 的一个主要分支,该分支的一个组成部分、一个类、对象、模块、函数、子程序或者数据库。软件配置项可以出现在层次结构的不同层上并可以由其他的软件配置项组成。设计中的软件配置项与实现它们的代码和数据实体(例程、过程、数据库、数据文件等)及或包含这些实体的计算机文件之间不一定有一一对应的关系。

4　缩略语

CASE	计算机辅助软件工程(Computer Assistant Software Engineering)
COM	计算机操作手册(Computer Operation Manual)
CPM	计算机编程手册(Computer Programming Manual)
CSCI	计算机软件配置项(Computer Software Configuration Item)
DBDD	数据库(顶层)设计说明(Database Design Description)
DID	资料条目说明(Data Item Description)
DPMR	开发进度月报(Development Plan Month Report)
DRD	数据需求说明(Data requirement Description)
FAR	可行性分析报告(Feasibility analysis Report)
HWCI	硬件配置项(Hardware Configuration Item)

IDD	接口设计说明(Interface Design Description)
IRS	接口(软件)需求规格说明(Interface Requirement Specification)
IV&V	独立验证和确认(Independent verification and validation)
OCD	运行概念说明(Operation Conception Description)
PDSR	项目开发总结报告(Project Development summary Report)
SCCB	软件配置控制委员会(Software Configuration Control Board)
SCM	软件配置管理(Software Configuration Manager)
SCMP	软件配置管理计划(Software Configuration Manager Plan)
SDD	软件(结构)设计说明(Software Design Description)
SDF	软件开发文件(Software Development File)
SFDD	软件开发文档(Software Development Document)
SDL	软件开发库(Software Development Library)
SDP	软件开发计划(Software Development Plan)
SIP	软件安装计划(Software Installation Plan)
SPS	软件产品规格说明(Software Product Specification)
SQA	软件质量保证(Software Quality Assure)
SQAP	软件质量保证计划(Software Quality Assure Plan)
SRS	软件需求规格说明(Software Requirement Specification)
SSDD	系统/子系统设计(结构设计)说明(System Subsystem Design Description)
SSS	系统/子系统需求规格说明(System Subsystem Requirement Specification)
STD	软件测试说明(Software Testing Descrition)
STP	软件测试计划(Software Testing Plan)
STR	软件测试报告(Software Testing Report)
STrP	软件移交计划(Software Transfer Plan)
SUM	软件用户手册(Software User Manual)
SVD	软件版本说明(Software Version Description)
SW	软件(Software)

5 文档过程

5.1 概述

有两种主要类型的标准:

a) 产品标准,它规定产品的特征和功能需求;

b) 过程标准,它规定开发产品的过程。

应用程序和计算机软件的复杂性日益增加,使得给使用计算机的用户提供完整的、正确的和易懂的文档的需要更加迫切。本标准通过规定影响软件文档的质量的活动(做什么和由谁做),提供达到这些目的的工具。

文档常常是关心在软件已经实现后做些什么。然而,为了质量,软件文档编制应作为整个软件生产过程的一部分。过程计划应把文档计划包括在内。本标准也给用户和客户提供工具以保证文档过程实施。

本标准的主要活动是建立开发文档的广泛计划。这是必须的,因为有计划,文档编制的质量会更好,过程的效率会更高。计划必须包括风格规格说明。本标准不规定风格规格说明的内容(即不规定具体的布局和字体),但它规定风格规格说明必须覆盖什么。本标准也规定何种信息对于文档管理者是可用的和谁做评审和再生产文档。

本标准遵循 GB/T 8566—2001《信息技术　软件生存周期过程》。为其开发过程和管理过程中的主要文档规定了编制规范。

本标准是按文档由专门的文档管理人员和文本编写人员的模式规定的。具体的项目可根据具体情况安排。

文档过程的活动应按图 1 中的顺序执行。

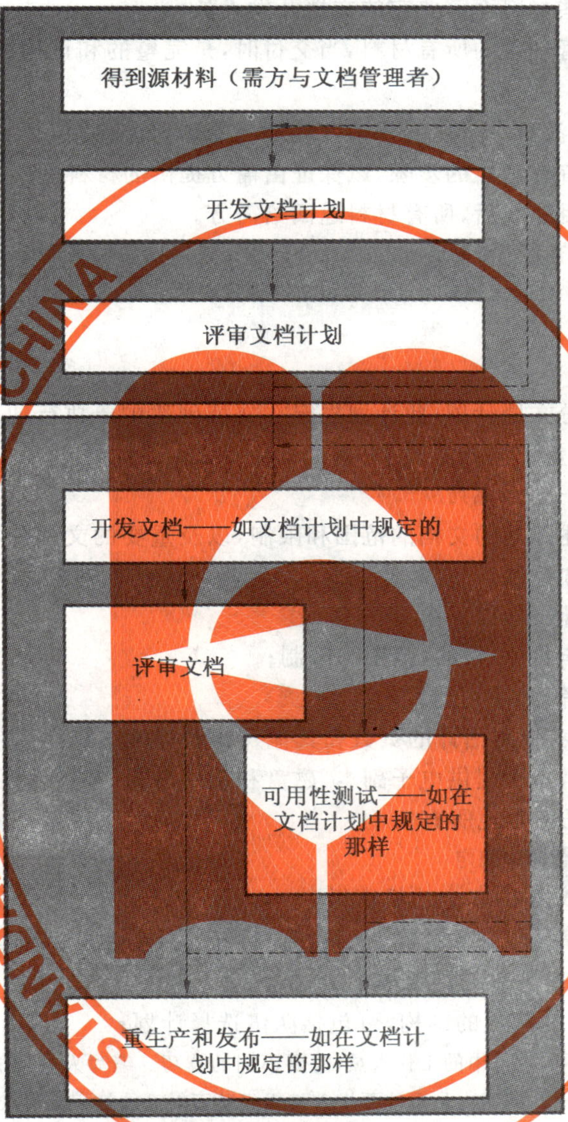

图 1　文档编制过程概要

其中，有两个阴影框。在一个阴影框中的所有活动应在下一个阴影框中的活动开始之前完成。在阴影框中的活动可以并行执行。虚线指示可能的重复。

在文档的最小内容已经由需方规定的情况下，这宜由文档管理者在文档计划开发期间纳入。

5.2　源材料准备

需方应允许文档管理者访问以下内容：

a）所有有关的规格说明、记录格式、屏幕和报告布局、CASE 工具输出和文档的准备所需要的任何其他的信息；

b）若可用，软件的操作副本；

c) 软件的分析员和程序员，以及及时和确切地解答由文档开发人员提出的问题；

d) 若可能，访问典型的用户(为了做读者分析和可用性测试)。

为了增加对产品和它的读者的了解，对软件开发人员的访问是必要的但使这样的访问保持到最小是文档管理者的责任。

不管文档管理者是否是软件的开发者，需方应提供适用的标准、风格和格式指南和其他相关的材料。文档管理者应分发这些材料至需要它的文档开发人员。

保证需方交付给文档管理者的所有材料，当交付时，是完整的和正确的且在交付后保持是最新的，这是需方的责任。

需方保证，提供的材料没有一个违反任何其他部门的知识产权。

文档管理者应采取所有有理由的步骤，以保证由需方提供的材料保持在很好的状态，应保证需方要求的信息安全并在文档项目完成后，所有材料返回给需方。

注：在某些情况下，不是所有材料需要返回；这应在合同中定义。在某些情况下，由需方传送给文档管理者的材料要求保持机密和安全。合同宜规定对于传送给文档管理者的材料，需方要求文档管理者的机密和安全等级。

5.3 文档计划

5.3.1 概要

文档管理者应准备一份文档计划，此计划规定在文档创建中要执行的工作。此文档计划应经需方正式同意，以预示它完全覆盖了需方的要求。

注：文档计划通常将覆盖整个文档系列。

文档计划应正式地描述计划的文档的范围和限制，以及重要的文档分析和设计决定。也应规定在文档开发期间实现的过程和控制。

文档计划应包括(但不限于)以下内容：

a) 计划的文档的工作名称、目的、范围和限制；

b) 文档的预定的读者，和使用的目的；

c) 文档内容的草案表，带有估计的页数和其他媒体的等效细节；

d) 交付：打印副本数，是否提供电子副本，磁盘和文件格式(包括软件版本)和在何处交付；

e) 版权的拥有者和任何其他所有权；

注：这是复杂的问题，应在合同中规定。

f) 适当处，包括每个文档的安全或机密级；

g) 管理文档开发过程的步骤和控制，包括存储、检索、后备、处理和质量保证(若要求)；

h) 所用的生产方法、工具和工具版本；

i) 文档开发人员所在的队伍的结构，可包括队伍选择计划；

注：在文档编写和生产的不同阶段中的工作人员，需要不同的技巧。编写人员可能要求对正在编写的系统有好的知识加上编写文档的经验；编辑人员可能要求有编辑经验而对系统知识无要求；版面艺术家可能对所用的版面工具外，无任何知识要求。

j) 项目依赖；

k) 所要求的人时和成本；

l) 项目资源需求，包括需方提供的信息和其他资源；

m) 在软件开发期间，软件变更传送信息给文档管理者的方法；

n) 文档的变更控制和维护的计划(任选)；

o) 实现后评审的计划(任选)；

p) 显示适当的里程碑的时间表，包括：

1) 文档计划批准；

2) 每个草案的准备、评审和改正；

3） 可用性测试；

4） 打印、装订和发布。

若适当，这些活动的每一个对于文档的每一项应重复。

注：文档计划宜在文档的开发开始以前准备与批准，以保证所有部门同意目标和所用的方法。批准后，计划宜尽可能广泛地分发；分发宜包括所有文档开发人员和可能包括需方人员及子合同方。

5.3.2 文档计划控制

在正式批准后，文档管理者应控制文档计划和它的发布。文档管理者应保持一份文档计划副本的分发的清单。若以后文档计划变更了（得到文档管理者和需方的同意），文档管理者应保证所有获得文档计划副本的人员得到变更通知。

注：因为，过时的计划副本可能引起问题，文档管理者宜杜绝计划副本的失控，并制订计划的所有副本已经更新的审核过程。

5.4 文档开发

按文档计划规定进行文档开发。通常，在进行文档开发前，要规定文档的格式（风格）。在软件的开发和管理过程中需要那些文档，每种文档的规范在下面说明。

5.5 评审

5.5.1 概述

本条规定文档评审的要求和相关活动。本条主要以用户文档的评审为例说明。对于开发文档的评审，由供方组织和实施。而批准由开发组织的上级技术机构实施。更要着重经常性的、非正式的注重实效的评审。

用户文档的评审应由需方实现，包括当需要时与文档管理者讨论。

注：评审的目的是保证提交的材料是完整的和正确的并满足了在合同和文档计划中定义的需方的需要。

评审宜由合适的有资格的人员执行，这些人员被授权请求变更和批准文档的内容。

注：需方宜限制评审人员数，满足评审功能所必需的那些即可。

需方在批准每个用户文档草案之前，应保证文档的安全和合法。

为评审交付的文档应包括从文档管理者来的说明书，说明评审的目的和评审员的职责。

注1：在需方和文档管理者之间在整个开发过程期间维持良好的沟通会提高文档的质量并利于评审成功。这宜包括非正式的讨论和尽早地提供样板或初始材料给需方。

注2：在要求的变更超出了合同和文档计划的范围时，需要变更合同。

注3：评审过程不排除文档管理者，他们的责任是试图尽可能保证文档的精确和完整。

注4：宜采用作为评审结果的需方的评论，或在草案上加上标记，或写有适当的参考的评论。需方宜保持变更的副本为了与下一草案相比较。评论应使文档开发人员能实现所要求的变更而不需要评审人员的进一步解释。

注5：对于大的、复杂的系统或正在写文档时系统仍在开发，可能需要多于两次草案和一次校样。在这样情况下，最多的草案数宜在需方和文档管理者之间同意并在文档计划中规定。

5.5.2 文档计划评审

此评审的目的应保证文档计划定义的文档，当完成时，既满足开发过程的需要也满足需方在合同中规定的文档目标。需方同意文档计划，是同意在计划中定义的用户文档的所有可交付的特征。

注：需方宜把注意放在内容的草案表中展示的文档的结构、完整性和可用性。只要适当，文档计划宜在第一个草案开始工作之前评审和批准。

5.5.3 第一个草案评审

第一个草案应包含如在文档计划中描述的文档主体，加上内容表、附录和词汇。在使用自动索引工具处，生成的索引包含位置参照。标点符号、风格和版面应如在文档计划中描述的。

文档的第一个草案的评审目的是核查文档的技术正确性和完整性，以保证草案满足文档计划的目标。标点符号、风格和版面应如在文档计划中定义的。

在批准第一个草案中，除了要求的变更外，要评审批准技术的正确性、结构清楚性和文档的完整性。

注1:第一个草案宜在交付前编辑。这有两个理由:

a) 这保证评审者不分心于改正印刷的和版面的错误;

b) 保证由编辑过程引起的任何技术错误被评审者捕获。

注2:草案应针对在文档计划中批准的目标、读者定义、内容表和其他特征进行评审。在带有评论的第一个草案返回前,宜确认,若草案完全改正了,将满足文档计划的要求。

5.5.4 第二个草案评审

第二个草案应包括在第一个草案评审中同意的所有变更,且应以尽可能接近最后的形式,包括在文档计划中定义的可交付的内容。

此评审的目的是核查在第一个草案中的内容已经正确实现。

在第二个草案的批准中,除了草案的物理形式外,批准文档的所有方面。草案的物理形式可能与可交付的不精确相同。

注:在批准第二个草案前,宜确认草案(包含评审对草案的评论)已经准备好待批准。

5.5.5 校样评审

校样应包括在第二个草案评审中同意的所有变更。

此评审的目的是核查对第二个草案的评论已正确实现。任何不正确实现的评论应迅速地通知文档管理者,他们应相应地修改文档并返回可替换部分的副本,用于进一步评审。

由批准证明,被接受的文档已准备好生产。

5.6 与其他公司的文档开发子合同

文档管理者应保证子合同的文档遵循本标准,遵循文档计划和合同。

在子合同的文档中,文档管理者作为本标准的"需方"而子合同承担者作为"文档管理者"。

注:文档管理者应与子合同承担者签定符合本标准的协议。

6 文档编制要求

6.1 软件生存周期与各种文档的编制

在软件的生存周期中,一般地说,应该产生以下一些基本文档:

a) 可行性分析(研究)报告;

b) 软件(或项目)开发计划;

c) 软件需求规格说明;

d) 接口需求规格说明;

e) 系统/子系统设计(结构设计)说明;

f) 软件(结构)设计说明;

g) 接口设计说明;

h) 数据库(顶层)设计说明;

i) (软件)用户手册;

j) 操作手册;

k) 测试计划;

l) 测试报告;

m) 软件配置管理计划;

n) 软件质量保证计划;

o) 开发进度月报;

p) 项目开发总结报告;

q) 软件产品规格说明;

r) 软件版本说明等。

本标准将给出这些文档的编制规范，同时，本标准也是这些文档的编写质量的检验准则。一般地说，一个软件总是一个计算机系统（包括硬件、固件和软件）的组成部分。鉴于计算机系统的多样性，本标准一般不涉及整个系统开发中的文档编制问题，本标准仅仅是软件开发过程中的文档编制指南。

对于面向对象的软件开发，其文档编制要求，参见附录A。

对于使用文档的人员而言，他们所关心的文件的种类随他们所承担的工作而异。

管理人员：可行性分析（研究）报告，
项目开发计划，
软件配置管理计划，
软件质量保证计划，
开发进度月报，
项目开发总结报告；

开发人员：可行性分析（研究）报告，
项目开发计划，
软件需求规格说明，
接口需求规格说明，
软件（结构）设计说明，
接口设计说明书，
数据库（顶层）设计说明，
测试计划，
测试报告；

维护人员：软件需求规格说明，
接口需求规格说明，
软件（结构）设计说明，
测试报告，

用　　户：软件产品规格说明，
软件版本说明，
用户手册，
操作手册。

本标准规定了在软件开发过程中文档编制的要求，这些文档从使用的角度可分为用户文档和开发文档两大类。其中，用户文档必须交给用户。用户应该得到的文档的种类和规模由供应者与用户之间签订的合同规定。

如前所述，软件，从出现一个构思之日起，经过软件开发成功投入使用，直到最后决定停止使用并被另一项软件代替之时止，被认为是该软件的一个生存周期，一般地说这个软件生存周期可以分成以下6个阶段：

a) 可行性与计划研究阶段；
b) 需求分析阶段；
c) 设计阶段；
d) 实现阶段；
e) 测试阶段；
f) 运行与维护阶段。

在可行性分析（研究）与计划阶段内，要确定该软件的开发目标和总的要求，要进行可行性分析、投资—收益分析、制订开发计划，并完成可行性分析报告、开发计划等文档。

在需求分析阶段内，由系统分析人员对被设计的系统进行系统分析，确定对该软件的各项功能、性能需求和设计约束,确定对文档编制的要求,作为本阶段工作的结果,一般地说软件需求规格说明(也称为:软件需求说明、软件规格说明)、数据要求说明和初步的用户手册应该编写出来。

在设计阶段内,系统设计人员和程序设计人员应该在反复理解软件需求的基础上,提出多个设计,分析每个设计能履行的功能并进行相互比较,最后确定一个设计,包括该软件的结构、模块(或CSCI)的划分、功能的分配,以及处理流程。在被设计系统比较复杂的情况下,设计阶段应分解成概要设计阶段和详细设计阶段两个步骤。在一般情况下,应完成的文档包括:结构设计说明、详细设计说明和测试计划初稿。

在实现阶段内,要完成源程序的编码、编译(或汇编)和排错调试得到无语法错的程序清单,要开始编写进度日报、周报和月报(是否要有日报或周报,取决于项目的重要性和规模),并且要完成用户手册、操作手册等面向用户的文档的编写工作,还要完成测试计划的编制。

在测试阶段:该程序将被全面地测试,已编制的文档将被检查审阅。一般要完成测试分析报告。作为开发工作的结束,所生产的程序、文档以及开发工作本身将逐项被评价,最后写出项目开发总结报告。

在整个开发过程中(即前五个阶段中),开发集体要按月编写开发进度月报。

在运行和维护阶段,软件将在运行使用中不断地被维护,根据新提出的需求进行必要而且可能的扩充和删改、更新和升级。

6.2 文档编制中的考虑因素

文档编制是开发过程的有机组成部分,也是一个不断努力的工作过程。是一个从形成最初轮廓、经反复检查和修改,直至程序和文档正式交付使用的完整过程。其中每一步都要求工作人员做出很大努力。要保证文档编制的质量,要体现每个开发项目的特点,也要注意不要花太多的人力。为此编制中要考虑如下各项因素。

6.2.1 文档的读者

每一种文档都具有特定的读者。这些读者包括个人或小组、软件开发单位的成员或社会上的公众、从事软件工作的技术人员、管理人员或领导干部。他们期待着使用这些文档的内容来进行工作,例如设计、编写程序、测试、使用、维护或进行计划管理。因此这些文档的作者必须了解自己的读者。这些文档的编写必须注意适应自己的特定读者的水平、特点和要求。

6.2.2 重复性

本标准中列出的文档编制规范的内容要求中,显然存在某些重复。较明显的重复有两类。引言是每一种文档都要包含的内容,以向读者提供总的梗概。第二类明显的重复是各种文档中的说明部分,如对功能性能的说明;对输入、输出的描述;系统中包含的设备等。这是为了方便每种文档各自的读者,每种文档应该自成体系,尽量避免读一种文档时又不得不去参考另一种文档。当然,在每一种文档里,有关引言、说明等同其他文档相重复的部分,在行文上、在所用的术语上、在详细的程度上,还是应该有一些差别以适应各种文档的不同读者的需要。

6.2.3 灵活性

鉴于软件开发是具有创造性的脑力劳动,也鉴于不同软件在规模上和复杂程度上差别极大,在文档编制工作中允许一定的灵活性。这种灵活性如下所述。

a) 应编制的文档种类

尽管本标准认为在一般情况下,一项软件的开发过程中,应产生如上所述的各种文档,然而针对一项具体的软件开发项目,有时不必编制这么多的文档,可以把几种文档合并成一种。一般地说,当项目的规模、复杂性和失败风险增大时,文档编制的范围,管理手续和详细程度将随之增加,反之,则可适当减少。为了恰当地掌握这种灵活性,本标准要求贯彻分工负责的原则,这意味着:

1) 一个软件开发单位的领导机构应该根据本单位经营承包的应用软件的专业领域和本单位的管理能力,制定一个对文档编制要求的实施规定,主要是:在不同的条件下,应该形成哪些文档?这些文档的详细程度?该开发单位的每一个项目负责人,必须认真执行这个实施规定。

2） 对于一个具体的应用软件项目，项目负责人应根据上述实施规定，确定一个文档编制计划（可以包含在软件开发计划中），其中包括：

（1） 应该编制哪几种文档，详细程度如何？

（2） 各个文档的编制负责人和进度要求；

（3） 审查、批准的负责人和时间进度安排；

（4） 在开发时间内，各文档的维护、修改和管理的负责人，以及批准手续。

每项工作必须落实到人。这个文件编制计划是整个开发计划的重要组成部分。

3） 有关的设计人员则必须严格执行这个文档编制计划。

b） 文档的详细程度

从同一份提纲起草的文件的篇幅大小往往不同，可以少到几页，也可以长达几百页。对于这种差别，本标准是允许的。此详细程度取决于任务的规模、复杂性和项目负责人对该软件的开发过程及运行环境所需要的详细程度的判断。

c） 文档的扩展

当被开发系统的规模非常大〈例如源码超过一百万行〉时，一种文档可以分成几卷编写，可以按其中每一个系统分别编制；也可以按内容划分成多卷，例如：

项目开发计划可能包括：质量保证计划，
配置管理计划，
用户培训计划，
安装实施计划；

系统设计说明可分写成：系统设计说明，
子系统设计说明；

程序设计说明可分写成：程序设计说明，
接口设计说明，
版本说明；

操作手册可分写成：操作手册，
安装实施过程；

测试计划可分写成：测试计划，
测试设计说明，
测试规程，
测试用例；

测试分析报告可分写成：综合测试报告，
验收测试报告；

项目开发总结报告亦可分写成项目开发总结报告和资源环境统计。

d） 章、条的扩张与缩并

在软件文档中，一般宜使用本标准提供的章、条标题。但所有的条都可以扩展，可以进一步细分，以适应实际需要。反之如果章条中的有些细节并非必需，也可以根据实际情况缩并。此时章条的编号应相应地变更。

e） 程序设计的表现形式

本标准对于程序的设计表现形式并未作出规定或限制，可以使用流程图的形式，判定表的形式，也可以使用其他表现形式，如程序设计语言（PDL）、问题分析图（PALb）等。

f） 文档的表现形式

本标准对于文档的表现形式亦未作出规定或限制。可以使用自然语言，也可以使用形式化语言。也可以使用各种图、表。

g) 文档的其他种类

当本标准中规定的文档种类尚不能满足某些应用部门的特殊需要时，他们可以建立一些特殊的文档种类要求，例如软件质量保证计划、软件配置管理计划等，这些要求可以包含在本单位的文件编制实施规定中。

7 文档编制格式

7.1 可行性分析(研究)报告(FAR)

说明：

1.《可行性分析(研究)报告》(FAR)是项目初期策划的结果，它分析了项目的要求、目标和环境；提出了几种可供选择的方案；并从技术、经济和法律各方面进行了可行性分析。可作为项目决策的依据。

2. FAR也可以作为项目建议书、投标书等文件的基础。

可行性分析报告的正文格式如下：

1 引言

本章分为以下几条。

1.1 标识

本条应包含本文档适用的系统和软件的完整标识，(若适用)包括标识号、标题、缩略词语、版本号和发行号。

1.2 背景

说明项目在什么条件下提出，提出者的要求、目标、实现环境和限制条件。

1.3 项目概述

本条应简述本文档适用的项目和软件的用途，它应描述项目和软件的一般特性；概述项目开发、运行和维护的历史；标识项目的投资方、需方、用户、开发方和支持机构；标识当前和计划的运行现场；列出其他有关的文档。

1.4 文档概述

本条应概述本文档的用途和内容，并描述与其使用有关的保密性和私密性的要求。

2 引用文件

本章应列出本文档引用的所有文档的编号、标题、修订版本和日期，本章也应标识不能通过正常的供货渠道获得的所有文档的来源。

3 可行性分析的前提

3.1 项目的要求

3.2 项目的目标

3.3 项目的环境、条件、假定和限制

3.4 进行可行性分析的方法

4 可选的方案

4.1 原有方案的优缺点、局限性及存在的问题

4.2 可重用的系统，与要求之间的差距

4.3 可选择的系统方案 1

4.4 可选择的系统方案 2

……

4.5 选择最终方案的准则

5 所建议的系统

5.1 对所建议的系统的说明

5.2 数据流程和处理流程

5.3 与原系统的比较(若有原系统)

5.4 影响(或要求)

5.4.1 设备

5.4.2 软件

5.4.3 运行

5.4.4 开发

5.4.5 环境

5.4.6 经费

5.5 局限性

6 经济可行性(成本－效益分析)

6.1 投资

包括基本建设投资(如开发环境、设备、软件和资料等),其他一次性和非一次性投资(如技术管理费、培训费、管理费、人员工资、奖金和差旅费等)。

6.2 预期的经济效益

6.2.1 一次性收益

6.2.2 非一次性收益

6.2.3 不可定量的收益

6.2.4 收益/投资比

6.2.5 投资回收周期

6.3 市场预测

7 技术可行性(技术风险评价)

本公司现有资源(如人员、环境、设备和技术条件等)能否满足此工程和项目实施要求,若不满足,应考虑补救措施(如需要分承包方参与、增加人员、投资和设备等),涉及经济问题应进行投资、成本和效益可行性分析,最后确定此工程和项目是否具备技术可行性。

8 法律可行性

系统开发可能导致的侵权、违法和责任。

9 用户使用可行性

用户单位的行政管理和工作制度;使用人员的素质和培训要求。

10 其他与项目有关的问题

未来可能的变化。

11 注解

本章应包含有助于理解本文档的一般信息(例如原理)。本章应包含为理解本文档需要的术语和定义,所有缩略语和它们在文档中的含义的字母序列表。

附录

附录可用来提供那些为便于文档维护而单独出版的信息(例如图表、分类数据)。为便于处理,附录可单独装订成册。附录应按字母顺序(A,B等)编排。

7.2 软件开发计划(SDP)

说明:

1. 《软件开发计划》(SDP)描述开发者实施软件开发工作的计划,本文档中"软件开发"一词涵盖了新开发、修改、重用、再工程、维护和由软件产品引起的其他所有的活动。
2. SDP是向需求方提供了解和监督软件开发过程、所使用的方法、每项活动的途径、项目的安排、组织及资源的一种手段。
3. 本计划的某些部分可视实际需要单独编制成册,例如,软件配置管理计划、软件质量保证计划和文档编制计划等。

软件开发计划的正文的格式如下:

1 引言

本章分为以下几条。

1.1 标识

本条应包含本文档适用的系统和软件的完整标识,(若适用)包括标识号、标题、缩略词语、版本号和发行号。

1.2 系统概述

本条应简述本文档适用的系统和软件的用途,它应描述系统和软件的一般特性;概述系统开发、运行和维护的历史;标识项目的投资方、需方、用户、开发方和支持机构;标识当前和计划的运行现场;列出其他有关的文档。

1.3 文档概述

本条应概述本文档的用途和内容,并描述与其使用有关的保密性和私密性的要求。

1.4 与其他计划之间的关系

(若有)本条描述本计划和其他项目管理计划的关系。

1.5 基线

给出编写本项目开发计划的输入基线,如软件需求规格说明。

2 引用文件

本章应列出本文档引用的所有文档的编号、标题、修订版本和日期,本章也应标识不能通过正常的供货渠道获得的所有文档的来源。

3 交付产品

3.1 程序

3.2 文档

3.3 服务

3.4 非移交产品

3.5 验收标准

3.6 最后交付期限

列出本项目应交付的产品，包括软件产品和文档。其中，软件产品应指明哪些是要开发的，哪些是属于维护性质的；文档是指随软件产品交付给用户的技术文档，例如用户手册、安装手册等。

4 所需工作概述

本章根据需要分条对后续章描述的计划作出说明，（若适用）包括以下概述：

a. 对所要开发系统、软件的需求和约束；

b. 对项目文档编制的需求和约束；

c. 该项目在系统生命周期中所处的地位；

d. 所选用的计划/采购策略或对它们的需求和约束；

e. 项目进度安排及资源的需求和约束；

f. 其他的需求和约束，如：项目的安全性、保密性、私密性、方法、标准、硬件开发和软件开发的相互依赖关系等。

5 实施整个软件开发活动的计划

本章分以下几条。不需要的活动的条款用“不适用”注明，如果对项目中不同的开发阶段或不同的软件需要不同的计划，这些不同之处应在此条加以注解。除以下规定的内容外，每条中还应标识可适用的风险和不确定因素，及处理它们的计划。

5.1 软件开发过程

本条应描述要采用的软件开发过程。计划应覆盖论及它的所有合同条款，确定已计划的开发阶段（适用的话）、目标和各阶段要执行的软件开发活动。

5.2 软件开发总体计划

本条应分以下若干条进行描述。

5.2.1 软件开发方法

本条应描述或引用要使用的软件开发方法，包括为支持这些方法所使用的手工、自动工具和过程的描述。该方法应覆盖论及它的所有合同条款。如果这些方法在它们所适用的活动范围有更好的描述，可引用本计划的其他条。

5.2.2 软件产品标准

本条应描述或引用在表达需求、设计、编码、测试用例、测试过程和测试结果方面要遵循的标准。标准应覆盖合同中论及它的所有条款。如果这些标准在标准所适用的活动范围有更好的描述，可引用本计划中的其他条。对要使用的各种编程语言都应提供编码标准，至少应包括：

a. 格式标准（如：缩进、空格、大小写和信息的排序）；

b. 首部注释标准，例如（要求：代码的名称/标识符，版本标识，修改历史，用途）需求和实现的设计决策，处理的注记（例如：使用的算法、假设、约束、限制和副作用），数据注记（输入、输出、变量和数据结构等）；

c. 其他注释标准（例如要求的数量和预期的内容）；

d. 变量、参数、程序包、过程和文档等的命名约定；

e. （若有）编程语言构造或功能的使用限制；

f. 代码聚合复杂性的制约。

5.2.3 可重用的软件产品

本条应分以下若干条。

5.2.3.1 吸纳可重用的软件产品

本条应描述标识、评估和吸纳可重用软件产品要遵循的方法，包括搜寻这些产品的范围和进行评估的准则。描述应覆盖合同中论及它的所有条款。在制定或更新计划时对已选定的或候选的可重用的软件产品应加以标识和说明，(若适用)同时应给出与使用有关的优点、缺陷和限制。

5.2.3.2 开发可重用的软件产品

本条应描述如何标识、评估和报告开发可重用软件产品的机会。描述应覆盖合同中论及它的所有条款。

5.2.4 处理关键性需求

本条应分以下若干条描述为处理指定关键性需求应遵循的方法。描述应覆盖合同中论及它的所有条款。

5.2.4.1 安全性保证

5.2.4.2 保密性保证

5.2.4.3 私密性保证

5.2.4.4 其他关键性需求保证

5.2.5 计算机硬件资源利用

本条应描述分配计算机硬件资源和监控其使用情况要遵循的方法。描述应覆盖合同中论及它的所有条款。

5.2.6 记录原理

本条应描述记录原理所遵循的方法，该原理在支持机构对项目作出关键决策时是有用的。应对项目的"关键决策"一词作出解释，并陈述原理记录在什么地方。描述应覆盖合同中论及它的所有条款。

5.2.7 需方评审途径

本条应描述为评审软件产品和活动，让需方或授权代表访问开发方和分承包方的一些设施要遵循的方法。描述应遵循合同中论及它的所有条款。

6 实施详细软件开发活动的计划

本章分条进行描述。不需要的活动用"不适用"注明，如果项目的不同的开发阶段或不同的软件需要不同的计划，则在本条应指出这些差异。每项活动的论述应包括应用于以下方面的途径(方法/过程/工具)：

a. 所涉及的分析性任务或其他技术性任务；

b. 结果的记录；

c. 与交付有关的准备(如果有的话)。

论述还应标识存在的风险和不确定因素，及处理它们的计划。如果适用的方法在5.2.1处描述了的话，可引用它。

6.1 项目计划和监督

本条分成若干分条描述项目计划和监督中要遵循的方法。各分条的计划应覆盖合同中论及它的所有条款。

6.1.1 软件开发计划(包括对该计划的更新)

6.1.2 CSCI测试计划

6.1.3 系统测试计划

6.1.4 软件安装计划

6.1.5 软件移交计划

6.1.6 跟踪和更新计划，包括评审管理的时间间隔

6.2 建立软件开发环境

本条分成以下若干分条描述建立、控制、维护软件开发环境所遵循的方法。各分条的计划应覆盖合同中论及它的所有条款。

6.2.1 软件工程环境

6.2.2 软件测试环境

6.2.3 软件开发库

6.2.4 软件开发文档

6.2.5 非交付软件

6.3 系统需求分析

6.3.1 用户输入分析

6.3.2 运行概念

6.3.3 系统需求

6.4 系统设计

6.4.1 系统级设计决策

6.4.2 系统体系结构设计

6.5 软件需求分析

本条描述软件需求分析中要遵循的方法。应覆盖合同中论及它的所有条款。

6.6 软件设计

本条应分成若干分条描述软件设计中所遵循的方法。各分条的计划应覆盖合同中论及它的所有条款。

6.6.1 CSCI 级设计决策

6.6.2 CSCI 体系结构设计

6.6.3 CSCI 详细设计

6.7 软件实现和配置项测试

本条应分成若干分条描述软件实现和配置项测试中要遵循的方法。各分条的计划应覆盖合同中论及它的所有条款。

6.7.1 软件实现

6.7.2 配置项测试准备

6.7.3 配置项测试执行

6.7.4 修改和再测试

6.7.5 配置项测试结果分析与记录

6.8 配置项集成和测试

本条应分成若干分条描述配置项集成和测试中要遵循的方法。各分条的计划应覆盖合同中论及它的所有条款。

6.8.1 配置项集成和测试准备

6.8.2 配置项集成和测试执行

6.8.3 修改和再测试

6.8.4 配置项集成和测试结果分析与记录

6.9 **CSCI 合格性测试**

本条应分成若干分条描述 CSCI 合格性测试中要遵循的方法。各分条的计划应覆盖合同中论及它的所有条款。

6.9.1 **CSCI 合格性测试的独立性**

6.9.2 **在目标计算机系统(或模拟的环境)上测试**

6.9.3 **CSCI 合格性测试准备**

6.9.4 **CSCI 合格性测试演练**

6.9.5 **CSCI 合格性测试执行**

6.9.6 **修改和再测试**

6.9.7 **CSCI 合格性测试结果分析与记录**

6.10 **CSCI/HWCI 集成和测试**

本条应分成若干分条描述 CSCI/HWCI 集成和测试中要遵循的方法。各分条的计划应覆盖合同中论及它的所有条款。

6.10.1 **CSCI/HWCI 集成和测试准备**

6.10.2 **CSCI/HWCI 集成和测试执行**

6.10.3 **修改和再测试**

6.10.4 **CSCI/HWCI 集成和测试结果分析与记录**

6.11 **系统合格性测试**

本条应分成若干分条描述系统合格性测试中要遵循的方法。各分条的计划应遵循合同中论及它的所有条款。

6.11.1 **系统合格性测试的独立性**

6.11.2 **在目标计算机系统(或模拟的环境)上测试**

6.11.3 **系统合格性测试准备**

6.11.4 **系统合格性测试演练**

6.11.5 **系统合格性测试执行**

6.11.6 **修改和再测试**

6.11.7 **系统合格性测试结果分析与记录**

6.12 **软件使用准备**

本条应分成若干分条描述软件应用准备中要遵循的方法。各分条的计划应遵循合同中论及它的所有条款。

6.12.1 **可执行软件的准备**

6.12.2 **用户现场的版本说明的准备**

6.12.3 **用户手册的准备**

6.12.4 **在用户现场安装**

6.13 **软件移交准备**

本条应分成若干分条描述软件移交准备要遵循的方法。各分条的计划应遵循合同中论及它的所有条款。

6.13.1 **可执行软件的准备**

6.13.2 **源文件准备**

6.13.3 **支持现场的版本说明的准备**

6.13.4 **“已完成”的 CSCI 设计和其他的软件支持信息的准备**

6.13.5 **系统设计说明的更新**

6.13.6 支持手册准备

6.13.7 到指定支持现场的移交

6.14 软件配置管理

本条应分成若干分条描述软件配置管理中要遵循的方法。各分条的计划应遵循合同中论及它的所有条款。

6.14.1 配置标识

6.14.2 配置控制

6.14.3 配置状态统计

6.14.4 配置审核

6.14.5 发行管理和交付

6.15 软件产品评估

本条应分成若干分条描述软件产品评估中要遵循的方法。各分条的计划应覆盖合同中论及它的所有条款。

6.15.1 中间阶段的和最终的软件产品评估

6.15.2 软件产品评估记录(包括所记录的具体条目)

6.15.3 软件产品评估的独立性

6.16 软件质量保证

本条应分成若干分条描述软件质量保证中要遵循的方法。各分条的计划应覆盖合同中论及它的所有条款。

6.16.1 软件质量保证评估

6.16.2 软件质量保证记录、包括所记录的具体条目

6.16.3 软件质量保证的独立性

6.17 问题解决过程(更正活动)

本条应分成若干分条描述软件更正活动中要遵循的方法。各分条的计划应覆盖合同中论及它的所有条款。

6.17.1 问题/变更报告

它包括要记录的具体条目(可选的条目包括:项目名称,提出者,问题编号,问题名称,受影响的软件元素或文档,发生日期,类别和优先级,描述,指派的该问题的分析者,指派日期,完成日期,分析时间,推荐的解决方案,影响,问题状态,解决方案的批准,随后的动作,更正者,更正日期,被更正的版本,更正时间,已实现的解决方案的描述)。

6.17.2 更正活动系统

6.18 联合评审(联合技术评审和联合管理评审)

本条应分成若干分条描述进行联合技术评审和联合管理评审要遵循的方法。各分条的计划应覆盖合同中论及它的所有条款。

6.18.1 联合技术评审包括一组建议的评审

6.18.2 联合管理评审包括一组建议的评审

6.19 文档编制

本条应分成若干分条描述文档编制要遵循的方法。各分条的计划应覆盖合同中论及它的所有条款。应遵循本标准第5章文档编制过程中的有关文档编制计划的规定执行。

6.20 其他软件开发活动

本条应分成若干分条描述进行其他软件开发活动要遵循的方法。各分条的计划应覆盖合同中

论及它的所有条款。

6.20.1 风险管理,包括已知的风险和相应的对策

6.20.2 软件管理指标,包括要使用的指标

6.20.3 保密性和私密性

6.20.4 分承包方管理

6.20.5 与软件独立验证与确认(IV&V)机构的接口

6.20.6 和有关开发方的协调

6.20.7 项目过程的改进

6.20.8 计划中未提及的其他活动

7 进度表和活动网络图

本章应给出:

a. 进度表,标识每个开发阶段中的活动,给出每个活动的初始点、提交的草稿和最终结果的可用性、其他的里程碑及每个活动的完成点;

b. 活动网络图,描述项目活动之间的顺序关系和依赖关系,标出完成项目中有最严格时间限制的活动。

8 项目组织和资源

本章应分成若干条描述各阶段要使用的项目组织和资源。

8.1 项目组织

本条应描述本项目要采用的组织结构,包括涉及的组织机构、机构之间的关系、执行所需活动的每个机构的权限和职责。

8.2 项目资源

本条应描述适用于本项目的资源。(若适用)应包括:

a. 人力资源,包括:

1) 估计此项目应投入的人力(人员/时间数);

2) 按职责(如:管理,软件工程,软件测试,软件配置管理,软件产品评估,软件质量保证和软件文档编制等)分解所投入的人力;

3) 履行每个职责人员的技术级别、地理位置和涉密程度的划分;

b. 开发人员要使用的设施,包括执行工作的地理位置、要使用的设施、保密区域和运用合同项目的设施的其他特性;

c. 为满足合同需要,需方应提高的设备、软件、服务、文档、资料及设施,给出一张何时需要上述各项的进度表;

d. 其他所需的资源,包括:获得资源的计划、需要的日期和每项资源的可用性。

9 培训

9.1 项目的技术要求

根据客户需求和项目策划结果,确定本项目的技术要求,包括管理技术和开发技术。

9.2 培训计划

根据项目的技术要求和项目成员的情况,确定是否需要进行项目培训,并制订培训计划。如不

需要培训，应说明理由。

10 项目估算

本章应分若干条说明项目估算的结果。

10.1 规模估算

10.2 工作量估算

10.3 成本估算

10.4 关键计算机资源估算

10.5 管理预留

11 风险管理

本章应分析可能存在的风险，所采取的对策和风险管理计划。

12 支持条件

12.1 计算机系统支持。

12.2 需要需方承担的工作和提供的条件。

12.3 需要分包商承担的工作和提供的条件。

13 注解

本章应包含有助于理解本文档的一般信息（例如原理）。本章应包含为理解本文档需要的术语和定义，所有缩略语和它们在文档中的含义的字母序列表。

附录

附录可用来提供那些为便于文档维护而单独出版的信息（例如图表、分类数据）。为便于处理，附录可单独装订成册。附录应按字母顺序（A，B 等）编排。

7.3 软件测试计划（STP）

说明：

1. 《软件测试计划》（STP）描述对计算机软件配置项 CSCI、系统或子系统进行合格性测试的计划安排。内容包括进行测试的环境、测试工作的标识及测试工作的时间安排等。
2. 通常每个项目只有一个 STP，使得需方能够对合格性测试计划的充分性作出评估。

软件测试计划的正文的格式如下：

1 引言

本章应分成以下几条。

1.1 标识

本条应包含本文档适用的系统和软件的完整标识，（若适用）包括标识号、标题、缩略词语、版本号和发行号。

1.2 系统概述

本条应简述本文档适用的系统和软件的用途。它应描述系统与软件的一般性质；概述系统开发、运行和维护的历史；标识项目的投资方、需方、用户、开发方和支持机构；标识当前和计划的运行现场；并列出其他有关文档。

1.3 文档概述

本条应概括本文档的用途与内容，并描述与其使用有关的保密性或私密性要求。

1.4 与其他计划的关系

（若有）本条应描述本计划和有关的项目管理计划之间的关系。

1.5 基线

给出编写本软件测试计划的输入基线，如软件需求规格说明。

2 引用文件

本章应列出本文档引用的所有文档的编号、标题、修订版本和日期。本章还应标识不能通过正常的供货渠道获得的所有文档的来源。

3 软件测试环境

本章应分条描述每一预计的测试现场的软件测试环境。可以引用软件开发计划(SDP)中所描述的资源。

3.x （测试现场名称）

本条应标识一个或多个用于测试的测试现场，并分条描述每个现场的软件测试环境。如果所有测试可以在一个现场实施，本条及其子条只给出一次。如果多个测试现场采用相同或相似的软件测试环境，则应在一起讨论。可以通过引用前面的描述来减少测试现场说明信息的重复。

3.x.1 软件项

（若适用）本条应按名字、编号和版本标识在测试现场执行计划测试活动所需的软件项（如操作系统、编译程序、通信软件、相关应用软件、数据库、输入文件、代码检查程序、动态路径分析程序、测试驱动程序、预处理器、测试数据产生器、测试控制软件、其他专用测试软件和后处理器等）。本条应描述每个软件项的用途、媒体（磁带、盘等），标识那些期望由现场提供的软件项，标识与软件项有关的保密措施或其他保密性与私密性问题。

3.x.2 硬件及固件项

（若适用）本条应按名字、编号和版本标识在测试现场用于软件测试环境中的计算机硬件、接口设备、通信设备、测试数据归约设备、仪器设备（如附加的外围设备（磁带机、打印机、绘图仪）、测试消息生成器、测试计时设备和测试事件记录仪等）和固件项。本条应描述每项的用途，陈述每项所需的使用时间与数量，标识那些期望由现场提供的项，标识与这些项有关的保密措施或其他保密性与私密性问题。

3.x.3 其他材料

本条应标识并描述在测试现场执行测试所需的任何其他材料。这些材料可包括手册、软件清单、被测试软件的媒体、测试用数据的媒体、输出的样本清单和其他表格或说明。本条应标识需交付给现场的项和期望由现场提供的项。（若适用）本描述应包括材料的类型、布局和数量。本条应标识与这些项有关的保密措施或其他保密性与私密性问题。

3.x.4 所有权种类、需方权利与许可证

本条应标识与软件测试环境中每个元素有关的所有权种类、需方权利与许可证等问题。

3.x.5 安装、测试与控制

本条应标识开发方为执行以下各项工作的计划，可能需要与测试现场人员共同合作：

a. 获取和开发软件测试环境中的每个元素；

b. 使用前，安装与测试软件测试环境中的每项；

c. 控制与维护软件测试环境中的每项。

3.x.6 参与组织

本条应标识参与现场测试的组织和它们的角色与职责。

3.x.7 人员

本条应标识在测试阶段测试现场所需人员的数量、类型和技术水平，需要他们的日期与时间，及任何特殊需要，如为保证广泛测试工作的连续性与一致性的轮班操作与关键技能的保持。

3.x.8 定向计划

本条应描述测试前和测试期间给出的任何定向培训。此信息应与3.x.7所给的人员要求有关。培训可包括用户指导、操作员指导、维护与控制组指导和对全体人员定向的简述。如果预料有大量培训的话，可单独制定一个计划而在此引用。

3.x.9 要执行的测试

本条应通过引用第4章来标识测试现场要执行的测试。

4 计划

本章应描述计划测试的总范围并分条标识，并且描述本STP适用的每个测试。

4.1 总体设计

本条描述测试的策略和原则，包括测试类型和测试方法等信息。

4.1.1 测试级

本条所描述要执行的测试的级别，例如：CSCI级或系统级。

4.1.2 测试类别

本条应描述要执行的测试的类型或类别（例如，定时测试、错误输入测试、最大容量测试）。

4.1.3 一般测试条件

本条应描述运用于所有测试或一组测试的条件，例如："每个测试应包括额定值、最大值和最小值；""每个x类型的测试都应使用真实数据（live data）；""应度量每个CSCI执行的规模与时间。"并对要执行的测试程度和对所选测试程度的原理的陈述。测试程度应表示为某个已定义总量（如离散操作条件或值样本的数量）的百分比或其他抽样方法。也应包括再测试/回归测试所遵循的方法。

4.1.4 测试过程

在渐进测试或累积测试情况下，本条应解释计划的测试顺序或过程。

4.1.5 数据记录、归约和分析

本条应标识并描述在本STP中标识的测试期间和测试之后要使用的数据记录、归纳和分析过程。（若适用）这些过程包括记录测试结果、将原始结果处理为适合评价的形式，以及保留数据归约与分析结果可能用到的手工、自动、半自动技术。

4.2 计划执行的测试

本条应分条描述计划测试的总范围。

4.2.x （被测试项）

本条应按名字和项目唯一标识符标识一个CSCI、子系统、系统或其他实体，并分以下几条描述对各项的测试。

4.2.x.y （测试的项目唯一标识符）

本条应由项目唯一标识符标识一个测试，并为该测试提供下述测试信息。根据需要可引用4.1中的一般信息。

a. 测试对象；

b. 测试级；

c. 测试类型或类别；

d. 需求规格说明中所规定的合格性方法；

e. 本测试涉及的 CSCI 需求(若适用)和软件系统需求的标识符(此信息亦可在第 6 章中提供)；

f. 特殊需求(例如,设备连续工作 48 小时、测试程度、特殊输入或数据库的使用)；

g. 测试方法,包括要用的具体测试技术,规定分析测试结果的方法。

h. 要记录的数据的类型；

i. 要采用的数据记录/归约/分析的类型；

j. 假设与约束,如由于系统或测试条件即时间、接口、设备、人员、数据库等的原因而对测试产生的预期限制；

k. 与测试有关的安全性、保密性与私密性要求。

4.3 测试用例

a. 测试用例的名称和标识；

b. 简要说明本测试用例涉及的测试项和特性；

c. 输入说明,规定执行本测试用例所需的各个输入,规定所有合适的数据库、文件、终端信息、内存常驻区域和由系统传送的值,规定各输入间所需的所有关系(如时序关系等)；

d. 输出说明,规定测试项的所有输出和特性(如:响应时间),提供各个输出或特性的正确值；

e. 环境要求,见本文档第 3 章。

5 测试进度表

本章应包含或引用指导实施本计划中所标识测试的进度表。包括：

a. 描述测试被安排的现场和指导测试的时间框架的列表或图表。

b. 每个测试现场的进度表,(若适用)它可按时间顺序描述以下所列活动与事件,根据需要可附上支持性的叙述。

1) 分配给测试主要部分的时间和现场测试的时间；

2) 现场测试前,用于建立软件测试环境和其他设备、进行系统调试、定向培训和熟悉工作所需的时间；

3) 测试所需的数据库/数据文件值、输入值和其他操作数据的集合；

4) 实施测试,包括计划的重测试；

5) 软件测试报告(STR)的准备、评审和批准。

6 需求的可追踪性

本章应包括：

a. 从本计划所标识的每个测试到它所涉及的 CSCI 需求和(若适用)软件系统需求的可追踪性(此可追踪性亦可在 4.2.x.y 中提供,而在此引用)。

b. 从本测试计划所覆盖的每个 CSCI 需求和(若适用)软件系统需求到针对它的测试的可追踪性。这种可追踪性应覆盖所有适用的软件需求规格说明(SRS)和相关接口需求规格说明(IRS)中的 CSCI 需求,对于软件系统,还应覆盖所有适用的系统/子系统规格说明(SSS)及相关系统级 IRS 中的系统需求。

7 评价

7.1 评价准则

7.2 数据处理

7.3 结论

8 注解

本章应包含有助于理解本文档的一般信息(例如背景信息、词汇表、原理)。本章应包含为理解本文档需要的术语和定义,所有缩略语和它们在文档中的含义的字母序列表。

附录

附录可用来提供那些为便于文档维护而单独出版的信息(例如图表、分类数据)。为便于处理,附录可单独装订成册。附录应按字母顺序(A,B等)编排。

7.4 软件安装计划(SIP)

说明:

1.《软件安装计划》(SIP)是为在用户现场安装软件所作的计划。内容包括准备工作、用户培训、从现有系统怎样转换等。

2. 仅当开发者被要求参与在用户现场安装软件,而且安装过程相当复杂时,才需要制定SIP和编写本文档。对嵌入硬件系统的软件来说,由于系统已经有了装备或布署计划,故不需要单独的SIP。

软件安装计划的正文的格式如下:

1 引言

本章应分为以下几条。

1.1 标识

本条应包含本文档适用的系统和软件的完整标识。(若适用)包括标识号、标题、缩略词语、版本号和发行号。

1.2 系统概述

本条应简述本文档适用的系统和软件的用途,它并描述系统和软件的一般特性;概述系统开发、运行和维护的历史;标识项目的投资方、需方、用户、开发方和支持机构;标识当前和计划的运行现场;列出其他有关的文档。

1.3 文档概述

本条应概述本文档的用途和内容,并描述与其使用有关的保密性或私密性要求。

1.4 与其他计划之间的关系

(若有)本条应描述本计划和其他项目管理计划的关系。

2 引用文件

本章应列出本文档引用的所有文档的编号、标题、修订版本和日期,也应标识不能通过正常的供货渠道获得的所有文档的来源。

3 安装概述

本章应分以下几条概述安装过程。

3.1 描述

本条应提供安装过程的一般描述，以便为文档的其余部分提供一个参考框架。内容包括：软件安装地点列表、安装进度和安装方法。

3.2 联系地点

本条应为咨询与安装有关的问题提供联系的单位名称、办公室代号/代码和电话号码等。

3.3 支持材料

本条应列出安装所需支持材料的类型、来源和数量。包括：磁带、盘、计算机打印纸和专用表格等。

3.4 培训

本条应列出并描述开发方对操作和使用安装在现场的软件的人员所制定的培训计划。内容包括：一般培训、授课培训和实习培训。

3.5 任务

本条应用常用术语列出并描述在软件安装过程中所涉及的各项任务，每项任务的描述应标识出完成该任务的组织，通常是用户、计算机操作人员或开发方。任务列表包括以下内容：

a. 安装的总体计划、协调和准备工作；

b. 安装小组的人员配备；

c. 安装小组住宿、交通和办公设施的安排；

d. 确保用于安装的手册在需要时可获得；

e. 确保安装前完成其他必要的准备工作；

f. 培训活动的计划和指导；

g. 培训学员；

h. 为安装提供所需的计算机和技术支持；

i. 从当前系统的转换。

3.6 人员

本条应描述安装过程中所需人员的数量、类型和技术水平，其中包括轮班操作和办事人员的需求。

3.7 保密性与私密性

本条应概述系统有关的保密性和私密性方面的考虑。

4 为软件中心操作员提供特定现场信息

本章适用于以下情况：软件安装在计算机中心、其他集中式的或网络的软件装置上，用户可通过终端或采用批量输入/输出方式进行访问。如果不采用此类安装，则本章注明“不适用”。

4.x 现场名

本条应标识一个或一组现场，再分条对它们进行论述。当多个现场的信息基本相同时，可合在一起进行论述。

4.x.1 进度表

本条应给出安装期间要完成任务的进度表。按照每个任务的开始日期和完成日期的时间顺序描述，并加以必要的叙述。

4.x.2 软件清单

本条应给出支持安装所需软件的详细清单。(若适用)用软件名称、标识号、版本号、发行号、配置、密级来标识这些软件。同时应标识这些软件是现场应具备的,还是为安装而交付的,并标识仅仅为了方便安装过程要使用的所有软件。

4.x.3 设施

本条应详细描述安装期间所需的物理设施和食宿供应,(若适用)应包括以下内容:

a. 所需的教室、工作场所、培训辅助工具、每天的工作时间、工作天数和轮班安排;

b. 必须的可运转的和可用的硬件设备;

c. 安装队伍的交通和食宿安排。

4.x.4 安装队伍

本条应描述安装队伍的组成情况。确定每个队伍成员的任务。

4.x.5 安装过程

本条应描述完成安装的逐步过程。可引用其他文档,如操作员手册,在适当的地方包含有"警告"或"注意"标记作为安全提示。(若适用)安装过程为:

a. 软件安装;

b. 安装后做软件检验;

c. 用现场专用的数据初始化数据库和其他软件;

d. 从现行系统进行转换,可能涉及到新老系统并行运行;

e. 对操作手册和用户手册中的过程作演练性运行。

4.x.6 数据更新过程

本条应描述安装期间要遵循的数据更新过程。如果数据更新过程与一般的更新或处理过程相同,可以引用其他文档,如操作员手册。

5 软件用户的现场专用信息

本章应描述针对软件用户的安装计划。当涉及多种类型的用户时,例如不同地点的用户、执行不同功能的用户或属于不同组织的用户,应为每一类用户单独编写一章(从第5章到第 *n* 章),并针对每一用户使用贴切的章标题。

5.x 现场名

本条应标识一个或一组现场,再分条对其进行讨论。当这些地点的信息基本相同时,可合在一起进行讨论。

5.x.1 进度表

本条应给出安装期间用户所完成任务的进度要求。按照每个任务的开始日期和完成日期的时间顺序描述,并加以必要的叙述。

5.x.2 安装过程

本条应描述完成安装的逐步过程。可参考其他文档,如用户手册,在适当的地方包含有"警告"或"注意"标记作为安全提示。(若适用)安装过程为:

a. 如果操作员未曾执行过4.x.5条下的任务的话,则在此执行该项任务;

b. 初始化特定于用户的数据;

c. 设置查询和其他用户输入;

d. 进行样本处理;

e. 生成样本报告;

f. 从现行系统进行转换,可能涉及到新老系统并行运行;

g. 对用户手册中的过程作演练性运行。

5.x.3 数据更新过程

本条应分条描述安装期间要遵循的用户数据更新过程。如果数据更新过程与一般的处理过程相同,可以引用其他文档,如用户手册和本文档的第4章等。

6 注解

本章应包含有助于理解本文档的一般信息(例如背景信息、词汇表、原理)。本章应包含为理解本文档需要的术语和定义,所有缩略语和它们在文档中的含义的字母序列表。如果第5章已经扩展到第6至 n 章,则本章应编号为第 n 章的下一章。

附录

附录可用来提供那些为便于文档维护而单独出版的信息(例如图表、分类数据)。为便于处理,附录可单独装订成册。附录应按字母顺序(A,B等)编排。

7.5 软件移交计划(STrP)

说明:

1.《软件移交计划》(STrP)指出可交付软件的生存周期支持所需要的硬件、软件和其他资源。描述开发方向支持部门移交应交付项目的计划。
2. 仅当软件支持概念要求把责任从开发方移交到一个独立的支持方时,才需要制定STrP。STrP可供需方用来修改计算机资源生存期管理计划。

软件移交计划的正文的格式如下:

1 引言

本章分为以下几条。

1.1 标识

本条应包含本文档适用的系统和软件的完整标识,(若适用)包括标识号、标题、缩略词语、版本号和发行号。

1.2 系统概述

本条应简述本文档适用的系统和软件的用途,它应描述系统和软件的一般特性;概述系统开发、运行和维护的历史;标识项目的投资方、需方、用户、开发方和支持机构;标识当前和计划的运行现场;列出其他有关的文档。

1.3 文档概述

本条应概述本文档的用途和内容,并描述与其使用有关的保密性或私密性要求。

1.4 与其他计划之间的关系

(若有)本条应描述本计划和其他项目管理计划的关系。

2 引用文件

本章应列出本文档引用的所有文档的编号、标题、修订版本和日期,也应标识不能通过正常的供货渠道获得的所有文档的来源。

3 软件支持资源

本章应分条标识和描述为了支持可交付软件所需的资源。这些资源应包括为了控制、复制和分发软件和相应的文档所需的资源,以及说明、设计、实现、文档编制、测试、评估、控制、复制和分发软件修改所需的资源。

3.1　**设施**

本条应描述为了支持可交付软件所需的设施。这些设施包括:特殊的建筑、房间、实物模型、诸如升降地板或电缆的建筑特性、支持保密性和私密性需求的建筑特性(屏蔽层、地下室等)、支持安全性需求的建筑特性(烟雾报警器、安全灯等)和特殊的电源需求等。应描述每项的用途,(若适用)可包括图表。

3.2　**硬件**

本条应标识和描述为了支持可交付软件所需的硬件和相关文档。硬件包括:计算机、外围设备、硬件模拟器、激发器、仿真器、诊断设备和非计算机设备。描述内容应包括:

a.　具体的型号、版本与配置;

b.　选择该硬件的理由;

c.　(若适用)对用户/操作员手册的引用或每项的说明;

d.　标识出需方所提供的硬件和文档、应交付给支持机构的项目、支持机构已有的项目、支持机构必须得到的项目或其他的状态描述;

e.　如果硬件项目是必须要得到的,则要给出当前供货来源信息,包括硬件项目现在是否可获得和交付时是否为期望获得的;

f.　关于制造商提供支持、许可证和资料版权等信息,包括制造商在当前和在交付时能否提供支持,能否给予支持机构许可证和许可证的限期等都必须加以说明;

g.　保密性、私密性方面的考虑、限制或其他感兴趣的条款。

3.3　**软件**

本条应标识和描述为了支持可交付软件所需的软件和相关文档。软件包括:计算机辅助软件工程(CASE)工具、CASE 工具中的资料、编译程序、测试工具、测试数据、模拟器、仿真器、实用程序、配置管理工具、数据库和数据文件以及其他软件。描述内容应包括:

a.　(若适用的话)具体名称、标识号、版本号、发行号及配置;

b.　选择该软件的理由;

c.　(若适用)对用户/操作员手册的引用或每项的说明;

d.　标识出需方所提供的软件和文档、应交付给支持机构的项目、支持机构已有的项目、支持机构必须得到的项目或其他的状态描述;

e.　如果软件项目是必须要得到的,则要给出当前供货来源信息,包括软件项目现在是否可获得和交付时是否可期望获得的;

f.　关于制造商提供的支持、许可证、资料版权的信息,包括制造商在当前和在交付时能否提供支持,能否给予支持机构许可证和许可证的限期等都必须加以说明;

g.　保密性、私密性方面的考虑、限制或其他感兴趣的条款。

3.4　**其他文档**

本条应标识描述为了支持可交付软件所需的其他文档。例如,清单应包括可交付软件的计划、报告、研究材料、规格说明、设计说明、测试用例/测试过程、测试报告、用户/操作员手册和支持手册。本条应提供:

a.　(若适用)名称、标识号、版本号和发行号;

b.　清单中收入每个文档的理由;

c.　标识出需方所提供的文档、应交付给支持机构的项目、支持机构已有的项目、支持机构必须得到的项目或其他的状态描述;

d.　如果文档是必需要得到的,说明从哪里能得到它;

e. 有关许可证和资料版权的信息；

f. 保密性、私密性方面的考虑、限制或其他感兴趣的条款。

3.5 人员

本条应描述为了支持可交付软件所需的人员，包括预期的人员数量、技能和专长的类型和级别、涉密审查。(若适用)应以实际参与项目开发的人员为基础来估计所需的人员。

3.6 其他资源

本条应标识为了支持可交付软件所需的其他资源，包括磁带和磁盘等易耗品，估计所需资源的类型和数量。

3.7 各组成部分之间的相互关系

本条应标识前面各条所标识的各个组成部分之间的关系。可以用图表形式表示这些关系。

4 推荐的过程

本章应根据需要分条描述为了支持可交付软件和相关的支持环境，开发方希望向支持机构推荐的过程，包括建议和教训。

5 培训

本章应适当地分成若干条描述开发方培训支持人员使其能够支持可交付软件的计划。内容包括：

a. 培训的进度安排、期限和地点；

b. 描述课程培训和实习培训；

c. 规定的预备条件(直接或引用)：

1) 熟悉运行软件和目标计算机；

2) 熟悉支持软件和宿主系统。

6 预期的变更区域

本章应描述可交付软件预期的变更区域。

7 移交计划

本章应根据需要分条描述开发方把可交付软件移交给支持机构的计划。按以下内容描述：

a. 为向支持机构移交可交付软件而要执行的所有活动，这些活动可能包括计划/协调会议，要交付给支持机构的项的准备，软件支持环境的包装、运输、安装和检测，运行软件的包装、运输、安装和检测，以及支持人员的培训等；

b. 每项活动的角色和职责；

c. 执行移交活动所需的资源及这些资源的来源；

d. 实现移交活动的进度表和里程碑。进度表和里程碑必须与合同中的总进度一致；

e. 在支持环境中安装和检测可交付项的过程。

8 注解

本章应包含有助于理解本文档的一般信息(例如背景信息、词汇表、原理)。本章应包含为理解本文档需要的术语和定义，所有缩略语和它们在文档中的含义的字母序列表。

附录

附录可用来提供那些为便于文档维护而单独出版的信息(例如图表、分类数据)。为便于处理,附录可单独装订成册。附录应按字母顺序(A,B等)编排。

7.6 运行概念说明(OCD)

说明:

1.《运行概念说明》(OCD)从以下几方面描述一个建议的系统:说明它能满足用户什么需要,它与现有系统或过程的关系,以及它的使用方式等。

2. OCD旨在需方、开发方、支持方和用户代理之间对所建议的系统的运行机理取得共识。取决于使用的目的,OCD可专注于向开发者表述用户的需求;或专注于向用户或其他感兴趣的对象表达开发者的思路。术语"系统"也可理解为系统的一部分。

运行概念说明的正文的格式如下:

1 引言

本章应分为以下几条。

1.1 标识

本条应包含本文档适用系统和软件的完整标识,(若适用)包括标识号、标题、缩略词语、版本号和发行号。

1.2 系统概述

本条应简述本文档适用的系统和软件的用途。它应描述系统和软件的一般特性;概述系统开发、运行和维护的历史;标识项目的投资方、需方、用户、开发方和支持机构;标识当前和计划的运行现场;列出其他有关的文档。

1.3 文档概述

本条应概括本文档的用途和内容,并描述与它的使用有关的保密性或私密性要求。

2 引用文件

本章应列出本文档引用所有文档的编号、标题、修订版本和日期,本章也应标识不能通过正常的供货渠道获得的所有文档的来源。

3 现行系统或状态

本章分以下几条描述现行系统或状态。

3.1 背景、目标和范围

本条应描述现行系统或状态的背景、任务或目标和范围。

3.2 运作策略和约束

本条应描述适用于现行系统或状态的运作策略和约束。

3.3 现行系统或状态描述

本条应给出现行系统或状态的描述,标识出不同运行状态和方式的差异(例如:常规、维护、训练、降级、紧急事件和备选场点)。状态和方式之间的区别是任意的,可以仅按状态描述系统,也可以仅按方式、方式中的状态、状态中的方式或其他有用的方式描述系统。如果系统不是以多种状态和方式运行，本条应如实陈述，而不需要进行人为的区分。描述包括以下内容：

a. 运行环境及其特性；

b. 主要的系统部件及这些部件之间的互连；

c. 与外部系统或过程的接口；

d. 现行系统的能力/功能；

e. 描述输入、输出、数据流、手工和自动处理的图表和相应的说明，使用户能够充分理解现行系统和状态；

f. 性能特性，如：速度、吞吐量、容量和频率；

g. 质量属性，例如：可靠性、可维护性、可用性、灵活性、可移植性、易用性和有效性；

h. 安全性、保密性、私密性和紧急情况下运行连续性的规定。

3.4 用户或相关人员

本条应描述系统用户的类型或当前状态下所涉及到的人员（若适用），包括：组织结构、培训/技能、职责、活动及彼此之间的交互。

3.5 支持概念

本条应简述现行系统的支持概念，若适用于本文档，应包括：支持机构，设施，设备，支持软件，修复/替换准则，维护等级和周期，存储、分发和供应方法。

4 变更理由和种类

本章应分以下几条。

4.1 变更理由

本条应：

a. 描述需要新建或修改系统的用户需求、威胁、任务、目标、环境、接口、人员或其他因素的新的或修改的方面；

b. 简述现行系统或现状不能满足上述因素的不足和约束。

4.2 所需变更的说明

本条应简述能满足4.1中所标识因素的新建的或修改的能力/功能、处理、接口或其他所需的变更。

4.3 变更之间的优先级别

本条应指出所需变更之间优先级别。例如：把每个变更标识为本质的、期望的或可选的，对期望的和可选的变更给出优先级别。

4.4 考虑过但未纳入的变更

应指出曾考虑过，但未包含在4.2中的变更，说明未包括它们的理由。

4.5 假设和约束

对于适用于本章所标识的变更，本条应标识有关假设和约束。

5 新系统或修改后系统的概念

本章应分以下各条描述新系统或修改后系统。

5.1 背景、目标和范围

本条应描述新系统或修改后系统的背景、任务或目标和范围。

5.2 运行策略和约束

本条应描述适用于新系统或修改后系统的运行策略和约束。

5.3 新系统或修改后系统的描述

本条应提供对新系统或修改后系统的描述，标识出不同运行状态和方式的差异(例如：常规、维护、培训、降级、紧急事件、备选场点等)。状态和方式之间的区别是任意的，可以仅按状态描述系统，也可以仅按方式、方式中的状态、状态中的方式或其他有用的方式描述系统。如果系统的运行不是以多种状态和方式，本条应如实陈述，而不需要进行人为的区分。(若适用)描述包括以下的内容：

a. 运行环境及其特性；
b. 主要系统部件及这些部件之间的互连；
c. 与外部系统或过程的接口；
d. 新系统或修改后系统的能力/功能；
e. 描述输入、输出、数据流、手工和自动处理的图表和相应的说明，使用户能够充分理解新系统或修改后系统；
f. 性能特性，如：速度、吞吐量、容量和频率；
g. 质量属性，例如：可靠性、可维护性、可用性、灵活性、可移植性、易用性和有效性；
h. 安全性、保密性、私密性和紧急情况下运行连续性的规定。

5.4 用户/受影响人员

本条应描述新系统或修改后系统的用户类型，(若适用)包括：组织结构、培训技能、职责和相互之间的交互。

5.5 支持概念

本条应简述新系统或修改后系统的支持概念，(若适用)应包括：支持机构，设施，设备，支持软件，维修/更换标准，维护等级和周期，存储、分配和供应方法。

6 运行场景

本章应描述一个或几个运行场景，举例说明新系统或修改后系统的作用、与用户的交互、与其他系统的接口和为该系统标识的所有状态或方式。(若适用)场景应包括：事件、动作、触发器、信息和交互等。可以使用影像等其他媒体来提供这些信息中的部分或全部。

7 影响综述

本章应分以下几条。

7.1 操作方面的影响

本条应描述对用户、需方、开发方和支持机构的可预计的操作影响。这些影响包括：与计算机操作中心接口的变化；过程的变化；新数据源的使用；输入到系统中的数据在数量、类型和时序上的变化；数据保留需要的变化；以及在紧急情况等条件下新的运行方式。

7.2 组织影响

本条应描述对用户、需方、开发方和支持机构的可预计的组织影响。这些影响包括：职责的修改；职责或岗位的增加和撤销；培训或再培训的需要；在各种运行方式下人员在数量、技能级别、岗位标识和地点等方面的变化。

7.3 开发期间的影响

本条应描述在系统开发工作中对用户、需方、开发方和支持机构可预计的影响。这些影响包括：关于新系统的会议/讨论；数据库的开发和修改；培训；新系统和现有系统的并行运行；对新系统测试期间的影响以及帮助或监控开发所需的其他活动。

8 建议系统的分析

8.1 优点概述

本条应对新系统或修改后系统的优点提供定性和定量的总结，包括：新增的功能、增强的功能、改善的性能，(若适用)以及与在4.1中确认的缺陷的关系。

8.2 缺点/限制概述

本条应对新系统或修改后系统的缺点或约束进行定性和定量概述，包括：降级或缺少的功能；降级或达不到期望的性能；高于期望的计算机硬件资源的使用；出现了不想要的运行影响；与用户假设的冲突；其他的约束条件。

8.3 应考虑的变通和折衷

本条应标识和描述对系统或其特性应考虑的主要的变通办法，在其间所做的折衷以及作出决定的依据。

9 注解

本章应包含有助于理解本文档的一般信息(例如背景信息、词汇表、原理)。本章应包含为理解本文档所需要的术语和定义，所有缩略语和它们在文档中的含义的字母序列表。

附录

附录可用来提供那些为便于文档维护而单独出版的信息(例如图表、分类数据)。为便于处理，附录可单独装订成册。附录应按字母顺序(A，B等)编排。

7.7 系统/子系统需求规格说明(SSS)

说明：

1. 《系统/子系统需求规格说明》(SSS)为一个系统或子系统指定需求和指定保证每个需求得到满足所使用的方法。与系统或子系统外部接口相关的需求可在SSS中或在该SSS引用到的一个或多个《接口需求规格说明》(IRS)中给出。
2. 这个SSS，可能还要用《接口需求规格说明》(IRS)加以补充，是构成系统或子系统设计与合格性测试的基础。贯穿本文的术语“系统”，如果适用的话，也可解释为“子系统”。所形成的文档应冠名为“系统需求规格说明”或“子系统需求规格说明”。

系统/子系统需求规格说明的正文的格式如下：

1 引言

本章分为以下几条。

1.1 标识

本条应包含本文档适用的系统和软件的完整标识，(若适用)包括标识号、标题、缩略词语、版本号和发行号。

1.2 系统概述

本条应简述本文档适用的系统和软件的用途，它应描述系统和软件的一般特性；概述系统开发、操作和维护的历史；标识项目的投资方、需方、用户、开发方和支持机构；标识当前和计划中的运行现场；列出其他有关的文档。

1.3 文档概述

本条应概括本文档的用途和内容，并描述与其使用有关的保密性和私密性要求。

2 引用文件

本章应列出本文档所引用所有文档的编号、标题、修订版本和日期，本章也应标识不能通过正常的供货渠道获得的所有文档的来源。

3 需求

本章分条详述系统需求，是指功能、业务(包括接口、资源、性能、可靠性、安全性、保密性等)和数据需求。也就是，构成系统验收条件的系统特性。给每个需求指定项目唯一标识符以支持测试和可追踪性。并以一种可以定义客观测试的方式来陈述需求。对每个需求都应说明相关合格性方法(见第4章)，如果是子系统，则还要给出从该需求至系统需求的可追踪性(见5.a条)。描述的详细程度遵循以下规则：应包含构成系统验收条件的那些系统特性，需方愿意推迟到设计时留给开发方说明的那些特性。如果在给定条中没有需求可说明的话，应如实陈述。如果某个需求在多条中出现，可以只陈述一次而在其他条中引用之。

3.1 要求的状态和方式

如果要求系统在多种状态和方式下运行，且不同状态和方式具有不同的需求的话，则要标识和定义每一状态和方式。状态和方式的例子包括：空闲、就绪、活动、事后分析、训练、降级、紧急情况和后备等。状态和方式的区别是任意的，可以仅用状态描述系统，也可以仅用方式、方式中的状态、状态中的方式或其他有效的方式描述。如果不需要多个状态和方式，不需人为加以区分，应如实陈述；如果需要多个状态和/或方式，还应使本规格说明中的每个需求或每组需求与这些状态和方式相关联，关联可在本条或本条引用的附录中用表格或其他的方法表示，也可在需求出现的地方加以注解。

3.2 需求概述

3.2.1 系统总体功能和业务结构

描述系统总体功能和业务的结构。

3.2.2 硬件系统的需求

说明对硬件系统的需求。

3.2.3 软件系统的需求

说明对软件系统的需求。

3.2.4 接口需求

说明硬件系统和软件系统之间的接口。

3.3 系统能力需求

本条应分条详细描述与系统每一能力相关联的需求。“能力”被定义为一组相关的需求。可以用“功能”、“性能”、“主题”、“目标”或其他适合用来表示需求的词来替代“能力”。

3.3.x （系统能力）

本条应标识必需的每一系统能力，并详细说明与该能力有关的需求。如果该能力可以更清晰地分解成若干子能力，则应分条对子能力进行说明。该需求应指出所需的系统行为，包括适用的参数，如响应时间、吞吐时间、其他时限约束、序列、精度、容量(大小/多少)、优先级别、连续运行需求和基本运行条件下的允许的偏差；(若适用)需求还应包括在异常条件、非许可条件或越界条件下所需的行为，错误处理需求和任何为保证在紧急时刻运行的连续性而引入到系统中的规定。在确定与系统所接收的输入和系统所产生的输出有关的需求时，应考虑在本文档3.4.x给出要考虑的主题列表。

3.4 系统外部接口需求

本条应分条描述关于系统外部接口的需求(如有的话)。本条可引用一个或多个接口需求规格说明(IRS)或包含这些需求的其他文档。

3.4.1 接口标识和接口图

本条应标识所需的系统外部接口。(若适用)每个接口标识应包括项目唯一标识符,并应用名称、序号、版本和引用文件指明接口的实体(系统、配置项和用户等)。该标识应说明哪些实体具有固定的接口特性(因而要对这些接口实体强加接口需求),哪些实体正被开发或修改(从而接口需求已被施加于它们)。可用一个或多个接口图表来描述这些接口。

3.4.x (接口的项目唯一标识符)

本条(从3.4.2开始)应通过项目唯一标识符标识系统的外部接口,简单地标识接口实体,根据需要可分条描述为实现该接口而强加于系统的需求。该接口所涉及的其他实体的接口特性应以假设、或"当(未提到实体)这样做时,系统将……"的形式描述,而不描述为其他实体的需求。本条可引用其他文档(如:数据字典、通信协议标准和用户接口标准)代替在此所描述的信息。(若适用)需求应包括下列内容,它们以任何适合于需求的顺序提供,并从接口实体的角度说明这些特性的区别(如对数据元素的大小、频率或其他特性的不同期望):

a. 系统必须分配给接口的优先级别;

b. 要实现的接口的类型的需求(如:实时数据传送、数据的存储和检索等);

c. 系统必须提供、存储、发送、访问、接收的单个数据元素的特性,如:

1) 名称/标识符;

a) 项目唯一标识符;

b) 非技术(自然语言)名称;

c) 标准数据元素名称;

d) 技术名称(如代码或数据库中的变量或字段名称);

e) 缩写名或同义名;

2) 数据类型(字母数字和整数等);

3) 大小和格式(如:字符串的长度和标点符号);

4) 计量单位(如:米、元、秒);

5) 范围或可能值的枚举(如:0～99);

6) 准确度(正确程度)和精度(有效数字位数);

7) 优先级别、时序、频率、容量、序列和其他的约束条件,如:数据元素是否可被更新、业务规则是否适用;

8) 保密性和私密性的约束;

9) 来源(设置/发送实体)和接收者(使用/接收实体);

d. 系统必须提供、存储、发送、访问和接收的数据元素集合体(记录、消息、文件、数组、显示和报表等)的特性,如:

1) 名称/标识符;

a) 项目唯一标识符;

b) 非技术(自然语言)名称;

c) 技术名称(如代码或数据库的记录或数据结构);

d) 缩写名或同义名;

2) 数据元素集合体中的数据元素及其结构(编号、次序和分组);

3) 媒体(如盘)和媒体中数据元素/数据元素集合体的结构;

4) 显示和其他输出的视听特性(如:颜色、布局、字体、图标和其他显示元素、蜂鸣声和亮度等);

5) 数据元素集合体之间的关系。如排序/访问特性;

6) 优先级别、时序、频率、容量、序列和其他的约束条件，如：数据元素集合体是否可被修改、业务规则是否适用；
7) 保密性和私密性约束；
8) 来源(设置/发送实体)和接收者(使用/接收实体)；

e. 系统必须规定接口使用的通信方法所要求的特性。如：
1) 项目唯一标识符；
2) 通信链接/带宽/频率/媒体及其特性；
3) 消息格式化；
4) 流控制(如：序列编号和缓冲区分配)；
5) 数据传送速率，周期性/非周期性，传输间隔；
6) 路由、寻址和命名约定；
7) 传输服务，包括：优先级别和等级；
8) 安全性/保密性/私密性方面的考虑，如：加密、用户鉴别、隔离和审核等；

f. 系统必须规定接口使用的协议所要求的特性，如：
1) 项目唯一标识符；
2) 协议的优先级别/层次；
3) 组，包括：分段和重组、路由和寻址；
4) 合法性检查、错误控制和恢复过程；
5) 同步，包括：连接的建立、保持和终止；
6) 状态、标识、任何其他的报告特征；

g. 其他所需的特性，如：接口实体的物理兼容性(尺寸、公差、负荷、电压和接插件兼容性等)。

3.5 系统内部接口需求

本条应指明系统内部接口的需求。如果所有内部接口留到设计时或在系统成分的需求规格说明中规定，那么必须如实说明。如果实施这样的需求，则可考虑本文档的3.4列出的主题。

3.6 系统内部数据需求

本条应指明分配给系统内部数据的需求(若有)，包括对系统中数据库和数据文件的需求。如果所有有关内部数据的决策都留待设计时或留待系统部件的需求规格说明中给出，则需在此如实说明。如果要强加这种需求，则可考虑在本文档的3.4.x.c和3.4.x.d列出的主题。

3.7 适应性需求

(若有)本条应指明要求系统提供的、与安装有关的数据(如：现场的经纬度)和要求系统使用的、根据运行需要可能变化的运行参数(如：表示与运行有关的目标常量或数据记录的参数)。

3.8 安全性需求

(若有)本条应描述有关防止对人员、财产、环境产生潜在的危险或把此类危险减少到最低的系统需求，包括：危险物品使用的限制；为运输、操作和存储的目的而对爆炸物品进行分类；异常中止/异常出口规定；气体检测和报警设备；电力系统接地；排污；防爆(若适用)。描述还应包括有关系统核部件(若有)的需求，如：部件设计、意外爆炸的预防以及与核安全规则保持一致。

3.9 保密性和私密性需求

(若有)本条应指明维持保密性和私密性的系统需求，包括：系统运行的保密性/私密性环境、提供的保密性或私密性的类型和程度、系统必须经受的保密性/私密性的风险、减少此类危险所需的安全措施、系统必须遵循的保密性/私密性政策、系统必须提供的保密性/私密性审核以及保密性/私密性必须遵循的确认/认可准则。

3.10 操作需求

说明本系统在常规操作、特殊操作以及初始化操作和恢复操作等方面的要求。

3.11 可使用性、可维护性、可移植性、可靠性和安全性需求

说明本系统在可使用性、可维护性、可移植性、可靠性和安全性等方面的要求。

3.12 故障处理需求

说明本系统在发生可能的软硬件故障时，对故障处理的要求。

3.12.1 软件系统出错处理

说明属于软件系统的问题；

给出发生错误时的错误信息；

说明发生错误时可能采取的补救措施。

3.12.2 硬件系统冗余措施的说明

说明哪些问题可以由硬件设计解决，并提出可采取的冗余措施；

对硬件系统采取的冗余措施加以说明。

3.13 系统环境需求

（若有）本条应指明系统运行必须的与环境有关的需求。对软件系统而言，运行环境包括支持系统运行的计算机硬件和操作系统（其他有关计算机资源方面的需求在下条描述）。对硬软件系统而言，运行环境包括系统在运输、存储和操作过程中必须经受的环境条件，如：自然环境条件（风、雨、温度、地理位置）、诱导环境（运动、撞击、噪音、电磁辐射）和对抗环境（爆炸、辐射）。

3.14 计算机资源需求

本条应分条进行描述。根据系统性质，在以下各条中所描述的计算机资源应能够组成系统环境（对应软件系统）或系统部件（对应硬软件系统）。

3.14.1 计算机硬件需求

本条应描述系统使用的或引入到系统中的计算机硬件需求，（若适用）包括：各类设备的数量、处理器、存储器、输入/输出设备、辅助存储器、通信/网络设备、其他所需的设备的类型、大小、能力（容量）及其他所要求的特征。

3.14.2 计算机硬件资源利用需求

本条应描述系统的计算机硬件资源利用方面的需求，如：最大许可使用的处理器能力、存储器容量、输入/输出设备能力、辅助存储器容量和通信/网络设备能力。这些要求（如每个计算机硬件资源能力的百分比）还包括测量资源时所要求具备的条件。

3.14.3 计算机软件需求

本条应描述系统必须使用或引入系统的计算机软件的需求，例如包括：操作系统、数据库管理系统、通信/网络软件、实用软件、输入和设备模拟器、测试软件和生产用软件。必须提供每个软件项的正确名称、版本和引用文件。

3.14.4 计算机通信需求

本条应描述系统必须使用的或引入系统的计算机通信方面的需求，例如包括：连接的地理位置、配置和网络拓扑结构、传输技术、数据传输速率、网关、要求的系统使用时间、传送/接收数据的类型和容量、传送/接收/响应的时间限制、数据的峰值和诊断功能。

3.15 系统质量因素

（若有）本条应描述系统质量因素方面的需求，例如包括：系统的功能性（实现全部所需功能的能力）、可靠性（产生正确、一致结果的能力.....如设备故障的平均间隔时间）、可维护性（易于服务、修改、更正的能力）、可用性（需要时进行访问和操作的能力）、灵活性（易于适应需求变化的能力）、软件可移植性（易于适应新环境变化的能力）、可重用性（在多个应用中使用的能力）、可测试性（易于充分测试的能力）、易用性（易于学习和使用的能力）和其他属性等的定量需求。

3.16 设计和构造的约束

(若有)本条应描述约束系统设计和构造的那些需求。对硬软件系统而言，本条应包括强加于系统的物理需求，这些需求可通过引用适当的商用标准和规范来指定。需求包括：

a. 特殊系统体系结构的使用或对体系结构方面的需求，例如：需要的子系统；标准部件、现有部件的使用；政府/需方提供的资源(设备、信息、软件)的使用；

b. 特殊设计或构造标准的使用；特殊数据标准的使用；特殊编程语言的使用；工艺需求和生产技术；

c. 系统的物理特性(如：重量限制、尺寸限制、颜色、保护罩)；部件的可交换性；从一地运输到另一地的能力；由单人或一组人携带或架设的能力；

d. 能够使用和不能使用的物品；处理有毒物品的需求以及系统产生电磁辐射的允许范围；

e. 铭牌、部件标记、系列号和批次号的标记、其他标识标记的使用；

f. 为支持在技术、威胁和任务等方面预期的增长和变化而必须提供的灵活性和可扩展性。

3.17 相关人员需求

(若有)本条应描述与使用或支持系统的人员有关的需求，包括人员的数量、技术等级、责任期、培训需求、其他的信息，如：所提供的工作站数量、内在帮助和培训能力的需求；(若有)还应包括强加于系统的人力行为工程需求。这些需求包括对人员在能力与局限性方面的考虑；在正常和极端条件下可预测的人为错误；人为错误造成严重影响的特定区域，例如对高度可调的工作站、错误消息的颜色和持续时间、关键指示器或键的物理位置以及听觉信号的使用需求。

3.18 相关培训需求

(若有)本条应描述有关培训方面的系统需求。包括：系统中应包括的培训设备和培训材料。

3.19 相关后勤需求

(若有)本条应描述有关后勤方面的系统需求，包括：系统维护、软件支持、系统运输方式、补给系统要求、对现有设施的影响、对现有设备的影响。

3.20 其他需求

(若有)本条应描述在以上各条中没有涉及到的其他系统需求，包括在其他合同文件中没有涉及的系统文档的需求，如：规格说明、图表、技术手册、测试计划和测试过程以及安装指导材料。

3.21 包装需求

(若有)本条应描述需交付的系统及其部件在包装、加标签和处理方面的需求。(如适用)可引用适当的规范和标准。

3.22 需求的优先次序和关键程度

(若适用)本条应给出本规格说明中需求的、表明其相对重要程度的优先顺序、关键程度或赋予的权值，如：标识出那些认为对安全性、保密性或私密性起关键作用的需求，以便进行特殊的处理。如果所有需求具有相同的权值，本条应如实陈述。

4 合格性规定

本章定义一组合格性方法，对于第3章中每个需求，指定为了确保需求得到满足所应使用的方法。可以用表格形式表述该信息，也可以在第3章的每个需求中注明要使用的方法。合格性方法包括：

a. 演示：依赖于可见的功能操作，直接运行系统或系统的一部分而不需要使用仪器、专用测试设备或进行事后分析。

b. 测试：使用仪器或其他专用测试设备运行系统或系统的一部分，以便采集数据供事后分析使用。

c. 分析：对从其他合格性方法中获得的积累数据进行处理，例如测试结果的归约、解释或推断。

d. 审查：对系统部件、文档等进行可视化检查。

e. 特殊的合格性方法。系统的任何特殊合格性方法，如：专用工具、技术、过程、设施、验收限制、标准样例的使用和生成等。

5 需求可追踪性

对系统级的规格说明，本章不适用；对子系统级的规格说明，本章应包括：

a. 从本规格说明中每个子系统需求到其涉及的系统需求的可追踪性。（该可追踪性也可以通过对第3章中的每个需求进行注释的方法加以描述。）

注：每一层次的系统改进可能导致对更高层次的需求不能直接进行追踪。例如：建立两个子系统的系统体系结构设计可能会产生有关子系统接口的需求，而这些接口需求在系统需求中并没有被覆盖，这样的需求可以被追踪到诸如“系统实现”这样的一般需求，或被追踪到导致它们产生的系统设计决策上。

b. 从分配给被本规格说明所覆盖的子系统的每个系统需求到所涉及的子系统需求的可追踪性。分配给子系统的所有系统需求都应加以说明。追踪到接口需求规格说明（IRS）中所包含的子系统需求时，可引用IRS。

6 非技术性需求

本章应包括：

a. 交付日期；

b. 里程碑点。

7 尚未解决的问题

如需要，可说明系统需求中的尚未解决的遗留问题。

8 注解

本章应包含有助于理解本文档的一般信息（例如背景信息、词汇表、原理）。本章应包含为理解本文档所需要的术语和定义，所有缩略语和它们在文档中的含义的字母序列表。

附录

附录可用来提供那些为便于文档维护而单独出版的信息（例如图表、分类数据）。为便于处理，附录可单独装订成册。附录应按字母顺序（A，B等）编排。

7.8 接口需求规格说明（IRS）

说明：

1. 《接口需求规格说明》（IRS）描述为实现一个或多个系统、子系统、硬件配置项HWCI、计算机软件配置项CSCI、手工操作、其他系统部件之间的一个或多个接口，而强加在这些实体上的需求。
2. 这个IRS，还可以被用来补充《系统/子系统需求规格说明》（SSS）及《软件需求规格说明》（SRS），作为系统和CSCI设计与合格性测试的基础。

接口需求规格说明的正文的格式如下：

1 引言

本章分为以下几条。

1.1 标识

本条应包含本文档适用的系统接口实体和接口的完整标识，(若适用)包括标识号、标题、缩略词语、版本号和发行号。

1.2 系统概述

本条应简述本文档适用的系统和软件的用途，它应描述系统和软件的一般特性；概述系统开发、运行和维护的历史；标识项目的投资方、需方、用户、开发方和支持机构；标识当前和计划的运行现场；列出其他有关的文档。

1.3 文档概述

本条应概述本文档的用途和内容，并描述本文档使用过程中有关保密性或私密性要求。

2 引用文件

本章应列出本文档引用的所有文档的编号、标题、修订版本和日期，本章也应标识不能通过正常的供货渠道获得的所有文档的来源。

3 需求

本章应分以下几条详细说明为实现一个或多个系统、子系统、配置项、手工操作、其他系统部件之间的一个或多个接口而强加在这些实体上的需求。应为每个需求指定一个项目唯一标识符以支持测试和可追踪性，并且应以一种可以定义客观测试的方式来陈述需求。如果每个需求有关的合格性方法(见第4章)和对系统(或子系统)需求的可追踪性(见5.a条)在相应的章中没有提供的话，则应在此进行注解。描述的详细程度应遵循以下规则：包含作为接口实体的验收条件的那些接口实体特性；需方愿意推迟到设计时留给开发方处理的那些接口实体特性。如果某个需求在多条中出现，可以只陈述一次，而在其他条中加以引用。如果本说明中的接口实体要在彼此有着不同接口需求的状态和/或方式下运行的话，则该实体的每个需求或每组需求应与那些状态和方式相关联，该关联可以在本条或本条引用的附录中用表格或其他方法给出；也可以在需求出现的地方加以注解。

3.1 接口标识和接口图

对于本文档1.1中标识的每个接口，本条应包含项目唯一标识符，(若适用)并应用名字、编号、版本、文档引用指明接口实体(系统、配置项、用户等)。该标识应说明哪些实体具有固定的接口特性(因而要对这些接口实体强加接口需求)，哪些实体正被开发或修改(从而接口需求已被施加于它们)。可用一个或多个接口图来描述这些接口。

3.x (接口的项目唯一标识符)

本条(从3.2开始编号)应通过项目唯一标识符标识接口，应简要标识接口实体，并应根据需要划分为几条描述为实现该接口而强加于一个或多个接口实体的需求。如果某个实体的接口特性本文没有提及，但是需要在描述本文所包含的接口实体时提到，则这些特性应以假设、或“当[未提及实体]这样做时，[正在描述的实体]将……”的形式描述，而不是描述成本文未提及实体的需求。本条可引用其他文档(例如数据字典、协议标准、用户接口标准)代替本条的描述信息。(若适用)本需求应包括以下内容，它们可以任何适合于需求的顺序提供，并且应从接口实体角度指出这些特性之间的区别(例如数据元素的大小、频率或其他特性的不同期望)：

a. 接口实体必须分配给接口的优先级别；

b. 要实现的接口的类型的需求(如：实时数据传送、数据的存储和检索等)；

c. 接口实体必须提供、存储、发送、访问和接收的单个数据元素的特性，如：

1） 名称/标识符；

a） 项目唯一标识符；

b） 非技术（自然语言）名称；

c） 标准数据元素名称；

d） 技术名称（如代码或数据库中的变量或字段名称）；

e） 缩写名或同义名；

2） 数据类型（字母数字、整数等）；

3） 大小和格式（如：字符串的长度和标点符号）；

4） 计量单位（如：米、元、纳秒）；

5） 范围或可能值的枚举（如：0～99）；

6） 准确度（正确程度）和精度（有效数字位数）；

7） 优先级别、时序、频率、容量、序列和其他的约束条件，如：数据元素是否可被更新、业务规则是否适用；

8） 保密性和私密性的约束；

9） 来源（设置/发送实体）和接收者（使用/接收实体）；

d. 接口实体必须提供、存储、发送、访问和接收的数据元素集合体（记录、消息、文件、显示和报表等）的特性，如：

1） 名称/标识符；

a） 项目唯一标识符；

b） 非技术（自然语言）名称；

c） 技术名称（如代码或数据库的记录或数据结构）；

d） 缩写名或同义名；

2） 数据元素集合体中的数据元素及其结构（编号、次序、分组）；

3） 媒体（如盘）和媒体中数据元素/数据元素集合体的结构；

4） 显示和其他输出的视听特性（如：颜色、布局、字体、图标和其他显示元素、蜂鸣声和亮度等）；

5） 数据元素集合体之间的关系。如排序/访问特性；

6） 优先级别、时序、频率、容量、序列和其他的约束条件，如：数据元素集合体是否可被修改、业务规则是否适用；

7） 保密性和私密性约束；

8） 来源（设置/发送实体）和接收者（使用/接收实体）；

e. 接口实体必须为接口使用通信方法的特性。如：

1） 项目唯一标识符；

2） 通信链接/带宽/频率/媒体及其特性；

3） 消息格式化；

4） 流控制（如：序列编号和缓冲区分配）；

5） 数据传送速率，周期性/非周期性，传输间隔；

6） 路由、寻址和命名约定；

7） 传输服务，包括：优先级别和等级；

8） 安全性/保密性/私密性方面的考虑，如：加密、用户鉴别、隔离和审核等；

f. 接口实体必须为接口使用协议的特性，如：

1） 项目唯一标识符；
2） 协议的优先级别/层次；
3） 分组，包括：分段和重组、路由和寻址；
4） 合法性检查、错误控制和恢复过程；
5） 同步，包括：连接的建立、保持和终止；
6） 状态、标识、任何其他的报告特征；

g. 其他所需的特性，如：接口实体的物理兼容性（大小、容限、负荷、电压和接插件兼容性等）。

3.y 需求的优先顺序和关键程度

本条应编号为第3章的最后一条，（若适用）应给出本规格说明中需求的、表明其相对重要程度的优先顺序、关键程度或赋予的权值，如：标识出那些认为对安全性、保密性或私密性起关键作用的需求，以便进行特殊的处理。如果所有需求具有相同的权值，本条应如实描述。

4 合格性规定

本章定义一组合格性方法，并应对第3章中每个需求指定为了确保需求得到满足所应使用的方法。可以用表格形式提供该信息，也可以在第3章的每个需求中注明其使用方法。合格性方法包括：

a. 演示：依赖于可见的功能操作，直接运行接口实体而不需要使用仪器、专用测试设备或进行事后分析；
b. 测试：使用仪器或其他专用测试设备运行接口实体为以后的分析收集数据；
c. 分析：对从其他合格性方法中获得的积累数据进行处理，例如测试结果的归约、解释或推论；
d. 审查：对接口实体、文档等进行可视化检查；
e. 特殊的合格性方法：任何应用到接口实体的特殊合格性方法，如：专用工具、技术、过程、设施和验收限制。

5 需求可追踪性

本章不适用于系统级的接口实体。对本文中的子系统级或更低级的接口实体，本章应包括：

a. 从强加于本规格说明中实体上的每个需求到它所涉及的系统（或子系统）需求的可追踪性。（该可追踪性也可以通过对第3章中的每个需求进行注释的方法加以描述）；

注：每个层次的系统细化都可能导致对更高层次的需求不能直接进行追踪。例如：建立多个CSCI的系统体系结构设计可能会产生有关CSCI如何接口的需求，即使在系统需求中没有覆盖这些接口。这样的需求可被追踪到诸如“系统实现”这样的一般需求，或被追踪到导致它们产生的系统设计决策上。

b. 从分配给接口实体的并影响本规格说明中某个接口的每个系统（或子系统）需求，到本规格说明中涉及它的接口需求的可追踪性。

6 注解

本章应包含有助于理解本文档的一般信息（例如背景信息、词汇表、原理）。本章应包含为理解本文档需要的术语和定义，所有缩略语和它们在本文档中的含义的字母序列表。

附录

附录可用来提供那些为便于文档维护而单独出版的信息（例如图表、分类数据）。为便于处理，附录可单独装订成册。附录应按字母顺序（A，B等）编排。

7.9 系统/子系统设计(结构设计)说明(SSDD)

说明:

1.《系统/子系统设计(结构设计)说明》(SSDD)描述了系统或子系统的系统级或子系统级设计与体系结构设计。SSDD可能还要用《接口设计说明》(IDD)和《数据库(顶层)设计说明》(DBDD)加以补充。

2. SSDD连同相关的IDD和DBDD是构成进一步系统实现的基础。贯穿本文的术语"系统"如果适用的话,也可解释为"子系统"。所形成的文档应冠名为"系统设计说明"或"子系统设计说明"。

系统/子系统设计(结构设计)说明的正文的格式如下:

1 引言

本章分为以下几条。

1.1 标识

本条应包含本文档适用的系统和软件的完整标识,(若适用)包括标识号、标题、缩略词语、版本号和发布号。

1.2 系统概述

本条应简述本文档适用的系统和软件的用途,它应包括:描述系统和软件的一般特性;概述系统开发、运行和维护的历史;标识项目的投资方、需方、用户、开发方和支持机构;标识当前和计划中的运行现场;列出其他有关的文档。

1.3 文档概述

本条应概述本文档的用途和内容,并描述与其使用有关的保密性或私密性要求。

1.4 基线

说明编写本系统设计说明书依据的设计基线。

2 引用文件

本章应列出本文档引用的所有文档的编号、标题、修订版本和日期,也应标识不能通过正常的供货渠道获得的所有文档的来源。

3 系统级设计决策

本章可根据需要分条描述系统级设计决策,即系统行为的设计决策(忽略其内部实现,从用户角度出发,描述系统将怎样运转以满足需求,)和其他对系统部件的选择和设计产生影响的决策。如果所有这些决策在需求中明确指出或推迟到系统部件的设计时给出的话,本章应如实陈述。对应于指定为关键性需求(如安全性、保密性和私密性需求)的设计决策应在单独的条中描述。如果设计决策依赖于系统状态或方式,应指明这种依赖关系。应给出或引用为理解这些设计所需要的设计约定。系统级设计决策例子如下:

a. 有关系统接收的输入和产生的输出的设计决策,包括与其他系统、配置项和用户的接口(在4.3.x标识了在本文档中所要考虑的主题)。如果接口设计说明(IDD)中给出部分或全部该类信息,在此可以引用;

b. 对每个输入或条件进行响应的系统行为的设计决策,应包括:系统执行的动作、响应时间和其他性能特性、被模式化的物理系统的描述、所选择的方程式/算法/规则、对不允许的输入或条件的处理;

c. 系统数据库/数据文件如何呈现给用户的设计决策(在 4.3.x 标识了本文档中所要考虑的主题)。如果数据库(顶层)设计说明(DBDD)中给出部分或全部该类信息,在此可以引用;

d. 为满足安全性、保密性和私密性需求所选用的方法;

e. 硬件或硬软件系统的设计和构造选择。如:物理尺寸、颜色、形状、重量、材料和标志;

f. 为了响应需求而作出的其他系统级设计决策,如为提供所需的灵活性、可用性和可维护性而选择的方法。

4 系统体系结构设计

本章分条描述系统体系结构设计。如果设计的部分或全部依赖于系统状态或方式,应指明这种依赖关系。如果设计信息在多条中出现,可以只描述一次,而在其他条加以引用。也需指出或引用为理解这些设计所需的设计约定。

注:为简明起见,本章的描述是把一个系统直接组织成由硬件配置项(HWCI)、计算机软件配置项(CSCI)、手工操作所组成,但应解释为它涵盖了把一个系统组织成子系统,子系统被组织成由 HWCI、CSCI、手工操作组成,或其他适当变种的情况。

4.1 系统总体设计

4.1.1 概述

4.1.1.1 功能描述

参考本系统的《系统/子系统需求规格说明》,说明对本系统要实现的功能、性能(包括:响应时间、安全性、兼容性、可移植性、资源使用等)要求。

4.1.1.2 运行环境

参考本系统的《系统/子系统需求规格说明》,简要说明对本系统的运行环境(包括硬件环境和支持环境)的规定。

4.1.2 设计思想

4.1.2.1 系统构思

说明本系统设计的系统构思。

4.1.2.2 关键技术与算法

简要说明本系统设计采用的关键技术和主要算法。

4.1.2.3 关键数据结构

简要说明本系统实现中的最主要的数据结构。

4.1.3 基本处理流程

4.1.3.1 系统流程图

用流程图表示本系统的主要控制流程和处理流程。

4.1.3.2 数据流程图

用数据流程图表示本系统的主要数据通路,并说明处理的主要阶段。

4.1.4 系统体系结构

4.1.4.1 系统配置项

说明本系统中各配置项(子系统、模块、子程序和公用程序等)的划分,简要说明每个配置项的标识符和功能等(用一览表和框图的形式说明)。

4.1.4.2 系统层次结构

分层次地给出各个系统配置项之间的控制与被控制关系。

4.1.4.3 系统配置项设计

确定每个系统配置项的功能。若是较大的系统,可以根据需要对系统配置项作进一步的划分及设计。

4.1.5 功能需求与系统配置项的关系

说明各项系统功能的实现同各系统配置项的分配关系(最好用矩阵图的方式)。

4.1.6 人工处理过程

说明在本系统的运行过程中包含的人工处理过程(若有的话)。

4.2 系统部件

本条应:

a. 标识所有系统部件(HWCI、CSCI、手工操作),应为每个部件指定一个项目唯一标识符。

注:数据库可作为一个 CSCI 或 CSCI 的一部分进行处理。

b. 说明部件之间的静态(如组成)关系。根据所选择的设计方法学,可能会给出多重关系。

c. 陈述每个部件的用途,并标识部件相对应的系统需求和系统级设计决策(作为一种变通,可在 9.a 中给出需求的分配)。

d. 标识每个部件的开发状态/类型,如果已知的话(如新开发的部件、对已有部件进行重用的部件、对已有设计进行重用的部件、再工程的已有设计或部件、为重用而开发的部件和计划用于第 N 开发阶段的部件等等),对已有的设计或部件,此描述应提供诸如名称、版本、文档引用、地点等标识信息。

e. 对被标识用于该系统的每个计算机系统或其他计算机硬件资源的集合,描述其计算机硬件资源(如处理器、存储器、输入/输出设备、辅存器、通信/网络设备)。(若适用)每一描述应标识出使用资源的配置项,对使用资源的每个 CSCI 说明资源使用分配情况(如分配给 CSCI1 20%的资源、给 CSCI2 30%的资源),说明在什么条件下测量资源的使用情况,说明资源特性;

1) 计算机处理器描述,(若适用)应包括:制造商名称和型号、处理器速度/能力、指令集体系结构、适用的编译程序、字长(每个计算机字的位数)、字符集标准(如 GB 2312、GB 18030等)和中断能力等;

2) 存储器描述,(若适用)应包括:制造商名称和型号,存储器大小、类型、速度和配置(如:256K 高速缓冲存储器、16MB RAM(4MBx4));

3) 输入/输出设备描述,(若适用)应包括:制造商名称和型号、设备类型和设备的速度或能力;

4) 外存描述,(若适用)应包括:制造商名称和型号、存储器类型、安装存储器的数量、存储器速度;

5) 通信/网络设备,(若适用)诸如:调制解调器、网卡、集线器、网关、电缆、高速数据线以及这些部件或其他部件的集合体的描述。(若适用)应包括:制造商名称和型号、数据传送速率/能力、网络拓扑结构、传输技术、使用的协议;

6) (若适用)每个描述也应包括:增长能力、诊断能力以及与本描述相关的其他的硬件能力。

f. 给出系统的规格说明树,即:用一个图来标识和说明系统部件已计划的规格说明之间的关系。

4.3 执行概念

本条应描述系统部件之间的执行概念。用图示和说明表示部件之间的动态关系,即系统运行期间它们是如何交互的,(若适用)包括:执行控制流,数据流,动态控制序列,状态转换图,时序图,部件的优先级别,中断处理,时序/序列关系,异常处理,并发执行,动态分配/去分配,对象、进程、任务的动态创建/删除,以及动态行为的其他方面。

4.4 接口设计

本条应分条描述系统部件的接口特性，它应包括：部件之间的接口及它们与外部实体（如：其他系统、配置项、用户）之间的接口。

注：本层不需要对这些接口进行完全设计：提供本条的目的是为了把他们作为系统体系结构设计的一部分所做的接口设计决策记录下来。如果在接口设计说明（IDD）或其他文档中含有部分或全部的该类信息，可以加以引用。

4.4.1 接口标识和图表

本条用项目唯一标识符标识每个接口，（若适用）并用名称、编号、版本、文档引用来指明接口实体（如：系统、配置项、用户等）。该标识应叙述哪些实体具有固定接口特性（从而要把接口需求强加给接口实体）、哪些实体正被开发或修改（因而已把接口需求强加于它们）。应提供一个或多个接口图表来描述这些接口。

4.4.x （接口的项目唯一标识符）

本条（从4.4.2开始）应用项目唯一标识符标识接口，简要描述接口实体，并根据需要可分条描述接口实体单方或双方的接口特性。如果某个接口实体不在本文中（如，一个外部系统），但其接口特性需要在描述本文叙述的接口实体时提到，则这些特性应以假设、或"当[未提到实体]这样做时，[本文提及的实体]将……"的形式描述。本条可引用其他文档（例如数据字典、协议标准和用户接口标准）代替本条的描述信息。（若适用）本设计说明应包括以下内容，它们可以任何适合于要提供的信息的顺序给出，并且应从接口实体角度指出这些特性之间的区别（例如数据元素的大小、频率或其他特性的不同期望）：

a. 接口实体分配给接口的优先级别；

b. 要实现的接口的类型（如：实时数据传送、数据的存储和检索等）；

c. 接口实体将提供、存储、发送、访问和接收的单个数据元素的特性，如：

1） 名称/标识符：

a） 项目唯一标识符；

b） 非技术（自然语言）名称；

c） 标准数据元素名称；

d） 技术名称（如代码或数据库中变量或字段名称）；

e） 缩写名或同义名；

2） 数据类型（字母数字字符、整数等）；

3） 大小和格式（如：字符串长度和标点符号）；

4） 计量单位（如：米、元、纳秒）；

5） 范围或可能值的枚举（如：0～99）；

6） 准确度（正确程度）和精度（有效数字位数）；

7） 优先级别、时序、频率、容量、序列和其他约束，如：数据元素是否可被更新、业务规则是否适用；

8） 保密性和私密性约束；

9） 来源（设置/发送实体）和接收者（使用/接收实体）。

d. 接口实体必须提供、存储、发送、访问、接收的数据元素集合体（记录、消息、文件、数组、显示、报告等）的特性，如：

1） 名称/标识符；

a） 供追踪用的项目唯一标识符；

b） 非技术（自然语言）名称；

c） 技术名称（如代码或数据库的记录或数据结构）；

d） 缩写名或同义名；

2) 数据元素集合体中的数据元素及其结构(编号、次序和分组);

3) 媒体(如盘)和媒体中数据元素/集合体的结构;

4) 显示和其他输出的视听特性(如:颜色、版面设计、字体、图和其他显示元素、蜂鸣声以及亮度);

5) 数据元素集合体之间的关系。如排序/访问特性;

6) 优先级别、时序、频率、容量、序列和其他约束,如:集合体是否可被修改、业务规则是否适用;

7) 保密性和私密性约束;

8) 来源(设置/发送实体)和接收者(使用/接收实体)。

e. 接口实体为该接口使用通信方法的特性。如:

1) 项目唯一标识符;

2) 通信链路/带宽/频率/媒体及其特性;

3) 消息格式化;

4) 流控制(如:序列编号和缓冲区分配);

5) 数据传送速率,周期性/非周期性和传输间隔;

6) 路由、寻址和命名约定;

7) 传输服务,包括:优先级别和等级;

8) 安全性/保密性/私密性方面的考虑,如:加密、用户鉴别、隔离和审核。

f. 接口实体为该接口使用协议的特性,如:

1) 项目唯一标识符;

2) 协议的优先级别/层次;

3) 分组,包括:分段和重组、路由和寻址;

4) 合法性检查、错误控制和恢复过程;

5) 同步,包括:连接的建立、保持、终止;

6) 状态、标识和其他的报告特征。

g. 其他所需的特性,如:接口实体的物理兼容性(尺寸、容限、负荷、电压和接插件兼容性等)。

5 运行设计

5.1 系统初始化

说明本系统的初始化过程。

5.2 运行控制

a. 说明对系统施加不同的外界运行控制时所引起的各种不同的运行模块组合,说明每种运行所历经的内部模块和支持软件;

b. 说明每一种外界运行控制的方式方法和操作步骤;

c. 说明每种运行模块组合将占用各种资源的情况;

d. 说明系统运行时的安全控制。

5.3 运行结束

说明本系统运行的结束过程。

6 系统出错处理设计

6.1 出错信息

包括出错信息表、故障处理技术等。

6.2 补救措施

说明故障出现后可能采取的补救措施。

7 系统维护设计

说明为了系统维护的方便，在系统内部设计中作出的安排。

7.1 检测点的设计

说明在系统中专门安排用于系统检查与维护的检测点。

7.2 检测专用模块的设计

说明在系统中专门安排用于系统检查与维护的专用模块。

8 尚待解决的问题

说明在本设计中没有解决而系统完成之前应该解决的问题。

9 需求的可追踪性

本章应包括：

a. 从本文中所标识的系统部件到其被分配的系统需求之间的可追踪性。（该可追踪性也可在4.2中提供）；

b. 从系统需求到其被分配给的系统部件之间的可追踪性。

10 注解

本章应包含有助于理解本文档的一般信息（例如背景信息、词汇表、原理）。本章应包含为理解本文档需要的术语和定义，所有缩略语和它们在文档中的含义的字母序列表。

附录

附录可用来提供那些为便于文档维护而单独出版的信息（例如图表、分类数据）。为便于处理，附录可单独装订成册。附录应按字母顺序（A，B等）编排。

7.10 接口设计说明（IDD）

说明：

1.《接口设计说明》（IDD）描述了一个或多个系统或子系统、硬件配置项HWCI、计算机软件配置项CSCI、手工操作或其他系统部件的接口特性。一个IDD可以说明任何数量的接口。

2. IDD可用于补充《系统/子系统设计（结构设计）说明》（SSDD）、《软件（结构）设计说明》（SDD）和《数据库（顶层）设计说明》（DBDD）。IDD及其相伴的《接口需求规格说明》（IRS）用于沟通和控制接口的设计决策。

接口设计说明的正文的格式如下：

1 引言

本章应分以下几条。

1.1 标识

本条应包含本文档适用的系统、接口实体和接口的完整标识，（若适用）包括标识号、标题、缩略词语、版本号、发行号。

1.2 **系统概述**

本条应简述本文档适用的系统和软件的用途。它应描述系统与软件的一般性质；概述系统开发、运行和维护的历史；标识项目的投资方、需方、用户、开发方和支持机构；标识当前和计划的运行现场；并列出其他有关文档。

1.3 **文档概述**

本条应概括本文档的用途与内容，并描述与其使用有关的保密性或私密性要求。

1.4 **基线**

说明编写本系统设计说明书所依据的设计基线。

2 引用文件

本章应列出本文档引用的所有文档的编号、标题、修订版本和日期。本章也应标识不能通过正常的供货渠道获得的所有文档的来源。

3 接口设计

本章应分条描述一个或多个系统、子系统、配置项、手工操作和其他系统部件的接口特性。如果设计的部分或全部依赖于系统状态或方式，则应指出这种依赖性。如果设计信息在多条中出现，则可只描述一次，而在其他条加以引用。如果此信息的部分或全部在别处提供，则此处可以引用。应给出或引用为了理解设计所需的设计约定。

3.1 **接口标识和接口图**

对于1.1中所标识的每个接口，本条应陈述赋予该接口的项目唯一标识符，(若适用)并用名字、编号、版本和文档引用等标识接口实体(系统、配置项、用户等)。该标识应说明哪些实体具有固定的接口特性(因而要对这些接口实体强加接口需求)，哪些实体正被开发或修改(从而已将接口需求施加于它们)。(若适用)可用一个或多个接口图来描述这些接口。

3.x **(接口的项目唯一标识符)**

本条(从3.2开始编号)应通过项目唯一标识符标识接口，应简要标识接口实体，并且应根据需要划分为几条描述接口实体的单方或双方的接口特性。如果一给定的接口实体本文没有提及(例如，一个外部系统)，但是其接口特性需要在本文描述的接口实体时提到，则这些特性应以假设、或“当[未提到实体]这样做时，[被提到的实体]将……”的形式描述。本条可引用其他文档(例如数据字典、协议标准、用户接口标准)代替本条的描述信息。(若适用)本设计说明应包括以下内容，它们可按适合于要提供的信息的任何次序给出，并且应从接口实体角度指出这些特性之间的区别(例如数据元素的大小、频率或其他特性的不同期望)。

a. 接口实体分配给接口的优先级别；

b. 要实现的接口的类型(如：实时数据传送、数据的存储和检索等)；

c. 接口实体必须提供、存储、发送、访问、接收的单个数据元素的特性，如：

  1) 名称/标识符；

    a) 项目唯一标识符；

    b) 非技术(自然语言)名称；

    c) 标准数据元素名称；

    d) 技术名称(如代码或数据库中的变量或字段名称)；

    e) 缩写名或同义名；

2) 数据类型(字母数字、整数等);
3) 大小和格式(如:字符串的长度和标点符号);
4) 计量单位(如:米、元、纳,秒);
5) 范围或可能值的枚举(如:0～99);
6) 准确度(正确程度)和精度(有效数字位数);
7) 优先级别、时序、频率、容量、序列和其他的约束条件,如:数据元素是否可被更新和业务规则是否适用;
8) 保密性和私密性的约束;
9) 来源(设置/发送实体)和接收者(使用/接收实体);

d. 接口实体必须提供、存储、发送、访问和接收的数据元素集合体(记录、消息、文件、显示和报表等)的特性,如:
1) 名称/标识符;
 a) 项目唯一标识符;
 b) 非技术(自然语言)名称;
 c) 技术名称(如代码或数据库的记录或数据结构);
 d) 缩写名或同义名;
2) 数据元素集合体中的数据元素及其结构(编号、次序和分组);
3) 媒体(如盘)和媒体中数据元素/数据元素集合体的结构;
4) 显示和其他输出的视听特性(如:颜色、布局、字体、图标和其他显示元素、蜂鸣声、亮度等);
5) 数据元素集合体之间的关系,如排序/访问特性;
6) 优先级别、时序、频率、容量、序列和其他的约束条件,如:数据元素集合体是否可被修改、业务规则是否适用;
7) 保密性和私密性约束;
8) 来源(设置/发送实体)和接收者(使用/接收实体);

e. 接口实体必须为接口使用通信方法的特性。如:
1) 项目唯一标识符;
2) 通信链接/带宽/频率/媒体及其特性;
3) 消息格式化;
4) 流控制(如:序列编号和缓冲区分配);
5) 数据传送速率,周期性/非周期性,传输间隔;
6) 路由、寻址、命名约定;
7) 传输服务,包括优先级别和等级;
8) 安全性/保密性/私密性方面的考虑,如:加密、用户鉴别、隔离和审核等;

f. 接口实体必须为接口使用协议的特性,如:
1) 项目唯一标识符;
2) 协议的优先级别/层次;
3) 分组,包括分段和重组、路由、寻址;
4) 合法性检查、错误控制和恢复过程;
5) 同步,包括连接的建立、维护、终止;
6) 状态、标识、任何其他的报告特征;

g. 其他所需的特性,如:接口实体的物理兼容性(尺寸、容限、负荷、电压和接插件兼容性等)。

4 需求的可追踪性

本章应包括：

a. 从本文提到的每个接口实体到该实体的接口设计所涉及的系统或CSCI需求的可追踪性；

b. 从影响本IDD所覆盖的接口的每个系统或CSCI需求到涉及它的接口实体的可追踪性。

5 注解

本章应包含有助于理解本文档的一般信息(例如背景信息、词汇表、原理)。本章应包含为理解本文档所需要的术语和定义，所有缩略语和它们在本文档中的含义的字母序列表。

附录

附录可用来提供那些为便于文档维护而单独出版的信息(例如图表、分类数据)。为便于处理，附录可单独装订成册。附录应按字母顺序(A，B等)编排。

7.11 软件需求规格说明(SRS)

说明：

1.《软件需求规格说明》(SRS)描述对计算机软件配置项CSCI的需求，及确保每个要求得以满足的所使用的方法。涉及该CSCI外部接口的需求可在本SRS中给出；或在本SRS引用的一个或多个《接口需求规格说明》(IRS)中给出。

2. 这个SRS，可能还要用IRS加以补充，是CSCI设计与合格性测试的基础。

软件需求规格说明的正文的格式如下：

1 范围

本章应分为以下几条。

1.1 标识

本条应包含本文档适用的系统和软件的完整标识，(若适用)包括标识号、标题、缩略词语、版本号和发行号。

1.2 系统概述

本条应简述本文档适用的系统和软件的用途，它应描述系统和软件的一般特性；概述系统开发、运行和维护的历史；标识项目的投资方、需方、用户、开发方和支持机构；标识当前和计划的运行现场；列出其他有关的文档。

1.3 文档概述

本条应概述本文档的用途和内容，并描述与其使用有关的保密性或私密性要求。

1.4 基线

说明编写本系统设计说明书所依据的设计基线。

2 引用文件

本章应列出本文档引用的所有文档的编号、标题、修订版本和发行日期，也应标识不能通过正常的供货渠道获得的所有文档的来源。

3 需求

本章应分以下几条描述 CSCI 需求,也就是,构成 CSCI 验收条件的 CSCI 的特性。CSCI 需求是为了满足分配给该 CSCI 的系统需求所形成的软件需求。给每个需求指定项目唯一标识符以支持测试和可追踪性。并以一种可以定义客观测试的方式来陈述需求。如果每个需求有关的合格性方法(见第 4 章)和对系统(若适用,子系统)需求的可追踪性(见 5.a 条)在相应的章中没有提供,则在此进行注解。描述的详细程度遵循以下规则:应包含构成 CSCI 验收条件的那些 CSCI 特性,需方愿意推迟到设计时留给开发方说明的那些特性。如果在给定条中没有需求的话,本条应如实陈述。如果某个需求在多条中出现,可以只陈述一次而在其他条直接引用。

3.1 所需的状态和方式

如果需要 CSCI 在多种状态和方式下运行,且不同状态和方式具有不同的需求的话,则要标识和定义每一状态和方式,状态和方式的例子包括:空闲、准备就绪、活动、事后分析、培训、降级、紧急情况和后备等。状态和方式的区别是任意的,可以仅用状态描述 CSCI,也可以仅用方式、方式中的状态、状态中的方式或其他有效方式描述。如果不需要多个状态和方式,不需人为加以区分,应如实陈述;如果需要多个状态或方式,还应使本规格说明中的每个需求或每组需求与这些状态和方式相关联,关联可在本条或本条引用的附录中用表格或其他的方法表示,也可在需求出现的地方加以注解。

3.2 需求概述

3.2.1 目标

a. 本系统的开发意图、应用目标及作用范围(现有产品存在的问题和建议产品所要解决的问题)。

b. 本系统的主要功能、处理流程、数据流程及简要说明。

c. 表示外部接口和数据流的系统高层次图。说明本系统与其他相关产品的关系,是独立产品还是一个较大产品的组成部分(可用方框图说明)。

3.2.2 运行环境

简要说明本系统的运行环境(包括硬件环境和支持环境)的规定。

3.2.3 用户的特点

说明是哪一种类型的用户,从使用系统来说,有些什么特点。

3.2.4 关键点

说明本软件需求规格说明书中的关键点(例如:关键功能、关键算法和所涉及的关键技术等)。

3.2.5 约束条件

列出进行本系统开发工作的约束条件。例如:经费限制、开发期限和所采用的方法与技术,以及政治、社会、文化、法律等。

3.3 需求规格

3.3.1 软件系统总体功能/对象结构

对软件系统总体功能/对象结构进行描述,包括结构图、流程图或对象图。

3.3.2 软件子系统功能/对象结构

对每个主要子系统中的基本功能模块/对象进行描述,包括结构图、流程图或对象图。

3.3.3 描述约定

通常使用的约定描述(数学符号、度量单位等)。

3.4 CSCI 能力需求

本条应分条详细描述与 CSCI 每一能力相关联的需求。"能力"被定义为一组相关的需求。可以用"功能"、"性能"、"主题"、"目标"或其他适合用来表示需求的词来替代"能力"。

3.4.x （CSCI能力）

本条应标识必需的每一个CSCI能力，并详细说明与该能力有关的需求。如果该能力可以更清晰地分解成若干子能力，则应分条对子能力进行说明。该需求应指出所需的CSCI行为，包括适用的参数，如响应时间、吞吐时间、其他时限约束、序列、精度、容量（大小/多少）、优先级别、连续运行需求、和基于运行条件的允许偏差；（若适用）需求还应包括在异常条件、非许可条件或越界条件下所需的行为，错误处理需求和任何为保证在紧急时刻运行的连续性而引入到CSCI中的规定。在确定与CSCI所接收的输入和CSCI所产生的输出有关的需求时，应考虑在本文3.5.x给出要考虑的主题列表。

对于每一类功能或者对于每一个功能，需要具体描写其输入、处理和输出的需求。

a. 说明

描述此功能要达到的目标、所采用的方法和技术，还应清楚说明功能意图的由来和背景。

b. 输入

包括：

1） 详细描述该功能的所有输入数据，如：输入源、数量、度量单位、时间设定和有效输入范围等。

2） 指明引用的接口说明或接口控制文件的参考资料。

c. 处理

定义对输入数据、中间参数进行处理以获得预期输出结果的全部操作。包括：

1） 输入数据的有效性检查。

2） 操作的顺序，包括事件的时间设定。

3） 异常情况的响应，例如，溢出、通信故障、错误处理等。

4） 受操作影响的参数。

5） 用于把输入转换成相应输出的方法。

6） 输出数据的有效性检查。

d. 输出

1） 详细说明该功能的所有输出数据，例如，输出目的地、数量、度量单位、时间关系、有效输出范围、非法值的处理、出错信息等。

2） 有关接口说明或接口控制文件的参考资料。

3.5 CSCI外部接口需求

本条应分条描述CSCI外部接口的需求。（如有）本条可引用一个或多个接口需求规格说明（IRS）或包含这些需求的其他文档。

外部接口需求，应分别说明：

a. 用户接口；

b. 硬件接口；

c. 软件接口；

d. 通信接口

的需求。

3.5.1 接口标识和接口图

本条应标识所需的CSCI外部接口，也就是CSCI和与它共享数据、向它提供数据或与它交换数据的实体的关系。（若适用）每个接口标识应包括项目唯一标识符，并应用名称、序号、版本和引用文件指明接口的实体（系统、配置项、用户等）。该标识应说明哪些实体具有固定的接口特性（因而要对这些接口实体强加接口需求），哪些实体正被开发或修改（从而接口需求已施加给它们）。可用一个或多个接口图来描述这些接口。

3.5.x （接口的项目唯一标识符）

本条（从3.5.2开始）应通过项目唯一标识符标识CSCI的外部接口，简单地标识接口实体，根据需要可分条描述为实现该接口而强加于CSCI的需求。该接口所涉及的其他实体的接口特性应以假设或“当（未提到实体）这样做时，CSCI将……”的形式描述，而不描述为其他实体的需求。本条可引用其他文档（如：数据字典、通信协议标准、用户接口标准）代替在此所描述的信息。（若适用）需求应包括下列内容，它们以任何适合于需求的顺序提供，并从接口实体的角度说明这些特性的区别（如对数据元素的大小、频率或其他特性的不同期望）：

a. CSCI必须分配给接口的优先级别；

b. 要实现的接口的类型的需求（如：实时数据传送、数据的存储和检索等）；

c. CSCI必须提供、存储、发送、访问、接收的单个数据元素的特性，如：

1） 名称/标识符；

a） 项目唯一标识符；

b） 非技术（自然语言）名称；

c） 标准数据元素名称；

d） 技术名称（如代码或数据库中的变量或字段名称）；

e） 缩写名或同义名；

2） 数据类型（字母数字、整数等）；

3） 大小和格式（如：字符串的长度和标点符号）；

4） 计量单位（如：米、元、纳秒）；

5） 范围或可能值的枚举（如：0～99）；

6） 准确度（正确程度）和精度（有效数字位数）；

7） 优先级别、时序、频率、容量、序列和其他的约束条件，如：数据元素是否可被更新和业务规则是否适用；

8） 保密性和私密性的约束；

9） 来源（设置/发送实体）和接收者（使用/接收实体）；

d. CSCI必须提供、存储、发送、访问、接收的数据元素集合体（记录、消息、文件、显示和报表等）的特性，如：

1） 名称/标识符；

a） 项目唯一标识符；

b） 非技术（自然语言）名称；

c） 技术名称（如代码或数据库的记录或数据结构）；

d） 缩写名或同义名；

2） 数据元素集合体中的数据元素及其结构（编号、次序、分组）；

3） 媒体（如盘）和媒体中数据元素/数据元素集合体的结构；

4） 显示和其他输出的视听特性（如：颜色、布局、字体、图标和其他显示元素、蜂鸣器以及亮度等）；

5） 数据元素集合体之间的关系。如排序/访问特性；

6） 优先级别、时序、频率、容量、序列和其他的约束条件，如：数据元素集合体是否可被修改和业务规则是否适用；

7） 保密性和私密性约束；

8） 来源（设置/发送实体）和接收者（使用/接收实体）；

e. CSCI必须为接口使用通信方法的特性。如：

1) 项目唯一标识符；
2) 通信链接/带宽/频率/媒体及其特性；
3) 消息格式化；
4) 流控制(如:序列编号和缓冲区分配)；
5) 数据传送速率,周期性/非周期性,传输间隔；
6) 路由、寻址、命名约定；
7) 传输服务,包括优先级别和等级；
8) 安全性/保密性/私密性方面的考虑,如:加密、用户鉴别、隔离和审核等；

f. CSCI必须为接口使用协议的特性,如:
1) 项目唯一标识符；
2) 协议的优先级别/层次；
3) 分组,包括分段和重组、路由和寻址；
4) 合法性检查、错误控制和恢复过程；
5) 同步,包括连接的建立、维护和终止；
6) 状态、标识、任何其他的报告特征；

g. 其他所需的特性,如:接口实体的物理兼容性(尺寸、容限、负荷、电压和接插件兼容性等)。

3.6 CSCI内部接口需求

本条应指明CSCI内部接口的需求(如有的话)。如果所有内部接口都留待设计时决定,则需在此说明这一事实。如果要强加这种需求,则可考虑本文档的3.5给出的一个主题列表。

3.7 CSCI内部数据需求

本条应指明对CSCI内部数据的需求,(若有)包括对CSCI中数据库和数据文件的需求。如果所有有关内部数据的决策都留待设计时决定,则需在此说明这一事实。如果要强加这种需求,则可考虑在本文档的3.5.x.c和3.5.x.d给出的一个主题列表。

3.8 适应性需求

(若有)本条应指明要求CSCI提供的、依赖于安装的数据有关的需求(如:依赖现场的经纬度)和要求CSCI使用的、根据运行需要进行变化的运行参数(如:表示与运行有关的目标常量或数据记录的参数)。

3.9 保密性需求

(若有)本条应描述有关防止对人员、财产、环境产生潜在的危险或把此类危险减少到最低的CSCI需求,包括:为防止意外动作(如意外地发出“自动导航关闭”命令)和无效动作(发出一个想要的“自动导航关闭”命令时失败)CSCI必须提供的安全措施。

3.10 保密性和私密性需求

(若有)本条应指明保密性和私密性的CSCI需求,包括:CSCI运行的保密性/私密性环境、提供的保密性或私密性的类型和程度、CSCI必须经受的保密性/私密性的风险、减少此类危险所需的安全措施、CSCI必须遵循的保密性/私密性政策、CSCI必须提供的保密性/私密性审核、保密性/私密性必须遵循的确证/认可准则。

3.11 CSCI环境需求

(若有)本条应指明有关CSCI必须运行的环境的需求。例如,包括用于CSCI运行的计算机硬件和操作系统(其他有关计算机资源方面的需求在下条中描述)。

3.12 计算机资源需求

本条应分以下各条进行描述。

3.12.1 计算机硬件需求

本条应描述 CSCI 使用的计算机硬件需求，(若适用)包括：各类设备的数量、处理器、存储器、输入/输出设备、辅助存储器、通信/网络设备和其他所需的设备的类型、大小、容量及其他所要求的特征。

3.12.2 计算机硬件资源利用需求

本条应描述 CSCI 计算机硬件资源利用方面的需求，如：最大许可使用的处理器能力、存储器容量、输入/输出设备能力、辅助存储器容量、通信/网络设备能力。描述(如每个计算机硬件资源能力的百分比)还包括测量资源利用的条件。

3.12.3 计算机软件需求

本条应描述 CSCI 必须使用或引入 CSCI 的计算机软件的需求，例如包括：操作系统、数据库管理系统、通信/网络软件、实用软件、输入和设备模拟器、测试软件、生产用软件。必须提供每个软件项的正确名称、版本、文档引用。

3.12.4 计算机通信需求

本条应描述 CSCI 必须使用的计算机通信方面的需求，例如包括：连接的地理位置、配置和网络拓扑结构、传输技术、数据传输速率、网关、要求的系统使用时间、传送/接收数据的类型和容量、传送/接收/响应的时间限制、数据的峰值、诊断功能。

3.13 软件质量因素

(若有)本条应描述合同中标识的或从更高层次规格说明派生出来的对 CSCI 的软件质量方面的需求，例如包括有关 CSCI 的功能性(实现全部所需功能的能力)、可靠性(产生正确、一致结果的能力)、可维护性(易于更正的能力)、可用性(需要时进行访问和操作的能力)、灵活性(易于适应需求变化的能力)、可移植性(易于修改以适应新环境的能力)、可重用性(可被多个应用使用的能力)、可测试性(易于充分测试的能力)、易用性(易于学习和使用的能力)以及其他属性的定量需求。

3.14 设计和实现的约束

(若有)本条应描述约束 CSCI 设计和实现的那些需求。这些需求可引用适当的标准和规范。例如需求包括：

a. 特殊 CSCI 体系结构的使用或体系结构方面的需求，例如：需要的数据库和其他软件配置项；标准部件、现有的部件的使用；需方提供的资源(设备、信息、软件)的使用；

b. 特殊设计或实现标准的使用；特殊数据标准的使用；特殊编程语言的使用；

c. 为支持在技术、风险或任务等方面预期的增长和变更区域，必须提供的灵活性和可扩展性。

3.15 数据

说明本系统的输入、输出数据及数据管理能力方面的要求(处理量、数据量)。

3.16 操作

说明本系统在常规操作、特殊操作以及初始化操作、恢复操作等方面的要求。

3.17 故障处理

说明本系统在发生可能的软硬件故障时，对故障处理的要求。包括：

a. 说明属于软件系统的问题；

b. 给出发生错误时的错误信息；

c. 说明发生错误时可能采取的补救措施。

3.18 算法说明

用于实施系统计算功能的公式和算法的描述。包括：

a. 每个主要算法的概况；

b. 用于每个主要算法的详细公式。

3.19 有关人员需求

(若有)本条应描述与使用或支持 CSCI 的人员有关的需求,包括人员数量、技能等级、责任期、培训需求、其他的信息。如:同时存在的用户数量的需求,内在帮助和培训能力的需求,(若有)还应包括强加于 CSCI 的人力行为工程需求,这些需求包括对人员在能力与局限性方面的考虑:在正常和极端条件下可预测的人为错误,人为错误造成严重影响的特定区域,例如包括错误消息的颜色和持续时间、关键指示器或关键的物理位置以及听觉信号的使用的需求。

3.20 有关培训需求

(若有)本条应描述有关培训方面的 CSCI 需求。包括:在 CSCI 中包含的培训软件。

3.21 有关后勤需求

(若有)本条应描述有关后勤方面的 CSCI 需求,包括:系统维护、软件支持、系统运输方式、供应系统的需求、对现有设施的影响、对现有设备的影响。

3.22 其他需求

(若有)本条应描述在以上各条中没有涉及到的其他 CSCI 需求。

3.23 包装需求

(若有)本条应描述需交付的 CSCI 在包装、加标签和处理方面的需求(如用确定方式标记和包装 8 磁道磁带的交付)。(若适用)可引用适当的规范和标准。

3.24 需求的优先次序和关键程度

(若适用)本条应给出本规格说明中需求的、表明其相对重要程度的优先顺序、关键程度或赋予的权值,如:标识出那些认为对安全性、保密性或私密性起关键作用的需求,以便进行特殊的处理。如果所有需求具有相同的权值,本条应如实陈述。

4 合格性规定

本章定义一组合格性方法,对于第 3 章中每个需求,指定所使用的方法,以确保需求得到满足。可以用表格形式表示该信息,也可以在第 3 章的每个需求中注明要使用的方法。合格性方法包括:

a. 演示:运行依赖于可见的功能操作的 CSCI 或部分 CSCI,不需要使用仪器、专用测试设备或进行事后分析;
b. 测试:使用仪器或其他专用测试设备运行 CSCI 或部分 CSCI,以便采集数据供事后分析使用;
c. 分析:对从其他合格性方法中获得的积累数据进行处理,例如测试结果的归约、解释或推断;
d. 审查:对 CSCI 代码、文档等进行可视化检查;
e. 特殊的合格性方法。任何应用到 CSCI 的特殊合格性方法,如:专用工具、技术、过程、设施、验收限制。

5 需求可追踪性

本章应包括:

a. 从本规格说明中每个 CSCI 的需求到其所涉及的系统(或子系统)需求的可追踪性。(该可追踪性也可以通过对第 3 章中的每个需求进行注释的方法加以描述)

注:每一层次的系统细化可能导致对更高层次的需求不能直接进行追踪。例如:建立多个 CSCI 的系统体系结构设计可能会产生有关 CSCI 之间接口的需求,而这些接口需求在系统需求中并没有被覆盖,这样的需求可以被追踪到诸如"系统实现"这样的一般需求,或被追踪到导致它们产生的系统设计决策上。

b. 从分配到被本规格说明中的 CSCI 的每个系统(或子系统)需求到涉及它的 CSCI 需求的可追踪性。分配到 CSCI 的所有系统(或子系统)需求应加以说明。追踪到 IRS 中所包含的 CSCI 需求可引用 IRS。

6 尚未解决的问题

如需要，可说明软件需求中的尚未解决的遗留问题。

7 注解

本章应包含有助于理解本文档的一般信息(例如背景信息、词汇表、原理〉。本章应包含为理解本文档需要的术语和定义，所有缩略语和它们在文档中的含义的字母序列表。

附录

附录可用来提供那些为便于文档维护而单独出版的信息(例如图表、分类数据)。为便于处理，附录可单独装订成册。附录应按字母顺序(A，B 等)编排。

7.12 数据需求说明(DRD)

说明：
1. 数据需求说明(DRD)的编制目的是为了向整个开发时期提供关于被处理数据的描述和数据采集要求的技术信息。

数据需求说明的正文格式如下：

1 引言

本章应分为以下几条。

1.1 标识

本条应包含本文档适用的系统和软件的完整标识。(若适用)包括标识号、标题、缩略词语、版本号、发行号。

1.2 系统概述

本条应简述本文档适用的系统和软件的用途。它应描述系统与软件的一般性质；概述系统开发、运行和维护的历史；标识项目的投资方、需方、用户、开发方和支持机构；标识当前和计划的运行现场；并列出其他有关文档。

1.3 文档概述

本条应概述本文档的用途与内容，预期的读者并描述与其使用有关的保密性或私密性要求。

2 引用文件

本章应列出本文档引用的所有文档的编号、标题、修订版本和日期。本章也应标识不能通过正常的供货渠道获得的所有文档的来源。

3 数据的逻辑描述

对数据进行逻辑描述时，可把数据分为动态数据和静态数据。静态数据，是指在运行过程中主要作为参考的数据，它们在很长的一段时间内不会发生变化，一般不随运行而变更。动态数据，包括所有在运行中要发生变化的数据以及在运行中要输入、输出的数据。进行描述时应把各数据元素逻辑地分成若干组，例如函数、源数据或对于其应用更为恰当的逻辑分组。给出每一数据元素的名称(包括缩写和代码)、定义(或物理意义)度量单位、值域、格式和类型等有关信息。

3.1 **静态数据**

列出所有作为控制或参考用的静态数据元素。

3.2 **动态输入数据**

列出动态输入数据元素(包括在常规运行中或联机操作中要变更的数据)。

3.3 **动态输出数据**

列出动态输出数据元素(包括在常规运行中或联机操作中要变更的数据)。

3.4 **内部生成数据**

列出向用户或开发单位中的维护调试人员提供的内部生成数据。

3.5 **数据约定**

说明对数据要求的制约。逐条列出对进一步扩充或使用方面的考虑而提出的对数据要求的限制(容量、文件、记录和数据元的个数的最大值)。对于在设计和开发中确定是临界性的限制更要明确指出。

4 **数据的采集**

4.1 **要求和范围**

按数据元的逻辑分组来说明数据采集的要求和范围,指明数据的采集方法,说明数据采集工作的承担者是用户还是开发者,具体内容包括:

a. 输入数据的来源。例如是单个操作员、数据输入站,专业的数据输入公司或它们的一个分组;
b. 数据输入(指把数据输入至处理系统内部)所用的媒体和硬设备。如果只有指定的输入点的输入是合法的,则必须对此加以说明;
c. 接收者。说明输出数据的接收者;
d. 输出数据的形式和设备。列出输出数据的形式和硬设备。无论接收者收到的数据是打印输出,还是显示器上的一组字符、一帧图形,或一声警铃,或向开关线圈提供一个电脉冲,或常用媒体如磁盘、磁带、光盘等,均应具体说明;
e. 数据值的范围。给出每一个数据元的合法值的范围;
f. 量纲。给出数字的度量单位、增量的步长、零点的定标等。在非数字量的情况下,要给出每一种合法值的形式和含义;
g. 更新和处理的频度。给出预定的对输入数据的更新和处理的频度。如果数据的输入是随机的,应给出更新处理的频度的平均值,或变化情况的某种其他度量。

4.2 **输入的承担者**

说明预定的对数据输入工作的承担者。如果输入数据同某一接口软件有关,还应说明该接口软件的来源。

4.3 **预处理**

对数据的采集和预处理过程提出专门的规定,包括适合应用的数据格式、预定的数据通信媒体和对输入的时间要求等。对于需经模拟转换或数字转换的数据量,要给出转换方法和转换因子等有关信息,以便软件系统使用这些数据。

4.4 **影响**

说明这些数据要求对于设备、软件、用户、开发方所可能产生的影响,例如要求用户单位增设某个机构等。

5　注解

本章应包含有助于理解本文档的一般信息(例如背景信息、词汇表、原理)。本章应包含为理解本文档需要的术语和定义,所有缩略语和它们在文档中的含义的字母序列表。

附录

附录可用来提供那些为便于文档维护而单独出版的信息(例如图表、分类数据)。为便于处理,附录可单独装订成册。附录应按字母顺序(A,B 等)编排。

7.13　软件(结构)设计说明(SDD)

说明:

1. 《软件(结构)设计说明》(SDD)描述了计算机软件配置项(CSCI)的设计。它描述了 CSCI 级设计决策、CSCI 体系结构设计(概要设计)和实现该软件所需的详细设计。SDD 可用接口设计说明 IDD 和数据库(顶层)设计说明 DBDD 加以补充。
2. SDD 连同相关的 IDD 和 DBDD 是实现该软件的基础。向需方提供了设计的可视性,为软件支持提供了所需要的信息。
3. IDD 和 DBDD 是否单独成册抑或与 SDD 合为一份资料视情况繁简而定。

软件(结构)设计说明的正文的格式如下:

1　引言

本章应分为以下几条。

1.1　标识

本条应包含本文档适用的系统和软件的完整标识。(若适用)包括标识号、标题、缩略词语、版本号、发行号。

1.2　系统概述

本条应简述本文档适用的系统和软件的用途。它应描述系统与软件的一般性质;概述系统开发、运行和维护的历史;标识项目的投资方、需方、用户、开发方和支持机构;标识当前和计划的运行现场;并列出其他有关文档。

1.3　文档概述

本条应概述本文档的用途与内容,并描述与其使用有关的保密性或私密性要求。

1.4　基线

说明编写本系统设计说明书所依据的设计基线。

2　引用文件

本章应列出本文档引用的所有文档的编号、标题、修订版本和日期。本章也应标识不能通过正常的供货渠道获得的所有文档的来源。

3　CSCI 级设计决策

本章应根据需要分条给出 CSCI 级设计决策,即 CSCI 行为的设计决策(忽略其内部实现,从用户的角度看,它如何满足用户的需求)和其他影响组成该 CSCI 的软件配置项的选择与设计的决策。

如果所有这些决策在CSCI需求中均是明确的，或者要推迟到CSCI的软件配置项设计时指出，本章应如实陈述。为响应指定为关键性的需求(如安全性、保密性、私密性需求)而作出的设计决策，应在单独的条中加以描述。如果设计决策依赖于系统状态或方式，则应指出这种依赖性。应给出或引用理解这些设计所需的设计约定。CSCI级设计决策的例子如下：

a. 关于CSCI应接受的输入和产生的输出的设计决策，包括与其他系统、HWCI、CSCI和用户的接口(本文的4.5.x标识了本说明要考虑的主题)。如果该信息的部分或全部已在接口设计说明(IDD)中给出，此处可引用。

b. 有关响应每个输入或条件的CSCI行为的设计决策，包括该CSCI要执行的动作、响应时间及其他性能特性、被模式化的物理系统的说明、所选择的方程式/算法/规则和对不允许的输入或条件的处理。

c. 有关数据库/数据文件如何呈现给用户的设计决策(本文的4.5.x标识了本说明要考虑的主题)。如果该信息的部分或全部已在数据库(顶层)设计说明(DBDD)中给出，此处可引用。

d. 为满足安全性、保密性、私密性需求而选择的方法。

e. 对应需求所做的其他CSCI级设计决策，例如为提供所需的灵活性、可用性和可维护性所选择的方法。

4 CSCI体系结构设计

本章应分条描述CSCI体系结构设计。如果设计的部分或全部依赖于系统状态或方式，则应指出这种依赖性。如果设计信息在多条中出现，则可只描述一次，而在其他条引用。应给出或引用为理解这些设计所需的设计约定。

4.1 体系结构

4.1.1 程序(模块)划分

用一系列图表列出本CSCI内的每个程序(包括每个模块和子程序)的名称、标识符、功能及其所包含的源标准名。

4.1.2 程序(模块)层次结构关系

用一系列图表列出本CSCI内的每个程序(包括每个模块和子程序)之间的层次结构与调用关系。

4.2 全局数据结构说明

本章说明本程序系统中使用的全局数据常量、变量和数据结构。

4.2.1 常量

包括数据文件名称及其所在目录，功能说明，具体常量说明等。

4.2.2 变量

包括数据文件名称及其所在目录，功能说明，具体变量说明等。

4.2.3 数据结构

包括数据结构名称，功能说明，具体数据结构说明(定义、注释、取值...)等。

4.3 CSCI部件

本条应：

a. 标识构成该CSCI的所有软件配置项。应赋予每个软件配置项一个项目唯一标识符。

注：软件配置项是CSCI设计中的一个元素，如CSCI的一个主要的分支、该分支的一个组成部分、一个类、对象、模块、函数、例程或数据库。软件配置项可以出现在一个层次结构的不同层次上，并且可以由其他软件配置项组成。设计中的软件配置项与实现它们的代码和数据实体(例程、过程、数据库、数据文件等)或包含这些

实体的计算机文件之间，可以有也可以没有一对一的关系。一个数据库可以被处理为一个 CSCI，也可被处理为一个软件配置项。SDD 可以通过与所采用的设计方法学一致的名字来引用软件配置项。

b. 给出软件配置项的静态关系(如"组成")。根据所选择的软件设计方法学可以给出多种关系(例如，采用面向对象的设计方法时，本条既可以给出类和对象结构，也可以给出 CSCI 的模块和过程结构)。

c. 陈述每个软件配置项的用途，并标识分配给它的 CSCI 需求与 CSCI 级设计决策(需求的分配也可在 6.a 中提供)。

d. 标识每个软件配置项的开发状态/类型(如新开发的软件配置项、重用已有设计或软件的软件配置项、再工程的已有设计或软件、为重用而开发的软件等)。对于已有设计或软件，本说明应提供标识信息，如名称、版本、文档引用、库等。

e. 描述 CSCI(若适用，每个软件配置项)计划使用的计算机硬件资源(例如处理器能力、内存容量、输入/输出设备能力、辅存容量和通信/网络设备能力)。这些描述应覆盖该 CSCI 的资源使用需求中提及的、影响该 CSCI 的系统级资源分配中提及的、以及在软件开发计划的资源使用度量计划中提及的所有计算机硬件资源。如果一给定的计算机硬件资源的所有使用数据出现在同一个地方，如在一个 SDD 中，则本条可以引用它。针对每一计算机硬件资源应包括如下信息：

1) 得到满足的 CSCI 需求或系统级资源分配；
2) 使用数据所基于的假设和条件(例如，典型用法、最坏情况用法、特定事件的假设)；
3) 影响使用的特殊考虑(例如虚存的使用、覆盖的使用、多处理器的使用或操作系统开销、库软件或其他的实现开销的影响)；
4) 所使用的度量单位(例如处理器能力百分比、每秒周期、内存字节数、每秒千字节)；
5) 进行评估或度量的级别(例如软件配置项、CSCI 或可执行程序)。

f. 指出实现每个软件配置项的软件放置在哪个程序库中。

4.4 执行概念

本条应描述软件配置项间的执行概念。为表示软件配置项之间的动态关系，即 CSCI 运行期间它们如何交互的，本条应包含图示和说明，(若适用)包括执行控制流、数据流、动态控制序列、状态转换图、时序图、配置项之间的优先关系、中断处理、时间/序列关系、异常处理、并发执行、动态分配与去分配、对象/进程/任务的动态创建与删除和其他的动态行为。

4.5 接口设计

本条应分条描述软件配置项的接口特性，既包括软件配置项之间的接口，也包括与外部实体，如系统、配置项及用户之间的接口。如果这些信息的部分或全部已在接口设计说明(IDD)、本文的第 5 章或其他地方说明的话，可在此处引用。

4.5.1 接口标识与接口图

本条应陈述赋予每个接口的项目唯一标识符，(若适用)并用名字、编号、版本和文档引用等标识接口实体(软件配置项、系统、配置项、用户等)。接口标识应说明哪些实体具有固定接口特性(从而把接口需求强加给接口实体)，哪些实体正在开发或修改(因而已把接口需求分配给它们)。(若适用)应该提供一个或多个接口图以描述这些接口。

4.5.x (接口的项目唯一标识符)

本条(从 4.5.2 开始编号)应用项目唯一标识符标识接口，应简要标识接口实体，并且应根据需要划分为几条描述接口实体的单方或双方的接口特性。如果一给定的接口实体本文没有提到(例如，一个外部系统)，但是其接口特性需要在本 SDD 描述的接口实体时提到，则这些特性应以假设、或"当[未提到实体]这样做时，[提到的实体]将……"的形式描述。本条可引用其他文档(例如数据字典、协议标准、用户接口标准)代替本条的描述信息。本设计说明应包括以下内容,(若适用)它们可按适合于要提供的信息的任何次序给出,并且应从接口实体角度指出这些特性之间的区别(例如数据元素的大小、频率或其他特性的不同期望)。

a. 由接口实体分配给接口的优先级;

b. 要实现的接口的类型(例如实时数据传输、数据的存储与检索等);

c. 接口实体将提供、存储、发送、访问、接收的单个数据元素的特性,例如:

1) 名称/标识符;

a) 项目唯一标识符;

b) 非技术(自然语言)名称;

c) 标准数据元素名称;

d) 缩写名或同义名;

2) 数据类型(字母数字、整数等);

3) 大小与格式(例如字符串的长度与标点符号);

4) 计量单位(如米、元、纳秒等);

5) 范围或可能值的枚举(如 0～99);

6) 准确度(正确程度)与精度(有效数位数);

7) 优先级、时序、频率、容量、序列和其他约束,如数据元素是否可被更新,业务规则是否适用;

8) 保密性与私密性约束;

9) 来源(设置/发送实体)与接收者(使用/接收实体)。

d. 接口实体将提供、存储、发送、访问、接收的数据元素集合体(记录、消息、文件、数组、显示、报表等)的特性,例如:

1) 名称/标识符;

a) 项目唯一标识符;

b) 非技术(自然语言)名称;

c) 技术名称(如代码或数据库中的记录或数据结构名);

d) 缩写名或同义名;

2) 数据元素集合体中的数据元素及其结构(编号、次序、分组);

3) 媒体(如盘)及媒体上数据元素/集合体的结构;

4) 显示和其他输出的视听特性(如颜色、布局、字体、图标及其他显示元素、蜂鸣声、亮度等);

5) 数据集合体之间的关系,如排序/访问特性;

6) 优先级、时序、频率、容量、序列和其他约束,如数据集合体是否可被更新,业务规则是否适用;

7) 保密性与私密性约束;

8) 来源(设置/发送实体)与接收者(使用/接收实体)。

e. 接口实体为该接口使用通信方法的特性,例如:

1) 项目唯一标识符;

2) 通信链路/带宽/频率/媒体及其特性;

3) 消息格式化;

4) 流控制(如序列编号与缓冲区分配);

5) 数据传输率、周期或非周期和传送间隔;

6） 路由、寻址及命名约定；

7） 传输服务，包括优先级与等级；

8） 安全性/保密性/私密性考虑，如加密、用户鉴别、隔离、审核等。

f. 接口实体为该接口使用协议的特性，例如：

1） 项目唯一标识符；

2） 协议的优先级/层；

3） 分组，包括分段与重组、路由及寻址；

4） 合法性检查、错误控制、恢复过程；

5） 同步，包括连接的建立、保持、终止；

6） 状态、标识和其他报告特性。

g. 其他特性，如接口实体的物理兼容性（尺寸、容限、负荷、电压、接插件的兼容性等）。

5 CSCI 详细设计

本章应分条描述 CSCI 的每个软件配置项。如果设计的部分或全部依赖于系统状态或方式，则应指出这种依赖性。如果该设计信息在多条中出现，则可只描述一次，而在其他条引用。应给出或引用为理解这些设计所需的设计约定。软件配置项的接口特性可在此处描述，也可在第 4 章或接口设计说明（IDD）中描述。数据库软件配置项，或用于操作/访问数据库的软件配置项，可在此处描述，也可在数据库（顶层）设计说明（DBDD）中描述。

5.x （软件配置项的项目唯一标识符或软件配置项组的指定符）

本条应用项目唯一标识符标识软件配置项并描述它。（若适用）描述应包括以下信息。作为一种变通，本条也可以指定一组软件配置项，并分条标识和描述它们。包含其他软件配置项的软件配置项可以引用那些软件配置项的说明，而无需在此重复。

a. （若有）配置项设计决策，诸如（如果以前未选）要使用的算法；

b. 软件配置项设计中的约束、限制或非常规特征；

c. 如果要使用的编程语言不同于该 CSCI 所指定的语言，应该指出，并说明使用它的理由；

d. 如果软件配置项由过程式命令组成或包含过程式命令（如数据库管理系统（DBMS）中用于定义表单与报表的菜单选择、用于数据库访问与操纵的联机 DBMS 查询、用于自动代码生成的图形用户接口（GUI）构造器的输入、操作系统的命令或 shell 脚本），应有过程式命令列表和解释它们的用户手册或其他文档的引用；

e. 如果软件配置项包含、接收或输出数据，（若适用）应有对其输入、输出和其他数据元素以及数据元素集合体的说明。（若适用）本文的 4.5.x 提供要包含主题的列表。软件配置项的局部数据应与软件配置项的输入或输出数据分开来描述。如果该软件配置项是一个数据库，应引用相应的数据库（顶层）设计说明（DBDD）；接口特性可在此处提供，也可引用本文第 4 章或相应接口设计说明。

f. 如果软件配置项包含逻辑，给出其要使用的逻辑，（若适用）包括：

1） 该软件配置项执行启动时，其内部起作用的条件；

2） 把控制交给其他软件配置项的条件；

3） 对每个输入的响应及响应时间，包括数据转换、重命名和数据传送操作；

4） 该软件配置项运行期间的操作序列和动态控制序列，包括：

a） 序列控制方法；

b） 该方法的逻辑与输入条件，如计时偏差、优先级赋值；

c） 数据在内存中的进出；

d） 离散输入信号的感知，以及在软件配置项内中断操作之间的时序关系；

5） 异常与错误处理。

6 需求的可追踪性

本章应包括：

a. 从本 SDD 中标识的每个软件配置项到分配给它的 CSCI 需求的可追踪性(亦可在 4.1 中提供)；

b. 从每个 CSCI 需求到它被分配给的软件配置项的可追踪性。

7 注解

本章应包含有助于理解本文档的一般信息(例如背景信息、词汇表、原理)。本章应包含为理解本文档需要的术语和定义，所有缩略语和它们在文档中的含义的字母序列表。

附录

附录可用来提供那些为便于文档维护而单独出版的信息(例如图表、分类数据)。为便于处理，附录可单独装订成册。附录应按字母顺序(A，B 等)编排。

7.14 数据库(顶层)设计说明(DBDD)

说明：

1.《数据库(顶层)设计说明》(DBDD)描述了数据库的设计。所谓数据库指存储在一个或多个计算机文件中的相关数据的集合，它们可由用户或计算机程序通过数据库管理系统(DBMS)加以访问。DBDD 还描述了存取或操纵数据所使用的软件配置项。

2. DBDD 是实现数据库及相关软件配置项的基础。它向需方提供了设计的可视性，为软件支持提供了所需要的信息。

3. DBDD 是否单独成册或与 SDD 合为一份资料视情况繁简而定。

数据库(顶层)设计说明的正文的格式如下：

1 引言

本章应分为以下几条。

1.1 标识

本条应包含本文档适用的数据库的完整标识，(若适用)包括标识号、标题、缩略词语、版本号、发行号。

1.2 数据库概述

本条应简述本文档适用的数据库的用途。它应描述数据库的一般性质；概括它的开发、使用和维护的历史；标识项目的投资方、需方、用户、开发方和支持机构；标识当前和计划的运行现场；并列出其他有关文档。

1.3 文档概述

本条应概括本文档的用途与内容，并描述与其使用有关的保密性或私密性要求。

2 引用文件

本章应列出本文档引用的所有文档的编号、标题、修订版本和日期。也应标识不能通过正常的供货渠道获得的所有文档的来源。

3 数据库级设计决策

本章应根据需要分条给出数据库级设计决策，即数据库行为设计决策（从用户的角度看，该数据库如何满足它的需求而忽略内部实现）和其他影响数据库进一步设计的决策。如果所有这些决策在系统或CSCI需求中均是明确的，本章应如实陈述。对应于指定为关键性需求（如安全性、保密性、私密性需求）的设计决策，应在单独的条中加以描述。如果设计决策依赖于系统状态或方式，则应指出这种依赖性。如果设计决策的部分或全部已在定制的或商用的数据库管理系统（DBMS）的文档中作了描述，本章可引用它们。应给出或引用理解设计所需的设计约定。数据库级设计决策的例子如下：

a. 关于该数据库应接受的查询或其他输入和它应产生的输出（显示、报告、消息、响应等）的设计决策，包括与其他系统、HWCI、CSCI和用户的接口（本文的5.x.d标识了本说明要考虑的主题）。如果该信息的部分或全部已在接口设计说明（IDD）中给出，此处可引用。

b. 有关响应每次输入或查询的数据库行为的设计决策，包括动作、响应时间和其他性能特性、所选择的方程式/算法/规则、配置和对不允许的输入的处理。

c. 有关数据库/数据文件如何呈现给用户的设计决策。（本文的4.x标识了本说明要考虑的主题）

d. 有关要使用什么数据库管理系统（包括名字、版本/发行）的设计决策和为适应需求的变化而引入到数据库内部的灵活性类型的设计决策。

e. 有关数据库要提供的可用性、保密性、私密性和运行连续性的层次与类型的设计决策。

f. 有关数据库的分布（如客户机/服务器）、主数据库文件更新与维护的设计决策，包括一致性的维护、同步的建立/重建与维护、完整性与业务规则的实施等。

g. 有关备份与恢复的设计决策，包括数据与处理分布策略、备份与恢复期间所允许的动作、对例如音像等新技术或非标准技术的特殊考虑。

h. 有关重组、排序、索引、同步与一致性的设计决策，包括自动的盘管理与空间回收、优化策略、存储与空间大小、数据库内容的填充与历史数据的捕获等方面的考虑。

4 数据库详细设计

本章应根据需要分条描述数据库的详细设计。设计级别数以及每一级别的名称应基于所用的设计方法学。数据库设计级别的例子包括：概念设计、内部设计、逻辑设计和物理设计。如果这些设计决策的部分或全部依赖于系统状态或方式，则应指出这种依赖性。应给出或引用为理解这些设计所需的设计约定。

注：本文用术语“数据元素集合体”表示在给定的设计级别（如概念设计、内部设计、逻辑设计、物理设计）中具有结构特征（数据元素的编号/次序/分组）的任何实体、关系、模式、字段、表、数组等；同时用术语“数据元素”表示在给定的级别中没有结构特征的关系、属性、字段、配置项、数据元素等。

4.x （数据库设计级别的名称）

本条应标识一个数据库设计级别，并用所选择的设计方法的术语描述数据库的数据元素和数据元素集合体。（若适用）描述信息应包括以下内容，它们可按适合于要提供的信息的任何次序给出。

a. 数据库设计中的单个数据元素特性，例如：
1) 名称/标识符；
a) 项目唯一标识符；
b) 非技术(自然语言)名称；
c) 标准数据元素名；
d) 技术名称(如数据库中的字段名)；
e) 缩写名或同义名；
2) 数据类型(字母数字、整数等)；
3) 大小与格式(例如字符串的长度与标点符号)；
4) 计量单位(如米、元、纳秒等)；
5) 范围或可能值的枚举(如 0～99)；
6) 准确度(正确程度)与精度(有效位数)；
7) 优先级、时序、频率、容量、序列和其他约束，如数据元素是否可被更新，业务规则是否适用；
8) 保密性与私密性约束；
9) 来源(设置/发送实体)与接收者(使用/接收实体)。

b. 数据库设计中的数据元素集合体(记录、消息、文件、数组、显示、报表等)的特性，例如：
1) 名称/标识符；
a) 项目唯一标识符；
b) 非技术(自然语言)名称；
c) 技术名称(如代码或数据库中的记录或数据结构名)；
d) 缩写名或同义名；
2) 数据元素集合体中的数据元素及其结构(编号、次序、分组)；
3) 媒体(如盘)及媒体上数据元素/集合体的结构；
4) 显示和其他输出的视听特性(如颜色、布局、字体、图标及其他显示元素、蜂鸣声、亮度等)；
5) 数据元素集合体之间的关系，如排序/访问特性；
6) 优先级、时序、频率、容量、序列和其他约束，如数据集合体是否可被更新，业务规则是否适用；
7) 保密性与私密性约束；
8) 来源(设置/发送实体)与接收者(使用/接收实体)。

5 用于数据库访问或操纵的软件配置项的详细设计

本章应分条描述用于数据库访问或操纵的每个软件配置项。如果该信息的部分或全部已在别处提供，如在软件(结构)设计说明(SDD)、定制的 DBMS 的 SDD、商用的 DBMS 的用户手册等处，在此可引用该信息，而无需重复说明。如果设计的部分或全部依赖于系统状态或方式，则应指出这种依赖性。如果该设计信息在多条中出现，则可只描述一次，而在其他条引用。应给出或引用为理解设计所需的设计约定。

5.x (软件配置项的项目唯一标识符或软件配置项组的指定符)

本条应用项目唯一标识符标识软件配置项并描述它。(若适用)描述应包括以下信息。作为一种变通，本条也可以指定一组软件配置项，并分条标识和描述它们。包含其他软件配置项的软件配置项可以引用那些软件配置项的说明，而无需在此重复。

a. (若有)配置项设计决策,诸如(如果以前未选)要使用的算法;

b. 软件配置项设计中的约束、限制或非常规特征;

c. 如果要使用的编程语言不同于该 CSCI 所指定的语言,应该指出,并说明使用它的理由;

d. 如果软件配置项由过程式命令组成或包含过程式命令(如数据库管理系统(DBMS)中用于定义表单与报表的菜单选择、用于数据库访问与操纵的联机 DBMS 查询、用于自动代码生成的图形用户接口(GUI)构造器的输入、操作系统的命令或命令解释程序(shell)脚本),应有过程式命令列表和对解释它们的用户手册或其他文档的引用;

e. 如果软件配置项包含、接收或输出数据,(若适用)应有对其输入、输出和其他数据元素以及数据元素集合体的说明。(若适用)本文的 4.x.b 提供要包含主题的列表。软件配置项的局部数据应与软件配置项的输入或输出数据分开来描述。如果该软件配置项是一个数据库,应引用相应的数据库(顶层)设计说明(DBDD);接口特性可在此处提供,也可引用相应接口设计说明。如果一给定的接口实体本文没有提及(例如,一个外部系统),但是其接口特性需要在本 DBDD 描述的接口实体时提到,则这些特性应以假设、或"当[未提及实体]这样做时,[软件配置项]将......"的形式描述。本条可引用其他文档(例如数据字典、协议标准、用户接口标准)代替本条的描述信息。本设计说明应包括以下内容,(若适用)它们可按适合于要提供的信息的任何次序给出,并且应从接口实体角度指出这些特性之间的区别(例如数据元素的大小、频率等)。

1) 接口的项目唯一标识符;

2) (若适用)用名字、编号、版本和文档引用来标识接口实体(软件配置项、配置项、用户等);

3) 由接口实体分配给接口的优先级;

4) 要实现的接口的类型(例如实时数据传输、数据的存储与检索等);

5) 接口实体将提供、存储、发送、访问、接收的单个数据元素的特性。本文档 4.x.a 标识了要提及的主题;

6) 接口实体将提供、存储、发送、访问、接收的数据元素集合体(记录、消息、文件、数组、显示、报表等)的特性。本文档的 4.x.b 标识了要提及的主题;

7) 接口实体为该接口使用通信方法的特性,例如:

a) 项目唯一标识符;

b) 通信链路/带宽/频率/媒体及其特性;

c) 消息格式化;

d) 流控制(如序列编号与缓冲区分配);

e) 数据传输率、周期或非周期和传送间隔;

f) 路由、寻址及命名约定;

g) 传输服务,包括优先级与等级;

h) 安全性/保密性/私密性考虑,如加密、用户鉴别、隔离、审核等。

8) 接口实体为该接口使用协议的特性,例如:

a) 项目唯一标识符;

b) 协议的优先级/层次;

c) 分组,包括分段与重组、路由及寻址;

d) 合法性检查、错误控制、恢复过程;

e) 同步,包括连接的建立、维护、终止;

f) 状态、标识和其他报告特征。

9） 其他特性，如接口实体的物理兼容性（尺寸、容量、负荷、电压、接插件的兼容性等）；

f. 如果软件配置项包含逻辑，给出其要使用的逻辑，（若适用）包括：

1） 该软件配置项执行启动时，其内部起作用的条件；

2） 把控制交给其他软件配置项的条件；

3） 对每个输入的响应及响应时间，包括数据转换、重命名和数据传送操作；

4） 该软件配置项运行期间的操作序列和动态控制序列，包括：

a） 序列控制方法；

b） 该方法的逻辑与输入条件，如计时偏差、优先级赋值；

c） 数据在内存中的进出；

d） 离散输入信号的读出，以及在软件配置项内中断操作之间的时序关系；

5） 异常与错误处理。

6 需求的可追踪性

本章应包括：

a. 从本 DBDD 所提到的每个数据库或其他软件配置项到它们所涉及的系统或 CSCI 需求的可追踪性；

b. 从已经分配给本 DBDD 所提及的数据库或软件配置项的每个系统或 CSCI 需求到涉及它们的数据库或软件配置项的可追踪性。

7 注解

本章应包含有助于理解本文档的一般信息（例如背景信息、词汇表、原理）。本章应包含为理解本文档需要的术语和定义，所有缩略语和它们在文档中的含义的字母序列表。

附录

附录可用来提供那些为便于文档维护而单独出版的信息（例如图表、分类数据）。为便于处理，附录可单独装订成册。附录应按字母顺序（A，B 等）编排。

7.15 软件测试说明（STD）

说明：

1.《软件测试说明》（STD）描述执行计算机软件配置项 CSCI、系统或子系统合格性测试所用到的测试准备、测试用例及测试过程。

2. 通过 STD 需方能够评估所执行的合格性测试是否充分。

软件测试说明的正文的格式如下：

1 引言

本章应分成以下几条。

1.1 标识

本条应包含本文档适用的系统和软件的完整标识，（若适用）包括标识号、标题、缩略词语、版本号、发行号。

1.2 系统概述

本条应简述本文档适用的系统和软件的用途。它应描述系统与软件的一般性质；概述系统开发、运行和维护的历史；标识项目的投资方、需方、用户、开发方和支持机构；标识当前和计划的运行现场；并列出其他有关文档。

1.3 文档概述

本条应概述本文档的用途与内容，并描述与其使用有关的保密性与私密性要求。

2 引用文件

本章应列出本文档引用的所有文档的编号、标题、修订版本和日期。本章还应标识不能通过正常的供货渠道获得的所有文档的来源。

3 测试准备

本章应分以下几条，(若适用)应包括用“警告”或“注意”标记的安全提示和保密性与私密性考虑。

3.x （测试的项目唯一标识符）

本条应用项目唯一标识符标识一个测试并提供简要说明，应分为以下几条。当所需信息与前面为另一测试所指出的信息重复时，此处可作引用而无需重复。

3.x.1 硬件准备

本条应描述为进行测试工作需要做的硬件准备过程。有关这些过程可以引用已出版的操作手册。(若适用)应提供以下内容：

a. 要使用的特定硬件，用名字和(若适用)编号标识；

b. 任何用于连接硬件的开关设置和电缆；

c. 说明硬件、互联控制和数据路径的一个或多个图示；

d. 使硬件处于就绪状态的分步指令。

3.x.2 软件准备

本条应描述为测试准备被测项和其他有关软件，包括用于测试的数据的必要过程。有关这些过程，可以引用已出版的软件手册。(若适用)应提供下述信息：

a. 测试中要使用的特定软件；

b. 被测项的存储媒体(如磁带、盘)；

c. 任何相关软件(如模拟器、测试驱动程序、数据库)的存储媒体；

d. 加载软件的指令，包括所需的顺序；

e. 多个测试用例共同使用的软件初始化指令。

3.x.3 其他测试前准备

本条应描述进行测试前所需的其他人员活动、准备或过程。

4 测试说明

本章应分为以下几条。(若适用)应包括用“警告”或“注意”标记的安全提示和保密性与私密性考虑。

4.x （测试的项目唯一标识符）

本条应用项目唯一标识符标识一个测试，并分为以下几条。当所需信息与以前提供的信息重复时，此处可作引用而无需重复。

4.x.y （测试用例的项目唯一标识符）

本条应用项目唯一标识符标识一个测试用例，说明其目的并提供简要描述。下述各条提供测试用例的详细说明。

4.x.y.1 **涉及的需求**

本条应标识测试用例所涉及的CSCI需求或系统需求（此信息亦可在5.a中提供）。

4.x.y.2 **先决条件**

本条应标识执行测试用例前必须建立的先决条件，（若适用）应讨论以下内容：

a. 软、硬件配置；

b. 测试开始之前需设置或重置的标志、初始断点、指针、控制参数或初始数据；

c. 运行测试用例所需的预置硬件条件或电气状态；

d. 计时度量所用的初始条件；

e. 模拟环境的条件；

f. 测试用例特有的其他特殊条件。

4.x.y.3 **测试输入**

本条应描述测试用例所需的测试输入，（若适用）应提供以下内容：

a. 每一测试输入的名称、用途和说明（如值的范围、准确度）；

b. 测试输入的来源与用于选择测试输入的方法；

c. 测试输入是真实的还是模拟的；

d. 测试输入的时间或事件序列；

e. 控制输入数据的方式：

1） 用最小/合理数量的数据类型和值测试各项；

2） 对过载、饱和及其他“最坏情况”影响，用各种有效数据类型和值试验被测各项；

3） 对非常规输入处理用无效数据类型和值试验被测各项；

4） 如需要允许再测试。

4.x.y.4 **预期测试结果**

本条应标识测试用例的所有预期测试结果。（若适用）应提供中间结果和最终结果。

4.x.y.5 **评价结果的准则**

本条应标识用于评价测试用例的中间和最终测试结果的准则。（若适用）应对每一测试结果提供以下信息：

a. 输出可能变化但仍能接受的范围或准确度；

b. 构成可接受的测试结果的输入和输出条件的最少组合或选择；

c. 用时间或事件数表示的最大/最小允许的测试持续时间；

d. 可能发生的中断、停机或其他系统故障的最大数目；

e. 允许的处理错误的严重程度；

f. 当测试结果不明确时执行重测试的条件；

g. 把输出解释为“指出在输入测试数据、测试数据库/数据文件或测试过程中的不规则性”的条件；

h. 允许表达测试的控制、状态和结果的指示方式，以及表明下一个测试用例（或许是辅助测试软件的输出）准备就绪的指示方式；

i. 以上未提及的其他准则。

4.x.y.6 **测试过程**

本条应定义测试用例的测试过程。测试过程应被定义为以执行步骤顺序排列的、一系列单独编号的步骤。为便于文档维护，可以将测试过程作为附录并在此引用。每个测试过程的适当详细程度依赖于被测试软件的类型。对于某些软件,每次键击可以是一个单独的测试过程步骤;而对于大多数软件,每一步骤可以包括逻辑相关的一串键击或其他动作。适当的详细程度应该有利于规定预期结果并把它们与实际结果进行比较。(若适用)每一测试过程应提供:

a. 每一步骤所需的测试操作员的动作和设备操作,(若适用)包括以下方面的命令:
   1) 初始化测试用例并运用测试输入;
   2) 检查测试条件;
   3) 执行测试结果的临时评价;
   4) 记录数据;
   5) 暂停或中断测试用例;
   6) 如果需要,请求数据转储或其他帮助;
   7) 修改数据库/数据文件;
   8) 如果不成功,重复测试用例;
   9) 根据该测试用例的要求,应用替代方式;
   10) 终止测试用例。
b. 对每一步骤的预期结果与评价准则
c. 如果测试用例涉及多个需求,需标识出哪一个(些)测试过程步骤涉及哪些需求。(亦可在第5章中提供)
d. 程序停止或指示的错误发生后要采取的动作,如:
   1) 为便于引用,根据指示器记录关键的数据;
   2) 暂停或中止对时间敏感的测试支持软件和测试仪器;
   3) 收集与测试结果有关的系统记录和操作员记录。
e. 归约和分析测试结果所采用的过程,(若适用)应完成下述各项:
   1) 检测是否已产生了输出;
   2) 标识由测试用例所产生数据的媒体和位置;
   3) 评价输出,作为继续测试序列的基础;
   4) 与所需的输出对照,评价测试输出。

4.x.y.7 假设和约束

本条应标识所做的任何假设,以及在描述测试用例中由于系统或测试条件而引入的约束或限制,如时间、接口、设备、人员与数据库/数据文件的限制。如果对指定的限制和参数放弃或例外得到批准的话,应对它们加以标识,并且本条应指出它们对测试用例的影响与冲击。

5 需求的可追踪性

本章应包括:

a. 从本文中的每个测试用例到它所涉及的系统或 CSCI 需求的可追踪性。如果测试用例涉及多个需求,应包含从每一组测试过程步骤到所涉及的需求的可追踪性(此可追踪性亦可在 4.x.y.1 中提供)
b. 从本文所提及的每个系统或 CSCI 需求到涉及它们的测试用例的可追踪性。对于 CSCI 测试,是从 CSCI 软件需求规格说明(SRS)和有关接口需求规格说明(IRS)中的 CSCI 需求到涉及它们的测试用例的可追踪性。对于系统测试,是从在系统的系统/子系统规格说明(SSS)及有关 IRS 中的每个系统需求到涉及它们的测试用例的可追踪性。如果测试用例涉及多个需求,则可追踪性应指明涉及每一个需求的具体测试过程步骤。

6 注解

本章应包含有助于理解本文档的一般信息(例如背景信息、词汇表、原理)。本章应包含为理解本文档需要的术语和定义,所有缩略语和它们在文档中的含义的字母序列表。

附录

附录可用来提供那些为便于文档维护而单独出版的信息(例如图表、分类数据)。为便于处理,附录可单独装订成册。附录应按字母顺序(A,B等)编排。

7.16 软件测试报告(STR)

说明:

1.《软件测试报告》(STR)是对计算机软件配置项CSCI、软件系统或子系统,或与软件相关项目执行合格性测试的记录。
2. 通过STR,需方能够评估所执行的合格性测试及其测试结果。

软件测试报告的正文的格式如下:

1 引言

本章应分成以下几条。

1.1 标识

本条应包含本文档适用的系统和软件的完整标识,(若适用)包括标识号、标题、缩略词语、版本号、发行号。

1.2 系统概述

本条应简述本文档适用的系统和软件的用途。它应描述系统与软件的一般性质;概述系统开发、运行和维护的历史;标识项目的投资方、需方、用户、开发方和支持机构;标识当前和计划的运行现场;并列出其他有关文档。

1.3 文档概述

本条应概括本文档的用途与内容,并描述与其使用有关的保密性与私密性要求。

2 引用文件

本章应列出本文档引用的所有文档的编号、标题、修订版本和日期。本章还应标识不能通过正常的供货渠道获得的所有文档的来源。

3 测试结果概述

本章应分为以下几条提供测试结果的概述。

3.1 对被测试软件的总体评估

本条应:

a. 根据本报告中所展示的测试结果,提供对该软件的总体评估;
b. 标识在测试中检测到的任何遗留的缺陷、限制或约束。可用问题/变更报告提供缺陷信息;
c. 对每一遗留缺陷、限制或约束,应描述:
   1) 对软件和系统性能的影响,包括未得到满足的需求的标识;

2） 为了更正它，将对软件和系统设计产生的影响；

3） 推荐的更正方案/方法。

3.2 测试环境的影响

本条应对测试环境与操作环境的差异进行评估，并分析这种差异对测试结果的影响。

3.3 改进建议

本条应对被测试软件的设计、操作或测试提供改进建议。应讨论每个建议及其对软件的影响。如果没有改进建议，本条应陈述为“无”。

4 详细的测试结果

本章应分为以下几条提供每个测试的详细结果。

注：“测试”一词是指一组相关测试用例的集合。

4.x （测试的项目唯一标识符）

本条应由项目唯一标识符标识一个测试，并且分为以下几条描述测试结果。

4.x.1 测试结果小结

本条应综述该项测试的结果。应尽可能以表格的形式给出与该测试相关联的每个测试用例的完成状态（例如，“所有结果都如预期的那样”，“遇到了问题”，“与要求的有偏差”等）。当完成状态不是“所预期的”时，本条应引用以下几条提供详细信息。

4.x.2 遇到了问题

本条应分条标识遇到一个或多个问题的每一个测试用例。

4.x.2.y （测试用例的项目唯一标识符）

本条应用项目唯一标识符标识遇到一个或多个问题的测试用例，并提供以下内容：

a. 所遇到问题的简述；

b. 所遇到问题的测试过程步骤的标识；

c. （若适用）对相关问题/变更报告和备份数据的引用；

d. 试图改正这些问题所重复的过程或步骤次数，以及每次得到的结果；

e. 重测试时，是从哪些回退点或测试步骤恢复测试的。

4.x.3 与测试用例/过程的偏差

本条应分条标识与测试用例/测试过程出现偏差的每个测试用例。

4.x.3.y （测试用例的项目唯一标识符）

本条应用项目唯一标识符标识出现一个或多个偏差的测试用例，并提供：

a. 偏差的说明（例如，出现偏差的测试用例的运行情况和偏差的性质，诸如替换了所需设备、未能遵循规定的步骤、进度安排的偏差等）。（可用红线标记表明有偏差的测试过程）；

b. 偏差的理由；

c. 偏差对测试用例有效性影响的评估。

5 测试记录

本章尽可能以图表或附录形式给出一个本报告所覆盖的测试事件的按年月顺序的记录。测试记录应包括：

a. 执行测试的日期、时间和地点；

b. 用于每个测试的软硬件配置，（若适用）包括所有硬件的部件号/型号/系列号、制造商、修订级和校准日期；所使用的软件部件的版本号和名称；

c. （若适用）与测试有关的每一活动的日期和时间，执行该项活动的人和见证者的身份。

6 评价

6.1 能力。

6.2 缺陷和限制。

6.3 建议。

6.4 结论。

7 测试活动总结

总结主要的测试活动和事件。总结资源消耗，如：

7.1 人力消耗。

7.2 物质资源消耗。

8 注解

本章应包含有助于理解本文档的一般信息（例如背景信息、词汇表、原理）。本章应包含为理解本文档需要的术语和定义，所有缩略语和它们在文档中的含义的字母序列表。

附录

附录可用来提供那些为便于文档维护而单独出版的信息（例如图表、分类数据）。为便于处理，附录可单独装订成册。附录应按字母顺序（A，B 等）编排。

7.17 软件配置管理计划（SCMP）

说明

《软件配置管理计划》（SCMP）说明在项目中如何实现配置管理。

软件配置管理计划的正本格式如下：

1 引言

本章应分成以下几条。

1.1 标识

本条应包含本文档适用的系统和软件的完整标识，（若适用）包括标识号、标题、缩略词语、版本号、发行号。

1.2 系统概述

本条应简述本文档适用的系统和软件的用途。它应描述系统与软件的一般性质；概述系统开发、运行和维护的历史；标识项目的投资方、需方、用户、开发方和支持机构；标识当前和计划的运行现场；并列出其他有关文档。

1.3 文档概述

本条应概括本文档的用途与内容，并描述与其使用有关的保密性与私密性要求。

1.4 组织和职责

描述软件配置管理（SCM）负责人和软件配置控制委员会（SCCB）的组成以及他们在项目中的职责和权限；说明与项目配置管理相关的人员，如项目经理、部门 SCM 组长的职责；描述以上人员之间的关系。

为了能够清晰的表述,可选用图表的方式进行说明。

1.5 资源

描述项目配置管理活动所需的各种资源,包括人员、培训、工具、设备、设施等等。其中人员是指人力成本,它是根据项目开发计划中的总工时计算得出的。

2 引用文件

本章应列出本文档引用的所有文档的编号、标题、修订版本和日期。本章还应标识不能通过正常的供货渠道获得的所有文档的来源。

3 管理

描述负责软件配置管理的机构、任务、职责及其有关的接口控制。

3.1 机构

描述在各阶段中负责软件配置管理的机构。描述的内容如下:

a. 描述在软件生存周期各阶段中软件配置管理的功能和负责软件配置管理的机构;

b. 说明项目和子项目与其他有关项目之间的关系;

c. 指出在软件生存周期各阶段中的软件开发或维护机构与配置控制委员会的相互关系。

3.2 任务

描述在软件生存周期各阶段中的配置管理任务以及要进行的评审和检查工作,并指出各个阶段的阶段产品应存放在哪一类软件库中(软件开发库、软件受控库或软件产品库)。

3.3 职责

描述与软件配置管理有关的各类机构或成员的职责,并指出这些机构或成员相互之间的关系:

a. 指出负责各项软件配置管理任务(如配置标识、配置控制、配置状态记录以及配置的评审与检查)的机构的职责;

b. 指出上述机构与软件质量保证机构、软件开发单位、项目承办单位、项目委托单位以及用户等机构的关系;

c. 说明由本计划第 3.2 条指明的生存周期各阶段的评审、检查和审批过程中的用户职责以及相关的开发和维护活动;

d. 指出与项目有关的各个机构的代表的软件配置管理职责;

e. 指出其他特殊职责,例如为满足软件配置管理要求所必要的批准要求。

3.4 接口控制

描述:

a. 接口规格说明标识和文档控制的方法;

b. 对已交付的接口规格说明和文档进行修改的方法;

c. 对要完成的软件配置管理活动进行跟踪的方法;

d. 记录和报告接口规格说明和文档控制状态的方法;

e. 控制软件和支持它运行的硬件之间的接口的方法。

3.5 实现

规定实现软件配置管理计划的主要里程碑,例如:

a. 建立配置控制委员会;

b. 确定各个配置基线;

c. 建立控制接口协议;

d. 制订评审与检查软件配置管理计划和规程;

e. 制订相关的软件开发、测试和支持工具的配置管理计划和规程。

3.6 适用的标准、条例和约定

3.6.1 指明所适用的软件配置管理标准、条例和约定

必须说明这些标准、条例和约定要实现的程度。

3.6.2 描述要在本项目中编写和实现的软件配置管理标准、条例和约定

这些标准、条例和约定可以包括以下内容：

a. 软件结构层次树中软件位置的标识方法；
b. 程序和模块的命名约定；
c. 版本级别的命名约定；
d. 软件产品的标识方法；
e. 规格说明、测试计划与测试规程、程序设计手册及其他文档的标识方法；
f. 媒体和文档管理的标识方法；
g. 文档交付过程；
h. 软件产品库中软件产品入库、移交或交付的过程；
i. 问题报告、修改请求和修改次序的处理过程；
j. 配置控制委员会的结构和作用；
k. 软件产品交付给用户的验收规程；
l. 软件库的操作，包括准备、存储和更新模块的方法；
m. 软件配置管理活动的检查；
n. 问题报告、修改请求或修改次序的文档要求，指出配置修改的目的和影响；
o. 软件进入配置管理之前的测试级别；
p. 质量保证级别，例如，在进入配置管理之前，验证软件满足有关基线的程度。

4 软件配置管理活动

本章描述配置标识、配置控制、配置状态记录与报告以及配置检查与评审等四方面的软件配置管理活动的需求。

4.1 配置标识

4.1.1 本条必须详细说明软件项目的基线（即最初批准的配置标识）

把它们与本计划的3.2条描述的生存周期的特定阶段相联系。在软件生存周期中，主要有三种基线，它们是功能基线、分配基线和产品基线。对于每个基线，必须描述下列内容：

a. 每个基线的项（包括应交付的文档和程序）；
b. 与每个基线有关的评审与批准事项以及验收标准；
c. 在建立基线的过程中用户和开发者参与情况。

例如，在产品基线中，要定义的元素可以包括：

a. 产品的名字和命名规则；
b. 产品标识编号；
c. 对每一个新交付的版本，要给出版本交付号、新修改的描述、修改交付的方法、对支持软件的修改要求以及对有关文档的修改要求；
d. 安装说明；
e. 已知的缺陷和故障；
f. 软件媒体和媒体标识。

4.1.2 本条必须描述本项目所有软件代码和文档的标题、代号、编号以及分类规程

例如，对代码来说：

a. 编译日期可以作为每个交付模块标识的一部分；

b. 在构造模块源代码的顺序行号时，应使它适合于模块作进一步的修改。

4.2 配置控制

4.2.1 本条必须描述在本计划3.2条描述的软件生存周期中各个阶段使用的修改批准权限的级别

4.2.2 本条必须定义对已有配置的修改申请进行处理的方法

其中包括：

a. 详细说明在本计划第3.2条描述的软件生存周期各个阶段中提出修改申请的程序（可以用注上自然语言的流程图来表达）；

b. 描述实现已批准的修改申请（包括源代码、目标代码和文档的修改）的方法；

c. 描述软件库控制的规程，其中包括库存软件控制、对于适用基线的读写保护、成员保护、成员标识、档案维护、修改历史以及故障恢复等七项规程；

d. 如果有必要修补目标代码，则要描述其标识和控制的方法。

4.2.3 对于各个不同层次的配置控制组和其他修改管理机构

本条必须：

a. 定义其作用，并规定其权限和职责；

b. 如果已组成机构，则指明该机构的领导人及其成员；

c. 如果还没有组成机构，则说明怎样任命该机构的领导人、成员及代理人；

d. 说明开发者和用户与配置控制组的关系。

4.2.4 当要与不属于本软件配置管理计划适用范围的程序和项目进行接口时，本条必须说明对其进行配置控制的方法

如果这些软件的修改需要其他机构在配置控制组评审之前或之后进行评审，则本条必须描述这些机构的组成、它们与配置控制组的关系以及它们相互之间的关系。

4.2.5 本条必须说明与特殊产品（如非交付的软件、现存软件、用户提供的软件和内部支持软件）有关的配置控制规程

4.3 配置状态的记录和报告

本条必须：

a. 指明怎样收集、验证、存储、处理和报告配置项的状态信息；

b. 详细说明要定期提供的报告及其分发办法；

c. 如果有动态查询，要指出所提供的动态查询的能力；

d. 如果要求记录用户说明的特殊状态时，要描述其实现手段。

例如，在配置状态记录和报告中，通常要描述的信息有：

a. 规格说明的状态；

b. 修改申请的状态；

c. 修改批准的报告；

d. 产品版本或其修改版的状态；

e. 安装、更新或交付的实现报告；

f. 用户提供的产品（如操作系统）的状态；

g. 有关开发项目历史的报告。

4.4 配置的检查和评审

本条必须：

a. 定义在本计划的3.2条所定义的软件生存周期的特定点上执行的检查和评审中软件配置管理计划的作用；

b. 规定每次检查的评审所包含的配置项；

c. 指出用于标识和解决在检查和评审期间发现的问题的工作流程。

5 工具、技术和方法

本章必须指明为支持特定项目的软件配置管理所使用的软件工具、技术和方法，指明它们的目的，并在开发者所有权的范围内描述其用法。例如，可以包括用于下列任务的工具，技术和方法：

a. 软件媒体和媒体文档的标识。

b. 把文档和媒体置于软件配置管理的控制之下，并把它正式地交付给用户。例如，要给出对软件库内的源代码和目标代码进行控制的工具、技术和方法的描述；如果用到数据库管理系统，则还要对该系统进行描述。又如，要指明怎样使用软件库工具、技术和方法来处理软件产品的交付。

c. 编制关于程序及其有关文档的修改状态的文档。因此必须进一步定义用于准备多种级别（如项目负责人、配置控制小组、软件配置管理人员和用户）的管理报告的工具、技术和方法。

6 对供货单位的控制

供货单位是指软件销售单位、软件开发单位或软件子开发单位。必须规定对这些供货单位进行控制的管理规程，从而使从软件销售单位购买的、其他开发单位开发的或从软件开发单位现存软件库中选用的软件能满足规定的软件配置管理需求。管理规程应该规定在本软件配置管理计划的执行范围内控制供货单位的方法；还应解释用于确定供货单位的软件配置管理能力的方法以及监督它们遵循本软件配置管理计划需求的方法。

7 记录的收集、维护和保存

本章必须指明要保存的软件配置管理文档，指明用于汇总、保护和维护工程文档的方法和设施（其中包括要使用的后备设施），并指明要保存的期限。

8 配置项和基线

8.1 配置项命名规则

根据组织的《标识规范》，对不同类型的配置项建立命名规则。

配置项类型	命名规则的说明

8.2 配置项的识别和基线的划分

列出识别到的所有配置项和所属的配置基线，并明确配置项的标识、作者（或负责人）和配置时间。

配置基线	配置项名称	配置项标识	作者/负责人	配置时间

8.3 变更和发布

描述配置项和基线变更、发布的流程以及相应的批准权限。

为了能够清晰的表述，应选用图表的方式进行说明。

9 备份

说明配置库和配置管理库的备份方式、频度、责任人。

10 日程表

列出项目配置管理活动的日程表，并确保配置管理活动的日程表与项目开发计划以及质量保证计划保持一致。

阶段	活动	日期

11 注解

本章应包含有助于理解本文档的一般信息(例如背景信息、词汇表、原理)。本章应包含为理解本文档需要的术语和定义，所有缩略语和它们在文档中的含义的字母序列表。

附录

附录可用来提供那些为便于文档维护而单独出版的信息(例如图表、分类数据)。为便于处理，附录可单独装订成册。附录应按字母顺序(A,B 等)编排。

附表

附表 1　产品发布清单

产品发布清单

项目名称			项目标识			
发布范围						
发布产品清单						
序号	产品名称	所属基线	密级	版本号	是否收回	规定收回时间
发布列表							
序号	发布人	发布日期	发布对象			回收日期	备注
			姓名	所属部门	确认签名		

项目标识:按照《标识规范》为项目分配的标识号

发布范围:产品发布到公司内外哪些部门

所属基线:随着项目的进展,产品当前配置到的项目基线

密级:绝密、机密、秘密、普通

发布对象:产品被发布到的责任人

附表 2 配置变更申请单

配置变更申请表

<table>
<tr><td colspan="4">1. 项目(系统)名称:</td></tr>
<tr><td colspan="2">2. 变更标识号:</td><td colspan="2">3. 基线类别:</td></tr>
<tr><td colspan="2">4. 申请人姓名:</td><td colspan="2">5. 申请日期:</td></tr>
<tr><td colspan="4">6. 变更描述:</td></tr>
<tr><td colspan="4">7. 变更理由:</td></tr>
<tr><td colspan="4">评 估</td></tr>
<tr><td colspan="2">8. 估计工时:</td><td rowspan="3">11. 受影响配置项:</td><td rowspan="3">版本</td></tr>
<tr><td colspan="2">9. 需要资源:</td></tr>
<tr><td colspan="2">10. 评估人:
日期:</td></tr>
<tr><td colspan="4">变更批准</td></tr>
<tr><td colspan="2">12. 审批人:
意见:
日期:</td><td rowspan="3">16. 变更配置项:</td><td rowspan="3">版本</td></tr>
<tr><td colspan="2">13. 变更实施人:
日期:</td></tr>
<tr><td>14. 完成日期</td><td>15. 实际工时</td></tr>
<tr><td colspan="4">基线更新批准</td></tr>
<tr><td colspan="2">17. 审批人:
意见:
日期:</td><td colspan="2">18. SQA 批准:
日期:</td></tr>
<tr><td colspan="2">19. 更新人:
日期:</td><td colspan="2">20. 备注:</td></tr>
</table>

变更标识号:项目标识+变更序号

基线类别:正式基线变更、(非正式基线变更)开发基线变更

需要资源:需要哪些工具、哪方面的人员、哪方面的培训

受影响配置项:估计将受影响的配置项

变更配置项:实际发生变更的配置项

附表 3　配置问题报告单

配置问题报告单

<table>
<tr><td colspan="5">1. 项目(系统)名称：</td></tr>
<tr><td colspan="2">2. 问题标识号：</td><td colspan="3">3. 基线类别：</td></tr>
<tr><td colspan="2">4. 报告人姓名：</td><td colspan="3">5. 报告日期：</td></tr>
<tr><td colspan="5">6. 问题描述：</td></tr>
<tr><td colspan="5">7. 影响范围：</td></tr>
<tr><td colspan="5">评　　估</td></tr>
<tr><td colspan="2">8. 估计工时：</td><td colspan="2" rowspan="3">11. 受影响配置项：</td><td rowspan="3">版本：</td></tr>
<tr><td colspan="2">9. 需要资源：</td></tr>
<tr><td colspan="2">10. 评估人：
日期：</td></tr>
<tr><td colspan="5">变更批准</td></tr>
<tr><td colspan="2">12. 审批人：
意见：
日期：</td><td colspan="2" rowspan="3">16. 变更配置项：</td><td rowspan="3">版本：</td></tr>
<tr><td colspan="2">13. 变更实施人：
日期：</td></tr>
<tr><td>14. 完成日期：</td><td>15. 实际工时：</td></tr>
<tr><td colspan="5">基线更新批准</td></tr>
<tr><td colspan="3">17. 审批人：
意见：
日期：</td><td colspan="2">18. SQA 批准：
日期：</td></tr>
<tr><td colspan="3">19. 更新人：
日期：</td><td colspan="2">20. 备注：</td></tr>
</table>

问题标识号：项目标识＋问题序号

基线类别：需求、设计、代码、交付基线等

影响范围：估计将受影响的功能组件、模块、配置等

需要资源：需要哪些工具、哪方面的人员、哪方面的培训

受影响配置项：估计将受影响的配置项

变更配置项：实际发生变更的配置项

附表 4　配置变更和问题登录表

配置变更和问题登录表

项目名称：　　　　　　　　　　　　　　　　　　　配置管理员：

标识号	申请人	申请日期	概述	受影响配置项	修改前版本/修改后版本	批准情况	实施人	完成日期	纳入基线日期	状态及标识日期

标识号：变更申请标识号或问题标识号

批准情况：批准、拒绝、延缓

状态及标识日期：配置项当前的变更状态（参见本程序文件）及记录当前状态的时间

附表 5　配置状态统计报告

配置状态统计报告

项目名称：							统计人：			统计日期：			
						变更状态							
序号	基线标识/名称	版本号	序号	配置项标识/名称	版本号	变更或问题编号	变更人	变更开始日期	变更简述	受影响配置项及变更后版本号	变更完成日期	纳入基线日期	状态及标识日期

“基线标识”前的“序号”：指基线的序号

“配置项标识”前的“序号”：指配置项在该基线中的序号

附表 6　配置审核报告

<table>
<tr><th colspan="5">配置审核报告</th></tr>
<tr><td colspan="5">项目名称：</td></tr>
<tr><td colspan="3">审核类型：基线审核□　软件发布审核□</td><td colspan="2">审核人员：　　　　日期：</td></tr>
<tr><td colspan="5">工作产品审核</td></tr>
<tr><td colspan="3">应完成的工作产品</td><td colspan="2">完成情况</td></tr>
<tr><td colspan="3"></td><td colspan="2"></td></tr>
<tr><td colspan="3"></td><td colspan="2"></td></tr>
<tr><td colspan="3"></td><td colspan="2"></td></tr>
<tr><td colspan="3"></td><td colspan="2"></td></tr>
<tr><td colspan="3"></td><td colspan="2"></td></tr>
<tr><td colspan="3"></td><td colspan="2"></td></tr>
<tr><td colspan="5">变更情况审核</td></tr>
<tr><td>变更/问题编号</td><td>变更开始日期</td><td>变更计划完成日期</td><td>是否完成</td><td>相关项更新情况</td></tr>
<tr><td></td><td></td><td></td><td></td><td></td></tr>
<tr><td></td><td></td><td></td><td></td><td></td></tr>
<tr><td></td><td></td><td></td><td></td><td></td></tr>
<tr><td></td><td></td><td></td><td></td><td></td></tr>
<tr><td></td><td></td><td></td><td></td><td></td></tr>
<tr><td></td><td></td><td></td><td></td><td></td></tr>
<tr><td></td><td></td><td></td><td></td><td></td></tr>
<tr><td colspan="5">版本描述文件完备性审核</td></tr>
<tr><td colspan="5">版本号：</td></tr>
<tr><td colspan="5">版本说明评价：</td></tr>
<tr><td colspan="5">配置项追溯关系审核</td></tr>
<tr><td colspan="5">配置项追溯关系维护情况：</td></tr>
<tr><td colspan="5">质量检查点和质量保证活动审核</td></tr>
<tr><td colspan="5">质量检查点的设置及检查活动完成情况：</td></tr>
<tr><td colspan="5">质量保证活动完成情况：</td></tr>
</table>

相关项更新情况：指定配置变更请求或问题报告单中所有受影响配置项的变更情况说明(是否完成、实施状态)

版本说明评价、配置项追溯关系维护情况：是否完整、准确，存在哪些问题

7.18 **软件质量保证计划(SQAP)**

说明 《软件质量保证计划》(SQAP)规定在项目中采用的软件质量保证的措施、方法和步骤。

软件质量保证计划的正文的格式如下:

1 **引言**

本章应分成以下几条。

1.1 **标识**

本条应包含本文档适用的系统和软件的完整标识,(若适用)包括标识号、标题、缩略词语、版本号、发行号。

1.2 **系统概述**

本条应简述本文档适用的系统和软件的用途。它应描述系统与软件的一般性质;概述系统开发、运行和维护的历史;标识项目的投资方、需方、用户、开发方和支持机构;标识当前和计划的运行现场;并列出其他有关文档。

1.3 **文档概述**

本条应概述本文档的用途与内容,并描述与其使用有关的保密性与私密性要求。

1.4 **组织和职责**

描述SQA负责人在项目中的职责和权限;相应的高层经理、与SQA紧密配合的项目经理的职责;部门内部SQA组长的职责和与项目SQA负责人的关系。

1.5 **资源**

描述出项目质量保证活动所需的各种资源,包括人员、培训、工具、设备、设施,等等。其中人员是指人力成本,它是根据项目开发计划中的总工时计算得出的。

2 **引用文件**

本章应列出本文档引用的所有文档的编号、标题、修订版本和日期。也应标识不能通过正常的供货渠道获得的所有文档的来源。

3 **管理**

必须描述负责软件质量保证的机构、任务及其有关的职责。

3.1 **机构**

必须描述与软件质量保证有关的机构的组成,还必须清楚地描述来自项目委托单位、项目承办单位、软件开发单位或用户中负责软件质量保证的各个成员在机构中的相互关系。

3.2 **任务**

必须描述计划所涉及的软件生存周期中有关阶段的任务,特别是要把重点放在描述这些阶段所应进行的软件质量保证活动上。

3.3 **职责**

必须指明软件质量保证计划中规定的每一个任务的负责单位或成员的责任。

4 **文档**

必须列出在该软件的开发、验证与确认以及使用与维护等阶段中需要编制的文档,并描述对文档进行评审与检查的准则。

4.1 基本文档

为了确保软件的实现满足需求，至少需要下列基本文档：

a. 软件需求规格说明（或软件规格说明）。

b. 软件（结构）设计说明。

c. 测试计划与测试报告。

d. 软件验证与确认计划。

软件验证与确认计划必须描述所采用的软件验证与确认的方法（例如评审、检查、分析、演示或测试等），以用来验证软件需求（规格）说明中的需求是否已由软件（结构）设计说明描述的设计实现；软件（结构）设计说明表达的设计是否已由编码实现。软件验证与确认计划还可用来确认编码的执行是否与软件需求（规格）说明中所规定的需求相一致。软件验证和确认报告必须描述软件验证与确认计划的执行结果。这里必须包括软件质量保证计划所需要的所有评审、检查和测试的结果。

4.2 用户文档

例如，用户手册、操作手册等。

4.3 其他文档

除上述文档外，还应包括以下文档：

a. 项目开发计划（其中可包括软件配置管理计划，必要时该计划也可单列）。

b. 项目进展报表。

c. 项目开发各阶段的评审报表。

d. 项目总结报告。

5 标准、规程和约定

必须列出软件开发过程中要用到的标准、规程和约定，并列出监督和保证执行的措施。

6 评审和检查

必须规定所要进行的技术和管理两方面的评审和检查工作，并编制或引用有关的评审和检查规程以及通过与否的技术准则。至少要进行下列各项评审和检查工作：

6.1 软件需求（规格）评审

在软件需求分析阶段结束后必须进行软件需求评审，以确保在软件需求（规格）说明中所规定的各项需求的合适性。

6.2 系统/子系统设计评审

在系统/子系统设计结束后必须进行系统/子系统设计的评审，以评价软件（结构）设计说明中所描述的软件设计在总体结构、外部接口、主要部件功能分配、全局数据结构以及各主要部件之间的接口等方面的合适性。

6.3 软件设计评审

在软件设计结束后必须进行软件设计的评审，以评价软件（结构）设计说明中所描述的软件设计，在功能、算法和过程描述等方面的合适性。

6.4 软件验证与确认计划评审

在制订软件验证与确认计划之后要对它进行评审，以评价软件验证与确认计划中所规定的验证与确认方法的合适性与完整性。

6.5 功能检查

在软件发行前，要对软件进行功能检查，以确认已经满足在软件需求规格说明中规定的所有需求。

6.6 物理检查

在验收软件前，要对软件进行物理检查，以验证程序和文档已经一致并已做好了交付的准备。

6.7 综合检查

在软件验收时，要允许用户或用户委托的专家对所要验收的软件进行设计抽样的综合检查，以验证代码和设计文档的一致性、接口规格说明之间的一致性（硬件和软件）、设计实现和功能需求之间的一致性、功能需求和测试描述的一致性。

6.8 管理评审

要对计划的执行情况定期（或按阶段）进行管理评审，这些评审必须由独立于被评审单位的机构或授权的第三方主持进行。

7 项目策划阶段的 SQA 活动

描述 SQA 负责人参与制定项目的软件开发计划和配置管理计划的活动，以及它们三者之间的关系。

8 评审和审核

8.1 过程的评审

描述对项目进行过程评审的方法和依据，并在下表中列出项目定义的过程以及相应的过程评审。

8.2 工作产品的审核

描述进行产品审核的方法和依据，并在下表中列出项目过程应产生的工作产品和质量记录，以及需要由 SQA 负责人审核的工作产品和相应的产品审核活动。

8.3 不符合问题的解决

描述过程评审和产品审核的结果怎样形成记录，应形成哪些记录。

描述处理在评审中出现的不符合问题的解决方法。

阶段	项目定义的过程	工作产品	质量记录	评审/审核活动

9 软件配置管理

必须编制有关软件配置管理的条款，或单独制订文档。在这些条款或文档中，必须规定用于标识软件产品、控制和实现软件的修改、记录和报告修改实现的状态以及评审和检查配置管理工作等四方面的活动。还必须规定用以维护和存储软件受控版本的方法和设施；必须规定对所发现的软件问题进行报告、追踪和解决的步骤，并指出实现报告、追踪和解决软件问题的机构及其职责。

10 工具、技术和方法

必须指明用以支持特定软件项目质量保证工作的工具、技术和方法，描述它们的用途。

11 媒体控制

必须指出保护计算机程序物理媒体的方法和设施，以免非法存取、意外损坏或自然老化。

12 对供货单位的控制

供货单位包括项目承办单位、软件销售单位、软件开发单位或软件子开发单位。必须规定对这些供货单位进行控制的规程，从而保证项目承办单位从软件销售单位购买的、其他开发单位（或子开发单位）开发的或从开发（或子开发）单位现存软件库中选用的软件能满足规定的需求。

13 记录的收集、维护和保存

必须指明需要保存的软件质量保证活动的记录，并指出用于汇总、保护和维护这些记录的方法和设施，并指明要保存的期限。

14 日程表

列出项目质量保证活动的日程表，并确保质量保证的日程表与项目开发计划以及配置管理计划保持一致。

阶段	活动	日期

15 注解

本章应包含有助于理解本文档的一般信息（例如背景信息、词汇表、原理）。本章应包含为理解本文档需要的术语和定义，所有缩略语和它们在文档中的含义的字母序列表。

附录

附录可用来提供那些为便于文档维护而单独出版的信息（例如图表、分类数据）。为便于处理，附录可单独装订成册。附录应按字母顺序（A，B 等）编排。

附表

附表 1:问题报告单

<table>
<tr><td rowspan="4" colspan="3">问题报告单</td><td>标题</td><td colspan="3"></td></tr>
<tr><td>记录编号</td><td>QR/04A-</td><td>保存期</td><td></td></tr>
<tr><td>提交日期</td><td colspan="3">年　月　日</td></tr>
<tr><td>配置人姓名</td><td colspan="3"></td></tr>
<tr><td>配置状态</td><td>1 □</td><td>2 □</td><td>3 □</td><td>4 □</td><td colspan="2">5 □</td></tr>
<tr><td colspan="7">问题类别确定和审批</td></tr>
<tr><td>确定是否修改设计</td><td colspan="6">A(需修改设计)□　B(不修改设计)□</td></tr>
<tr><td>设计变更理由
(B 类不填)</td><td colspan="6"></td></tr>
<tr><td colspan="7">项目负责人签字：　　　　日期：</td></tr>
<tr><td colspan="7">项目信息</td></tr>
<tr><td>项目名</td><td colspan="3"></td><td>项目标识号</td><td colspan="2"></td></tr>
<tr><td colspan="7">问题分析</td></tr>
<tr><td>问题所在阶段</td><td>需求分析
□</td><td>系统设计
□</td><td>实现
□</td><td>测试
□</td><td>安装验收
□</td><td>运行维护
□</td></tr>
<tr><td colspan="7">问题描述(如空间不够可加附页)：</td></tr>
<tr><td rowspan="2">报告人</td><td>姓名</td><td colspan="2"></td><td>问题发现日期</td><td colspan="2">年　月　日</td></tr>
<tr><td>单位</td><td colspan="2"></td><td>电话</td><td colspan="2"></td></tr>
</table>

备注

配置状态：1. 评审中　2. 修改中　3. 修改完成未测评　4. 测评通过(关闭)　5. 以后关闭

B类问题解决记录

<table>
<tr><td colspan="2">问题报告单标题</td><td colspan="3"></td><td>问题报告单编号</td><td></td></tr>
<tr><td rowspan="2">问题解决人</td><td>姓名</td><td></td><td>项目组</td><td colspan="3"></td></tr>
<tr><td>开始日期</td><td colspan="2"></td><td>完成日期</td><td colspan="2"></td></tr>
<tr><td>确认</td><td colspan="6">项目组长签字：　　　　　　　　　　　　日期：</td></tr>
<tr><td colspan="7">问题解决说明(如空间不够可加附页)：</td></tr>
</table>

附表 2:设计变更报告单

<table>
<tr><td colspan="3" rowspan="4">设计变更报告单</td><td>标题</td><td colspan="2"></td></tr>
<tr><td>记录编号</td><td colspan="2"></td></tr>
<tr><td>评审日期</td><td colspan="2">年　月　日</td></tr>
<tr><td>评审报告编号</td><td colspan="2"></td></tr>
<tr><td colspan="2" rowspan="2">问题报告单</td><td>标题</td><td colspan="3"></td></tr>
<tr><td>编号</td><td colspan="3"></td></tr>
<tr><td>项目名</td><td colspan="3"></td><td>项目标识号</td><td></td></tr>
<tr><td rowspan="2">修改人</td><td>姓名</td><td></td><td rowspan="2">联系电话</td><td colspan="2"></td></tr>
<tr><td>单位</td><td></td><td colspan="2"></td></tr>
<tr><td colspan="6">修改描述(如空间不够可加附页):</td></tr>
</table>

附表 3:计划修订申请单

<table>
<tr><td colspan="3" rowspan="4">计划修订申请单</td><td>标题</td><td colspan="2"></td></tr>
<tr><td>记录编号</td><td colspan="2"></td></tr>
<tr><td>提交日期</td><td colspan="2">年 月 日</td></tr>
<tr><td>配置人姓名</td><td colspan="2"></td></tr>
<tr><td>配置状态</td><td>1 □</td><td>2 □</td><td>3 □</td><td colspan="2">4 □</td></tr>
<tr><td>项目名</td><td colspan="2"></td><td>项目标识号</td><td colspan="2"></td></tr>
<tr><td rowspan="2">修订申请人</td><td>姓名</td><td></td><td>联系电话</td><td colspan="2"></td></tr>
<tr><td>单位</td><td></td><td></td><td colspan="2"></td></tr>
<tr><td colspan="6">申请修订的主要理由:</td></tr>
<tr><td colspan="6">审批意见:

审批人签字: 日期:
审批人职务:</td></tr>
</table>

备注

配置状态:1 评审中 2 修订中 3 修订完成未评审 4 评审通过(关闭)

附表 4:项目月报表

<table>
<tr><td colspan="2" rowspan="3">________月份项目月报</td><td>记录编号</td><td colspan="3"></td></tr>
<tr><td>总部名称</td><td colspan="3"></td></tr>
<tr><td>质量管理员</td><td></td><td>日期</td><td></td></tr>
<tr><td>项目名</td><td></td><td>项目标识号</td><td colspan="3"></td></tr>
<tr><td colspan="6">计划完成情况</td></tr>
<tr><td colspan="6">已完成项(包括质量保证活动):</td></tr>
<tr><td colspan="6">未完成项(包括质量保证活动):</td></tr>
<tr><td colspan="6">存在的主要问题和困难:</td></tr>
<tr><td colspan="6">下月的主要安排</td></tr>
<tr><td colspan="6">开发:</td></tr>
<tr><td colspan="6">质量保证:</td></tr>
</table>

附表 5:设计评审报告

<table>
<tr><td colspan="3" rowspan="4">设计评审报告</td><td colspan="2">标题</td><td colspan="3"></td></tr>
<tr><td colspan="2">记录编号</td><td colspan="3"></td></tr>
<tr><td colspan="2">评审日期</td><td colspan="3">年 月 日</td></tr>
<tr><td colspan="2">评审性质</td><td colspan="3">评审 □ 复审 □</td></tr>
<tr><td>项目名</td><td colspan="4"></td><td colspan="2">项目标识号</td><td></td></tr>
<tr><td colspan="2">被评审对象名称</td><td colspan="6"></td></tr>
<tr><td>阶段名</td><td>开发策划
□</td><td>需求分析
□</td><td>系统设计
□</td><td>实现
□</td><td>测试
□</td><td>安装验收
□</td><td>设计变更
□</td></tr>
<tr><td colspan="8">评审内容(空间不够可附页):</td></tr>
<tr><td colspan="8">评审结论(空间不够可附页):

评审组长签字: 年 月 日</td></tr>
<tr><td colspan="8">批准意见:

批准人签字: 年 月 日</td></tr>
</table>

附表 6:评审人员名单

设计评审人员名单			评审报告	标题	
				编号	
姓名	单位	职称/职务	联系电话	签名	

7.19 开发进度月报(DPMR)

说明:

开发进度月报的编制目的是及时向有关管理部门汇报项目开发的进展和情况,以便及时发现和处理开发过程中出现的问题。一般地,开发进度月报是以项目组为单位每月编写的,如果被开发的软件系统规模比较大,整个工程项目被划分给若干个分项目组承担,开发进度月报将以分项目组为单位按月编写。

开发进度月报的正文格式如下:

1 引言

本章应分成以下几条。

1.1 标识

本条应包含本文档适用的系统和软件的完整标识,(若适用)包括标识号、标题、缩略词语、版本号、发行号。

1.2 系统概述

本条应简述本文档适用的系统和软件的用途。它应描述系统与软件的一般性质;概述系统开发、运行和维护的历史;标识项目的投资方、需方、用户、开发方和支持机构;标识当前和计划的运行现场;并列出其他有关文档。

1.3 文档概述

本条应概述本文档的用途与内容，并描述与其使用有关的保密性与私密性要求。

应说明：

a. 开发中的软件系统的名称和标识符；

b. 分项目名称和标识符；

c. 分项目负责人签名；

d. 本期月报编写人签名；

e. 本期月报的编号及所报告的年月。

2 引用文件

本章应列出本文档引用的所有文档的编号、标题、修订版本和日期。也应标识不能通过正常的供货渠道获得的所有文档的来源。

3 工程进度与状态

3.1 进度

列出本月内进行的各项主要活动，并且说明本月内遇到的重要事件，这是指一个开发阶段(即软件生存周期内各个阶段中的某一个，例如需求分析阶段)的开始或结束，要说明阶段的名称及开始(或结束)的日期。

3.2 状态

说明本月的实际工作进度与计划相比，是提前了、按期完成了或是推迟了？如果与计划不一致，要说明原因及准备采取的措施。

4 资源耗用与状态

4.1 资源耗用

主要说明本月份内耗用的工时与机时。

4.1.1 工时

分为三类：

a. 管理用工时。包括在项目管理(制订计划、布置工作、收集数据、检查汇报工作等)方面耗用的工时；

b. 服务工时。包括为支持项目开发所必须的服务工作及非直接的开发工作所耗用的工时；

c. 开发用工时。要分各个开发阶段填写。

4.1.2 机时

说明本月内耗用的机时，以小时为单位，说明计算机系统的型号。

4.2 状态

说明本月内实际耗用的资源与计划相比，是超出了、相一致、还是不到计划数？如果与计划不一致，说明原因及准备采取的措施。

5 经费支出与状态

5.1 经费支出

5.1.1 支持性费用

列出本月内支出的支持性费用，一般可按如下七类列出，并给出本月支持费用的总和：

a. 房租或房屋折旧费；

b. 工资、奖金、补贴；

c. 培训费。包括教师的酬金及教室租金；

d. 资料费。包括复印及购买参考资料的费用；

e. 会议费。召集有关业务会议的费用；

f. 旅差费；

g. 其他费用。

5.1.2 设备购置费

列出本月内实际支出的设备购置费，一般可分如下三类：

a. 购买软件的名称与金额；

b. 购买硬设备的名称、型号、数量及金额；

c. 已有硬设备的折旧费。

5.2 状态

说明本月内实际支出的经费与计划相比较，是超过了、相符合、还是不到计划数？如果与计划不一致，说明原因及准备采取的措施。

6 下个月的工作计划

7 建议

本月遇到的重要问题和应引起重视的问题及因此产生的建议。

8 注解

本章应包含有助于理解本文档的一般信息(例如背景信息、词汇表、原理)。本章应包含为理解本文档需要的术语和定义，所有缩略语和它们在文档中的含义的字母序列表。

附录

附录可用来提供那些为便于文档维护而单独出版的信息(例如图表、分类数据)。为便于处理，附录可单独装订成册。附录应按字母顺序(A，B 等)编排。

7.20 项目开发总结报告(PDSR)

说明：

项目开发总结报告的编制是为了总结本项目开发工作的经验，说明实际取得的开发结果以及对整个开发工作的各个方面的评价。

项目开发总结报告的正文格式如下：

1 引言

本章应分成以下几条。

1.1 标识

本条应包含本文档适用的系统和软件的完整标识，(若适用)包括标识号、标题、缩略词语、版本号、发行号。

1.2 系统概述

本条应简述本文档适用的系统和软件的用途。它应描述系统与软件的一般性质；概述系统开发、运行和维护的历史；标识项目的投资方、需方、用户、开发方和支持机构；标识当前和计划的运行现场；并列出其他有关文档。

1.3 文档概述

本条应概述本文档的用途与内容，并描述与其使用有关的保密性与私密性要求。

2 引用文件

本章应列出本文档引用的所有文档的编号、标题、修订版本和日期。也应标识不能通过正常的供货渠道获得的所有文档的来源。

3 实际开发结果

3.1 产品

说明最终制成的产品，包括：

a. 本系统（CSCI）中各个软件单元的名字，它们之间的层次关系，以千字节为单位的各个软件单元的程序量、存储媒体的形式和数量；

b. 本系统共有哪几个版本，各自的版本号及它们之间的区别；

c. 所建立的每个数据库。

如果开发计划中制订过配置管理计划，要同这个计划相比较。

3.2 主要功能和性能

逐项列出本软件产品所实际具有的主要功能和性能，对照可行性分析（研究）报告、项目开发计划、功能需求说明书的有关内容，说明原定的开发目标是达到了、未完全达到、或超过了。

3.3 基本流程

用图给出本程序系统的实际的基本的处理流程。

3.4 进度

列出原计划进度与实际进度的对比，明确说明实际进度是提前了，还是延迟了，分析主要原因。

3.5 费用

列出原定计划费用与实用支出费用的对比，包括：

a. 工时，以人月为单位，并按不同级别统计；

b. 计算机的使用时间，区别 CPU 时间及其他设备时间；

c. 物料消耗、出差费等其他支出。

明确说明，经费是超过了，还是节余了，分析主要原因。

4 开发工作评价

4.1 对生产效率的评价

给出实际生产效率，包括：

a. 程序的平均生产效率，即每人月生产的行数；

b. 文件的平均生产效率，即每人月生产的千字数。

并列出原计划数作所对比。

4.2 对产品质量的评价

说明在测试中检查出来的程序编制中的错误发生率，即每千条指令（或语句数）中的错误指令数（或语句数）。如果开发中制订过质量保证计划或配置管理计划，要同这些计划相比较。

4.3 对技术方法的评价

给出在开发中所使用的技术、方法、工具、手段的评价。

4.4 出错原因的分析

给出对于开发中出现的错误的原因分析。

4.5 风险管理

a. 初期预计的风险；

b. 实际发生的风险；

c. 风险消除情况。

5 缺陷与处理

分别列出在需求评审阶段、设计评审阶段、代码测试阶段、系统测试阶段和验收测试阶段发生的缺陷及处理情况。

6 经验与教训

列出从这项开发工作中得到的最主要的经验与教训及对今后的项目开发工作的建议。

7 注解

本章应包含有助于理解本文档的一般信息(例如背景信息、词汇表、原理)。本章应包含为理解本文档需要的术语和定义,所有缩略语和它们在文档中的含义的字母序列表。

附录

附录可用来提供那些为便于文档维护而单独出版的信息(例如图表、分类数据)。为便于处理,附录可单独装订成册。附录应按字母顺序(A,B 等)编排。

附表

附表 项目总结报告

项目总结报告

项目		编写		审批	

一般性信息

1. 生产效率

2. 质量

3. 项目工期

	初始估算	实际	延误
起始日期			

4. 过程裁剪情况

5. 使用的工具

风险管理

1. 初期预估的风险

规模

估算项	估算规模	实际规模

工作量

1. 团队最大规模

2. 估算工作量

3. 实际工作量

4. 工作量在各阶段的分布

阶段	任务(人时)	审查(人时)	返工(人时)	总计(人时)
总计(人时)				

质量成本(COQ)=(审查工作量+返工工作量+测试工作量+培训工作量)/总工作量×100%
=

5. 工作量在各阶段的分布比例和偏差

阶段	估算值		实际值		偏差(%)
	工作量(人日)	工作量(%)	工作量(人日)	工作量(%)	
总计		100		100	

续表

项目		编写		审批	

缺陷

1. 缺陷分布情况

缺陷检测阶段	估算值		实际值		偏差百分比(%)
	缺陷数量	占总缺陷数百分比(%)	缺陷数量	占总缺陷数百分比(%)	
需求评审 设计评审 代码测试 系统测试 验收测试					
总计		100		100	

2. 缺陷消除率

缺陷检测阶段	缺陷引入阶段				缺陷消除率(%)
	需求	设计	实现	其他	
需求评审 设计评审 代码测试 系统测试 验收测试					

因果分析

偏差	偏差原因

提交的过程资产

总结论

7.21 软件产品规格说明(SPS)

说明:
1.《软件产品规格说明》(SPS)包含有或引用了可执行软件、源文件以及软件支持的信息。包括一个计算机软件配置项(CSCI)"已建成"的设计信息和编辑、构造及修改的过程等。
2. SPS可被用于订购可执行软件和/或对应于该CSCI的源文件。它是针对该CSCI的基本的软件支持文档。注意,不同的组织对软件的订购和移交有着不同的策略。这种策略应在使用这个文档之前决定。

软件产品规格说明的正文的格式如下:

1 引言

本章应分成以下几条。

1.1 标识

本条应包含本文档适用的系统和软件的完整标识,(若适用)包括标识号、标题、缩略词语、版本号、发行号。

1.2 系统概述

本条应简述本文档适用的系统和软件的用途。它应描述系统与软件的一般性质;概述系统开发、运行和维护的历史;标识项目的投资方、需方、用户、开发方和支持机构;标识当前和计划的运行现场;并列出其他有关文档。

1.3 文档概述

本条应概述本文档的用途与内容,并描述与其使用有关的保密性与私密性要求。

2 引用文件

本章应列出本文档引用的所有文档的编号、标题、修订版本和日期。也应标识不能通过正常的供货渠道获得的所有文档的来源。

3 需求

本章应分为以下几条,规定必须满足的需求,以实现软件交付和建立另一软件实体,以使其被认为是该CSCI的一个有效拷贝。

注:本章将软件自身作为被认为是CSCI的一个有效拷贝的软件实体所必须匹配的准则。被更新的软件设计不作为需求,而被放在第5章,仅作为用于修改、增强或其他支持该软件时所使用的信息。如果此规格说明的任何部分被置于需方配置的控制之下,只应限于第3章。建立产品基线的是软件自身,而不是软件的设计说明。

3.1 可执行软件

本条应通过引用所附的或其他形式提供的电子媒体给出CSCI的可执行软件,它应包括在目标计算机上安装和操作该软件所需的批处理文件、命令文件、数据文件或其他软件文件。为使一软件实体被认为是CSCI可执行软件的有效拷贝,它必须精确匹配这些文件。

3.2 源文件

本条应通过引用所附的或其他形式提供的电子媒体给出该CSCI的源文件,它应包括重新产生CSCI的可执行软件所需的批处理文件、命令文件、数据文件或其他文件。为使一软件实体被认为是该CSCI源文件的有效拷贝,它必须精确匹配这些文件。

3.3 打包需求

（若有）本条应陈述打包和标记 CSCI 拷贝的需求。

4 合格性规定

本条应陈述用于证明给定软件实体是 CSCI 有效拷贝要使用的方法。例如，针对可执行文件所使用的方法可以这样制定，即 3.1 条中引用到的每个可执行文件在当前所讨论软件中有相同命名的对等实体，并且可通过按位比较、检查和、或其他方法表明每个这样的对等实体和对应的可执行文件是相同的。针对源文件所使用的方法是与 3.2 条中引用的源文件进行比较。

5 软件支持信息

本章应分为以下几条提供为了支持 CSCI 所需的信息。

5.1 “已建成”软件设计

本条应包含描述“已建成”CSCI 设计的信息，或引用包含此信息的一个附录或其他可交付的文档。（若适用）此信息应与软件（结构）设计说明（SDD）、接口设计说明（IDD）和数据库（顶层）设计说明（DBDD）所要求的信息相同。如果这些文档或其等价物要随“已建成”CSCI 交付，本条应引用它们。否则，此信息应在本文档中提供。可以引用头文件、注释、源代码清单中的代码提供的信息，此处无需重复。如果 SDD、IDD 或 DBDD 是以附录的形式提供的话，无需变更其条号与页码。

5.2 编译/建立过程

本条应描述从源文件创建可执行文件和准备向固件或其他分布媒体中加载可执行文件所要使用的编译/建立过程，或引用描述此信息的附录。应指定所用的编译程序/汇编程序，包括版本号；其他所需的软、硬件，包括版本号；要使用的设置、选项或约定；和编译/汇编、连接和建立 CSCI 和包含 CSCI 的软件系统/子系统的过程，包括对不同现场、配置、版本的变更等。CSCI 级之上的建立过程可以在一个 SPS 中给出，而在其他 SPS 中引用。

5.3 修改过程

本条应描述修改 CSCI 必须遵循的过程。（若适用）包括或引用下述信息：

a. 支持设施、设备和软件，以及它们的使用过程；

b. CSCI 所使用的数据库/数据文件，以及使用与修改它们的过程；

c. 设计、编码、及其他应遵循的约定；

d. （若有）与上述不同的编译/建立过程；

e. 应遵循的集成与测试过程。

5.4 计算机硬件资源使用

本条应描述“已建成的”CSCI 对计算机硬件资源（如处理器能力、内存容量、输入/输出设备能力、辅存容量和通信/网络设备能力）的量化的使用情况。应覆盖包括在 CSCI 使用需求中的、影响 CSCI 的系统级资源分配中的、或软件开发计划中的所有计算机硬件资源。如果一个给定的计算机硬件资源的所有使用数据出现在同一个地方，如在一个 SPS 中，则本条可以引用它。针对每一计算机硬件资源，应包括：

a. 得到满足的 CSCI 需求或系统级资源分配（到 CSCI 需求的可追踪性可在 6.c 中提供）；

b. 使用数据所基于的假设和条件（例如，典型用法、最坏情况用法、特定事件的假设）；

c. 影响使用的特殊考虑（例如虚存的使用、覆盖、多处理器或操作系统开销的影响、库软件或其他的实现开销等）；

d. 所采用的计量单位（例如处理器能力百分比、每秒周期、存储器字节数、每秒千字节等）；

e. 所进行的评估或计量的级别（例如软件配置项、CSCI、或可执行程序）。

6 需求的可追踪性

本章应包括：

a. 从每一 CSCI 源文件到它所实现的软件配置项的可追踪性；

b. 从每一软件配置项到实现它的源文件的可追踪性；

c. 从 5.4 中给定的每一计算机硬件资源使用计量到它所涉及的 CSCI 需求的可追踪性。(此可追踪性也可在 5.4 中提供)；

d. 从有关计算机硬件资源使用的每一 CSCI 需求到 5.4 中给定的使用计量的可追踪性。

7 注解

本章应包含有助于理解本文档的一般信息(例如背景信息、词汇表、原理)。本章应包含为理解本文档需要的术语和定义，所有缩略语和它们在文档中的含义的字母序列表。

附录

附录可用来提供那些为便于文档维护而单独出版的信息(例如图表、分类数据)。为便于处理，附录可单独装订成册。附录应按字母顺序(A,B 等)编排。

7.22 软件版本说明(SVD)

说明：

1.《软件版本说明》(SVD)标识并描述了由一个或多个计算机软件配置项(CSCI)组成的一个软件的版本。它被用于发行、追踪以及控制软件的版本。

2. 术语"版本"可用于软件的最初发行，用于其后续的发行，或用于在几乎同时发行的软件的多种形式之一(例如，用于不同的场所等)。

软件版本说明的正文的格式如下：

1 引言

本章应分为以下几条。

1.1 标识

本条应包含本文档适用的系统和软件的完整标识，(若适用)包括标识号、标题、缩略词语、版本号和发行号。它也应标识 SVD 预期的接受者和该标识影响发行软件的内容的程度(例如，源代码可能不向所有的接受者发行)。

1.2 系统概述

本条应简述本文档适用的系统和软件的用途。它应描述系统和软件的一般特性；概述系统的开发、运行与维护的历史；标识项目的投资方、需方、用户、开发方和支持机构；标识当前和计划的运行现场；并列出其他有关的文档。

1.3 文档概述

本条应概述本文档的用途和内容，并描述与其使用有关的保密性或私密性要求。

2 引用文件

本章应列出本文档引用的所有文档的编号、标题、修订版本和日期。也应标识不能通过正常的供货渠道获得的所有文档的来源。

3 版本说明

本章应分为以下几条。

3.1 发行材料清单

(若适用)本条应通过标识号、标题、缩略语、日期、版本号和发行号列出构成发行软件的所有物理媒体(例如列表、磁带、磁盘)和有关的文档。它应包括适用于这些项的保密性和私密性要求、处理它们的安全措施(例如对静电和磁场的关注)和关于复制和许可证条款的说明和制约。

3.2 软件内容清单

(若适用)本条应通过标识号、标题、缩略语、日期、版本号和发行号列出构成发行软件版本的所有计算机文件。应包含适用的保密性和私密性要求。

3.3 已安装的变更

本条应包含一张列表,记录当前的软件版本自上一个版本后引入的所有变更。如果使用了变更类别,则变更应按这些类别进行划分。(若适用)本条应标识与每一变更和(若有)每一变更对系统运行和其他软硬件接口产生的影响相关的问题报告、变更建议和变更通告。本条不适用于最初的软件版本。

3.4 适应性资料

本条应标识或引用包含在软件版本中的所有场地专用的资料。对于第一版之后的软件版本,本条应描述对适应性资料做的变更。

3.5 相关文档

(若适用)本条应按标识号、标题、缩略语、日期、版本号和发行号列出与发行软件有关但未包含在其中的所有文档。

3.6 安装指令

(若适用)本条应提供或引用以下信息:

a. 安装该软件版本的指令;

b. 为使该版本可用而必须安装的其他变更的标识,包括未包含在软件版本中的场地专用的适应性资料;

c. 与安装有关的保密性、私密性和安全提示;

d. 判定版本是否被正确安装的过程;

e. 安装中遇到问题后的求助联系地点。

3.7 可能的问题和已知的错误

本条应标识软件版本在发行时可能存在的问题或已知的错误、解决问题和错误应采取的步骤、以及说明(直接或通过引用)如何识别、避免、更正或处理问题和错误的处理措施。给出的信息应适合于 SVD 预期的受众(例如一个用户机构可能需要避免错误的建议,支持机构则需要改正错误的建议)。

4 注解

本章应包含有助于理解本文档的一般信息(例如背景信息、词汇表、原理)。本章应包含为理解本文档需要的术语和定义,所有缩略语和它们在文档中的含义的字母序列表。

附录

附录可用来提供那些为便于文档维护而单独出版的信息(例如图表、分类数据)。为便于处理,附录可单独装订成册。附录应按字母顺序(A,B 等)编排。

7.23 **软件用户手册(SUM)**

说明:

1. 《软件用户手册》(SUM)描述手工操作该软件的用户应如何安装和使用一个计算机软件配置项(CSCI)、一组 CSCI、一个软件系统或子系统。它还包括软件操作的一些特别的方面,诸如,关于特定岗位或任务的指令等。
2. SUM 是为由用户操作的软件而开发的,具有要求联机用户输入或解释输出显示的用户界面。如果该软件是被嵌入在一个硬件—软件系统中,由于已经有了系统的用户手册或操作规程,所以可能不需要单独的 SUM。

软件用户手册的正文的格式如下:

1 引言

本章应分为以下几条。

1.1 标识

本条应包含本文档适用的系统和软件的完整标识,(若适用)包括标识号、标题、缩略词语、版本号和发行号。

1.2 系统概述

本条应简述本文档适用的系统和软件的用途。它应描述系统和软件的一般特性;概述系统的开发、运行与维护历史;标识项目的投资方、需方、用户、开发方和支持机构;标识当前和计划的运行现场;并列出其他有关的文档。

1.3 文档概述

本条应概述本文档的用途和内容,并描述与其使用有关的保密性或私密性要求。

2 引用文件

本章应列出本文档引用的所有文档的编号、标题、修订版本和日期。也应标识不能通过正常的供货渠道获得的所有文档的来源。

3 软件综述

本章应分为以下几条。

3.1 软件应用

本条应简要说明软件预期的用途。应描述其能力、操作上的改进以及通过本软件的使用而得到的利益。

3.2 软件清单

本条应标识为了使软件运行而必须安装的所有软件文件,包括数据库和数据文件。标识应包含每份文件的保密性和私密性要求和在紧急时刻为继续或恢复运行所必需的软件的标识。

3.3 软件环境

本条应标识用户安装并运行该软件所需的硬件、软件、手工操作和其他的资源。(若适用)包括以下标识:

a. 必须提供的计算机设备,包括需要的内存数量、需要的辅存数量及外围设备(诸如打印机和其他的输入/输出设备);

b. 必须提供的通信设备;

c. 必须提供的其他软件,例如操作系统、数据库、数据文件、实用程序和其他的支持系统;

d. 必须提供的格式、过程或其他的手工操作;

e. 必须提供的其他设施、设备或资源。

3.4 软件组织和操作概述

本条应从用户的角度出发,简要描述软件的组织与操作。(若适用)描述应包括:

a. 从用户的角度来看的软件逻辑部件和每个部件的用途/操作的概述;

b. 用户期望的性能特性,例如:

1) 可接受的输入的类型、数量、速率;

2) 软件产生的输出的类型、数量、精度和速率;

3) 典型的响应时间和影响它的因素;

4) 典型的处理时间和影响它的因素;

5) 限制,例如可追踪的事件数目;

6) 预期的错误率;

7) 预期的可靠性。

c. 该软件执行的功能与所接口的系统、组织或岗位之间的关系;

d. 为管理软件而采取的监督措施(例如口令)。

3.5 意外事故以及运行的备用状态和方式

(若适用)本条应解释在紧急时刻以及在不同运行状态和方式下用户处理软件的差异。

3.6 保密性和私密性

本条应包含与该软件有关的保密性和私密性要求的概述。(若适用)应包括对非法制作软件或文档拷贝的警告。

3.7 帮助和问题报告

本条应标识联系点和应遵循的手续,以便在使用软件时遇到的问题时获得帮助并报告问题。

4 访问软件

本章应包含面向首次/临时的用户的逐步过程。应向用户提供足够的细节,以使用户在学习软件的功能细节前能可靠地访问软件。在合适的地方应包含用"警告"或"注意"标记的安全提示。

4.1 软件的首次用户

本条应分为以下几条。

4.1.1 熟悉设备

合适的话,本条应描述以下内容:

a. 打开与调节电源的过程;

b. 可视化显示屏幕的大小与能力;

c. 光标形状,如果出现了多个光标如何标识活动的光标,如何定位光标和如何使用光标;

d. 键盘布局和不同类型键与点击设备的功能;

e. 关电过程,如果需要特殊的操作顺序的话。

4.1.2 访问控制

本条应提供用户可见的软件访问与保密性特点的概述。(若适用)本条应包括以下内容:

a. 怎样获得和从谁那里获得口令;

b. 如何在用户的控制下添加、删除或变更口令；

c. 与用户生成的输出报告及其他媒体的存储和标记有关的保密性和私密性要求。

4.1.3 安装和设置

本条应描述为标识或授权用户在设备上访问或安装软件、执行安装、配置软件、删除或覆盖以前的文件或数据和键入软件操作的参数必须执行的过程。

4.2 启动过程

本条应提供开始工作的步骤，包括任何可用的选项。万一遇到困难时，应包含一张问题定义的检查单。

4.3 停止和挂起工作

本条应描述用户如何停止或中断软件的使用和如何判断是否是正常结束或终止。

5 使用软件指南

本章应向用户提供使用软件的过程。如果过程太长或太复杂，按本章相同的段结构添加第6章，第7章……，标题含义与所选择的章有关。文档的组织依赖于被描述的软件的特性。例如，一种办法是根据用户工作的组织、他们被分配的岗位、他们的工作现场和他们必须完成的任务来划分章。对其他的软件而言，让第5章成为菜单的指南，让第6章成为使用的命令语言的指南，让第7章成为功能的指南更为合适。在5.3的子条中给出详细的过程。依赖于软件的设计，可能根据逐个功能，逐个菜单，逐个事务或其他的基础方式来组织条。在合适的地方应包含用“警告”或“注意”标记的安全提示。

5.1 能力

为了提供软件的使用概况，本条应简述事务、菜单、功能或其他的处理相互之间的关系。

5.2 约定

本条应描述软件使用的任何约定，例如使用的颜色、使用的警告铃声、使用的缩略词语表和使用的命名或编码规则。

5.3 处理过程

本条应解释后续条(功能、菜单、屏幕)的组织，应描述完成过程必需的次序。

5.3.x (软件使用的方面)

本条的标题应标识被描述的功能、菜单、事务或其他过程。(若适用)本条应描述并给出以下各项的选择与实例，包括：菜单、图标、数据录入表、用户输入、可能影响软件与用户的接口的来自其他软硬件的输入、输出、诊断或错误消息、或报警和能提供联机描述或指导信息的帮助设施。给出的信息格式应适合于软件特定的特性。但应使用一种一致的描述风格，例如对菜单的描述应保持一致，对事务描述应保持一致。

5.4 相关处理

本条应标识并描述任何关于不被用户直接调用，并且在5.3中也未描述的由软件所执行的批处理、脱机处理或后台处理。应说明支持这种处理的用户职责。

5.5 数据备份

本条应描述创建和保留备份数据的过程，这些备份数据在发生错误、缺陷、故障或事故时可以用来代替主要的数据拷贝。

5.6 错误，故障和紧急情况时的恢复

本条应给出从处理过程中发生的错误、故障中重启或恢复的详细步骤和保证紧急时刻运行的连续性的详细步骤。

5.7 消息

本条应列出完成用户功能时可能发生的所有错误消息、诊断消息和通知性消息，或引用列出这些消息的附录。应标识和描述每一条消息的含义和消息出现后要采取的动作。

5.8 快速引用指南

如果适用于该软件的话，本条应为使用该软件提供或引用快速引用卡或页。如果合适，快速引用指南应概述常用的功能键、控制序列、格式、命令或软件使用的其他方面。

6 注解

本章应包含有助于理解本文档的一般信息(例如背景信息、词汇表、原理)。本章应包含为理解本文档需要的术语和定义，所有缩略语和它们在文档中的含义的字母序列表。如果第 5 章扩展到了第 6 章至第 N 章，本章应编号为第 N 章之后的下一章。

附录

附录可用来提供那些为便于文档维护而单独出版的信息(例如图表、分类数据)。为便于处理，附录可单独装订成册。附录应按字母顺序(A，B 等)编排。

7.24 计算机操作手册(COM)

说明：

1.《计算机操作手册》(COM)提供操作指定的计算机及其外部设备所需的信息。本手册侧重计算机自身，而不是运行在其上的特定的软件

2. COM 主要针对一些新开发的计算机、专用计算机、无现成的商用操作手册或其他操作手册可用的其他的计算机。

计算机操作手册的正文的格式如下：

1 引言

本章应分为以下几条。

1.1 标识

本条应包含本文档所适用的计算机系统的制造商名、型号和其他的标识信息。

1.2 计算机系统概述

本条应简述本文档所适用的计算机系统的用途。

1.3 文档概述

本条应概述本文档的用途和内容并描述与其使用有关的保密性或私密性要求。

2 引用文件

本章应列出本文档引用的所有文档的编号、标题、修订版本和日期。也应标识不能通过正常的供货渠道获得的所有文档的来源。

3 计算机系统操作

本章应分为以下几条。在合适的地方应包含用“警告”或“注意”标记的安全防范提示。

3.1 计算机系统的准备和关机

本条应分为以下几条。

3.1.1 加电和断电

本条应包含计算机系统加电和断电的必要规程。

3.1.2 启动过程

本条应包含启动计算机系统操作必需的步骤(若适用),包括设备加电、操作前准备、自检和启动计算机系统的典型命令。

3.1.3 关机

本条应包含终止计算机系统操作的必要规程。

3.2 操作过程

本条应分为以下几条。如果有多种操作方式,应为每一种方式提供相应的说明。

3.2.1 输入和输出过程

本条应描述与计算机系统有关的输入和输出媒体(例如磁盘、磁带),描述在这些媒体上的读写过程,简述操作系统的控制语言,并列出交互消息和响应过程(例如使用的终端、口令、键)。

3.2.2 监视过程

本条应包含监视计算机系统的操作所应遵循的过程。它应描述可用的指示器,对这些指示器的解释和必须遵循的规程及专用监视过程。

3.2.3 脱机过程

本条应包含操作所有与计算机系统有关的脱机设备的必须的过程。

3.2.4 其他过程

本条应包含操作员要遵循的任何附加的过程(例如计算机系统报警、计算机系统保密性或私密性要求、切换到冗余的计算机系统,或在紧急情况下保证操作连续性的其他措施。)

3.3 问题处理过程

本条应标识在第3章前几条中所描述的操作步骤中可能发生的问题。它应陈述错误消息或与该问题相关的其他指示信息,并应描述针对每一发生的问题要遵循的自动和手工的过程(若适用),包括评价技术、要求关闭计算机系统的条件、联机干预或非正常退出的过程、在操作中断或非正常退出后采取的重新启动计算机系统操作的步骤,以及记录有关故障的过程。

4 诊断功能

本章应分为以下几条描述为标识和定位计算机系统内的故障而可能采取的诊断措施。

4.1 诊断功能综述

本条应概述计算机系统的诊断功能。包括错误消息语法和故障隔离的层次结构。本条应描述每一个诊断功能的目的。

4.2 诊断过程

本条应分为以下几条描述计算机系统要遵循的诊断过程,包括:

a. 执行每一诊断过程需要的硬件、软件或固件的标识;

b. 执行每一诊断过程的分步指令;

c. 诊断消息和相应的要求动作。

4.3 诊断工具

本条应分为以下几条描述计算机系统可用的诊断工具。这些工具可能是硬件、软件或固件。本条应用名字和编号来标识每一个工具,并描述这种工具和它的应用。

5 注解

本章应包含有助于理解本文档的一般信息(例如背景信息、词汇表、原理说明)。本章应包含为理解本文档需要的术语和定义,所有缩略语和它们在文档中的含义的字母序列。

附录

附录可用来提供那些为便于文档维护而单独出版的信息(例如图表、分类数据)。为便于处理，附录可单独装订成册。附录应按字母顺序(A,B 等)编排。

7.25 计算机编程手册(CPM)

说明：

1. 《计算机编程手册》(CPM)提供了一个程序员理解如何在给定的计算机上编程所需的信息。本手册专注于计算机本身，而不是运行于计算机上的特定软件。
2. CPM 主要针对新开发的计算机、特定用途的计算机、其他不能利用商用的或其他编程手册的计算机。

计算机编程手册的正文的格式如下：

1 引言

本章应分为以下几条。

1.1 标识

本条应包含本文档适用的计算机系统的制造商名、型号和其他的标识信息。

1.2 计算机系统概述

本条应简述本文档适用的计算机系统的用途。

1.3 文档概述

本条应概括本文档的用途和内容，并描述与其使用有关的保密性或私密性要求。

2 引用文件

本章应列出本文档引用的所有文档的编号、标题、修订版本和日期。也应标识不能通过正常的供货渠道获得的所有文档的来源。

3 编程环境

适当的话，本章应分条提供以下信息：

a. 计算机系统的部件和配置；
b. 操作特性、能力和限制，(若适用)，包括：
   1) 机器时钟周期；
   2) 字长；
   3) 内存容量和特性；
   4) 指令集的特性；
   5) 中断能力；
   6) 操作方式(例如批处理、交互式、特权级、非特权级)；
   7) 操作寄存器；
   8) 错误指示器；
   9) 输入/输出特性；
   10) 特殊特性。

c. 在计算机系统上执行编译与汇编所需的设备(例如磁带、磁盘、其他外围设备)描述。(若适用)按名字与版本号标识编辑程序、连接程序、连接编辑程序、编译程序、汇编程序、交叉编译程序、交叉汇编程序和使用的其他实用程序。并引用描述它们的用法的相应手册。要着重强调如何加载、执行、记录结果所必需的特殊的标志或指令。

4 编程信息

适当的话,本章应分条提供以下信息:

a. 描述计算机指令集体系结构的编程特点。(若适用)包括:

1) 数据表示(例如字节、字、整数、浮点数、双精度);
2) 指令格式和寻址方式;
3) 专用寄存器和字(例如堆栈指针、程序计数器);
4) 控制指令(例如分支、跳转、子程序和过程调用指令、特权级指令和它们的操作方式);
5) 子程序和过程(例如不可重入、可重入、宏代码例程、变元表、参数传递约定);
6) 中断处理;
7) 计时器与时钟;
8) 内存保护特点(例如只读内存);
9) 其他的特点,例如指令或数据的高速缓存的体系结构。

b. 每一条指令的描述,(若适用),包括:

1) 用法;
2) 语法;
3) 条件码集合;
4) 执行时间;
5) 机器码格式;
6) 记忆码约定;
7) 其他的特性。

c. 输入/输出控制编程描述,(若适用),包括:

1) 计算机内存的初始加载和校验;
2) 串行和并行数据通道;
3) 离散的输入、输出;
4) 接口部件;
5) 外围设备的设备号、操作码、内存单元。

d. 与计算机系统有关的其他的、受限的或专用的编程技术(例如微程序控制节的简述);

e. 说明上述的编程特点的实例,包括计算机系统各类指令正确用法的实例;

f. 与计算机系统有关的错误检测与诊断功能,包括条件码、溢出和寻址异常中断、输入/输出错误状态指示器。

5 注解

本章应包含有助于理解本文档的一般信息(例如背景信息、词汇表、原理)。本章应包含为理解本文档需要的术语和定义,所有缩略语和它们在文档中的含义的字母序列表。

附录

附录可用来提供那些为便于文档维护而单独出版的信息(例如图表、分类数据)。为便于处理，附录可单独装订成册。附录应按字母顺序(A,B 等)编排。

附 录 A
（规范性附录）
面向对象软件的文档编制

A.1 综述

在一个面向对象的软件系统建模中，一般地说，应产生下列文档：

总体说明文档；

用况图文档；

类图文档；

顺序图文档；

协作图文档；

状态图文档；

活动图文档；

构件图文档；

部署图文档；

其中有的文档有时会引入包图来管理信息组织的复杂性。

开发者也可根据所承担项目的实际情况，灵活取舍或增补。

当开发者强调过程控制时，也可以形成需求定义文档、分析文档和设计文档等。

其中每种文档的内容包含一个或多个上面提到的各种图文档。

A.2 总体说明文档

以文本方式，对整个系统作一些必要的说明。内容包括系统的目标、意义、应用范围、项目背景和文档组成等。但不必对系统的总体进行详细地说明，只需作提纲挈领式的简单介绍。另外，还要说明系统的建模文档由哪几种具体的文档组成、每种文档的份数以及对各种文档的组织等。

A.3 用况图文档

A.3.1 图形文档

即所绘制的用况图。

A.3.2 文字说明

用况图文档由以下部分组成：用况图综述、参与者描述、用况描述、用况图中元素间的关系描述和其他与用况图有关的说明。

A.3.2.1 用况图综述

从总体上阐述整个用况图的目的、结构、功能以及组织。以文字描述文档所包含的部分。

A.3.2.2 参与者描述

列出一个用况图中的每个参与者的名称，可按字母顺序或其他某种有规律的次序排列。必要时要对参与者附有必要的文字说明，也可以说明它所涉及到的用况和交互图的名称。

A.3.2.3 用况描述

对于一个用况图中的每个用况，记录如下的信息。要按某种顺序排列它们。

a) 名称

每个用况有一个在图内唯一的名字，并且该名字要反映出它所描述的功能。书写位置是在用况描述的第一行。

b) 行为描述

用自然语言分别描述参与者的行为和系统行为，建议把参与者的行为靠左对齐书写，把系统行为靠较右的位置对齐书写。

在描述较复杂的含有循环或条件分支的行为时，可使用一些结构化编程语言的控制语句，如 while，for，if-then-else 等。

当要表明控制语句的作用范围时，可使用括号，如{、}或 begin、end 等，也可以使用标号，以便更清楚地表示控制走向。

如有必要，可使用顺序图、状态图或协作图描述参与者的行为和系统行为。

c) 用况图中元素间的关系描述

产生一份描述用况图中的参与者与用况间、用况间以及参与者间关系的文字性描述文档。具体地由下面几部分构成：

1) 关系的名称；

2) 关系的类型：关联，泛化，包含，扩展；

3) 关系所涉及的类目：对关系所连接的类目应指明名称和类型(参与者或用况)。

d) 其他与用况图有关的说明

与该用况图有关的但上面文档中没有涉及的其他信息的描述。

A.4 类图文档

A.4.1 图形文档

即所绘制的类图。

A.4.2 文字说明

文字描述由以下部分组成：类图综述、类描述、关联描述、泛化描述、依赖描述和其他与类图有关的说明。在实际使用时，这些部分是可选的。

A.4.2.1 类图综述

从总体上阐述整个类图的目的、结构、功能及组织。以文字描述文档所包含的部分。

A.4.2.2 类描述

类描述包括类整体说明、属性说明、服务说明、关联说明、泛化说明、依赖说明及其他说明。

a) 类的整体说明

对整个类及其对象的情况加以说明，内容包括：

1) 类名：应是中文名或英文名；

2) 解释：对类的责任的文字描述；

3) 一般类：描述该类是从那些类泛化而来的；

4) 状态转换图：描述该类的实例的状态图的名称列表；

5) 主动性：有无主动性；

6) 永久性：有无永久性；

7) 引用情况：若此类为其他类图所定义，则要标明它所属于的类图；若此类被其他类图引用，则标明所引用的类图；

8) 多重性

9) 其他：是否有特别的数据完整性或安全性要求等。

b) 属性说明

逐个地说明类的属性。每个属性的详细说明包括以下内容：

1) 属性名：中文属性名或英文属性名；

2) 多重性：该属性的多重性；

3） 解释：该属性的作用；
4） 数据类型；
5） 聚合关系：如果这个属性的作用是为了表明聚合关系，则在这里说明这种关系；
6） 组合关系：如果这个属性的作用是为了表明组合关系，则在这里说明这种关系；
7） 关联关系：如果这个属性是为了实现该类的对象和其他对象之间的链而设置的，则在这里明确地说明这一点；
8） 实现要求：该属性的取值范围、精度、初始值及其他描述。

c） 服务说明

逐个地说明类中的每个服务。每个服务的详细说明包括以下内容：

1） 服务名：中文服务名或英文服务名；
2） 主动性：有无主动性；
3） 多态性：有无多态性；
4） 解释：该服务的作用；
5） 服务的活动图：详细描述活动具体细节的活动图的名称列表；
6） 约束条件及其他：若该服务的执行有前置条件、后置条件或执行时间的要求等其他需要说明的事项，则在此说明。

d） 关联

描述该类所涉及的所有的关联。每个与该类相关的关联可有关联名。

e） 泛化

描述该类所涉及的所有的泛化。每个与该类相关的关联可有泛化名。

f） 依赖

描述该类所涉及的所有依赖。每个与该类相关的依赖可有依赖名。

A.4.2.3 关联描述

类图中的每一关联都应有如下的描述：

a） 关联名称：中文关联名或英文关联名；
b） 关联的类型：应是一般二元关联、聚合、组合、多元关联、自关联、限定关联、导出关联、其他关联；
c） 关联所连接的类：按照一定顺序列举出关联所连接的类；
d） 关联端点：对每一个关联端点描述如下：
   1） 导航性：是否有导航性；
   2） 排序：是否排序；
   3） 聚合：是否有聚合，如果有，则要指明是聚合还是组合；
   4） 多重性；
   5） 可变性：应是无、只增加、冻结；
   6） 角色：角色名用中文名和英文名表示均可；
   7） 可见性：用＋、－、＃表示；
   8） 接口说明符。

A.4.2.4 泛化描述

类图中的每一个泛化都有如下的描述：

a） 泛化关系中的父类；
b） 泛化关系中的子类；
c） 泛化关系中的区分器；
d） 泛化关系中的限制符：应是完全、不完全、重叠和不相交。

A.4.2.5 依赖描述

类图中的每一个依赖都有如下的描述：

a) 依赖名称；

b) 依赖所涉及的类的名称；

c) 依赖的类型；

d) 依赖的附加说明。

A.4.2.6 其他描述文档

与该类图有关的但上面文档中没有涉及的其他信息的描述。

A.5 顺序图文档

A.5.1 图形文档

即所绘制的顺序图。

A.5.2 文字说明

顺序图的文字说明文档应包含：顺序图综述、顺序图中的对象与参与者描述、对象接收/发送信息的描述和其他与顺序图有关的说明。

A.5.2.1 顺序图综述

从总体上描述该顺序图的目的，以及所涉及的对象和参与者。

A.5.2.2 顺序图中的对象与参与者描述

对顺序图中的所有的对象和参与者，依次进行如下的描述：

a) 对象类型：是参与者还是类；

b) 对象名称；

c) 是否为主动对象：是或否，此描述针对对象而言，对于参与者不应有此描述；

d) 其他与对象或参与者有关的信息。

A.5.2.3 对象接收发送消息的描述

对顺序图中的每一个对象或参与者，详细地描述其接收/发送消息的类型、时序及与其他消息之间的触发关系。对每一个对象和参与者应按照时间顺序分别列出该对象或参与者所接收/发送的全部消息。对每一条消息应包含下面的内容：

a) 消息名称；

b) 是发送消息还是接受消息；

c) 消息类型；

d) 若为接收消息，应列出该消息所直接触发的消息的名称列表；

e) 是否为自接收消息；

f) 消息的发送对象名称；

g) 消息的接收对象名称。

A.5.2.4 其他与顺序图有关的说明

与顺序图有关的补充信息。

A.6 协作图文档

A.6.1 图形文档

即所绘制的协作图。

A.6.2 文字说明

协作图的文字说明应包含下列部分：协作图综述、协作图中的对象或角色描述、对象或角色接收/发送消息的描述、对象或角色间的链描述和其他与协作图有关的说明。

A.6.2.1 协作图综述

从总体上描述该协作图的目的以及其所涉及的对象或类元角色。

A.6.2.2 协作图中的对象或角色描述

对协作图中的所有类元角色或对象，依次列出下面的各项：

a) 名称；

b) 类型：类元角色或对象；

c) 是否为主动对象或角色：是或否；

d) 其他与类元对象有关的信息。

A.6.2.3 对象或角色接收/发送消息的描述

对协作图中的每一个类目角色或实例，详细地描述其接收/发送消息的类型及时序，以及与其他消息的触发关系。每一类目角色或实例应有下列描述：

a) 对象或角色名称；

b) 列出该对象所接收/发送的全部消息流，对每一条消息应包含下面的信息：

1) 消息名称；

2) 消息的格式：参见概念和表示法部分；

3) 是发送消息还是接收消息；

4) 消息类型；

5) 若为接收消息应列出该消息所直接触发的消息序列；

6) 是否为自接收消息；

7) 消息的发送类目角色或实例；

8) 消息的接收类目角色或实例。

A.6.2.4 对象或角色间的链描述

对象间或角色间的链应由下面的成分构成：

a) 链名称；

b) 链所连接的角色或对象的名称；

c) 链上的角色名，每个角色应包含下列信息：

1) 角色名：中文名或英文名；

2) 可见性：＋、－或＃；

3) 特殊的衍型：Global、Local、Parameter、Self、Vote、Broadcast；

d) 其他与链有关的信息。

A.6.2.5 其他与协作图有关的说明

与协作图有关的补充信息。

A.7 状态图文档

A.7.1 图形文档

即所绘制的状态图。

A.7.2 文字说明

状态图的文字说明应包含：状态图综述、状态图的状态描述、状态图的转换描述和其他与状态图有关的说明。

A.7.2.1 状态图综述

从总体上，该状态图描述一个对象在外部激励的作用下进行的状态变迁、所涉及到的状态和转换以及设置该状态图的目的等。

A.7.2.2 状态图的状态描述

描述一个状态图的所有的状态，对每一个具体状态应包括以下各项：

a) 状态的名称：中文名或英文名；

b) 状态的类型：简单状态，并发组合状态，顺序组合状态，子状态，初始伪状态，终状态，结合状态，历史状态，引用状态，桩状态，同步状态；

c) 入口动作；

d) 出口动作；

e) 内部转换：由一系列的内部转换项组成。每个内部转换项有下列格式：
动作标号/动作表达式；

f) 若为组合状态应列举出其所包含的子状态；

g) 其他与该状态有关的信息。

A.7.2.3 状态图的转换描述

本文档用来描述一个状态图的所有的状态转换，每一个具体转换应包括以下各项：

a) 转换的源状态；

b) 转换的目标状态；

c) 转换串：事件特征标记'['监护条件']''/' 动作表达式；

d) 转换中的分支：同步条、结合点、动态选择点。

A.7.2.4 其他与状态图有关的说明

与状态图有关的补充信息。

A.8 活动图文档

A.8.1 图形文档

即所绘制的活动图。

A.8.2 文字说明

活动图的文字说明包含：活动图综述、活动图中的动作状态描述、活动图中的转换描述和其他与活动图有关的说明。

A.8.2.1 活动图综述

从总体上，活动图描述一个对象的一个操作的活动序列，或者是多个对象为完成某一目的而进行的协作所涉及的活动序列，以及设置该活动图的目的等。若活动图用于描述系统的其他目的，也按本格式描述。

A.8.2.2 活动图中的动作状态描述

本文档用来描述一个活动图的所有的动作状态，每个具体动作状态包括以下内容：

a) 名称：中文名或英文名；

b) 类型：一般动作状态，子动作状态，信号发送，信号接收，初始伪动作状态，终动作状态，历史状态；

c) 入口转换；

d) 出口转换；

e) 活动伪码；

f) 其他与该状态有关的信息。

A.8.2.3 活动图中的转换描述

本文档用来描述一个活动图的所有的转换，每一个具体转换包括以下内容：

a) 转换的名称；

b) 源动作状态；

c) 终动作状态；

d) 转换中的分支：包括分叉、同步条、决策和合并；

e) 转换中的控制分叉：包括控制分叉的名称、与分叉相连的入口和出口元素的名称。

A.8.2.4 其他与状态图有关的说明

与状态图有关的补充信息，如泳道的划分、对象流、信号发送和信号接收等信息。

A.9 构件图文档

A.9.1 图形文档

即所绘制的构件图。

A.9.2 文字说明

构件图的文字说明文档包含：构件图综述、构件图中的构件描述、构件图中的关系描述和其他与构件图有关的说明。

A.9.2.1 构件图的综述

从总体上，构件图描述构件间的依赖关系、设置该构件图的目的等。

A.9.2.2 构件图中的构件描述

构件图中的每一个构件包含下列描述：

a) 构件名称；

b) 构件的接口；

c) 构件所涉及的关系；

d) 在逻辑上构件所实现的类；

e) 构件的类型。

A.9.2.3 构件图中的关系描述

a) 关系的名称；

b) 关系的起始构件的名称；

c) 关系的结束构件的名称；

d) 关系的类型：实现依赖、使用依赖或其他依赖。

A.9.2.4 其他与构件图有关的说明

其他与构件图有关的信息。

A.10 部署图文档

A.10.1 图形文档

即所绘制的部署图。

A.10.2 文字说明

部署图的文字说明文档包含：部署图综述、部署图中的节点描述、部署图中的关系描述和其他与部署图有关的说明。

A.10.2.1 部署图综述

从总体上描述部署图的目的以及节点之间的相互关系等。

A.10.2.2 部署图中的节点描述

对部署图中的每一个节点包含下列描述：

a) 节点名称；

b) 节点中的构件实例；

c) 节点所涉及的链的名称；

d) 节点的类型。

A.10.2.3 部署图中的关系描述

a) 关系的名称；

b) 关系的起始节点(或构件)的名称；

c) 关系的结束节点(或构件)的名称；

d) 关系的类型:实现依赖、使用依赖、其他依赖或通讯链。

A.10.2.4 其他与部署图有关的说明

其他与部署图有关的信息。

A.11 包图文档

为了管理模型的信息组织的复杂性,在比较复杂的模型中,通常将关系联系比较密切的图形元素划分到一个包里面。

A.11.1 图形文档

即所绘制的包图。

A.11.2 文字说明

包图的文字说明文档包含:包图的综述、包图中的包描述和其他与包图有关的说明。

A.11.2.1 包图的综述

从总体上描述包图的名称、目的以及与其他包的相互关系等。

A.11.2.2 包图中的包描述

包图中的每一个包包含下列描述：

a) 包的名称；

b) 包的种类:类包、用况包或其他；

c) 详细描述该包所包含的建模元素所在的文档；

d) 与该包有关系的其他包,应包括如下信息：

  1) 包的名称；

  2) 与该包的关系:依赖(访问和移入)、泛化,要注明方向性。

A.11.2.3 其他与包图有关的说明

其他与包图有关的信息。

参 考 文 献

GB 9385—1988《计算机软件需求规格说明编制指南》。
GB 9386—1988《计算机软件测试文件编制规范》。
GB/T 12504—1990《计算机软件质量保证计划规范》。
GB/T 12505—1990《计算机软件配置管理计划规范》。
SJ/T 11291—2003《面向对象的软件系统建模规范 第3部分:文档编制》。
SJ 20778—2000 《软件开发与文档编制》。
ISO/IEC JTC1/SC7 N2106 1999/04/15《软件工程——用户文档过程》

ICS 65.120
B 46

GB

中华人民共和国国家标准

GB/T 8622—2006
代替 GB/T 8622—1988

饲料用大豆制品中尿素酶活性的测定

Determination of urease activity in soya bean products for feeds

2006-06-09 发布　　　　2006-09-01 实施

中华人民共和国国家质量监督检验检疫总局
中国国家标准化管理委员会　发布

前言

本标准为 GB/T 8622—1988《大豆制品中尿素酶活性测定方法》的修订版。

本标准与 GB/T 8622—1988 的主要差异如下：

——改变了尿素缓冲液中磷酸盐的用量；

——细化了测定过程中的计时步骤；

——改变了冲洗试管内容物的蒸馏水体积；

——增加了用指示剂作为终点的判定；

——增加了试验结果的保留位数，定为小数点后两位；

——扩大了≤0.2 活性单位样品两次试验的允许差，相对相差≤20％。

本标准自实施之日起，代替 GB/T 8622—1988。

本标准由全国饲料工业标准化技术委员会提出并归口。

本标准负责起草单位：国家饲料质量监督检验中心(北京)。

本标准主要起草人：马东霞、左江湾、范志影。

本标准所代替标准的历次版本发布情况为：

——GB/T 8622—1988。

饲料用大豆制品中尿素酶活性的测定

1 范围

本标准规定了大豆制品及其副产品中尿素酶活性的测定。

本标准适用于大豆、由大豆制得的产品和副产品中尿素酶活性的测定。此方法可了解大豆制品的湿热处理程度。

2 规范性引用文件

下列文件中的条款通过本标准的引用而成为本标准的条款。凡是注日期的引用文件,其随后所有的修改单(不包括勘误的内容)或修订版均不适用于本标准,然而,鼓励根据本标准达成协议的各方研究是否可使用这些文件的最新版本。凡是不注日期的引用文件,其最新版本适用于本标准。

GB/T 601 化学试剂 标准滴定溶液的制备

GB/T 6682 分析实验室用水规格和试验方法(neq ISO 3696)

3 术语和定义

下列术语和定义适用于本标准。

3.1

大豆制品中尿素酶活性 urease activity soya bean products

在 30℃±0.5℃和 pH7 的情况下,每克大豆制品每分钟分解尿素所释放的氨基氮的质量。

注:以尿素酶活性单位每克(U/g)表示。

4 原理

将粉碎的大豆制品与中性尿素缓冲溶液混合,在 30℃±0.5℃下精确保温 30 min,尿素酶催化尿素水解产生氨的反应。用过量盐酸中和所产生的氨,再用氢氧化钠标准溶液回滴。

5 仪器设备

5.1 粉碎机:粉碎时应不生强热。

5.2 样品筛:孔径 200 μm。

5.3 分析天平:感量 0.1 mg。

5.4 恒温水浴:可控温 30℃±0.5℃。

5.5 计时器。

5.6 酸度计:精度 0.02,附有磁力搅拌器和滴定装置。

5.7 实验室常用玻璃仪器。

6 试剂和溶液

试剂为分析纯,水应符合 GB/T 6682 的规定。

6.1 **尿素缓冲溶液(pH7.0±0.1)**

称取 8.95 g 磷酸氢二钠($Na_2HPO_4 \cdot 12H_2O$),3.40 g 磷酸二氢钾(KH_2PO_4)溶于水并稀释至 1 000 mL,再将 30 g 尿素溶在此缓冲液中,有效期 1 个月。

6.2 **盐酸溶液[c(HCl)=0.1 mol/L]**

移取 8.3 mL 盐酸,用水稀释至 1 000 mL。

6.3 **氢氧化钠溶液[c(NaOH)=0.1 mol/L]**

称取 4 g 氢氧化钠溶于水并稀释至 1 000 mL,按 GB/T 601 规定的方法配制和标定。

6.4 **甲基红、溴甲酚绿混合乙醇溶液**

称取 0.1 g 甲基红,溶于 95%乙醇并稀释至 100 mL,再称取 0.5 g 溴甲酚绿,溶于 95%乙醇并稀释至 100 mL,两种溶液等体积混合,储存于棕色瓶中。

7 试样的制备

用粉碎机(5.1)将具有代表性的样品粉碎,使之全部通过样品筛(5.2)。对特殊样品(水分或挥发物含量较高而无法粉碎的样品)应先在实验室温度下进行预干燥,再进行粉碎,当计算结果时应将干燥失重计算在内。

8 测定步骤

称取约 0.2 g 制备好的试样(第 7 章),精确至 0.1 mg,于玻璃试管中(如活性很高可称 0.05 g 试样),加入 10 mL 尿素缓冲液(6.1),立即盖好试管盖剧烈振摇后,将试管马上置于 30℃±0.5℃恒温水浴(5.4)中,计时保持 30 min±10 s。要求每个试样加入尿素缓冲液的时间间隔保持一致。停止反应时再以相同的时间间隔加入 10 mL 盐酸溶液(6.2),振摇后迅速冷却至 20℃。将试管内容物全部转入小烧杯中,用 20 mL 水冲洗试管数次,以氢氧化钠标准溶液(6.3)用酸度计(5.6)滴定至 pH4.70。如果选择用指示剂,则将试管内容物全部转入 250 mL 锥形瓶中加入 8 滴~10 滴混合指示剂(6.4),以氢氧化钠标准溶液(6.3)滴定至溶液呈蓝绿色。

另取试管作空白试验。称取约 0.2 g 制备好的试样(第 7 章)精确至 0.1 mg,于玻璃试管中(如活性很高可称 0.05 g 试样),加入 10 mL 盐酸溶液(6.2),振摇后再加入 10 mL 尿素缓冲液(6.1),立即盖好试管盖剧烈振摇,将试管马上置于 30℃±0.5℃恒温水浴(5.4)中,计时保持 30 min±10 s。停止反应时将试管迅速冷却至 20℃。将试管内容物全部转入小烧杯中,用 20 mL 水冲洗试管数次,以氢氧化钠标准溶液(6.3)用酸度计(5.6)滴定至 pH4.70。如果选择用指示剂,则将试管内容物全部转入 250 mL 锥形瓶中加入 8 滴~10 滴混合指示剂(6.4),以氢氧化钠标准溶液(6.3)滴定至溶液呈蓝绿色。

9 结果计算

9.1 大豆制品中尿素酶活性 X,以尿素酶活性单位每克(U/g)表示,按式(1)计算。若试样经粉碎前的预干燥处理后,则按式(2)计算:

$$X = \frac{14 \times c(V_0 - V)}{30 \times m} \qquad \cdots\cdots(1)$$

$$X = \frac{14 \times c(V_0 - V)}{30 \times m} \times (1 - S) \qquad \cdots\cdots(2)$$

式中:

X——试样的尿素酶活性,单位为活性单位每克(U/g);

c——氢氧化钠标准滴定溶液浓度,单位为摩尔每升(mol/L);

V_0——空白消耗氢氧化钠标准滴定溶液体积,单位为毫升(mL);

V——试样消耗氢氧化钠标准滴定溶液体积,单位为毫升(mL);

14——氮的摩尔质量,$M(N_2)$=14 g/mol;

30——反应时间,单位为分钟(min);

m——试样质量,单位为克(g);

S——预干燥时试样失重的质量分数，%。

计算结果表示到小数点后两位。

9.2 重复性：同一分析人员用相同分析方法，同时或连续两次测定活性≤0.2 时结果之差不超过平均值的 20%，活性>0.2 时结果之差不超过平均值的 10%，结果以算术平均值表示。

ICS 13.220.50
Q 10

中华人民共和国国家标准

GB 8624—2006
代替 GB 8624—1997

建筑材料及制品燃烧性能分级

Classification for burning behavior of building materials and products

2006-06-19 发布　　2007-03-01 实施

中华人民共和国国家质量监督检验检疫总局
中国国家标准化管理委员会　发布

前　言

本标准第4章、第10章～第13章为强制性，其余为推荐性。

本标准修改采用欧盟标准EN 13501-1:2002《建筑制品和构件的火灾分级　第1部分：用对火反应试验数据的分级》（英文版）。其与EN 13501-1:2002的主要差异在于本标准除了全部采用EN 13501-1:2002规定的试验方法和等级划分外，对部分级别还规定了附加燃烧生成物的毒性试验要求。

本标准代替GB 8624—1997《建筑材料燃烧性能分级方法》。

本标准与GB 8624—1997相比有重大变化，其主要变化如下：

——在标准中对铺地材料和管道隔热材料的燃烧性能分级作了单独规定，燃烧性能等级由下标fl和L来分别区分；

——对材料燃烧性能级别的划分由A级（匀质材料）、A级（复合夹芯材料）、B1、B2和B3五个级别改为A1、A2、B、C、D、E、F或$A1_{fl}$、$A2_{fl}$、B_{fl}、C_{fl}、D_{fl}、E_{fl}、F_{fl}或$A1_L$、$A2_L$、B_L、C_L、D_L、E_L、F_L七个级别；

——对材料燃烧性能级别判定所用的试验方法以及判据有大的变化，特别是考虑了燃烧的热值、火灾发展速率、烟气产生率等燃烧特性要素；

——燃烧性能分级适用的材料范围有所变化，对原标准规定的部分特定用途的材料，如窗帘幕布类纺织物、电线电缆套管类塑料材料的分级不再包括。

本标准的附录C为规范性附录，附录A、附录B为资料性附录。

本标准由中华人民共和国公安部提出。

本标准由全国消防标准化技术委员会第七技术委员会（SAC/TC113/SC7）归口。

本标准负责起草单位：公安部四川消防研究所。

本标准参加起草单位：中国建筑科学研究院防火研究所，建筑材料工业技术监督研究中心，阿乐斯绝热材料（广州）有限公司、拜耳（中国）有限公司、上海阿姆斯壮建筑制品有限公司、亚罗弗保温材料（上海）有限公司、欧文斯科宁（中国）投资有限公司、厦门高特高新材料有限公司。

本标准主要起草人：钱建民、李风、赵成刚、马道贞。

本标准历次版本发布情况为：

——GB 8624—1988、GB 8624—1997。

引　言

GB 8624 于 1988 年首次发布，其后参照西德标准 DIN 4102-1:1981《建筑材料和构件的火灾特性　第 1 部分：建筑材料分级的要求和试验》，对其进行修订，发布了修订版 GB 8624—1997。该标准在实施的十多年中，作为我国建筑材料及建筑物内部使用的部分特定用途材料燃烧性能分级的准则，对进行材料防火性能评价、指导防火安全设计、实施消防安全监督、执行防火设计规范发挥了重要作用，产生了显著的社会经济效益。

随着欧盟的成立，2002 年欧盟标准委员会(EN)制定并颁布了欧盟统一的材料燃烧性能分级标准，即 EN 13501-1:2002《建筑制品和构件的火灾分级　第 1 部分：用对火反应试验数据的分级》，以此统一了建筑制品对火反应燃烧性能分级的程序。该标准实施后，欧盟成员国原各自的材料分级标准(包括 DIN 4102-1)同时废止。也就是说现行的 GB 8624—1997 标准依据的国外标准已不复存在。EN 13501 是一个系列标准，它的第 2、3、4 部分是通过耐火试验确定分级的方法，第 5 部分是关于外部火焰屋顶试验确定分级的方法。

随着火灾科学和消防工程学科领域研究的不断深入和发展，对燃烧特性的内涵也从单纯的火焰传播和蔓延，扩展到包括燃烧热释放速率、燃烧热释放量、燃烧烟密度以及燃烧产物毒性等参数。而 EN 13501-1的分级体系正是积极地考虑了上述特性参数，因而更科学。同时 EN 13501-1 规定了一些试验方法既考虑了实际的火灾场景，又考虑了材料的最终用途，因而更有实际代表性。基于上述原因，参照 EN 13501-1 对 GB 8624—1997 作全面修订是非常必要的。

由于参照 EN 13501-1:2002 对 GB 8624—1997 进行的修订将对我国燃烧性能分级体系进行根本性改变，对新体系的认识、熟悉还需要一定的过程；而 GB 8624 作为基础标准被诸多规范和标准引用，这些规范和标准的修订都需要一定的时间，为了有利于新体系的实施，不至于影响产品的研究、生产和监督，适当延长新旧标准过渡期是有必要的。

建筑材料及制品燃烧性能分级

1 范围

本标准提出了所有建筑材料及制品的燃烧性能分级程序。

所考虑的建筑制品是其最终应用形态。

本标准适用于两类建筑制品(具体内容将在标准中分别介绍):

a) 铺地材料;

b) 除铺地材料以外的建筑制品。

2 规范性引用文件

下列文件中的条款通过本标准的引用而成为本标准的条款。凡是注日期的引用文件,其随后所有的修改单(不包括勘误的内容)或修订版均不适用于本标准,然而鼓励根据本标准达成协议的各方研究是否可使用这些文件的最新版本。凡是不注日期的引用文件,其最新版本适合于本标准。

GB/T 5464 建筑材料不燃性试验方法(GB/T 5464—1999,idt ISO 1182:1990)

GB/T 8626 建筑材料可燃性试验方法

GB/T 11785 铺地材料燃烧性能测定 辐射热源法

GB/T 14402 建筑材料燃烧热值试验方法(GB/T 14402—1993,neq ISO 1716:1973)

GB/T 20284 建筑材料或制品的单体燃烧试验

GB/T 20285 材料产烟毒性危险分级

ISO 13943 消防安全词汇

EN 13238 建筑制品燃烧性能试验——状态调节程序和选取基材的一般规定

3 术语、定义和符号

3.1 术语与定义

ISO 13943 确立的以及下列术语和定义适用于本标准。

3.1.1

建筑制品 product

要求给出包括安装、构造、组成等相关信息的建筑材料、构件或其组件。

3.1.2

建筑材料 material

单一物质或若干物质均匀散布的混合物,例如金属、石材、木材、混凝土、含均匀散布胶合剂或聚合物的矿物棉等。

3.1.3

匀质制品 homogeneous product

由单一材料组成的制品或整个制品内部具有均匀的密度和组份。

3.1.4

非匀质制品 non-homogeneous product

不满足匀质制品定义的制品。由一种或多种主要和/或次要组份组成。

3.1.5

主要组份 substantial component

构成非匀质制品一个显著部分的材料,单层面密度≥1.0 kg/m² 或厚度≥1.0 mm 的一层材料可视作主要组份。

3.1.6

次要组份　non-substantial component

未构成非匀质制品的一个显著部分，单层面密度<1.0 kg/m² 且单层厚度<1.0 mm 的材料可视作次要组份。

两层或多层次要组份直接相邻(即它们之间没有主要组份)时，可视作一个次要组份，只要它们集合在一起符合一层次要组份的要求。

3.1.7

内部次要组份　internal non-substantial component

其两面分别至少覆盖一种主要组份的次要组份。

3.1.8

外部次要组份　external non-substantial component

有一面未覆盖主要组份的次要组份。

3.1.9

铺地材料　flooring

由包含或不包含背衬的表面装饰层、基材、夹层和粘合剂组成的地板上层材料。

3.1.10

基材　substrate

紧贴在要了解其信息的制品下面的材料。对于铺地材料，基材是指放置铺地材料的地板或代表该地板的材料。

3.1.11

标准基材　standard substrate

代表实际最终应用基材的制品。

3.1.12

最终应用　end use application

制品的实际应用，它与不同火灾情景下影响该制品燃烧性能的各个方面相关。它包括制品的数量、方位、与其他邻近制品的相对位置和固定方法。

3.1.13

火灾特性　fire performance

在规定火灾条件下试样的反应。

3.1.14

对火反应　reaction to fire

在规定试验条件下，制品在火灾作用下由于自身分解而助长火灾的反应。

3.1.15

火灾场景　fire scenario

在规定场所或实际尺寸模拟试验中对从试样引燃到燃烧结束这一过程的一个或多个阶段燃烧状况，包括周围环境的详细描述。

3.1.16

参考场景　reference scenario

某一给定试验方法或分级系统参考用的危害情景。

3.1.17

火灾情景　fire situation

指火灾发展过程中的阶段，它的特征是制品受热轰击的特性、严重程度和规模。

3.1.18

燃烧 combustion

在氧化剂作用下物质的放热反应。

注：燃烧通常伴随着火焰和/或可见光的产生。

3.1.19

热值 calorific value

单位质量物质燃烧所产生的热能量，以 J/kg 表示。

3.1.20

总热值 gross calorific potential

当燃烧结束且所产生的全部水分都已凝结时材料的热值。

3.1.21

对火灾的影响 contribution to fire

制品燃烧释放的能量，它在轰燃前后都会影响火灾的发展趋势。

3.1.22

着火性 ignitability

在规定试验条件下物体被点燃难易程度的度量。

3.1.23

放热量 heat release

在规定试验条件下试样燃烧释放的热能量。

3.1.24

小火灾轰击 small fire attack

小火焰如火柴或打火机产生的火焰对试件的热轰击。

3.1.25

受火程度 level of exposure

制品受热轰击的强度、时间和范围。

3.1.26

火焰蔓延 fire spread

垂直火焰蔓延(F_s)是指火焰尖端所达到的最高点，GB/T 8626 试验中规定了测定方法。

水平火焰蔓延是指持续火焰伸展到的最远端，GB/T 20284 试验中规定了测定方法。

3.1.27

持续燃烧 sustained flaming

试样表面存在一个最小时段的火焰。

注：不同标准对这个最小时段的规定不尽相同，但一般规定为 10 s。

3.1.28

充分发展火灾 fully developed fire

可燃材料全部表面着火的状态。

3.1.29

轰燃 flashover

在封闭房间中可燃材料表面全部着火的时刻。

3.1.30

燃烧滴落物/微粒 flaming droplets/particles

在燃烧试验中从试样上分离且燃烧持续达该试验方法规定的最短时间的材料。

3.1.31

熄灭时的临界热辐射通量 critical heat flux at extinguishment(*CHF*)

试件表面火焰停止传播并熄灭的位置所对应的热辐射通量(kW/m^2)。

3.1.32

***X* 分钟的热通量 heat flux at *X* minutes(*HF-X*)**

试验开始 *X* 分钟时,试件上火焰传播最远距离处所对应的热辐射通量(kW/m^2)。

3.1.33

临界热辐射通量 critical flux(*CF*)

火焰熄灭处的热辐射通量(*CHF*)或试验 30 min 时火焰传播到的最远位置处对应的热辐射通量(*HF*-30),两者中的最低值(即火焰 30 min 内传播的最远距离处所对应的热辐射通量)。

3.1.34

烟气危害 smoke hazard

烟气引起伤害和/或损坏的可能性。

3.1.35

FIGRA

用于分级的燃烧增长速率指数。

对于 A2 级和 B 级,$FIGRA = FIGRA_{0.2MJ}$

对于 C 级和 D 级,$FIGRA = FIGRA_{0.4MJ}$

3.1.36

$FIGRA_{0.2MJ}$

试样燃烧时的热释放速率与其对应受火时间的商的最大值,采用总放热量门槛值为 0.2 MJ。

注:$FIGRA_{0.2MJ}$ 的定义详见 GB/T 20284。

3.1.37

$FIGRA_{0.4MJ}$

试样燃烧时的热释放速率与其对应受火时间的商的最大值,采用总发热量门槛值为 0.4 MJ。

注:$FIGRA_{0.4MJ}$ 的定义详见 GB/T 20284。

3.1.38

SMOGRA

烟气生成速率。试样的烟气产生速率与其对应受火时间的商的最大值。

注:*SMOGRA* 的定义详见 GB/T 20284。

3.1.39

烟气毒性 toxicity

烟气毒性引起损伤/伤害的可能性。

3.1.40

材料产烟浓度 concentration of the specimen mass load in smoke

一种反映材料的火灾场景烟气与质量关系的参数,即单位空间所含产烟材料的质量数,mg/L。

3.1.41

材料产烟率 yield of smoke from material

材料在产烟过程中进入空间的质量相对于材料的总质量的百分率。它是一种反映材料热分解或燃烧进行程度的参数。

3.2 符号与缩写

ΔT	温升[K]
Δm	质量损失率[%]

F_s	燃烧长度[mm]
$FIGRA$	用于分级的燃烧增长率指数
$FIGRA_{0.2MJ}$	总放热量门槛值为 0.2 MJ 的燃烧增长率指数
$FIGRA_{0.4MJ}$	总放热量门槛值为 0.4 MJ 的燃烧增长率指数
LFS	火焰横向蔓延长度[m]
PCS	总热值[MJ/kg 或 MJ/m²]
PCI	净热值[MJ/kg 或 MJ/m²]
$SMOGRA$	烟气生成速率
t_f	持续燃烧时间[s]
THR_{600s}	时间为 600 s 时的总放热量[MJ]
TSP_{600s}	时间为 600 s 时总烟气产生量[m²]
CF	临界热辐射通量[kW/m²]
m'	由试验方法中规定的最少数量的试验获取的一组连续参数结果的平均值
m	按 7.3 中规定程序获取的一组连续参数结果的平均值，其用于燃烧性能分级
C	材料产烟浓度[mg/L]
Y	材料产烟率[%]。

4 燃烧性能等级

制品燃烧性能等级和其燃烧性能的对应关系在下列表格中列出：

表 1 是关于除铺地材料以外的建筑制品的燃烧性能等级和其燃烧性能的对应关系；

表 2 是关于铺地材料的燃烧性能等级和其燃烧性能对应关系。

燃烧性能为某一等级的制品被认为满足低于该等级的任一等级的全部要求。

表 1 建筑材料及制品(铺地材料除外)燃烧性能分级

等 级	试验标准		分级判据	附加分级
A1	GB/T 5464[a]	且	$\Delta T\leq 30$℃，且 $\Delta m\leq 50\%$，且 $t_f=0$(无持续燃烧)	
	GB/T 14402		$PCS\leq 2.0$ MJ/kg [a] 且 $PCS\leq 2.0$ MJ/kg [b] 且 $PCS\leq 1.4$ MJ/m² [c] 且 $PCS\leq 2.0$ MJ/kg [d]	
A2	GB/T 5464[a]或	且	$\Delta T\leq 50$℃，且 $\Delta m\leq 50\%$，且 $t_f\leq 20$ s	
	GB/T 14402		$PCS\leq 3.0$ MJ/kg [a] 且 $PCS\leq 4.0$ MJ/kg [b] 且 $PCS\leq 4.0$ MJ/m² [c] 且 $PCS\leq 3.0$ MJ/kg [d]	
	GB/T 20284	且	$FIGRA\leq 120$ W/s 且 $LFS<$试样边缘且 $THR_{600s}\leq 7.5$ MJ	产烟量[e] 且 燃烧滴落物/微粒[f]
	GB/T 20285			产烟毒性[i]

表 1(续)

等级	试验标准	分级判据	附加分级
B	GB/T 20284　且	*FIGRA*≤120 W/s 且 *LFS*<试样边缘且 THR_{600s}≤7.5 MJ	产烟量[e] 且 燃烧滴落物/微粒[f]
	GB/T 8626[h] 点火时间=30 s　且	60 s 内 F_s≤150 mm	
	GB/T 20285		产烟毒性[i]
C	GB/T 20284　且	*FIGRA*≤250 W/s 且 *LFS*<试样边缘且 THR_{600s}≤15 MJ	产烟量[e] 且 燃烧滴落物/微粒[f]
	GB/T 8626[h] 点火时间=30 s　且	60 s 内 F_s≤150 mm	
	GB/T 20285		产烟毒性[i]
D	GB/T 20284　且	*FIGRA*≤750 W/s	产烟量[e] 和 燃烧滴落物/微粒[f]
	GB/T 8626[h]　且 点火时间=30 s	60 s 内 F_s≤150 mm	
E	GB/T 8626[h] 点火时间=15 s	20 s 内 F_s≤150 mm	燃烧滴落物/微粒[g]
F	无性能要求		

a 匀质制品和非匀质制品的主要组份；

b ① 非匀质制品的外部次要组份；

② 另一个可选择的判据是：对 *PCS*≤2.0 MJ/m² 的外部次要组份，则要求满足 *FIGRA*≤20 W/s、*LFS*<试样边缘、THR_{600s}≤4.0 MJ、s1 和 d0；

c 非匀质制品的任一内部次要组份；

d 整体制品；

e 在试验程序的最后阶段，需对烟气测量系统进行调整，烟气测量系统的影响需进一步研究。由此导致评价产烟量的参数或极限值的调整。

s1=*SMOGRA*≤30 m²/s² 且 TSP_{600s}≤50 m²；s2=*SMOGRA*≤180 m²/s² 且 TSP_{600s}≤200 m²；s3=未达到 s1 或 s2；

f d0=按 GB/T 20284 规定，600 s 内无燃烧滴落物/微粒；

d1=按 GB/T 20284 规定，600 s 内燃烧滴落物/微粒持续时间不超过 10 s；

d2=未达到 d0 或 d1；

按照 GB/T 8626 规定，过滤纸被引燃，则该制品为 d2 级；

g 通过=过滤纸未被引燃；

未通过=过滤纸被引燃(d2 级)；

h 火焰轰击制品的表面和(如果适合该制品的最终应用)边缘。

i ——t0=按 GB/T 20285 规定的试验方法，达到 ZA1 级；

——t1=按 GB/T 20285 规定的试验方法，达到 ZA3 级；

——t2=未达到 t0 或 t1。

表 2 铺地材料燃烧性能分级

等 级	试验标准	分级指标	附加分级
$A1_{fl}$	GB/T 5464[a] 且	$\Delta T \leqslant 30$℃,且 $\Delta m \leqslant 50\%$,且 $t_f = 0$(无持续燃烧)	
	GB/T 14402	$PCS \leqslant 2.0$ MJ/kg [a] 且 $PCS \leqslant 2.0$ MJ/kg [b] 且 $PCS \leqslant 1.4$ MJ/m² [c] 且 $PCS \leqslant 2.0$ MJ/kg [d]	
$A2_{fl}$	GB/T 5464[a] 或 （且）	$\Delta T \leqslant 50$℃,且 $\Delta m \leqslant 50\%$,且 $t_f \leqslant 20$ s	
	GB/T 14402 （且）	$PCS \leqslant 3.0$ MJ/kg [a] 且 $PCS \leqslant 4.0$ MJ/kg [b] 且 $PCS \leqslant 4.0$ MJ/m² [c] 且 $PCS \leqslant 3.0$ MJ/kg [d]	
	GB/T 11785[e] 且	临界热辐射通量 $CHF^f \geqslant 8.0$ kW/m²	产烟量[g]
	GB/T 20285		产烟毒性[i]
B_{fl}	GB/T 11785[e] 且	临界热辐射通量 $CHF^f \geqslant 8.0$ kW/m²	产烟量[g]
	GB/T 8626[h] 且 点火时间=15 s	20 s 内 $F_s \leqslant 150$ mm	
	GB/T 20285		产烟毒性[i]
C_{fl}	GB/T 11785[e] 且	临界热辐射通量 $CHF^f \geqslant 4.5$ kW/m²	产烟量[g]
	GB/T 8626[h] 且 点火时间=15 s	20 s 内 $F_s \leqslant 150$ mm	
	GB/T 20285		产烟毒性[i]
D_{fl}	GB/T 11785[e] 且	临界热辐射通量 $CHF^f \geqslant 3.0$ kW/m²	产烟量[g]
	GB/T 8626[h] 点火时间=15 s	20 s 内 $F_s \leqslant 150$ mm	
E_{fl}	GB/T 8626[h] 点火时间=15 s	20 s 内 $F_s \leqslant 150$ mm	
F_{fl}	无性能要求		

a 匀质制品和非匀质制品的主要组份；

b 非匀质制品的外部次要组份；

c 非匀质制品的任一内部次要组份；

d 整体制品；

e 试验时间=30 min；

表 2(续)

等　级	试验标准	分级指标	附加分级
f 临界热辐射通量是指火焰熄灭时的热辐射通量或试验进行 30 min 后的热辐射通量，取二者较低值(该热辐射通量对应于火焰传播的最远距离处)； g s1＝产烟≤750％×min； h 火焰轰击制品的表面和(如果适合该制品的最终应用)边缘。 i ——t0＝按 GB/T 20285 规定的试验方法，达到 ZA1 级； ——t1＝按 GB/T 20285 规定的试验方法，达到 ZA3 级； ——t2＝未达到 t0 或 t1。			

5 试验方法

燃烧性能分级指定了下述试验方法。相关的分级参数已在表 1 和表 2 中给出。

5.1 不燃性试验(GB/T 5464)

本试验用于确定不会燃烧或不会明显燃烧的建筑制品，而不论这些制品的最终应用形态。该试验用于燃烧性能等级 A1、A2、$A1_{fl}$和 $A2_{fl}$。

5.2 燃烧热值试验(GB/T 14402)

本试验测定制品完全燃烧后的最大热释放总量，而不论这些制品的最终应用形态。该试验用于燃烧性能等级 A1、A2、$A1_{fl}$和 $A2_{fl}$。

本试验可测定总热值(*PCS*)和净热值(*PCI*)。

5.3 单体燃烧试验(GB/T 20284)

本试验评价在房间角落处，模拟制品附近有单体燃烧火源的火灾场景下，制品本身对火灾的影响。该试验用于燃烧性能等级 A2、B、C 和 D。在 8.3.2 的规定条件下本试验也可用于 A1 级。

5.4 可燃性试验(GB/T 8626)

本试验评价在与小火焰接触时制品的着火性。该试验用于燃烧性能等级 B、C、D、E、B_{fl}、C_{fl}、D_{fl}和 E_{fl}。

5.5 评定铺地材料燃烧性能的辐射热源法(GB/T 11785)

本试验确定火焰在试样水平表面停止蔓延时的临界热辐射通量。

该试验用于燃烧性能等级 $A2_{fl}$、B_{fl}、C_{fl}和 D_{fl}。

5.6 材料产烟毒性试验(GB/T 20285)

本试验测定材料充分产烟时无火焰烟气的毒性。本试验适用于 A2、B、C 、$A2_{fl}$、B_{fl}、C_{fl}。

6 试验原理和试样制备

6.1 试样制备的一般要求

试验前，制品试样的制备、状态调节和安装应按照相应的试验方法、产品说明或其他技术规程进行。如果产品说明要求进行老化和洗涤处理，其老化和洗涤程序需按照产品说明执行。

6.2 不燃性试验和热值试验的特殊要求

不燃性和热值是制品的内在特性，因此与制品的最终应用无关。

对于匀质制品，其不燃性和热值可按照规定的试验方法直接确定。

对于非匀质制品，其不燃性和热值可按照规定的试验方法并根据试样的主要组份和次要组份的试验数据间接确定。

6.3 单体燃烧试验、可燃性试验和评定铺地材料燃烧性能的辐射热源法的特殊要求

引起制品燃烧的因素不仅与制品的内在特性和受热有关，在很大程度上还与制品在建筑中的最终应用有关。因此，制品应在模拟其最终应用的条件下进行试验。

注：对于有不同最终应用的同一制品，它可能有和各种应用相对应的不同燃烧性能等级。

最终应用主要包括以下方面：

——制品的方位；

——和邻近物品的相对位置（如基材、固定方式等）。

典型的制品方位：

——垂直放置，面向露天空间（墙壁/正面位置）；

——垂直放置，面向一个孔洞；

——水平放置，外露表面朝下（天花板位置）；

——水平放置，外露表面朝上（地板位置）；

——一个孔洞内水平放置。

除铺地材料以外所有的建筑制品需进行垂直位置燃烧试验以确定其燃烧性能等级。

铺地材料应按照 GB/T 11785 水平放置且外露面朝上进行试验，垂直位置的试验应按照 GB/T 8626进行。

制品相对于其他物品的位置示例：

——无约束直立：在该制品前后都没有其他制品。在这种情况下该制品应在适当支撑的无约束直立状态下试验。

——在基材上：经胶合、机械固定或只是简单接触。在这种情况下该制品应与基材一起按最终应用固定后试验。

——制品与基材间形成空隙。该制品应按形成空隙的情况试验。

试验安排的具体细节见相关的试验方法。

考虑到基材和固定件对制品燃烧行为的可能影响，单一制品的燃烧性能可根据其不同的最终应用划分为不同燃烧性能等级。如果只考察制品的一种最终应用，就只对这一种最终应用状态进行试验。

面向垂直或水平孔洞的制品，试验时要有一个空隙。在这样的实际应用中，对于不对称制品，其两个面要分别进行试验和分级。

为减少试验数量，EN 13238 中给出了一系列标准基材，并在相关的试验方法或产品说明中给出了一套有代表性的安装方式。试验委托方可以不选择标准基材和代表性安装方式，尽管这将限制试验结果和燃烧性能等级的应用范围。

在可燃性试验 GB/T 8626 中，只有当最终应用中制品的边缘不可能发生火焰直接轰击的情况下，才进行制品表面火焰轰击试验。如果在最终应用中，制品的边缘可能受火，则要对制品的表面和边缘两者都要进行火焰轰击试验。

7 分级试验数量

7.1 最少数量的试验在相关的试验方法中给出。

7.2 对于声称是某一燃烧性能等级的制品，应符合表 1 和表 2 中给出的所有相关参数的规定要求。

7.3 对于每个连续参数（ΔT、Δm、t_f、PCS、PCI、$FIGRA_{0.2MJ}$、$FIGRA_{0.4MJ}$、THR_{600s}、$SMOGRA$、TSP_{600s}、CHF），燃烧性能等级是按照相关的试验方法且根据该参数该组结果的平均值来确定，一般按以下程序进行：

a) 用最少量的试验计算一组连续参数结果的平均值（m'）。

b) 如果 m' 的值在某一预期的燃烧性能等级范围内，则用于分级的参数值 m 就是 m'。

c) 如果 m' 的值不在某一预期的燃烧性能等级范围内，则可再进行两次附加试验。

d) 如果进行了两次附加试验，则这两次试验的各参数结果应加入最少量试验得出的该组结果中。然后除去每组参数的极端值(最大值和最小值)，再用剩余的每组参数值计算出用于分级的 m 值。

7.4 对于合格性参数 LFS、F_S、燃烧滴落物/微粒和产烟毒性，燃烧性能等级的确定是根据按相关试验方法得出的该组参数结果是否存在“不合格”。一般按以下程序进行：

a) 如果该组参数结果没有“不合格”，则结果“合格”用于分级。

如果该组参数结果包含有一个以上“不合格”，则结果“不合格”用于分级。

如果该组参数结果只有一个“不合格”，则可进行两次附加试验。

b) 如果未进行这两次试验，“不合格”结果将用于分级。

如果进行了两次附加试验，而且又出现一个“不合格”结果，则结果“不合格”用于分级。如果没有“不合格”结果，则结果“合格”用于分级。

7.5 只有在 7.3 c)、7.3 d)、7.4 a)和 7.4 b)规定的条件下才增加这两次附加试验。用于制品的分级试验次数等于试验方法规定的最少试验次数加 2。

8 建筑制品(除铺地材料以外)的试验(见表 1)

8.1 E 级

按照 GB/T 8626 的规定进行持续点火 15 s 的试验。

8.2 D、C 和 B 级

应按照 GB/T 8626 的规定持续点火 30 s 进行试验。

若合格还应按照 GB/T 20284 规定进行试验。

应先采用 $FIGRA_{0.2MJ}$ 确定制品是否满足 A2 或 B 级的要求，若不满足，则采用 $FIGRA_{0.4MJ}$ 确定制品是否符合 C 或 D 级的要求。

8.3 A2 和 A1 级

8.3.1 匀质制品

申请燃烧性能 A1 级的制品应按照 GB/T 5464 和 GB/T 14402 规定进行试验。

申请燃烧性能 A2 级的制品应按照 GB/T 5464 或 GB/T 14402 规定进行试验。

8.3.2 非匀质制品

申请燃烧性能 A1 级的非匀质制品的每个主要组份应按照 GB/T 5464 和 GB/T 14402 规定进行试验；对于含外部次要组份的制品，如果该外部次要组份 $PCS>2.0$ MJ/kg 且 $PCS\leqslant 2.0$ MJ/m^2，应按照 GB/T 20284 规定进行试验(见表 1—注 b②，这里的 $FIGRA$ 指的是 $FIGRA_{0.2MJ}$)

申请燃烧性能 A2 级的非匀质制品的每个主要组份应按照 GB/T 5464 或 GB/T 14402 规定进行试验；非匀质制品的次要组份则只按照 GB/T 14402 的规定分别进行试验。

8.3.3 A2 级制品

另外，申请燃烧性能 A2 级的所有制品均应按照 GB/T 20284 规定进行试验。

8.4 产烟附加等级 s1、s2、s3

产烟附加等级 s1、s2、s3 按 GB/T 20284 规定试验所获得的测量数据确定。

8.5 燃烧滴落物/微粒的附加等级 d0、d1、d2

附加等级 d0、d1、d2 是通过观察试验中燃烧滴落物/微粒得出。

——GB/T 8626 中 E 级(d2)

——GB/T 8626 和 GB/T 20284 中 B、C 和 D 级(d0、d1 或 d2)

——GB/T 20284 中 A2 级(按 8.3.2 中规定条件)(d0、d1 或 d2)

8.6 产烟毒性附加等级 t0、t1、t2

产烟毒性附加等级 t0、t1、t2 是按 GB/T 20285 规定，对应于不同的烟气毒性等级。

9 铺地材料试验(见表 2)

9.1 E_{fl}级

申请 E_{fl}级的制品应按照 GB/T 8626 规定经点火持续 15 s 进行试验。

9.2 D_{fl}、C_{fl}和 B_{fl}级

申请 D_{fl}、C_{fl}、B_{fl}级制品应按照 GB/T 11785 和 GB/T 8626 点火持续 15 s 的规定进行试验。

9.3 $A2_{fl}$和 $A1_{fl}$级

9.3.1 匀质制品

申请 $A1_{fl}$级的制品应按照 GB/T 5464 和 GB/T 14402 规定进行试验。

申请 $A2_{fl}$级的制品应按照 GB/T 5464 或 GB/T 14402 的规定和 GB/T 11785 的规定进行试验。

9.3.2 非匀质制品

申请 $A1_{fl}$级的非匀质制品的每个主要组份应按照 GB/T 5464 和 GB/T 14402 分别进行试验。

申请 $A2_{fl}$级的非匀质制品的各个主要组份应按照 GB/T 5464 或 GB/T 14402 分别进行试验。非匀质制品的各个次要组份则只按照 GB/T 14402 分别进行试验。

9.3.3 $A2_{fl}$级制品

另外，申请 $A2_{fl}$级的所有制品还应按照 GB/T 11785 的规定进行试验。

9.4 产烟附加等级 s1、s2

等级 s1 和 s2 级按 GB/T 11785 规定所获试验数据确定。

9.5 产烟毒性附加等级 t0、t1、t2

产烟毒性附加等级 t0、t1、t2 是按 GB/T 20285 规定，对应于不同的烟气毒性等级。

10 建筑制品(铺地材料除外)的燃烧性能分级判据(见表 1)

10.1 概述

每个特定参数由以下试验方法确定。

a) 连续性参数

用 GB/T 5464 确定	ΔT、Δm、t_f
用 GB/T 14402 确定	PCS 和可能的 PCI
用 GB/T 20284 确定	$FIGRA_{0.2MJ}$ 和 $FIGRA_{0.4MJ}$
	THR_{600s}
	$SMOGRA$
	TSP_{600s}

平均值(m)由各个参数值得出。燃烧性能等级由平均值确定(参阅 7.3)。

b) 合格性参数

用 GB/T 20284 确定	LFS 和燃烧滴落物/微粒
用 GB/T 8626 确定	F_s 和燃烧滴落物/微粒
用 GB/T 20285 确定	产烟毒性

评价各个参数的每次试验结果来确定燃烧性能等级。(参阅 7.4)

10.2 F 级

无性能判据。

凡按 GB/T 8626 规定试验，达不到 E 级的制品，则为 F 级。

10.3 **E级**

制品应符合下述判据：

GB/T 8626

在火焰轰击试样表面15 s(必要时还要用火焰轰击试样边缘,见6.3)的条件下,在20 s内火焰传播与着火点的垂直距离不超过150 mm。

10.4 **D级**

制品应符合下述判据：

a) GB/T 8626

在火焰轰击试样表面30 s(必要时还要用火焰轰击试样边缘,见6.3)的条件下,在60 s内火焰传播与着火点的垂直距离不超过150 mm。

b) GB/T 20284

$FIGRA(=FIGRA_{0.4MJ})\leqslant 750\ W/s$

10.5 **C级**

制品应符合下述判据：

a) GB/T 8626

在火焰轰击试样表面30 s(必要时还要用火焰轰击试样边缘,见6.3)的条件下,在60 s内火焰传播与着火点的垂直距离不超过150 mm。

b) GB/T 20284

火焰横向蔓延长度(LFS)不得到达试样边缘。

$FIGRA(=FIGRA_{0.4MJ})\leqslant 250\ W/s$

$THR_{600s}\leqslant 15\ MJ$

10.6 **B级**

制品应符合下述判据：

a) GB/T 8626

在火焰轰击试样表面30 s(必要时还要用火焰轰击试样边缘,见6.3)的条件下,在60 s内火焰传播与着火点的垂直距离不超过150 mm。

b) GB/T 20284

横向火焰传播(LFS)不得到达试样边缘。

$FIGRA(=FIGRA_{0.2MJ})\leqslant 120\ W/s$

$THR_{600s}\leqslant 7.5\ MJ$

10.7 **A2级**

10.7.1 **概述**

按GB/T 20284规定试验,每种A2级制品应满足B级制品判据。(参阅10.6)

10.7.2 **匀质制品**

制品应符合下述判据：

a) GB/T 14402

$PCS\leqslant 3.0\ MJ/kg$

或

b) GB/T 5464

$\Delta T\leqslant 50℃$且

$\Delta m\leqslant 50\%$且

$t_f\leqslant 20\ s$

10.7.3 非匀质制品

10.7.3.1 每个主要组份应符合下述判据：

a) GB/T 14402

$PCS \leqslant 3.0$ MJ/kg

或

b) GB/T 5464

$\Delta T \leqslant 50$℃且

$\Delta m \leqslant 50\%$且

$t_f \leqslant 20$ s

10.7.3.2 每个外部次要组份应符合下述判据：

GB/T 14402

$PCS \leqslant 4.0$ MJ/m²

10.7.3.3 每个内部次要组份应符合下述判据：

GB/T 14402

$PCS \leqslant 4.0$ MJ/m²

10.7.3.4 整体制品应符合下述判据：

GB/T 14402

$PCS \leqslant 3.0$ MJ/kg

注：*PCS* 参数值包括了热值测试中材料燃烧时所产生的水蒸汽所含的汽化热；在实际火灾中，这一热量可能并不会使温度升高。因此，对于 *PCI*(相对于其 *PCS* 值)明显小于本标准 *PCS* 规定值的材料，可以考虑提出申诉程序。

10.8 A1 级

10.8.1 匀质制品

制品应符合下述判据：

a) GB/T 14402

$PCS \leqslant 2.0$ MJ/kg

且

b) GB/T 5464

$\Delta T \leqslant 30$℃且

$\Delta m \leqslant 50\%$且

$t_f = 0$ s

10.8.2 非匀质制品

10.8.2.1 每个主要组份应符合下述判据：

a) GB/T 14402

$PCS \leqslant 2.0$ MJ/kg

且

b) GB/T 5464

$\Delta T \leqslant 30$℃且

$\Delta m \leqslant 50\%$且

$t_f = 0$ s

10.8.2.2 每个外部次要组份应符合 a)或 b)的判据。

a) GB/T 14402

$PCS \leqslant 2.0$ MJ/kg

或

b) GB/T 14402

$PCS \leqslant 2.0\ MJ/m^2$

且

GB/T 20284

$FIGRA(=FIGRA_{0.2MJ}) \leqslant 20\ W/s$ 且

$LFS <$ 试样边缘且

$THR_{600s} \leqslant 4.0$ MJ 和符合 s1 和 d0 的条件。

10.8.2.3 每个内部次要组份应符合下述判据：

GB/T 14402

$PCS \leqslant 1.4\ MJ/m^2$

10.8.2.4 整体制品应符合下述判据：

GB/T 14402

$PCS \leqslant 2.0$ MJ/kg

注：PCS 参数值包括了热值测试中材料燃烧时所产生的水蒸汽所含的汽化热；在实际火灾中，这一热量可能并不会使温度升高。因此，对于 PCI(相对于其 PCS 值)明显小于本标准 PCS 规定值的材料，可以考虑提出申诉程序。

10.9 产烟附加等级 s1、s2、s3

10.9.1 概述

A2、B、C、D 级制品在产烟方面可以有附加等级 s1、s2 和 s3 级。

10.9.2 s1

GB/T 20284

制品应符合下述判据：

$SMOGRA \leqslant 30\ m^2/s^2$ 且

$TSP_{600s} \leqslant 50\ m^2$

10.9.3 s2

GB/T 20284

制品应符合下述判据：

$SMOGRA \leqslant 180\ m^2/s^2$ 且

$TSP_{600s} \leqslant 200\ m^2$

10.9.4 s3

无性能要求或不符合 s1 和 s2 判据的制品。

10.10 燃烧滴落物/微粒的附加等级 d0、d1、d2

10.10.1 A2、B、C、D 级制品

A2、B、C、D 级制品在其燃烧滴落物/微粒方面可以有附加等级 d0、d1、d2：

——d0，按 GB/T 20284 规定试验 600 s 内无燃烧滴落物/微粒产生。

——d1，按 GB/T 20284 规定试验 600 s 内产生燃烧滴落物/微粒的时间不超过 10 s。

——d2，无性能要求，或者如果制品：

a) 不符合上述的 d0 和 d1 级判据；或

b) 在可燃性试验中引燃过滤纸(GB/T 8626)

10.10.2 E 级制品

若在 GB/T 8626 试验中，过滤纸被引燃，则该制品燃烧滴落物/微粒的附加等级为 d2 级。如果过滤纸未被点燃，该制品为 E 级，无须再表示燃烧滴落物/微粒级别。

10.11 产烟毒性附加等级 t0、t1、t2

A2、B、C 级制品在热分解烟气毒性方面须有材料产烟毒性附加等级 t0、t1、t2 级。如下所述：

——t0，按 GB/T 20285 规定的试验方法，达到 ZA1 级；

——t1，按 GB/T 20285 规定的试验方法，达到 ZA3 级；

——t2，未达到 t0 或 t1。

11 铺地材料分级判据(见表 2)

11.1 概述

各特定参数的性能由试验方法确定。

a) 连续性参数

GB/T 5464	ΔT
	Δm
	t_f
GB/T 14402	*PCS*
GB/T 11785	临界热辐射通量

平均值(m)由各参数的性能得出。燃烧性能等级由平均值确定(参阅 7.3)。

b) 合格性参数

GB/T 8626	F_s
GB/T 20285	产烟毒性

评价该参数的每次试验结果以确定燃烧性能等级(参阅 7.4)。

11.2 F_{fl}级

无性能判据。

11.3 E_{fl}级

制品应符合下述判据：

GB/T 8626

在火焰轰击试样表面 15 s 的条件下，在 20 s 内火焰传播与着火点的垂直距离不超过 150 mm。

11.4 D_{fl}级

制品应符合下述全部判据：

a) GB/T 8626

制品应通过 E_{fl}级判据。

b) GB/T 11785

临界热辐射通量 $CHF \geqslant 3.0\ kW/m^2$

11.5 C_{fl}级

制品应符合下述全部判据：

a) GB/T 8626

制品应通过 E_{fl}级判据。

b) GB/T 11785

临界热辐射通量 $CHF \geqslant 4.5\ kW/m^2$

11.6 B_{fl}级

制品应符合下述全部判据：

a) GB/T 8626

制品应通过 E_{fl}级判据。

b) GB/T 11785

临界热辐射通量 $CHF \geq 8.0\ kW/m^2$

11.7 **$A2_{fl}$级**

11.7.1 **概述**

以下判据适用于匀质和非匀质制品。

GB/T 11785

临界热辐射通量 $CHF \geq 8.0\ kW/m^2$

11.7.2 **匀质制品**

制品应符合下述判据。

a) GB/T 14402

$PCS \leq 3.0\ MJ/kg$

或

b) GB/T 5464

$\Delta T \leq 50℃$且

$\Delta m \leq 50\%$且

$t_f \leq 20\ s$

11.7.3 **非匀质制品**

11.7.3.1 每个主要组份应符合下述判据：

a) GB/T 14402

$PCS \leq 3.0\ MJ/kg$

或

b) GB/T 5464

$\Delta T \leq 50℃$且

$\Delta m \leq 50\%$且

$t_f \leq 20\ s$

11.7.3.2 每个外部次要组份应符合下述判据：

GB/T 14402

$PCS \leq 4.0\ MJ/m^2$

11.7.3.3 每个内部次要组份应符合下述判据：

GB/T 14402

$PCS \leq 4.0\ MJ/m^2$

11.7.3.4 整体制品应符合下述判据：

GB/T 14402

$PCS \leq 3.0\ MJ/kg$

11.8 **$A1_{fl}$级**

11.8.1 **匀质制品**

制品应符合下述判据：

a) GB/T 14402

$PCS \leq 2.0\ MJ/kg$

且

b) GB/T 5464

$\Delta T \leq 30℃$且

$\Delta m \leq 50\%$且

$t_f = 0\ s$

11.8.2 非匀质制品

11.8.2.1 每个主要组份应符合下述判据：

a) GB/T 14402

$PCS \leqslant 2.0$ MJ/kg

且

b) GB/T 5464

$\Delta T \leqslant 30$℃且

$\Delta m \leqslant 50\%$且

$t_f = 0$ s

11.8.2.2 每个外部主要组份应符合下述判据：

GB/T 14402

$PCS \leqslant 2.0$ MJ/kg

11.8.2.3 每个内部次要组份应符合下述判据：

GB/T 14402

$PCS \leqslant 1.4$ MJ/m^2

11.8.2.4 整体制品应符合下述判据：

GB/T 14402

$PCS \leqslant 2.0$ MJ/kg

11.9 产烟附加等级 s1、s2

11.9.1 概述

$A2_{fl}$、B_{fl}、C_{fl}和D_{fl}在产烟方面可以有附加等级 s1 和 s2。

11.9.2 s1

GB/T 11785

制品应符合下述判据：

烟气遮光率对时间的积分 smoke≤750 %×min

11.9.3 s2

无性能要求或不符合 s1 级判据的制品。

11.10 产烟毒性附加等级 t0、t1、t2

$A2_{fl}$、B_{fl}、C_{fl}级制品在热分解烟气毒性方面须有材料产烟毒性附加等级 t0、t1、t2 级。如下所述：

——t0，按 GB/T 20285 规定的试验方法，达到 ZA1 级；

——t1，按 GB/T 20285 规定的试验方法，达到 ZA3 级；

——t2，未达到 t0 或 t1。

12 分级标识

12.1 建筑制品(铺地材料除外)

建筑制品(铺地材料除外)的燃烧性能等级由下述形式表示：

A1

A2-s1,d0,t0	A2-s1,d1,t0	A2-s1,d2,t0
A2-s2,d0,t0	A2-s2,d1,t0	A2-s2,d2,t0
A2-s3,d0,t0	A2-s3,d1,t0	A2-s3,d2,t0
A2-s1,d0,t1	A2-s1,d1,t1	A2-s1,d2,t1
A2-s2,d0,t1	A2-s2,d1,t1	A2-s2,d2,t1

A2-s3,d0,t1	A2-s3,d1,t1	A2-s3,d2,t1
A2-s1,d0,t2	A2-s1,d1,t2	A2-s1,d2, t2
A2-s2,d0,t2	A2-s2,d1,t2	A2-s2,d2, t2
A2-s3,d0,t2	A2-s3,d1,t2	A2-s3,d2, t2
B-s1,d0,t0	B-s1,d1,t0	B-s1,d2,t0
B-s2,d0,t0	B-s2,d1,t0	B-s2,d2,t0
B-s3,d0,t0	B-s3,d1,t0	B-s3,d2,t0
B-s1,d0,t1	B-s1,d1,t1	B-s1,d2,t1
B-s2,d0,t1	B-s2,d1,t1	B-s2,d2,t1
B-s3,d0,t1	B-s3,d1,t1	B-s3,d2,t1
B-s1,d0,t2	B-s1,d1, t2	B-s1,d2, t2
B-s2,d0,t2	B-s2,d1, t2	B-s2,d2, t2
B-s3,d0,t2	B-s3,d1, t2	B-s3,d2, t2
C-s1,d0,t0	C-s1,d1,t0	C-s1,d2,t0
C-s2,d0,t0	C-s2,d1,t0	C-s2,d2,t0
C-s3,d0,t0	C-s3,d1,t0	C-s3,d2,t0
C-s1,d0,t1	C-s1,d1,t1	C-s1,d2,t1
C-s2,d0,t1	C-s2,d1,t1	C-s2,d2,t1
C-s3,d0,t1	C-s3,d1,t1	C-s3,d2,t1
C-s1,d0,t2	C-s1,d1, t2	C-s1,d2,t2
C-s2,d0,t2	C-s2,d1, t2	C-s2,d2,t2
C-s3,d0,t2	C-s3,d1, t2	C-s3,d2,t2
D-s1,d0	D-s1,d1	D-s1,d2
D-s2,d0	D-s2,d1	D-s2,d2
D-s3,d0	D-s3,d1	D-s3,d2
E		
E-d2		
F		

注：如果某一等级表示中含有 s3 和/或 d2 和/或 t2 级，则意味它对产烟和/或燃烧滴落物/微粒和/或产烟毒性方面没有限制。

12.2 铺地材料

铺地材料的燃烧性能等级由下述形式表示：

$A1_{fl}$

$A2_{fl}$-s1,t0	$A2_{fl}$-s1,t1	$A2_{fl}$-s1,t2
$A2_{fl}$-s2,t0	$A2_{fl}$-s2,t1	$A2_{fl}$-s2,t2
B_{fl}-s1,t0	B_{fl}-s1,t1	B_{fl}-s1,t2
B_{fl}-s2,t0	B_{fl}-s2,t1	B_{fl}-s2,t2
C_{fl}-s1,t0	C_{fl}-s1,t1	C_{fl}-s1,t2
C_{fl}-s2,t0	C_{fl}-s2,t1	C_{fl}-s2,t2
D_{fl}-s1	D_{fl}-s2	

E_{fl}

F_{fl}

注：如果某一等级表示中含有 s2 和/或 t2 级，则意味它对产烟和/或产烟毒性方面没有限制。

13 本分级的应用范围

分级的应用范围和试验的应用范围相同。试验条件由制品的最终应用确定。如果某一制品有不同的最终应用状态，则该制品可能有不同的燃烧性能等级。

考虑到实际应用中的基材和背衬，EN 13238 规定了试验用的标准基材并给出了用标准基材所得试验结果的应用范围。标准基材不是强制的。制品也可以采用其最终应用条件或使用代表其最终应用的非标准基材。

EN 13238 中规定的标准基材的试验结果的适用性包含在该标准中。

当使用非标准基材时，其试验结果仅限于制品在实际应用中采用相同的基材。

粘结基材的制品的试验结果适用性局限于试验中的粘结方法。如果使用普通粘合剂，试验结果适用于使用相似数量同类型的各种粘合剂。‘普通’是指试验时对所讨论的制品会给出相同或更高燃烧性能级别的粘合剂。如上所述，‘普通’也可应用于确定类型的粘合剂(如聚乙烯吡咯烷酮，多乙酸乙烯酯)，如果使用特殊粘合剂，试验结果只适用于该粘合剂。

当制品在最终应用时存在多个不同的厚度，则若其最大厚度和最小厚度的材料燃烧性能等级相同，则其中间厚度也可以确认为该等级。否则，应每一厚度分别判定级别。

14 分级报告

14.1 概述

分级报告的目的是提供一种统一的方式来表达根据试验结果得出的制品燃烧性能级别。

分级报告要详细叙述分级程序的依据和结果。

14.2 内容与格式

分级报告应有下述内容和格式(参阅附录 B)：

a) 分级报告的编号和日期；

b) 分级报告的业主；

c) 发布分级报告的机构；

d) 制品特性和用途的详尽描述(包括制品的名称)；

e) 对制品的详尽描述：

分级报告中可以引用支持该等级的某一试验报告中对该制品的详细描述作为参考资料，或者也可以在分级报告中再次进行详细描述。详尽描述包括对制品全部相关组份和组装方法等的完整描述。对普通制品，只需一般的表述即可。然而对诸如阻燃胶等特殊制品，全部商业参考资料均应在报告中说明。

制品描述还应包括应用于该等级制品的整体或部分的相关制品的规格指标。

f) 已进行的试验：
   1) 用于分级的所有试验报告均应注明：
      a) 实验室名称；
      b) 委托单位名称；
      c) 试验和试验报告编号。
   2) 注明按标准所进行的试验及其应用范围。
   3) 每个试样的试验结果。

g) 分级和应用领域：
   1) 本标准中相关的分级程序。
   2) 结论：建筑制品的燃烧性能等级。
   3) 制品的直接应用领域的详尽描述，即本分级报告中制品的最终应用场合。

h) 附加说明：

分级报告应包括：
   1) 本报告有效性的期限。
   2) 警告“本报告不能代表对该制品的批准或认可”。
   3) 本分级报告负责人的姓名和签名。

附 录 A

（资料性附录）

欧盟委员会决议 89/106/EEC(2000 年 2 月 8 日)

关于建筑制品燃烧性能分级应用的背景信息

A.1 概述

本附录提供制品燃烧性能分级的背景信息;在最终应用时,该制品对起火房间或给定区域内火焰和烟气的产生和传播的影响。

本附录对委员会决议 2000/147/EC 的表格所列分级的依据作出解释。因此附录采用决议中的术语并做出与决议一致的解释。

A.2 假设

A.2.1 对于所有的建筑制品,所考虑的是起火于房间,蔓延增长并最终轰燃的火灾。这一场景包括了对应火势发展的三个阶段的三个火灾情景。

第一阶段是指制品被引燃的着火阶段,即用小火焰施加于制品的局部区域。

a) 第二阶段是指火灾逐步增长发展直至轰燃阶段。这可通过在房屋角落处单体燃烧试验对临近制品表面产生的热辐射来模拟该阶段。对于铺地材料,火灾在起火房间增长发展,并通过门洞开口对临近的房间或走廊上的铺地材料产生热辐射。

b) 轰燃后,所有可燃制品都成了火灾荷载。

A.2.2 制品分级是指对火势发展和轰燃后火灾的影响,它的依据是大规模试验场景。假设该分级也代表了其他场景。

另一个类似的简化假设是:对不同方位和几何形状,对房间表面制品以外的制品类型,均适用同样的分级。

制品要与其最终应用一起考虑。如果根据表 1 和表 2 中所列的试验方法和判据的分级不适用,则可采用一个或多个参考场景。这样的场景可能在今后的欧盟标准或委员会决议中描述。

A.2.3 不同的等级指出了该制品在参考场景中火灾发展不同阶段的受火。曲线图 A.1 表示制品燃烧性能等级和定义等级时作为参考场景的 ISO 9705:1993 试验之间的关系。

A.2.4 不同的燃烧性能等级之间相互关联。同样,在不同的受火条件下相似的燃烧性能之间也没有明确的关系。不同等级在一定程度上是指不同的受火条件和有不同的燃烧特性。然而,要取得较高的等级,在相关性能指标上应保持相同,如果再考察了给定级别相关的全部性能指标,那么较高级别就可以表征较好的燃烧性能。

A.2.5 A1 级制品对火势增长和充分发展的火灾应没有任何贡献。

A1 级制品被认为不产生烟气危害。

A.2.6 被普遍接受的原则是:在苛刻条件下进行的试验对所有较少苛刻的条件均有效。在某些情况下,某一典型最终应用的试验结果可能适用于一个更苛刻的最终应用。例如:GB/T 20284 和 GB/T 8626是在垂直方向进行试验,但试验结果适用于任何其他方位。对面向空间制品的试验结果适用于在垂直和水平孔洞内受火的相同制品。

A.3 火灾参考场景

A.3.1 建筑制品(铺地材料除外)的火灾参考场景

a) 小火焰轰击局部区域

受　　火：无强加辐射的小火焰

几何条件：垂直放置的试样

　　　　　火焰轰击试样表面和边缘

燃烧情景：初期火焰轰击

所考察的燃烧性能：作为时间函数的燃烧和损毁的程度

　　　　　　　　　燃烧滴落物/微粒

b) 房间内单体燃烧试验：

受　　火：单体燃烧试验火源

几何条件：墙角

　　　　　火焰轰击墙角

燃烧情景：轰燃前

所考察的燃烧性能：火焰传播

　　　　　　　　　热释放量和烟释放量

　　　　　　　　　燃烧滴落物/微粒

c) 房间充分发展的火灾

受　　火：轰燃后的火灾

几何条件：任意

燃烧情景：包括轰燃后的所有情景

所考察的燃烧性能：热释放量和烟释放量

　　　　　　　　　火焰传播

A.3.2　铺地材料的火灾参考场景

a) 小火焰轰击局部区域

受　　火：无强加辐射的小火焰

几何条件：垂直放置的试样

　　　　　火焰轰击试样表面

燃烧情景：初期火焰轰击

所考察的燃烧性能：燃烧和损毁的程度

b) 相邻房间内充分发展的火灾

受　　火：对局部区域的辐射

几何条件：水平放置的试样

燃烧情景：相邻房间内充分发展的火灾

所考察的燃烧性能：临界热辐射通量（火焰传播范围）

　　　　　　　　　产烟量

注：不评估铺地材料对起火房间内火灾增长的贡献。

c) 房间内充分发展的火灾

受　　火：轰燃后的火灾

几何条件：任意

燃烧情景：包括轰燃后的任意情景

所考察的燃烧性能：热释放量和烟释放量

　　　　　　　　　火灾蔓延

A.4　燃烧性能分级和火灾参考场景之间的关系

A.4.1　概述

以下是对这种关系的具体说明，示于图 A.1、图 A.2

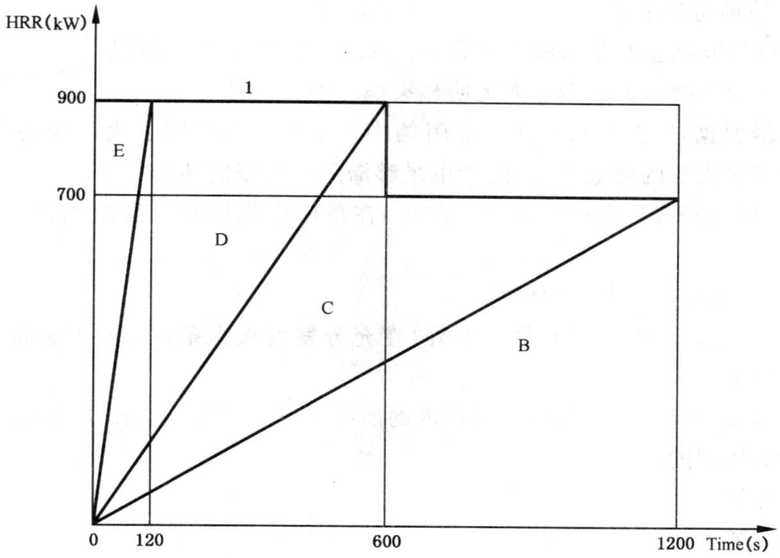

1——轰燃；

B——B/A2 级；

C——对 100 kW 火源不轰燃，但火源功率增加会轰燃；

D——对 100 kW 点火源，超过 2 min 后会轰燃；

E——对 100 kW 点火源，不到 2 min 即会轰燃。

注：图中 HRR 指试样的热释放速率，不包括燃烧器火源。

图 A.1　表 1 中定义的等级和 ISO 9705:1993 试验结果之间的关系

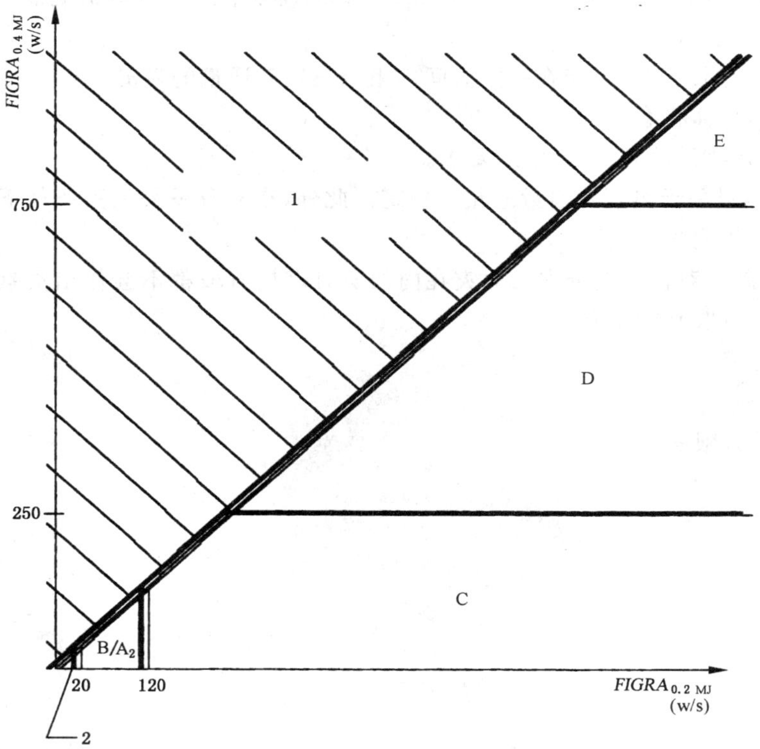

1——该区域无意义，根据定义，在该区域 $FIGRA_{0.2MJ} \leqslant FIGRA_{0.4MJ}$，不可能出现该情况；

2——A1 级的特殊程序。

图 A.2　$FIGRA_{0.2MJ}$、$FIGRA_{0.4MJ}$ 和燃烧性能等级之间的关系

A.4.2 建筑制品(铺地材料除外)

F级 未作燃烧性能试验的制品和不符合 A1、A2、B、C、D、E 级的制品。

E级 短时间内能阻挡小火焰轰击而无明显火焰传播的制品。

D级 符合 E 级判据,并在较长时间内能阻挡小火焰轰击而无明显火焰传播的制品。此外,制品还能承受单体燃烧试验火源的热轰击,伴随产生足够滞后且有限的热释放量。

C级 同D级,但需符合更严格的要求。此外,在单体燃烧试验火源的热轰击下试样产生有限的横向火焰传播。

B级 同C级,但需符合更严格的要求。

A2级 符合本标准规定的B级判据。此外,在充分发展火灾条件下这些制品对火灾荷载和火势增长不会产生明显增加。

A1级 A1级制品对包括充分发展火灾在内的所有火灾阶段都不会作出贡献。所以 A1 级制品被认为能自动符合较低级别的所有要求。

产烟量的附加分级

s3 无产烟量限制

s2 总产烟量和产烟增长率是有限的

s1 比 s2 有更严格的判据

燃烧滴落物/微粒的附加分级

d2 无限制

d1 燃烧滴落物/微粒的持续时间不超过规定时间

d0 无燃烧滴落物/微粒

A.4.3 铺地材料

F_{fl}级 未作燃烧性能试验的制品和不符合 $A1_{fl}$、$A2_{fl}$、B_{fl}、C_{fl}、D_{fl}、E_{fl}级的制品。

E_{fl}级 能阻挡小火焰的制品。

D_{fl}级 符合 E_{fl}级判据,此外,能在一定时间内阻挡热辐射通量的轰击。

C_{fl}级 同 D_{fl}级,但需符合更严格的要求。

B_{fl}级 同 C_{fl}级,但需符合更多严格的要求。

$A2_{fl}$级 符合 B_{fl}级关于热辐射通量的相同规定。此外,在充分发展火灾条件下这些制品对火灾荷载和火势增长不会产生明显增长。

$A1_{fl}$级 $A1_{fl}$级制品对包括充分发展火灾在内的所有燃烧阶段都不会作出贡献。所以 $A1_{fl}$级制品被认为能自动符合更低级别的所有要求。

产烟量的附加分级

s2 无限制

s1 总产烟量是有限的

附 录 B
（资料性附录）
燃烧性能分级报告

B.1 总设计

作出分级的实验室标志/字头
制品 XYZ 的燃烧性能分级报告
分级报告的业主/委托单位
地址 1
地址 2
地址 3
地址 4

B.2 引言

本分级试验报告按照 GB 8624—2006 规定的程序来确定制品 XYZ 的燃烧性能等级。

B.3 被定级制品的详细说明

B.3.1 制品特征和最终应用

制品 XYZ 是被分级制品的一种类型。其燃烧性能等级对其下述最终应用有效：

B.3.2 描述

可以是：
如 B.4.1 所示，在分级试验报告中全面描述制品 XYZ。
也可以是：
制品 XYZ 的组成：
该制品的描述，包括安装和固定部件。
应详细说明制品信息
（可选项）
根据本分级报告的委托人，制品应符合下述欧盟制品规格。

B.4 确定分级的试验报告和试验结果

B.4.1 试验报告

实验室名称	委托单位名称	试验报告参考编号	试验方法

B.4.2　建筑制品(铺地材料除外)的试验结果

试验方法	参　　数	试验次数	试验结果	
			连续参数值(m)	合格性参数
GB/T 8626 表面/边缘火焰轰击* 15 s 点火时间 30 s 点火时间 燃烧滴落物/微粒	F_s≤150 mm F_s≤150 mm 过滤纸被引燃		— — —	是 或 否 是 或 否 是 或 否
GB/T 20284	$FIGRA_{0.2MJ}$ $FIGRA_{0.4MJ}$ LFS<边缘 THR_{600s}(MJ)		… — …	— 是 或 否 —
	$SMOGRA$(m^2/s^2) TSP_{600s}(m^2)		… …	— —
	燃烧滴落物/微粒		—	是 或 否
GB/T 20285	产烟毒性		—	是 或 否
GB/T 5464	ΔT(℃)[a] Δm(%)[a] t_f(s)[a]		… … …	— — —
GB/T 14402	PCS(MJ/kg)[a,b,d] PCS(MJ/m^2)[b,c] PCI[e]		… … …	— — —

*：取决于制品的最终应用。

—：不适用；…：适用。

a　对于非匀质制品，给出每个主要组份的参数。

b　对于非匀质制品，给出每个外部次要组份的参数。

c　对于非匀质制品，给出每个内部次要组份的参数。

d　整体制品的参数。

e　凡是并且如果与分级有关，(即：伴有一个成功的申诉)，这里是相应的 PCI 值。

B.4.3　铺地材料试验结果

试验方法	参　　数	试验次数	试验结果	
			连续参数值(m)	合格性参数
GB/T 8626 15 s 点火时间	火焰传播距离≤150 mm		—	是 或 否
GB/T 11785	临界辐射通量(kW/m^2) 产烟(%.min)		… …	— — —
GB/T 20285	产烟毒性		—	是 或 否

试验方法	参　　数	试验次数	试验结果	
			连续参数值 (m)	合格性参数
GB/T 5464	ΔT(℃)[a] t_f(s)[b] Δm(%)[c]		… … …	— — —
GB/T 14402	*PCS*(MJ/kg)[a,b,d] *PCS*(MJ/m^2)[b,c] *PCI*[e]			 — —
—:不适用;…:适用				

a 对于非匀质制品,给出每个主要组份的参数。

b 对于非匀质制品,给出每个外部次要组份的参数。

c 对于非匀质制品,给出每个内部次要组份的参数。

d 整体制品的参数。

e 凡是并且如果与分级有关,(即:伴有一个成功的申诉),这里是相应的 PCI 值。

B.5 分级和直接应用领域

B.5.1 参考资料和直接应用领域

分级按照本标准的第 10 章、第 11 章规定执行。

B.5.2 分级

制品的燃烧性能有下述等级:

A1、A2、B、C、D、E

或

$A1_{fl}$、$A2_{fl}$、B_{fl}、C_{fl}、D_{fl}、E_{fl}

产烟量的附加等级:

s1、s2、s3

燃烧滴落物/微粒的附加等级:

d0、d1、d2

产烟毒性的附加等级:

t0,t1,t2

建筑材料及制品(铺地材料除外)燃烧性能分级格式

燃烧特性		产烟量			燃烧滴落物			产烟毒性	
B	—	s	3	,	d	2	,	t	1

即:B—s3,d2,t1

铺地材料燃烧性能分级格式

燃烧特性		产烟量			产烟毒性	
$A2_{fl}$	—	s	1	,	t	2

即:$A2_{fl}$——s1,t2

B.5.3 应用领域

分级在下述最终用途条件下有效:

——支撑/背衬；

——有/无一个孔洞；

——固定方式；

——其他最终应用条件，如接缝的类型。

分级对制品的下述参数也有效，如：

——厚度；

——密度。

B.6 局限性

B.6.1 限制

关于本分级报告有效性期限的说明。

B.6.2 警告

本报告不代表该制品的批准或认可。

报告	姓名	签名[a]	日期
起草			
审核			
[a] 代表该实验室组织			

附　录　C
（规范性附录）
管状隔热材料

C.1　引言

本附录规定了管状隔热材料的燃烧性能等级的试验方法和判定依据。

欧盟委员会 2003 年 8 月 26 日决议，确定对欧盟标准 13501-1：2002《建筑制品和构件的火灾分级 第 1 部分：用对火反应试验数据的分级》增加一个关于管状隔热制品的附录。本附录在此基础上增加了对管状隔热材料的毒性附加等级。

C.2　管状隔热材料的燃烧性能等级

确定管状隔热材料的燃烧性能等级的试验方法和分级判据列于表 C.1。

表 C.1　管状隔热材料燃烧性能等级

等　级	试验标准		分级判据		附加分级
$A1_L$	GB/T 5464[a]	且	$\Delta T \leqslant 30$℃，且 $\Delta m \leqslant 50\%$，且 $t_f = 0$（无持续燃烧）		
	GB/T 14402		$PCS \leqslant 2.0$ MJ/kg [a] $PCS \leqslant 2.0$ MJ/kg [b] $PCS \leqslant 1.4$ MJ/m² [c] $PCS \leqslant 2.0$ MJ/kg [d]	且 且 且	
$A2_L$	GB/T 5464[a]或	且	$\Delta T \leqslant 50$℃，且 $\Delta m \leqslant 50\%$，且 $t_f \leqslant 20$ s		
	GB/T 14402		$PCS \leqslant 3.0$ MJ/kg [a] $PCS \leqslant 4.0$ MJ/kg [b] $PCS \leqslant 4.0$ MJ/m² [c] $PCS \leqslant 3.0$ MJ/kg [d]	且 且 且	
	GB/T 20284	且	$FIGRA \leqslant 270$ W/s 且 $LFS <$ 试样边缘且 $THR_{600s} \leqslant 7.5$ MJ		产烟量[e]且 燃烧滴落物/微粒[f]
	GB/T 20285				产烟毒性[i]
B_L	GB/T 20284	且	$FIGRA \leqslant 270$ W/s 且 $LFS <$ 试样边缘且 $THR_{600s} \leqslant 7.5$ MJ		产烟量[e]且 燃烧滴落物/微粒[f]
	GB/T 8626[h] 点火时间＝30 s	且	60 s 内 $F_s \leqslant 150$ mm		
	GB/T 20285				产烟毒性[i]

表 C.1(续)

等　级	试验标准	分级判据	附加分级
C_L	GB/T 20284　且	$FIGRA \leqslant 460$ W/s 且 $LFS <$ 试样边缘且 $THR_{600s} \leqslant 15$ MJ	产烟量[e] 且 燃烧滴落物/微粒[f]
	GB/T 8626[h]　且 点火时间＝30 s	60 s 内 $F_s \leqslant 150$ mm	
	GB/T 20285		产烟毒性[i]
D_L	GB/T 20284　且	$FIGRA \leqslant 2\,100$ W/s 且 $THR_{600s} \leqslant 100$ MJ	产烟量[e] 和 燃烧滴落物/微粒[f]
	GB/T 8626[h] 点火时间＝30 s	60 s 内 $F_s \leqslant 150$ mm	
E_L	GB/T 8626[h] 点火时间＝15 s	20 s 内 $F_s \leqslant 150$ mm	燃烧滴落物/微粒[g]
F_L	无性能要求		

a 匀质制品和非匀质制品的主要组份。

b 非匀质制品的外部次要组份。

c 非匀质制品的任一内部次要组份。

d 整体制品。

e 在试验程序的最后阶段，需对烟气测量系统进行调整，烟气测量系统的影响需进一步研究。由此导致评价产烟量的参数或极限值的调整。
s1＝$SMOGRA \leqslant 105\ m^2/s^2$ 且 $TSP_{600s} \leqslant 250\ m^2$；s2＝$SMOGRA \leqslant 580\ m^2/s^2$ 且 $TSP_{600s} \leqslant 1\,600\ m^2$；s3＝未达到 s1 或 s2。

f d0＝按 GB/T 20284 规定，600 s 内无燃烧滴落物/微粒；
d1＝按 GB/T 20284 规定，600 s 内燃烧滴落物/微粒持续时间不超过 10 s；
d2＝未达到 d0 或 d1；
按照 GB/T 8626 规定，过滤纸被引燃，则该制品为 d2 级。

g 通过＝过滤纸未被引燃(无等级)；
未通过＝过滤纸被引燃(d2 级)。

h 火焰轰击制品的表面和(如果适合该制品的最终应用)边缘。

i ——t0＝按 GB/T 20285 规定的试验方法，达到 ZA1 级；
——t1＝按 GB/T 20285 规定的试验方法，达到 ZA3 级；
——t2＝未达到 t0 或 t1。

参 考 文 献

ISO 9705:1993,燃烧试验——表面制品全尺寸房间试验。

ICS 77.040.30
H 13

GB

中华人民共和国国家标准

GB/T 8647.1—2006
代替 GB/T 8647.1—1988

镍化学分析方法
铁量的测定　磺基水杨酸分光光度法

**The methods for chemical analysis of nickel—
Determination of iron content—
Sulfosalicy lic acid spectrophotometric method**

2006-09-26 发布　　2007-02-01 实施

中华人民共和国国家质量监督检验检疫总局
中国国家标准化管理委员会　发布

前 言

GB/T 8647《镍化学分析方法》共分为如下10部分：

GB/T 8647.1《镍化学分析方法 铁量的测定 磺基水杨酸分光光度法》；

GB/T 8647.2《镍化学分析方法 铝量的测定 电热原子吸收光谱法》；

GB/T 8647.3《镍化学分析方法 硅量的测定 钼蓝分光光度法》；

GB/T 8647.4《镍化学分析方法 磷量的测定 钼蓝分光光度法》；

GB/T 8647.5《镍化学分析方法 镁量的测定 火焰原子吸收光谱法》；

GB/T 8647.6《镍化学分析方法 镉、钴、铜、锰、铅、锌量的测定 火焰原子吸收光谱法》；

GB/T 8647.7《镍化学分析方法 砷、锑、铋、锡、铅量的测定 电热原子吸收光谱法》；

GB/T 8647.8《镍化学分析方法 硫量的测定 高频感应炉燃烧红外吸收法》；

GB/T 8647.9《镍化学分析方法 碳量的测定 高频感应炉燃烧红外吸收法》；

GB/T 8647.10《镍化学分析方法 砷、镉、铅、锌、锑、铋、锡、钴、铜、锰、镁、硅、铝、铁量的测定 发射光谱法》。

本部分为第1部分。

本部分代替GB/T 8647.1—1988《镍化学分析方法 磺基水杨酸分光光度法测定铁量》。与GB/T 8647.1—1988相比，本部分有如下变动：

——对文本格式进行了修订；

——补充了质量保证和控制条款，增加了重复性条款。

本部分由中国有色金属工业协会提出。

本部分由全国有色金属标准化技术委员会归口。

本部分由金川集团有限公司负责起草。

本部分由北京矿冶研究总院起草。

本部分主要起草人：李华昌、李培、邓阳修、刘春华、周小兰。

本部分主要验证人：刘海东、喻生洁、文占杰、高泽祥。

本部分由全国有色金属标准化技术委员会负责解释。

本部分所代替标准的历次版本发布情况为：

——GB/T 8647.1—1988。

镍化学分析方法
铁量的测定 磺基水杨酸分光光度法

1 范围

本部分规定了镍中铁含量的测定方法。

本部分适用于镍中铁含量的测定。测定范围:0.000 8%～0.7%。

2 方法提要

试料用硝酸溶解,在约 7 mol/L 盐酸溶液中,用 4-甲基- 2 -戊酮和乙酸异戊酯的混合溶剂萃取铁与镍分离,然后用水反萃取,在 pH8.5～pH11 的氨性溶液中,铁(Ⅲ)与磺基水杨酸生成稳定的黄色络合物,于分光光度计波长 420 nm 处测量其吸光度。

3 试剂

3.1 盐酸(ρ1.19 g/mL),优级纯。

3.2 盐酸(3+2)。

3.3 硝酸(ρ1.42 g/mL),优级纯。

3.4 硝酸(3+2)。

3.5 硫酸(ρ1.84 g/mL)。

3.6 氨水(ρ0.90 g/mL)。

3.7 磺基水杨酸溶液(100 g/L)。

3.8 4-甲基-2-戊酮。

3.9 乙酸异戊酯。

3.10 混合萃取剂:4-甲基- 2-戊酮与乙酸异戊酯按等体积混合。

3.11 铁标准贮存溶液:称取 0.200 0 g 纯铁(w(Fe)≥99.98%)置于 250 mL 烧杯中,加入 10 mL 王水,盖上表皿,低温溶解至完全,加入 10 mL 硫酸(3.5)蒸至冒三氧化硫白烟,冷却。用水洗表皿及杯壁并加水至 50 mL 左右,加热使盐类溶解。移入 1 000 mL 容量瓶中,以水定容。此溶液 1 mL 含 200 μg 铁。

3.12 铁标准溶液:移取 50.00 mL 铁标准贮存溶液(3.11)于 500 mL 容量瓶中,以水定容。此溶液 1 mL含 20 μg 铁。

4 仪器

分光光度计。

5 分析步骤

5.1 试样处理

将试样置于 250 mL 烧杯中,加入盐酸(3.2)浸没试样,加热煮沸 10 min,取下,弃去洗液,用水洗涤至溶液无绿色,弃去水层后再用无水乙醇洗涤两次,在 110℃左右烘干备用。

5.2 试料

按表 1 称取试样,精确至 0.000 1 g。

表 1 试料量及分取试液体积

铁的质量分数/%	试料/g	试液总体积/mL	分取试液体积/mL
0.000 8～0.002	2.000	—	全量
>0.002～0.01	1.000	—	全量
>0.01～0.05	1.000	100	20.00
>0.05～0.3	0.500	200	15.00
>0.3～0.7	0.500	200	5.00

5.3 空白试验

随同试料做空白试验。

5.4 测定

5.4.1 将试料(5.2)置于 250 mL 烧杯中，缓慢加入 15 mL 硝酸(3.4)，盖上表皿，低温加热使试料完全溶解，并蒸发至稠浆状，加入 20 mL 水，微热使盐类溶解。

5.4.2 将溶液移入 125 mL 分液漏斗中(体积约为 20 mL)，用 30 mL 盐酸(3.1)分数次洗涤烧杯，洗液合并于分液漏斗中。对铁量大于 0.01%的试样，按表 1 稀释至相应体积，并分取适量试液置于 125 mL 分液漏斗中，加水至体积为 20 mL，加入 30 mL 盐酸(3.1)。

5.4.3 向分液漏斗中加入 15 mL 混合萃取剂(3.10)，振荡 30 s，静置分层后，将水相放入另一分液漏斗中，水相再加 15 mL 混合萃取剂(3.10)重复萃取一次，弃去水相，合并有机相。加入 15 mL 盐酸(3.2)振荡洗涤 15 s，静置分层后，弃去水相，重复洗涤一次。

5.4.4 向有机相中加入 20 mL 水，振荡 30 s，静置分层后，水相放入 50 mL 容量瓶中，再向有机相中加入 15 mL 水，振荡 30 s，静置分层后，水相合并于容量瓶中。

5.4.5 向容量瓶中加入 5 mL 磺基水杨酸溶液(3.7)，用氨水(3.6)中和至溶液呈黄色并过量 2 mL，以水定容。在流水中冷却至溶液清亮。将部分溶液移入 3 cm 比色皿中。

5.4.6 以随同试料的空白溶液为参比，于分光光度计波长 420 nm 处测量其吸光度，从工作曲线上查出相应的铁量。

5.5 工作曲线

移取 0 mL、0.50 mL、1.50 mL、3.00 mL、4.50 mL、6.00 mL 铁标准溶液(3.12)，分别置于一组 50 mL容量瓶中，以下按 5.4.5 进行。以试剂空白溶液为参比，于分光光度计波长 420 nm 处测量其吸光度，以铁量为横坐标，吸光度为纵坐标，绘制工作曲线。

6 分析结果的计算

按式(1)计算铁的质量分数 $w(\mathrm{Fe})$，数值以%表示：

$$w(\mathrm{Fe}) = \frac{m_1 \cdot V_0 \times 10^{-6}}{m_0 \cdot V_1} \times 100 \qquad \cdots\cdots(1)$$

式中：

m_1——自工作曲线上查得的铁量，单位为微克(μg)；

V_0——试液总体积，单位为毫升(mL)；

V_1——分取试液体积，单位为毫升(mL)；

m_0——试料的质量，单位为克(g)。

所得结果保留至 7.2 所列允许差的相应位数。

7 精密度

7.1 重复性限

在重复性条件下获得的两次独立测试结果的测定值，在以下给出的平均值范围内，这两个测试结果的绝对差值不超过重复性限(r)，超过重复性限(r)的情况不超过5%，实验室内重复性如表2所列。

表2 重复性限

铁的质量分数/%	r/%
0.002 2	0.000 2
0.053	0.003

7.2 实验室之间允许差

实验室之间分析结果的差值应不大于表3所列允许差。

表3 实验室之间允许差

铁的质量分数/%	允许差/%
0.000 8～0.001 5	0.000 3
＞0.0015～0.002 5	0.000 5
＞0.002 5～0.005 0	0.000 7
＞0.005 0～0.015 0	0.001 3
＞0.015 0～0.040	0.003 5
＞0.040～0.150	0.008
＞0.15～0.7	0.03

8 质量保证和控制

应用国家级标准样品或行业级标准样品(当两者没有时，也可用控制样替代)，每周或每两周验证一次本分析方法标准的有效性。当过程失控时，应找出原因，纠正错误后，重新进行校核，并采取相应的预防措施。

ICS 77.040.30
H 13

中华人民共和国国家标准

GB/T 8647.2—2006
代替 GB/T 8647.2—1988

镍化学分析方法
铝量的测定　电热原子吸收光谱法

**The methods for chemical analysis of nickel—
Determination of aluminium content—
Electrothermal atomic absorption spectrometric method**

2006-09-26 发布　　2007-02-01 实施

中华人民共和国国家质量监督检验检疫总局
中国国家标准化管理委员会　发布

前言

GB/T 8647《镍化学分析方法》共分为如下10部分：

GB/T 8647.1《镍化学分析方法　铁量的测定　磺基水杨酸分光光度法》；

GB/T 8647.2《镍化学分析方法　铝量的测定　电热原子吸收光谱法》；

GB/T 8647.3《镍化学分析方法　硅量的测定　钼蓝分光光度法》；

GB/T 8647.4《镍化学分析方法　磷量的测定　钼蓝分光光度法》；

GB/T 8647.5《镍化学分析方法　镁量的测定　火焰原子吸收光谱法》；

GB/T 8647.6《镍化学分析方法　镉、钴、铜、锰、铅、锌量的测定　火焰原子吸收光谱法》；

GB/T 8647.7《镍化学分析方法　砷、锑、铋、锡、铅量的测定　电热原子吸收光谱法》；

GB/T 8647.8《镍化学分析方法　硫量的测定　高频感应炉燃烧红外吸收法》；

GB/T 8647.9《镍化学分析方法　碳量的测定　高频感应炉燃烧红外吸收法》；

GB/T 8647.10《镍化学分析方法　砷、镉、铅、锌、锑、铋、锡、钴、铜、锰、镁、硅、铝、铁量的测定　发射光谱法》。

本部分为第2部分。

本部分代替GB/T 8647.2—1988《镍化学分析方法　铬天青S-聚乙二醇辛基苯基醚-溴代十四烷基吡啶混合胶束增溶分光光度法》。与GB/T 8647.2—1988相比，本部分主要有如下变动：

——测定方法由铬天青S-聚乙二醇辛基苯基醚-溴代十四烷基吡啶混合胶束增溶分光光度法改为电热原子吸收光谱法。

本部分由中国有色金属工业协会提出。

本部分由全国有色金属标准化技术委员会归口。

本部分由金川集团有限公司负责起草。

本部分由北京矿冶研究总院、兰州金川金属材料技术有限公司参加起草。

本部分主要起草人：刘海东、喻生洁、高泽祥、朱玉强、林秀英。

本部分主要验证人：李华昌、高介平、孔令军。

本部分由全国有色金属标准化技术委员会负责解释。

本部分所代替标准的历次版本发布情况为：

——GB/T 8647.2—1988。

镍化学分析方法
铝量的测定　电热原子吸收光谱法

1　范围

本部分规定了镍中铝量的测定方法。

本部分适用于镍中铝量的测定。测定范围：0.000 3%～0.002%。

2　方法提要

试料用硝酸分解，在稀硝酸介质中，于电热原子吸收光谱仪波长 309.3 nm 处，塞曼扣除背景吸收，测量其吸收峰面积，按工作曲线法计算铝的含量。

3　试剂

分析用水均为二级水或相当纯度的实验室用水。实验所用器皿均用硝酸(1+19)充分浸泡后，用水清洗干净。

3.1　氢氧化钠，优级纯。

3.2　硝酸(ρ1.42 g/mL)，优级纯。

3.3　硝酸(1+1)。

3.4　硝酸(1+49)。

3.5　镍溶液：称取 5.00 g 高纯金属镍(w (Al)≤0.000 1%)置于 400 mL 烧杯中，加入 40 mL 硝酸(3.3)，待剧烈反应停止后，加热至溶解完全，蒸至体积约为 20 mL，取下冷却，用水冲洗表皿及杯壁，煮沸，取下，冷至室温。移入 100 mL 容量瓶中，以水定容。

3.6　铝标准贮存溶液：称取 0.100 0 g 金属铝(w (Al)≥99.99%)置于 250 mL 聚四氟乙烯烧杯中，加入 0.5 g 氢氧化钠(3.1)，加入 10 mL 水，盖上聚四氟乙烯盖，低温溶解，冷却。边摇边缓慢滴加硝酸(3.3)至沉淀出现，继续滴加使沉淀完全消失后，移入 1 000 mL 容量瓶中，以硝酸(3.4)定容。此溶液 1 mL 含 0.1 mg 铝。

3.7　铝标准溶液：移取 10.00 mL 铝标准贮存溶液(3.6)于 1 000 mL 容量瓶中，以硝酸(3.4)定容。此溶液 1 mL 含 1 μg 铝。

4　仪器

原子吸收光谱仪(具有塞曼扣除背景功能)，配有石墨炉原子化器、自动进样器，附铝空心阴极灯及石墨管。

5　分析步骤

5.1　试料

称取 5.000 g 试样，精确到 0.000 1 g。

5.2　空白实验

用同批硝酸溶解高纯金属镍和试料。以系列标准溶液的“零”浓度溶液作为试料空白。

5.3　试液的制备

5.3.1　将试料(5.1)置于适当的烧杯中，加入 40 mL 硝酸(3.3)，盖上表皿，加热至溶解完全，并蒸至约

20 mL，取下冷却，用硝酸(3.4)冲洗表皿及杯壁，煮沸，取下冷却，移入100 mL容量瓶中，以硝酸(3.4)定容。

5.3.2 分取5.00 mL试液(5.3.1)于100 mL容量瓶中，以硝酸(3.4)定容。

5.4 最佳参数的选择

根据仪器说明书推荐的条件及实验室的实践经验，选择铝电热原子化的最佳参数。

5.5 测定

5.5.1 调整仪器至适宜状态，并按(5.4)设置工作程序。

5.5.2 按设置的程序空烧石墨管两次。

5.5.3 将预定体积的试液(5.3.2)注入原子化器中，按设置的程序于波长309.3 nm处测量铝的吸收峰面积，每份试液测定三次，取其平均值减去空白平均值，根据工作曲线得出试样中铝的浓度。

5.6 工作曲线

5.6.1 移取0 mL、0.50 mL、1.00 mL、2.00 mL、3.00 mL、4.00 mL、5.00 mL铝标准溶液(3.7)于一组100 mL容量瓶中，加入5.00 mL镍溶液(3.5)，以硝酸(3.4)定容。该系列标准溶液含有铝的浓度分别为0 ng/mL、5 ng/mL、10 ng/mL、20 ng/mL、30 ng/mL、40 ng/mL、50 ng/mL。

5.6.2 与试液同时测定标准溶液的吸收峰面积(减去零浓度标准溶液的吸收峰面积)，以铝标准溶液的浓度为横坐标，吸收峰面积为纵坐标，绘制工作曲线。

6 分析结果的计算

按式(1)计算铝的质量分数 $w(\mathrm{Al})$，数值以%表示：

$$w(\mathrm{Al}) = \frac{\rho \cdot V_0 \cdot V_2 \times 10^{-9}}{m_0 \cdot V_1} \times 100 \quad \cdots\cdots(1)$$

式中：

ρ——自工作曲线上查得的铝浓度，单位为纳克每毫升(ng/mL)；

V_0——试液总体积，单位为毫升(mL)；

V_1——分取试液体积，单位为毫升(mL)；

V_2——测量试液的体积，单位为毫升(mL)；

m_0——试料的质量，单位为克(g)。

所得结果保留两位有效数字。

7 精密度

7.1 重复性限

在重复性条件下获得的两次独立测试结果的测定值，在以下给出的平均值范围内，这两个测试结果的绝对差值不超过重复性限(r)，超过重复性限(r)的情况不超过5%。实验室内重复性限如表1所列。

表1 重复性限

铝的质量分数/%	r/%
0.000 49	0.000 09
0.000 96	0.000 18
0.001 8	0.000 26

7.2 实验室之间允许差

实验室之间分析结果的差值应不大于表2所列允许差。

表 2　实验室之间允许差

铝的质量分数/%	允许差/%
0.000 3～0.000 50	0.000 10
>0.000 50～0.001 0	0.000 20
>0.001 0～0.002	0.000 30

8　质量保证和控制

应用国家级标准样品或行业级标准样品(当两者没有时,也可用控制标样替代),每周或每两周校核一次本分析方法标准的有效性。当过程失控时,应找出原因,纠正错误后,重新进行校核。

ICS 77.040.30
H 13

中华人民共和国国家标准

GB/T 8647.3—2006
代替 GB/T 8647.3—1988

镍化学分析方法
硅量的测定　钼蓝分光光度法

The methods for chemical analysis of nickel—
Determination of silicon content—
Molybdenum blue spectrophotometric method

2006-09-26 发布　　　　2007-02-01 实施

中华人民共和国国家质量监督检验检疫总局
中国国家标准化管理委员会　发布

前言

GB/T 8647《镍化学分析方法》共分为如下10部分：

GB/T 8647.1《镍化学分析方法　铁量的测定　磺基水杨酸分光光度法》；

GB/T 8647.2《镍化学分析方法　铝量的测定　电热原子吸收光谱法》；

GB/T 8647.3《镍化学分析方法　硅量的测定　钼蓝分光光度法》；

GB/T 8647.4《镍化学分析方法　磷量的测定　钼蓝分光光度法》；

GB/T 8647.5《镍化学分析方法　镁量的测定　火焰原子吸收光谱法》；

GB/T 8647.6《镍化学分析方法　镉、钴、铜、锰、铅、锌量的测定　火焰原子吸收光谱法》；

GB/T 8647.7《镍化学分析方法　砷、锑、铋、锡、铅量的测定　电热原子吸收光谱法》；

GB/T 8647.8《镍化学分析方法　硫量的测定　高频感应炉燃烧红外吸收法》；

GB/T 8647.9《镍化学分析方法　碳量的测定　高频感应炉燃烧红外吸收法》；

GB/T 8647.10《镍化学分析方法　砷、镉、铅、锌、锑、铋、锡、钴、铜、锰、镁、硅、铝、铁量的测定　发射光谱法》。

本部分为第3部分。

本部分代替GB/T 8647.3—1988《镍化学分析方法　钼蓝分光光度法测定硅量》。与GB/T 8647.3—1988相比，本部分主要有如下变动：

——对文本格式进行了修订；

——补充了质量保证和控制条款，增加了重复性条款。

本部分由中国有色金属工业协会提出。

本部分由全国有色金属标准化技术委员会归口。

本部分由金川集团有限公司负责起草。

本部分由北京矿冶研究总院起草。

本部分主要起草人：李华昌、陈潮炎、于振祥、朱儒林。

本部分主要验证人：刘海东、喻生洁、文占杰、高泽祥。

本部分由全国有色金属标准化技术委员会负责解释。

本部分所代替标准的历次版本发布情况为：

——GB/T 8647.3—1988。

镍化学分析方法
硅量的测定 钼蓝分光光度法

1 范围

本部分规定了镍中硅含量的测定方法。

本部分适用于镍中硅含量的测定。测定范围：0.000 5%～0.002 5%。

2 方法提要

试料用硝酸溶解并蒸至稠浆状，加入氢氟酸使其中的不溶性二氧化硅生成可溶性的单硅酸。在pH1.0～pH1.5时，硅与钼酸铵形成硅钼黄杂多酸，于硫酸介质中用正丁醇萃取，用硫酸联胺和氯化亚锡将有机相中的硅钼黄还原成钼蓝，于分光光度计波长630 nm处测量其吸光度。

3 试剂

制备溶液和分析用水均为二级水或相当纯度的实验室用水。试剂配制后均贮存于塑料瓶中。

3.1 硼酸，高纯。

3.2 硼酸饱和溶液。

3.3 硝酸（ρ1.42 g/mL），高纯。

3.4 硝酸（1＋1）。

3.5 硫酸（ρ1.84 g/mL），高纯。

3.6 硫酸（1＋3）。

3.7 硫酸（7＋93）。

3.8 氢氟酸，高纯。

3.9 氢氟酸（1＋1）。

3.10 正丁醇。

3.11 钼酸铵溶液（100 g/L）：称取10 g钼酸铵[$(NH_4)_6Mo_7O_{24}\cdot 4H_2O$]（高纯）溶于80 mL热水中，冷却。用水稀释至100 mL，混匀。

3.12 硫酸联胺溶液（2.5 g/L），优级纯。用硫酸（1.5＋98.5）配制。

3.13 氯化亚锡溶液（100 g/L）：称取10 g氯化亚锡（$SnCl_2\cdot 2H_2O$）（优级纯）溶于高纯盐酸（1＋1）中并稀释至100 mL，混匀。用时现配。

3.14 柠檬酸溶液（500 g/L），优级纯。

3.15 硅标准贮存溶液：称取0.214 2 g二氧化硅[$w(SiO_2)\geqslant 99.9\%$]于铂坩埚中，加入5 g优级纯无水碳酸钠，混匀，加盖，置于400℃的箱式电阻炉中，升温至900℃，熔融1 h，取出，冷却，用水洗净坩埚外壁，置于聚四氟乙烯烧杯中，加100 mL热水低温溶解，冷至室温。移入1 000 mL容量瓶中，以水定容，立即移入干燥的塑料瓶中贮存。此溶液1 mL含100 μg硅。

3.16 硅标准溶液：移取50.00 mL硅标准贮存溶液（3.15）于1 000 mL容量瓶中，以水定容，立即移入干燥的塑料瓶中。此溶液1 mL含5 μg硅。

4 仪器与装置

4.1 分光光度计。

4.2 载气密闭蒸发器装置如图1。

注：实验室若具备可有效隔离外部环境中的粉尘微粒进入操作体系的设施或装置，如净化工作间等，可不必使用上述装置。

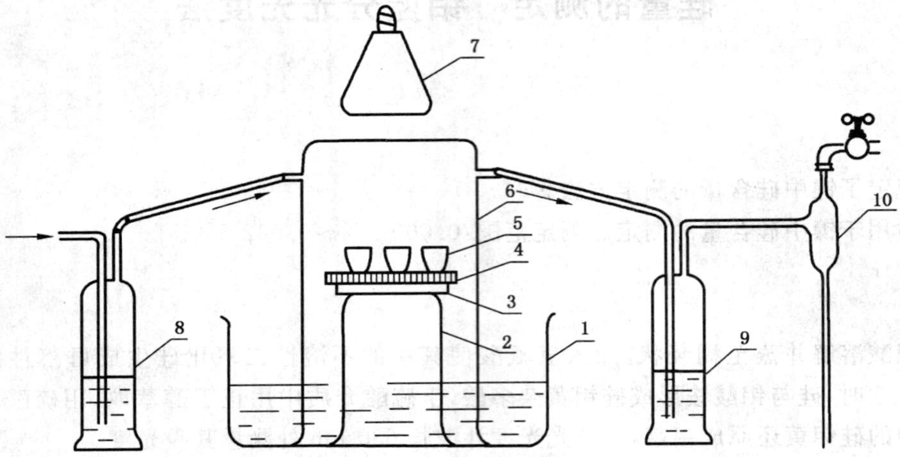

1——加水玻璃缸(φ 250 mm)；
2——烧杯(500 mL)；
3——电炉；
4——石墨板；
5——聚四氟乙烯坩埚；
6——特制烧杯(1 000 mL)；
7——红外灯；
8、9——洗气瓶；
10——自来水泵。

图 1

5 分析步骤

5.1 试样处理

称取镍试样 10 g 于洁净的 200 mL 烧杯中，以水浸洗 2 次～3 次，弃去水层后再用无水乙醇洗涤两次，低温烘干，冷至室温备用。

5.2 试料

称取 1.000 g 试样(5.1)，精确至 0.000 1 g。

5.3 空白试验

随同试料做空白试验。

5.4 测定

5.4.1 将试料(5.2)置于 30 mL 铂坩埚(或聚四氟乙烯坩埚)中，缓慢加入 8 mL 硝酸(3.4)，冷溶，待反应停止后，将坩埚移入载气密闭器中，加热溶解(100℃以下)，将溶液蒸至稠浆状(空白蒸至 0.5 mL 左右)，取出冷却。

5.4.2 加水至 10 mL，加 0.2 mL(约 4 滴)氢氟酸(3.9)，用塑料棒搅拌至溶液清亮，置于有机玻璃防尘盒中，在 30℃±5℃处放置 30 min。

5.4.3 取出坩埚，加入 8 mL 硼酸饱和溶液(3.2)，搅匀，置于有机玻璃防尘盒中，放置 15 min，加入 2.5 mL钼酸铵溶液(3.11)，搅匀，用硝酸(3.4)调至 pH1.0～1.5(用 pH0.5～5.0 的精密试纸检查)，在 20℃～30℃处放置 15 min。

5.4.4 加入 5 mL 柠檬酸溶液(3.14)，搅匀。

5.4.5 将溶液移入125 mL分液漏斗中，用15 mL硫酸(3.6)冲洗坩埚并移入分液漏斗中，加14 mL水，摇匀，加入20 mL正丁醇(3.10)，振荡1 min，静置分层，弃去水相。

5.4.6 向有机相中加入15 mL硫酸(3.7)，振荡30 s，静置分层后弃去水相，重复此操作一次。

5.4.7 向分液漏斗中加入5 mL硫酸联铵溶液(3.12)，0.5 mL氯化亚锡溶液(3.13)，振荡30 s，静置分层后弃去水相，有机相移入25 mL干燥的比色管中，用正丁醇(3.10)稀释至刻度，混匀，静置澄清，将其部分溶液移入1 cm比色皿中。

5.4.8 以随同试料的空白溶液为参比，于分光光度计波长630 nm处测量其吸光度，从工作曲线上查出相应的硅量。

5.5 工作曲线

移取0 mL、1.00 mL、2.00 mL、3.00 mL、4.00 mL和5.00 mL硅标准溶液(3.16)，分别置于一组30 mL铂坩埚(或聚四氟乙烯坩埚)中，以下按5.4.2～5.4.7进行。以试剂空白溶液为参比，于分光光度计波长630 nm处测量其吸光度，以硅量为横坐标，吸光度为纵坐标绘制工作曲线。

6 分析结果的计算

按式(1)计算硅的质量分数$w(\mathrm{Si})$，数值以%表示：

$$w(\mathrm{Si}) = \frac{m_1 \times 10^{-6}}{m_0} \times 100 \qquad \cdots\cdots(1)$$

式中：

m_1——自工作曲线上查出的硅量，单位为微克(μg)；

m_0——试料的质量，单位为克(g)。

所得结果保留至7.2所列允许差的相应位数。

7 精密度

7.1 重复性限

在重复性条件下获得的两次独立测试结果的测定值，在以下给出的平均值范围内，这两个测试结果的绝对差值不超过重复性限(r)，超过重复性限(r)的情况不超过5%。实验室内重复性限如表1所列。

表1 重复性限

硅的质量分数/%	r/%
0.000 92	0.000 15
0.002 2	0.000 2

7.2 实验室之间允许差

实验室之间分析结果的差值应不大于表2所列允许差。

表2 实验室之间允许差

硅的质量分数/%	允许差/%
0.000 5～0.001 5	0.000 2
>0.001 5～0.002 5	0.000 3

8 质量保证和控制

应用国家级标准样品或行业级标准样品(当两者没有时，也可用控制样替代)，每周或每两周验证一次本分析方法标准的有效性。当过程失控时，应找出原因，纠正错误后，重新进行校核，并采取相应的预防措施。

ICS 77.040.30
H 13

中华人民共和国国家标准

GB/T 8647.4—2006
代替 GB/T 8647.4—1988

镍化学分析方法
磷量的测定　钼蓝分光光度法

**The methods for chemical analysis of nickel
—Determination of phosphorous content
—Molybdenum blue spectrophotometric method**

2006-09-26 发布　　2007-02-01 实施

中华人民共和国国家质量监督检验检疫总局
中国国家标准化管理委员会　发布

前 言

GB/T 8647《镍化学分析方法》共分为如下10部分：

GB/T 8647.1 《镍化学分析方法 铁量的测定 磺基水杨酸分光光度法》；

GB/T 8647.2 《镍化学分析方法 铝量的测定 电热原子吸收光谱法》；

GB/T 8647.3 《镍化学分析方法 硅量的测定 钼蓝分光光度法》；

GB/T 8647.4 《镍化学分析方法 磷量的测定 钼蓝分光光度法》；

GB/T 8647.5 《镍化学分析方法 镁量的测定 火焰原子吸收光谱法》；

GB/T 8647.6 《镍化学分析方法 镉、钴、铜、锰、铅、锌量的测定 火焰原子吸收光谱法》；

GB/T 8647.7 《镍化学分析方法 砷、锑、铋、锡、铅量的测定 电热原子吸收光谱法》；

GB/T 8647.8 《镍化学分析方法 硫量的测定 高频感应炉燃烧红外吸收法》；

GB/T 8647.9 《镍化学分析方法 碳量的测定 高频感应炉燃烧红外吸收法》；

GB/T 8647.10 《镍化学分析方法 砷、镉、铅、锌、锑、铋、锡、钴、铜、锰、镁、硅、铝、铁量的测定 发射光谱法》。

本部分为第4部分。

本部分代替GB/T 8647.4—1988《镍化学分析方法 钼蓝分光光度法测定磷量》。与GB/T 8647.4—1988相比，本部分主要有如下变动：

——对文本格式进行了修订；

——补充了质量保证和控制条款，增加了重复性条款。

本部分由中国有色金属工业协会提出。

本部分由全国有色金属标准化技术委员会归口。

本部分由金川集团有限公司负责起草。

本部分由北京矿冶研究总院、成都电冶厂起草。

本部分主要起草人：李华昌、阴东霞、邓阳修、刘春华。

本部分主要验证人：刘海东、喻生洁、文占杰、高泽祥。

本部分由全国有色金属标准化技术委员会负责解释。

本部分所代替标准的历次版本发布情况为：

——GB/T 8647.4—1988。

镍化学分析方法
磷量的测定　钼蓝分光光度法

1　范围

本部分规定了镍中磷含量的测定方法。

本部分适用于镍中磷含量的测定。测定范围:0.000 5%~0.03%。

2　方法提要

试料溶于硝酸,用高锰酸钾氧化磷,在酸性溶液中,磷(Ⅴ)与钼酸铵所形成的磷钼杂多酸络合物被正丁醇-三氯甲烷混和溶剂萃取,用氯化亚锡还原成磷钼蓝,于分光光度计波长 620 nm 处测量其吸光度。

3　试剂

3.1　硝酸(ρ1.42 g/mL),优级纯。

3.2　硝酸(1+1)。

3.3　盐酸(ρ1.19 g/mL),优级纯。

3.4　高氯酸(ρ1.66 g/mL),优级纯。

3.5　高氯酸(1+1)。

3.6　高氯酸(1+9)。

3.7　正丁醇。

3.8　三氯甲烷。

3.9　混和萃取剂:三份三氯甲烷与一份正丁醇混和。

3.10　钼酸铵溶液(100 g/L):称取 10 g 钼酸铵[$(NH_4)_6Mo_7O_{24}\cdot 4H_2O$](优级纯)溶于 80 mL 热水中,冷却。用水稀释至 100 mL,混匀,过滤后使用。

3.11　氯化亚锡溶液(40 g/L):称取 4 g 氯化亚锡($SnCl_2\cdot 2H_2O$)(优级纯)溶于 20 mL 盐酸(3.3),用水稀释至 100 mL,混匀。用时配制。

3.12　高锰酸钾溶液(30 g/L)。

3.13　磷标准贮存溶液:称取 0.737 0 g 磷酸氢二钾($K_2HPO_4\cdot 3H_2O$)溶于水,移入 1 000 mL 容量瓶中,以水定容。此溶液 1 mL 含 100 μg 磷。

3.14　磷标准溶液:移取 10.00 mL 磷标准贮存溶液(3.13)于 500 mL 容量瓶中,以水定容,混匀。此溶液 1 mL 含 2 μg 磷。

4　仪器

分光光度计。

5　分析步骤

5.1　试料

按表 1 称取试样,精确至 0.000 1 g。

表 1 试料量及分取试液体积

磷的质量分数/%	试料/g	试液总体积/mL	分取试液体积/mL
0.000 5～0.001 5	1.000	—	全量
>0.001 5～0.003	0.500 0	—	全量
>0.003～0.006	0.300 0	—	全量
>0.006～0.015	1.000	100	10.00
>0.015～0.03	1.000	100	5.00

5.2 空白试验

随同试料做空白试验。

5.3 测定

5.3.1 将试料(5.1)置于 250 mL 烧杯中,缓慢加入 15 mL 硝酸(3.2),2～4 滴高锰酸钾溶液(3.12),微热使试料溶解完全。

注:试料空白加 1 滴高锰酸钾溶液(3.12)。

5.3.2 溶液冷却后,加入 10 mL 高氯酸(3.5),加热蒸至冒浓高氯酸白烟,冷却,加入 30 mL 水,搅拌溶解盐类。

5.3.3 将溶液移入 125 mL 分液漏斗中,加水至 50 mL。对磷量大于 0.006%的试样,按表 1 稀释分取试液置于 125 mL 分液漏斗中,加入高氯酸(3.6)至 50 mL。

5.3.4 向分液漏斗中加入 3 mL 钼酸铵溶液(3.10),摇匀,放置 10 min。

5.3.5 加入 2 mL 正丁醇(3.7),振荡 1 min。加入 15 mL 混合萃取剂(3.9),振荡 2 min,静置分层后,将有机相放入 50 mL 容量瓶中,水相再加 15 mL 混合萃取剂(3.9),振荡 2 min,静置分层后,将有机相合并于容量瓶中。

5.3.6 向容量瓶中加入 3 mL～4 mL 正丁醇(3.7),加入 4 滴氯化亚锡溶液(3.11),用正丁醇(3.7)稀释至刻度,混匀,放置 15 min～20 min,将部分溶液移入干燥的 2 cm 比色皿中。

5.3.7 以空白实验溶液为参比,于分光光度计波长 620 nm 处测量其吸光度,从工作曲线上查出相应的磷量。

5.4 工作曲线

移取 0 mL、2.00 mL、4.00 mL、6.00 mL、8.00 mL、10.00 mL 磷标准溶液(3.14),分别置于一组 125 mL 分液漏斗中,加高氯酸(3.6)至 50 mL,以下按 5.3.4～5.3.6 进行。以试剂空白溶液为参比,于分光光度计波长 620 nm 处测量其吸光度,以磷量为横坐标,吸光度为纵坐标,绘制工作曲线。

6 分析结果的计算

按下式计算磷的质量分数 $w(\mathrm{P})$,数值以%表示:

$$w(\mathrm{P}) = \frac{m_1 \cdot V_0 \times 10^{-6}}{m_0 \cdot V_1} \times 100 \quad \cdots\cdots(1)$$

式中:

m_1——自工作曲线上查得的磷量,单位为微克(μg);

V_0——试液总体积,单位为毫升(mL);

V_1——分取试液体积,单位为毫升(mL);

m_0——试料的质量,单位为克(g)。

所得结果保留至 7.2 所列允许差的相应位数。

7 精密度

7.1 重复性限

在重复性条件下获得的两次独立测试结果的测定值，在以下给出的平均值范围内，这两个测试结果的绝对差值不超过重复性限(r)，超过重复性限(r)的情况不超过5%。实验室内重复性如表2所列。

表2 重复性限

磷的质量分数/%	r/%
0.000 75	0.000 15
0.003 6	0.000 4
0.023	0.001 5

7.2 实验室之间允许差

实验室之间分析结果的差值应不大于表3所列允许差。

表3 实验室之间允许差

磷的质量分数/%	允许差/%
0.000 5～0.000 8	0.000 2
>0.000 8～0.001 5	0.000 3
>0.001 5～0.002 5	0.000 4
>0.002 5～0.005	0.000 5
>0.005～0.015	0.001
>0.015～0.03	0.002

8 质量保证和控制

应用国家级标准样品或行业级标准样品(当两者没有时，也可用控制样替代)，每周或每两周验证一次本分析方法标准的有效性。当过程失控时，应找出原因，纠正错误后，重新进行校核，并采取相应的预防措施。

ICS 77.040.30
H 13

中华人民共和国国家标准

GB/T 8647.5—2006
代替 GB/T 8647.5—1988

镍化学分析方法
镁量的测定　火焰原子吸收光谱法

The methods for chemical analysis of nickel
—Determination of magnesium content
—Flame atomic absorption spectrometric method

2006-09-26 发布　　2007-02-01 实施

中华人民共和国国家质量监督检验检疫总局
中国国家标准化管理委员会　发布

前言

GB/T 8647《镍化学分析方法》共分为如下10部分：

GB/T 8647.1 《镍化学分析方法 铁量的测定 磺基水杨酸分光光度法》；

GB/T 8647.2 《镍化学分析方法 铝量的测定 电热原子吸收光谱法》；

GB/T 8647.3 《镍化学分析方法 硅量的测定 钼蓝分光光度法》；

GB/T 8647.4 《镍化学分析方法 磷量的测定 钼蓝分光光度法》；

GB/T 8647.5 《镍化学分析方法 镁量的测定 火焰原子吸收光谱法》；

GB/T 8647.6 《镍化学分析方法 镉、钴、铜、锰、铅、锌量的测定 火焰原子吸收光谱法》；

GB/T 8647.7 《镍化学分析方法 砷、锑、铋、锡、铅量的测定 电热原子吸收光谱法》；

GB/T 8647.8 《镍化学分析方法 硫量的测定 高频感应炉燃烧红外吸收法》；

GB/T 8647.9 《镍化学分析方法 碳量的测定 高频感应炉燃烧红外吸收法》；

GB/T 8647.10 《镍化学分析方法 砷、镉、铅、锌、锑、铋、锡、钴、铜、锰、镁、硅、铝、铁量的测定 发射光谱法》。

本部分为第5部分。

本部分代替GB/T 8647.5—1988《镍化学分析方法 火焰原子吸收分光光度法测定镁量》。与GB/T 8647.5—1988相比，本部分主要有如下变动：

——对文本格式进行了修订，补充了质量保证和控制条款；

——测量波长由285.3 nm改为285.2 nm；

——对仪器的要求，最低灵敏度改为特征浓度；最低稳定性改为精密度；

——增加了重复性条款。

本部分由中国有色金属工业协会提出。

本部分由全国有色金属标准化技术委员会归口。

本部分由金川集团有限公司负责起草。

本部分由金川集团有限公司、北京矿冶研究总院起草。

本部分主要起草人：刘海东、李华昌、辛汉忌、孙龄高。

本部分主要验证人：喻生洁、文占杰、高泽祥。

本部分由全国有色金属标准化技术委员会负责解释。

本部分所代替标准的历次版本发布情况为：

——GB/T 8647.5—1988。

镍化学分析方法
镁量的测定　火焰原子吸收光谱法

1　范围

本部分规定了镍中镁含量的测定方法。

本部分适用于镍中镁含量的测定。测定范围：0.000 5%～0.002%。

2　方法提要

试料用硝酸分解，在稀硝酸介质中，使用空气-乙炔火焰，于原子吸收光谱仪波长 285.2 nm 处，测量镁的吸光度。

3　试剂

制备溶液及分析用水均为二级水或相当纯度的实验室用水。

3.1　金属镍[w(Mg)<0.000 1%]。

3.2　硝酸(ρ1.42 g/mL)，优级纯。

3.3　硝酸(1+1)。

3.4　硝酸(1+19)。

注：全部实验过程应用同一批硝酸。

3.5　镁标准贮存溶液：称取 0.165 8 g 经 900℃灼烧 0.5 h 的高纯氧化镁，置于 250 mL 烧杯中，缓慢加入 20 mL 硝酸(3.3)，盖上表皿，完全溶解，微沸驱除氮的氧化物，取下，用水洗涤表皿及杯壁，冷至室温。移入 1 000 mL 容量瓶中，以水定容。此溶液 1 mL 含 100 μg 镁。

3.6　镁标准溶液：移取 25.00 mL 镁标准贮存溶液(3.5)，置于 500 mL 容量瓶中。以水定容。此溶液 1 mL 含 5 μg 镁。

4　仪器

原子吸收光谱仪，附镁空心阴极灯。

在仪器最佳工作条件下，凡能达到下列指标者均可使用。

——特征浓度：在与测量试料溶液基体相一致的溶液中，镁的特征浓度应不大于 0.005 μg/mL。

——工作曲线线性：将工作曲线按浓度等分成五段，最高段的吸光度差值与最低段的吸光度差值之比，应不小于 0.85。

——精密度：用最高浓度的标准溶液测量 10 次吸光度，其标准偏差应不超过平均吸光度的1.50%；用最低浓度的标准溶液(不是“零”浓度标准溶液)测量 10 次吸光度，其标准偏差应不超过最高浓度标准溶液平均吸光度的 0.5%。

推荐仪器工作条件：

波长：285.2 nm；

灯电流：4 mA；

单色器通带：0.7 nm；

燃烧器高度：8 mm。

5 分析步骤

5.1 试料

称取 1.000 g 试样，精确至 0.000 1 g。

5.2 空白试验

以系列标准溶液(5.4.2)中的零浓度溶液做为试料空白。

5.3 测定

5.3.1 将试料(5.1)置于 400 mL 烧杯中。

5.3.2 加足够的水覆盖试料，加入 10 mL 硝酸(3.3)，盖上表皿，溶解试料。加热至完全溶解，用水清洗表皿和杯壁，微沸驱除氮的氧化物，取下，冷至室温。移入 100 mL 容量瓶中，以水定容。

5.3.3 使用空气-乙炔火焰，于原子吸收光谱仪波长 285.2 nm 处，与系列标准溶液同时，以硝酸(3.4)调零，测量试液的吸光度，减去试料空白的吸光度，从工作曲线上查出相应的镁浓度。

5.4 工作曲线

5.4.1 分别称取六份金属镍(3.1)1.000 g，置于 250 mL 烧杯中，以下按 5.3.2 操作，分别移入 100 mL 容量瓶中。

5.4.2 分别移取 0 mL、1.00 mL、2.00 mL、3.00 mL、4.00 mL、5.00 mL 镁标准溶液(3.6)于溶液(5.4.1)中，以水定容。该系列标准溶液镁浓度分别为 0 μg/mL、0.05 μg/mL、0.1 μg/mL、0.15 μg/mL、0.2 μg/mL、0.25 μg/mL。

5.4.3 在与试料测定相同条件下测量系列标准溶液(5.4.2)的吸光度，减去零浓度溶液的吸光度。以镁浓度为横坐标，吸光度为纵坐标绘制工作曲线。

6 分析结果的计算

按式(1)计算镁的质量分数 $w(\mathrm{Mg})$，数值以%表示：

$$w(\mathrm{Mg}) = \frac{\rho \cdot V \times 10^{-6}}{m} \times 100 \qquad \cdots\cdots(1)$$

式中：

ρ——自工作曲线上查得的镁浓度，单位为微克每毫升(μg/mL)；

V——试液的总体积，单位为毫升(mL)；

m——试料的质量，单位为克(g)。

7 精密度

7.1 重复性限

在重复性条件下获得的两次独立测试结果的测定值，在以下给出的平均值范围内，这两个测试结果的绝对差值不超过重复性限(r)，超过重复性限(r)的情况不超过 5%。实验室内重复性如表 1 所列。

表 1 重复性限

镁的质量分数/%	r/%
0.000 62	0.000 11
0.001 2	0.000 2

7.2 实验室之间允许差

实验室之间分析结果的差值应不大于表 2 所列允许差。

表 2 实验室之间允许差

镁质量分数/%	允许差/%
0.000 50～0.000 8	0.000 15
>0.000 8～0.002	0.000 3

8 质量保证和控制

应用国家级标准样品或行业级标准样品（当两者没有时，也可用控制样替代），每周或每两周验证一次本分析方法标准的有效性。当过程失控时，应找出原因，纠正错误后，重新进行校核，并采取相应的预防措施。

ICS 77.040.30
H 13

中华人民共和国国家标准

GB/T 8647.6—2006
代替 GB/T 8647.6—1988

镍化学分析方法 镉、钴、铜、锰、铅、锌量的测定 火焰原子吸收光谱法

The methods for chemical analysis of nickel —Determination of cadmium, cobalt, copper, manganese, lead and zinc contents —Flame atomic absorption spectrometric method

(ISO 6351:1985, Nickel—Determination of siliver, bismuth, cadmium, cobalt, copper, manganese, lead and zinc contents —Flame atomic absorption spectrometric method, NEQ)

2006-09-26 发布　　2007-02-01 实施

中华人民共和国国家质量监督检验检疫总局
中国国家标准化管理委员会　发布

前言

GB/T 8647《镍化学分析方法》共分为如下10部分：

GB/T 8647.1《镍化学分析方法 铁量的测定 磺基水杨酸分光光度法》；

GB/T 8647.2《镍化学分析方法 铝量的测定 电热原子吸收光谱法》；

GB/T 8647.3《镍化学分析方法 硅量的测定 钼蓝分光光度法》；

GB/T 8647.4《镍化学分析方法 磷量的测定 钼蓝分光光度法》；

GB/T 8647.5《镍化学分析方法 镁量的测定 火焰原子吸收光谱法》；

GB/T 8647.6《镍化学分析方法 镉、钴、铜、锰、铅、锌量的测定 火焰原子吸收光谱法》；

GB/T 8647.7《镍化学分析方法 砷、锑、铋、锡、铅量的测定 电热原子吸收光谱法》；

GB/T 8647.8《镍化学分析方法 硫量的测定 高频感应炉燃烧红外吸收法》；

GB/T 8647.9《镍化学分析方法 碳量的测定 高频感应炉燃烧红外吸收法》；

GB/T 8647.10《镍化学分析方法 砷、镉、铅、锌、锑、铋、锡、钴、铜、锰、镁、硅、铝、铁量的测定 发射光谱法》。

本部分为第6部分。

本部分与ISO 6351:1985《金属镍 银、铋、镉、钴、铜、铁、锰、铅和锌量的测定 火焰原子吸收光谱法》的一致性程度为非等效。

本部分代替GB/T 8647.6—1988《镍化学分析方法 火焰原子吸收分光光度法测定镉、钴、铜、锰、铅、锌量》。当Pb在0.001 5～0.003 0范围内时，仲裁分析方法采用GB/T 8647.7《镍化学分析方法 砷、锑、铋、锡、铅量的测定 电热原子吸收光谱法》。与GB/T 8647.6—1988相比，本部分主要有如下变动：

——对文本格式进行了修订，补充了质量保证和控制条款；

——Co的测定范围由0.01%～1.00%调整为0.001%～1.00%；

——补充了重复性限；

——对仪器的要求，最低灵敏度改为特征浓度；最低稳定性改为精密度。

本部分由中国有色金属工业协会提出。

本部分由全国有色金属标准化技术委员会归口。

本部分由金川集团有限公司负责起草。

本部分由北京矿冶研究总院、金川集团有限公司参加起草。

本部分主要起草人：李华昌、刘海东、晏奋扬、辛汉忌、王云明。

本部分主要验证人：喻生洁、高泽祥、文占杰。

本部分由全国有色金属标准化技术委员会负责解释。

本部分所代替标准的历次版本发布情况为：

——GB/T 8647.6—1988。

镍化学分析方法 镉、钴、铜、锰、铅、锌量的测定 火焰原子吸收光谱法

1 范围

本部分规定了镍中镉、钴、铜、锰、铅、锌含量的测定方法。

本部分适用于镍中镉、钴、铜、锰、铅和锌含量的同时测定，也适用于其中一个元素的独立测定。测定范围见表1。

表1 测定范围

元素	质量分数/%	元素	质量分数/%
Cd	0.000 2～0.003	Co	0.001～1.00
Cu	0.001～0.30	Mn	0.000 8～0.002
Pb	>0.001 5～0.007	Zn	0.000 8～0.008

2 方法提要

试料用硝酸分解，在稀硝酸介质中，使用空气-乙炔火焰，于原子吸收光谱仪上，按表2所列波长测量各元素的吸光度。

表2 测定波长

元素	波长/nm	元素	质量分数/%	波长/nm
Cd	228.8	Cu	≤0.01	324.7
Zn	213.9		>0.01	327.4
Mn	279.5	Co	≤0.01	240.7
Pb	217.0		>0.01	241.2

3 试剂

3.1 金属镍(含镉、钴、铜、锰、铅和锌分别<0.000 1%)。

3.2 金属镉、钴、铜、锰、铅、锌(w≥99.9%)。

3.3 硝酸(ρ1.42 g/mL)，优级纯。

3.4 硝酸(1+1)。

3.5 硝酸(1+19)。

3.6 镉、钴、铜、锰、铅、锌标准贮存溶液：称取镉、钴、铜、锰、铅、锌(3.2)各1.000 0 g，分别置于一组400 mL烧杯中，各加入40 mL硝酸(3.4)，盖上表皿，加热至完全溶解，微沸驱除氮的氧化物，取下，用水清洗表皿及杯壁，冷至室温。分别移入各盛有160 mL硝酸(3.4)的1 000 mL容量瓶中，以水定容。上述溶液1 mL分别含1 mg镉、钴、铜、锰、铅和锌。

3.7 混合标准溶液A：分别移取20.00 mL镉、钴、铜、锰、铅标准贮存溶液(3.6)和10.00 mL锌标准贮存溶液(3.6)，置于盛有160 mL硝酸(3.4)的1 000 mL容量瓶中，以水定容。此溶液1 mL分别含20 μg镉、钴、铜、锰、铅和10 μg锌。

3.8 混合标准溶液 B:移取 50.00 mL 钴、铜标准贮存溶液(3.6)和 5.00 mL 锌标准贮存溶液(3.6),置于 500 mL 容量瓶中,以水定容。此溶液 1 mL 分别含 100 μg 钴、铜和 10 μg 锌。

4 仪器

原子吸收光谱仪,附镉、钴、铜、锰、铅、锌空心阴极灯。

在仪器最佳工作条件下,凡能达到下列指标者均可使用。

——特征浓度:在与测量试料溶液的基体相一致的溶液中,锌、镉、铜、锰、铅特征浓度应不大于 0.005 μg/mL。工作曲线中所用最高浓度标准溶液的吸光度应分别不低于 0.40(锌、镉),0.35(铜、钴、锰)和 0.30(铅)。

——工作曲线线性:将工作曲线按浓度等分成 5 段,最高段的吸光度差值与最低段的吸光度差值之比,应不小于 0.85。

——精密度:用最高浓度的标准溶液测量 10 次吸光度,其标准偏差应不超过平均吸光度的 1.50%;用最低浓度的标准溶液(不是"零"浓度标准溶液)测量 10 次吸光度,其标准偏差应不超过最高浓度标准溶液平均吸光度的 0.5%。

推荐的仪器工作条件如表 3 所示。

表 3 推荐的仪器工作条件

测定元素	波长/nm	灯电流/mA	单色器通带/nm	燃烧器高度/mm
Zn	213.9	8	0.5	7
Co	240.7 241.2	10	0.2	7
Cd	228.8	6	0.7	8
Pb	217.0	10	0.7	8
Cu	324.7 327.4	8	0.7	8
Mn	279.5	8	0.7	8

5 分析步骤

5.1 试料

按表 4 称取试样,精确至 0.000 1 g。

表 4 试料量

被测元素质量分数/%	试料量/g	溶样中加入硝酸(3.4)体积/mL
镉、钴、铜、锰、铅≤0.01	5.00	60
锌≤0.005	5.00	60
锌>0.005	2.00	20
钴、铜>0.01~0.25	2.00	20

5.2 空白试验

实验用同批硝酸溶解高纯镍和试料,以标准溶液 5.4.1.2 和 5.4.2.2 的零浓度溶液,分别作为与试液相同基体浓度的试料空白。

5.3 测定

5.3.1 将试料(5.1)置于 400 mL 烧杯中。

5.3.2 加足够的水覆盖试料,按表 4 要求分次加入硝酸(3.4)溶解试料。加热至完全溶解,微沸驱除氮的氧化物,蒸发至稠浆状。加 20 mL 硝酸(3.4)和 100 mL 水,加热至盐类完全溶解,冷至室温。

5.3.3 移入 200 mL 容量瓶中,以水定容。

5.3.4 使用空气-乙炔火焰,于原子吸收光谱仪上,按表 2 波长与标准溶液系列同时,以硝酸(3.5)调零,测量试液的吸光度,减去试料空白的吸光度,从工作曲线上查出相应元素的浓度。

注:钴或铜含量>0.25%时,可用硝酸(3.5)进一步稀释试液。标准溶液的镍浓度应与试液镍浓度相一致。

5.4 工作曲线

5.4.1 镉、钴、铜、锰、铅≤0.01%、锌<0.005%的工作曲线。

5.4.1.1 分别称取 7 份金属镍(3.1)5.00 g 于 500 mL 烧杯中,以下按 5.3.2 操作,分别移入 200 mL 容量瓶中。

5.4.1.2 用滴定管分别加入 0 mL、2.00 mL、5.00 mL、10.00 mL、15.00 mL、20.00 mL、25.00 mL 混合标准溶液 A(3.7)于容量瓶(5.4.1.1)中,以水定容。该系列标准溶液含有镉、钴、铜、锰、铅的浓度分别为 0 μg/mL、0.2 μg/mL、0.5 μg/mL、1 μg/mL、1.5 μg/mL、2 μg/mL、2.5 μg/mL,含有锌的浓度分别为 0 μg/mL、0.1 μg/mL、0.25 μg/mL、0.5 μg/mL、0.75 μg/mL、1 μg/mL、1.25 μg/mL。

5.4.1.3 在与试料测定相同条件下测量系列标准溶液的吸光度,减去零浓度溶液的吸光度。以被测元素浓度为横坐标,吸光度为纵坐标绘制工作曲线。

5.4.2 钴、铜>0.01%、锌>0.005%的工作曲线。

5.4.2.1 分别称取 7 份金属镍(3.1)2.00 g 于 400 mL 烧杯中,以下按 5.3.2 操作,分别移入 200 mL 容量瓶中。

5.4.2.2 用滴定管分别加入 0 mL、5.0 mL、10.0 mL、20.0 mL、30.0 mL、40.0 mL 和 50.0 mL 混合标准溶液 B(3.8)于容量瓶(5.4.2.1)中,以水定容。该系列标准溶液含有钴、铜的浓度分别为 0 μg/mL、2.5 μg/mL、5 μg/mL、10 μg/mL、15 μg/mL、20 μg/mL,含有锌的浓度分别为 0 μg/mL、0.25 μg/mL、0.5 μg/mL、1.0 μg/mL、1 μg/mL、1.5 μg/mL、2.0 μg/mL、2.5 μg/mL。

5.4.2.3 以下按照 5.4.1.3 进行。

6 分析结果的计算

按式(1)计算被测元素的质量分数 $w(X)$,数值以%表示:

$$w(X)=\frac{\rho \cdot V \times 10^{-6}}{m}\times 100 \quad \cdots\cdots (1)$$

式中:

X——被测元素(Cd、Co、Cu、Mn、Pb、Zn);

ρ——自工作曲线上查得的被测元素浓度,单位为微克每毫升(μg/mL);

V——试液的总体积,单位为毫升(mL);

m——试料的质量,单位为克(g)。

所得结果保留至 7.2 所列允许差的相应位数。

7 精密度

7.1 重复性限

在重复性条件下获得的两次独立测试结果的测定值,在以下给出的平均值范围内,这两个测试结果的绝对差值不超过重复性限(r),超过重复性限(r)的情况不超过 5%。实验室内重复性如表 4 所列。

表 4 重复性限

元素	质量分数/%	r/%
Cd	0.000 25	0.000 05
Cd	0.002 2	0.000 2
Co	0.001 0	0.000 15
Co	0.005 1	0.000 30
Co	0.010	0.000 50
Cu	0.005 2	0.000 50
Cu	0.010	0.000 9
Mn	0.001 1	0.000 15
Mn	0.002 0	0.000 20
Pb	0.002 0	0.000 25
Pb	0.003 6	0.000 40
Pb	0.007 8	0.000 70
Zn	0.001 0	0.000 15
Zn	0.002 7	0.000 30

7.2 实验室之间允许差

实验室之间分析结果的差值应不大于表 5 所列允许差。

表 5 实验室之间允许差

元素	质量分数/%	允许差/%
Cd	0.000 20～0.000 4	0.000 08
	>0.000 4～0.001 2	0.000 2
	>0.001 2～0.002 0	0.000 3
	>0.002 0～0.003	0.000 4
Co	0.001 0～0.002 0	0.000 4
	>0.002 0～0.008	0.000 8
	>0.008～0.015	0.002
	>0.015～0.08	0.003
	>0.08～0.20	0.01
	>0.20～0.60	0.03
	>0.60～1.00	0.08
Cu	0.001 0～0.002 5	0.000 3
	>0.002 5～0.005 0	0.000 6
	>0.005 0～0.015 0	0.002 0
	>0.015 0～0.025	0.002 5
	>0.025～0.060	0.005
	>0.060～0.200	0.010
	>0.200～0.30	0.015

表 5(续)

元素	质量分数/%	允许差/%
Mn	>0.000 8～0.002	0.000 3
Pb	>0.001 5～0.003 0	0.000 4
	>0.003 0～0.007	0.000 7
Zn	0.000 8～0.001 2	0.000 2
	>0.001 2～0.004 0	0.000 4
	>0.004 0～0.008	0.000 8

8 质量保证和控制

应用国家级标准样品或行业级标准样品(当两者没有时,也可用控制样替代),每周或每两周验证一次本分析方法标准的有效性。当过程失控时,应找出原因,纠正错误后,重新进行校核,并采取相应的预防措施。

ICS 77.040.30
H 13

中华人民共和国国家标准

GB/T 8647.7—2006
代替 GB/T 8647.7—1988

镍化学分析方法 砷、锑、铋、锡、铅量的测定 电热原子吸收光谱法

The methods for chemical analysis of nickel —Determination of arsenic, antimony, bismuth, tin and lead contents —Electrothermal atomic absorption spectrometric method

(ISO 7523:1985, Determination of siliver, arsenic, bismuth, cadmium, lead, antimony, selenium, tin, tellurium and thallium contents —Electrothermal atomic absorption spectrometric method, NEQ)

2006-09-26 发布　　2007-02-01 实施

中华人民共和国国家质量监督检验检疫总局
中国国家标准化管理委员会　发布

前　言

GB/T 8647《镍化学分析方法》共分为如下10部分：

GB/T 8647.1《镍化学分析方法　铁量的测定　磺基水杨酸分光光度法》；

GB/T 8647.2《镍化学分析方法　铝量的测定　电热原子吸收光谱法》；

GB/T 8647.3《镍化学分析方法　硅量的测定　钼蓝分光光度法》；

GB/T 8647.4《镍化学分析方法　磷量的测定　钼蓝分光光度法》；

GB/T 8647.5《镍化学分析方法　镁量的测定　火焰原子吸收光谱法》；

GB/T 8647.6《镍化学分析方法　镉、钴、铜、锰、铅、锌量的测定　火焰原子吸收光谱法》；

GB/T 8647.7《镍化学分析方法　砷、锑、铋、锡、铅量的测定　电热原子吸收光谱法》；

GB/T 8647.8《镍化学分析方法　硫量的测定　高频感应炉燃烧红外吸收法》；

GB/T 8647.9《镍化学分析方法　碳量的测定　高频感应炉燃烧红外吸收法》；

GB/T 8647.10《镍化学分析方法　砷、镉、铅、锌、锑、铋、锡、钴、铜、锰、镁、硅、铝、铁量的测定　发射光谱法》。

本部分为第7部分。

本部分与ISO 7523—1985《金属镍　银、砷、铋、镉、铅、锑、硒、锡、碲和铊量的测定——电热原子吸收分光光度法》的一致性程度为非等效。

本部分代替GB/T 8647.7—1988《镍化学分析方法　电热原子吸收分光光度法测定砷、锑、铋、锡、铅量》。与GB/T 8647.7—1988相比，本部分主要有如下变动：

——对文本格式进行了修订，补充了质量保证和控制条款；

——砷、锑、铋、锡测定范围由0.000 2%～0.001 5%调整为0.000 2%～0.003 0%。

——增加了重复性条款；

本部分由中国有色金属工业协会提出。

本部分由全国有色金属标准化技术委员会归口。

本部分由金川集团有限公司负责起草。

本部分由北京矿冶研究总院起草。

本部分主要起草人：李华昌、于力、高介平、于振祥、朱儒林。

本部分主要验证人：刘海东、喻生洁、高泽祥、文占杰。

本部分由全国有色金属标准化技术委员会负责解释。

本部分所代替标准的历次版本发布情况为：

——GB/T 8647.7—1988。

镍化学分析方法 砷、锑、铋、锡、铅量的测定 电热原子吸收光谱法

1 范围

本部分规定了镍中砷、锑、铋、锡、铅含量的测定方法。

本部分适用于镍中砷、锑、铋、锡和铅含量的测定。测定范围 0.000 2%～0.003 0%。

2 方法提要

试料用硝酸分解。将一定体积的溶液引入电热原子化器中，用原子吸收光谱仪，在各元素的特征波长处，分别测量各个元素的吸光度。

3 试剂

制备溶液和分析用水均为二级水或相当纯度的实验室用水。实验所用器皿均用硝酸(3.2.2)充分浸泡后用水彻底清洗。

3.1 高纯金属镍[w(Fe)≤0.000 5%，w(X)≤0.000 1%(X 分别为砷、锑、铋、锡、铅)]。

3.2 硝酸(ρ1.42 g/mL)，高纯。

3.3 硝酸(1+1)。

3.4 硝酸(1+19)。

3.5 氢氟酸(ρ1.13 g/mL)。

3.6 铅标准贮存溶液：称取 0.200 0 g 金属铅[w(Pb)≥99.95%]置于 150 mL 烧杯中，加入 20 mL 硝酸(3.3)，盖上表皿，于电热板上低温加热至完全溶解，煮沸驱除氮的氧化物。取下，冷至室温，移入盛有 20 mL 硝酸(3.3)的 200 mL 容量瓶中，以水定容。此溶液 1 mL 含 1 mg 铅。

3.7 铋标准贮存溶液：称取 0.200 0 g 金属铋[w(Bi)≥99.95%]置于 150 mL 烧杯中，加入 20 mL 硝酸(3.3)，盖上表皿，于电热板上低温加热至完全溶解，煮沸驱除氮的氧化物。取下，冷至室温，移入盛有 20 mL 硝酸(3.3)的 200 mL 容量瓶中，以水定容。此溶液 1 mL 含 1 mg 铋。

3.8 砷标准贮存溶液：称取 0.200 0 g 单体砷[w(As)≥99.95%]置于 150 mL 烧杯中，加入 20 mL 硝酸(3.3)，盖上表皿，于电热板上低温加热至完全溶解，煮沸驱除氮的氧化物。取下，冷至室温，移入盛有 20 mL 硝酸(3.3)的 200 mL 容量瓶中，以水定容。此溶液 1 mL 含 1 mg 砷。

注：如单体砷表面被氧化，可用 40 g/L 氢氧化钠溶液浸泡至出现金属光泽后取出，用蒸馏水清洗后再用无水乙醇去除水分，用滤纸吸干后称重。

3.9 锑标准贮存溶液：准确称取 0.274 0 g 酒石酸锑钾[$K(SbO)C_4H_4O_6 \cdot 1/2H_2O$]于 150 mL 烧杯中，加 50 mL 水溶解，移入 100 mL 容量瓶中，以水定容。此溶液 1 mL 含 1 mg 锑。

注：该溶液久置会形成霉菌，应新鲜配制。较稀的酸性溶液稳定。

3.10 锡标准贮存溶液：称取 0.100 0 g 金属锡[w(Sn)≥99.95%]置于 100 mL 塑料烧杯中，加入 1 mL 硝酸(3.2)、1 mL 氢氟酸(3.5)，溶解后移入 100 mL 容量瓶中，以水定容，立即移入干燥的塑料瓶中。此溶液 1 mL 含 1 mg 锡。

3.11 铅、铋、砷、锑、锡混合标准溶液

3.11.1 分别移取 10.00 mL 标准贮存溶液(3.6、3.7、3.8、3.9、3.10)于盛有 100 mL 硝酸(3.3)的

1 000 mL 容量瓶中，以水定容。此溶液 1 mL 分别含 10 μg 铅、铋、砷、锑、锡。

3.11.2 移取 10.00 mL 混合标准溶液(3.11.1)于盛有 10 mL 硝酸(3.3)的 100 mL 容量瓶中，以水定容。此溶液 1 mL 分别含 1 μg 铅、铋、砷、锑、锡(用时现配)。

3.12 镍溶液(40 mg/mL)：称取 10.00 g 高纯金属镍(3.1)，置于 500 mL 烧杯中，加适量水，分次加入 140 mL 硝酸(3.3)，放置，待剧烈反应停止后，加热至完全溶解。微沸驱除氮的氧化物，冷却，用预先以硝酸(3.3)洗过的致密滤纸过滤于 250 mL 容量瓶中，用水洗涤滤纸。以水定容。此溶液约含体积分数为 5%的硝酸。

4 仪器

原子吸收光谱仪(具有扣除背景功能)，配有电热原子化器，附砷、锑、铋、锡、铅空心阴极灯或无极放电灯。

5 分析步骤

5.1 试料

称取 0.500 0 g 试样，精确至 0.000 1 g。

5.2 空白试验

用同批硝酸溶解高纯金属镍和试料。以标准系列溶液的零浓度溶液作为试料空白。

5.3 试料溶解

将试料(5.1)置于 100 mL 烧杯中，加入 12 mL 硝酸(3.3)，加热至完全溶解，冷却。移入 50 mL 容量瓶中，以水定容。

5.4 最佳参数的选择

根据仪器说明书推荐的条件及本实验室的实践经验，对所用的原子化器和取样量(5 μL～30 μL)选择各元素电热原子化的最佳参数。

5.5 测定

5.5.1 各元素测定波长如表 1。

表 1 测定波长

元　素	As	Sb	Bi	Sn	Pb
波长/nm	193.7	217.6	223.1	286.3	283.3

5.5.2 调整需要的仪器参数至最佳状态，并按所选条件(5.5)调整电热原子化器。

5.5.3 用预定的加热程序空烧石墨管两次。

5.5.4 将预定体积的试液(5.3)注入原子化器中，按设定程序原子化并记录待测元素的吸光度，每份试液测定两次，取其平均值。以平均吸光度减去试料空白的平均吸光度，从工作曲线上查出相应的砷、锑、铋、锡和铅的浓度。

5.6 工作曲线

5.6.1 工作曲线标准溶液的配制

用滴定管向 6 个 50 mL 容量瓶中各加入 12.50 mL 镍溶液(3.12)，分别加入 0 mL、1.00 mL、2.50 mL、3.50 mL、5.00 mL、7.50 mL 混合标准溶液(3.11.2)。用硝酸(3.4)稀释至刻度，混匀。该系列标准溶液含有砷、锑、铋、锡、铅的浓度分别为 0 ng/mL、20 ng/mL、50 ng/mL、70 ng/mL、100 ng/mL、150 ng/mL。

5.6.2 测定

与试液同时测定标准溶液(5.4)的吸光度。计算每个标准溶液的平均吸光度(减去零浓度标准溶液的吸光度)，以标准溶液的浓度为横坐标，平均吸光度为纵坐标分别绘制砷、锑、铋、锡和铅的工作曲线。

6 分析结果的计算

按式(1)计算各元素的质量分数 $w(X)$,数值以%表示:

$$w(X) = \frac{\rho \cdot V \times 10^{-9}}{m} \times 100 \quad \cdots\cdots (1)$$

式中:

X——被测元素;

ρ——试液中被测元素的质量浓度,单位为纳克每毫升(ng/mL);

V——试液的总体积,单位为毫升(mL);

m——试料的质量,单位为克(g)。

所得结果保留至7.2所列允许差的相应位数。

7 精密度

7.1 重复性限

在重复性条件下获得的两次独立测试结果的测定值,在以下给出的平均值范围内,这两个测试结果的绝对差值不超过重复性限(r),超过重复性限(r)的情况不超过5%。实验室内重复性如表2所列。

表2 重复性限

元素	质量分数/%	r/%
As	0.000 3	0.000 06
As	0.001 6	0.000 20
Sb	0.000 3	0.000 06
Sb	0.001 2	0.000 17
Bi	0.000 8	0.000 15
Bi	0.001 2	0.000 20
Sn	0.000 2	0.000 07
Sn	0.001 2	0.000 2
Pb	0.000 4	0.000 08
Pb	0.000 8	0.000 12

7.2 实验室之间允许差

实验室之间分析结果的差值应不大于表3所列允许差。

表3 实验室之间允许差

质量分数/%	允许差/%
0.000 2~0.000 6	0.000 1
>0.000 6~0.001 0	0.000 2
>0.001 0~0.003	0.000 3

8 质量保证和控制

应用国家级标准样品或行业级标准样品(当两者没有时,也可用控制样替代),每周或每两周验证一次本分析方法标准的有效性。当过程失控时,应找出原因,纠正错误后,重新进行校核,并采取相应的预防措施。

ICS 77.040.30
H 13

中华人民共和国国家标准

GB/T 8647.8—2006
代替 GB/T 8647.8—1988
GB/T 8647.9—1988

镍化学分析方法
硫量的测定　高频感应炉燃烧红外吸收法

**The methods for chemical analysis of nickel—
Determination of sulphur content—Infra-red absorption
method after high frequency induction furnace combustion**

(ISO 7526:1985 Nickel, forronickel and nickel alloys—
Determination of sulphur content—Infra-red absorption
method after induction furnace combustion, NEQ)

2006-09-26 发布　　2007-02-01 实施

中华人民共和国国家质量监督检验检疫总局
中国国家标准化管理委员会　发布

前　言

GB/T 8647《镍化学分析方法》共分为如下10部分：

GB/T 8647.1《镍化学分析方法　铁量的测定　磺基水杨酸分光光度法》；

GB/T 8647.2《镍化学分析方法　铝量的测定　电热原子吸收光谱法》；

GB/T 8647.3《镍化学分析方法　硅量的测定　钼蓝分光光度法》；

GB/T 8647.4《镍化学分析方法　磷量的测定　钼蓝分光光度法》；

GB/T 8647.5《镍化学分析方法　镁量的测定　火焰原子吸收光谱法》；

GB/T 8647.6《镍化学分析方法　镉、钴、铜、锰、铅、锌量的测定　火焰原子吸收光谱法》；

GB/T 8647.7《镍化学分析方法　砷、锑、铋、锡、铅量的测定　电热原子吸收光谱法》；

GB/T 8647.8《镍化学分析方法　硫量的测定　高频感应炉燃烧红外吸收法》；

GB/T 8647.9《镍化学分析方法　碳量的测定　高频感应炉燃烧红外吸收法》；

GB/T 8647.10《镍化学分析方法　砷、镉、铅、锌、锑、铋、锡、钴、铜、锰、镁、硅、铝、铁量的测定　发射光谱法》。

本部分为第8部分。

本部分与ISO 7526:1985《感应炉燃烧红外吸收法测定金属镍、镍铁和镍合金中的含硫量》的一致性程度为非等效。

本部分代替GB/T 8647.8—1988《镍化学分析方法　蒸馏-示波极谱法测定硫量》和GB/T 8647.9—1988《镍化学分析方法　高频感应炉燃烧红外吸收法测定硫量》。与GB/T 8647.8—1988和GB/T 8647.9—1988相比，本部分主要有如下变动：

——废止了GB/T 8647.8—1988《镍化学分析方法　蒸馏-示波极谱法测定硫量》；

——对GB/T 8647.9—1988的文本格式进行了修订，补充了质量保证和控制条款；

——增加了重复性条款。

本部分由中国有色金属工业协会提出。

本部分由全国有色金属标准化技术委员会归口。

本部分由金川集团有限公司负责起草。

本部分由北京矿冶研究总院起草。

本部分主要起草人：李华昌、姜求韬、许翠端、黄月华。

本部分主要验证人：刘海东、喻生洁、文占杰、高泽祥。

本部分由全国有色金属标准化技术委员会负责解释。

本部分所代替标准的历次版本发布情况为：

——GB/T 8647.8—1988；

——GB/T 8647.9—1988。

镍化学分析方法
硫量的测定　高频感应炉燃烧红外吸收法

1　范围

本部分规定了镍中硫含量的测定方法。

本部分适用于镍中硫含量的测定。测定范围：0.001 0%～0.050%。

2　方法提要

在助熔剂存在下，在高频感应炉内通入氧气流，使试料在高温下燃烧，硫生成二氧化硫气体进入红外吸收池，仪器自动测量其对红外能的吸收后，计算并显示结果。

3　试剂和材料

3.1　无水高氯酸镁[$Mg(ClO_4)_2$]。

3.2　烧碱石棉。

3.3　玻璃棉。

3.4　脱脂棉。

3.5　镀铂硅胶。

3.6　助熔剂：低硫钨、锡：W＋Sn(1 g＋0.2 g～0.25 g)。

3.7　坩埚

陶瓷坩埚(ϕ24 mm×24 mm)，使用前应在有空气或氧气的炉中，在大于 1 100℃温度下灼烧 1 h～1.5 h，取出置于不涂油的干燥器内冷却备用(两天内有效)。

3.8　钢铁标准样品：含硫量 0.002%～0.06%。

3.9　钢铁标准样品或纯铁标样：含硫量约 0.002%。

注：最好用镍标样。

4　仪器

高频红外气体分析仪(附电子交流稳压器)。

仪器参数应符合以下规定：

——高频炉功率：1.0 kW～2.5 kW；

——频率：>6.0 MHz；

——检测器灵敏度：1 μg/g。

推荐的仪器工作条件如表 1。

表 1　推荐仪器工作条件

载气	输入氧气/MPa(psi,kgf·cm^{-2})	系统气体/MPa(psi,kgf·cm^{-2})	气动气流量/L·min^{-1}	氧气流量/L·min^{-1}	最短分析时间/s
氧气,99.5%	(35～37,2.5～2.6)	(12,0.85)	1	3	30

5 分析步骤

5.1 仪器准备

按仪器推荐条件和实验室经验准备好仪器使用。

5.2 仪器的稳定性

5.2.1 通过燃烧几个类似于待测试样的样品来调整和稳定仪器。

5.2.2 仪器通氧循环几次，再将空白调至零。

5.3 校正仪器

5.3.1 称取 0.500 g 的标准钢样(3.8)置于坩埚(3.7)中，加入助熔剂(3.6)。

5.3.2 将坩埚放到炉子的支座上，升到燃烧位置，按仪器说明书中“自动”校准步骤进行操作，反复做 2～3 个标准钢样，通过“自动”校准步骤，直到硫的结果稳定在误差范围内为止。

注：选择标准钢样时，含硫量应大于被测试样含硫量。

5.4 校正空白

5.4.1 称取 0.500 g 标准钢样(3.9)置于坩埚(3.7)中，加入助熔剂(3.6)。

5.4.2 将坩埚放到炉子的支座上，升到燃烧位置，按仪器说明书中“自动”校正空白步骤进行操作，重复做 3～5 个钢样，得到一个重现性较好的平均结果。通过“自动”校准空白的方式扣除标准钢样中硫的质量分数，数值以%表示，得到的空白值贮存于计算机中(空白值应<0.000 5%)。

5.4.3 按 5.3 重复一次标准钢样的测定，测定结果应稳定在误差范围内，再选择一个与被测试样含硫量相当的标样复验。

5.5 测定

5.5.1 称取 0.500 g 试样置于坩埚(3.7)中，加入助熔剂(3.6)。

5.5.2 将坩埚放到炉子的支座上，升到燃烧位置，按仪器说明书中“自动”分析步骤进行操作，仪器自动扣除空白值后显示并打印出硫的质量分数，数值以%表示。

6 精密度

6.1 重复性限

在重复性条件下获得的两次独立测试结果的测定值，在以下给出的平均值范围内，这两个测试结果的绝对差值不超过重复性限(r)，超过重复性限(r)的情况不超过 5%。实验室内重复性如表 2 所列。

表 2 重复性限

质量分数/%	r/%
0.006 3	0.000 7
0.013	0.001

6.2 实验室之间允许差

实验室之间分析结果的差值应不大于表 3 所列允许差。

表 3 实验室之间允许差

质量分数/%	允许差/%
0.001 0～0.002	0.000 7
>0.002 0～0.005 0	0.001 0
>0.005 0～0.010	0.001 5
>0.010～0.030	0.003
>0.030～0.050	0.004

7 质量保证和控制

除每次测定采用标准钢样按5.3校正仪器及5.4校正空白外，应采用国家级标准样品或行业级标准样品（当两者没有时，也可用含量适中的标准钢样或控制样替代），每两周验证一次测定的有效性。当过程失控时，应找出原因，纠正错误后，重新进行校核，并采取相应的预防措施。

ICS 77.040.30
H 13

中华人民共和国国家标准

GB/T 8647.9—2006
代替 GB/T 8647.10—1988

镍化学分析方法 碳量的测定 高频感应炉燃烧红外吸收法

The methods for chemical analysis of nickel—Determination of carbon content—Infra-red absorption method after high frequency induction furnace combustion

(ISO 7524:1985, Nickel, ferronickel and nickel alloys—Determination of carbon content—Infra-red absorption method induction furnace combustion, NEQ)

2006-09-26 发布　　2007-02-01 实施

中华人民共和国国家质量监督检验检疫总局
中国国家标准化管理委员会　发布

前　言

GB/T 8647《镍化学分析方法》共分为如下10部分：

GB/T 8647.1《镍化学分析方法　铁量的测定　磺基水杨酸分光光度法》；

GB/T 8647.2《镍化学分析方法　铝量的测定　电热原子吸收光谱法》；

GB/T 8647.3《镍化学分析方法　硅量的测定　钼蓝分光光度法》；

GB/T 8647.4《镍化学分析方法　磷量的测定　钼蓝分光光度法》；

GB/T 8647.5《镍化学分析方法　镁量的测定　火焰原子吸收光谱法》；

GB/T 8647.6《镍化学分析方法　镉、钴、铜、锰、铅、锌量的测定　火焰原子吸收光谱法》；

GB/T 8647.7《镍化学分析方法　砷、锑、铋、锡、铅量的测定　电热原子吸收光谱法》；

GB/T 8647.8《镍化学分析方法　硫量的测定　高频感应炉燃烧红外吸收法》；

GB/T 8647.9《镍化学分析方法　碳量的测定　高频感应炉燃烧红外吸收法》；

GB/T 8647.10《镍化学分析方法　砷、镉、铅、锌、锑、铋、锡、钴、铜、锰、镁、硅、铝、铁量的测定　发射光谱法》。

本部分为第9部分。

本部分与ISO 7524：1985《感应炉燃烧红外吸收法测定金属镍、镍铁和镍合金中的含碳量》的一致性程度为非等效。

本部分代替GB/T 8647.10—1988《镍化学分析方法　高频感应炉燃烧红外吸收法测定碳量》。与GB/T 8647.10—1988相比，本部分主要有如下变动：

——对文本格式进行了修订，补充了质量保证和控制条款；

——增加了重复性条款。

本部分由中国有色金属工业协会提出。

本部分由全国有色金属标准化技术委员会归口。

本部分由金川集团有限公司负责起草。

本部分由北京矿冶研究总院起草。

本部分主要起草人：李华昌、阮桂色、许翠端、黄月华。

本部分主要验证人：刘海东、喻生洁、文占杰、高泽祥。

本部分由全国有色金属标准化技术委员会负责解释。

本部分所代替标准的历次版本发布情况为：

——GB/T 8647.10—1988。

镍化学分析方法
碳量的测定　高频感应炉燃烧红外吸收法

1　范围

本部分规定了镍中碳含量的测定方法。

本部分适用于镍中碳含量的测定。测定范围：0.002 0%～0.20%。

2　方法提要

在助熔剂存在下，在高频感应炉内通入氧气流，使试料在高温下燃烧，碳生成二氧化碳气体进入红外吸收池，仪器自动测量其对红外能的吸收后，计算并显示结果。

3　试剂和材料

3.1　无水高氯酸镁[$Mg(ClO_4)_2$]。

3.2　烧碱石棉。

3.3　玻璃棉。

3.4　脱脂棉。

3.5　镀铂硅胶。

3.6　助熔剂：低碳钨、锡、铁：W+Sn+Fe(1 g+0.2 g～0.25 g+0.2 g)。

3.7　坩埚

陶瓷坩埚(φ24 mm×25 mm)，使用前应在有空气或氧气的炉中，在大于1 100℃温度下灼烧1 h～1.5 h，取出置于不涂油的干燥器内冷却备用(两天内有效)。

3.8　标准钢样：含碳量0.002%～0.3%。

3.9　标准钢样或纯铁标样：含碳量约0.002%。

注：最好采用镍标样。

4　仪器

高频红外气体分析仪(附电子交流稳压器)。

仪器参数应符合以下规定：

——高频炉功率：1.0 kW～2.5 kW；

——频率>6.0 MHz；

——检测器灵敏度：1 μg/g。

推荐的仪器工作条件如表1。

表1　推荐仪器工作条件

载气	输入氧气/ MPa(psi，kgf·cm^{-2})	系统气体/ MPa(psi，kgf·cm^{-2})	气动气流量/ L·min^{-1}	氧气流量/ L·min^{-1}	最短分析时间/ s
氧气99.5%	(35～37，2.5～2.6)	(12，0.85)	1	3	30

5 分析步骤

5.1 仪器准备

按仪器推荐条件和实验室经验准备好仪器使用。

5.2 仪器的稳定性

5.2.1 通过燃烧几个类似于待测试样的样品来调整和稳定仪器。

5.2.2 仪器通氧循环几次，再将空白调至零。

5.3 校正仪器

5.3.1 称取 1.000 g 的标准钢样(3.8)，置于坩埚(3.7)中，加入助熔剂(3.6)。

5.3.2 将坩埚放到炉子的支座上，升到燃烧位置，按仪器说明书中“自动”校准步骤进行操作，反复做 2～3 个标准钢样，通过“自动”校准步骤，直到标准钢样中碳的结果稳定在误差范围内为止。

注：选择标准钢样时，含碳量应大于被测试样的含碳量。

5.4 校正空白

5.4.1 称取 1.000 g(3.9)的低碳标准钢样于坩埚(3.7)中，加入助熔剂(3.6)。

5.4.2 将坩埚放到炉子的支座上，升到燃烧位置，按仪器说明书中“自动”校正空白步骤进行操作，重复做 3～5 个钢样，得到一个重现性较好的平均结果。通过“自动”校正空白的方式扣除标准钢样中碳的质量分数，数值以%表示，得到的空白值贮存于计算机中。(当试样碳含量＞0.001%时，空白值应＜0.000 5%；当试样碳含量＞0.1%时，5.4 省略)。

5.4.3 空白值确定之后，按(5.3)再重复一次标准钢样的测定，测定结果应稳定在误差范围内，再选择一个与被测试样含碳量相当的标样复验。

5.5 测定

5.5.1 称取 1.000 g 试样，置于坩埚(3.7)中，加入助熔剂(3.6)。

5.5.2 将坩埚放到炉子的支座上，升到燃烧位置，按仪器说明书中“自动”分析步骤操作，仪器自动扣除空白值后显示并打印出碳的质量分数，数值以%表示。

6 精密度

6.1 重复性限

在重复性条件下获得的两次独立测试结果的测定值，在以下给出的平均值范围内，这两个测试结果的绝对差值不超过重复性限(r)，超过重复性限(r)的情况不超过 5%。实验室内重复性如表 2 所列。

表 2 重复性限

质量分数/%	r/%
0.002 8	0.000 6
0.025	0.001 8

6.2 实验室之间允许差

实验室之间分析结果的差值不应大于表 3 所列允许差。

表 3 实验室之间允许差

质量分数/%	允许差/%
0.001 0～0.002 0	0.000 7
＞0.002～0.005	0.001
＞0.005～0.015	0.002
＞0.015～0.030	0.003
＞0.030～0.080	0.006
＞0.080～0.20	0.012

7 质量保证和控制

除每次测定采用标准钢样按5.3校正仪器及5.4校正空白外，应采用国家级标准样品或行业级标准样品(当两者没有时，也可用含量适中的标准钢样或控制样替代)，每两周验证一次测定的有效性。当过程失控时，应找出原因，纠正错误后，重新进行校核，并采取相应的预防措施。

ICS 77.040.30
H 13

中华人民共和国国家标准

GB/T 8647.10—2006
代替 GB/T 5123—1985

镍化学分析方法 砷、镉、铅、锌、锑、铋、锡、钴、铜、锰、镁、硅、铝、铁量的测定 发射光谱法

The methods for chemical analysis of nickel—
Determination of arsenic, cadmium, lead, zinc, antimony, bismuth, tin, cobalt, copper, manganese, magnesium, silicon, aluminium, iron contents
—Atomic emission spectrometric method

2006-09-26 发布　　2007-02-01 实施

中华人民共和国国家质量监督检验检疫总局
中国国家标准化管理委员会　发布

前　言

GB/T 8647《镍化学分析方法》共分为如下 10 部分：

GB/T 8647.1《镍化学分析方法　铁量的测定　磺基水杨酸分光光度法》；

GB/T 8647.2《镍化学分析方法　铝量的测定　电热原子吸收光谱法》；

GB/T 8647.3《镍化学分析方法　硅量的测定　钼蓝分光光度法》；

GB/T 8647.4《镍化学分析方法　磷量的测定　钼蓝分光光度法》；

GB/T 8647.5《镍化学分析方法　镁量的测定　火焰原子吸收光谱法》；

GB/T 8647.6《镍化学分析方法　镉、钴、铜、锰、铅、锌量的测定　火焰原子吸收光谱法》；

GB/T 8647.7《镍化学分析方法　砷、锑、铋、锡、铅量的测定　电热原子吸收光谱法》；

GB/T 8647.8《镍化学分析方法　硫量的测定　高频感应炉燃烧红外吸收法》；

GB/T 8647.9《镍化学分析方法　碳量的测定　高频感应炉燃烧红外吸收法》；

GB/T 8647.10《镍化学分析方法　砷、镉、铅、锌、锑、铋、锡、钴、铜、锰、镁、硅、铝、铁量的测定　发射光谱法》。

本部分为第 10 部分。

本部分代替 GB/T 5123—1985《镍的光谱分析方法》。与 GB/T 5123—1985 相比，本部分主要有如下变动：

——将 GB/T 5123—1985 中所规定的利用摄谱仪进行测定的方法，修改为只要检测设备具有电弧发生装置，并满足分析要求，利用适当的条件，做出合适的工作曲线均可进行分析，不对分析所采用的光谱仪加以限定；

——将 GB/T 5123—1985 中所规定的各杂质元素测定范围改为：对于测定工作曲线满足本部分要求的，各杂质元素的分析下限为所使用标准样品最低含量的 90%，分析上限为所使用标准样品最高含量的 110%；对于工作曲线局部满足要求的，选取工作曲线中满足要求的部分确定各杂质元素的测定范围；

——将零号镍光谱标准样品 BYG08-01 杂质元素含量及电真空镍光谱标准样品 BYG08-01 杂质元素含量作为本部分的资料性附录 A；

——对 GB/T 5123—1985 进行文字性修订，作为本部分的资料性附录 B；

——增加镍的直读光谱分析方法，作为本部分的资料性附录 C。

本部分不作为仲裁分析使用。

本部分的附录 A、附录 B 和附录 C 为资料性附录。

本部分由中国有色金属工业协会提出。

本部分由全国有色金属标准化技术委员会归口。

本部分由金川集团有限公司负责起草。

本部分由兰州金川金属材料技术有限公司、中国物流与采购联合会稀贵金属质检中心参加起草。

本部分主要起草人：刘海东、喻生洁、文占杰、史光源、林秀英。

本部分主要验证人：朱国忠、庞燕、陈洪泽。

本部分由全国有色金属标准化技术委员会负责解释。

本部分所代替标准的历次版本发布情况为：

——GB/T 5123—1985。

镍化学分析方法 砷、镉、铅、锌、锑、铋、锡、钴、铜、锰、镁、硅、铝、铁量的测定 发射光谱法

1 范围

本部分规定了镍中砷、镉、铅、锌、锑、铋、锡、钴、铜、锰、镁、硅、铝、铁等杂质元素含量的发射光谱测定方法。

本部分适用于镍中砷、镉、铅、锌、锑、铋、锡、钴、铜、锰、镁、硅、铝、铁等杂质元素含量的测定。

本部分对于镍中上述杂质元素含量的测定范围规定如下：对于测定工作曲线满足本部分要求的，各杂质元素的分析下限为所使用标准样品最低含量的90%，分析上限为所使用标准样品最高含量的110%；对于工作曲线局部满足要求的，选取工作曲线中满足要求的部分确定各杂质元素的分析范围。

本部分规定了评价以电弧型发射光谱仪得到分析值的客观标准。由于现有的光谱仪类型广泛，完全规定所有条件存在困难，因此，本部分不用来规定仪器的型号或将仪器的响应换算为浓度单位的程序。

2 方法提要

试样用硝酸溶解，蒸发至干，灼烧成氧化物，研成粉末，采用适宜的方法，利用发射光谱仪电弧激发进行试样分析并根据工作曲线计算各杂质元素含量。

3 试剂和材料

本方法所使用的水均为二级水或相当纯度的实验室用水。

3.1 镍光谱标准样品：必须为经过法定机构认可的标准样品或双方认可的标准样品（金属状标准样品应按5.2.1预先处理成氧化物），可参考附录A提供的部分镍光谱标准样品。

3.2 石墨电极（光谱纯）。

3.3 硝酸（ρ1.42 g/mL），优级纯。

3.4 硝酸（3+2）。

3.5 硝酸（1+9）。

4 仪器和设备

4.1 发射光谱仪（电弧型）只要具有有效的、能满足本部分要求的精确度均可使用。可以是附有相关设备的摄谱仪，也可以是具有任何检测器的直读光谱仪。

4.2 箱式电阻炉。

4.3 玛瑙研钵。

5 分析步骤

5.1 试料

平行称取两份试样，每份约 5 g。

5.2 测定

5.2.1 将两份试料分别置于适当的烧杯中，用 30 mL 硝酸(3.5)洗涤，倾去洗液后，用水冲洗 3 次，加入 50 mL 硝酸(3.4)，盖上表皿，待剧烈反应停止后，加热蒸发至近稠状，移入 50 mL 瓷坩埚中蒸干。将瓷坩埚置于箱式电阻炉中，于 750℃～800℃灼烧 20 min，取出，冷至室温，将生成的氧化物在玛瑙研钵(4.3)中研细。

5.2.2 按照实验室选定条件进行样品分析，每份试样至少进行三次测定，利用工作曲线计算各杂质元素的含量，取其平均值为该份试样的结果。以两份有效平行试样结果的算术平均值为测定结果。分析步骤可参照资料性附录 B、附录 C。

5.2.3 两份平行试样结果的有效性按式(1)判定：

$$|X_1 - X_2| \leqslant r \qquad \cdots\cdots(1)$$

式中：

X_1、X_2——两份平行试样的结果；

r——重复性限。

所得测定结果保留两位有效数字。

6 工作曲线

6.1 取至少 3 个标准样品，按照 5.2.2 相同测定条件进行测试，每个标准样品至少进行 3 次测定，取其平均值，以各分析元素推荐值和相应的测定信号值绘制工作曲线，工作曲线的绘制一般应采用一次线，当采用二次线时应特别关注工作曲线高含量段的适用性。工作曲线应符合 1 中对测定范围的规定，并覆盖样品中待测元素含量。

6.2 以标准样品当作试样，按 5.2.2 进行测定，以判断工作曲线有效性。工作曲线的有效性按式(2)判定：

$$|X_1 - X_2| \leqslant \frac{\sqrt{2}}{2}r \qquad \cdots\cdots(2)$$

式中：

X_1——标准样品的测定结果；

X_2——标准样品的推荐值；

r——重复性限。

在实际测定中，如测定条件不能够完全满足上述基本规定，相关的任何一方有权拒绝测定结果，并要求使用其他标准方法。

7 精密度

7.1 重复性限

在重复性条件下获得的两次独立测试结果，在以下给出的平均值范围内，这两个测试结果的绝对差值不超过重复性限(r)，超过重复性限(r)的情况不超过 5%。实验室内重复性限如表 1 所列。

表 1 重复性限

元素	质量分数/%	r/%	元素	质量分数/%	r/%
Al	0.000 54	0.000 17	Bi	0.000 47	0.000 14
	0.002 7	0.000 72		0.002 4	0.000 42
	0.050	0.013		0.008 3	0.001 5
Co	0.001 9	0.000 40	Sb	0.000 30	0.000 12
	0.027	0.004 4		0.002 5	0.000 72
	0.17	0.027		0.008 5	0.002 3
Cu	0.000 94	0.000 21	Sn	0.000 17	0.000 08
	0.007 3	0.001 4		0.002 0	0.000 4
	0.16	0.03		0.008 9	0.001 7
Fe	0.001 7	0.000 56	As	0.001 1	0.000 38
	0.010	0.002 7		0.002 4	0.000 70
	0.28	0.073		0.015	0.003 7
Mg	0.000 73	0.000 20	Cd	0.000 50	0.000 16
	0.002 6	0.000 55		0.002 6	0.000 58
	0.005 0	0.001		0.008 7	0.001 8
Mn	0.000 60	0.000 18	Zn	0.000 75	0.000 19
	0.002 9	0.000 87		0.004 9	0.001 0
	0.16	0.048		0.008 5	0.001 7
Pb	0.000 43	0.000 14	Si	0.003 5	0.001 2
	0.002 1	0.000 42		0.13	0.028
	0.008 7	0.001 5			

7.2 实验室之间允许差

实验室之间分析结果的差值应不大于表 2 所列相对允许差。

表 2 实验室之间允许差/%

元素	质量分数/%	相对允许差	元素	质量分数/%	相对允许差
Al	0.000 25～0.000 50	50	Bi	0.000 25～0.000 50	35
	>0.000 50～0.001 0	40		>0.000 50～0.001 0	30
	>0.001 0～0.050	30		>0.001 0～0.010	25
Co	0.001 2～0.002 5	35	Sb	0.000 14～0.000 30	50
	>0.002 5～0.010	30		>0.000 30～0.000 80	40
	>0.010～0.27	25		>0.000 80～0.002 5	35
Cu	0.000 50～0.010	30		>0.002 5～0.009 0	30
	>0.010～0.27	25	Si	0.000 50～0.001 0	50

表 2（续）

元素	质量分数/%	相对允许差	元素	质量分数/%	相对允许差
Fe	0.001 0～0.002 5	40	Si	>0.001 0～0.005 0	40
	>0.002 5～0.007 5	35		>0.005 0～0.050	35
	>0.007 5～0.36	30		>0.050～0.37	30
Mg	0.000 50～0.001 0	40	Sn	0.000 10～0.000 30	55
	>0.001 0～0.003 0	30		>0.000 30～0.000 50	40
	>0.003 0～0.009 0	25		>0.000 50～0.001 0	35
Mn	0.000 4～0.001 0	45		0.001 0～0.011	30
	>0.001 0～0.005 0	40	As	0.000 70～0.002 5	55
	>0.005 0～0.21	35		>0.002 5～0.005 0	40
Pb	0.000 30～0.000 80	35		>0.005 0～0.016	35
	>0.000 80～0.005 0	30	Cd	0.000 25～0.000 40	50
	>0.005 0～0.012	25		>0.000 40～0.001 0	35
Zn	0.000 50～0.005 0	35		>0.001 0～0.005 0	30
	>0.005 0～0.010	30		>0.005 0～0.010	25

8 质量保证和控制

应用国家级标准样品或行业级标准样品（当两者没有时，也可用控制样替代），每周或每两周验证一次本分析方法标准的有效性。当过程失控时，应找出原因，纠正错误后，重新进行校核，并采取相应的预防措施。

附　录　A
（资料性附录）
镍光谱标准样品杂质含量

表 A.1　零号镍光谱标准样品 BYG08-01 杂质含量

元　　素	标　　号				
	1	2	3	4	5
	质量分数/%				
Zn	0.000 57	0.000 98	0.002 0	0.004 0	0.008 3
Cd	0.000 25	0.000 92	0.001 9	0.003 7	0.007 4
Bi	0.000 28	0.000 8	0.001 6	0.003 3	0.008 1
Sb	0.000 15	0.000 69	0.002 0	0.003 7	0.007 6
Sn	0.000 12	0.000 27	0.000 62	0.001 3	0.004 1
Pb	0.000 32	0.000 61	0.001 1	0.002 2	0.005 0
As	0.000 75	0.001 6	0.004 6	0.008 8	0.014
Cu	0.000 55	0.001 5	0.002 8	0.004 8	0.011
Al	0.000 28	0.000 77	0.001 7	0.003 8	0.007 4
Mg	0.000 55	0.000 97	0.002 1	0.003 9	0.008 4
Mn	0.000 44	0.000 91	0.002 0	0.004 0	0.008 1
Fe	0.001 0	0.002 8	0.004 6	0.008 7	0.022 6
Si	0.000 57	0.001 3	0.003 1	0.005 6	0.012
Co	0.001 4	0.003 0	0.005 6	0.010 6	0.028 7

表 A.2　电真空镍光谱标准样品 BYG08-01 杂质含量

元　　素	标　　号			
	1	2	3	4
	质量分数/%			
Zn	0.001 6	0.002 6	0.005 1	0.009 5
Cd	0.000 95	0.001 9	0.005 0	0.009 5
Bi	0.000 97	0.002	0.004 8	0.009 3
Sb	0.000 76	0.001 6	0.004 1	0.008 3
Sn	0.000 91	0.001 9	0.005 1	0.009 9
Pb	0.001 2	0.002 4	0.006 2	0.011 0
As	0.001 0	0.001 7	0.004 4	0.009 5
Cu	0.242	0.095 0	0.046 3	0.018 4
Al	0.091 9	0.047 4	0.018 4	0.010 3
Mg	0.212	0.067 0	0.046 5	0.020 4

表 A.2（续）

元　素	标　号			
	1	2	3	4
	质量分数/%			
Mn	0.195	0.094 3	0.048 1	0.022 4
Fe	0.332	0.126	0.053 6	0.024 8
Si	0.342	0.129	0.047 9	0.017 7
Co	0.253	0.098 8	0.051 3	0.022 4

附 录 B
（资料性附录）
摄谱法测定镍中砷、镉、铅、锌、锑、铋、锡、钴、铜、锰、镁、硅、铝、铁量

B.1 方法提要

试样用硝酸溶解，蒸发至干，灼烧成氧化物，研成粉末，压丸。用三标准试样法，直流电弧激发，感光板记录光谱，用测微光度计测量选择的分析线和内标线的换值黑度差。然后在换值黑度差与含量对数的分析曲线上查出相应元素的含量。

B.2 试剂和材料

B.2.1 显影液和定影液：按光谱感光版说明书配制。

B.2.2 石墨电极（直径 6 mm 及 8 mm～10 mm）：光谱纯。

B.2.3 光谱感光板：灵敏度 12±8（紫外Ⅰ型）；灵敏度 20±5（紫外Ⅱ型）。

B.2.4 镍光谱分析标准样品。

B.3 仪器和设备

B.3.1 中型或大型的石英棱镜或光栅摄谱仪。

B.3.2 直流电源及高频引弧装置。

B.3.3 测微光度计。

B.3.4 压力机（压力不小于 15 000 kPa）。

B.3.5 模具：合金钢制成，冲模直径及凹模内径 6 mm，高 50 mm～80 mm，光洁度▽8。

B.4 分析步骤

B.4.1 称取两份试样（每份约 5 g），按照 5.2.1 进行。

B.4.2 分别称取 3 份（每份 0.3 g～0.5 g）氧化物粉末（B.4.1），以 6 000 kPa～10 000 kPa 压力在模具中压丸。

B.4.3 粉状氧化物标样按 B.4.2 压丸。

B.4.4 将电极在 6 A～10 A 直流电弧中预烧 20 s。

B.4.5 试样（或标样）丸置于试样电极上。电极形状、尺寸及曝光时的位置见图 B.1。

B.4.6 以试样电极作为阳极，试按表 B.1 条进行第一阶段摄谱，测定锌、镉、铋、铅、锡、锑及砷含量。

B.4.7 将第一阶段摄谱中形成的熔珠作为阴极，按表 B.2 条件进行第二阶段摄谱，测定铁、铜、钴、硅、镁、锰及铝含量。

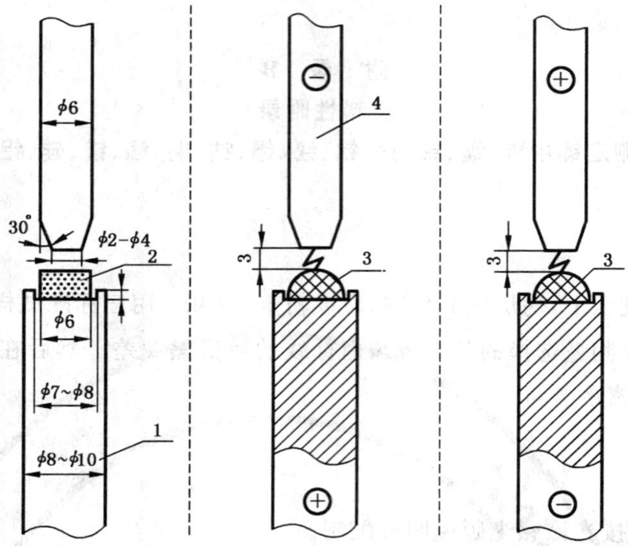

1——试样电极；
2——样丸；
3——熔珠；
4——对电极。

图 B.1 电极及曝光示意图

表 B.1 第一阶段摄谱条件

分析元素	放电形式	摄谱仪条件	电学参数	曝光时间	感光板
锌、镉、铋、铅、锡、锑、砷	直流电弧阳极激发	缝宽 0.010 mm～0.012 mm，三透镜照明系统，三阶梯光谱减光器中间遮光板 5 mm，电极距 3 mm	电压 230 V 电流 6 A～8 A	40 s～50 s	紫外Ⅱ型（或紫外Ⅰ型）

表 B.2 第二阶段摄谱条件

分析元素	放电形式	摄谱仪条件	电学参数	曝光时间	感光板
铁、铜、钴、硅、镁、锰、铝	直流电弧阴极激发	缝宽 0.010 mm～0.012 mm，三透镜照明系统，三阶梯光谱减光器中间遮光板 5 mm，电极距 3 mm	电压 230 V 电流 7 A	预燃 10 s 曝光 40 s	紫外Ⅰ型

注 1：试样及标样（标样不得少于三点）在同一块感光板上摄谱，每一点及每一试样平行摄谱三次。

注 2：摄谱时，待电弧的阳极斑点（或阴极斑点）由电极转移到熔珠上，再记录曝光时间。

注 3：当采用的摄谱条件不同于表 B.1、表 B.2 所列条件时，例如，用其他类型透镜照明缝，采用不同电流强度，用其他灵敏度的感光板等，应预先选择条件，以达到最佳黑度范围之目的，在很小的含量范围内进行测定，摄谱时可不用阶梯光谱减光器。

注 4：为降低某些杂质元素的检测限（其中包括分析低含量的镉、锑及砷），可通过两个样丸在谱片上同一位置辐射的迭加得至每一个光谱图，此时，总曝光时间不应大于 60 s。

B.4.8 光谱感光板的处理：按光谱感光板说明书进行。

B.4.9 用测微光度计测量选择的分析线及内标线的换值黑度分析线对见表 B.3（内标选用镍基体线）：

表 B.3 分析线对及测定范围

分析元素	分析线/nm	内标线/nm	测定含量范围/%
Cd	326.10	329.61	0.000 3～0.005
Zn	334.50	329.61	0.000 5～0.01
	330.29	329.61	0.000 5～0.01
Bi	306.77	311.67	0.000 1～0.003
	289.79	283.22	0.001～0.005
Pb	283.30	283.22	0.000 1～0.003
	287.33	283.22	0.001～0.01
Sn	283.99	283.22	0.000 1～0.003
	242.95	242.91	0.001～0.01
Sb	287.79	283.22	0.000 3～0.01
As	234.98	234.11	0.000 7～0.01
	278.02	283.22	0.001～0.01
Fe	248.32	242.91	0.001～0.02
	248.81	242.91	0.001～0.02
	296.69	287.62	0.001～0.02
	302.06	287.62	0.001～0.02
	295.39	287.62	0.02～0.3
Co	240.73	242.91	0.001～0.01
	304.40	287.62	0.001～0.03
	242.49	422.91	0.01～0.3
Si	251.61	242.91	0.000 5～0.02
	288.16	287.62	0.000 5～0.02
	251.92	242.91	0.001～0.2
Cu	324.75	329.61	0.000 5～0.005
	282.43	287.62	0.005～0.2
	249.22	242.91	0.005～0.2
Mg	279.55	287.62	0.000 5～0.01
	277.98	287.62	0.01～0.2
Mn	279.48	287.62	0.000 5～0.01
	294.92	287.62	0.01～0.2
Al	309.27	312.49	0.000 5～0.01

B.4.10 依据测量的换值黑度计算分析线对的换值黑度差 ΔP，求出三条平行光谱图的平均 $\Delta\bar{P}$。

B.4.11 用标准样品的换值黑度差 $\Delta\bar{P}$，与相应的含量对数 Log$C$ 绘制分析曲线，以试样的换值黑度差 $\Delta\bar{P}$ 从相应元素的分析曲线上查出含量对数，求出含量。

以两个有效平行试样的算术平均值作为测定结果。

注 5：分析低含量的镉、锑及砷时，可以将背景作为内标线，使用乳剂标准曲线计算分析线与背景的强度比对数 Log$R$。然后以标样的强度对数与相应的含量对数 Log$R$ 与相应的含量对数 Log$C$ 绘制分析曲线。

附　录　C
（资料性附录）
直读光谱法测定镍中砷、镉、铅、锌、锑、铋、锡、钴、铜、锰、镁、硅、铝、铁量

C.1　方法提要

试样用硝酸溶解，蒸发至干，灼烧成氧化物。将氧化物与碳酸钡按照质量比 4∶1 混合，研磨均匀，直流电弧阳极激发，测量各待测元素分析线与内标线的强度比，自工作曲线求得相应元素的含量。

C.2　试剂和材料

C.2.1　石墨电极（直径 6 mm）：光谱纯，上电极车制成顶端直径为 2 mm～4 mm 的截锥型，试样电极车制成内径 4 mm，深 4 mm 的杯型。
C.2.2　碳酸钡：光谱纯。
C.2.3　镍光谱分析标准样品。

C.3　仪器和设备

ATOMCOMP 2000 型直读光谱仪。
——检测器类型：CID38 型高效固态电荷注入式摄像系统；
——波长范围：195 nm～820 nm。

C.4　分析步骤

C.4.1　称取两份试样（每份约 5 g），按 5.2.1 进行。
C.4.2　分别称取 2.000 g 氧化物粉末（C.4.1）与 0.500 g 碳酸钡（C.2.2）混合，在玛瑙研钵中磨匀后压入试样电极（C.2.1）小孔中，电极形状、尺寸及分析曝光时的位置见图 C.1。

单位为毫米

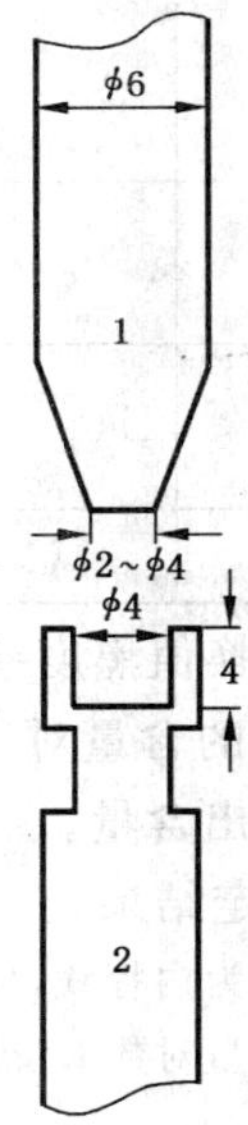

1——上电极；
2——试样电极。

图 C.1　电极及曝光示意图

C.4.3　以试样电极作为阳极，按仪器分析条件表 C.1 及选定分析线对表 C.2（内标选用镍基体线）进

行分析，根据工作曲线求得相应元素的含量，取其平均值为该份试样的分析结果。以两份有效平行试样的分析结果的算术平均值为测定结果。

表 C.1 仪器分析条件

激发形式	极距/mm	激发电流/A	曝光
直流电弧阳极激发	4	8	分段曝光

表 C.2 分析线对及测定范围

分析元素	分析线/nm	内标线/nm	曝光时间/s	测定范围/%
As	234.984	254.580	1～30	0.000 70～0.016
Sb	217.581	282.125	2～40	0.000 14～0.009 0
Bi	306.772	282.125	2～40	0.000 25～0.010
	289.798	282.125	2～40	0.001 0～0.010
Fe	259.940	221.647	5～65	0.001 0～0.36
	302.064	221.647	5～65	0.001 0～0.025
Cu	324.754	314.572	2～60	0.000 50～0.012
	327.396	314.572	2～60	0.000 50～0.012
	249.215	314.572	2～60	0.010～0.27
Pb	283.306	282.125	2～40	0.000 30～0.005 0
	405.783	282.125	2～40	0.001 0～0.012
Zn	481.053	254.580	1～30	0.000 50～0.010
Sn	283.999	254.580	1～30	0.000 10～0.011
Mn	279.482	221.647	5～65	0.000 40～0.009 0
	259.373	221.647	5～65	0.000 40～0.009 0
	293.306	221.647	5～65	0.008 0～0.21
	293.930	221.647	5～65	0.008 0～0.21
Co	345.350	221.647	5～65	0.001 2～0.27
Mg	280.270	221.647	5～65	0.000 50～0.009 0
	279.553	221.647	5～65	0.000 50～0.009 0
Cd	326.106	254.580	1～30	0.000 25～0.010
Al	396.152	221.647	5～65	0.000 25～0.011
	394.401	221.647	5～65	0.010～0.050
Si	251.612	314.572	2～60	0.000 50～0.013
	243.515	314.572	2～60	0.010～0.37
	251.432	314.572	2～60	0.010～0.37

在满足分析要求的情况下，可根据仪器的具体条件选择其他的分析线对。

C.5 工作曲线

将粉状氧化物标准样品按 C.4.2、C.4.3 处理。依据标准样品中各元素分析线和内标线强度比的平均值与相应元素的推荐值绘制工作曲线。

ICS 77.060
H 25

中华人民共和国国家标准

GB/T 8650—2006
代替 GB/T 8650—1988

管线钢和压力容器钢抗氢致开裂评定方法

Evaluation of pipeline and pressure vessel steels for resistance to hydrogen-induced cracking

2006-03-02 发布　　　　2006-09-01 实施

中华人民共和国国家质量监督检验检疫总局
中国国家标准化管理委员会　发布

前　言

本标准修改采用美国腐蚀工程师协会标准 NACE TM0284—2003《管线钢和压力容器钢抗氢致开裂评定方法》。本标准与 NACE TM0284—2003 的主要差异为：

——增加第 2 章，规范性引用文件。

本标准代替 GB/T 8650—1988《管线钢抗阶梯型破裂试验方法》。

本标准与 GB/T 8650—1988 比较主要变化如下：

——增加第 2 章规范性引用文件；

——增加压力容器板试样的试样尺寸、取样方向和试样数量、试样制备、试样的清洗和储存。

本标准附录 A 是规范性附录，附录 B、附录 C 是资料性附录。

本标准由中国钢铁工业协会提出。

本标准由全国钢标准化技术委员会归口。

本标准起草单位：钢铁研究总院、中国石油集团工程设计有限责任公司西南分公司、冶金工业信息标准研究院、宝山钢铁集团公司。

本标准起草人：王玮、金明秀、姜放、宋德琦、桂明祥、柳泽燕、冯超、曹晓燕。

本标准 1988 年 1 月首次发布。

管线钢和压力容器钢
抗氢致开裂评定方法

1 范围

1.1 本标准规定了管线钢和压力容器钢板在含有硫化物水溶液的腐蚀环境中，由于腐蚀吸氢引起的HIC的评定方法。

本试验包括小直径(公称管线尺寸[NPS]为2～6)、薄壁(壁厚为6 mm)电阻焊(ERW)和无缝管线钢管试验的特殊步骤或要求。除非本标准中特殊规定，这些小直径、薄壁材料应该与其他管道钢管用相同的方法进行试验。

1.2 试验方法是将无应力的试样暴露在下面两种标准试验溶液中的任一种中。溶液A，常温常压下，含饱和H_2S的氯化钠醋酸溶液($NaCl$,CH_3COOH)；或者溶液B，常温常压下，含饱和H_2S的人工海水。暴露规定的时间后，取出试样并进行评定。

1.3 本试验方法不是模拟服役条件。本方法只是希望提供一种具有重现性的试验环境，以便能够在相对短的时间内区别不同钢试样对HIC的敏感性。

注：试验时间也许不能够使裂纹在任何钢中扩展到最大，但是已经足够满足本试验的目的。

1.4 本标准并不包含接受或否决的准则。用来确定接受或否决、不同钢的比较、钢的筛选或其他目的的试验方法是超出本标准范围的。

2 规范性引用文件

下列文件中的条款通过本标准的引用而成为本标准的条款。凡是注日期的引用文件，其随后所有的修改单(不包括勘误的内容)或修订版均不适用于本标准，然而，鼓励根据本标准达成协议的各方研究是否可使用这些文件的最新版本。凡是不注日期的引用文件，其最新版本适用于本标准。

ASTM D1141 海水替代品制备的标准试验

ASTM F21 用雾化试验器作疏水表面薄膜的试验

3 试验溶液

3.1 溶液A的试剂为除氧的氮气、硫化氢气体、氯化钠、冰乙酸和蒸馏水或去离子水。溶液B的试剂为用于除氧的氮气、硫化氢气体和人工海水。

注：硫化氢是剧毒的气体，必须小心处理(见附录A)。

3.2 氯化钠和冰乙酸应该用试剂级的化学药品。

3.3 气体应该是试剂级或化学纯气体，水应该用蒸馏水或去离子水(见附录B)。

3.4 人工海水应该按照ASTM D1141标准中的标准溶液1号或2号来配制(不含重金属离子)。

4 试验设备

4.1 本试验可以在任何方便的密闭容器中进行，容器应该有足够的容积放置试验试样，并且具有充气和导入硫化氢气体的进出口管路。试验装置中涉及的任何一种材料都不应该污染试验环境或者与试验环境发生反应。图1为典型的试验装置简图。

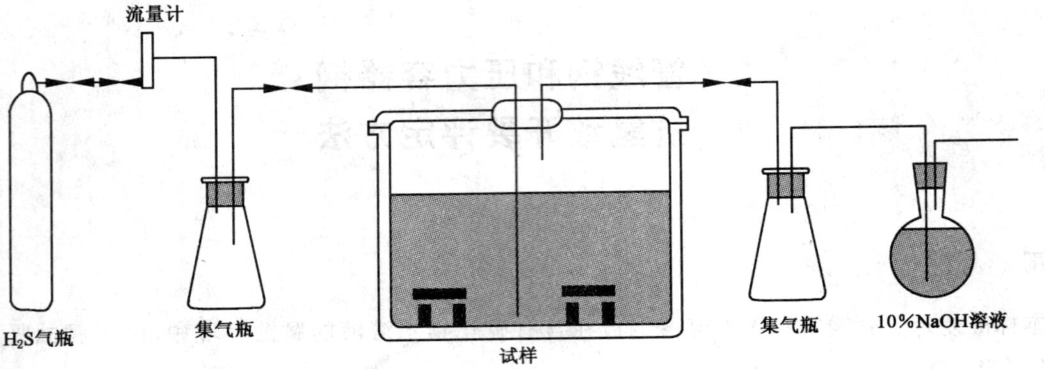

图 1 典型的试验装置简图

5 管线钢试样

5.1 试样尺寸

5.1.1 试样长度为 100 mm±1 mm，宽度为 20 mm±1 mm。

5.1.2 试样厚度为管的整个壁厚，最大 30 mm，如果整个壁厚超过了 30 mm，试样厚度或者是管的整个壁厚的最大厚度限制在 30 mm 内，这将在第 6 章中描述。每个表面(即内表面和外表面)最多只能各去掉 1 mm，不可以矫平试样。

5.1.3 对于小直径、薄壁电阻焊(ERW)和无缝管线钢管，试验试样的厚度必须至少为管壁厚度的 80%。在这种情况下，应直接使用从管线钢管上切取的弧形试样进行试验，试样坯料不应矫平。

5.2 试样数量、取样位置和取样方向

5.2.1 应从每个试验管上切取三组试验试样。

5.2.2 对于焊接管应在焊缝，与之成 90°和 180°处取样。对于无缝管按圆周等距 120°取样。

5.2.3 从管上截取的试样的纵轴：

a) 无缝钢管和纵向焊管的母材金属，应平行于管的纵轴；

b) 螺旋焊管的母材金属，应平行于焊缝；

c) 焊管的焊接区，应垂直于焊缝；

d) 小直径电阻焊钢管的焊接区，应平行于焊缝。焊缝应该近似在试样的中线上。

试样取向和暴露后试样的切取和检查的位置如图 2～图 6 所示。

单位为毫米

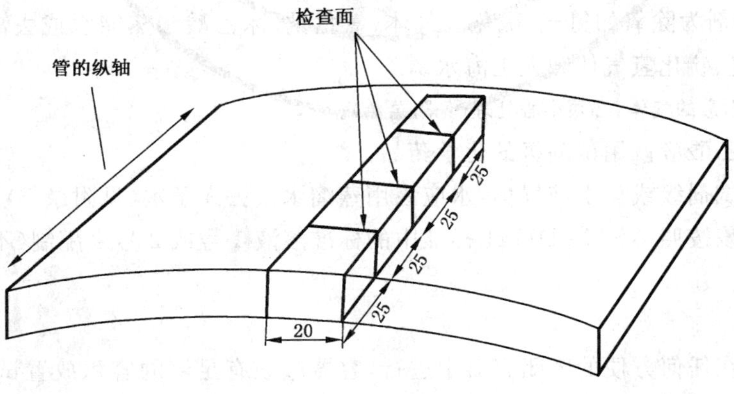

图 2 无缝钢管和纵向焊接管的母材金属取样部位

单位为毫米

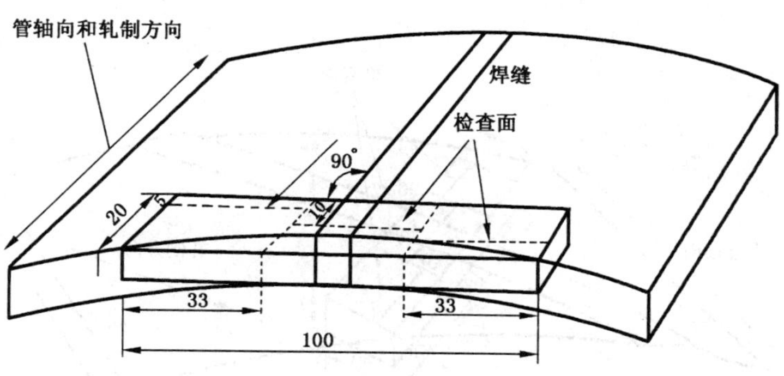

图 3 纵向焊接管的焊缝区取样部位

单位为毫米

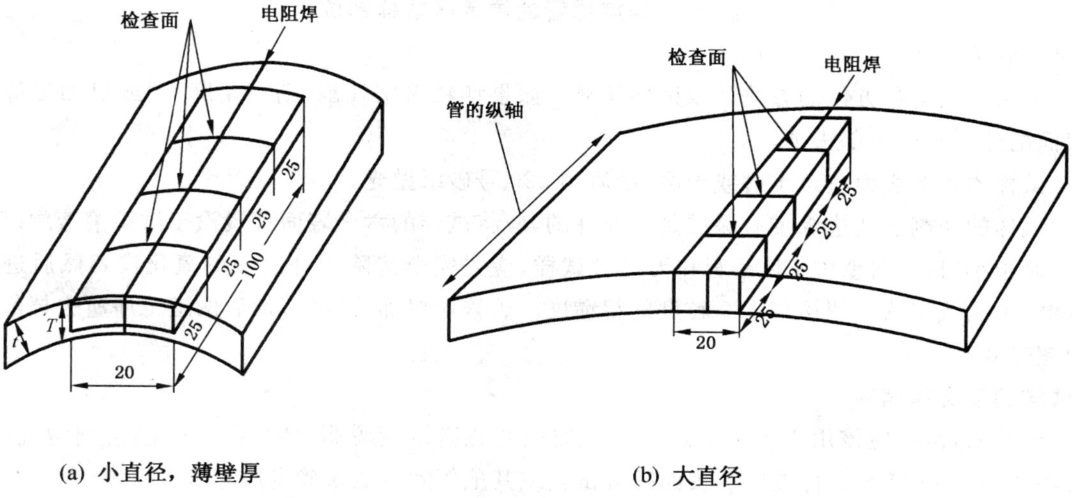

图 4 ERW 管的焊缝区取样部位

单位为毫米

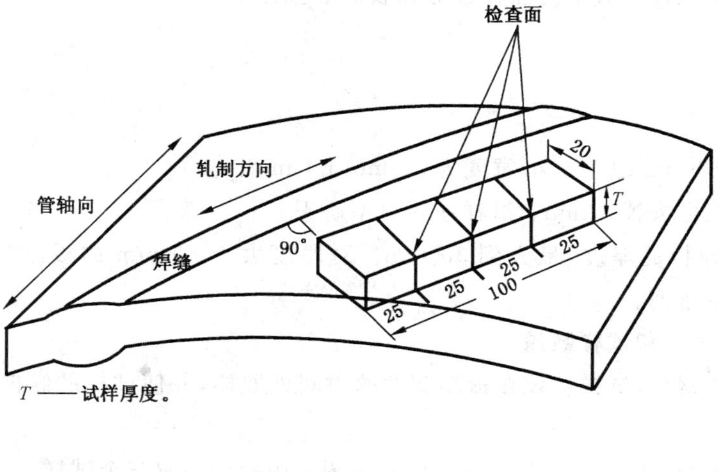

T —— 试样厚度。

图 5 螺旋焊管的母材金属取样部位

单位为毫米

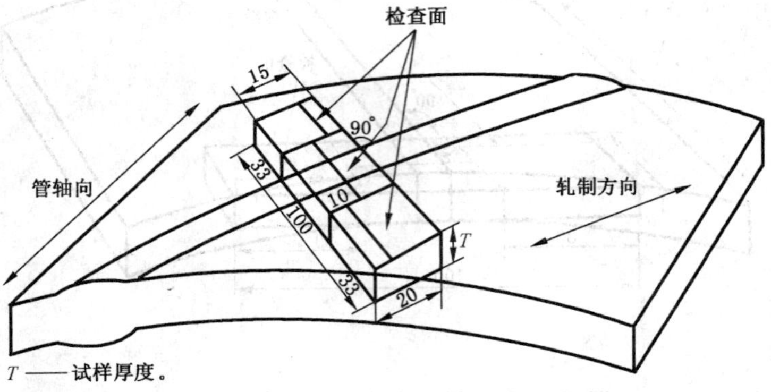

图 6 螺旋焊管的焊缝区取样部位

5.3 试样制备

5.3.1 可采用任何最方便的方法切取试样坯料。如果坯料采用气割，则应用磨、锯或机加工等方法将气割表面的热影响区全部去掉。

5.3.2 试样的六个表面应该水磨或干磨，最后用320号砂纸抛光。

5.3.3 试样的切割表面边缘带有涂层是不允许的，应将试样的六个表面都浸没于试验溶液中。

5.3.4 对于小口径、薄壁的ERW管和无缝管试样，应先完全清除内外表面的氧化皮。然后进行机加工或打磨（干法或湿法），使达到320粒度的粗糙度。若采用机加工方法，最后两道工序所去掉的材料厚度不应超过0.05 mm。

5.4 试样的清洗和储存

5.4.1 试验前，试样应该用1,1,1-三氯乙烷或类似的脱脂溶液脱脂，然后用合适的溶剂清洗，例如丙酮。可以依照ASTM F21标准中的表面喷雾试验或其他等效方法来确定脱脂程度。

5.4.2 脱脂后的试样在干燥器中储存的时间不能超过24 h。若需储存更长的时间，试样在暴露前应再次脱脂。

5.4.3 暴露试验后，清洗每个试样以便除去锈层和沉降物。试样的清洗可以用去污剂、金属丝刷或轻微喷砂，但不允许酸洗或任何其他可能促进氢吸收的清洗方法。

6 压力容器板试样

6.1 试样尺寸

6.1.1 试样长度为100 mm±1 mm，宽度为20 mm±1 mm。

6.1.2 轧制表面最大可去掉1 mm。试样坯料可不矫平。

6.1.3 试样的厚度即板的厚度，最大到30 mm。对厚度大于30 mm的板，试样应该依据5.2.3和5.2.4节中的要求交错排列。

6.2 取样位置、取样方向和试样数量

6.2.1 对于压力容器钢板，试样应该在板端宽度的中间处取样，并使试样的纵向轴平行于板的主轧制方向。

6.2.2 对于厚度最大为30 mm（包含）的板材，可按图7中所示切取三个试样。

单位为毫米

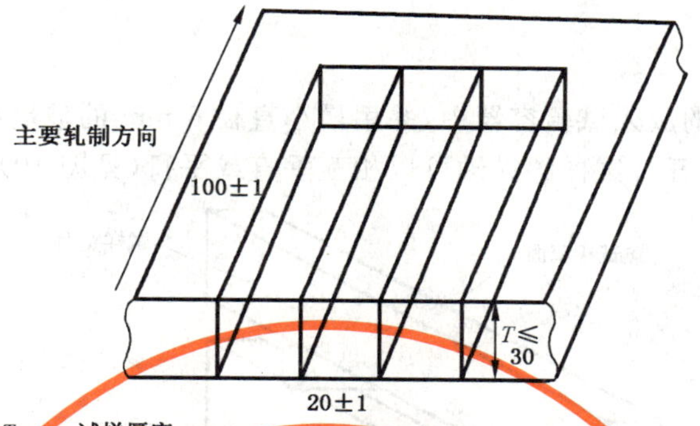

T——试样厚度。

图 7　最大 30 mm 厚的板的试样切取位置

6.2.3　对于厚度在 30 mm～88 mm(包含)之间的板材,可以在靠近板的上下表面和中线处切取三个试样,每个试样厚 30 mm,以便能在试验中提供完整的板厚,如图 8 所示。根据板的实际厚度,确定试样重叠层。

6.2.4　对于厚度超过 88 mm 的板材,可以切取 5 个或更多个(必须为奇数个)试样,每个 30 mm 厚,如图 9 所示。每两个邻近的试样应该有最小 1 mm 的重叠。

6.3　试样制备

压力容器板试样的制备与 5.3 条中规定的管线钢试样的制备相同。

6.4　试样的清洗和储存

压力容器板试样的清洗和储存与 5.4 条中规定的管线钢试样的清洗和储存相同。

单位为毫米

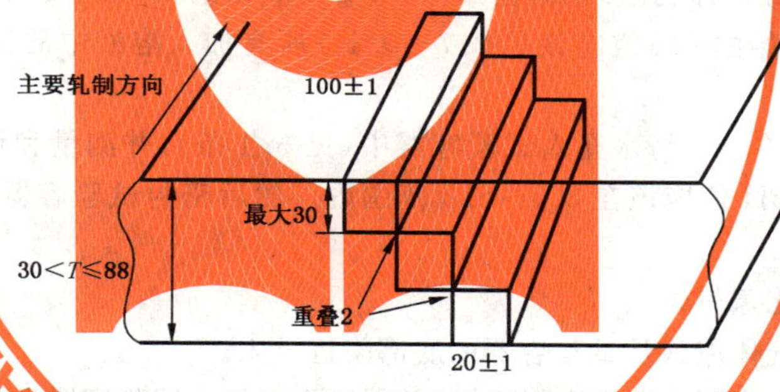

图 8　30 mm～88 mm 厚的板的试样的切取位置

单位为毫米

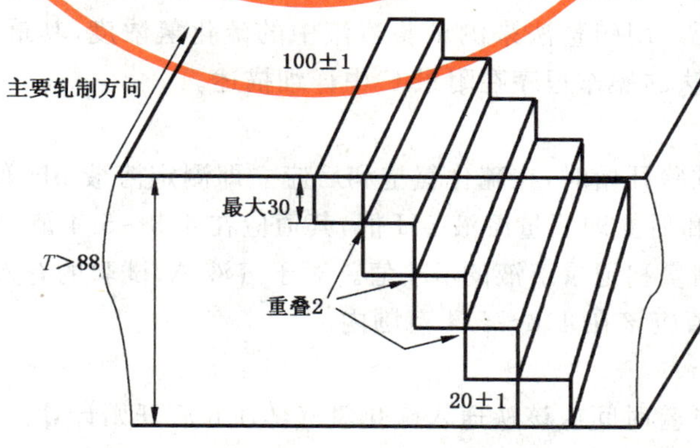

图 9　超过 88 mm 厚的板的试样的切取位置

7 试验步骤

7.1 试验

7.1.1 应该将试样宽面垂直的放入试验容器中，并用最小直径 6 mm 的玻璃或其他非金属棒把试样与容器及试样与试样之间彼此隔开。试样的纵轴可以相互垂直或平行(见图 10)。

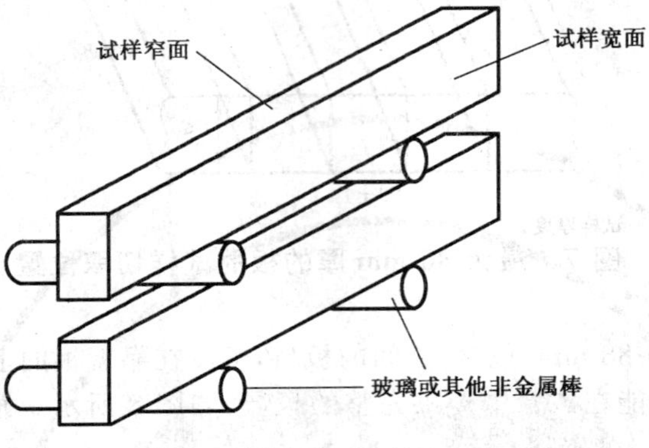

图 10 试样在试验箱中放置方法

7.1.2 试验溶液量与试样表面积之比应不小于 3 mL/cm^2。只要满足规定的比值并保证试样完全浸没在溶液中且相互不接触，就可以在一个容器中放置尽可能多的试样同时暴露。

7.1.3 如果使用溶液 A，溶液在单独密封容器中制备，并在导入试验容器前，以每分钟每升溶液 100 mL的速度通入氮气至少 1 h，以排除空气。试验溶液由在蒸馏水或去离子水中加入 5.0%质量分数的氯化钠和 0.5%质量分数的冰乙酸组成，例如，50.0 g 的氯化钠和 5.00 g 的冰乙酸应该溶入 945 g 的蒸馏水或去离子水中。初始的 pH 值应该是 2.7±0.1。所有加入溶液中的试剂都应精确到规定量的±1.0%。

7.1.4 如果使用溶液 B，将人工海水充入试验容器中(见 3.4 条)，并测量和记录溶液的 pH 值。对于本试验，人工海水的有效 pH 值应该在 8.1～8.3 范围内。然后密封试验容器，进行除氧处理和通入饱和硫化氢气体。

7.2 除氧处理和导入硫化氢气体

7.2.1 纯氮气和硫化氢气体应该从试验容器的底部附近导入。

7.2.2 密闭的试验容器中应至少通入 1 h 氮气，以便排除空气。试验容器中充满溶液后应以每分钟每升溶液 100 mL 的速度立即开始除氧。

7.2.3 除氧后，将硫化氢气体通入溶液。在前 60 min 内，通气速度至少为每分钟每升溶液 200 mL，然后须保持硫化氢气体为正压。用碘量法来测试验溶液中的硫化氢浓度，其最小浓度为 2300×10^{-6}(体积分数)。一个公认的碘量法的操作程序在附录 C 中详细描述。

7.3 pH 值的测量

7.3.1 如果使用溶液 A，试验开始时，在硫化氢饱和后应立即测定溶液 pH 值，其值不得超过 3.3。如果使用溶液 B，在硫化氢饱和后立即测量溶液 pH 值，其值应在 4.8～5.4 范围内。

7.3.2 试验结束时，应该测量和记录溶液的 pH 值。对于溶液 A，试验的有效 pH 值不应超过 4.0。对于溶液 B，试验的有效 pH 值应该在 4.8～5.4 范围内。

7.4 试验时间

试验规定进行 96 h。试验时间应该从通入硫化氢气体 1 h 后开始计算。

7.5 试验温度

试验溶液的温度应保持 25℃±3℃。

8 试样评定

8.1 试验后，每个管线钢试样应按图 2～6 所示的位置切取并检查指定表面；每个压力容器板试样应按图 2 所示的位置切取并检查指定表面。

8.2 如有必要，每个断面都应进行浸蚀和金相抛光，以便把裂纹与小夹杂物、分层、划痕和其他不连续的缺陷区分开。但只能轻微的侵蚀，因为重的侵蚀可能会遮蔽小裂纹。试验中要把试样的表面擦干净，否则将会看不见一些重要的裂纹。在最终金相抛光之前，就有检验的表面应进行湿磁粉探伤或宏观浸蚀。也可以采用其他的制样方法，但要求在最后抛光之后证明该方法能清晰显示存在的裂纹，并要详细描述该方法的过程。

8.3 裂纹应该按图 11 进行测量。在测量裂纹的长度和厚度的时候，应把距离小于 0.5 mm 的两条或两条以上的裂纹均看作一条裂纹。除了那些全部在试样内表面或外表面 1.0 mm 以内的裂纹外，所有放大 100 倍能识别的裂纹均应计算在内（为了区别断面上的小裂纹、夹杂物、表面的腐蚀坑或其他不连续部分，可在高放大倍数下，对断面进行检查）。

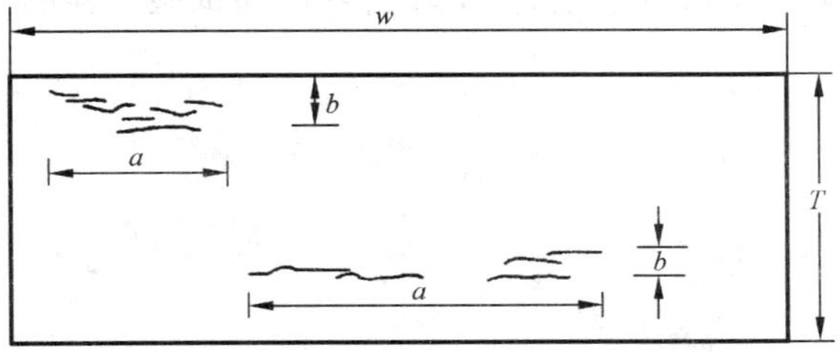

图 11 裂纹长度和宽度测量图

8.4 每个试样裂纹率的平均值和每个断面的裂纹率都应计算和报告。

裂纹敏感率，
$$CSR = \frac{\sum(a \times b)}{(W \times T)} \times 100\% \quad \cdots\cdots(1)$$

裂纹长度率，
$$CLR = \frac{\sum a}{W} \times 100\% \quad \cdots\cdots(2)$$

裂纹厚度率，
$$CTR = \frac{\sum b}{T} \times 100\% \quad \cdots\cdots(3)$$

式中：

a——裂纹长度，单位为毫米（mm）；

b——裂纹厚度，单位为毫米（mm）；

W——试样宽度，单位为毫米（mm）；

T——试样厚度，单位为毫米（mm）。

注：过去某些研究者用 $(\sum a \times \sum b)/(W \times T)$ 来计算 CSR，这只是 $CLR \times CTR$ 的简单计算，即 $\sum a/W \times \sum b/T$。但是这种计算方法所得到的值与 $\sum(a \times b)/(W \times T)$ 的值是不相同的。

9 试验报告

9.1 管材或板材的类型、强度级别和制造方法都必须报告(例如,API[a] 5L、X52 级、无缝管；ASTM A53、B 级、电阻焊;ASTM A 516、70 级等)。如果可能,制造厂、化学成分、热处理、力学性能和板的加工工艺也都应该报告。

9.2 下列试验条件应该报告：

a) 试样的脱脂方法；

b) 使用的试验溶液(溶液 A 或溶液 B——如果使用溶液 B,应说明使用的人工海水标准溶液 1 号或 2 号)；

c) 通入硫化氢气体前试验溶液的 pH 值。

9.3 与本标准不一致的任何试验条件和操作方法都必须报告。

9.4 每个试样切下的三个断面的 *CSR*、*CLR* 和 *CTR* 及每个试样的 *CSR*、*CLR* 和 *CTR* 的平均值都必须报告。

9.5 对于小直径、薄壁 ERW 和无缝管线钢管,实际的壁厚和试验试样的壁厚相对于管壁厚的百分比也都必须报告。

---

[a] 美国石油协会(API)。

附 录 A
（规范性附录）
处理硫化氢时的安全考虑

A.1 对环境和人身安全的影响

硫化氢所造成的工业中毒事故也许比任何其他单一化学药品要多，许多事故已导致死亡，因此在处理硫化氢的时候必须谨慎，任何使用硫化氢的试验也必须小心计划。职业安全和卫生管理局（OSHA）允许在8小时工作制的场所，空气中硫化氢最大允许浓度为20×10^{-6}（体积分数），这一浓度已大大超过嗅觉能察觉的水平。但是，嗅觉神经在这种气氛下经过2 min～15 min后（取决于浓度）就会变迟钝，因此嗅觉并不是一种完全可靠的警报系统。

下面简要地阐述了一些人类对于各种浓度硫化氢的生理学反应。长期暴露在150×10^{-6}（体积分数）～200×10^{-6}（体积分数）浓度范围内可能会导致肺水肿。恶心、胃痛、打嗝、咳嗽、头疼、眩晕和起疱是在这个浓度范围内的中毒症兆。在这种亚急性暴露下极可能引起肺的并发症，如肺炎。在500×10^{-6}（体积分数）条件下不到15 min就失去知觉，30 min之内死亡。浓度超过$1\,000\times10^{-6}$（体积分数）时一口呼吸便会瞬时失去知觉，接着因呼吸完全失效和心脏停止而迅速死亡。

A.2 火灾和爆炸危险

硫化氢为易燃气体，燃烧产物为有毒的二氧化硫（SO_2）。此外，硫化氢在空气中的爆炸极限范围为4%～46%。必须采取适当的措施以防止这些危险的发生。

A.3 试验期间推荐的安全步骤

硫化氢的储存和使用必须符合相关的国家安全和环保要求。

所有试验应该在通风良好的毒气橱中进行，以保证排出所有的硫化氢气体。试验期间，硫化氢气体的流速应该保持很小，以便使排出量减到最小。为了进一步减小硫化氢气体的排出量，对排出的气体可以用10%NaOH溶液吸收。此溶液需要定期更新。在硫化氢中断时应采取措施防止NaOH溶液回流进试验容器中。当使用硫化氢工作时，必须有适当的安全措施。

因为下流工作压力因腐蚀产物、碎片等积聚而经常增大，从而干扰了低流速的调节，所以应特别注意压力调节器上的输出压力。应牢靠的固定储气钢瓶，以防止翻倒和气缸盖破损。因为硫化氢在钢瓶内以液态存在，当最后一点液态硫化氢蒸发后，压力从1.7 MPa(250表压)降到大气压所经历的时间相对较短，所以应经常检查高压表。当压力降到0.5 MPa～0.7 MPa(75到100表压)时，调节器的控制可能出现波动，应调换钢瓶。禁止在不关闭阀门或未断开试验容器导流管的情况下停止气流，否则溶液将继续吸收硫化氢，并倒流入导管、调节器甚至硫化氢钢瓶中。在导管上装上止回阀，在止回阀正常工作情况下可以防止上述问题的发生。万一发生这样的事故，应尽可能快而安全的排出残余的硫化氢，并通知制造厂特别注意这个钢瓶。

附　录　B
（资料性附录）
试验方法的补充说明

B.1　试剂纯度要求的原因

对于水中的杂质主要关注两个方面，其一是碱性和酸性缓冲成分，它们会改变试验溶液的 pH 值；其二是有机和无机化合物，它们会改变腐蚀反应的本质。氧化剂会把部分的硫化氢转变为可溶性产物，例如多硫化物和连多硫酸，它们也会影响腐蚀过程。

为保证良好的流动性，会大大影响 pH 值的碱性物质（碳酸镁［$MgCO_3$］、硅铝酸钠等）通常会加入到（或者不除去它们）工业氯化钠中。

为了获得较低的硫化氢分压的气体，需将氮（或其他惰性气体）与硫化氢不断混合，这样在溶液中也可得到一个较低的硫化氢浓度。在这种情况下，氮或其他惰性气体中如含有痕量杂质氧，氧化产物的积聚会导致腐蚀速率的变化和（或）氢渗入速率变化（见下文）。

B.2　隔绝氧气的原因

得到并保持具有最少溶解氧污染的试验溶液被认为是非常重要的，因为在现场和试验室研究者中具有非常重要的影响。例如：

a)　在含有 H_2S 盐水中氧的污染会使腐蚀速率增大两个数量级。一般来说，氧也能减少氢的析出和减少氢渗入金属。但是系统地研究影响这些现象的参数（如应用于氢致开裂）在文献中还不曾报导过。

b)　为了将腐蚀和氢鼓泡降到最小，有时少量的氧或多硫化铵会加入到含水的精炼馏分中去，同时小心地控制 pH 值在 8 左右。这种处理的作用可归因于腐蚀产物的改变。

在缺乏充分的数据足以确定和阐明这些现象对氢致开裂影响的情况下，认为采取一切合理的预防措施来排除和隔绝氧。本标准方法所用的预防措施仅增加少许费用、困难或复杂性，但却使氧的影响减到最小。

附　录　C
（资料性附录）
碘滴定法测定试验溶液中 H_2S 浓度

本步骤详述了通过碘滴定法测定试验溶液中 H_2S 的浓度的具体方法。

C.1　试验试剂/设备

含有浓盐酸（大约为 37 wt%的 HCl）的标准碘酒溶液（0.1 mol/L[a]）。
淀粉溶液。
标准硫代硫酸钠溶液（0.1 mol/L[a]）。
10 mL 和 25mL 的移液管。
250 mL 的带塞三角烧瓶。
100 mL 的烧杯。
25 mL 的滴定管。
应使用分析纯级别的化学药品。

C.2　步骤

a）用移液管吸取 25 mL[a]标准碘酒溶液（0.1 mol/L[a]）滴入到 250 mL 的锥形瓶中；
b）用大约 5 mL 浓盐酸酸化；
c）将大约 50 mL 试验溶液从试验容器中移入至干净的烧杯中，其中最初的 25 mL 溶液抛弃不用；
d）立即用移液管从烧杯中吸取 10 mL 试验溶液抛弃不用。再吸取 10 mL[a]溶液作为样本移入到锥形瓶中；
e）加入大约 2 mL 淀粉溶液；
f）用标准硫代硫酸钠溶液（0.1 mol/L[a]）滴定，直到终点由暗蓝色变成浅稻草色；
g）应用公式（C.1）计算 H_2S 的浓度（$\times 10^{-6}$（体积分数））：

$$H_2S\text{浓度}(1\times 10^{-6}(\text{体积分数}))=\frac{[(A-B)\times \text{系数}]}{C}\times 17.030 \qquad \cdots\cdots\cdots(C.1)$$

式中：
A——标准碘酒溶液的当量浓度×应用的体积，单位为毫升（mL）；
B——标准硫代硫酸钠溶液的当量浓度×应用的体积，单位为毫升（mL）；
C——样本体积，单位为毫升（mL）；

---

[a] 下列标准溶液浓度和体积应用在含有 2 300×10^{-6}（体积分数）至 3 500×10^{-6}（体积分数）H_2S 的 H_2S 饱和溶液中：
0.1 mol/L 碘酒溶液；
0.1 mol/L 硫代硫酸钠溶液；
25 mL 碘酒溶液；
10 mL 试验样本。
如果试验程序需要测定饱和度低于 2 300×10^{-6}（体积分数）H_2S 的试验溶液中的 H_2S 浓度，那么上面的数值应进行适当的调整以便保持准确度。

系数——标准碘酒溶液的标定系数(见下段中的标定)。

C.3 标定

在测定中使用的碘酒溶液和硫代硫酸钠溶液必须进行标定。

a) 标定这些溶液需用移液管吸取 25 mL0.1 mol/L 的碘酒溶液滴入到锥形瓶中,然后用 0.1 mol/L 的硫代硫酸钠溶液滴定至澄清点。

b) 记录结果。

c) 应用公式(C.2)计算 H_2S 浓度测定中的“系数”:

$$系数 = \frac{B}{A} \quad \cdots\cdots\cdots\cdots (C.2)$$

式中:

A——碘酒的当量浓度×应用的体积,单位为毫升(mL);

B——硫代硫酸钠溶液的当量浓度×应用的体积,单位为毫升(mL)。

d) 如果系数在 0.95 到 1.05 范围内,则可将由公式(C.2)计算出的系数值代入到公式(C.1)中。那么这些溶液是合格的。

如果系数值在规定的范围,即 0.95 到 1.05 之外,那么更换碘酒溶液重新标定。

C.4 测量的不确定性

以 2 500×10^{-6}(体积分数)的 H_2S 浓度为基准,测定出测量不确定性为:

95%置信区间=±4.2%

例如:如果将一份与 25 mL 0.1 N 碘酒溶液混合的 10 mL 样本用 10 mL 0.1 mol/L 硫代硫酸钠溶液滴定至终点,系数为 1,那么 95%置信区间(Cl)可以由公式(C.3)计算得出。注意,计算出的结果与根据公式(C.1)计算出的 H_2S 浓度相差±4.2%。

$$95\%\mathrm{Cl} = \frac{[(2.5 - 1.0) \times 1.00]}{10} \times 17.030 \times 4.2\% \quad \cdots\cdots\cdots\cdots (C.3)$$

$$95\%\mathrm{Cl} = \pm 107 \times 10^{-6}(体积分数)$$

参 考 文 献

[1] F. Parades，W. W. Mize. 管线不同寻常的氢鼓泡失效. 石油和天然气杂志. 53，33 (1954)：99-101
[2] E. M. Moore，J. J. Warga. 影响管线钢氢开裂敏感性的因素. 材料性能. 15，6 (1976)：17-23
[3] M. H. Bartz，C. E. Rawlins. 钢腐蚀产生的氢的作用. 腐蚀. 4,5 (1948)：187-206
[4] E. M. Moore，D. A. Hansen. 适用于含硫潮湿条件下的管线. 论文 No. 81 PET-1，美国机械工程能源委员会，休斯顿，TX，一月 18-22，1981
[5] ASTM 标准 D 1141 (最新版). 人工海水标准说明 (Philadelphia，PA：ASTM)
[6] ASTM 标准 F21(最新版本). 由喷雾试验形成的憎水表面膜的标准试验方法(Philadelphia，PA：ASTM)
[7] API 5L (最新版)管线钢说明(华盛顿，DC：API)
[8] ASTM A 53 (最新版). 钢、黑色金属、热浸锌、焊接和无缝管线说明(Philadelphia，PA：ASTM)
[9] ASTM A 516/A 516M(最新版本). 中低温下使用的压力容器板材碳钢说明(Philadelphia，PA：ASTM)
[10] OSHA 规则和条例. 联邦登记 VOL. 37. NO. 202，第二部分，OSHA，华盛顿，DC，1972
[11] 化学安全数据表 SD-36. 制造化学委员会，1825 康聂狄哥 Ave. NW，华盛顿，区号 20009
[12] N，Irving Sax 工业材料的危险性

ICS 83.060
G 35

中华人民共和国国家标准

GB/T 8655—2006
代替 GB 8655—1988

苯乙烯-丁二烯橡胶(SBR)1500

Styrene-butadiene rubber (SBR) 1500

2006-01-23 发布　　2006-10-01 实施

中华人民共和国国家质量监督检验检疫总局
中国国家标准化管理委员会　发布

前言

本标准代替 GB 8655—1988《丁苯橡胶(SBR)1500》。

本标准与 GB 8655—1988 相比主要修改如下：

——标准名称修改为“苯乙烯-丁二烯橡胶(SBR)1500”；

——修改了引用标准，删除了 GB 6734 和 GB 6735，增加了 GB/T 528—1998、GB/T 15340—1994、GB/T 19187—2003 及 GB/T 19188—2003(1988 版的 2；本版的 2)；

——修改了技术要求中的部分项目名称，“总灰分”修改为“灰分”(1988 版的表 1；本版的表 1)；

——修订了“挥发分”、“总灰分”、“生胶门尼黏度”、“300％定伸应力”项目的技术指标(1988 版的表 1；本版的表 1)；

——灰分不再作为出厂检验项目，改为每月至少进行一次型式检验(1988 版的 4.1；本版的 4.1)；

——技术要求中混炼胶和硫化胶性能指标修改为“使用 ASTM IRB №7 的混炼胶和硫化胶性能指标”(1988 版的表 1；本版的表 1)；

——修改了检验规则(1988 版的 4；本版的 4)；

——规定了包装用内衬聚乙烯薄膜的厚度和熔点；

——规定按 GB/T 19188—2003 进行橡胶贮存；

——修改了附录 A(1988 版的附录 A；本版的附录 A)。

本标准的附录 A 为资料性附录。

本标准由中国石油化工股份有限公司提出。

本标准由全国橡胶与橡胶制品标准化技术委员会合成橡胶分技术委员会(TC 35/SC 6)归口。

本标准主要起草单位：中国石油天然气股份有限公司兰州石化分公司合成橡胶厂、中国石油天然气股份有限公司兰州石化分公司石油化工研究院、中国石油天然气股份有限公司吉林石化分公司有机合成厂。

本标准参加起草单位：中国石化齐鲁石化股份有限公司橡胶厂、申华化学工业有限公司。

本标准主要起草人：王小为、王进、周瑞彬、郭洪达、李莉、成瑾。

本标准于 1988 年首次发布。

苯乙烯-丁二烯橡胶(SBR)1500

1 范围

本标准规定了苯乙烯-丁二烯橡胶(简称丁苯橡胶)(SBR)1500 的技术要求、试验方法、检验规则以及产品的包装、标志、运输和贮存要求。

本标准适用于以丁二烯和苯乙烯为单体,以歧化松香酸钾皂或其混合皂为乳化剂,采用低温乳液聚合法,添加污染型防老剂而制得的 SBR 1500。

2 规范性引用文件

下列文件中的条款通过本标准的引用而成为本标准的条款。凡是注日期的引用文件,其随后所有的修改单(不包括勘误的内容)或修订版本均不适用于本标准,然而,鼓励根据本标准达成协议的各方研究是否可使用这些文件的最新版本,凡是不注日期的引用文件,其最新版本适用于本标准。

GB/T 528—1998 硫化橡胶或热塑性橡胶拉伸应力应变性能的测定(eqv ISO/DIS 37:1994)

GB/T 1232.1—2000 未硫化橡胶 用圆盘剪切黏度计进行测定 第 1 部分:门尼黏度的测定(eqv ISO 289-1:1994)

GB/T 4498—1997 橡胶 灰分的测定(eqv ISO 247:1990)

GB/T 6737—1997 生橡胶 挥发分含量的测定(eqv ISO 248:1991)

GB/T 8656—1998 乳液和溶液聚合型苯乙烯-丁二烯橡胶(SBR)评价方法(idt ISO 2322:1996)

GB/T 8657—2000 苯乙烯-丁二烯生胶 皂和有机酸含量的测定(eqv ISO 7781:1996)

GB/T 8658—1998 乳液聚合型苯乙烯-丁二烯橡胶生胶结合苯乙烯含量的测定 折光指数法(idt ISO 2453:1991)

GB/T 15340—1994 天然、合成生胶取样及制样方法(idt ISO 1795:1992)

GB/T 19187—2003 合成生胶抽样检查程序

GB/T 19188—2003 天然生胶和合成生胶贮存指南(ISO 7664:2000,IDT)

3 技术要求和试验方法

3.1 SBR 1500 为污染型块状胶,不含焦化颗粒、泥沙及机械杂质。

3.2 SBR 1500 技术要求和试验方法见表 1。

表 1 SBR 1500 技术要求和试验方法

项目		指标			试验方法
		优等品	一等品	合格品	
挥发分的质量分数/%	≤	0.60	0.80	1.00	GB/T 6737—1997 热辊法
灰分的质量分数/%	≤	0.50			GB/T 4498—1997 方法 A
有机酸的质量分数/%		5.00～7.25			GB/T 8657—2000 A 法
皂的质量分数/%	≤	0.50			
结合苯乙烯的质量分数/%		22.5～24.5			GB/T 8658—1998
生胶门尼黏度,ML(1+4)100℃		47～57	46～58	45～59	GB/T 1232.1—2000

表 1(续)

项目		指标			试验方法
		优等品	一等品	合格品	
混炼胶门尼黏度,ML(1+4)100℃ ≤		88			GB/T 1232.1—2000 (使用 ASTM IRB №7)
300%定伸应力(145℃)/MPa	25 min	11.8～16.2	10.7～16.3	—	GB/T 8656—1998 方法 A, (使用 ASTM IRB №7) GB/T 528—1998 (使用Ⅰ型裁刀)
	35 min	15.5～19.5	14.4～20.0	14.2～20.2	
	50 min	17.3～21.3	16.2～21.8	—	
拉伸强度(145℃、35 min)/MPa ≥		24.0	23.0	23.0	
扯断伸长率(145℃、35 min)/% ≥		400			

4 检验规则

4.1 本标准所列项目除灰分外,其他均为出厂检验项目。正常情况下,每月至少进行一次型式检验。

4.2 生产厂应按本标准对出厂的 SBR 1500 进行检验,保证所有出厂的产品符合本标准的技术要求。每批产品应附有一定格式的质量证明书。

4.3 用户有权对所收到 SBR 1500 按本标准进行验收,如果不符合本标准要求时,应在到货后两个月内提出异议。使用单位因保管、使用不当等原因造成产品质量下降,应由使用单位负责。供需双方如发生质量争议,可协商解决或由质量仲裁单位按本标准进行检验;如果发生净含量争议,可在整批胶包中随机抽取 30 个胶包(少于 30 包时全部抽取),称量总净含量,其总净含量应大于或等于额定总净含量。

4.4 进行质量检验时,抽样按 GB/T 19187—2003 的规定进行;仲裁检验应使用 ASTM IRB №7,其他检验可以使用国产 SRB 3 号[1)]。ASTM IRB №7 与国产 SRB 3 号的差值见附录 A。

4.5 出厂检验时,按 GB/T 15340—1994 中第 7 章的实验室混合样品进行检验,出厂检验项目中任何一项不符合本标准的等级要求时,应对保留样品进行复验,复验结果仍不符合相应的等级要求时,则该批产品应降等或定为不合格品。

4.6 仲裁检验时,按 GB/T 19187—2003 规定对挥发分和生胶门尼黏度分别进行单包检验和验收,其他项目按 4.4 和 4.5 的规定进行。

5 包装、标志、运输和贮存

5.1 用纸塑复合袋或聚丙烯编织袋包装 SBR 1500,内衬聚乙烯薄膜或印有特殊商标标志的聚乙烯薄膜,其厚度为 0.04 mm～0.06 mm,熔点不大于 110℃。每包橡胶净含量为 25 kg±0.25 kg 或 35 kg±0.35 kg。

5.2 每个包装袋正面应清楚地标明产品名称、牌号、等级、净含量、生产厂(公司)名称、地址、注册商标、标准编号等标志,在包装袋背面、侧面或袋口的标签上应印有生产日期或生产批号等标志。

5.3 存放 SBR 1500 时,应成垛成行堆放整齐,并保持一定行距,堆放高度不大于 10 包,贮存条件见 GB/T 19188—2003。

5.4 在运输 SBR 1500 的过程中,应防止日光直接照射或水浸雨淋;运输车辆应整洁,以避免包装破损或杂物混入。

5.5 SBR 1500 质量保证期自生产日期起为 2 年。

1) 国产 SRB3 号于 1997 年研制。

附 录 A
（资料性附录）
使用 ASTM IRB №7 与国产 SRB3 号的混炼胶门尼黏度和硫化胶拉伸应力应变性能结果的差值

使用 ASTM IRB №7 与国产 SRB3 号的混炼胶门尼黏度和硫化胶拉伸应力应变性能结果的差值见表 A.1。

表 A.1 使用 ASTM IRB №7 与国产 SRB3 号的混炼胶门尼黏度和硫化胶拉伸应力应变性能结果的差值

项目		差值
混炼胶门尼黏度，ML(1+4)100℃		4.0
300%定伸应力(145℃)/MPa	25 min	3.7
	35 min	3.4
	50 min	3.3
拉伸强度(145℃、35 min)/MPa		2.0
扯断伸长率(145℃、35 min)/%		−47
注：使用 ASTM IRB №7 的修正值等于国产 SRB3 号的测定值加差值。		

ICS 11.040.30
C 31

GB

中华人民共和国国家标准

GB 8662—2006/ISO 7740:1985
代替 GB 8662—1988

手术刀片和手术刀柄的配合尺寸

Fitting dimension between scalpel blades and handles

(ISO 7740:1985, Instruments for surgery—
Scalpels with detachable blades-fitting dimensions, IDT)

2006-09-14 发布　　2007-05-01 实施

中华人民共和国国家质量监督检验检疫总局
中国国家标准化管理委员会　发布

前言

本标准是为了满足手术刀柄和可拆卸刀片之间良好的配合性和互换性的需要而制定的。

本标准对应于 ISO 7740:1985《外科器械——带可拆卸刀片的手术刀——配合尺寸》。本标准与 ISO 7740:1985 的一致性程度为等同,对其进行了下列编辑性修改:

——将'本国际标准'改为'本标准';

——更改表 1、表 2、图 1 和图 2 中有关尺寸段的字母;

本标准代替 GB 8662—1988《手术刀片和手术刀柄的配合尺寸》。

本标准与 GB 8662—1988 的主要区别:

——采用 ISO 7740:1985 中的图 1;

——增加图 1 的注。

本标准由全国外科器械标准化技术委员会提出并归口。

本标准由上海市医疗器械检测所、上海医疗器械(集团)有限公司手术器械厂负责起草。

本标准主要起草人:倪芝娣、章红霞。

本标准首次发布于 1988 年。

手术刀片和手术刀柄的配合尺寸

1 范围

本标准规定了可拆卸手术刀片与手术刀柄相配合的尺寸。

2 手术刀片和手术刀柄的配合尺寸

2.1 小规格配合体(3号)

带小规格配合体的手术刀柄和手术刀片,其配合尺寸应符合表1和图1、图2的规定。

表 1

单位为毫米

配合体	配合尺寸									
	α	L_2		L_1		b_1		b		L
	±0.5°	min.	max.	min.	max.	min.	max.	min.	max.	min.
手术刀片	30°	4.50	4.65	17.83	17.90	2.43	2.48	1.18	1.23	—
手术刀柄	30°	4.40	4.50	17.73	17.81	2.31	2.41	1.12	1.17	9.00

2.2 大规格配合体(4号)

带大规格配合体的手术刀柄和手术刀片,其配合尺寸应符合表2和图1、图2的规定。

表 2

单位为毫米

配合体	配合尺寸									
	α	L_2		L_1		b_1		b		L
	±0.5°	min.	max.	min.	max.	min.	max.	min.	max.	min.
手术刀片	35°	7.50	7.65	24.20	24.27	3.72	3.77	1.95	2.00	—
手术刀柄	35°	7.40	7.50	24.10	24.18	3.60	3.70	1.88	1.93	13.00

尺寸为毫米

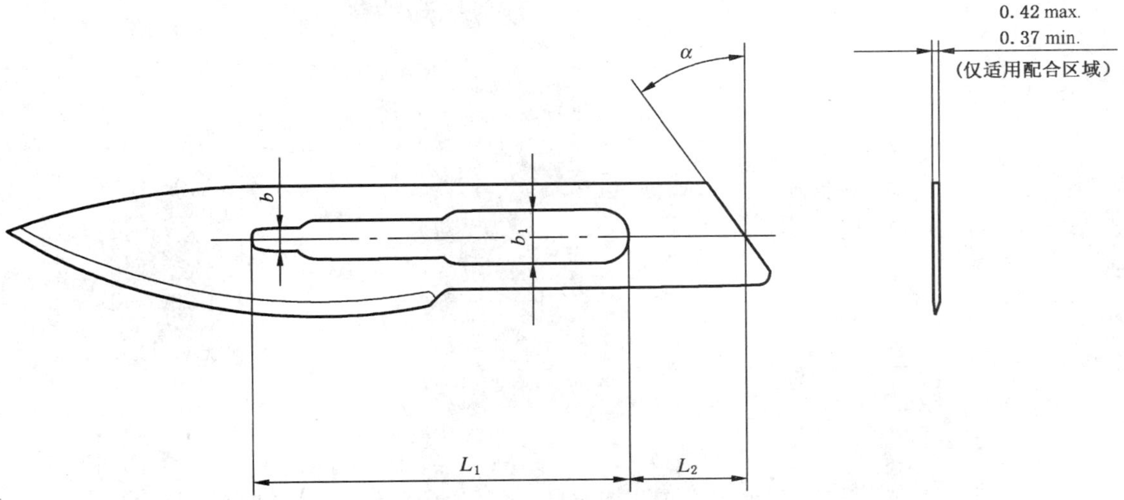

图 1 可拆卸刀片

注:图示的刀片型式只是起图解作用,标准中未规定刀片的型式。

尺寸为毫米

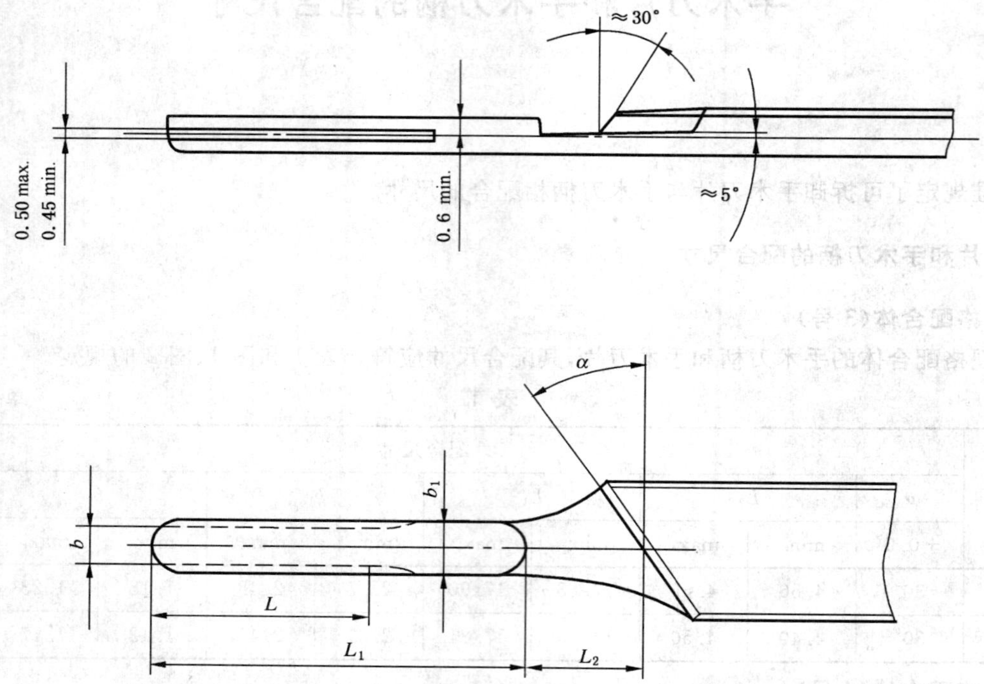

图 2 手术刀柄

ICS 77.140.65
H 49

GB

中华人民共和国国家标准

GB/T 8706—2006/ISO 17893:2004
部分代替 GB/T 8706—1988,代替 GB/T 8707—1988

钢丝绳　术语、标记和分类

Steel wire ropes—Vocabulary, designation and classification

(ISO 17893:2004,IDT)

2006-02-05 发布　　　　2006-08-01 实施

中华人民共和国国家质量监督检验检疫总局
中国国家标准化管理委员会　发布

前　言

本标准等同采用国际标准 ISO 17893:2004《钢丝绳——术语、标记和分类》。

本标准是对 GB/T 8707—1988《钢丝绳标记代号》和 GB/T 8706—1988《钢丝绳术语》部分的整合修订。

本标准代替 GB/T 8706—1988《钢丝绳术语》的"第一篇　钢丝绳及其构件的制造"，"第二篇　钢丝绳的类型"，" 第三篇　尺寸、力学性能和允许偏差"和 GB/T 8707—1988《钢丝绳标记代号》。

本标准与 GB/T 8706—1988 和 GB/T 8707—1988 相比主要变化如下：

——不再将标准分为篇；

——删除了制造方法、材料、不松散性、捻角等术语和定义；

——增加了单捻股、组合平行捻、多工序捻股、复合捻、压实股、浸渍剂、防腐剂、平行捻密实钢丝绳、压实股钢丝绳、压实(锻打)钢丝绳、电力钢丝绳、固态聚合物包覆钢丝绳、固态聚合物填充钢丝绳、固态聚合物包覆和填充钢丝绳、衬垫芯钢丝绳、衬垫钢丝绳、制造长度、股间隙、混合捻、反向捻、制造商的设计值、削减值、旋转度等术语和定义；

——增加了西鲁式、瓦林吞式、填充式、各种钢丝和钢丝绳的尺寸等术语的定义；

——增加了钢丝绳的术语及其定义和各种结构类型股、钢丝绳的图示；

——将术语"不旋转钢丝绳"改为"阻旋转钢丝绳"、"三捻钢丝绳"改为"缆式钢丝绳"、"扁股"改为"扁带股"；

——钢丝绳标记系列中的"钢丝表面状态"由原来放在"尺寸"和"钢丝绳结构"之间改为放在"钢丝绳级别"和"捻法"之间；

——增加了压实股，压实钢丝绳，单线缝合、双线缝合、铆钉铆接扁钢丝绳的标记代号；

——股结构钢丝层标识由原来的从最外层逐层向中心标识改为从中心逐层向外标识；

——表示钢丝在股中捻向的字母代号由原来的大写改为小写，钢丝绳的捻法标识顺序由原来的"先绳后股"改为"先股后绳"；

——增加了公称金属横截面积系数、实测金属横截面积，钢丝绳长度质量系数、钢丝绳公称/实测长度质量，最小破断拉力总合、削减值、削减后的最小/实测破断拉力总合、实测计算破断拉力、实测计算破断拉力总和、实测部分捻制损失系数，外层钢丝直径系数、外层钢丝近似直径等术语和定义；

——钢丝绳的分类由原来的按结构、直径、用途、捻制特性、表面状态、股断面形状分类改为按结构分类；

——增加了资料性附录"钢丝绳构件"(见附录 A)；

——将标记示例改为了资料性附录"标记系列"(见附录 B)；

——增加了本标准与 GB/T 8706—1988、GB/T 8707—1988 主要差异对照表(见附录 C)；

——增加了"术语索引"(见附录 D)。

本标准的附录 A、附录 B、附录 C、附录 D 和附录 E 为资料性附录。

本标准由中国钢铁工业协会提出。

本标准由全国钢标准化技术委员会归口。

本标准起草单位:国家金属制品质量监督检验中心、冶金工业信息标准研究院、贵州钢绳股份有限公司、湖北福星科技股份有限公司、天津全友钢丝绳有限公司。

本标准主要起草人:张平萍、衡俊华、夏木阳、唐岚、杨红英、王玲君、宋学明、房义萍、张守才。

本标准所代替标准的历次版本发布情况:

——GB/T 8706—1988;

——GB/T 8707—1988。

钢丝绳 术语、标记和分类

1 范围

本标准规定了钢丝绳术语定义、标记系列和分类系列。

本标准适用于制定(修订)钢丝绳标准及钢丝绳生产使用中常用的术语。

2 术语和定义

下列术语和定义适用于本标准。

2.1 **钢丝** **wires**

2.1.1 **外层钢丝** **outer wires**

2.1.1.1

外层钢丝 **outer wire**

〈单捻钢丝绳〉中位于最外层的钢丝。

2.1.1.2

外层钢丝 **outer wire**

〈多股钢丝绳〉外层股中位于最外层的钢丝。

2.1.2 **内层钢丝** **inner wires**

2.1.2.1

内层钢丝 **inner wire**

〈单捻钢丝绳〉中位于中心钢丝和外层钢丝之间的中间层钢丝。

2.1.2.2

内层钢丝 **inner wire**

〈多股钢丝绳〉中除中心钢丝、填充钢丝、绳芯和外层钢丝之外的其他钢丝。

2.1.3

填充钢丝 **filler wire**

在填充式结构中,用来填充钢丝层间间隙的比较细的钢丝。见图8。

2.1.4 **中心钢丝** **centre wires**

2.1.4.1

中心钢丝 **centre wire**

〈单捻钢丝绳〉中位于钢丝绳中心位置的钢丝。

2.1.4.2

中心钢丝 **centre wire**

〈多股钢丝绳〉中位于股中心位置的钢丝。

2.1.5

绳芯钢丝 **core wire**

多股钢丝绳绳芯中的钢丝。

2.1.6

承载钢丝 **load-bearing wire**

钢丝绳中起承受破断拉力作用的钢丝。

2.1.7

(钢丝)层　layer(of wires)

具有相同节圆直径的钢丝的组合。与股芯直接接触的为第一层。

由于瓦林吞式钢丝层中包括大小两种规格的钢丝,其中小规格钢丝比大规格钢丝定位的节圆直径大,因此瓦林吞式钢丝层除外。填充钢丝不构成独立的层。

2.1.8

缝合钢丝　stitching wire

缝合股　stitching strand

用作扁钢丝绳缝合线的单根钢丝或股。

2.1.9

封扎钢丝　serving wire

封扎股　serving strand

紧密螺旋缠绕在钢丝绳上使其构件保持原位的单根钢丝或股。

2.1.10

钢丝抗拉强度级(R)　wire tensile strength grade

钢丝抗拉强度要求达到的级别及相应的范围。用抗拉强度的下限值表示钢丝抗拉强度级,用该值可确定给定钢丝尺寸的钢丝绳的计算最小破断拉力或最小计算破断拉力总和,用 MPa 或 N/mm^2 表示。

2.1.11

实测钢丝抗拉强度(R_m)　measured wire tensile strength

钢丝进行拉伸试验所测得的最大拉力与试样公称横截面积的比值,用 MPa 或 N/mm^2 表示。

2.1.12

表面状态和镀层品质　finish and quality of coating

钢丝表面状态有光面(无镀层)、镀锌层、锌合金镀层或其他保护镀层等,镀层级别根据镀层最小质量和镀层与钢基附着性能确定,如B级镀锌。

2.1.13

镀层质量　mass of coating

按规定方法测得的去镀层钢丝单位表面积的镀层质量,用 g/m^2 表示。

2.2　股及股的类型　stands and strand types

2.2.1

股　strand

钢丝绳组件之一。通常由一定形状和尺寸钢丝绕一中心沿相同方向捻制一层或多层的螺旋状结构。

注:股的第一层包括三根或四根钢丝,某些形状的股(如扁带股)可能没有中心钢丝。

2.2.2

圆股　round strand

横截面形状近似圆形的股,见图1。

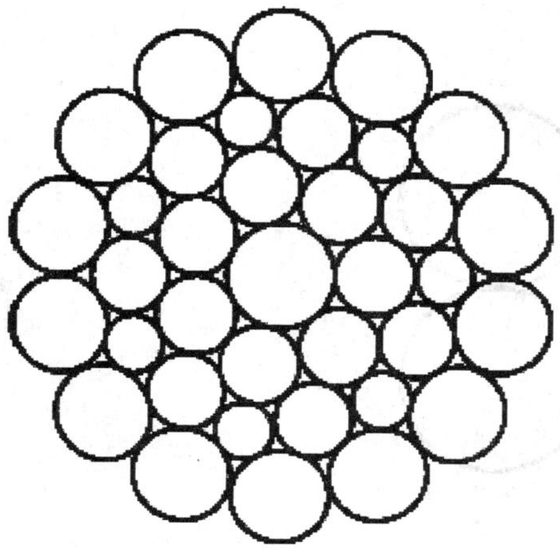

a) 由一根中心钢丝构成的股

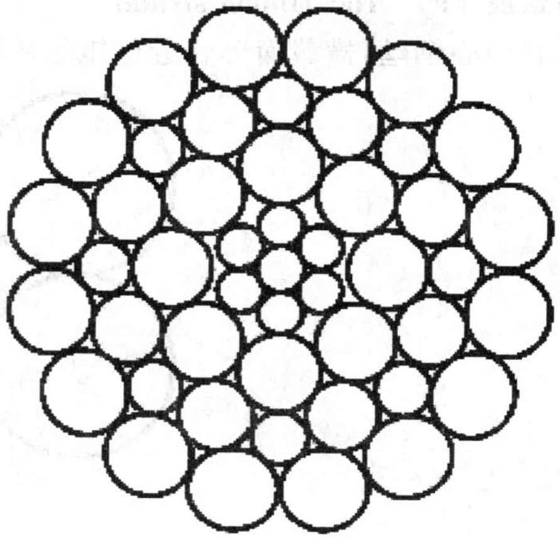

b) 由(1-6)组合芯构成的股

图 1 由不同中心构成的圆股

2.2.3

三角股(V) triangular strand

横截面形状近似三角形的股,见图 2。

注:三角股的股芯可以由组合芯构成。

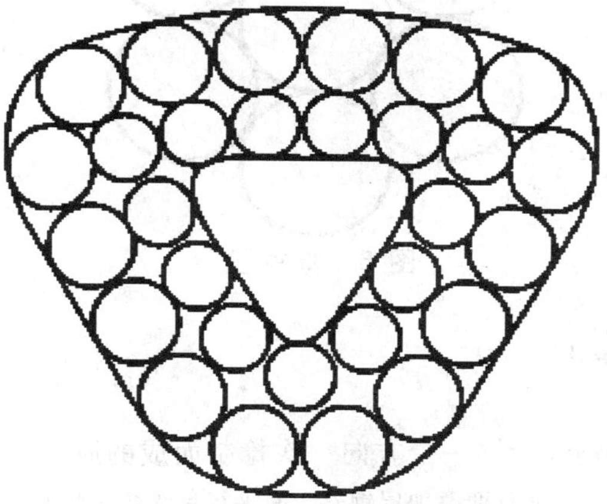

图 2 由三角形中心构成的三角股

2.2.4

椭圆股(Q) oval strand

横截面形状近似椭圆形的股,见图 3。

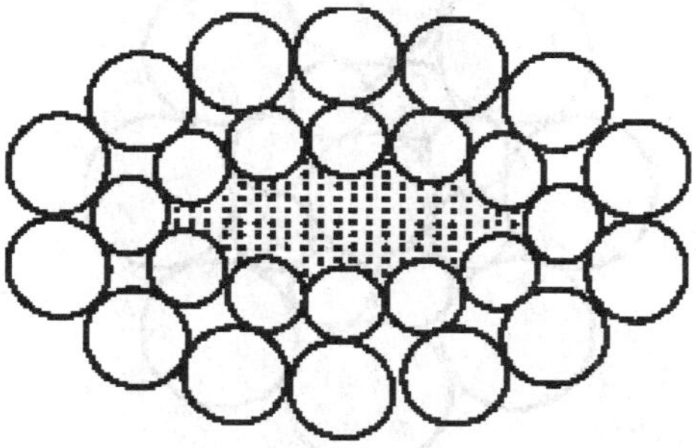

图 3 椭圆股

2.2.5

扁带股（P）　flat ribbon strand

没有中心钢丝，横截面形状近似矩形的股，见图 4。

图 4　扁带股

2.2.6

单捻股　single lay strand

仅由一层钢丝捻制而成的股，见图 5。

图 5　单捻股

2.2.7

平行捻股　parallel lay strand

等捻距　equal lay

至少包括两层钢丝，所有的钢丝沿同一个方向一次捻制而成的股。

注：股中所有钢丝具有相同的捻距，而且两叠加层钢丝之间平行呈线接触状态。

2.2.8

西鲁式　seale

两层具有相同钢丝数的平行捻股结构，见图 6。

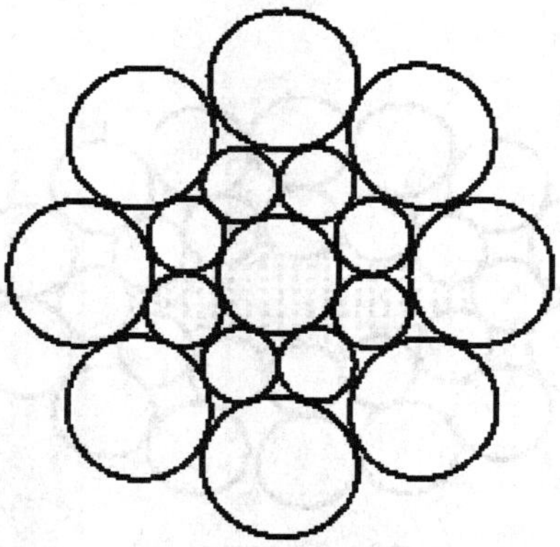

图 6　西鲁式结构

2.2.9

瓦林吞式　warrington

外层包含粗细两种交替排列的钢丝，而且外层钢丝数是内层钢丝数的两倍的平行捻结构，见图 7。

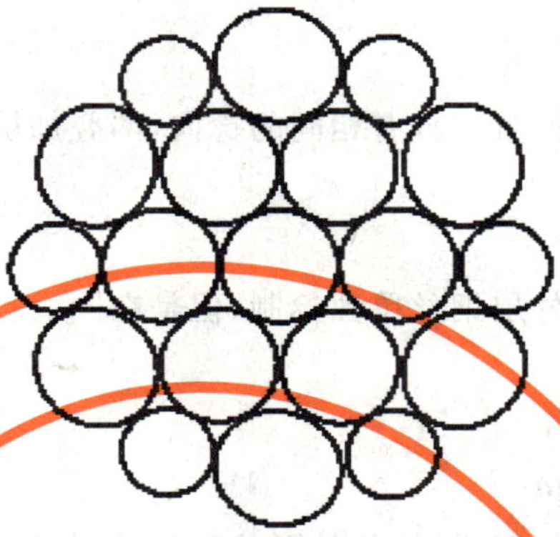

图 7　瓦林吞式结构

2.2.10

填充式　filler

外层钢丝数是内层钢丝数的两倍，而且在两层钢丝间的间隙中有填充钢丝的平行捻股结构，见图 8。

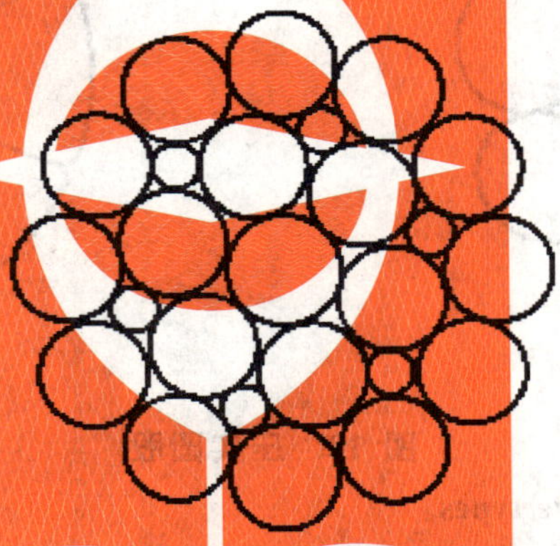

图 8　填充式结构

2.2.11

组合平行捻　combined parallel lay

由典型的瓦林吞式(2.2.9)和西鲁式(2.2.8)股类型组合而成，由三层或三层以上钢丝一次捻制成的平行捻股结构，见图 9。

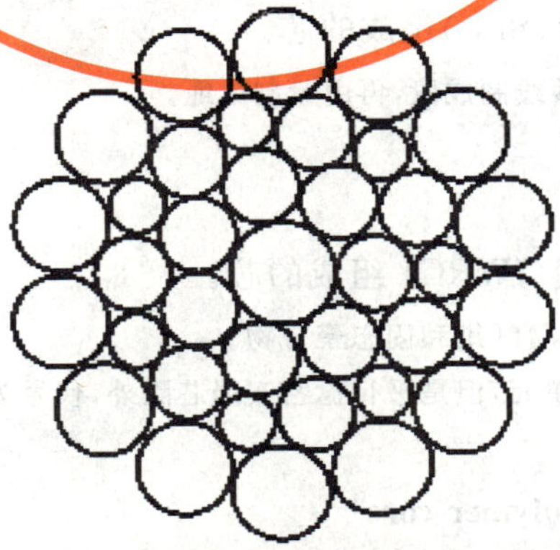

图 9　瓦林吞式和西鲁式组合平行捻

2.2.12

多工序捻股　multiple operation lay strand

至少包含两层钢丝，并通过一次以上的工序逐层捻制而成的股结构。

2.2.13

点接触捻（M）　cross-lay

股中至少包括一层以上钢丝，而且都具有相同的捻向，两叠加层钢丝之间相互交叉呈点接触状态。

2.2.14

复合捻（N）　compound lay

股中最少包含三层钢丝，而且外层钢丝单独捻制，但是在同一捻制方向上内层钢丝至少有一个平行捻结构。

2.2.15

压实股（K）　compacted strand

通过模拔、轧制或锻打等变形加工后，钢丝的形状和股的尺寸发生改变，而钢丝的金属横截面积保持不变的股，见图 10。

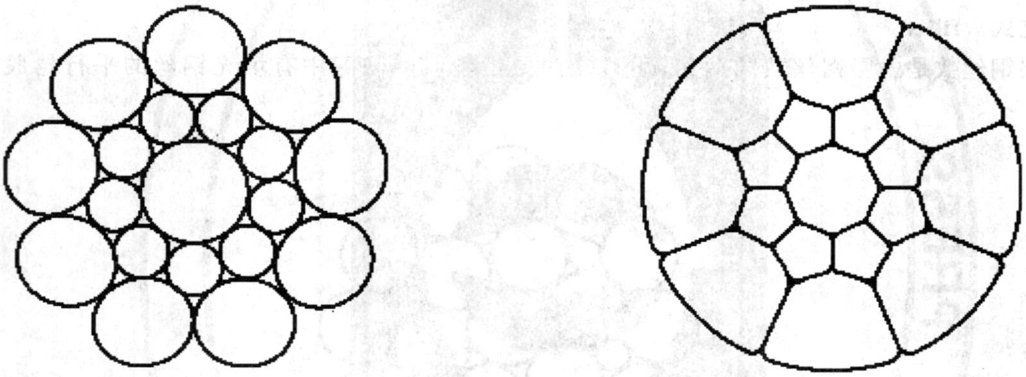

a）压实前的股　　b）压实后的股

图 10　压实圆股

2.3　芯及芯的类型　cores and core types

2.3.1

芯（C）　core

圆钢丝绳的中心组件，多股钢丝绳的股或缆式钢丝绳的单元钢丝绳围绕中心组件螺旋捻制。

2.3.2

纤维芯（FC）　fibre core

由天然纤维（NFC）或合成纤维（SFC）组成的芯。

注：纤维芯通常由纤维制成纱线，纱线制成股，再由股制成绳。

2.3.3

钢芯（WC）　steel core

由钢丝股（WSC）或独立钢丝绳（IWRC）组成的芯。

注 1：钢芯和/或其外层股也可以包覆纤维和固态聚合物。

注 2：多股钢丝绳芯通常为独立的单元，但是平行捻密实绳芯除外，代号为 PWRC。

2.3.4

固态聚合物芯（SPC）　solid polymer core

由圆形或带有沟槽的圆形固态聚合物材料制成的芯，其内部可能还包含有钢丝或纤维。

2.4 **润滑脂及防腐剂 lubricants and preservation agents**

2.4.1

钢丝绳润滑脂 rope lubricant

用于股、芯或钢丝绳制造过程中的一种材料，目的是减少内部摩擦和/或防止腐蚀。

2.4.2

浸渍剂 impregnating agent

包覆或填充在天然纤维芯制造过程中，以防止其腐蚀或腐烂的材料。

2.4.3

防腐剂 preservation agent

通常是某种形式的保护剂，在钢丝绳的生产过程中和/或之后，用于纤维填充料、填充钢丝和覆盖物中以防止其腐烂的材料。

2.5

镶嵌材料（I） insert

隔开同一层或叠加层相邻的股或钢丝，或者填充在钢丝绳间隙中的纤维或固态聚合物材料。

2.6 **钢丝绳及钢丝绳的类型 ropes and rope types**

2.6.1 **钢丝绳 ropes**

至少由两层钢丝或多个股围绕一个中心或一个绳芯螺旋捻制而成的结构。分为多股钢丝绳和单捻钢丝绳。

2.6.2 **多股钢丝绳系 stranded ropes**

2.6.2.1

多股钢丝绳 stranded rope

多个股围绕一个绳芯（单层股钢丝绳）或一个中心（阻旋转或平行捻密实钢丝绳）螺旋捻制一层或多层的钢丝绳。

注：由三个或四个股组成的多股钢丝绳可能有也可能没有绳芯。

2.6.2.2

单层股钢丝绳 single-layer rope

由一层股围绕一个芯螺旋捻制而成的多股钢丝绳，见图 11。

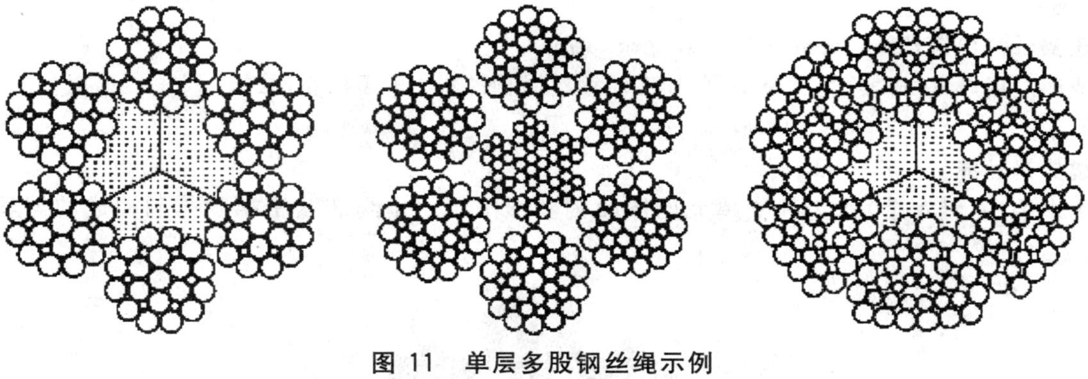

图 11 单层多股钢丝绳示例

2.6.2.3

阻旋转钢丝绳 rotation-resistant rope

多层股钢丝绳（被替代） multi-stand rope（superseded）

不旋转钢丝绳（被替代） non-rotating rope（superseded）

当承受载荷时能产生减小扭矩或旋转程度的多股钢丝绳，见图 12。

注 1：阻旋转钢丝绳一般至少由两层股围绕一个芯螺旋捻制而成，外层股与相邻内层股捻向相反。

注 2：由三个或四个股组成的钢丝绳也具有阻旋转性能。

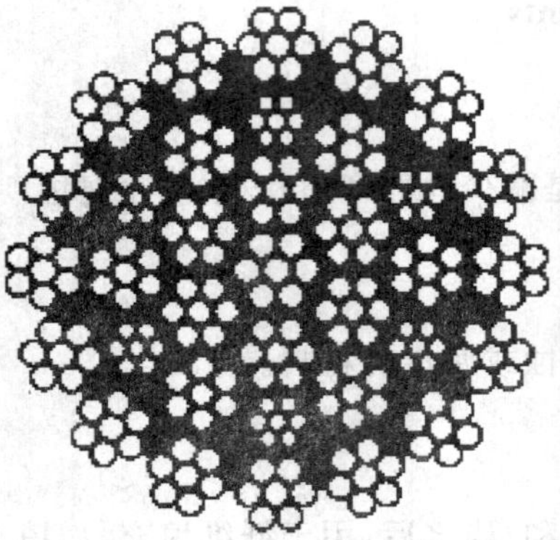

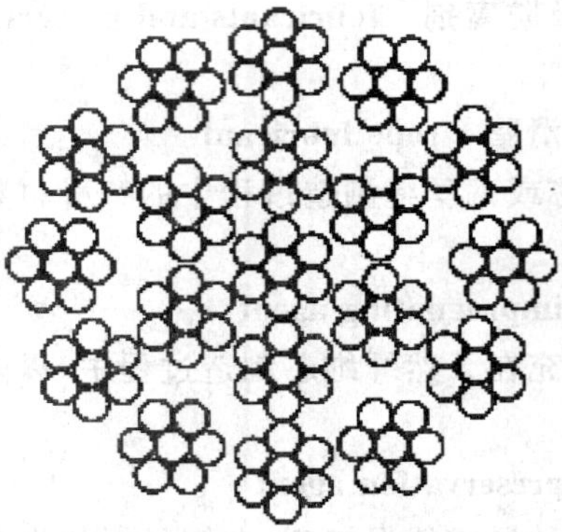

图 12　阻旋转钢丝绳示例

2.6.2.4

平行捻密实钢丝绳　parallel-closed rope

至少由两层平行捻股围绕一个芯螺旋捻制而成的多股钢丝绳，见图 13。

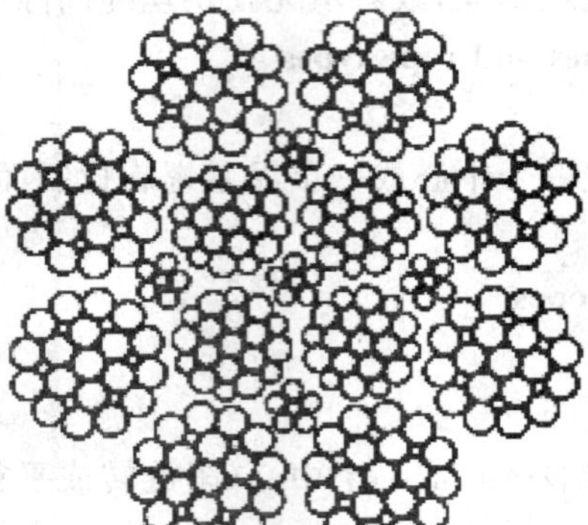

图 13　平行捻密实钢丝绳示例

2.6.2.5

压实股钢丝绳　compacted strand rope

成绳之前，股经过模拔、轧制或锻打等压实加工的多股钢丝绳。

2.6.2.6

压实(锻打)钢丝绳　compacted (swaged) rope

成绳之后，经过压实(通常是锻打)加工使钢丝绳直径减小的多股钢丝绳。

2.6.2.7

缆式钢丝绳　cable-laid rope

由多个(一般六个)作为独立单元的圆股钢丝绳围绕一个绳芯紧密螺旋捻制而成的钢丝绳，见图 14。

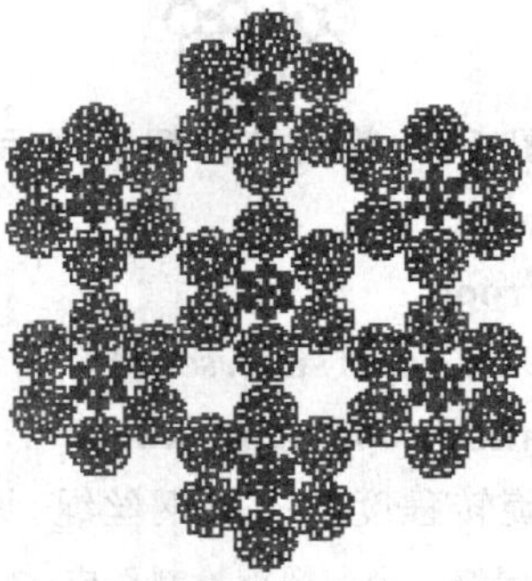

图 14　缆式钢丝绳示例

2.6.2.8

编织钢丝绳　braided rope

由多个圆股成对编制而成的钢丝绳，见图 15。

图 15　编织钢丝绳示例

2.6.2.9

电力钢丝绳　electro-mechanical rope

带有电导线的单捻或多股钢丝绳，见图 16。

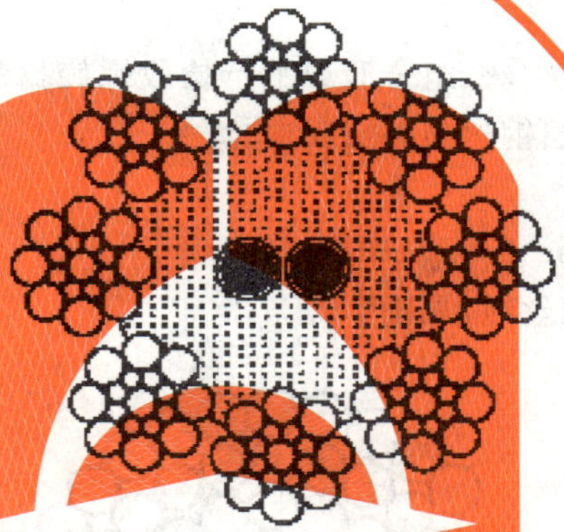

图 16　带导线的多股钢丝绳示例

2.6.2.10

扁钢丝绳　flat rope

由被称作“子绳”(每条子绳由 4 股组成)的单元钢丝绳制成。通常为 6 条、8 条或 10 条子绳，左向捻和右向捻交替并排排列，并用缝合线如钢丝、股缝合或铆钉铆接，见图 17。

a) 单线缝合

b) 双线缝合

图 17　不同缝合方法的扁钢丝绳示例

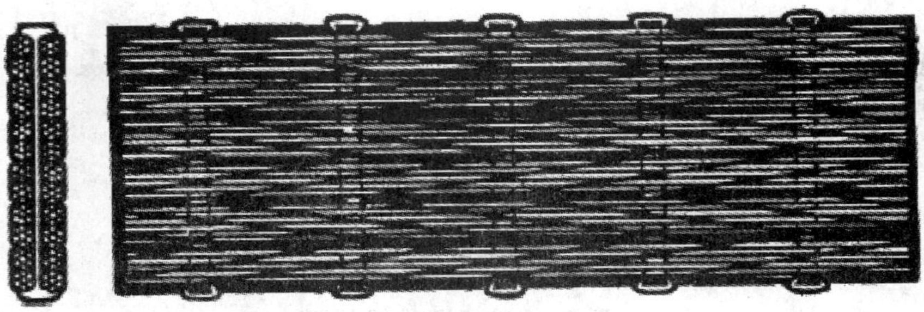

c) 铆钉铆接

图 17(续)

2.6.3 单捻钢丝绳系 spiral ropes

2.6.3.1

单捻钢丝绳 spiral rope

由至少两层钢丝围绕一中心圆钢丝、组合股或平行捻股螺旋捻制而成的钢丝绳。其中至少有一层钢丝沿相反方向捻制,即至少有一层钢丝与外层反向捻。

2.6.3.2

单股钢丝绳 spiral strand rope

仅由圆钢丝捻制而成的单捻钢丝绳,见图 18。

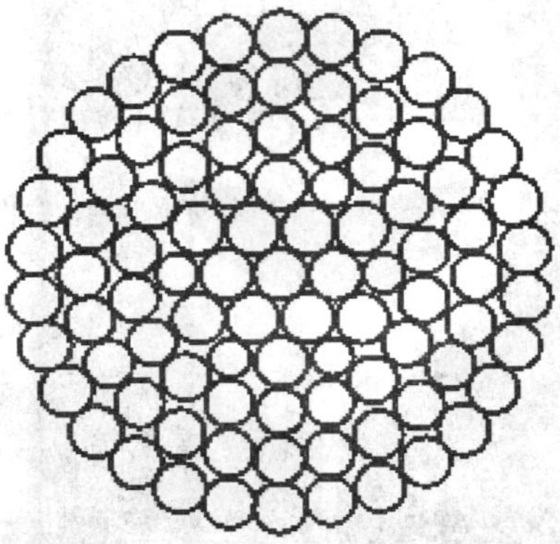

图 18 单股钢丝绳示例

2.6.3.3

半密封钢丝绳 half-locked coil rope

外层由半密封钢丝(H 形)和圆钢丝相间捻制而成的单捻钢丝绳,见图 19。

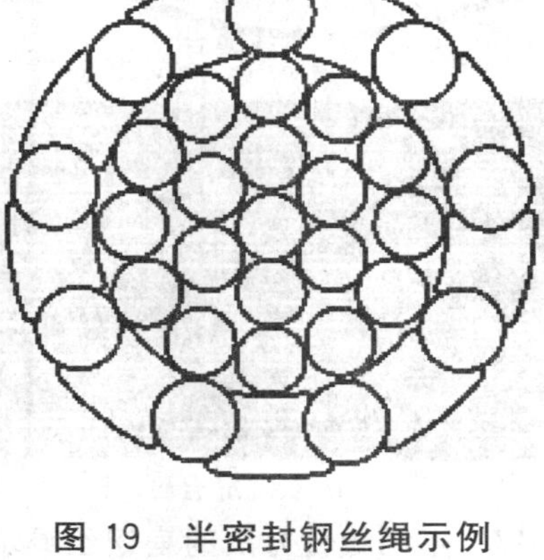

图 19 半密封钢丝绳示例

2.6.3.4

全密封钢丝绳　full-locked coil rope

外层由全密封钢丝(Z形)捻制而成的单捻钢丝绳，见图20。

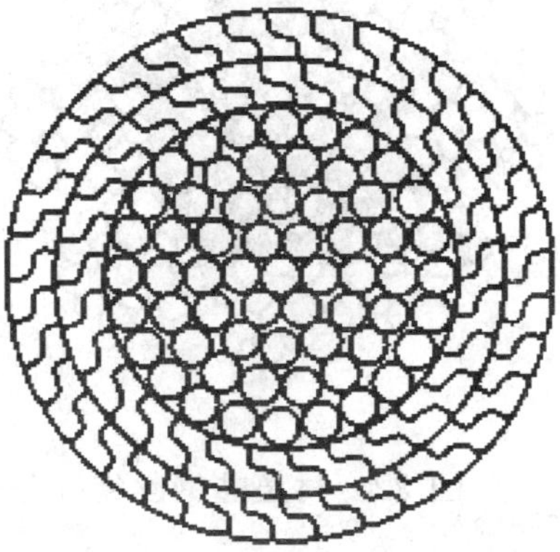

图20　密封钢丝绳示例

2.6.4　包覆和/或填充钢丝绳系　ropes with coverings and/or fillings

2.6.4.1

固态聚合物包覆钢丝绳　solid polymer-covered rope

外部包覆(涂)有固态聚合物的钢丝绳。

2.6.4.2

固态聚合物填充钢丝绳　solid polymer-filled rope

固态聚合物填充到钢丝绳的间隙中，并延伸到或稍微超出钢丝绳外接圆的钢丝绳，见图21。

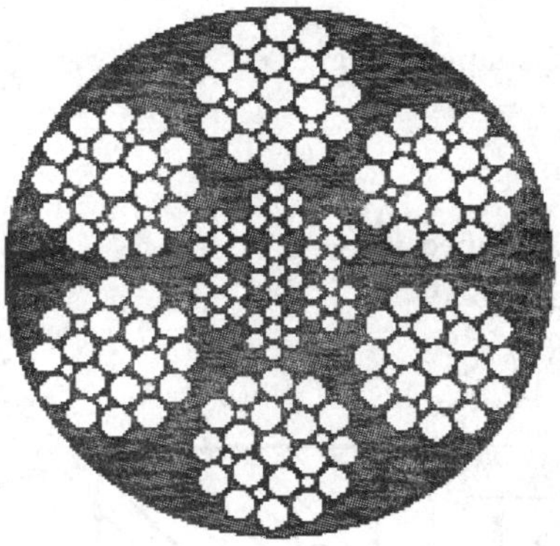

图21　固态聚合物填充钢丝绳

2.6.4.3

固态聚合物包覆和填充钢丝绳　solid polymer covered and filled rope

包覆(涂)和填充固态聚合物的钢丝绳。

2.6.4.4

衬垫芯钢丝绳　cushioned core rope

绳芯用固态聚合物包覆(涂)，或填充和包覆(涂)的钢丝绳，见图22。

2.6.4.5

衬垫钢丝绳　cushioned rope

在钢丝绳内层、内层股或股芯上包覆聚合物或纤维，从而在相邻股或叠加层之间形成衬垫的钢丝绳。

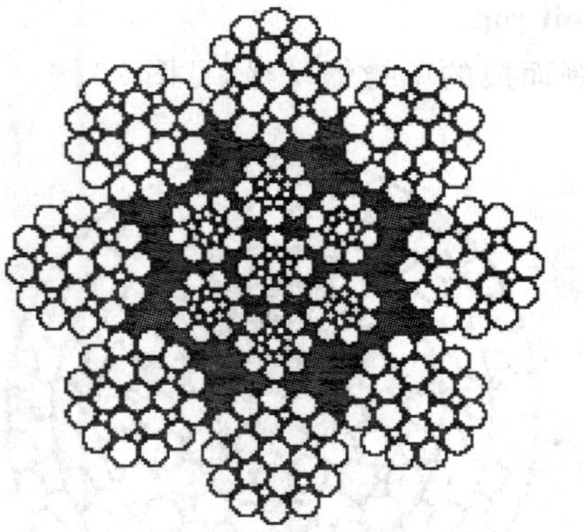

图 22　衬垫芯钢丝绳

2.7　尺寸　dimensions

2.7.1

圆钢丝的尺寸　dimension of round wire

钢丝的横截面直径(δ)。

2.7.2

外层圆钢丝的尺寸　dimension of outer round wire

外层钢丝的横截面直径(δ_a)。

2.7.3

异形钢丝的尺寸　dimension of shaped wire

2.7.3.1

异形钢丝的尺寸　dimension of shaped wire

〈全密封钢丝〉的高度,见图 23。

2.7.3.2

异形钢丝的尺寸　dimension of shaped wire

〈半密封钢丝〉的高度和宽度,见图 23。

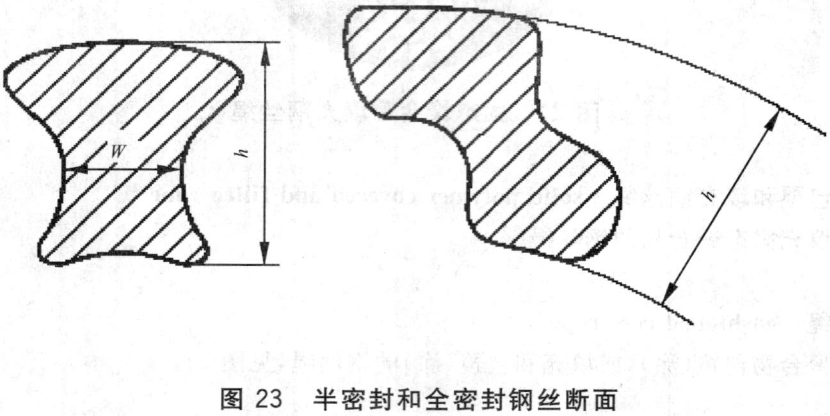

图 23　半密封和全密封钢丝断面

2.7.4

圆股的尺寸　dimension of round strand

股的横截面直径(d_S),见图 24。

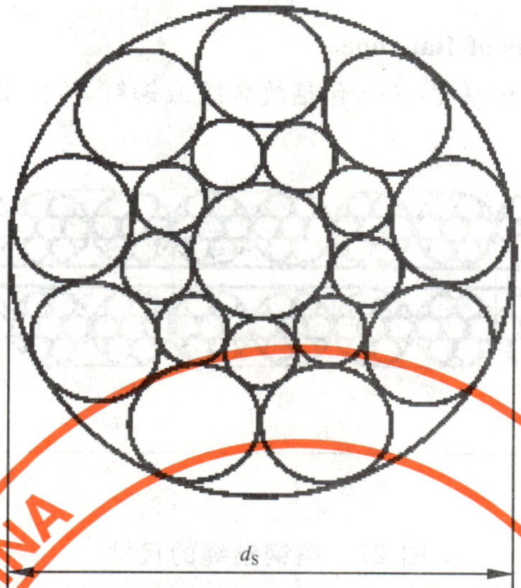

图 24 圆股的尺寸

2.7.5

异形股的尺寸 dimensions of shaped strand

股的横截面高度(d_{S1})和相应的宽度(d_{S2}),见图 25。

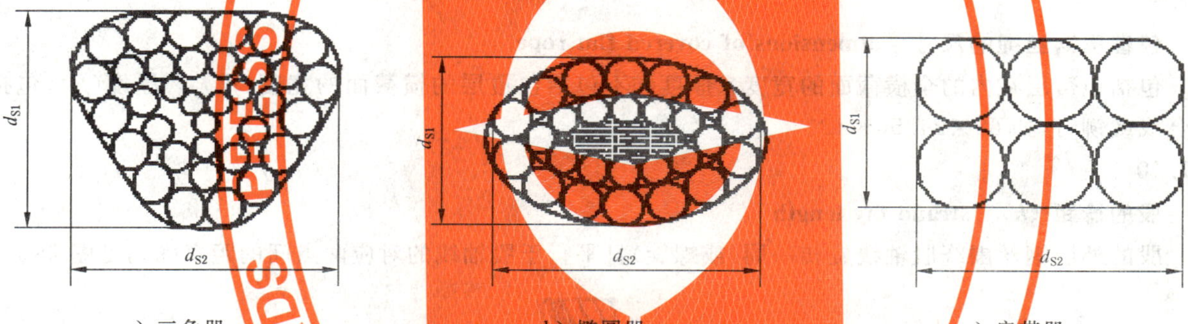

图 25 异形股的尺寸

2.7.6

圆钢丝绳的尺寸 dimension of round rope

钢丝绳横截面的节圆直径,见图 26。

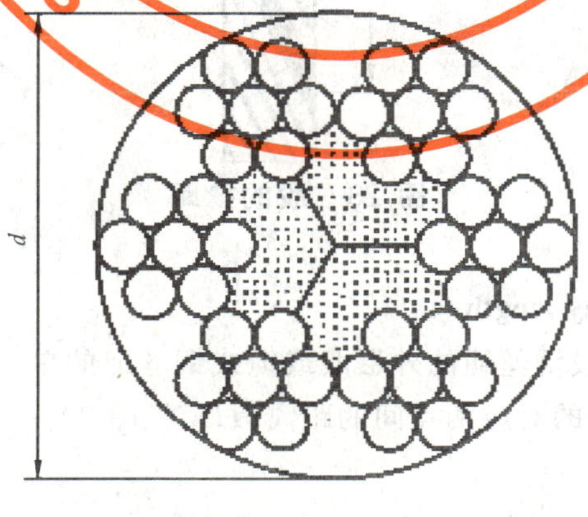

图 26 圆钢丝绳的尺寸

2.7.7

扁钢丝绳的尺寸　dimensions of flat rope

扁钢丝绳横截面的宽度(W)和厚度(S)，包括缝合线或铆钉，见图 27。

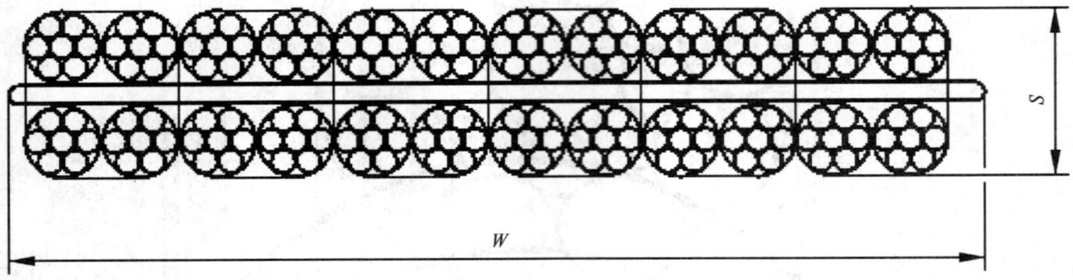

图 27　扁钢丝绳的尺寸

2.7.8

包覆圆钢丝绳的尺寸　dimensions of covered round rope

包括包覆层在内的钢丝绳全横截面节圆直径和不包括包覆层的钢丝绳节圆直径(d)，如 16/13。

2.7.9

包覆扁钢丝绳的尺寸　dimensions of covered flat rope

包括包覆层在内的全横截面的宽度×厚度和不包括包覆层的横截面的宽度(W)×厚度(S)，包括缝合线或铆钉，如 68×24/56×12。

2.7.10

股的捻距(h)　strand lay length

股的外层钢丝围绕股轴线旋转一周(或螺旋)且平行于股轴线的对应两点间的距离(h)，见图 28。

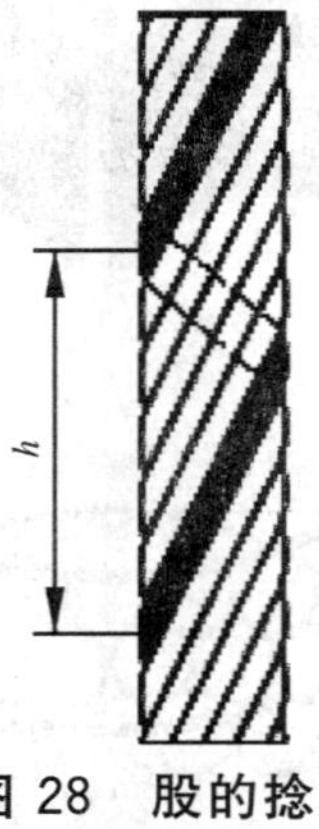

图 28　股的捻距

2.7.11

钢丝绳的捻距(H)　rope lay length

单股钢丝绳的外层钢丝、多股钢丝绳的外层股或缆式钢丝绳的单元钢丝绳围绕钢丝绳轴线旋转一周(或螺旋)且平行于钢丝绳轴线的对应两点间的距离(H)，见图 29。

2.7.12

钢丝绳实测长度(L_m)　measured rope length

按规定的方法测得的钢丝绳实际长度。实际长度也可以在预定的负荷下测量。

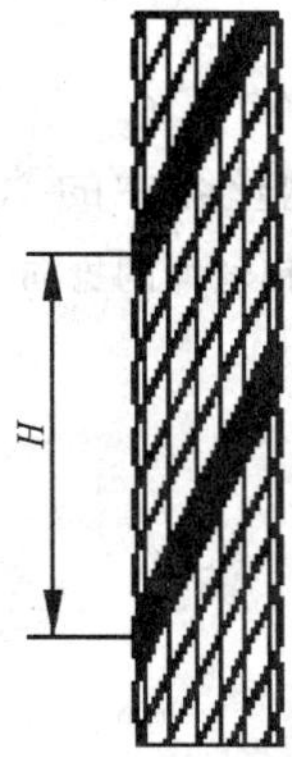

图 29　钢丝绳的捻距

2.7.13

钢丝绳公称长度（L）　nominal rope length

通常是定单中规定的钢丝绳长度。

2.7.14

股间隙（q_S）　strand clearance

同一层股中两相邻股之间的间隔距离。

2.7.15　**制造长度　production length**

2.7.15.1

制造长度　production length

〈多股钢丝绳〉从成绳机股一次装料到生产结束所得到的连续长度的成品钢丝绳。

2.7.15.2

制造长度　production length

〈单捻钢丝绳〉从成绳机外层钢丝一次装料到生产结束所得到的连续长度的成品钢丝绳。

2.8　**捻向和捻制类型　lay directions and types**

2.8.1

股的捻向（Z，S）　lay direction of strand

外层钢丝沿股轴线捻制的方向，即右捻(Z)或左捻(S)，见图 30。

a) Z（右捻）　　b) S（左捻）

图 30　多股钢丝绳中股的捻向

2.8.2

钢丝绳的捻向（Z，S）　lay direction of rope

外层钢丝在单捻钢丝绳中、外层股在多股钢丝绳中或单元钢丝绳在缆式钢丝绳中沿钢丝绳轴线的捻制方向，即右捻(Z)或左捻(S)。

2.8.3

交互捻（SZ，ZS） ordinary lay

钢丝在外层股中的捻制方向与外层股在钢丝绳中的捻制方向相反的多股钢丝绳，见图31。

注：第一个字母表示股的捻向，第二个字母表示钢丝绳的捻向。

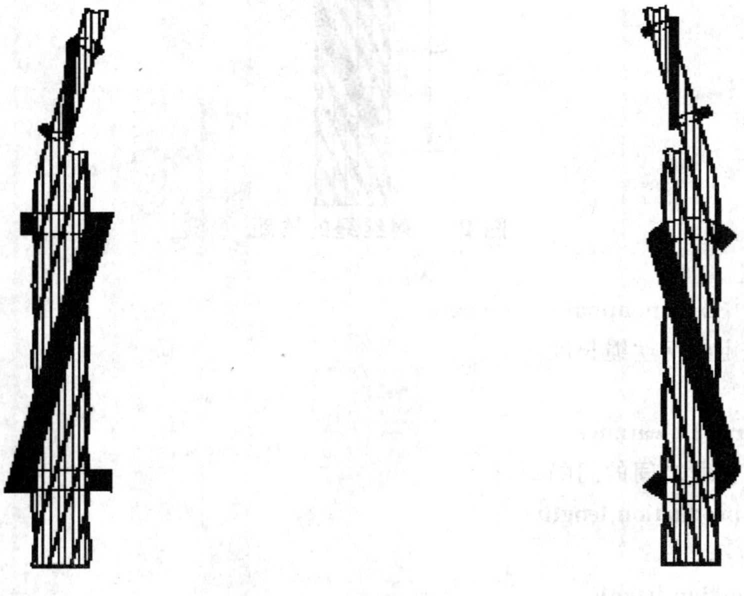

右交互捻（SZ）　　左交互捻（ZS）

图31 交互捻

2.8.4

同向捻（ZZ，SS） lang lay

钢丝在外层股中的捻向与外层股在钢丝绳中的捻向相同的多股钢丝绳，见图32。

注：第一个字母表示股的捻向，第二个字母表示钢丝绳的捻向。

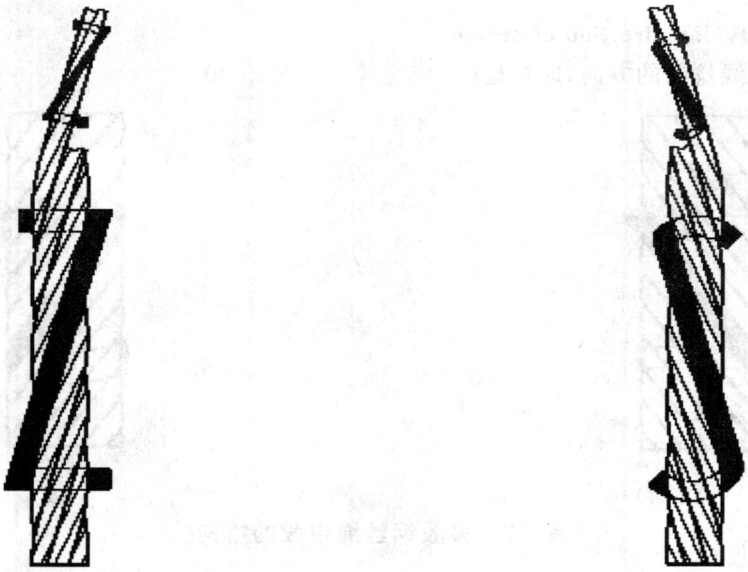

右同向捻（ZZ）　　左同向捻(SS)

图32 同向捻

2.8.5

混合捻（aZ，aS） alternate lay

钢丝绳外层股捻制类型为交互捻与同向捻的股交替排列，如外层股一半为交互捻而另一半为同向捻，钢丝绳的捻向用右捻（aZ）或左捻（aS）表示。

2.8.6

反向捻 contra-lay

单捻钢丝绳中至少有一层钢丝或多股钢丝绳中至少有一层股的捻向与其余层钢丝或股的捻向相反。

注：反向捻只能在一层以上钢丝的单捻钢丝绳或一层以上股的多股钢丝绳（如阻旋转钢丝绳）中出现。

2.8.7

弹性捻 spring lay

三个钢丝股与三个纤维股交替排列捻制的钢丝绳。

2.9 **值 values**

2.9.1

公称值 nominal value

表示某一特性的约定值，符号不带后缀。

2.9.2

最小值 minimum value

表示某一特性的规定值，测量值不得低于该值，符号带后缀（下脚标）"min"。

2.9.3

计算值 calculated value

由给定值或测定值乘以换算系数所得的数值，符号带后缀（下脚标）"c"。

2.9.4

制造商的设计值 manufacturer's design value

钢丝绳设计时规定的所有的值（如钢丝直径、捻距、计算最小破断拉力、捻制损失）。

2.9.5

削减值 reduced value

由于非承载钢丝对面积或强度的影响而造成的面积或强度的减少值，符号带后缀（下脚标）"red"。

2.9.6

实测值 measured value

用规定的方法直接测量获得的数值，符号带后缀（下脚标）"m"。

2.10 **系数、面积、质量和破断拉力 factors, areas, masses and breaking forces**

2.10.1

填充系数（f） fill factor

钢丝绳中所有钢丝公称横截面积总和（A）与根据钢丝绳公称直径计算得到的外接圆面积（A_U）的比值。用 $f=A/A_U$ 表示。

2.10.2

公称金属横截面积系数（C） nominal metallic cross-sectional area factor

由填充系数计算得出，并用于计算确定钢丝绳的公称金属横截面积。用 $C=f\cdot\pi/4$ 表示。

2.10.3

公称金属横截面积（A） nominal metallic cross-sectional area

公称金属横截面积系数（C）与钢丝绳公称直径的平方的乘积。用 $A=C\cdot d^2$ 表示。

2.10.4

计算金属横截面积（A_c） calculated metallic cross-sectional area

根据钢丝绳中钢丝公称直径设计值计算得到的金属横截面积之和。$A_c = \pi/4\sum\delta^2$

2.10.5

实测金属横截面积总和（A_m） measured metallic cross-sectional area

钢丝绳中所有钢丝按实测直径计算得到的横截面积之和。$A_m = \pi/4\sum{\delta_m}^2$

2.10.6

钢丝绳长度质量系数（W） rope length mass factor

将绳芯、润滑剂及所有钢丝的质量都考虑在内的系数。

2.10.7

钢丝绳公称长度质量（M） nominal rope length mass

钢丝绳单位长度质量系数与钢丝绳公称直径平方的乘积。$M = W \cdot d^2$

2.10.8

钢丝绳实测长度质量（M_m） measured rope length mass

每1米钢丝绳的质量。

2.10.9

最小破断拉力系数（K） minimum breaking force factor

用来确定钢丝绳最小破断拉力的经验系数，它是钢丝绳相应类别或结构的填充系数（f）、捻制损失系数（k）和常数（$\pi/4$）的乘积。

$$K = f \cdot k \cdot \pi/4$$

注：普通类别和结构的钢丝绳的系数 k 均在相关的钢丝绳产品标准中给出。

2.10.10

最小破断拉力（F_{min}） minimum breaking force

最小破断拉力为钢丝绳公称直径（d）的平方、钢丝绳级别（R_r）及破断拉力系数（k）的乘积。根据规定方法测得的破断拉力（F_m）不得低于最小破断拉力的规定值。

$$F_{min} = d^2 \cdot R_r \cdot K/1\,000$$

2.10.11

钢丝绳级别（R_r） rope grade

用数值表示的要求的钢丝绳破断拉力水平。如：1770、1960。

注：这并不意味着钢丝绳中钢丝的实际抗拉强度级必须就是该级别。

2.10.12

计算最小破断拉力（$F_{c.min}$） calculated minimum breaking force

根据钢丝公称尺寸、钢丝抗拉强度级及钢丝绳制造商设计的相应类别或结构钢丝绳的捻制损失系数，计算确定的最小破断拉力值。

2.10.13

实测破断拉力（F_m） measured breaking force

用规定的方法测得的破断拉力。

2.10.14

最小破断拉力总和（$F_{e.min}$） minimum aggregate breaking force

最小破断拉力总和为钢丝绳公称直径（d）的平方、金属横截面积系数（C）及钢丝绳级别（R_r）的乘积。按规定方法测得的破断拉力总和不得低于最小破断拉力总和的规定值。

$$F_{e.min} = d^2 \cdot C \cdot R_r/1\,000$$

2.10.15

计算最小破断拉力总和（$F_{e.c.min}$） calculated minimum aggregate breaking force

制造商设计给出的钢丝绳中每一种规格钢丝公称横截面积与其对应的抗拉强度级的乘积的总和。

2.10.16

削减后的最小破断拉力总和（$F_{e.red.min}$） reduced minimum aggregate breaking force

削减后的实测破断拉力总和不得低于削减后的最小破断拉力总和规定值。削减后的最小破断拉力总和规定值为钢丝绳中每一种规格承载钢丝的公称横截面积与其对应的钢丝抗拉强度级的乘积的总和。

2.10.17

实测破断拉力总和（$F_{e.m}$） measured aggregate breaking force

钢丝绳中所有钢丝的实测破断拉力的总和。

2.10.18

削减后的实测破断拉力总和（$F_{e.red.m}$） measured reduced aggregate breaking force

钢丝绳中承载钢丝实测破断拉力的总和。

2.10.19

计算实测破断拉力（$F_{m.c}$） calculated measured breaking force

钢丝绳中拆股钢丝实测破断拉力总和与型式试验得到的部分捻制损失系数的乘积。

2.10.20

计算实测破断拉力总和（$F_{e.m.c}$） calculated measured aggregate breaking force

钢丝绳实测破断拉力（F_m）与型式试验得到的部分捻制损失系数的比值。

2.10.21

实测总捻制损失 measured total spinning loss

制绳前钢丝实测破断拉力总和与钢丝绳实测破断拉力（F_m）的差值。

2.10.22

实测部分捻制损失 measured partial spinning loss

制绳后钢丝实测破断拉力总和（$F_{e.m}$）与钢丝绳实测破断拉力（F_m）的差值。

2.10.23

捻制损失系数（k） spinning loss factor

钢丝绳计算最小破断拉力总和（$F_{e.c.min}$）与计算最小破断拉力（$F_{c.min}$）或规定的最小破断拉力总和（$F_{e.min}$）与制造商设计确定的最小破断拉力（F_{min}）的比值。

2.10.24

实测总捻制损失系数（k_m） measured total spinning loss factor

钢丝绳实测破断拉力（F_m）与制绳前钢丝实测破断拉力总和的比值。

2.10.25

实测部分捻制损失系数（$k_{p.m}$） measured partial spinning loss factor

钢丝绳实测破断拉力（F_m）与制绳后钢丝实测破断拉力总和（$F_{e.m}$）的比值。

2.10.26

外层钢丝直径系数（a） outer wire diameter factor

用于计算钢丝绳外层钢丝近似直径的系数。

2.10.27

外层钢丝近似直径（δ_a） approximate outer wire diameter

由外层钢丝直径系数和钢丝绳公称直径的乘积导出的值。

$$\delta_a = a \cdot d$$

2.11 钢丝绳的特性 rope characteristics

2.11.1

扭矩 torque

在保持钢丝绳两端不旋转条件下对其施加规定的拉伸负荷，通过试验或计算确定的扭转特性值，通常用 N·m 表示。

2.11.2

旋转度 turn

在钢丝绳一端可以自由旋转的条件下对钢丝绳施加规定的拉伸负荷，通过试验或计算所确定的旋转特性值，通常用钢丝绳单位长度转动的度数或圈数表示。

2.11.3

充分预变形钢丝绳 fully preformed rope

股中钢丝和钢丝绳中股的内应力减小，当解除所有约束后，钢丝绳中钢丝和股仍保持在原来的位置。

2.12 钢丝绳的类别和结构 rope class and construction

2.12.1

钢丝绳的类别 rope class

力学性能和物理特性相似的一组钢丝绳。具体的分类见第 4 章。

2.12.2

钢丝绳的结构 rope construction

钢丝绳各组件的描述和排列。具体的标记见第 3 章。

3 标记 designation

3.1 总则 general

钢丝绳标记系列的描述应按 3.2～3.4 规定进行。该系列列出了描述钢丝绳所要求的最少信息量(例如，当有规定时或需要证实时)。该系列适用于大多数钢丝绳结构、级别、钢丝表面状态和层数的描述。3.2 中特性 a)～f)也可用于钢丝绳识别。

3.2 格式 format

钢丝绳标记系列应由下列内容组成(见图 33 示例)：

a) 尺寸；

b) 钢丝绳结构；

c) 芯结构；

d) 钢丝绳级别，适用时；

e) 钢丝表面状态；

f) 捻制类型及方向。

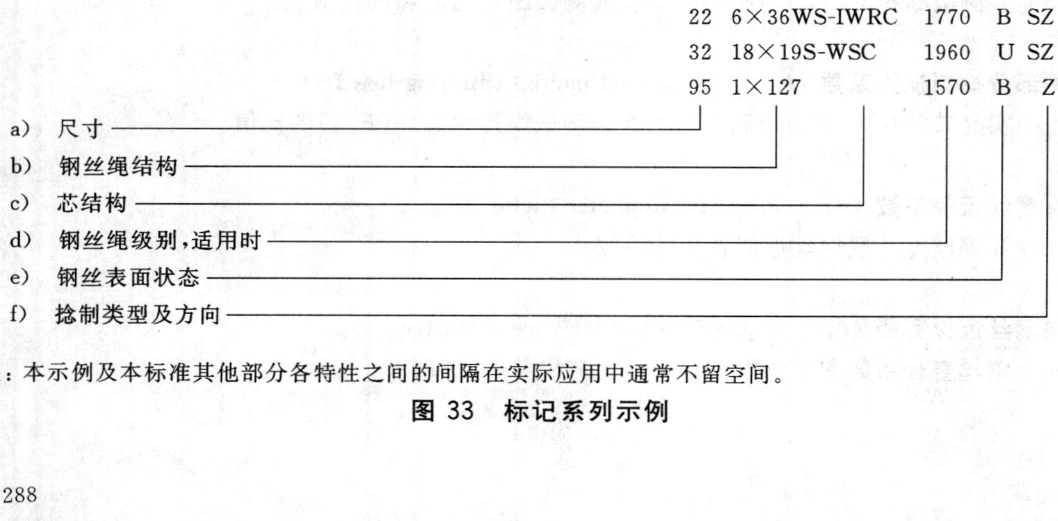

注：本示例及本标准其他部分各特性之间的间隔在实际应用中通常不留空间。

图 33 标记系列示例

3.3 代号 symbols

3.3.1 钢丝、股和钢丝绳横截面形状 cross-sectional shape of wire, strand and rope

横截面形状代号应符合表1规定。

表1 横截面形状代号

横截面形状	代号		
	钢丝	股	钢丝绳
圆形	无代号	无代号	无代号
三角形	V	V	—
组合芯[1)]	—	B	—
矩形	R	—	—
梯形	T	—	—
椭圆形	Q	Q	—
Z形	Z	—	—
H形	H	—	—
扁形或带形	—	P	—
压实形[2)]	—	K	K
编织形	—	—	BR
扁形			P
——单线缝合	—	—	PS
——双线缝合	—	—	PD
——铆钉铆接	—	—	PN

1) 代号B表示股芯由多根钢丝组合而成并紧接在股形状代号之后，例如一个由25根钢丝组成的带组合芯的三角股的标记为V25B。

2) 代号K表示股和钢丝绳结构成型经过一个附加的压实加工工艺，例如一个由26根钢丝组成的西瓦式压实圆股的标记为K26WS。

3.3.2 股结构类型 types of strand constructions

普通类型的圆股结构代号应符合表2规定。

表2 普通类型的股结构代号

结构类型	代号	股结构示例
单捻	无代号	6 即(1—5) 7 即(1—6)
平行捻		
西鲁式	S	17S 即(1—8—8) 19S 即(1—9—9)
瓦林吞式	W	19W 即(1—6—6+6)
填充式	F	21F 即(1—5—5F—10) 25F 即(1—6—6F—12) 29F 即(1—7—7F—14) 41F 即(1—8—8—8F—16)
组合平行捻	WS	26WS 即(1—5—5+5—10) 31WS 即(1—6—6+6—12) 36WS 即(1—7—7+7—14)

表 2(续)

结构类型	代　号	股结构示例
组合平行捻	WS	41WS 即(1—8—8+8—16) 41WS 即(1—6/8—8+8—16) 46WS 即(1—9—9+9—18)
多工序捻(圆股) 　点接触捻 　复合捻[1]	 M N	 19M 即(1—6/12) 37M 即(1—6/12/18) 35WN 即(1—6—6+6/16)
1) N 是一个附加代号并放在基本类型代号之后,例如复合西鲁式为 SN,复合瓦林吞式为 WN。		

对于表 2 中没有包含的股结构的标记应根据股中钢丝数和股的形状确定,其示例见表 3。

当股标记用字母不能充分准确地反映股结构时,详细的股结构可以用从中心钢丝或股芯开始的数字表示。

表 3　根据股中钢丝数确定股的标记示例

具体的股结构	股的标记
圆股—平行捻	
1—6—6F—12—12	37FS
1—7—7F—14—14	43FS
1—7—7—7F—14—14	50SFS
1—8—8F—16—16	49FS
1—6/8—8F—16—16	55FS
1—8—8—8+8—16	49SWS
1—6/8—8—8+8—16	55SWS
1—9—9—9+9—18	55SWS
1—6/9—9F—18—18	61FS
1—9—9—9F—18—18	64SFS
圆股—复合捻	
1—7—7+7—14/20—20	76WSNS
1—9—9—9+9—18/24—24	103SWSNS
三角股	
V—8	V9
V—9	V10
V—12/12	V25
BUC—12/12(组合芯)	V25B
BUC—12/15	V28B
带纤维芯的股(如采用压实/锻打的 3 股和 4 股钢丝绳)	
FC—9/15(股芯为 12×P6:3×Q24FC 的椭圆股)	Q24FC
FC—12—12(纤维芯)	24FC
FC—15—15	30FC
FC—9/15—15	39FC
FC—8—8+8—16	40FC
FC—12/15—15	42FC
FC—12/18—18	48FC

3.3.3　芯、平行捻密实钢丝绳中心和阻旋转钢丝绳中心组件　cores, centres of parallel-closed ropes and central elements of rotation-resistant rope

单层钢丝绳芯、平行捻密实钢丝绳中心和阻旋转钢丝绳中心组件的代号应符合表 4 规定。

表 4 芯、平行捻密实钢丝绳中心和阻旋转钢丝绳中心组件代号

项目或组件	代号
单层钢丝绳	
纤维芯	FC
天然纤维芯	NFC
合成纤维芯	SFC
固态聚合物芯	SPC
钢芯	WC
钢丝股芯	WSC
独立钢丝绳芯	IWRC
压实股独立钢丝绳芯	IWRC(K)
聚合物包覆独立绳芯	EPIWRC
平行捻密实钢丝绳	
平行捻钢丝绳芯	PWRC
压实股平行捻钢丝绳芯	PWRC(K)
填充聚合物的平行捻钢丝绳芯	PWRC(EP)
阻旋转钢丝绳	
中心构件	
纤维芯	FC
钢丝股芯	WSC
密实钢丝股芯	KWSC

3.3.4 导线 conductors

导线代号应用字母 D 而且该代号应放在组件标记之前，例如 DC 表示多股钢丝绳股的中心。

注：导线可以是多股钢丝绳中的一根丝、股中心或股，单捻钢丝绳的一根丝或中心丝，电力钢丝绳的中心，或多股或单捻钢丝绳的一个镶嵌物。

3.4 主要特性的标记 designation of the key features

3.4.1 总则 general

主要特性的标记应按 3.4.2～3.4.7 顺序排列，见图 33。

注：如果需要，制造商的唯一标识或商标名称也应注明并放在钢丝绳标记之前。

3.4.2 尺寸 dimension(s)

圆钢丝绳和编制钢丝绳公称直径应以毫米表示，扁钢丝绳公称尺寸（宽度×厚度）应表明并以毫米表示。

对于包覆钢丝绳应标明二个值：外层尺寸和内层尺寸。对于包覆固态聚合物的圆股钢丝绳，外径和内径用斜线(/)分开，如 13.0/11.5。

3.4.3 结构 construction

3.4.3.1 多股钢丝绳 stranded ropes

多股钢丝绳结构应按下列顺序标记。

a) 单层钢丝绳：

1) 外层股数；

2) 乘号(×)；

3) 每个外层股中钢丝的数量及相应股的标记；

4) 连接号短划线(-)；

5) 芯的标记。

示例：6×36WS - IWRC。（更多示例见附录 B）

b) 平行捻密实钢丝绳：

1) 外层股数；

2) 乘号(×)；

3) 每个外层股中钢丝的数量及相应股的标记；

4) 连接号短划线(-)；

5) 表明平行捻外层股经过密实加工的绳芯的标记。

示例：8×19S - PWRC。(更多示例见附录B)

c) 阻旋转钢丝绳：

—— 十个或十个以上外层股

ⅰ) 钢丝绳中除中心组件外的股的总数；或当中心组件和外层股相同时，钢丝绳中股的总数；

ⅱ) 当股的层数超过二层时，内层股的捻制类型标记在括号中标出；

ⅲ) 乘号(×)；

ⅳ) 每个外层股中钢丝的数量及相应股的标记；

ⅴ) 连接号短划线(-)；

ⅵ) 中心组件的标记。

示例：18×7 - WSC或19×7。(更多示例见附录B)

—— 八个或九个外层股

ⅰ) 外层股数；

ⅱ) 乘号(×)；

ⅲ) 每个外层股中钢丝的数量及相应股的标记；

ⅳ) 连接号冒号(:)表示反向捻芯；

ⅴ) IWRC。

示例：8×25F:IWRC。

3.4.3.2 单捻钢丝绳 spiral ropes

单捻钢丝绳结构应按下列顺序标记：

a) 单捻钢丝绳

1) 1；

2) 乘号(×)；

3) 股中钢丝的数量。

示例：1×61

b) 密封钢丝绳(根据其用途)

1) 半密封钢丝绳：

——HLGR-导向用钢丝绳；

——HLAR-架空索道用钢丝绳。

2) 全密封钢丝绳：

——FLAR-架空索道(或承载)用钢丝绳；

——LHR-提升用钢丝绳；

——FLSR-结构用钢丝绳。

3.4.3.3 扁钢丝绳 flat ropes

扁钢丝绳结构应按下列附加代号标记：

——HR-提升用钢丝绳；

——CR-补偿(或平衡)用钢丝绳。

3.4.4 **芯的结构 core construction**

芯的结构应按表4规定标记。

3.4.5 **钢丝绳级别 rope grade**

当需要给出钢丝绳的级别时,应标明钢丝绳破断拉力级别,如1770,1370/1770。

注:不是所有钢丝绳都需要标明钢丝绳的级别。

3.4.6 **钢丝的表面状态 surface finish of wire**

钢丝的表面状态(外层钢丝)应用下列字母代号标记:

——光面或无镀层　U

——B级镀锌　B

——A级镀锌　A

——B级锌合金镀层　B(Zn/Al)

——A级锌合金镀层　A(Zn/Al)

对于其他的表面状态的标识应保证所选用的字母代号的含义是明确的。

3.4.7 **捻制类型和捻制方向 type of lay and direction**

3.4.7.1 **单捻钢丝绳 spiral rope**

捻制方向应用下列字母代号标记:

——右捻　Z

——左捻　S

3.4.7.2 **多股钢丝绳 stranded rope**

捻制类型和捻制方向应用下列字母代号标记:

——右交互捻　SZ

——左交互捻　ZS

——右同向捻　ZZ

——左同向捻　SS

——右混合捻　aZ

——左混合捻　aS

注:交互捻和同向捻类型中的第一个字母表示钢丝在股中的捻制方向,第二个字母表示股在钢丝绳中的捻制方向。混合捻类型的第二个字母表示股在钢丝绳中的捻制方向。

4 分类 classification

钢丝绳应按照表5~表12所给体系分类。

表5 单层钢丝绳

类别 (不含绳芯)	钢丝绳			外层股			
	股数	外层股数	股的层数	钢丝数	外层钢丝数	钢丝层数	股捻制类型
3×7	3	3	1	5—9	4—8	1	单捻
3×19	3	3	1	15—26	7—12	2—3	平行捻
3×36	3	3	1	27—49	12—18	3	平行捻
3×19M	3	3	1	12—19	9—12	2	多工序点接触
3×37M	3	3	1	27—37	16—18	3	多工序点接触
3×35N	3	3	1	28—48	12—18	3	多工序复合捻
4×7	4	4	1	5—9	4—8	1	单捻
4×19	4	4	1	15—26	7—12	2—3	平行捻
4×36	4	4	1	29—57	12—18	3—4	平行捻

表 5(续)

类别 (不含绳芯)	钢丝绳			外层股			
	股数	外层股数	股的层数	钢丝数	外层钢丝数	钢丝层数	股捻制类型
4×19M	4	4	1	12—19	9—12	2	多工序点接触
4×37M	4	4	1	27—37	16—18	3	多工序点接触
4×35N	4	4	1	28—48	12—18	3	多工序复合捻
6×6	6	6	1	6	6	1	单捻
6×7	6	6	1	5—9	4—8	1	单捻
6×12	6	6	1	12	12	1	单捻
6×19	6	6	1	15—26	7—12	2—3	平行捻
6×36	6	6	1	29—57	12—18	2—3	平行捻
6×61	6	6	1	61—85	18—24	3—4	平行捻
6×19M	6	6	1	12—19	9—12	2	多工序点接触
6×24M	6	6	1	24	12—16	2	多工序点接触
6×37M	6	6	1	27—37	16—18	3	多工序点接触
6×61M	6	6	1	45—61	18—24	4	多工序点接触
6×35N	6	6	1	28—48	12—18	3	多工序复合捻
6×61N	6	6	1	47—61	20—24	3—4	多工序复合捻
6×91N	6	6	1	85—109	24—36	4—6	多工序复合捻
7×19	7	7	1	15—26	7—12	2—3	平行捻
7×36	7	7	1	29—57	12—18	3—4	平行捻
8×7	8	8	1	5—9	4—8	1	单捻
8×19	8	8	1	15—26	7—12	2—3	平行捻
8×36	8	8	1	29—57	12—18	3—4	平行捻
8×61	8	8	1	61—85	18—24	3—4	平行捻
8×35N	8	8	1	28—48	12—18	3	多工序复合捻
8×61N	8	8	1	47—81	20—24	3—4	多工序复合捻
8×91N	8	8	1	85—109	24—36	4—6	多工序复合捻
麻钢混捻钢丝绳							
4×6	4	4	1	6	6	1	单捻
6×6	6	6	1	6	6	1	单捻
6×12	6	6	1	12	12	1	单捻
6×24	6	6	1	24	12—15	2	多工序交互捻
三角股钢丝绳							
6×V8	6	6	1	8—9	7—8	1	单捻
6×V25	6	6	1	15—31	9—18	2	多工序点接触

注 1：对于三角股，当用单独捻制的股如 1—6 或 3F+3×2 等代替钢丝股芯时，该股可记为一根钢丝。

注 2：6×29F 结构钢丝绳既可归为 6×19 类也可归为 6×36 类。

注 3：3 股或 4 股类钢丝绳也可设计和制造成阻旋转的。

表 6 阻旋转钢丝绳

类别	钢丝绳			外层股			
	股数(芯除外)	外层股数	股层数	钢丝数	外层钢丝数	钢丝层数	股捻制类型
圆股：							
2 次捻制							
18×7	17—18	10—12	2	5—9	4—8	1	单捻
18×19	17—18	10—12	2	15—26	7—12	2—3	平行捻
18×36	17—18	10—12	2	29—57	12—18	3—4	平行捻

表 6(续)

类别	钢丝绳			外层股			
	股数(芯除外)	外层股数	股层数	钢丝数	外层钢丝数	钢丝层数	股捻制类型
2 次捻制							
23×7	21—27	15—18	2	5—9	4—8	1	单捻
23×19	21—27	15—18	2	15—26	7—12	2—3	平行捻
2 次捻制							
24×7	19—28	11—12	3	5—9	4—8	1	单捻
24×19	19—28	11—12	3	15—26	7—12	2—3	平行捻
3 次捻制							
34(M)×7	34—36	17—18	3	5—9	4—8	1	单捻
34(M)×19	34—36	17—18	3	15—26	7—12	2—3	平行捻
34(M)×36	34—36	17—18	3	29—57	12—18	3—4	平行捻
2 次捻制							
35(W)×7	27—40	15—18	3	5—9	4—8	1	单捻
35(W)×19	27—40	15—18	3	15—26	7—12	2—3	平行捻
35(W)×36	27—40	15—18	3	29—57	12—18	3—4	平行捻
8×7:IWRC	14—16	8	2	5—9	4—8	1	单捻
8×19:IWRC	14—16	8	2	15—26	7—12	2—3	平行捻
8×36:IWRC	14—16	8	2	29—57	12—18	3—4	平行捻
9×7:IWRC	18	9	2	5—9	4—8	1	单捻
9×19:IWRC	18	9	2	15—26	7—12	2—3	平行捻
9×36:IWRC	18	9	2	29—57	12—18	3—4	平行捻
异型股:							
2 次捻制							
10×Q10	10—14	6—9	2	8—10	8—10	1	单捻
12×P6:Q3×24FC	15	12	2	6	6	1	单捻
3 次捻制							
19(M)×Q12	19	8	3	10—12	10—12	1	单捻
19(M)×Q26	19	8	3	24—28	14—16	2	多工序点接触
注:3 股或 4 股钢丝绳也可以设计和制造成阻旋转钢丝绳。							

表 7 平行捻密实钢丝绳

类别	股数(芯除外)	外层股数	股层数	外层股钢丝数	外层钢丝数	钢丝层数	股捻制类型
6×19—PWRC	12	6	2	15—26	7—12	2—3	平行捻
6×36—PWRC	12	6	2	29—57	12—18	3—4	平行捻
8×7—PWRC	16	8	2	5—9	4—8	1	单捻
8×19—PWRC	16	8	2	15—26	7—12	2—3	平行捻
8×36—PWRC	16	8	2	29—57	12—18	3—4	平行捻
9×7—PWRC	18	9	2	5—9	4—8	1	单捻
9×19—PWRC	18	9	2	15—26	7—12	2—3	平行捻
9×36—PWRC	18	9	2	29—57	12—18	3—4	平行捻

表 8 缆式钢丝绳

类别 (不包括绳芯)	钢丝绳	单元钢丝绳			单元钢丝绳的外层股			
	单元钢丝绳数	股 数	外层股数	股层数	钢丝数	外层钢丝数	钢丝层数	股捻制类型
6×6×7	6	6	6	1	5—9		1	单捻
6×6×19	6	6	6	1	15—26	7—12	2—3	平行捻
6×6×36	6	6	6	1	27—57	12—18	3—4	平行捻
6×6×61	6	6	6	1	61—73	18—24	3—4	平行捻
6×6×19M	6	6	6	1	12—19	9—12	2	多工序点接触
6×6×37M	6	6	6	1	27—37	16—18	3	多工序点接触
6×6×61M	6	6	6	1	45—61	20—24	4	多工序点接触
6×6×35N	6	6	6	1	28—48	12—18	3	多工序复合捻
6×6×61N	6	6	6	1	47—81	20—24	3—4	多工序复合捻
6×6×91N	6	6	6	1	85—109	24—36	4—6	多工序复合捻
6×8×19	6	8	8	1	15—26	7—12	2—3	平行捻
6×8×36	6	8	8	1	27—57	12—18	3—4	平行捻
6×8×61	6	8	8	1	61—73	20—24	3—4	平行捻
6×8×35N	6	8	8	1	28—48	12—18	3	多工序复合捻
6×8×61N	6	8	8	1	47—81	20—24	3—4	多工序复合捻
6×8×91N	6	8	8	1	85—109	24—36	4—6	多工序复合捻
回弹捻								
6×3×19	6	3[a]	3[a]	1	15—26	7—12	2—3	平行捻
6×3×19M	6	3[a]	3[a]	1	12—19	9—12	2	多工序点接触

[a] 见 2.8.7。

表 9 扁钢丝绳

类 别	钢丝绳	单元钢丝绳		单元钢丝绳股			
	单元钢丝绳数	股数	股层数	钢丝数	外层钢丝数	钢丝层数	股捻制类型
P6×4×7	6	4	1	5—9	4—8	1	单捻
P6×4×12M	6	4	1	12	9	2	多工序点接触
P8×4×7	8	4	1	5—9	4—8	1	单捻
P8×4×12M	8	4	1	12	9	2	多工序点接触
P8×4×14M	8	4	1	14	10	2	多工序点接触
P8×4×19W	8	4	1	7	12	2	平行捻
P8×4×19M	8	4	1	7	12	2	多工序点接触

表 10 单股钢丝绳

类 别	钢丝数	外层钢丝数	钢丝层数
1×19	17—37	11—16	2—3
1×37	34—59	17—22	3—4
1×61	57—85	23—28	4—5
1×91	86—114	29—34	5—6
1×127	>114	>34	>3

表 11 股

类　　别	钢丝数	外层钢丝数	钢丝层数	股捻制类型
1×7	5—9	4—8	1	单捻
1×19	15—26	7—12	2—3	平行捻
1×19M	12—19	9—12	2	多工序点接触
1×36	27—49	12—18	3	平行捻
1×37M	27—37	16—18	3	多工序点接触

表 12 密封钢丝绳

类　　别	钢丝层数
单层半密封钢丝	2 或 2 层以上
双层半密封钢丝	4 或 4 层以上
多层半密封钢丝	6 或 6 层以上
单层全密封钢丝	2 或 2 层以上
双层全密封钢丝	4 或 4 层以上
三层全密封钢丝	4 或 4 层以上
多层全密封钢丝	8 或 8 层以上

附 录 A
（资料性附录）
钢 丝 绳 组 件

见图 A.1 和 A.2。

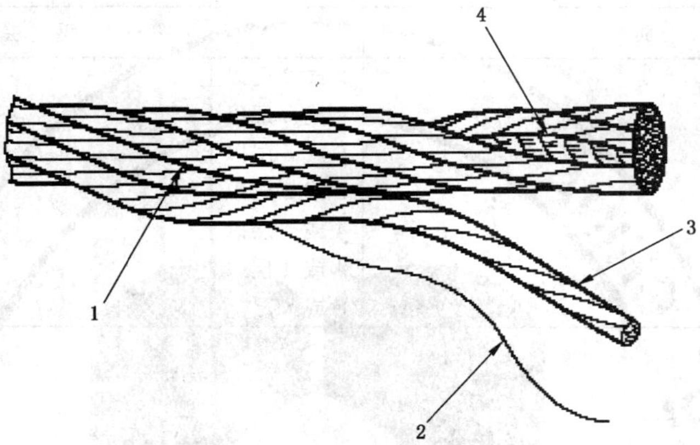

1——钢丝绳；
2——钢丝；
3——股；
4——芯。

图 A.1 多股钢丝绳

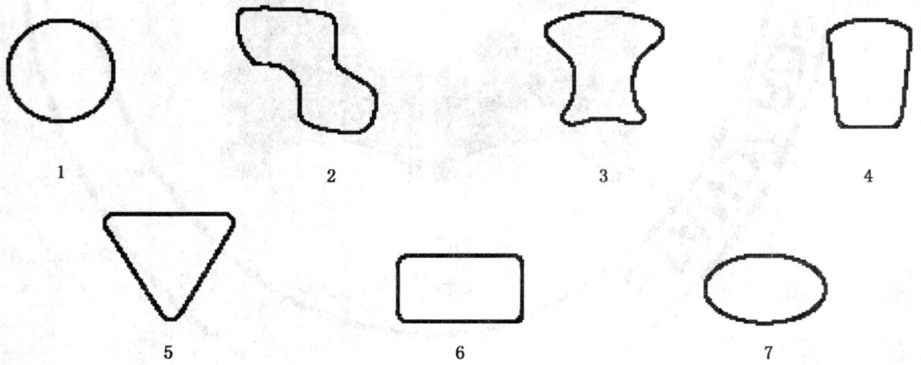

1——圆形；
2——全密封(Z)；
3——半密封(H)；
4——梯形(T)；
5——三角形(V)；
6——矩形(R)；
7——椭圆形(Q)。

图 A.2 钢丝形状示例

附 录 B
（资料性附录）
标 记 系 列

B.1 多股钢丝绳的股结构

见图 B.1。

ⅰ）	K	19	S
ⅱ）	V	25	
ⅲ）	V	25	B
ⅳ）		24	FC
ⅴ）		36	WS

组件：
a） 股形状代号，适用时
b） 钢丝总数
c） 股结构代号

图 B.1 多股钢丝绳股结构标记示例

B.2 钢丝绳结构

B.2.1 单捻钢丝绳

见图 B.2。

ⅰ）	1×	19	M
ⅱ）	1×	61	
ⅲ）	1×	127	

组件：
a） 数字“1”后接乘号
b） 钢丝总数
c） 股结构类型代号

图 B.2 单股钢丝绳标记示例

B.2.2 多股钢丝绳

B.2.2.1 单层多股钢丝绳

见图 B.3。

ⅰ）	6×	36WS	—SFC
ⅱ）	6×	V25	—SFC
ⅲ）	8×	25F	—IWRC

组件：
a） 外层股数后接乘号
b） 股结构标记
c） 用短划线(-)将绳芯结构分开

图 B.3 单层多股钢丝绳标记示例

B.2.2.2　阻旋转钢丝绳

见图 B.4。

i)	17	×		7	—SFC
ii)	18	×		7	—WSC
或者，WSC 的结构与其他股的结构相同时					
	19	×		7	
iii)	18	×		19S	—WSC
或者，WSC 的结构与其他股的结构相同时					
	19	×		19S	
iv)	34 (M)	×		7	—SFC
v)	34 (W)	×		7	—WSC
或者，WSC 的结构与其他股的结构相同时					
	35 (W)	×		7	
vi)	34 (W)	×	K	7	—WSC
vii)	39 (W)	×		7	—WSC
或者，WSC 的结构与其他股的结构相同时					
	40 (W)	×		7	
viii)	10	×	Q	10FC	—WSC
ix)	19 (M)	×	Q	26FC	—WSC

组件：

a) 股的总数

b) 股下层钢绳结构类型代号，适用时加圆括号

c) 乘号

d) 股形状代号，适用时

e) 一个外层股的钢丝总数和股结构代号，适用时

f) 用短划线(-)将绳芯结构分开

图 B.4　阻旋转钢丝绳标记示例

B.2.2.3　平行捻密实钢丝绳

见图 B.5

i)	6	×	7	—PWRC
ii)	8	×	K7	—PWRC
iii)	8	×	19S	—PWRC
iv)	8	×	K36WS	—PWRC
v)	8	×	K36WS	—PWRC
vi)	9	×	21F	—PWRC

组件：

a) 外层股数

b) 乘号

c) 股形状和外层股结构代号

d) 用短划线将绳芯分开

图 B.5　平行捻密实钢丝绳标记示例

B.2.3 缆式钢丝绳

见图 B.6

ⅰ） 6× [6×19S−IWRC] −[FC]

ⅱ） 6× [6×36WS−IWRC] −[6×36WS−IWRC]

组件：

a） 单元钢丝绳总数后接乘号

b） 单元钢丝绳结构标记，加方括号

c） 用短划线将芯绳结构标记分开，并加方括号

图 B.6 缆式钢丝绳标记示例

B.2.4 编制钢丝绳

见图 B.7

ⅰ） BR 12× 19S

ⅱ） BR 12× 36WS

组件：

a） 钢丝绳形状字母代号

b） 股的总数后接乘号

c） 股结构标记

图 B.7 编制钢丝绳标记示例

B.2.5 扁钢丝绳

见图 B.8

ⅰ） PS HR 8× [4×7]

ⅱ） PD CR 8× [4×19M]

组件：

a） 钢丝绳结构代号

b） 缝合类型代号

c） 应用类型代号

d） 单元钢丝绳总数，后接乘号

e） 单元钢丝绳结构基本标记，加方括号

图 B.8 扁钢丝绳标记示例

附 录 C
（资料性附录）
本标准与 GB/T 8706—1988、GB/T 8707—1988 差异对照

表 C.1 本标准与 GB/T 8706—1988、GB/T 8707—1988 差异对照

本标准条款号	本 标 准	GB/T 8706—1988、GB/T 8707—1988
2.1.1.2	多股钢丝绳外层股中位于最外层的钢丝叫“外层钢丝”	股中处于最外层的钢丝叫“外层钢丝”
2.1.5	“绳芯钢丝”及其定义	—
2.1.7	“(钢丝)层”及其定义	—
2.1.10	钢丝抗拉强度级	钢丝抗拉强度
2.1.11	“实测钢丝抗拉强度”及其定义	—
2.2.5	扁带股	扁股
2.2.11	“组合平行捻”及其定义	—
2.2.12	“多工序捻股”及其定义	—
2.2.14	“复合捻”及其定义	—
2.2.15	“压实股”及其定义	—
2.3.4	“固态聚合物芯”及其定义	—
2.4.2	“浸渍剂”及其定义	—
2.4.3	“防腐剂”及其定义	—
2.6.1.3	阻旋转钢丝绳	多股钢丝绳、不旋转钢丝绳
2.6.1.4	“平行捻密实钢丝绳”及其定义	—
2.6.1.5	“压实股钢丝绳”及其定义	—
2.6.1.6	“压实股(锻打)钢丝绳”及其定义	—
2.6.1.7	缆式钢丝绳	三捻钢丝绳(钢缆)
2.6.1.9	“电力钢丝绳”及其定义	—
2.6.3.1	“固态聚合物包覆钢丝绳” 及其定义	—
2.6.3.2	“固态聚合物填充钢丝绳” 及其定义	—
2.6.3.3	“固态聚合物包覆和填充钢丝绳”及定义	—
2.6.3.4	“衬垫芯钢丝绳” 及其定义	—
2.6.3.5	“衬垫钢丝绳” 及其定义	—
2.7.14	“股间隙” 及其定义	—
2.7.15	“制造长度” 及其定义	—
2.8.1	股捻向用小写字母“z”或“s”表示	股捻向用大写字母“Z”或“S”表示
2.8.3，2.8.4	钢丝绳捻法第一个字母表示股的捻向，第二个字母表示钢丝绳的捻向。如交互捻 SZ、ZS，同向捻 ZZ、SS	钢丝绳捻法的第一个字母表示钢丝绳的捻向，第二个字母表示股的捻向。如交互捻 SZ、ZS，同向捻 ZZ、SS

表 C.1(续)

本标准条款号	本　标　准	GB/T 8706—1988、GB/T 8707—1988
2.8.5	“混合捻”及其定义、符号(aZ ,aS)	—
2.8.6	“反向捻“及其定义	—
2.9.4	“制造商的设计值”及其定义	—
2.9.5	“削减值“及其定义	—
2.10.2	“公称金属横截面积系数”及其定义	—
2.10.14	“最小破断拉力总和”及其定义	—
2.10.16	“削减后的最小破断拉力总和”及其定义	—
2.10.18	“削减后的实测破断拉力总和”及其定义	—
2.10.19	“实测计算破断拉力”及其定义	—
2.10.20	“实测计算破断拉力总和”及其定义	—
2.10.25	“实测部分捻制损失系数”及其定义	—
2.10.26	“外层钢丝直径系数”及其定义	—
2.10.27	“外层钢丝近似直径”及其定义	—
2.12.1	按“力学性能和物理性能相似的一组钢丝绳”来分类	多种分类方法:按结构、直径、用途、捻制特性、表面状态、股断面形状等分类
3.2	钢丝绳标记系列中“钢丝表面状态”放在“钢丝绳级别”和“捻法”之间	钢丝绳标记系列中“钢丝表面状态”放在“钢丝绳直径”和“结构”之间
表 1	组合芯式股代号为 B,扁带形股为 P,压实形股和钢丝绳为 K,编织形股和钢丝绳为 BR ,单线缝合、双线缝合、铆钉铆接扁钢丝绳代号分别为 PS、PD、PN	组合芯式股代号无,扁带形股为 R,压实形股和钢丝绳代号无,编织形股代号无,编织钢丝绳为 Y。扁钢丝绳代号均为 P
表 2、表 3	具体股结构从中心钢丝逐层向外层标识,且平行捻的各层钢丝之间用号“—”隔开,多工序捻(点接触)的各捻制工序钢丝层用号“/”隔开,同一层不同尺寸的钢丝用“+”号隔开。例如:平行捻股结构 19S 表示为(1—9—9),多工序捻股结构(电接触)37M 表示为(1—6/12/18),三角股结构 V25 表示为(V—12/12),组合平行捻股结构 49SWS 表示为(1—8—8—8+8—16),圆股复合捻股结构 103SWSNS 表示为(1—9—9—9+9—18/24—24)	具体的股结构从外层逐层向中心钢丝标识,且平行捻的各层钢丝之间和多工序捻(点接触)各捻制工序钢丝层均用号“+”隔开,同一层不同尺寸的钢丝用“/”号隔开。例如:平行捻股结构 19S 表示为(9+9+1),多工序捻股结构(电接触)37M 表示为(18+12+6+1),三角股结构 V25 表示为(12+12+1V),组合平行捻股结构 49SWS 表示为(16+8/8+8+8+1),圆股复合捻股结构 103SWSNS 表示为(24+24+18+9/9+9+9+1)
3.4.6	光面或无镀层代号为 U,A 级镀锌为 A,B 级镀锌为 B,A 级锌铝合金镀层为 A(Zn./Al),B 级锌铝合金镀层为 B(Zn/Al)	光面代号为 NAT ,A 级镀锌为 ZAA,B 级镀锌为 ZBB,A 级及 B 级锌铝合金镀层代号无

附　录　D
（资料性附录）
术语索引（按英文字母顺序排列）

N

O

P

R

S

T

W

附 录 E
（资料性附录）
术语索引（按汉语拼音字母顺序排列）

ICS 77.150.60
H 62

中华人民共和国国家标准

GB/T 8738—2006
代替 GB/T 8738—1988

铸造用锌合金锭

Zinc alloy ingots for casting

2006-05-08 发布　　2006-10-01 实施

中华人民共和国国家质量监督检验检疫总局
中国国家标准化管理委员会　发布

前言

本标准在修订过程中选用了 ISO 301(DIS)《铸造用锌合金锭》中所有的 6 个牌号和化学成分、选用了 EN 1774—1997《铸造用锌合金锭》中的 ZnAl6Cu1 牌号及化学成分、选用了 ASTM B 240—1998《铸造用锌合金锭》中的 AG40B(ZnAl4Ni)牌号及化学成分；同时，为对应 GB/T 1175—1997《铸造锌合金》中的牌号，本标准还选用了其中的 ZZnAl9Cu2Mg、ZZnAl11Cu5Mg 两个牌号。

本标准代替 GB/T 8738—1988《铸造锌合金锭》，本标准与 GB/T 8738—1988 相比，主要有如下变动：

1. 标准名称按国际通行的命名方法，将"铸造锌合金锭"改为"铸造用锌合金锭"。

2. 产品牌号由原标准规定的 16 个减少到 10 个，同时增加了各牌号的代号。并在附录 A 中列出了国内外铸造用锌合金锭标准与牌号对照表。

3. 在产品规格中取消了对锭的尺寸的规定，只规定了单锭重不大于 25 kg。同时，允许每捆的底锭可采用有脚锭，以便于包装和运输。

4. 在取样和制样中取消了"重复试验"，增加了生产样的采取方法。同时，完善了仲裁样的采取和制备方法。

5. 本标准明确规定铸造用锌合金锭必须捆扎包装，并用塑料袋防尘防湿。

6. 增加附录 B，列出了本标准各牌号铸造锌合金铸件的主要力学性能指标，以供用户参考(不作验收依据)。

7. 本标准增加了"订货单(或合同)内容"一章。

本标准的附录 A、附录 B 是资料性附录。

本标准由中国有色金属工业协会提出。

本标准由全国有色金属标准化技术委员会归口。

本标准由湖南株冶火炬金属股份有限公司负责起草。

本标准主要起草人：李敦华、钟鸣、唐凌、陈敬阳。

本标准由全国有色金属标准化技术委员会负责解释。

本标准所代替标准的历次版本发布情况为：

——GB/T 8738—1988。

铸 造 用 锌 合 金 锭

1 范围

本标准规定了铸造用锌合金锭的要求、试验方法、检验规则及标志、包装、运输与贮存。

本标准适用于铸造业用锌合金锭。

2 规范性引用文件

下列文件中的条款通过本标准的引用而成为本标准的条款。凡是注日期的引用文件，其随后所有的修改单(不包括勘误的内容)或修订版均不适用于本标准，然而，鼓励根据本标准达成协议的各方研究是否可使用这些文件的最新版本。凡是不注日期的引用文件，其最新版本适用于本标准。

GB/T 1250 极限数值的表示方法和判定方法

GB/T 8170 数值修约规则

GB/T 12689 锌及锌合金化学分析方法

3 要求

3.1 产品分类

铸造用锌合金锭按化学成分分为10个牌号。本标准铸造用锌合金锭各牌号与国外标准的对应关系见附录A。

3.2 化学成分

3.2.1 铸造用锌合金锭的化学成分应符合表1的规定。

表 1 铸造用锌合金锭化学成分

牌号	代号	化学成分/%												
		主成分					杂质含量 不大于							
		Al	Cu	Mg	Ni	Zn	Fe	Pb	Cd	Sn	Si	Cu	Mg	Ni
ZnAl4	ZX01	3.9～4.3	—	0.03～0.06	—	余量	0.035	0.0040	0.0030	0.0015	—	0.1	—	—
ZnAl4Ni	ZX02	3.9～4.3	—	0.01～0.02	0.005～0.020	余量	0.075	0.0020	0.0020	0.0010	—	0.1	—	—
ZnAl4Cu1	ZX03	3.9～4.3	0.7～1.1	0.03～0.06	—	余量	0.035	0.0040	0.0030	0.0015	—	—	—	—
ZnAl4Cu3	ZX04	3.9～4.3	2.6～3.1	0.03～0.06	—	余量	0.035	0.0040	0.0030	0.0015	—	—	—	—
ZnAl6Cu1	ZX05	5.6～6.0	1.2～1.6	—	—	余量	0.020	0.003	0.003	0.001	0.02	—	0.005	0.001
ZnAl8Cu1	ZX06	8.2～8.8	0.9～1.3	0.02～0.03	—	余量	0.035	0.005	0.005	0.002	—	—	—	—
ZnAl9Cu2	ZX07	8.0～10.0	1.0～2.0	0.03～0.06	—	余量	0.05	0.005	0.005	0.002	0.05	—	—	—
ZnAl11Cu1	ZX08	10.8～11.5	0.5～1.2	0.02～0.03	—	余量	0.05	0.005	0.005	0.002	—	—	—	—
ZnAl11Cu5	ZX09	10.0～12.0	4.0～5.5	0.03～0.06	—	余量	0.05	0.005	0.005	0.002	0.05	—	—	—
ZnAl27Cu2	ZX10	25.5～28.0	2.0～2.5	0.012～0.02	—	余量	0.07	0.005	0.005	0.002	—	—	—	—
注：代号表示方法："Z"为"铸"字汉语拼音首字母，代表"铸造用"；"X"为"锌"字汉语拼音首字母，表示"锌合金"。														

3.2.2 需方如对铸造用锌合金锭的化学成分有特殊要求时，可由供需双方商定。

3.3 物理规格

3.3.1 铸造用锌合金锭为长方梯形，底部有便于将锭打断的凹槽（见图 1a、图 1b）。

3.3.2 为使铸造用锌合金锭便于包装和运输，允许每捆的底锭可采用有脚锭（见图 1c）。

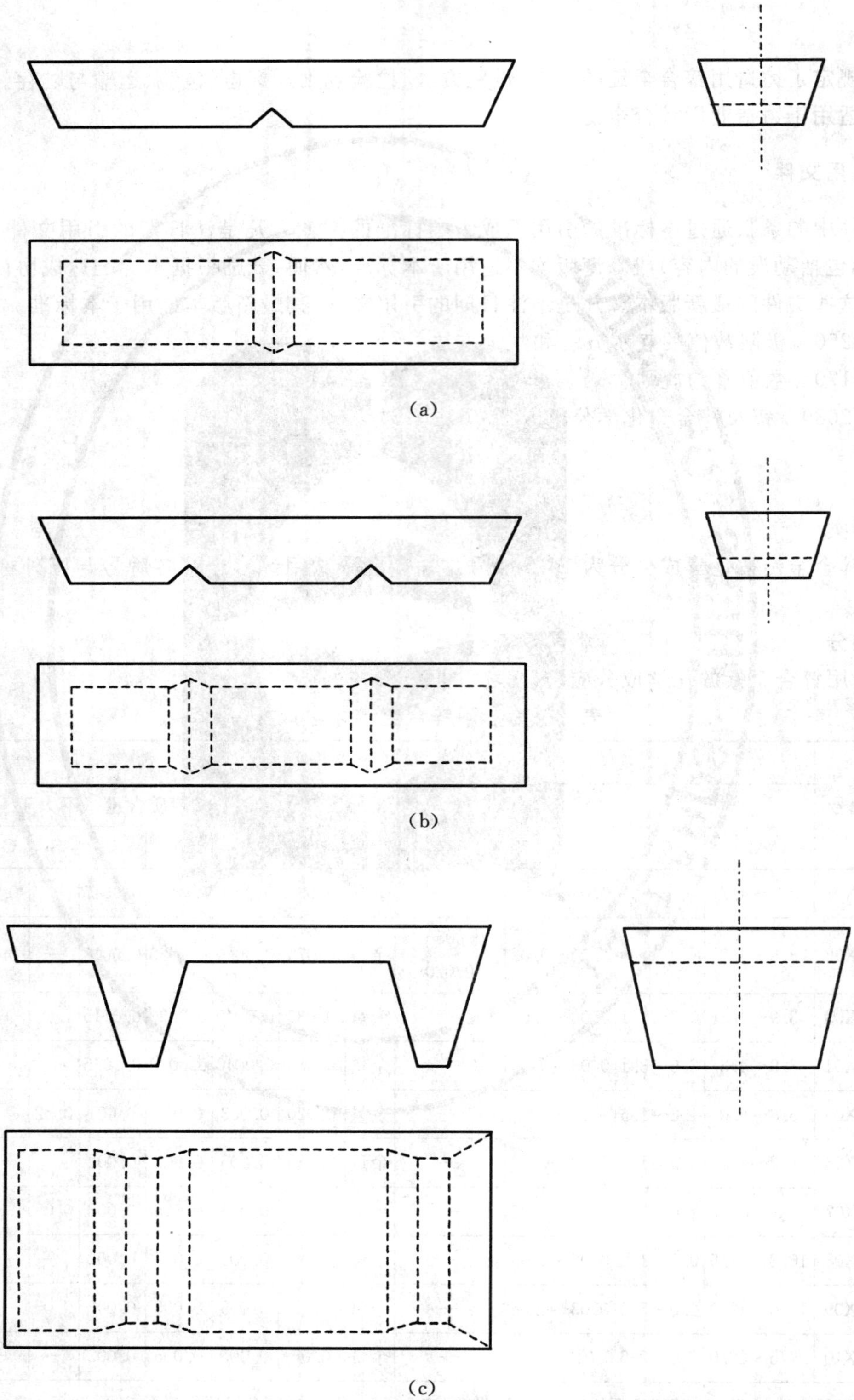

图 1 铸造用锌合金锭示意图

3.3.3 铸造用锌合金锭的单锭重应不大于 25 kg。

3.3.4 需方如对铸造用锌合金锭的形状和锭重有特殊要求时，可由供需双方商定。

3.4 表面质量

3.4.1 铸造用锌合金锭表面不得有熔渣和夹杂物，但允许有浇铸时产生的轻微表面缩孔。

3.4.2 铸造用锌合金锭表面不得有飞边毛刺(允许修整)。

4 试验方法

4.1 化学成分仲裁分析方法

铸造用锌合金锭化学成分仲裁分析方法按 GB 12689 的规定进行。

4.2 重量检验方法

铸造用锌合金锭的重量用称量法检验。

4.3 表面质量检验方法

铸造用锌合金锭表面质量用目视法检验。

5 检验规则

5.1 检查和验收

5.1.1 铸造用锌合金锭应由供方技术监督部门进行检验，保证产品质量符合本标准或订货单(合同)的规定，并填写质量证明书(合格证)。

5.1.2 需方应对收到的产品按本标准的规定进行检验。如检验结果与本标准或订货单(合同)的规定不符时，应在收到产品之日起 30 天内向供方提出，由供需双方协商解决。如需仲裁，仲裁取样在需方共同进行。

5.2 组批

5.2.1 铸造用锌合金锭应成批提交检验，每批应由同一牌号、同一熔炼号的产品组成。批量不大于 30 t。

5.2.2 经供需双方商定，也可由同一牌号的多个熔炼号的产品组成一个检验批。批量按需方要求执行。

5.3 检验项目

每批铸造用锌合金锭应进行化学成分、重量、表面质量的检验。

5.4 取样和制样

5.4.1 生产样的采取

供方用于化学成分分析的试样可从浇铸时的液态金属中采取，也可用其他方法采取。

5.4.2 仲裁样的采取和制备

5.4.2.1 铸造用锌合金锭化学成分仲裁样的采取

5.4.2.1.1 仲裁取样数量：从每批仲裁铸造用锌合金锭中，等距离(间隔)随机抽取 12 锭，作为仲裁样锭。

5.4.2.1.2 仲裁取样方法：将抽取的样锭按每 4 个锭为 1 组，共分 3 组。用钻孔法或锯切法采取试样。钻孔或锯切时，不得使用任何润滑剂，其速度不得使试样氧化。取样时应除去表皮(不超过 2 mm)，钻、锯深度不小于锭厚的三分之二。

a) 钻孔法：用直径 10 mm～15 mm 的钻头取样，将每组 4 块样锭，按浇铸面 A 与底面 B 依次排列成长方形，在长方形上划 2 条对角线，与每锭纵向中心线相交的两点为该锭的取样点，如图 2 所示(以 a 形锭为例)。

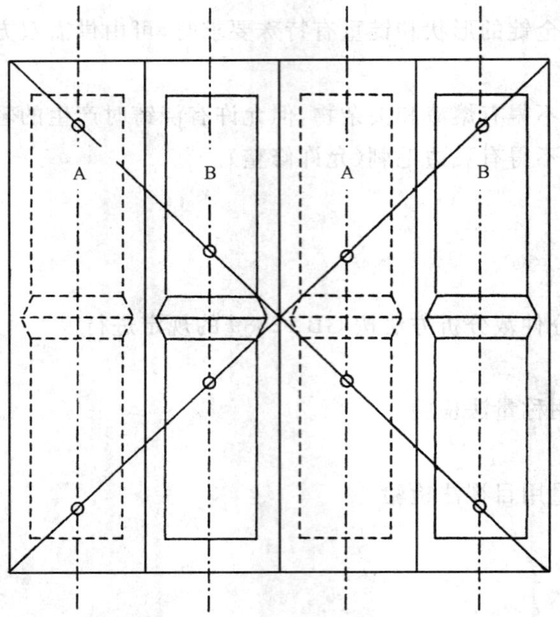

图 2 铸造用锌合金锭钻孔布点图

b) 锯切法：锯条与铸造用锌合金锭垂直，通过钻孔法取样点横向锯切。

5.4.2.1.3 试样的制备：将取得的试样制成不大于 3 mm 屑状，用磁铁除净加工时带入的铁屑，仔细混匀后以四分法缩至不少于 300 g，作为仲裁分析样品。

5.4.2.2 铸造用锌合金锭仲裁样的取制样方法也可由供需双方商定。

5.5 检验结果的判定

5.5.1 铸造用锌合金锭检验结果的数值修约按 GB/T 8170 中的有关规定进行。修约后的数值判定按 GB/T 1250 中的有关规定进行。

5.5.2 铸造用锌合金锭的化学成分分析结果与本标准的规定不符时，按批判废。

5.5.3 铸造用锌合金锭的物理规格及表面质量的检验结果与本标准规定不符时，按锭判废。

6 标志、包装、运输与贮存

6.1 标志

6.1.1 每块铸造用锌合金锭底面应铸有注册商标（或企业标志），表面应打印或用不易脱落的颜色（或标签）标注牌号（或代号）、批号。

6.1.2 每捆铸造用锌合金锭应粘贴标签，其上注明：

a) 供方名称；

b) 产品名称和牌号；

c) 捆重。

6.2 包装

6.2.1 铸造用锌合金锭应堆码整齐，并用相应强度且不易锈蚀的包装带捆扎包装。

6.2.2 铸造用锌合金锭打捆后，应用塑料薄膜袋包装，以防尘防湿。

6.3 运输与贮存

6.3.1 铸造用锌合金锭包装成捆后，应确保其在运输过程中不散捆。

6.3.2 铸造用锌合金锭应用无腐蚀性物质的运输工具装运，防止被雨水淋湿。

6.3.3 铸造用锌合金锭应贮存在干燥、通风、无腐蚀性物质的仓库里。

6.4 其他

需方如对铸造用锌合金锭的标志、包装、运输与贮存有特殊要求时，由供需双方商定。

6.5 质量证明书（合格证）

每批铸造用锌合金锭出厂时应附质量证明书（合格证），其上注明：

a) 供方名称和商标；

b) 产品名称和牌号；

c) 批号；

d) 净重和件数；

e) 分析检验结果和技术监督部门印记；

f) 标准编号；

g) 出厂日期。

7 订货单（或合同）内容

本标准所列材料的订货单（或合同）内应包括下列内容：

7.1 产品名称；

7.2 产品牌号；

7.3 化学成分、物理规格、表面质量等特殊要求；

7.4 数量；

7.5 标准编号；

7.6 其他需要协商或增加标准以外要求的内容。

附 录 A
(资料性附录)
国内外铸造锌合金锭标准及牌号对照表

国内外铸造锌合金锭标准及牌号对照表见表 A.1。

表 A.1 国内外铸造锌合金锭标准及牌号对照表

GB/T 8738—××××	ISO 301 2003 修订版	EN 1774—1997	ASTMB 240—1998	AS 1881—1986	JISH 2201—1999	GB/T 8738—1988
ZnAl4	ZnAl4	ZnAl4	AG40A	ZnAl4	2 级	ZZnAlD4A ZZnAlD4
ZnAl4Ni	—	—	AG40B	—	—	—
ZnAl4Cu1	ZnAl4Cu1	ZnAl4Cu1	AG41A	ZnAl4Cu1	1 级	ZZnAlD4—1A ZZnAlD4—1
ZnAl4Cu3	ZnAl4Cu3	ZnAl4Cu3	AG43A	—	—	ZZnAlD4—3A ZZnAlD4—3
ZnAl6Cu1	—	ZnAl6Cu1	—	—	—	—
ZnAl8Cu1	ZnAl8Cu1	ZnAl8Cu1	ZA8	—	—	—
ZnAl9Cu2	—	—	—	—	—	—
ZnAl11Cu1	ZnAl11Cu1	ZnAl11Cu1	ZA12	ZnAl11Cu1	—	ZZnAlD11—1
ZnAl11Cu5	—	—	—	—	—	—
ZnAl27Cu2	ZnAl27Cu2	ZnAl27Cu2	ZA27	ZnAl27Cu2	—	—

附 录 B
（资料性附录）
铸造锌合金铸件主要力学性能参考表

表 B.1 各牌号铸造锌合金铸件主要力学性能参考表

牌 号	代 号	抗拉强度 (σ_b)/MPa	伸长率 (δ_5)/%	布氏硬度 (HBS)	力学性能对应的铸造工艺和铸态
ZnAl4	ZX01	250	1	80	Y
ZnAl4Ni	ZX02	250	1	80	Y
ZnAl4Cu1	ZX03	270	2	90	Y
		175	0.5	80	JF
ZnAl4Cu3	ZX04	320	2	95	Y
		220	0.5	90	SF
		240	1	100	JF
ZnAl6Cu1	ZX05	180	1	80	SF
		220	1.5	80	JF
ZnAl8Cu1	ZX06	220	2	80	Y
		250	1	80	SF
		225	1	85	JF
ZnAl9Cu2	ZX07	275	0.7	90	SF
		315	1.5	105	JF
ZnAl11Cu1	ZX08	300	1.5	85	Y
		280	1	90	SF
		310	1	90	JF
ZnAl11Cu5	ZX09	275	0.5	80	SF
		295	1.0	100	JF
ZnAl27Cu2	ZX10	350	1	90	Y
		400	3	110	SF
		420	1	110	JF

注 1：本表数据引自 GB/T 1175—1997 表 2 及 GB/T 13818—1992 表 1。

注 2：本表中 Y—代表压铸，S—代表砂型铸，J—代表金属型铸，F—代表铸态。

注 3：本表数据仅供用户选择牌号时参考，不作验收依据。

ICS 25.220.20
H 20

中华人民共和国国家标准

GB/T 8752—2006
代替 GB/T 8752—1988

铝及铝合金阳极氧化 薄阳极氧化膜连续性检验方法 硫酸铜法

Anodizing of aluminium and its alloys—Check of continuity of thin anodic oxide coating—Copper sulphate test

(ISO 2085:1976, Anodizing of aluminium and its alloys—Check of continuity of thin anodic oxide coatings—Copper sulphate test, MOD)

2006-09-26 发布 2007-02-01 实施

中华人民共和国国家质量监督检验检疫总局
中国国家标准化管理委员会 发布

前言

本标准修改采用ISO 2085:1976《铝及铝合金阳极氧化 硫酸铜法检测薄阳极氧化膜的连续性》(英文版),为了方便比较,在附录A中列出了本标准条款和对应的国际标准条款的对照一览表。

本标准根据EN 12373.16—2001《铝及铝合金阳极氧化 薄阳极氧化膜的连续性检验 硫酸铜法》,在采用国际标准ISO 2085:1976时进行了修改。这些技术差异用垂直单线标识在它们所涉及的条款的页边空白处。

其主要差异如下:

——第2章原理中"铜离子与铝的置换反应"改为"铜在铝表面上的化学沉积";

——第2章原理中"观察到黑点"改为"观察到黑点或红点";

——增加4.3节"检验表面,计算黑点或红点的数目";

——增加第6章"试验报告"。

本标准代替GB/T 8752—1988《铝及铝合金阳极氧化 薄阳极氧化膜连续性的检验硫酸铜试验》。

本标准与GB/T 8752—1988相比,主要变化如下:

——第2章原理中"铜离子与铝的置换反应"改为"铜在铝表面上的化学沉积";

——第2章原理中"观察到黑点"改为"观察到黑点或红点";

——增加4.3节"检验表面,计算黑点或红点的数目";

——增加第6章"试验报告"。

本标准的附录A为资料性附录。

本标准由中国有色金属工业协会提出。

本标准由全国有色金属标准化技术委员会归口并负责解释。

本标准负责起草单位:北京有色金属研究总院。

本标准参加起草单位:中国有色金属工业标准计量质量研究所。

本标准主要起草人:朱祖芳、李永丰、纪红、何耀祖、葛立新、马存真、席欢。

本标准所代替标准的历次版本发布情况为:

——GB/T 8752—1988。

铝及铝合金阳极氧化
薄阳极氧化膜连续性检验方法
硫酸铜法

1 范围

本标准规定了用硫酸铜溶液检验铝及铝合金薄阳极氧化膜连续性的方法。

本标准适用于铝及铝合金薄阳极氧化膜(厚度小于 5 μm)连续性的快速检验。当对阳极氧化膜表面的可见瑕疵存有疑问时,可用本方法来判断该瑕疵是否为局部裸露出基体金属的缺陷。

2 方法原理

当硫酸铜溶液滴在裸露出基体金属或者氧化膜覆盖不良的铝及铝合金薄阳极氧化膜表面时,铜在铝表面发生化学沉积,同时用肉眼或借助低倍放大镜进行观察,可见裸露基体金属的部位有气体析出。试验后可以在氧化膜的不连续处观察到黑点或红点,从而判断铝及铝合金薄阳极氧化膜的连续性。

3 试剂

3.1 硫酸铜($CuSO_4 \cdot 5H_2O$):分析纯。

3.2 盐酸(ρ1.18 g/mL):分析纯。

3.3 硫酸铜-盐酸溶液:取 20 g 结晶硫酸铜(3.1)和 20 mL 盐酸(3.2),在容量瓶中用蒸馏水(或去离子水)稀释至 1 000 mL。

4 试验步骤

4.1 硫酸铜液滴的试验面积约为 100 mm^2,检验的部位可以任意选择,但应避免在阳极氧化时的电接触的位置上选取。

4.2 用有机溶剂清洗试样表面所有油脂。在试样上选取某一平面,用石蜡或快干漆圈出试验部位,大小约为 100 mm^2,试验部位不许沾有石蜡或快干漆。

4.3 在选定的试验部位内,滴四滴硫酸铜溶液,并在试验部位停留 5 min,然后快速擦去溶液。

4.4 检查试样表面,计数黑点和红点的数目。

4.5 试验温度为 20℃±5℃。

注:对于定量测定,应该测定黑点和红点的平均直径。

5 试验结果

检验表面情况,并记录 100 mm^2 面积上的黑点或红点数量。定量测定时,记录黑点或红点的平均直径。

6 试验报告

试验报告包括以下内容:

a) 本标准号;

b) 受检产品的类型和编号;

c) 试验结果(见第5章);

d) 试验中发现的现象;

e) 试验日期;

f) 试验人员。

附　录　A
（资料性附录）
本标准章条编号与 ISO 2085:1976 章条编号对照

表 A.1　本标准章条编号与 ISO 2085:1976 章条编号对照

本标准章条编号	对应的国际标准章条编号
1	1,2
2	3
3	4
4.1～4.5	5
5	6
6	—

ICS 25.220.20
H 20

中华人民共和国国家标准

GB/T 8754—2006
代替 GB/T 8754—1988

铝及铝合金阳极氧化 阳极氧化膜绝缘性的测定 击穿电位法

Anodizing of aluminium and its alloys —Insulation check by measurement of breakdown potential

(ISO 2376:1972, Anodization(anodic oxidation) of aluminium and its alloys —Insulation check by measurement of breakdown potential, MOD)

2006-09-26 发布　　2007-02-01 实施

中华人民共和国国家质量监督检验检疫总局
中国国家标准化管理委员会　发布

前　言

本标准修改采用 ISO 2376:1972《铝及铝合金阳极氧化　用击穿电位测量检验绝缘性》(英文版)。为了方便比较,在附录 A 中列出了本标准章条和对应的国际标准章条的对照一览表。

本标准根据 EN 12373-17:2001《铝及铝合金阳极氧化　击穿电位测量》,在采用国际标准时进行了修改。这些技术差异用垂直单线标识在它们所涉及的条款的页边空白处。这些技术差异如下:

——第 1 章范围中增加了三个注释,说明适用范围和影响因素;

——将原国际标准中第 3 部分原理中第一段作为注释增加到国家标准的第 1 章中;

——第 4 章试验步骤分成 4.1 节～4.4 节;

——增加了第 6 章"试验报告"。

本标准代替 GB/T 8754—1988《铝及铝合金阳极氧化　应用击穿电位测定法检验绝缘性》。

本标准与 GB/T 8754—1988 相比,主要变化如下:

——第 1 章增加三个注释;

——第 4 章分成 4.1 节～4.4 节;

——新增第 6 章"试验报告"。

本标准的附录 A 为资料性附录。

本标准由中国有色金属工业协会提出。

本标准由全国有色金属标准化技术委员会归口并负责解释。

本标准负责起草单位:北京有色金属研究总院。

本标准参加起草单位:中国有色金属工业标准计量质量研究所。

本标准主要起草人:朱祖芳、李永丰、纪红、何耀祖、葛立新、马存真、席欢。

本标准所代替标准的历次版本发布情况为:

——GB/T 8754—1988。

铝及铝合金阳极氧化
阳极氧化膜绝缘性的测定
击穿电位法

1 范围

本标准规定了用击穿电位法测定铝及铝合金阳极氧化膜的绝缘性。

本标准适用于以绝缘性能为目的和以击穿电位原理制定工艺规范的阳极氧化膜。

注1：本标准一般仅适用于封孔和干燥后的阳极氧化膜，不适用于涂漆或其他覆盖层。

注2：本方法对未封孔的阳极氧化膜不能给出满意结果。

注3：击穿电位受相对湿度的影响。

2 方法原理

2.1 在电流第一时间通过氧化膜的瞬间测量阳极氧化膜被电击穿时的电压，从而确定击穿电位。击穿电位的测量原理基于阳极氧化膜的介电性能和绝缘性能。

2.2 击穿电位的大小取决于氧化膜的厚度及许多其他因素，尤其是表面状态、基体金属成分、封孔质量、工件的干燥及陈化程度等。

3 仪器

3.1 检测装置应能够提供连续可变交流电压，电压读数灵敏度为10 V，供电频率为50 Hz或60 Hz。

3.2 以下两种测试电极系统可选：

a) 单电极系统：直径为3 mm～8 mm的金属球电极与待测面相接触；另一个电极与基体金属固定相连。

b) 双电极系统：由两个直径在3 mm～8 mm之间、且直径相同的金属球作为两个电极，电极相距在25 mm之间。

4 试验步骤

4.1 在金属球上施加0.5 N～1 N的力，电压上升速度为25 V/s，按仪器使用说明书进行试验。

4.2 两个电极放在平滑或经过加工的试件上时，间距应在10 mm～50 mm。两个电极也可放在曲率半径大于5 mm的曲面上，但应距锐角边缘5 mm以上。

4.3 对于窄试样，检验应在长轴上进行，但电极应距边角至少1 mm。

4.4 试样的各个部位测量10次，记录阳极氧化膜被电击穿时的电压。

5 试验结果

5.1 膜的击穿电位值取试件上10个不同测试点所测数据的算术平均值。

5.2 如采用单电极测量法，测量结果为该膜击穿电位值。

5.3 如采用双电极测量法，测量结果则大致为该膜击穿电位值的两倍。

6 试验报告

试验报告包括下列内容：

a) 本标准编号；
b) 试验产品的类型和记号；
c) 阳极氧化规范(如可能)；
d) 击穿电位值；
e) 试验环境的相对湿度；
f) 其他与试验和结果有关的信息；
g) 试验日期；
h) 测试人员。

附　录　A
（资料性附录）
本标准章条编号与 ISO 2376:1972 章条编号对照

表 A.1　本标准章条编号与 ISO 2376:1972 章条编号对照

本标准章条编号	对应的国际标准章条编号
1	1,2
2	3
3	4
4,(4.1～4.4)	5
5,(5.1～5.3)	6
6	—

ICS 77.040.01
H 17

中华人民共和国国家标准

GB/T 8757—2006
代替 GB/T 8757—1988

砷化镓中载流子浓度等离子共振测量方法

Determination of carrier concentration in gallium arsenide by the plasma resonance minimum

2006-07-18 发布　　2006-11-01 实施

中华人民共和国国家质量监督检验检疫总局
中国国家标准化管理委员会　发布

前　言

本标准是对 GB/T 8757—1988《砷化镓中载流子浓度等离子共振测量方法》的修订。

本标准与 GB/T 8757—1988 相比主要有以下变动：

——原标准表述仪器要求使用了波数表示法，为了和其他条款的表述一致，改为波长表示法；

——原标准规定，为测定仪器的波长精度和重复性，要测量聚苯乙烯膜的吸收带 10 次。但未规定是按固定周期还是在每次测量前做这项工作，也没有规定如果在这 10 次测量结果中出现一次或几次不符合要求时应如何处理，不便于实际操作。修改后规定为每次打开仪器按仪器说明书的要求预热一定时间后，在正式测量前进行一次测量聚苯乙烯膜的吸收带的校准；

——原标准 5.1 式中的常数 c 对于砷化镓材料总是为零，故在表达式中取消。

本标准自实施之日起代替 GB/T 8757—1988。

本标准由中国有色金属工业协会提出。

本标准由全国有色金属标准化技术委员会归口。

本标准起草单位：北京有色金属研究总院。

本标准主要起草人：王彤涵。

本标准由全国有色金属标准化技术委员会负责解释。

本标准所代替标准的历次版本发布情况为：

——GB/T 8757—1988。

砷化镓中载流子浓度等离子共振测量方法

1 范围

本标准适用于掺杂砷化镓单晶中载流子浓度的测量。测量范围：

n-GaAs　$1.0\times10^{17}\ cm^{-3}\sim1.0\times10^{19}\ cm^{-3}$

p-GaAs　$2.0\times10^{18}\ cm^{-3}\sim1.0\times10^{20}\ cm^{-3}$

2 原理

在红外光谱区域，重掺杂半导体材料的反射率为波长的函数，材料的载流子浓度和反射光谱的等离子体共振极小值波长具有对应关系，测量此波长，根据公式可计算出载流子浓度。

3 仪器

3.1　双光束红外分光光度计或傅立叶红外光谱仪，波长范围为 2.5 μm～50 μm，或波数范围为 4 000 cm^{-1}～200 cm^{-1}。如果波长范围较窄，则测量范围相应减小。

3.2　仪器的波长和波长重复性误差不大于 0.05 μm。在 10 μm 处光谱分辨率为 0.02 μm 或更好。

3.3　仪器应配有反射附件，入射角不大于 30°。仪器应配有黑体材料制成的多种孔径的光阑。

4 样品

4.1　作为样品的单晶片，表面必须研磨后进行机械或化学抛光，使样品表面在良好的光线下看上去平整光洁。

4.2　样品的导电类型应是已知的。

5 测量

5.1 仪器校准

5.1.1　打开仪器，按说明书的要求进行预热。测量厚度为 300 μm ～ 500 μm 的聚苯乙烯膜的吸收光谱，核对 3.303 μm 吸收带，其结果应满足条款 3.2 的要求。

5.1.2　安装反射附件后测量 100％线，其峰谷值差应小于 8％。

5.2 测量

5.2.1　选择适当的扫描速度，以满足条款 3.2 的要求。测量并记录样品的反射光谱。如果反射谱线的极小值与任一边的最大值之差小于 10％，则应提高仪器的放大倍数并重新记录反射光谱。

5.2.2　在反射谱线的极小值两侧约 0.5 μm ～ 1 μm 处分别作两条与谱线相切的直线，两直线的交点处即为反射极小值的位置。

6 计算

载流子浓度按以下公式计算：

$$N=(A\cdot\lambda_{min})^{B} \qquad \cdots\cdots(1)$$

式中：

N——载流子浓度，单位 cm^{-3}；

λ_{min}——反射率极小值波长，单位 μm；

A、B——常数，列于表 1。

表 1 A、B 常数表

导电型号	应用波长/μm	A	B
n	9.4～18.5	5.803×10^{-11}	−2.051
n	＞18.5～30.4	2.405×10^{-3}	−2.898
n	＞30.4～33.9	1.188×10^{-3}	−12.308
n[a]	＞33.9～100	2.592×10^{-9}	−2.501 7
p	3.7～30	5.566×10^{-12}	−1.884

[a] 应用波长应为第二反射极小值波长。

7 精密度

本测试方法的精密度对 n 型砷化镓材料为 4.85%，对 p 型砷化镓材料为 4.68%。

8 测试报告

测试报告应包括以下内容：

a) 使用的仪器；

b) 样品名称及其导电类型；

c) 反射率极小值的波长或波数；

d) 载流子浓度；

e) 图示样品的测量部位。

ICS 77.040.01
H 17

GB

中华人民共和国国家标准

GB/T 8758—2006
代替 GB/T 8758—1988

砷化镓外延层厚度红外干涉测量方法

Measuring thickness of epitaxial layers of gallium arsenide by infrared interference

2006-07-18 发布　　　　2006-11-01 实施

中华人民共和国国家质量监督检验检疫总局
中国国家标准化管理委员会　发布

前　言

本标准是对 GB/T 8758—1988《砷化镓外延层厚度红外干涉测量方法》的修订。

本标准自实施之日起代替 GB/T 8758—1988。

本标准与 GB/T 8758—1988 相比主要变动如下：

——原标准表述仪器要求的 3.1.3 条使用了波数表示法，为了和其他条款的表述一致，改为波长表示法。

——原标准规定，为测定仪器的波长精度和重复性，要测量聚苯乙烯膜的吸收带十次。但未规定是按固定周期还是在每次测量前做这项工作，也没有规定如果在这十次测量结果中出现一次或几次不符合要求时应如何处理，不便于实际操作。修改后规定为每次打开仪器按仪器说明书的要求预热一定时间后，在正式测量前进行一次测量聚苯乙烯膜的吸收带的校准。

本标准的附录 A 为资料性附录。

本标准由中国有色金属工业协会提出。

本标准由全国有色金属标准化技术委员会归口。

本标准起草单位：北京有色金属研究总院。

本标准主要起草人：王彤涵。

本标准由全国有色金属标准化技术委员会负责解释。

本标准所代替标准的历次版本发布情况为：

——GB/T 8758—1988。

砷化镓外延层厚度红外干涉测量方法

1 范围

本标准适用于砷化镓外延片外延层厚度的测量，测量厚度大于 2 μm。要求衬底材料的电阻率小于 0.02 Ω·cm，外延层的电阻率大于 0.1 Ω·cm。

2 原理

衬底材料与外延层的光学常数差别较大，当红外光入射到外延片表面时，在反射光谱中产生干涉条纹。根据干涉条纹的极大值或极小值的波长位置、衬底材料和外延层的光学常数以及光束的入射角，可计算出外延层的厚度。

3 仪器

3.1 双光束红外分光光度计或傅立叶红外光谱仪，波长范围为 2.5 μm～50 μm，或波数范围为 4 000 cm^{-1}～200 cm^{-1}。

3.2 仪器的波长和波长重复性误差不大于 0.05 μm。在 10 μm 处光谱分辨率为 0.02 μm 或更好。

3.3 仪器应配有反射附件，入射角不大于 30°。仪器应配有黑体材料制成的多种孔径的光阑。

4 样品

4.1 用于测量的样品应具有良好的光学表面，不应有大面积的钝化层。

4.2 衬底和外延层的导电类型及衬底的电阻率应是已知的。

5 测量过程

5.1 仪器校准

5.1.1 打开仪器，按说明书的要求进行预热。测量厚度为 300 μm～500 μm 的聚苯乙烯膜的吸收光谱，核对 3.303 μm 吸收带，其结果应满足 3.2 的要求。

5.1.2 安装反射附件后测量 100%线，其峰谷值差应小于 8%。

5.2 选择扫描速度

安装反射附件。选择衬底和外延层电阻率分别为 0.008 Ω·cm 和 0.12 Ω·cm 并且在波长大于 25 μm 处仍能观察到极值的外延片，使用最慢的扫描速度记录大于 25 μm 处的极小值的波长位置。逐步提高扫描速度，观察极小值波长位置的变化，允许使用的最快扫描速度与最慢扫描速度得到的相应极小值波长之差应小于±0.1 μm。

5.3 测量

5.3.1 把待测样品放置于反射附件的窗口上，测量点对准窗口，记录反射光谱。扫描速度满足 5.2 的要求。

5.3.2 在低于极大值或高于极小值满刻度的约 3%处作水平线，该线与反射光谱线两焦点的中点位置即为极值的波长位置。

5.3.3 如反射光谱线的峰值幅度与噪声幅度之比小于 5，则不能用于计算外延层厚度。

6 计算

6.1 由公式(1)确定各个极大值和极小值的级数。若 λ_n 为极大值，则 P_n 计算值取整数，若 λ_n 为极小值，则 P_n 计算值取半整数。其余极值的级数是随波长增大而逐次减少。

$$P_n = \frac{m\lambda_1}{\lambda_1 - \lambda_n} + \frac{1}{2} - \frac{\phi_1\lambda_1 - \phi_n\lambda_n}{2\pi(\lambda_1 - \lambda_n)} \quad \cdots\cdots(1)$$

式中：

P_n——λ_n 处极值的级数；

λ_1、λ_n——极值波长($\lambda_1 > \lambda_n$)；

m——从 λ_1 到 λ_n 之间极值的级数差；

ϕ_1、ϕ_n——分别为 λ_1 和 λ_n 所对应的相移，见表 1。

表 1　GaAs 材料相移($\phi_n/2\pi$)

波长/μm	衬底电阻率($\times10^{-3}$ Ω·cm)											
	0.1	0.2	0.3	0.4	0.5	0.6	0.7	0.8	0.9	1.0	5.0	10
2	0.02	0.01	0.007	0.006	0.005	0.005	0.004	0.004	0.004	0.003	0	0
4	0.019	0.022	0.015	0.013	0.011	0.01	0.009	0.009	0.008	0.008	0	0
6	0.31	0.06	0.024	0.02	0.016	0.012	0.014	0.013	0.013	0.012	0	0
8	0.36	0.208	0.044	0.028	0.022	0.017	0.018	0.017	0.017	0.016	0.009	0.009
10	0.389	0.278	0.14	0.047	0.03	0.026	0.022	0.022	0.021	0.019	0.013	0.011
12	0.407	0.319	0.223	0.122	0.046	0.034	0.029	0.027	0.026	0.023	0.015	0.014
14	0.42	0.347	0.27	0.2	0.1	0.051	0.037	0.033	0.03	0.027	0.017	0.016
16	0.43	0.36	0.303	0.247	0.174	0.101	0.055	0.043	0.037	0.033	0.019	0.018
18	0.438	0.382	0.326	0.28	0.223	0.167	0.101	0.065	0.05	0.04	0.021	0.02
20	0.444	0.394	0.345	0.305	0.257	0.212	0.16	0.116	0.077	0.053	0.023	0.021
22	0.449	0.403	0.359	0.324	0.282	0.245	0.203	0.168	0.127	0.08	0.024	0.023
24	0.453	0.411	0.327	0.34	0.303	0.27	0.235	0.206	0.173	0.127	0.026	0.024
26	0.456	0.418	0.382	0.353	0.319	0.29	0.26	0.235	0.208	0.17	0.027	0.025
28	0.459	0.424	0.39	0.364	0.333	0.307	0.28	0.258	0.234	0.202	0.029	0.027
30	0.461	0.429	0.398	0.373	0.345	0.321	0.296	0.277	0.256	0.228	0.03	0.028
32	0.464	0.433	0.404	0.381	0.355	0.333	0.31	0.293	0.274	0.249	0.032	0.029
34	0.466	0.437	0.41	0.388	0.364	0.344	0.323	0.306	0.289	0.267	0.034	0.03
36	0.467	0.44	0.415	0.394	0.372	0.353	0.333	0.318	0.302	0.282	0.036	0.031
38	0.469	0.443	0.419	0.4	0.379	0.361	0.342	0.328	0.314	0.295	0.038	0.033
40	0.47	0.446	0.423	0.405	0.385	0.368	0.35	0.337	0.324	0.306	0.04	0.034

6.2　由公式(2)计算外延层的厚度：

$$T_n = \frac{\lambda_n\left(P_n - \frac{1}{2} + \frac{\phi_n}{2\pi}\right)}{2(n^2 - \sin^2\theta)^{\frac{1}{2}}} \quad \cdots\cdots(2)$$

式中：

T_n——外延层的厚度，单位 μm；

n——外延层的折射率；

θ——入射角，单位度；

其他符号与公式(1)中的相同。

7 精密度

根据多个实验室的结果，对于厚度大于 2 μm 的砷化镓外延层，本测量方法的测量精密度为 0.018 T±0.25 μm，T 为外延层的平均厚度，单位 μm。

8 测量报告

测量报告应包括以下内容：

a） 所使用的仪器；

b） 样品的材料、编号；

c） 衬底和外延层的导电类型及衬底的电阻率；

d） 各个极值所对应的计算厚度 T_n；

e） 平均厚度 T；

f） 图示样品的测量部位。

附 录 A
（资料性附录）
计 算 实 例

A.1 计算步骤

按图 A.1 所示的 GaAs 外延片样品反射光谱图计算外延层厚度。GaAs 材料的折射率 $n=3.34$，样品的衬底电阻率为 0.001 Ω·cm。反射附件的入射角 $\theta=10°$。

A.1.1 确定第一个和最后一个极值波长：$\lambda_1=14.85\ \mu m$，$\lambda_6=8.08\ \mu m$；

由表 1 得出相移：$\phi_1/2\pi=0.03$，$\phi_6/2\pi=0.016$；

从图 A.1 可看出极值级数差：$m=5$；

将以上数据代入公式(1)得：$P_6=11.43$，取 $P_6=11.5$；

将 P_6 代入公式(2)得：$T_6=13.32$。

A.2 计算结果

样品厚度计算结果如表 A.1：

表 A.1

n	$\lambda_n/\mu m$	$\phi_1/2\pi$	P_n	$T_n/\mu m$
1	14.85	0.03	6.5	13.41
2	12.76	0.025	7.5	13.42
3	11.11	0.021	8.5	13.34
4	9.87	0.019	9.5	13.33
5	8.89	0.017	10.5	13.33
6	8.08	0.016	11.5	13.32
平均	—	—	—	13.36

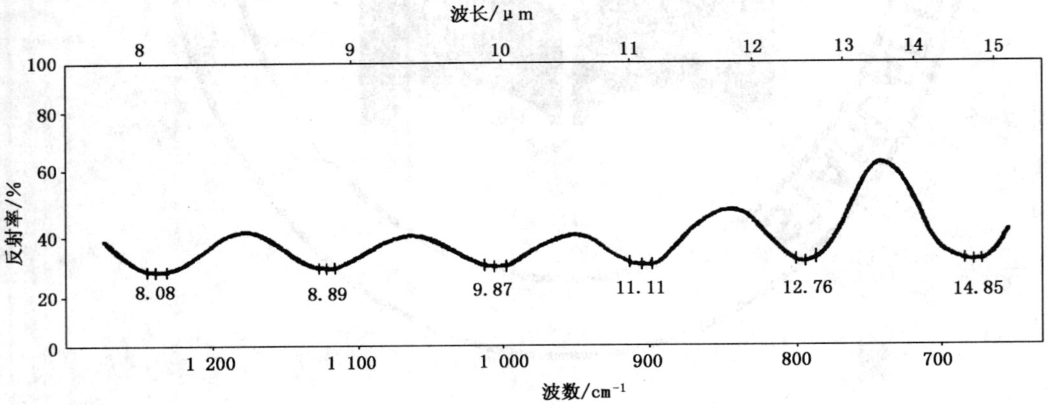

图 A.1 GaAs 外延片样品反射光谱图

ICS 77.040.01
H 17

中华人民共和国国家标准

GB/T 8760—2006
代替 GB/T 8760—1988

砷化镓单晶位错密度的测量方法

Gallium arsenide single crystal—Determination of dislocation density

2006-07-18 发布　　　　2006-11-01 实施

中华人民共和国国家质量监督检验检疫总局
中国国家标准化管理委员会　发布

前　言

本标准是对 GB/T 8760—1988《砷化镓单晶位错密度的测量方法》的修订。

本标准自实施之日起代替 GB/T 8760—1988。

本标准与原标准相比主要有以下变动：

——修改了原来表述位错密度的术语解释；

——重新制作了部分图片，改善图片质量；

——原标准规定，腐蚀位错坑时，熔化的氢氧化钾的温度要保持在 400℃。实验证明，只要熔化的氢氧化钾呈现澄清状态，选择适当的腐蚀时间，都能得到清晰的腐蚀坑，故取消了要求熔化的氢氧化钾温度保持在 400℃的严格限制。

本标准由中国有色金属工业协会提出。

本标准由全国有色金属标准化技术委员会归口。

本标准起草单位：北京有色金属研究总院。

本标准主要起草人：王彤涵。

本标准由全国有色金属标准化技术委员会负责解释。

本标准所代替标准的历次版本发布情况为：

—— GB/T 8760—1988。

砷化镓单晶位错密度的测量方法

1 范围

本标准适用于位错密度为(0～100 000)个/cm^2的砷化镓单晶的位错密度的测量。检测面为{111}面和{100}面。

2 术语和定义

下列术语和定义适用于本标准：

2.1

位错 dislocation

单晶体中部分原子受应力作用产生滑移。已滑移部分与未滑移部分的分界线称为位错线，简称位错。

2.2

位错密度 dislocation density

单位体积内位错线的总长度称为位错密度(cm/cm^3)。在实际应用中，通常以单位表面积内形成位错腐蚀坑的个数(个/cm^2)代表位错密度。本标准中，位错密度指单位表面积内形成位错腐蚀坑的个数。

3 原理

采用择优化学腐蚀技术显示位错。晶体中位错线周围的晶格发生畸变，当用某些化学腐蚀剂腐蚀晶体表面时，在晶体表面上的位错线露头处，腐蚀速度较快，因而容易形成由某些低指数面组成带棱角的具有特定形状的腐蚀坑。在显微镜下观察并按一定规则统计这些具有特定形状的腐蚀坑，可得到位错密度数值。

4 化学试剂

4.1 硫酸(ρ1.84 g/mL)，浓度 95%～98%，优级纯。

4.2 过氧化氢(ρ1.00 g/mL)，浓度 30%，优级纯。

4.3 氢氧化钾(ρ78.2 g/L)，浓度 78.2%，优级纯。

5 试样制备

5.1 定向切割

从单晶锭的待测部分经定向后，切取厚度大于 0.5 mm 的单晶片，晶向偏离要求小于 8°。

5.2 研磨

用 302# 金刚砂(或相当颗粒度的金刚砂)水浆研磨，使表面平整。用水清洗干净后，再用 306# 金刚砂(或相当颗粒度的金刚砂)水浆研磨，使表面光洁无划痕，然后用水清洗干净。

5.3 化学抛光

将硫酸(H_2SO_4)、过氧化氢(H_2O_2)和去离子水(H_2O)按体积比 3∶1∶1 配制成抛光液，然后用新配制的抛光液，将试样表面抛光成无损伤的镜面。

5.4 腐蚀

将氢氧化钾放在铂或银坩埚内加热，待熔化并澄清后(约 400℃)，将试样放入。

腐蚀时间为：

{100}面晶片，腐蚀 5 min～7 min；

{111}面晶片(Ga)，腐蚀 7 min～9 min；

{111}面晶片(As)，腐蚀 2 min～3 min。

腐蚀完成后取出样品，自然冷却至室温。然后用去离子水冲洗干净，吹干。

5.5 位错腐蚀坑的特征

Ga{111}面的位错腐蚀坑图形见图 1；As{111}面的位错腐蚀坑图形见图 2；{100}面的位错腐蚀坑图形见图 3；{100}面的平底坑图形见图 4，不作为位错腐蚀坑计数；直拉法生长的单晶{100}面位错腐蚀坑的宏观分布见图 5。

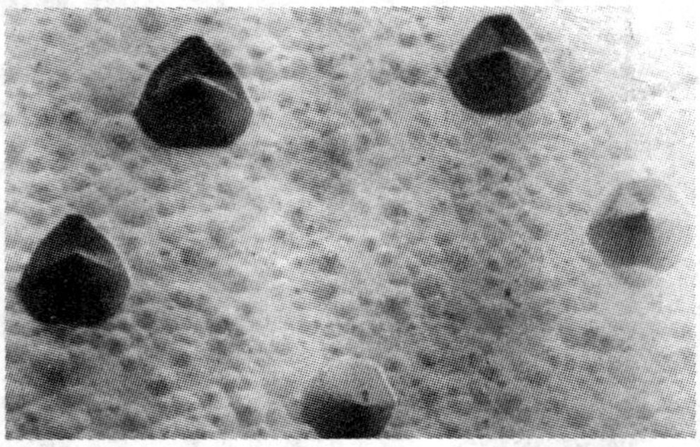

图 1 {111}面(Ga)位错坑 ×400 倍

图 2 {111}面(As)的位错坑 ×400 倍

图 3 {100}面位错腐蚀坑图 ×400 倍

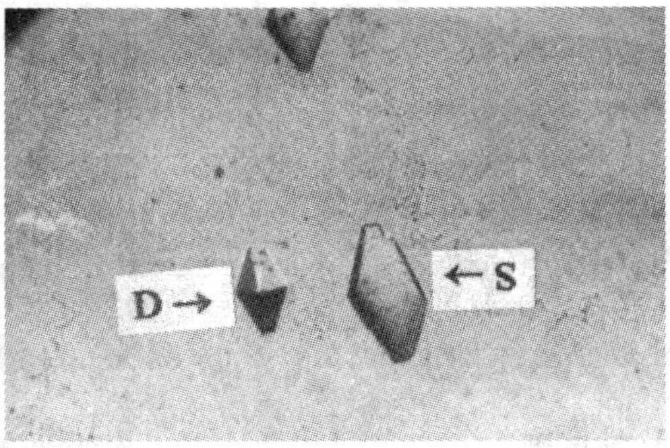

注 1：S 为平底坑，不作为位错腐蚀坑计数；

注 2：D 为位错腐蚀坑，作为位错腐蚀坑计数。

图 4 {100}面的平底坑图形 ×400 倍

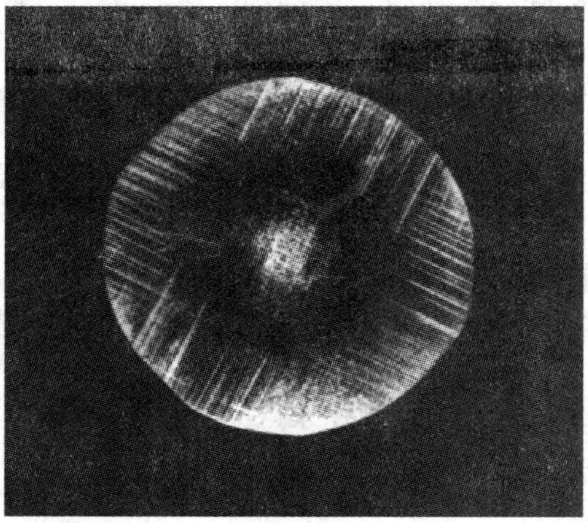

图 5 直拉法生长的单晶{100}面位错腐蚀坑的宏观分布

6 测试设备

6.1 金相显微镜,放大倍数为 100 倍～500 倍。

6.2 加热器,能将装有氢氧化钾的铂或银坩埚加热到 450℃。

7 测量步骤

7.1 选择显微镜视场面积

将试样置于金相显微镜载物台上,选放大倍数 100,扫视样品表面,根据位错密度 N_d 选取视场面积:

如 $N_d \leqslant 5\ 000$,选用视场面积 $S \geqslant 0.01\ cm^2$;

如 $5\ 000 < N_d \leqslant 10\ 000$,选用视场面积 $S \geqslant 0.005\ cm^2$;

如 $N_d > 10\ 000$,选用视场面积 $S \geqslant 0.001\ cm^2$。

7.2 选取测量点

7.2.1 对于 D 形单晶片,测量点选取位置如图 6 所示。

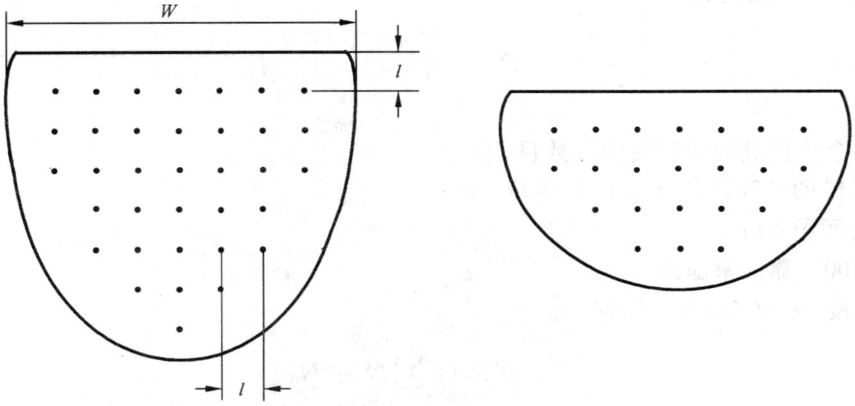

注 1:其中 W 为试样宽度,当 $W \geqslant 30$ mm 时,取 $l = 5$ mm;

当 $W < 30$ mm 时,取 $l = 3$ mm,以 l 为间距在整个试样表面上取点。

注 2:"·"表示测量点。

图 6 D 形单晶片测量点示意图

7.2.2 对于圆形的<100>晶向单晶片,测量点位置如图 7 所示。在[0$\bar{1}$0]和[$\bar{1}$10]两个晶向的直径上,以试样直径 D 的 1/10 为间距取测量点(除去 1/10 边界区域)。

7.2.3 对于圆形的<111>晶向单晶片,测量点位置如图 8 所示。

7.3 记录

用显微镜在选取的测量点观察晶片表面。根据试样晶向,参照图 1、图 2 和图 3 所示的位错腐蚀坑特征图样识别位错坑,记录视场内位错腐蚀坑的数目。视场边界上的位错腐蚀坑,其面积必须有一半以上在视场内才予以计数。不符合特征的坑、平底坑或其他形状的图形不计数。如果发现视场内污染点或其他不确定形状的图形很多,应考虑重新制样。

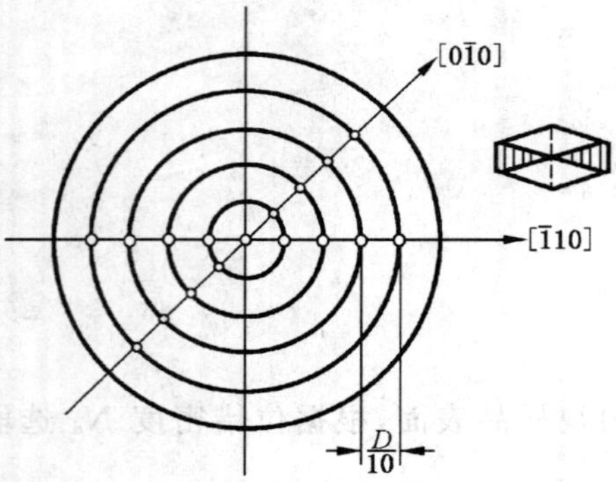

注：“◦”表示测量点

图 7　圆形＜100＞晶向单晶片测量点示意图

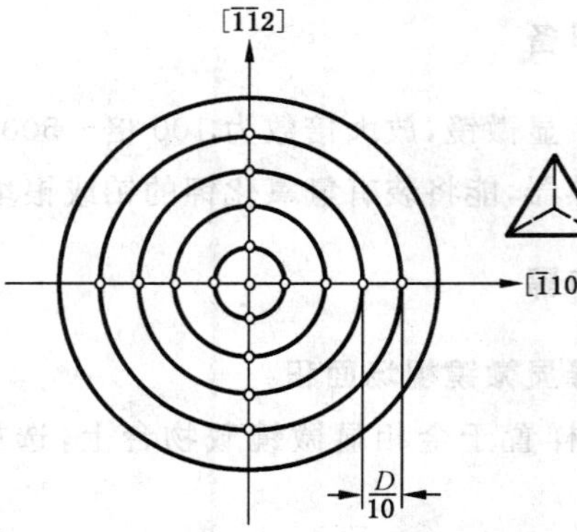

注：“◦”表示测量点

图 8　圆形＜111＞晶向单晶片测量点示意图

8　计算

8.1　D 形晶片

平均位错密度 N_d 按公式(1)计算。

$$N_d = \frac{C}{n}\sum_{i=1}^{n} N_i \quad \cdots\cdots (1)$$

式中：

N_i——第 i 个测量点的位错腐蚀坑数目；

C——显微镜的计算系数，$C=1/S$，单位 cm^2；

S——视场面积，cm^2。

8.2　圆形的＜100＞晶向单晶片

平均位错密度 N_d 按公式(2)计算。

$$N_d = \frac{C \times \left(2\sum_{i=1}^{n} N_i + N_0\right)}{2n+1} \quad \cdots\cdots (2)$$

式中：

N_0——中心测量点位错腐蚀坑数目；

其他与式(1)相同。

8.3　圆形的＜111＞晶向单晶片

平均位错密度 N_d 按公式(3)计算。

$$N_d = \frac{C \times \left(3\sum_{i=1}^{n} N_i + N_0\right)}{3n+1} \quad \cdots\cdots (3)$$

式中：

符号意义与式(2)中相同。

9　误差

本标准规定的测量方法的相对误差小于±35%。

10　测量报告

测试报告应包括以下内容：

a） 样品编号；

b） 单晶片形状（D形或圆形）；

c） 晶向；

d） 视场面积；

e） 腐蚀剂；

f） 腐蚀时间；

g） 样品图形（须图示出位错密度特别高处、晶粒间界或其他晶体不完整性的位置和分布）；

h） 测量点及腐蚀坑数对照表；

i） 平均位错密度（个/cm^2）；

j） 测量者；

k） 测量时间；

l） 其他。

ICS 71.100.41
G 71

中华人民共和国国家标准

GB/T 8827—2006
代替 GB/T 8827—1988

防 老 剂 PAN

Antioxidant PAN

2006-08-24 发布　　2007-03-01 实施

中华人民共和国国家质量监督检验检疫总局
中国国家标准化管理委员会　发布

前　言

本标准代替 GB/T 8827—1988《防老剂 PAN》。

本标准与日本工业标准 JIS K 6220-3:2001《橡胶用配合剂　试验方法　第 3 部分:防老剂》的一致性程度为非等效。

本标准与 JIS K 6220-3:2001 的主要差异及原因如下:

——本标准为产品标准,其检测方法采用 JIS K 6220-3:2001 中的方法;

——本标准采用测定结晶点控制产品质量,而 JIS K 6220-3:2001 则采用熔点(本版的 4.2;JIS K 6220-3:2001 的附表 3);

——由于工艺原料上的差异,本标准增加游离胺技术指标(本版的 4.3)。

本标准与 GB/T 8827—1988 的主要差异如下:

——根据 ISO 6472:2004《橡胶配合剂　缩略语》中的规定将标准名称《防老剂甲》改为《防老剂 PAN》(本版的封面;1988 年版的封面);

——增加规范性引用文件一章(本版的第 2 章);

——外观由黄色或紫色片状改为浅黄棕色或紫色片状(1988 年版的第 1 章;本版的第 3 章);

——本标准增加挥发分、灰分两项技术指标(本版的 4.4 和 4.5);

——将凝固点改为结晶点(1988 年版的第 1 章;本版的第 3 章)。

本标准由中国石油和化学工业协会提出。

本标准由全国橡胶与橡胶制品标准化技术委员会化学助剂分技术委员会归口。

本标准负责起草单位:中国石化集团南京化学工业有限公司、天津拉勒助剂有限公司。

本标准参加起草单位:天津市茂丰化工有限公司、河南省开仑化工有限公司。

本标准主要起草人:钱迎春、杜建国、安方、杨爱焕。

本标准于 1988 年首次发布,本次为第一次修订。

防 老 剂 PAN

1 范围

本标准规定了N-苯基-1-萘胺(防老剂PAN)的要求、试验方法、检验规则、标志、包装、运输和贮存。

本标准适用于由苯胺与1-萘胺反应所制得的防老剂PAN。

化学名称:N-苯基-1-萘胺

分子式:$C_{16}H_{13}N$

结构式:

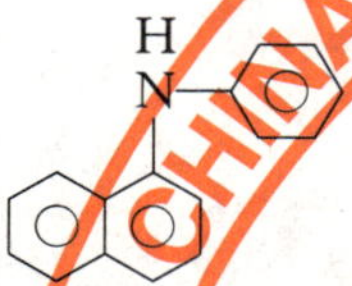

相对分子质量:219.28(按2001年国际相对原子质量)

2 规范性引用文件

下列文件中的条款通过本标准的引用而成为本标准的条款。凡是注日期的引用文件,其随后所有的修改单(不包括勘误的内容)或修订版均不适用于本标准,然而,鼓励根据本标准达成协议的各方研究是否可使用这些文件的最新版本。凡是不注日期的引用文件,其最新版本适用于本标准。

GB/T 191 包装储运图示标志(GB/T 191—2000,eqv ISO 780:1997)

GB/T 601 化学试剂 标准滴定溶液的制备

GB/T 603 化学试剂 试验方法中所用制剂及制品的制备(GB/T 603—2002,ISO 6353-1:1982,NEQ)

GB/T 1250 极限数值的表示方法和判定方法

GB/T 6679 固体化工产品采样通则

GB/T 6682 分析实验室用水规格和试验方法(GB/T 6682—1992,eqv ISO 3696:1987)

3 要求

防老剂PAN应符合表1所示的技术要求。

表1 防老剂PAN的技术要求

项 目		指 标
外观		浅黄棕色或紫色片状
结晶点/℃	≥	53.0
游离胺(以苯胺计)的质量分数/%	≤	0.20
挥发分的质量分数/%	≤	0.30
灰分的质量分数/%	≤	0.10

4 试验方法

除非另有说明,在分析中所用标准溶液、制剂和制品,均按GB/T 601、GB/T 603规定制备。使用确认为分析纯的试剂和符合GB/T 6682所规定的三级水。

检验结果的判定按 GB/T 1250 中修约值比较法进行。

4.1 外观

用目视法判断。

4.2 结晶点的测定

4.2.1 仪器

4.2.1.1 结晶管:长约 150 mm,外径约 25 mm。

4.2.1.2 外套管:长约 120 mm,壁厚约 2 mm,内径约 28 mm。

4.2.1.3 杜瓦瓶:尺寸如图 1 所示。

4.2.1.4 搅拌器:(0.8～1)mm 不锈钢丝制成,下部绕成约 20 mm 直径的环。

4.2.1.5 温度计:分度值 0.1℃局浸温度计,长约 300 mm,温度范围约(40～60)℃。

4.2.1.6 电热恒温干燥箱。

单位为毫米

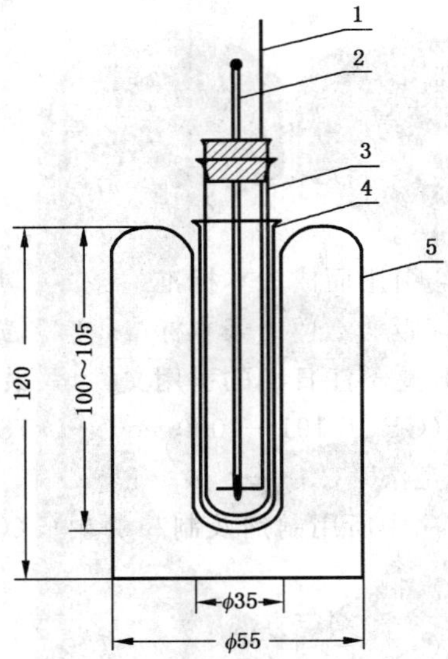

1——搅拌器;
2——温度计;
3——结晶管;
4——外套管;
5——杜瓦瓶。

图 1 结晶点测定仪示意图

4.2.2 分析步骤

将试样置于(60～65)℃的电热恒温干燥箱中充分熔化,然后倾入结晶管内[结晶点测定器和结晶管都经(60～65)℃预热],试料高度约 65 mm,垂直插入不锈钢搅拌器及带塞的温度计(温度计底部距结晶管底部约 10 mm),不断上下拉动搅拌器(每分钟约 100 次左右),使试料冷却,在温度计指示值出现回升过程中逐渐减慢搅拌速度,临近试料结晶点时可微微抖动温度计代替搅拌,当温度上升到最高点不再上升时,此温度即为结晶点温度。

4.2.3 允许差

两次平行测定结果之差不大于 0.2℃,取算术平均值作为测定结果。

4.3 游离胺含量的测定

4.3.1 试剂和材料

4.3.1.1 盐酸[7647-01-0]溶液:1+1。

4.3.1.2 溴化钾[7758-02-3]溶液：100 g/L。

4.3.1.3 亚硝酸钠[7632-00-0]标准滴定溶液：$c(NaNO_2)=0.1$ mol/L。

4.3.1.4 淀粉-碘化钾试纸。

4.3.2 分析步骤

称取试样 10 g(精确到 0.01 g)于 250 mL 烧瓶中，加入 150 mL 蒸馏水，将其置于(60～70)℃水浴中充分搅拌 30 min，使游离胺溶解，趁热过滤，并以少量热水洗涤，滤液和洗液并入 250 mL 烧瓶中，加入 4 mL 盐酸溶液，5 mL 溴化钾溶液，在(10～15)℃下用亚硝酸钠标准滴定溶液滴定，以淀粉-碘化钾试纸为指示剂，滴至保持 5 min 被测试液仍对淀粉-碘化钾试纸显微蓝色为终点。同时作空白试验。

4.3.3 结果计算

游离胺含量以苯胺的质量分数 w_1 计，数值以%表示，按式(1)计算：

$$w_1=\frac{(V-V_0)cM}{1\,000m}\times 100 \qquad\cdots\cdots(1)$$

式中：

V——试料消耗亚硝酸钠标准滴定溶液的体积的数值，单位为毫升(mL)；

V_0——空白消耗亚硝酸钠标准滴定溶液的体积的数值，单位为毫升(mL)；

c——亚硝酸钠标准滴定溶液浓度的准确数值，单位为摩尔每升(mol/L)；

m——试料的质量的数值，单位为克(g)；

M——苯胺的摩尔质量的数值，单位为克每摩尔(g/mol)($M=93.13$)。

4.3.4 允许差

两次平行测定结果之差不大于 0.02%，取其算术平均值作为测定结果。

4.4 挥发分的测定

4.4.1 仪器

4.4.1.1 称量瓶：直径 50 mm，高 30 mm。

4.4.1.2 电热恒温干燥箱：可调节温度在(75±2)℃。

4.4.1.3 干燥器：内盛变色硅胶。

4.4.1.4 分析天平：精确称量到 0.1 mg。

4.4.2 分析步骤

a) 将洗净的称量瓶置于(75±2)℃干燥箱中干燥，而后移入干燥器冷却至室温，称量。再置于干燥箱内保持 30 min，移入干燥器且冷却至室温，称量直至恒量，质量为 m_1(精确到 0.1 mg)。

b) 称取(3～5)g 试样置于称量瓶中，称量，质量为 m_2(精确到 0.1 mg)。

c) 将装有试料的称量瓶(打开盖子)置于(75±2)℃烘箱中，保持 2 h。

d) 将称量瓶移入干燥器中，冷却至室温，称量，质量为 m_3(精确到 0.1 mg)。

e) 按 a)～d)的步骤，作重复测定。

4.4.3 结果计算

挥发分以质量分数 w_2 计，数值以%表示，按式(2)计算：

$$w_2=\frac{m_2-m_3}{m_2-m_1}\times 100 \qquad\cdots\cdots(2)$$

式中：

m_1——称量瓶的质量的数值，单位为克(g)；

m_2——称量瓶和试样加热前的质量的数值，单位为克(g)；

m_3——称量瓶和试样加热后的质量的数值，单位为克(g)。

4.4.4 允许差

两次平行测定结果之差不大于 0.04%，取其算术平均值作为测定结果。

4.5 灰分的测定

4.5.1 仪器

4.5.1.1 马弗炉:能调节温度到(750±25)℃。

4.5.1.2 瓷坩埚:容量 30 mL。

4.5.1.3 钢制坩埚钳。

4.5.1.4 隔热手套。

4.5.1.5 干燥器:内盛变色硅胶。

4.5.1.6 分析天平:精确称量到 0.1 mg。

4.5.2 分析步骤

a) 于(750±25)℃的马弗炉中加热坩埚 30 min。

b) 将坩埚转移至干燥器中,冷却至室温,称量,质量为 m_4(精确到 0.1 mg)。

c) 称取(2～3)g 试样放入坩埚中,称量,质量为 m_5(精确到 0.1 mg),在电炉上小心加热,至所有挥发物及可分解物被除去,残余物被炭化。

d) 将坩埚放入马弗炉中于(750±25)℃加热 2 h。

e) 将坩埚移入干燥器中,冷却至室温,称量,质量为 m_6(精确到 0.1 mg)。

f) 按 a)～e)的步骤做重复试验。

4.5.3 结果计算

灰分以质量分数 w_3 计,数值以%表示,按式(3)计算:

$$w_3 = \frac{m_6 - m_4}{m_5 - m_4} \times 100 \qquad \cdots\cdots(3)$$

式中:

m_4——坩埚的质量的数值,单位为克(g);

m_5——坩埚与试样的质量的数值,单位为克(g);

m_6——坩埚与灰分的质量的数值,单位为克(g)。

4.5.4 允许差

两次平行测定结果之差不大于 0.02%,取其算术平均值作为测定结果。

5 检验规则

5.1 检验分类

本标准规定的所有项目为出厂检验项目。

5.2 生产厂检验

本产品应由生产厂的质量监督检验部门按本标准检验合格后方可出厂,并附有一定格式的质量证明书,其内容包括:产品名称、标准号、生产厂名、注册商标、批号等。

5.3 组批规则

本产品以同等质量的均匀产品为一批。

5.4 采样

按 GB/T 6679《固体化工产品采样通则》进行采样。采样时用不锈钢取样器取出包装件内上、中、下部的样品,将选取的试样仔细混匀,从中取出约 650 g 试样,分装两个清洁、干燥的磨口瓶(塑料袋)中,密封并贴上标签,注明生产厂名、产品名称、批号、采样日期及采样人姓名,一瓶(袋)由检验部门进行检验,另一瓶(袋)密封保存 3 个月备查。

5.5 复检

检验结果有一项指标不符合本标准的要求时,应重新自两倍量的包装件中采样进行复检。复检结果仍有一项指标不符合本标准的要求，则该批产品为不合格。

6 标志、包装、运输和贮存

6.1 标志

6.1.1 每个外包装上应有清晰、牢固的标志，其内容包括：产品名称、标准号、生产厂名称、地址、联系电话、注册商标、净含量、生产日期、批号。

6.1.2 每个包装好的产品应附有产品出厂合格证，其内容包括：产品名称、标准号、批号、净含量等。

6.2 包装

6.2.1 本产品用木纤维桶或内衬塑料薄膜袋的编织袋包装，每袋（或桶）净含量 25 kg。

6.2.2 若需要其他包装方式，则按照合同执行。

6.3 运输

产品运输时应符合 GB/T 191，避免日晒和受潮，在搬运时轻装轻卸，严禁用手钩。

6.4 贮存

6.4.1 本产品应贮存在清洁、干燥的库房内，袋（或桶）与墙的距离应大于 0.5 m，并不得靠近自来水管、下水道和取暖装置，以防止潮湿或变质。

6.4.2 在规定的运输、贮存条件下，自生产之日起贮存期为 24 个月。

ICS 71.100.41
G 71

中华人民共和国国家标准

GB/T 8829—2006
代替 GB/T 8829—1988

硫化促进剂 NOBS

Vulcanizing accelerator NOBS

(ISO 11235:1999,Rubber compounding ingredients—Sulfenamide accelerators—Test methods,NEQ)

2006-12-29 发布　　2007-06-01 实施

中华人民共和国国家质量监督检验检疫总局
中国国家标准化管理委员会　发布

前　言

本标准代替 GB/T 8829—1988《硫化促进剂 NOBS)。

本标准与国际标准 ISO 11235:1999《橡胶配合剂　次磺酰胺类促进剂　试验方法》的一致性程度为非等效。

本标准与 ISO 11235:1999 的主要技术差异及原因如下：

——为了便于标准的实施，本标准规定的纯度试验方法仅采用了滴定法中的 A 法(ISO 11235:1999 的 4.1.5.2;本标准的 4.6)；

——为了便于标准的实施，本标准规定的熔点试验方法仅采用了毛细管法(ISO 11235:1999 的 6.1;本标准的 4.2)；

——根据我国的具体情况，本标准未规定湿筛分的技术指标及试验方法。

本标准与 GB/T 8829—1988 的主要差异如下：

——增加了游离胺、纯度技术指标项目及试验方法(本标准的 4.6)；

——增加了甲醇不溶物技术指标项目及试验方法(本标准的 4.5)；

——改变了熔点测定装试样的温度、毛细管规格及升温速度的控制(1988 年版的 2.1;本标准的 4.3)；

——提高了加热减量测定的温度(1988 年版的 2.2;本标准的 4.3)；

——增加了优等品的规定(1988 年版的 1.2;本标准的第 3 章)。

本标准由中国石油和化学工业协会提出。

本标准由全国橡胶与橡胶制品标准化技术委员会化学助剂分技术委员会归口。

本标准负责起草单位：中国石油兰州化学工业公司有机厂。

本标准参加起草单位：镇江振邦化工有限公司、江苏永嘉化工有限公司、山东单县化工有限公司。

本标准主要起草人：李永红、纪莉。

本标准于 1988 年首次发布，本次为第一次修订。

硫化促进剂 NOBS

1 范围

本标准规定了橡胶工业用硫化促进剂 NOBS 的要求、采样、试验方法、检验规则、标志、包装、运输和贮存。

本标准适用于 2-硫醇基苯骈噻唑(硫化促进剂 M)和吗啉制得的硫化促进剂 NOBS。

化学名称:N-氧二乙撑基-2-苯骈噻唑次磺酰胺

结构式:

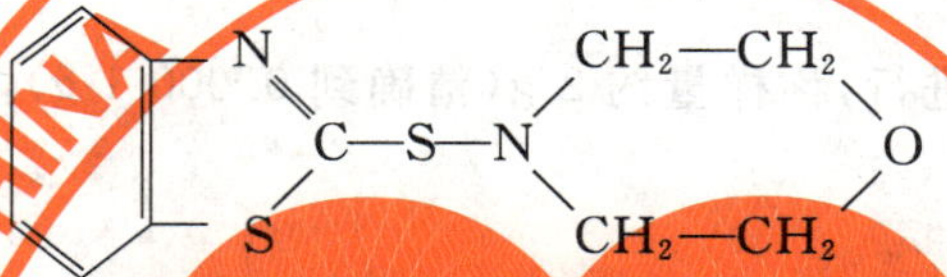

分子式:$C_{11}H_{12}N_2S_2O$

相对分子质量:252.30(2001 年国际相对原子质量)

2 规范性引用文件

下列文件中的条款通过本标准的引用而成为本标准的条款。凡是注日期的引用文件,其随后所有的修改单(不包括勘误的内容)或修订版均不适用于本标准,然而,鼓励根据本标准达成协议的各方研究是否可使用这些文件的最新版本。凡是不注日期的引用文件,其最新版本适用于本标准。

GB/T 1250 极限数值的表示方法和判定方法

GB/T 6678 化工产品采样总则

GB/T 6682 分析实验室用水规格和试验方法(GB/T 6682—1992,neq ISO 3696:1987)

GB/T 11409.1 橡胶防老剂、硫化促进剂 熔点测定方法

GB/T 11409.4 橡胶防老剂、硫化促进剂 加热减量的测定方法

GB/T 11409.7 橡胶防老剂、硫化促进剂 灰分的测定方法

3 要求

硫化促进剂 NOBS 应符合表 1 的技术要求。

表 1 硫化促进剂 NOBS 的技术要求

项 目		指 标		
		优等品	一等品	合格品
1) 外观		淡黄色或橙黄色颗粒		
2) 初熔点/℃	≥	81.0	80.0	78.0
3) 加热减量的质量分数/%	≤	0.40	0.50	0.50
4) 灰分的质量分数/%	≤	0.20	0.30	0.40
5) 甲醇不溶物的质量分数/%	≤	0.50	0.50	0.80
6) 纯度[a] 的质量分数/%	≥	97.0		—
7) 游离胺[b] 的质量分数/%	≤	0.50		

a、b 纯度、游离胺为根据用户需求测定项目。

4 试验方法

除非另有说明，在分析中仅使用确认为分析纯的试剂和符合 GB/T 6682 所规定的三级水。

检验结果的判定按 GB/T 1250 规定的修约值比较法进行。

4.1 外观

目视法评定。

4.2 初熔点的测定

按 GB/T 11409.1 规定进行。装试样的毛细管内径 1.2 mm～1.4 mm，玻璃厚度为 0.2 mm～0.3 mm，填装试样 3 mm～6 mm。传热液温度比预测熔点低 25℃时，按 3℃/min 升温，升至比预测熔点低 10℃时，将装试样的毛细管附于温度计上，使试样中心与温度计水银球的中部在同一高度，插入传热液中，并以 1℃/min 升温。

4.3 加热减量的测定

按 GB/T 11409.4 的规定进行，称样量约 2 g(精确到 0.000 1 g)，电热恒温干燥箱的温度控制在(70±2)℃，加热时间为 3 h。

4.4 灰分的测定

按 GB/T 11409.7 的规定进行，称样量约 5 g(精确到 0.000 1 g)，高温炉温度控制在(750±25)℃，加热时间为 2 h。

4.5 甲醇不溶物的测定

4.5.1 试剂

甲醇[67-56-1]。

4.5.2 仪器

4.5.2.1 砂芯坩埚：G_4。

4.5.2.2 烘箱：能保持温度在(70±2)℃。

4.5.3 分析步骤

称取研细的试样 5 g(精确至 0.000 1 g)于烧杯中，用一块表面皿盖住杯口，加入 250 mL 甲醇，在磁力搅拌器上于(25±5)℃搅拌 30 min，溶解后，用预先在(70±2)℃下恒量的砂芯坩埚抽真空过滤，用约 25 mL 甲醇分三次洗涤烧杯，过滤结束后，用约 25 mL 甲醇洗涤砂芯坩埚两次，保持 2 min 后立即用真空抽吸，此时砂芯坩埚应无残渣。将砂芯坩埚置于(70±2)℃的烘箱中干燥 1 h，取出，在干燥器中冷却至室温，称量(精确至 0.000 1 g)。

4.5.4 结果的计算

甲醇不溶物以质量分数 w_1 计，数值以%表示，按式(1)计算：

$$w_1 = \frac{m_2 - m_1}{m} \times 100 \qquad \cdots\cdots(1)$$

式中：

m_1——空砂芯坩埚的质量的数值，单位为克(g)；

m_2——空砂芯坩埚和甲醇不溶物的质量的数值，单位为克(g)；

m——试样的质量的数值，单位为克(g)。

4.6 游离胺和纯度的测定

4.6.1 原理

中和游离胺后的次磺酰胺被巯基苯骈噻唑溶液还原。加入过量盐酸，然后以氢氧化钠溶液滴定未反应的盐酸。

4.6.2 试剂

4.6.2.1 无水乙醇[64-17-5]。

4.6.2.2　巯基苯骈噻唑：质量分数不小于99.0%。

4.6.2.3　盐酸标准滴定溶液：$c(HCl)=0.1$ mol/L，$c(HCl)=0.5$ mol/L。

4.6.2.4　氢氧化钠标准滴定溶液：$c(NaOH)=0.1$ mol/L，$c(NaOH)=0.5$ mol/L。

4.6.2.5　溴酚蓝指示液(10 g/L)：溶解1 g溴酚蓝于少量无水乙醇中，用0.1 mol/L氢氧化钠标准滴定溶液中和至绿色，转移至一个100 mL的容量瓶中，用无水乙醇稀释至刻度。

4.6.2.6　巯基苯骈噻唑(40 g/L)

称取适量的巯基苯骈噻唑(精确至0.1 g)，溶于无水乙醇中。如果不能完全溶解，可在(55±2)℃的温度下加热至溶解。冷却至室温后转移至容量瓶中，用无水乙醇稀释至刻度。

4.6.3　仪器

4.6.3.1　移液管：25 mL。

4.6.3.2　滴定管：25 mL，分度值0.05 mL。

4.6.3.3　烧杯：250 mL。

4.6.3.4　恒温水浴：能够保持温度在(55±2)℃。

4.6.3.5　秒表。

4.6.3.6　磁力搅拌器。

4.6.3.7　电位滴定仪。

4.6.4　分析步骤

称取约2 g研细的试样(精确至0.000 1 g)，加入50 mL无水乙醇，搅拌至溶解。如果需要，在不高于55℃的温度下加热此溶液，可保留轻微的浑浊。冷却至温室，加3滴溴酚蓝指示剂，用0.1 mol/L的盐酸标准滴定溶液滴定游离胺到溶液呈蓝绿色。加入50 mL新制备的巯基苯骈噻唑溶液，然后立即用移液管准确加入25 mL 0.5mol/L的盐酸标准滴定溶液，于保持在(55±2)℃恒温水浴中，用秒表控制时间，搅拌此溶液5 min。以0.5 mol/L的氢氧化钠标准滴定溶液，用电位滴定仪滴定未反应的盐酸。接近终点时，记录每次加入0.1 mL氢氧化钠标准滴定溶液滴定后的电势，直到过了终点。

4.6.5　游离胺结果的计算

游离胺以质量分数w_2计，数值以%表示，按式(2)计算：

$$w_2=\frac{V_1c_1M_1}{1\,000\times m}\times 100 \qquad\cdots\cdots(2)$$

式中：

V_1——加入0.1 mol/L盐酸标准滴定溶液的体积的数值，单位为毫升(mL)；

c_1——加入0.1 mol/L盐酸标准滴定溶液的浓度的准确数值，单位为摩尔每升(mol/L)；

m——试样质量的数值，单位为克(g)；

M_1——吗啉摩尔质量的数值，单位为克每摩尔(g/mol)($M_1=87.12$)。

4.6.6　纯度结果的计算

纯度以质量分数w_3计，数值以%表示，按式(3)计算：

$$w_3=\frac{(V_2c_2-V_3c_3)M_2}{1\,000\times m}\times 100 \qquad\cdots\cdots(3)$$

式中：

V_2——加入0.5 mol/L盐酸标准滴定溶液的体积的数值，单位为毫升(mL)；

c_2——加入0.5 mol/L盐酸标准滴定溶液的浓度的准确数值，单位为摩尔每升(mol/L)；

V_3——消耗氢氧化钠标准滴定溶液的体积的数值，单位为毫升(mL)；

c_3——氢氧化钠标准滴定溶液的浓度的准确数值，单位为摩尔每升(mol/L)；

m——试样的质量的数值，单位为克(g)；

M_2——硫化促进剂NOBS的摩尔质量的数值，单位为克每摩尔(g/mol)($M_2=252.30$)。

4.6.7 允许差

取两次平行测定结果的算术平均值作为纯度测定结果,两次平行测定结果的允许差不大于0.3%。

5 检验规则

5.1 检验分类

表1规定的1)～5)项为出厂检验项目,6)～7)项为型式检验项目。

5.2 生产厂检验

硫化促进剂NOBS应由生产厂的质量检验部门进行检验。生产厂应保证每批出厂的硫化促进剂NOBS都符合本标准的要求。

5.3 组批规则

以同等质量的均匀产品为一批。

5.4 采样

以批为单位采样。采样单元数应符合GB/T 6678规定。采样时用采样探子采取上、中、下三部分的样品,混合均匀,用四分法取出不少于600 g的样品,分装于两个清洁干燥的磨口瓶(塑料袋)中,密封。瓶(袋)上粘贴标签,注明:产品名称、批号、采样日期等,一瓶供检验,另一瓶保存备查。

5.5 复检

出厂检验结果中如有一项指标不符合本标准要求时,应从同批产品中重新自两倍量的包装件中采样进行复检,复检结果中即使只有一项指标不符合本标准要求,则判该批产品为不合格产品。

6 标志、包装、运输和贮存

6.1 标志

硫化促进剂NOBS的每个包装件都应注明产品名称、商标、净含量、生产厂名、厂址、批号、生产日期等。每批售出的产品都应附有质量证明书,其内容包括:生产厂名、厂址、标准编号、等级、批号、生产日期等。

6.2 包装

硫化促进剂NOBS用编织袋内衬塑料袋或纤维桶、木桶内衬塑料袋包装。每袋(桶)净含量25 kg或50 kg。也可根据用户需求采用其他包装。

6.3 运输

硫化促进剂NOBS运输时要避免日晒、雨淋。

6.4 贮存

硫化促进剂NOBS应贮存在干燥的库房内,离墙壁的距离应大于0.5 m。不应放置于上下水或暖气设备近旁,以防潮湿或变质,更不能靠近火源。本产品在贮存过程中会降解,应定期周转使用,贮存期为六个月。

ICS 59.080.50
B 56

中华人民共和国国家标准

GB/T 8834—2006/ISO 2307:1990
代替 GB/T 8834—1988

绳索　有关物理和机械性能的测定

Ropes—Determination of certain physical and mechanical properties

(ISO 2307:1990,IDT)

2006-07-21 发布　　　　2006-09-01 实施

中华人民共和国国家质量监督检验检疫总局
中国国家标准化管理委员会　发布

前　言

本标准等同采用ISO 2307:1990《绳索——有关物理和机械性能的测定》。

本标准代替GB/T 8834—1988《绳索　有关物理和机械性能的测定》。

为便于使用,本标准做了下列编辑性修改:

a）将“本国际标准”一词改为“本标准”;

b）用小数点“.”代替作为小数点的逗号“,”;

c）删除国际标准的前言;

d）增加公式中等号左边符号的解释。

本标准的附录A、附录B、附录C为规范性附录。

请注意本标准的某些内容有可能涉及专利,本标准的发布机构不应承担识别这些专利的责任。

本标准由中华人民共和国农业部提出。

本标准由全国水产标准化技术委员会渔具及渔具材料分技术委员会(TC156/SC4)归口。

本标准起草单位:农业部绳索网具产品质量监督检验测试中心。

本标准主要起草人:郭亦萍、乐伟章、茅利生、贾家武。

本标准所代替标准的历次版本发布情况为:

——GB/T 8834—1988。

绳索　有关物理和机械性能的测定

1　范围

1.1　本标准规定了下列绳索特性的测定方法：

——线密度；

——捻距；

——伸长；

——断裂强力。

1.2　前两项特性(线密度和捻距)是绳索在特定张力下测得的特性，该张力称为预加张力。

注：按本标准测得线密度，绳索的净长度(在预加张力下)可由绳索的总净质量(不包括捆扎或包装材料)除以线密度来计算。该两项质量值应在相同的温、湿度条件下调节处理后测量。

1.3　第三项特性(伸长)是绳索所承受的张力由初始值(预加张力)增至绳索额定最低断裂强力之75%时的长度增量。

1.4　第四项特性(断裂强力)是试样在运动部件以匀速运动的强力试验机上进行断裂试验过程中所记录到(或达到)的最大负荷。只有在使用上述类型试验机时，绳索规范表中所列出的断裂强力值方为有效。当不能对整个截面的绳索进行试验时，经有关各方同意，可采用附录B所述方法进行试验。

2　规范性引用文件

下列文件中的条款通过本标准的引用而成为本标准的条款。凡是注日期的引用文件，其随后所有的修改单(不包括勘误的内容)或修订版均不适用于本标准，然而，鼓励根据本标准达成协议的各方研究是否可使用这些文件的最新版本。凡是不注日期的引用文件，其最新版本适用于本标准。

ISO 139:1973　纺织品——温、湿度调节和测试的标准大气条件

3　原理

3.1　线密度的计算

线密度系由被测试样经过温、湿度调节处理后的质量及处于预加张力下的长度而获得。

3.2　捻距的测量

捻距的测量在施加预加张力时进行。

3.3　绳索伸长的测量

绳索伸长的测量通过比较一段试样先后承受下述张力时的长度获得：

——预加张力；

——等于绳索额定最低断裂强力的75%张力。

3.4　断裂强力的测量

断裂强力的测量由逐步增加张力至断裂点获得。

4　设备

4.1　强力试验机

试验机量程应大于绳索的估算断裂强力，其往复运动部件应能如8.4所述匀速运动，且精度达到断

裂强力值的1%。

可使用不同类型的强力试验机:用楔型夹具的、用轮式夹具的或用销柱固定插接眼环试样的试验机。对于用销柱固定试样眼环的试验机,销柱的直径应不小于被测绳索直径的两倍。

使用轮式夹具强力试验机时,夹持试样的夹紧轮或凸轮的直径应不小于被测绳索直径的10倍。

4.2 衡器

量程适当,精度达到被测质量值的1%。

5 取样

5.1 被取样的组批

样品应从同一个批中采取。批是由同一规格、相同尺度、经相同工序制造及检验过程的绳索组成。

5.2 选取样品

除另有协议外,应从一个批中随机取 S 个样品,S 由式(1)计算:

$$S = 0.4\sqrt{N} \qquad \cdots\cdots (1)$$

式中:

S——样品数;

N——组成一批的卷数。

计算值 S 为非整数时,所求得的数值应取整为最相近的整数,例如27.5及30.35应分别取整为28及30。当 $S<1$ 时,取一个样品长度。

6 试样

6.1 长度

试样应有足够长度,以保证试样装在试验机上时具备不小于表1中所规定的有效长度(见8.2)。

表1 有效长度

绳索类型	试验机类型	试验所必须的最小有效长度 L_u/mm
人造纤维绳索(代号≤10)	各种类型	400
人造纤维绳索(代号>10)	楔形或轮式夹具	600
	其他类型	1 800
天然纤维绳索	各种类型	2 000

6.2 试样数

从每一个样品中取一段试样。

6.3 截取试样

从样品的任意一端截取试样,或样品在使用时要截断,也可从样品的中部截取试样。应采取必要的措施以避免试样的退捻。如有必要,可舍弃已经稍微退捻的端部。

7 调节

原则上,试样处于环境大气条件下,在平面上摊开一段时间后再进行试验。

在有争议时,将试样置于ISO 139:1973所规定的大气条件下至少48 h后再进行试验。

8 步骤

8.1 初始测量

在不受明显张力的情况下，将试样展直置于平面上，测量其长度。该长度以 L_0 表示，单位为米，精确至 1%。

在试样上作与试样中点对称的相距至少为 0.5 m[1] 的两个标记。两标记间的距离以 l_0 表示。

测量试样的质量，该质量以 m 表示，单位为克，精确至 0.5%。

8.2 在试验机上装夹试样

根据所用试验机的类型，用楔形夹具、轮式夹具或用销柱固定眼环试样的两端，装夹时应达到 6.1 所规定的试样有效长度。

在使用眼环进行试验时，眼环的闭合内长应在 250 mm～300 mm 之间；其插接方式则由制造商决定。对于人造纤维绳索，建议将插接尾端做成锥形。

按图 1 所示，两标记 r 指示出一段试样区间，断裂发生在该区间内被视为正常。

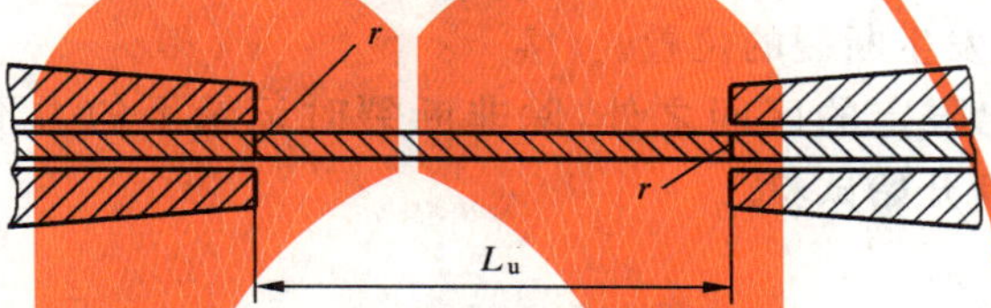

a) 楔形夹具试验机

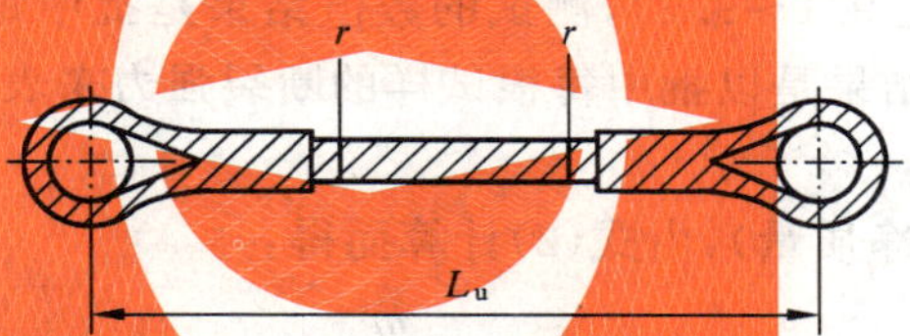

注：标记 r 距插接末端 150 mm。

b) 用销柱固定眼环的试验机

注：以毫米表示的 rr 间距为捻距的三倍。

c) 轮式夹具试验机

r——标准试验时的限制标记；

L_u——试样被展直后，在无张力情况下测量的有效长度。

图 1 三种主要类型强力试验机的试样有效长度 L_u

8.3 捻距、直径和标距的测量

根据绳索种类，对试样施加规定的预加张力[2] 并测量：

---

1) 代号≤10 的人造纤维绳索情况下，当无法在试样有效长度内作出间距≥0.5 m 的两个标记，因而不能按 8.3 所述测量两标记间的距离 l_2 时，可在展直于平面上的试样上未受明显张力的情况下，作出间距 l_0 至少为 0.5 m 的两个标记，测量值 l_2 则可通过砝码和滑轮施加预加张力后测得。

2) 见附录 A。该附录给出施加于各种绳索的预加张力。

——同一股的 n 个完整捻回的长度，对于编绞绳则为 n 个完整编绞的长度。该长度以 l_1 表示，单位为米。

——两标记间的距离。该距离以 l_2 表示，单位为米，精确至0.5%。

8.4 绳索伸长的测量

通过试验机的往复运动部件以匀速拉伸逐渐增加张力，拉伸速度的每分钟拉伸值应在试样有效长度值的6%～10%范围内。对于人造纤维绳索，往复运动部件的拉伸速度不应超过250 mm/min。

当张力达到断裂强力的75%时，测量两标记间的距离(用于测量的停顿时间应尽可能短)。该距离以 l_3 表示，单位为米，精确至0.5%。

经买卖双方事先同意，可使用绳索达到75%最低断裂强力的拉伸试验过程中记录下来的负荷-伸长曲线。

可以要求在一根特定的试样上测定伸长。在这种情况下，应按照附录C中列出的步骤，取得负荷-伸长坐标。

8.5 断裂强力的测量

以与8.4中同样的拉伸速度继续增加张力，直至绳索断裂。

记下断裂强力及试样上发生断裂的位置。

如果断裂发生在两标记限定的区间之外，除非断裂时记录下的力不低于额定最低断裂强力的90%，应在另一根试样上重新开始试验。

9 结果的表示和说明

对于线密度、捻距及伸长(见9.1～9.3)，测试的数值结果是批中每根试样测出的每个值的算术平均值。至于断裂强力(见9.4)，结果是以批中每根试样的断裂强力来表示，不计算平均值。

9.1 线密度 ρ_l(每米净质量)

线密度(以克为单位的每米净质量)，由式(2)计算而得：

$$\rho_l = \frac{m}{L_1} \quad \cdots\cdots(2)$$

式中：

ρ_l——线密度，单位为千特[克斯](ktex)；

m——试样的质量，单位为克(g)；

L_1——在预加张力时的试样长度，单位为米(m)，由式(3)求得。

$$L_1 = \frac{l_2 \times L_0}{l_0} \quad \cdots\cdots(3)$$

式中：

L_1——在预加张力时的试样长度，单位为米(m)；

l_2——按8.3所述方法测量的受预加张力时的标距，单位为米(m)；

L_0——按8.1所述方法测量的初始长度，单位为米(m)；

l_0——按8.1所述方法测量的初始标距，单位为米(m)。

9.2 捻距

捻距 p 由式(4)计算而得：

$$p = \frac{l_1}{n} \quad \cdots\cdots(4)$$

式中：

p——捻距，单位为米(m)；

l_1——同一股 n 个完整捻回的长度，对于编绞绳则为 n 个完整编绞的长度(见8.3)，单位为米(m)；

n——若干个完整的捻回或编绞。

9.3 伸长率

伸长率 A 的值由式(5)计算,数值以%表示:

$$A=\frac{l_3-l_2}{l_2}\times 100 \qquad \cdots\cdots(5)$$

式中:

A——伸长率,%;

l_3——张力为额定最低断裂强力的75%时的标距,单位为米(m);

l_2——预加张力下的标距,单位为米(m)。

9.4 断裂强力

以牛顿或加以SI词头为单位,并标明断裂是否发生在两标记之内。

试样在标记范围外发生断裂时,如果断裂时所记录到的力不低于额定最低断裂强力的90%,该试样被认为符合断裂强力规范;然而在这种情况下,不需要将试验过程中实际记录值以外的断裂强力作为报告值。

10 试验报告

试验报告应包含以下信息:

a) 与本标准的关联;

b) 根据第9章来表示试验结果;

c) 计算结果时所用的各数值[除断裂强力值在b)中已被得出外];

d) 具体的试验条件(试样的调节、所用试验机的类型、测定伸长的步骤,如使用了附录B和附录C所述的方法,应予以说明);

e) 非本方法规定的具体步骤及可能影响结果的细节。

附 录 A
（规范性附录）
测量线密度和捻距时施加于绳索上的预加张力

代号	施加于绳索上的预加张力		代号	施加于绳索上的预加张力	
	公称值/daN	允差		公称值/daN	允差
4	2		48	290	
6	4		52	340	
8	8		56	390	
10	12		60	440	
12	18		64	500	
14	24		72	650	
16	32		80	800	
18	40		88	950	
20	50		96	1 100	
22	60	±5%	104	1 300	±5%
24	70		112	1 500	
26	85		120	1 800	
28	100		128	2 000	
30	115		138	2 300	
32	130		144	2 600	
36	160		152	2 900	
40	200		160	3 800	
44	240				

附 录 B
（规范性附录）
高断裂强力的特殊测定步骤

经有关各方同意，由同一种材料且绳纱线密度相同的构成断裂强力超过 30 000 daN 的三股、四股及八股绳索的强力，可用本附录给出的方法，由绳纱的断裂强力进行计算，其条件是在测定绳纱的断裂强力之前，绳索在其他方面均已满足所规定的要求。

为取得试验所需的绳纱，将足够长度的一段绳索解捻，解捻时避免绳索的各构成部分（绳纱、绳股）绕其自身纵轴线旋转。被试验绳纱的数量应等于该绳索以毫米为单位的直径值的一半。对于三股和四股绳索，至少需试验 15 条绳纱，其中三条应从股芯中选出；对于八股编绞绳，至少需试验 8 条 S 捻、8 条 Z 捻绳纱（即至少试验 16 条绳纱）。

所选取的绳纱应有足够长度，以满足对于天然纤维为 400 mm 和对于人造纤维为 250 mm 的最小有效长度 L_u 要求。

将所选取的绳纱依次装夹在试验机上，在此过程中应采取必要措施，避免绳纱在试验前退捻。

在绳纱的强力试验中，往复部件的速度以毫米每分为单位，其数值应与以毫米为单位的试样长度相等。

用所测结果的算术平均值，根据式(B.1)计算被抽取绳纱的绳索的断裂强力(F_C)：

$$F_C = F_y \cdot n \cdot r \qquad \text{(B.1)}$$

式中：

F_C——绳索的断裂强力，单位为十牛顿(daN)；

F_y——绳纱的平均断裂强力，单位为十牛顿(daN)；

n——绳索中的绳纱总数；

r——计算系数，见表 B.1。

表 B.1 计算系数 r

代号	计算系数			
	聚酯	聚酰胺	聚丙烯	蕉麻或剑麻
44	—	0.68	—	—
48	0.51	0.68	0.82	—
52	0.51	0.68	0.82	—
56	0.50	0.68	0.82	—
60	0.49	0.68	0.82	—
64	0.48	0.67	0.81	—
72	0.48	0.67	0.81	0.58
80	0.48	0.66	0.80	0.58
88	0.48	0.66	0.80	0.57
96	0.47	0.65	0.80	0.57
104	0.47	0.65	0.80	—
112	0.46	0.64	0.79	—
120	0.46	0.64	0.79	—
128	0.46	0.63	0.78	—
136	0.46	0.63	0.78	—
144	0.46	0.62	0.78	—

附 录 C
（规范性附录）
在一根“专用”试样上测定负荷-伸长坐标

如要求进行此项测定，应按下述步骤进行。

将用于负荷-伸长试验的“专用”试样装夹在试验机上，加载 10 次，每次加载到额定最低断裂强力的 50%。加载和卸载的速度应符合 8.4 的规定；满负荷及空载的保持时间应尽可能短。

在第 10 次负荷完全卸载后，应维持空载 1 h，然后按附录 A 的规定施加相应的预加张力。

当试样处于预加张力下时，应在绳索上以适当的距离作两个标记。增加张力并记录负荷-伸长坐标，直至额定断裂强力的 75%。

在试验过程中，试样不应受任何干扰或从试验机上取下。

参 考 文 献

[1] ISO 1140:1990 绳索——聚酰胺——规范
[2] ISO 1141:1990 绳索——聚酯——规范
[3] ISO 1181:1990 绳索——蕉麻和剑麻——规范
[4] ISO 1346:1990 绳索——聚丙烯——规范
[5] ISO 1969:1990 绳索——聚乙烯——规范

ICS 01.040.25;25.120.10
J 46

GB

中华人民共和国国家标准

GB/T 8845—2006
代替 GB/T 8845—1988

冲模术语

Terminology of stamping dies

2006-02-07 发布　　2006-07-01 实施

中华人民共和国国家质量监督检验检疫总局
中国国家标准化管理委员会　发布

前　言

本标准代替GB/T 8845—1988《冲模术语》。

本标准与GB/T 8845—1988相比主要变化如下：

——对术语结构进行了重新分类与编排；

——增加了部分术语词条；

——对部分术语词条的定义与注释作了适当修改；

——对部分示例图作了更换和规范性修改；

——增加了中、英文索引；

——删除了冷挤压的一些术语词条和相应图例。

本标准的附录A为资料性附录。

本标准由中国电器工业协会提出。

本标准由全国模具标准化技术委员会(SAC/TC 33)归口。

本标准起草单位：桂林电器科学研究所、西安交通大学、华中科技大学、陕西渭河精密工模具总厂、杭州萧山精密模具标准件厂。

本标准主要起草人：翁史振、廖宏谊、郭成、王耕耘、杨俊峰、张玉琴、李红英、李捷。

本标准于1988年7月首次发布，2004年第一次修订。

冲 模 术 语

1 范围

本标准规定了冲模的常用术语。

本标准适用于冲模常用术语的理解和使用。

2 冲模类型

2.1

冲模 stamping die

通过加压将金属、非金属板料或型材分离、成形或接合而获得制件的工艺装备。

2.2

冲裁模 blanking die

分离出所需形状与尺寸制件的冲模。

2.2.1

落料模 blanking die

分离出带封闭轮廓制件的冲裁模。

2.2.2

冲孔模 piercing die

沿封闭轮廓分离废料而形成带孔制件的冲裁模。

2.2.3

修边模 trimming die

切去制件边缘多余材料的冲裁模。

2.2.4

切口模 notching die

沿不封闭轮廓冲切出制件边缘切口的冲裁模。

2.2.5

切舌模 lancing die

沿不封闭轮廓将部分板料切开并使其折弯的冲裁模。

2.2.6

剖切模 parting die

沿不封闭轮廓冲切分离出两个或多个制件的冲裁模。

2.2.7

整修模 shaving die

沿制件被冲裁外缘或内孔修切掉少量材料，以提高制件尺寸精度和降低冲裁截面粗糙度值的冲裁模。

2.2.8

精冲模 fine blanking die

使板料处于三向受压状态下冲裁，可冲制出冲裁截面光洁、尺寸精度高的制件的冲裁模。

2.2.9

切断模 cut-off die

将板料沿不封闭轮廓分离的冲裁模。

2.3

弯曲模 bending die

将制件弯曲成一定角度和形状的冲模。

2.3.1

预弯模 pre-bending die

预先将坯料弯曲成一定形状的弯曲模。

2.3.2

卷边模 curling die

将制件边缘卷曲成接近封闭圆筒的冲模。

2.3.3

扭曲模 twisting die

将制件扭转成一定角度和形状的冲模。

2.4

拉深模 drawing die

把制件拉压成空心体,或进一步改变空心体形状和尺寸的冲模。

2.4.1

反拉深模 reverse redrawing die

把空心体制件内壁外翻的拉深模。

2.4.2

正拉深模 obverse redrawing die

完成与前次拉深相同方向的再拉深工序的拉深模。

2.4.3

变薄拉深模 ironing die

把空心制件拉压成侧壁厚度更小的薄壁制件的拉深模。

2.5

成形模 forming die

使板料产生局部塑性变形,按凸、凹模形状直接复制成形的冲模。

2.5.1

胀形模 bulging die

使空心制件内部在双向拉应力作用下产生塑性变形,以获得凸肚形制件的成形模。

2.5.2

压筋模 stretching die

在制件上压出凸包或筋的成形模。

2.5.3

翻边模 flanging die

使制件的边缘翻起呈竖立或一定角度直边的成形模。

2.5.4

翻孔模 burring die

使制件的孔边缘翻起呈竖立或一定角度直边的成形模。

2.5.5

缩口模 necking die

使空心或管状制件端部的径向尺寸缩小的成形模。

2.5.6

扩口模　flaring die

使空心或管状制件端部的径向尺寸扩大的成形模。

2.5.7

整形模　restriking die

校正制件呈准确形状与尺寸的成形模。

2.5.8

压印模　printing die

在制件上压出各种花纹、文字和商标等印记的成形模。

2.6

复合模　compound die

压力机的一次行程中，同时完成两道或两道以上冲压工序的单工位冲模。

2.6.1

正装复合模　obverse compound die

凹模和凸模装在下模，凸凹模装在上模的复合模。

2.6.2

倒装复合模　inverse compound die

凹模和凸模装在上模，凸凹模装在下模的复合模。

2.7

级进模　progressive die

压力机的一次行程中，在送料方向连续排列的多个工位上同时完成多道冲压工序的冲模。

2.8

单工序模　single-operation die

压力机的一次行程中，只完成一道冲压工序的冲模。

2.9

无导向模　open die

上、下模之间不设导向装置的冲模。

2.10

导板模　guide plate die

上、下模之间由导板导向的冲模。

2.11

导柱模　guide pillar die

上、下模之间由导柱、导套导向的冲模。

2.12

通用模　universal die

通过调整，在一定范围内可完成不同制件的同类冲压工序的冲模。

2.13

自动模　automatic die

送料、取出制件及排除废料完全自动化的冲模。

2.14

组合冲模　combined die

通过模具零件的拆装组合，以完成不同冲压工序或冲制不同制件的冲模。

2.15

传递模　transfer die

多工序冲压中，借助机械手实现制件传递，以完成多工序冲压的成套冲模。

2.16

镶块模　insert die

工作主体或刃口由多个零件拼合而成的冲模。

2.17

柔性模　flexible die

通过对各工位状态的控制，以生产多种规格制件的冲模。

2.18

多功能模　multifunction die

具有自动冲切、叠压、铆合、计数、分组、扭斜和安全保护等多种功能的冲模。

2.19

简易模　low-cost die

结构简单、制造周期短、成本低、适于小批量生产或试制生产的冲模。

2.19.1

橡胶冲模　rubber die

工作零件采用橡胶制成的简易模。

2.19.2

钢带模　steel strip die

采用淬硬的钢带制成刃口，嵌入用层压板、低熔点合金或塑料等制成的模体中的简易模。

2.19.3

低熔点合金模　low-melting-point alloy die

工作零件采用低熔点合金制成的简易模。

2.19.4

锌基合金模　zinc-alloy based die

工作零件采用锌基合金制成的简易模。

2.19.5

薄板模　laminate die

凹模、固定板和卸料板均采用薄钢板制成的简易模。

2.19.6

夹板模　template die

由一端连接的两块钢板制成的简易模

2.20

校平模　planishing die

用于完成平面校正或校平的冲模。

2.21

齿形校平模　roughened planishing die

上模、下模为带齿平面的校平模。

2.22

硬质合金模　carbide die

工作零件采用硬质合金制成的冲模。

3 冲模零部件

3.1

上模 upper die

安装在压力机滑块上的模具部分。

3.2

下模 lower die

安装在压力机工作台面上的模具部分。

3.3

模架 die set

上、下模座与导向件的组合体。

3.3.1

通用模架 universal die set

通常指应用量大面广，已形成标准化的模架。

3.3.2

快换模架 quick change die set

通过快速更换凸、凹模和定位零件，以完成不同冲压工序和冲制多种制件，并对需求作出快速响应的模架。

3.3.3

后侧导柱模架 back-pillar die set

导向件安装于上、下模座后侧的模架。

3.3.4

对角导柱模架 diagonal-pillar die set

导向件安装于上、下模座对角点上的模架。

3.3.5

中间导柱模架 center-pillar die set

导向件安装于上、下模座左右对称点上的模架。

3.3.6

精冲模架 fine blanking die set

适用于精冲，刚性好、导向精度高的模架。

3.3.7

滑动导向模架 sliding guide die set

上、下模采用滑动导向件导向的模架。

3.3.8

滚动导向模架 ball-bearing die set

上、下模采用滚动导向件导向的模架。

3.3.9

弹压导板模架 die set with spring guide plate

上、下模采用带有弹压装置导板导向的模架。

3.4

工作零件 working component

直接对板料进行冲压加工的零件。

3.4.1

凸模　punch

一般冲压加工制件内孔或内表面的工作零件。

3.4.2

定距侧刃　pitch punch

级进模中，为确定板料的送进步距，在其侧边冲切出一定形状缺口的工作零件。

3.4.3

凹模　die

一般冲压加工制件外形或外表面的工作零件。

3.4.4

凸凹模　main punch

同时具有凸模和凹模作用的工作零件。

3.4.5

镶件　insert

分离制造并镶嵌在主体上的局部工作零件。

3.4.6

拼块　section

分离制造并镶拼成凹模或凸模的工作零件。

3.4.7

软模　soft die

由液体、气体、橡胶等柔性物质构成的凸模或凹模。

3.5

定位零件　locating component

确定板料、制件或模具零件在冲模中正确位置的零件。

3.5.1

定位销　locating pin

确定板料或制件正确位置的圆柱形零件。

3.5.2

定位板　locating plate

确定板料或制件正确位置的板状零件。

3.5.3

挡料销　stop pin

确定板料送进距离的圆柱形零件。

3.5.4

始用挡料销　finger stop pin

确定板料进给起始位置的圆柱形零件。

3.5.5

导正销　pilot pin

与导正孔配合，确定制件正确位置和消除送料误差的圆柱形零件。

3.5.6

抬料销　lifter pin

具有抬料作用，有时兼具板料送进导向作用的圆柱形零件。

3.5.7

导料板　stock guide rail

确定板料送进方向的板状零件。

3.5.8

侧刃挡块　stop block for pitch punch

承受板料对定距侧刃的侧压力,并起挡料作用的板块状零件。

3.5.9

止退键　stop key

支撑受侧向力的凸、凹模的块状零件。

3.5.10

侧压板　side-push plate

消除板料与导料板侧面间隙的板状零件。

3.5.11

限位块　limit block

限制冲压行程的块状零件。

3.5.12

限位柱　limit post

限制冲压行程的柱状零件。

3.6

压料、卸料、送料零件　components for clamping, stripping and feeding

压住板料和卸下或推出制件与废料的零件。

3.6.1

卸料板　stripper plate

从凸模或凸凹模上卸下制件与废料的板状零件。

3.6.1.1

固定卸料板　fixed stripper plate

固定在冲模上位置不动,有时兼具凸模导向作用的卸料板。

3.6.1.2

弹性卸料板　spring stripper plate

借助弹性零件起卸料、压料作用,有时兼具保护凸模并对凸模起导向作用的卸料板。

3.6.2

推件块　ejector block

从上凹模中推出制件或废料的块状零件。

3.6.3

顶件块　kicker block

从下凹模中顶出制件或废料的块状零件。

3.6.4

顶杆　kicker pin

直接或间接向上顶出制件或废料的杆状零件。

3.6.5

推板　ejector plate

在打杆与连接推杆间传递推力的板状零件。

3.6.6

推杆　ejector pin

向下推出制件或废料的杆状零件。

3.6.7

连接推杆　ejector tie rod

连接推板与推件块并传递推力的杆状零件。

3.6.8

打杆　knock-out pin

穿过模柄孔，把压力机滑块上打杆横梁的力传给推板的杆状零件。

3.6.9

卸料螺钉　stripper bolt

连接卸料板并调节卸料板卸料行程的杆状零件。

3.6.10

拉杆　tie rod

固定于上模座并向托板传递卸料力的杆状零件。

3.6.11

托杆　cushion pin

连接托板并向压料板、压边圈或卸料板传递力的杆状零件。

3.6.12

托板　support plate

装于下模座并将弹顶器或拉杆的力传递给顶杆和托杆的板状零件。

3.6.13

废料切断刀　scrap cutter

冲压过程中切断废料的零件。

3.6.14

弹顶器　cushion

向压边圈或顶件块传递顶出力的装置。

3.6.15

承料板　stock-supporting plate

对进入模具之前的板料起支承作用的板状零件。

3.6.16

压料板　pressure plate

把板料压贴在凸模或凹模上的板状零件。

3.6.17

压边圈　blank holder

拉深模或成形模中，为调节材料流动阻力，防止起皱而压紧板料边缘的零件。

3.6.18

齿圈压板　vee-ring plate

精冲模中，为形成很强的三向压应力状态，防止板料自冲切层滑动和冲裁表面出现撕裂现象而采用的齿形强力压圈零件。

3.6.19

推件板　slide feed plate

将制件推入下一工位的板状零件。

3.6.20

自动送料装置　automatic feeder

将板料连续定距送进的装置。

3.7

导向零件　guide component

保证运动导向和确定上、下模相对位置的零件。

3.7.1

导柱　guide pillar

与导套配合,保证运动导向和确定上、下模相对位置的圆柱形零件。

3.7.2

导套　guide bush

与导柱配合,保证运动导向和确定上、下模相对位置的圆套形零件。

3.7.3

滚珠导柱　ball-bearing guide pillar

通过钢球保持圈与滚珠导套配合,保证运动导向和确定上、下模相对位置的圆柱形零件。

3.7.4

滚珠导套　ball-bearing guide bush

与滚珠导柱配合,保证运动导向和确定上、下模相对位置的圆套形零件。

3.7.5

钢球保持圈　cage

保持钢球均匀排列,实现滚珠导柱与导套滚动配合的圆套形组件。

3.7.6

止动件　retainer

将钢球保持圈限制在导柱上或导套内的限位零件。

3.7.7

导板　guide plate

为导正上、下模各零部件间相对位置而采用的淬硬或嵌有润滑材料的板状零件。

3.7.8

滑块　slide block

在斜楔的作用下沿变换后的运动方向作往复滑动的零件。

3.7.9

耐磨板　wear plate

镶嵌在某些运动零件导滑面上的淬硬或嵌有润滑材料的板状零件。

3.7.10

凸模保护套　punch-protecting bushing

小孔冲裁时,用于保护细长凸模的衬套零件。

3.8

固定零件　retaining component

将凸模、凹模固定于上、下模,以及将上、下模固定在压力机上的零件。

3.8.1

上模座　punch holder

用于装配与支承上模所有零部件的模架零件。

3.8.2

下模座　die holder

用于装配与支承下模所有零部件的模架零件。

3.8.3

凸模固定板　punch plate

用于安装和固定凸模的板状零件。

3.8.4

凹模固定板　die plate

用于安装和固定凹模的板状零件。

3.8.5

预应力圈　shrinking ring

为提高凹模强度，在其外部与之过盈配合的圆套形零件。

3.8.6

垫板　bolster plate

设在凸、凹模与模座间，承受和分散冲压负荷的板状零件。

3.8.7

模柄　die shank

使模具与压力机的中心线重合，并把上模固定在压力机滑块上的连接零件。

3.8.8

浮动模柄　self-centering shank

可自动定心的模柄。

3.8.9

斜楔　cam driver

通过斜面变换运动方向的零件。

4　冲模设计要素

4.1

模具间隙　clearance

凸模与凹模之间缝隙的间距。

4.2

模具闭合高度　die shut height

模具在工作位置下极点时，下模座下平面与上模座上平面之间的距离。

4.3

压力机最大闭合高度　press maximum shut height

压力机闭合高度调节机构处于上极限位置和滑块处于下极点时，滑块下表面至工作台上表面之间的距离。

4.4

压力机闭合高度调节量　adjustable distance of press shut height

压力机闭合高度调节机构允许的调节距离。

4.5

冲模寿命　die life

冲模从开始使用到报废所能加工的制件总数。

4.6

压力中心　load center

冲压合力的作用点。

4.7

冲模中心　die center

冲模的几何中心。

4.8

冲压方向　pressing direction

冲压力作用的方向。

4.9

送料方向　feed direction

板料送进模具的方向。

4.10

排样　blank layout

制件或毛坯在板料上的排列与设置。

4.11

搭边　web

排样时，制件与制件之间或制件与板料边缘之间的工艺余料。

4.12

步距　feed pitch

级进模中，被加工的板料或制件每道工序在送料方向移动的距离。

4.13

切边余量　trimming allowance

拉深或成形后制件边缘需切除的多余材料的宽度。

4.14

毛刺　burr

在制件冲裁截面边缘产生的竖立尖状凸起物。

4.15

塌角　die roll

在制件冲裁截面边缘产生的微圆角。

4.16

光亮带　smooth cut zone

制件冲裁截面的光亮部分。

4.17

冲裁力　blanking force

冲裁时所需的压力。

4.18

弯曲力　bending force

弯曲时所需的压力。

4.19

拉深力　drawing force

拉深时所需的压力。

4.20

卸料力　stripping force

从凸模或凸凹模上将制件或废料卸下来所需的力。

4.21

推件力　ejecting force

从凹模内顺冲裁方向将制件或废料推出所需的力。

4.22

顶件力　kicking force

从凹模内逆冲裁方向将制件顶出所需的力。

4.23

压料力　pressure plate force

压料板作用于板料的力。

4.24

压边力　blank holder force

压边圈作用于板料边缘的力。

4.25

毛坯　blank

前道工序完成需后续工序进一步加工的制件。

4.26

中性层　neutral line

弯曲变形区内切向应力为零或切向应变为零的金属层。

4.27

弯曲角　bending angle

制件被弯曲加工的角度,即弯曲后制件直边夹角的补角。

4.28

弯曲线　bending line

板料产生弯曲变形时相应的直线或曲线。

4.29

回弹　spring back

弯曲和成形加工中,制件在去除载荷并离开模具后产生的弹性回复现象。

4.30

弯曲半径　bending radius

弯曲制件内侧的曲率半径。

4.31

相对弯曲半径　relative bending radius

弯曲制件的曲率半径与板料厚度的比值。

4.32

最小弯曲半径　minimum bending radius

弯曲时板料最外层纤维濒于拉裂时的曲率半径。

4.33

展开长度　blank length of a bend

弯曲制件直线部分与弯曲部分中性层长度之和。

4.34

拉深系数　drawing coefficient

拉深制件的直径与其毛坯直径之比值。

4.35

拉深比　drawing ratio

拉深系数的倒数。

4.36

拉深次数　drawing number

受极限拉深系数的限制，制件拉深成形所需的次数。

4.37

缩口系数　necking coefficient

缩口制件的管口缩径后与缩径前直径之比值。

4.38

扩口系数　flaring coefficient

扩口制件管口扩径后的最大直径与扩口前直径之比值。

4.39

胀形系数　bulging coefficient

筒形制件胀形后的最大直径与胀形前直径之比值。

4.40

胀形深度　stretching height

板料局部胀形的深度。

4.41

翻孔系数　burring coefficient

翻孔制件翻孔前、后孔径之比值。

4.42

扩孔率　expanding ratio

扩孔前、后孔径之差与扩孔前孔径之比值。

4.43

最小冲孔直径　minimum diameter for piercing

一定厚度的某种板料所能冲压加工的最小孔直径。

4.44

转角半径　radius

盒形制件横截面上的圆角半径。

4.45

相对转角半径　relative radius

盒形制件转角半径与其宽度之比值。

4.46

相对高度　relative height

盒形制件高度与宽度之比值。

4.47

相对厚度　relative thickness

毛坯厚度与其直径之比值。

4.48

成形极限图　forming limit diagram

板料在外力作用下发生塑性变形，其极限应变值所构成的曲线图。

5　零件结构要素

5.1

圆凸模　round punch

圆柱形的凸模。

5.1.1

头部　punch head

凸模上比杆直径大的圆柱体部分(见图 1 中⑪)。

5.1.2

头部直径　punch head diameter

凸模圆柱头或圆锥头的最大直径(见图 1 中①)。

5.1.3

头厚　punch head thickness

凸模头部的厚度(见图 1 中②)。

5.1.4

刃口　point

直接对板料进行冲切加工，使其达到所需形状和尺寸的凸模工作段(见图 1 中⑥)。

5.1.5

刃口直径　point diameter

凸模的刃口端直径(见图 1 中⑤)。

5.1.6

刃口长度　point length

凸模工作段长度 (见图 1 中④)。

5.1.7

杆 shank

凸模与固定板相应孔配合的圆柱体部分(见图 1 中⑩)。

5.1.8

杆直径　shank diameter

与凸模固定板相应孔配合的杆部直径(见图 1 中⑨)。

5.1.9

引导直径　leading diameter

为便于凸模正确压入固定板而在杆压入端设计的一段圆柱直径(见图 1 中⑧)。

5.1.10

过渡半径　radius blend

连接刃口直径和杆直径的圆弧半径(见图 1 中⑦)。

5.1.11

凸模圆角半径　punch radius

成形模中凸模工作端面向侧面过渡的圆角半径。

5.1.12

凸模总长　punch overall length

凸模的全部长度(见图 1 中③)。

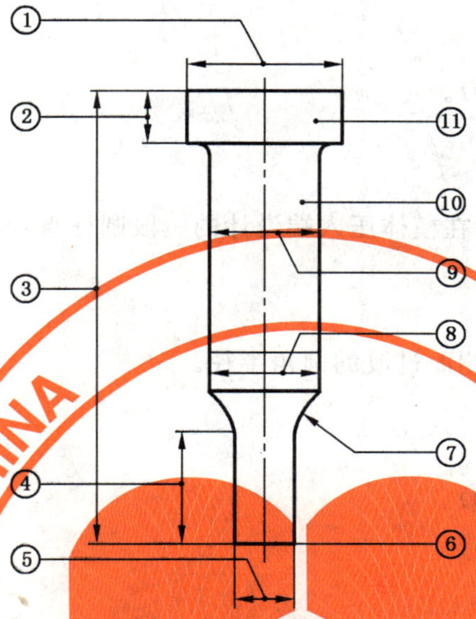

图 1　圆凸模

5.2

圆凹模　round die

圆柱形的凹模。

5.2.1

头部　die head

凹模上比模体直径大的圆柱体部分(见图 2 中⑨)。

5.2.2

头部直径　die head diameter

凹模的头部直径(见图 2 中⑧)。

5.2.3

头厚　die head thickness

凹模的头部厚度(见图 2 中⑥)。

5.2.4

刃口　die point

与凸模工作段配合对板料进行冲切加工,使其达到所需形状和尺寸的工作段(见图 2 中④)。

5.2.5

刃口直径　hole diameter

凹模的工作孔直径(见图 2 中③)。

5.2.6

刃口长度　land length

凹模工作段长度(见图 2 中⑫)。

5.2.7

刃口斜度　cutting edge angle

锥形凹模的刃口斜角值。

5.2.8

模体　die body

凹模与固定板相应孔配合的圆柱体部分(见图2中⑤)。

5.2.9

凹模外径　die body diameter

凹模的模体直径(见图2中①)。

5.2.10

引导直径　leading diameter

为便于凹模正确压入固定板,在模体压入端设计的一段圆柱直径(见图2中②)。

5.2.11

凹模圆角半径　die radius

成形模中凹模工作端面向内侧面过渡的圆角半径。

5.2.12

凹模总长　die overall length

凹模的全部长度(见图2中⑪)。

5.2.13

排料孔　relief hole

凹模及相接的模具零件上使废料排出的孔(见图2中⑩)。

5.2.14

排料孔直径　relief hole diameter

直排料孔的直径与斜排料孔的最大直径(见图2中⑦)。

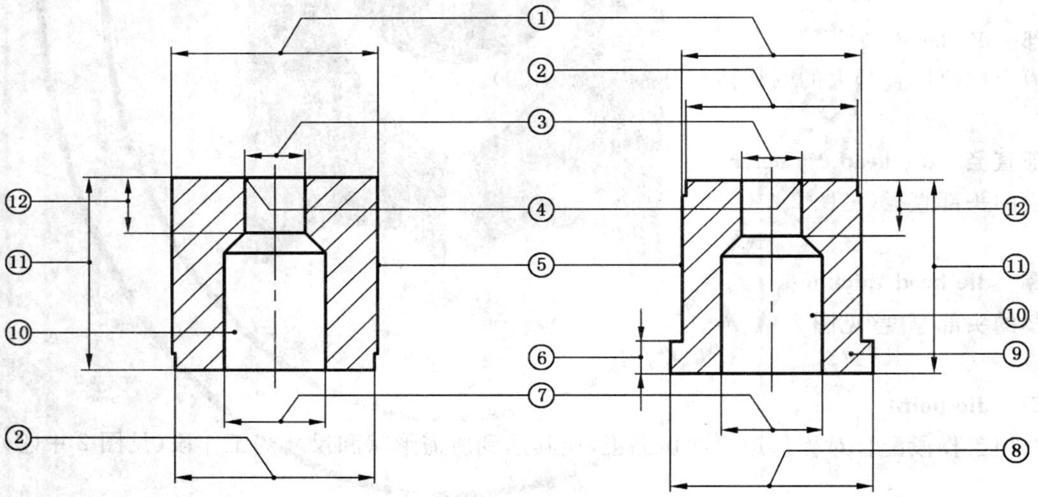

图2　圆凹模

附 录 A
（资料性附录）
图 例

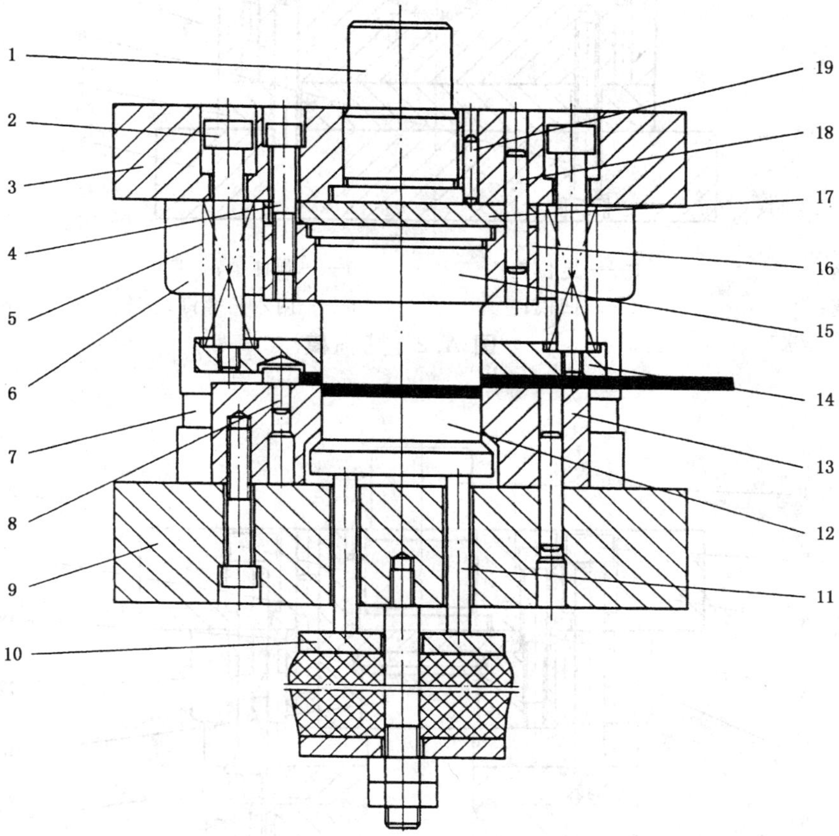

1——模柄；
2——卸料螺钉；
3——上模座；
4——内六角螺钉；
5——弹簧；
6——导套；
7——导柱；
8——挡料销；
9——下模座；
10——托板；
11——顶杆；
12——顶件块；
13——凹模；
14——卸料板；
15——凸模；
16——凸模固定板；
17——垫板；
18—— 圆柱销；
19——圆柱销。

图 A.1 落料模

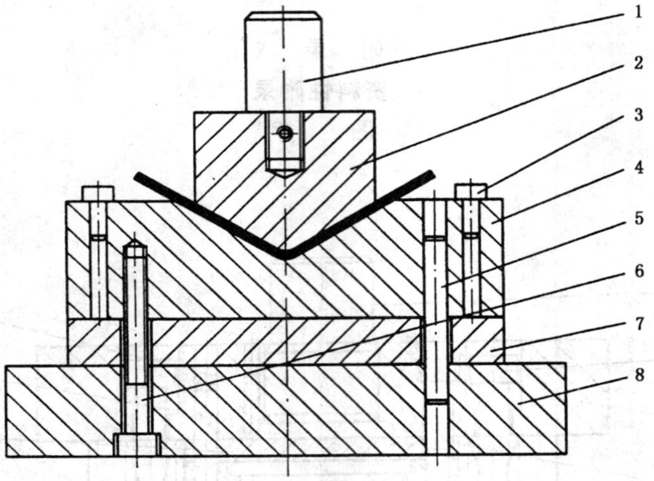

1——模柄；
2——凸模；
3——定位销；
4——凹模；
5——圆柱销；
6——内六角螺钉；
7——垫板；
8——下模座。

图 A.2 弯曲模

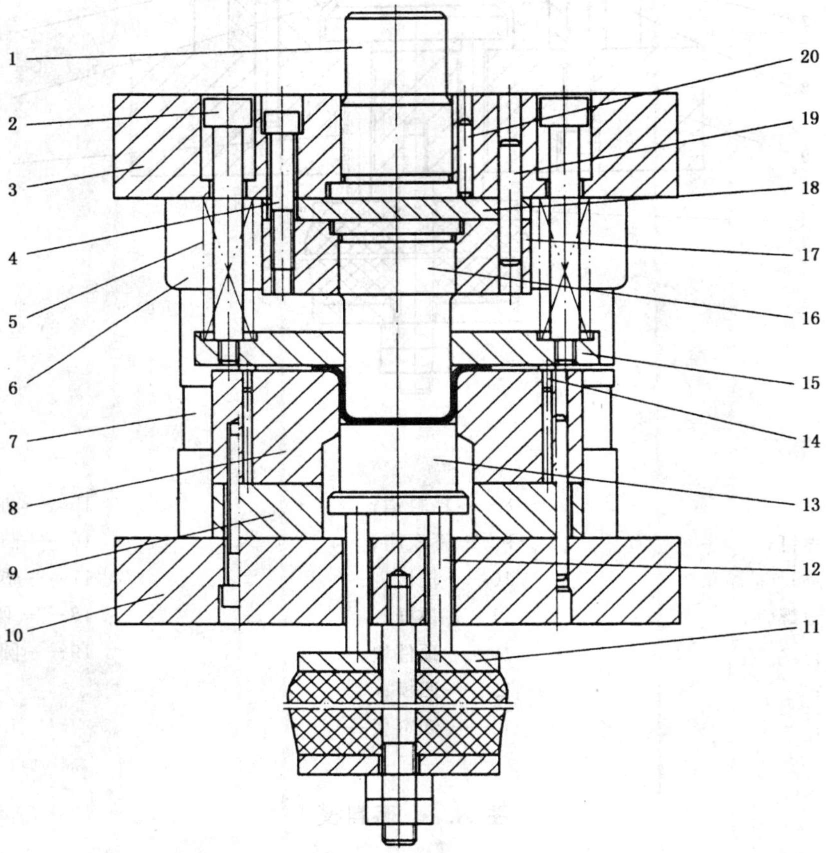

1——模柄；
2——卸料螺钉；
3——上模座；
4——内六角螺钉；
5——弹簧；
6——导套；
7——导柱；
8——凹模；
9——垫板；
10——下模座；
11——弹顶装置；
12——顶杆；
13——顶件块；
14——定位销；
15——卸料板；
16——凸模；
17——凸模固定板；
18——垫板；
19——圆柱销；
20——圆柱销。

图 A.3 拉深模

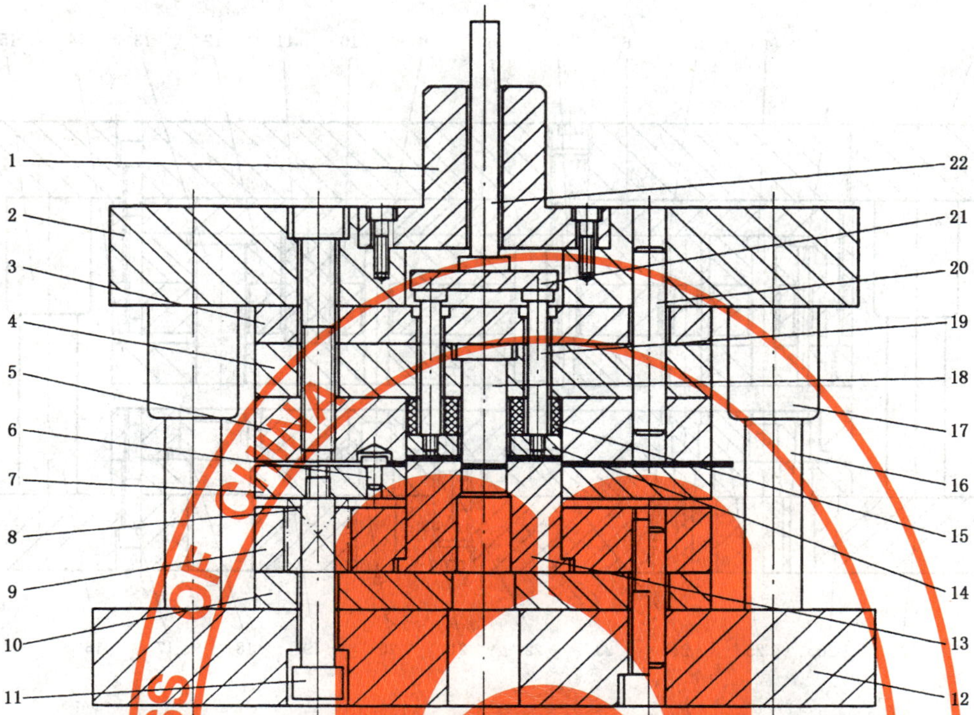

1——模柄；
2——上模座；
3——垫板；
4——固定板；
5——凹模；
6——定位销；
7——卸料板；
8——弹簧；
9——固定板；
10——垫板；
11——卸料螺钉；
12——下模座；
13——凸凹模；
14——卸料板；
15——橡胶弹性体；
16——导柱；
17——导套；
18——凸模；
19——连接推杆；
20——圆柱销；
21——推板；
22——打杆。

图 A.4 复合模

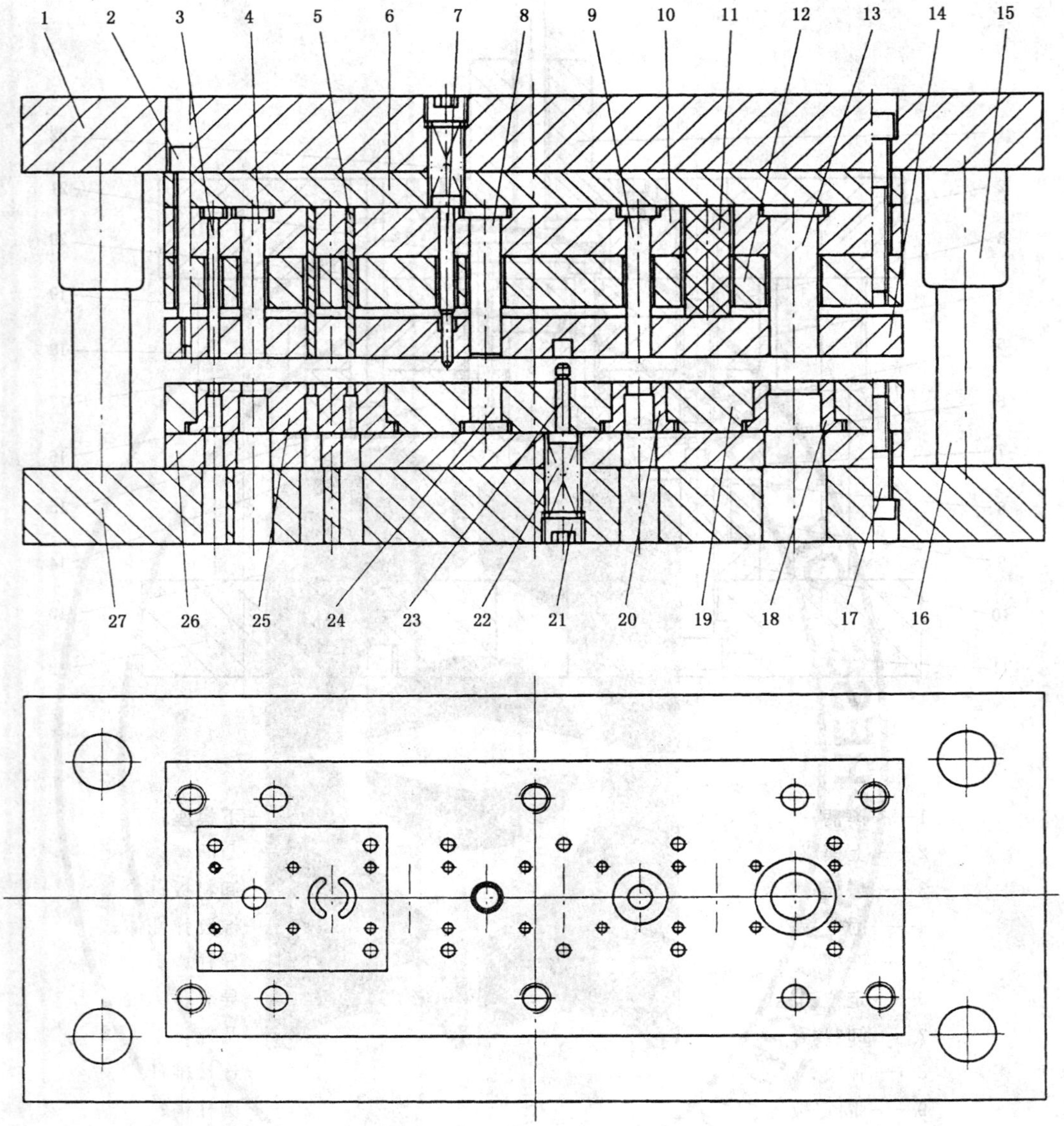

1——上模座；
2——卸料螺钉；
3——冲导正孔凸模；
4——冲预孔凸模；
5——切口凸模；
6——垫板；
7——导正销；
8——压印凸模；
9——冲孔凸模；
10——凸模固定板；
11——橡胶弹性体；
12——垫板；
13——落料凸模；
14——弹性卸料板；
15——导套；
16——导柱；
17——内六角螺钉；
18——落料凹模；
19——凹模固定板；
20——冲孔凹模；
21——螺塞；
22——弹簧；
23——抬料销；
24——压印凹模；
25——凹模镶件；
26——垫板；
27——下模座。

图 A.5　级进模

中 文 索 引

英 文 索 引

术语名称 词条号

参 考 文 献

[1] ISO 12165—2000 Tools for Moulding — Components of compression and injection moulds and diecasting dies — Terms and Symbols.

ICS 29.220.10
K 82

中华人民共和国国家标准

GB/T 8897.3—2006
代替 GB/T 7168—1996

原电池　第3部分：手表电池

Primary batteries—Part 3：Watch batteries

（IEC 60086-3：2004，MOD）

2006-03-06 发布　　　　2006-11-01 实施

中华人民共和国国家质量监督检验检疫总局
中国国家标准化管理委员会　发布

前　言

本部分是《原电池》系列标准的第3部分,《原电池》标准分为5个部分:

GB/T 8897.1《原电池　第1部分:总则》

GB 8897.2《原电池　第2部分:外形尺寸和技术要求》

GB/T 8897.3《原电池　第3部分:手表电池》

GB 8897.4《原电池　第4部分:锂电池的安全要求》

GB 8897.5《原电池　第5部分:水溶液电解质电池的安全要求》

本部分修改采用IEC 60086-3:2004《原电池　第3部分:手表电池》(第2版),对GB/T 7168—1996《锌银扣式电池》进行修订。

本部分与IEC 60086-3:2004的差异是:

1. 在表8中增加了在GB 8897.2—2005中以旧命名法命名的相应电池的尺寸代码,以便用户对照使用;
2. 增加了附录B检验规则,供用户选择使用。

本部分自实施之日起代替GB/T 7168—1996《锌银扣式电池》。轻工行业标准QB/T 2389—1998和QB/T 3747—1999同时废止。

本部分的附录A和附录B为规范性附录。

本部分由中国轻工业联合会提出。

本部分由全国原电池标准化技术委员会归口。

本部分主要起草单位:常州达立电池有限公司、国家轻工业电池质量监督检测中心、上海必霸电池有限公司。

本部分参加起草单位:佛山市南海新光电池材料有限公司、信湖新能源电子(深圳)有限公司。

本部分主要起草人:林佩云、徐平国、金苗、陈新建、华煜民、欧阳振鸿、杨辉鑫。

本部分首次发布。

本部分所代替标准历次版本发布情况如下:

GB/T 7168—1987,GB/T 7168—1996。

IEC 引　　言

IEC 60086-3 由 IEC/TC 35 和 ISO/TC 114 联合工作共同制定,IEC 60086 的本部分提供了手表用原电池的特殊技术要求和有关信息,其目的是确保电池和手表能够实现最佳匹配,从而使原电池使用者、手表设计者和电池生产者受益。

今后将持续地对本部分进行详尽的复审,以确保该标准始终能跟上电池和手表技术的发展。

注:电池安全性信息参见 GB 8897.4/IEC 60086-4 和 GB 8897.5/IEC 60086-5。

原电池　第3部分：手表电池

1　范围

本部分规定了手表用原电池的尺寸、型号命名、检验方法、要求及检验规则。当有多种检验方法时，生产厂在出示电池的电性能和(或)其他性能数据时应说明采用何种检验方法。

2　规范性引用文件

下列文件中的条款通过本部分的引用而成为本部分的条款。凡是注日期的引用文件，其随后所有的修改单(不包括勘误的内容)或修订版均不适用于本部分，然而，鼓励根据本部分达成协议的各方研究是否可使用这些文件的最新版本。凡是不注日期的引用文件，其最新版本适用于本部分。

GB/T 2828.1—2003　计数抽样检验程序　第1部分：按接收质量限(AQL)检索的逐批检验抽样计划(ISO 2859-1:1999,IDT)

GB/T 2829—2002　周期检验计数抽样程序及表(适用于对过程稳定性的检验)

GB/T 6378—2002　不合格品率的计量抽样检查程序及图表(适用于连续批的检查)(ISO 3951:1989,NEQ)

GB/T 8897.1—2003　原电池　第1部分：总则(IEC 60086-1:2000,IDT)

GB 8897.2—2005　原电池　第2部分：外形尺寸和技术要求(IEC 60086-2:2001,MOD)

GB 8897.5[1)] 原电池　第5部分：水溶液电解质电池的安全要求

IEC 60410:1973 计数抽样计划和检验程序

IEC 61429:1995 符合ISO 7000:1135国际回收符号的蓄电池标志

注：其他相关参考资料见参考文献。

3　术语和定义

GB/T 8897.1—2003确立的以及下列术语和定义适用于本部分。

3.1

容抗　capacitive reactance

内阻的一个组成部分，在加上负载的最初几秒内会导致一个电压降。

3.2

容量　capacity

在规定的放电条件下电池所能输出的电荷(电量)。

注：电荷SI单位是库仑(1C=1 As)，但实际上容量通常用安时(Ah)表示。

3.3

电动势　electromotive force; e. m. f.

未加上负载时电池两端的电压(极化和内阻的作用不影响这个电压)。

3.4

新电池　fresh battery

生产出来未超过60 d的未放过电的电池。

3.5

欧姆降　ohmic drop

在加上负载的一瞬间由内阻一个组成部分导致的电压降。

1)　已报批。

4 外形尺寸和物理性能要求

4.1 尺寸及符号

手表用电池的尺寸和公差应该符合图1、表1和表2的要求。电池外形按7.1检验。

图1中表示电池外形的符号与GB 8897.2—2005的第5章一致。

单位为毫米

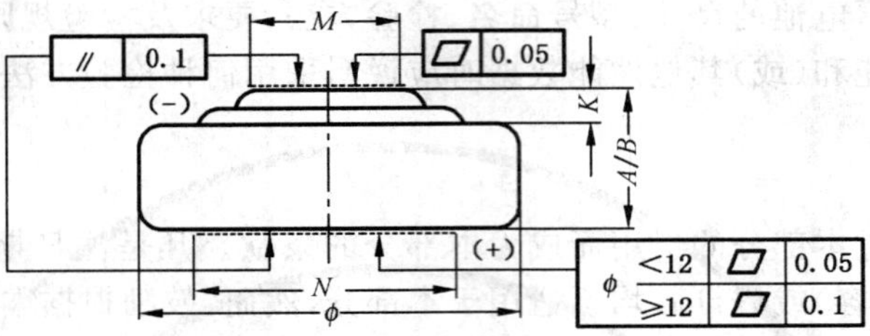

图中字符：

A——电池的最大总高度；

B——正、负极接触面之间的最小距离；

K——负极接触面凸起的最小值；

M——负极接触面的最小直径；

N——正极接触面的最小直径；

ϕ——电池的最大和最小直径。

图1 尺寸特征

表1 尺寸及代码

尺寸单位为毫米

直径			*M*	高度 *A/B*														
				代码[a]														
代码[a]	*ϕ*	公差		10	12	14	16	20	21	25	26	27	30	31	32	36	42	54
				公差														
				0 −0.10	0 −0.15	0 −0.15	0 −0.18	0 −0.20	0 −0.20	0 −0.20	0 −0.20	0 −0.20	0 −0.25	0 −0.25	0 −0.25	0 −0.25	0 −0.25	0 −0.25
4	4.8	0 −0.15					1.65		2.15									
5	5.8	0 −0.15	2.6	1.05	1.25	1.45	1.65		2.15			2.70						
6	6.8	0 −0.15	3.0	1.05	1.25	1.45	1.65		2.15		2.60							
7	7.9	0 −0.15	3.5	1.05	1.25	1.45	1.65		2.10		2.60			3.10		3.60		
9	9.5	0 −0.15	4.5	1.05	1.25	1.45	1.65	2.05				2.70				3.60		
11	11.6	0 −0.20	6.0	1.05	1.25	1.45	1.65	2.05			2.60		3.05			3.60	4.20	5.40
12	12.5	0 −0.25	4.0		1.20		1.60	2.00		2.50								
注：基于公差重叠的原理，表中空格处无法进行标准化。																		
a 见附录A。																		

表 2 尺寸及代码

尺寸单位为毫米

直径			M	高度 A/B					
				代码[a]					
				12	16	20	25	30	32
				公差					
代码[a]	ϕ	公差		0 −0.20[b]	0 −0.20[b]	0 −0.25[b]	0 −0.30[b]	0 −0.30[b]	0 −0.30[b]
16	16	0 −0.25	5.0	1.20	1.60	2.0	2.50		
20	20	0 −0.25	8.0	1.20	1.60	2.0	2.50		3.20
23	23	0 −0.30	8.0	1.20	1.60	2.0	2.50		
24	24.5	0 −0.30	8.0	1.20	1.60			3.00	

注：基于公差重叠的原理，表中空格处无法进行标准化。

a 见附录 A。

b 该公差今后将会减小。

4.2 极端

负极接触端(—)：负极接触端(尺寸 M)应该符合表 1 和表 2 的要求。此规定不适用于负极端为“双台阶式”的电池。

正极接触端(+)：电池的圆柱体表面应当与正极端相连(见 GB 8897.2—2005)。

4.3 负极极端的突出部分(K)

尺寸 K 应该符合下列要求：

当 $A/B \leqslant 1.65$ 时，$K \geqslant 0.02$；

当 $1.65 < A/B < 2.5$ 时，$K \geqslant 0.06$；

当 $A/B \geqslant 2.5$ 时，$K \geqslant 0.08$

4.4 负极极端的形状

负极的立体空间要求：应当在 45°角以内(见图 2)。

不同高度(A/B)的电池，其 a 的最小值见表 3。

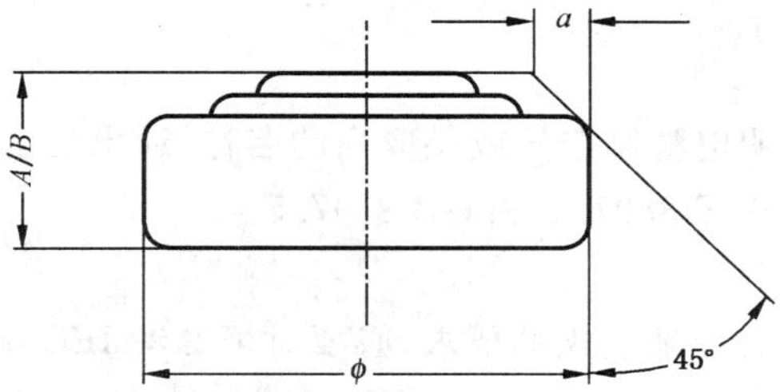

图 2 负极极端的形状

表 3 a 的最小值 单位为毫米

A/B	a_{min}
1＜A/B≤1.90	0.20
1.90＜A/B≤3.10	0.35
3.60≤A/B≤4.20	0.70
5.40≤A/B	0.90

4.5 抗机械压力

通过一直径为 1 mm 的钢珠，施加表 4 规定的力 F(N)于正、负极接触区中心 10 s，不应产生有损电池正常功能的变形，即经此项检验之后，电池应能通过第 7 章所规定的各项检验。

表 4 不同尺寸的电池应施加的力 F

电池尺寸		力
ϕ/mm	A/B/mm	F/N
＜7.9	＜3.0	5
	≥3.0	10
≥7.9	＜3.0	10
	≥3.0	10

4.6 变形

电池尺寸应始终符合相关规定，包括放电到达终止电压的时候。

注 1：如果电池放电至低于终止电压，B、C、G 和 L 体系电池的高度最多可增加 0.25 mm。

注 2：连续放电时，B、C 和 G 体系电池的高度有可能减小。

4.7 泄漏

未放过电的电池以及有要求时按 7.2.6 检验过的电池应按 7.3 进行检验，其可接受的不合格数由供需双方商定。

4.8 标志

4.8.1 总则

电池的标志应不妨碍电接触，电池应标明以下信息：

a) 按附录 A 命名的型号；

b) 电连接件的极性(+)；

c) 制造厂或供应商的名称或商标；

d) 由两个符号组成的生产日期或代码：该代码由年份的最后一位数和表明月份的一个数字组成。十月、十一月和十二月分别用字母 O、Y 和 Z 表示。

示例：01：2000 年 1 月

5Y：2005 年 11 月

e) 在电池的包装上应标明电池制造厂或供应商的名称、通讯地址及使用的截止日期。

其他可适用的标志参见 GB/T 8897.1 和 GB 8897.5。

4.8.2 处理

电池处理方法的标志应符合当地法规的要求，必要时可参考 IEC 61429：1995。

5 电性能要求

5.1 电化学体系、标称电压、终止电压和开路电压

有关电化学体系、标称电压、终止电压和开路电压的要求见表 5。

表 5 已标准化的电化学体系

体系字母代码	负极	电解质	正极	标称电压 V_n/V	终止电压 EV/V	开路电压 U_{OC} 或 OCV/V	
						最大值	最小值
B	锂	有机电解质	一氟化碳	3	2.0	3.70	3.00
C	锂	有机电解质	二氧化锰	3	2.0	3.70	3.00
G	锂	有机电解质	氧化铜(CuO)	1.5	1.2	2.30	1.70
L	锌	碱金属氢氧化物	二氧化锰	1.5	1.0	1.65	1.50
S	锌	碱金属氢氧化物	氧化银(Ag_2O)	1.55	1.2	1.63	1.57

5.2 闭路电压 U_{cc}(CCV)、内阻和阻抗

闭路电压和内阻应按 7.2 测定，交流阻抗用 LCR 三用表(电感、电容、电阻测量计)测定。

极限值由供需双方商定。

5.3 容量

应按 7.2.6 进行持续约 20 d 至 35 d 连续放电检验，由供需双方商定对容量的要求。

5.4 容量保持率

容量保持率是指在给定的放电条件下测定的同一批样品电池在 20℃±2℃和相对湿度 45%～75%下贮存 365 d 后的容量与其新电池容量之比。

容量保持率由供需双方商定，按 7.2.6 进行检测。电池贮存 12 个月后的容量保持率至少应为 90%。

6 抽样与质量保证

所采用的抽样方案或产品质量指数由供需双方商定，当双方无协议时，建议采用 6.1 和(或)6.2 的方案，若供需双方同意也可采用附录 B 的方案。

6.1 抽样

6.1.1 计数抽样检验

需要进行计数抽样检验时，所选择的抽样方案应符合 IEC 60410 和(或)GB/T 2828.1 的规定，要规定检验项目和接收质量限(AQL)(同型号的电池至少检验 3 只)。

6.1.2 计量抽样检验

需要进行计量抽样检验时，所选择的抽样方案应符合 GB/T 6378 的规定，要规定检验项目、样本大小和接收质量限(AQL)。

6.2 产品质量指数

可考虑采用 GB/T 8897.1 产品质量指数中一个指数。

7 检验方法

7.1 外形和尺寸

7.1.1 外形要求

负极接触件的外形适宜采用光学投影法或采用如图 3 所示的开口量规进行检查。

测量方法应由供需双方商定。

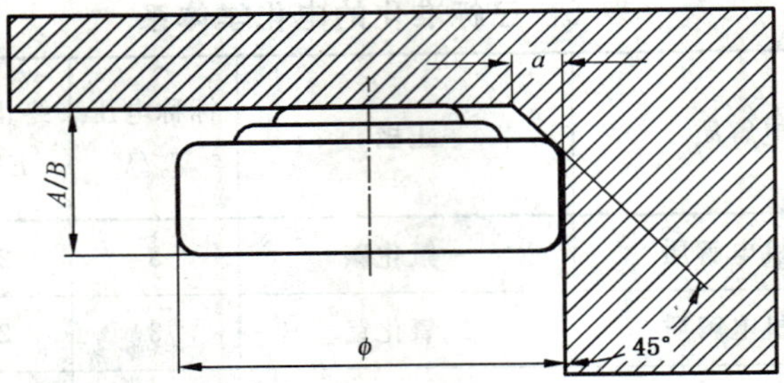

图 3　外形要求

7.2　电性能

7.2.1　环境条件

除非另有规定，样品电池应在 20℃±2℃的温度和 45%～75%的相对湿度下进行检验。

电池有可能在低温下使用，因此建议应进行 0℃±2℃和－10℃±2℃下的补充检验。

7.2.2　等效电路—等效内阻—直流法

任何电子元件的电阻都是通过计算该元件两端的电压降 ΔU 和流过该元件并导致电压降的电流变量 Δi 的比值来确定的，$R=\Delta U/\Delta i$。

注：类似地，任何电化学电池的直流内阻按下式确定：

$$R_i(\Omega)=\frac{\Delta U(\mathrm{V})}{\Delta i(\mathrm{A})} \quad \cdots\cdots(1)$$

直流内阻用图 4 的瞬间电压示意图来说明：

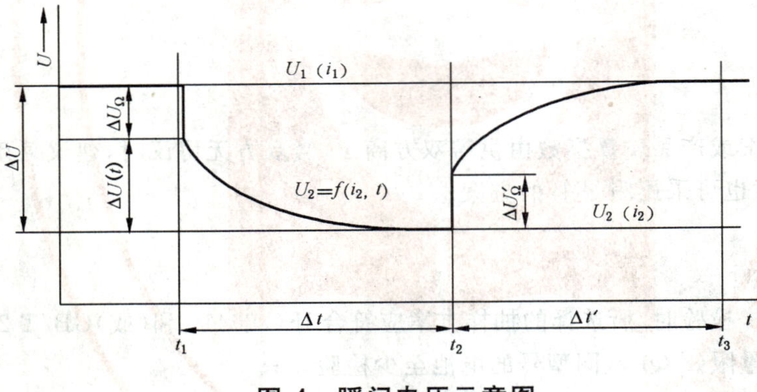

图 4　瞬间电压示意图

由图中可见，构成 ΔU 的两部分电压降性质不同，如下式所示：

$$\Delta U=\Delta U_\Omega+\Delta U(t) \quad \cdots\cdots(2)$$

第一部分欧姆降 $\Delta U_\Omega(t=t_1$ 时)与时间无关，它是由电流的增加 Δi 而引起的，其关系式为：

$$\Delta U_\Omega=\Delta i\times R_\Omega \quad \cdots\cdots(3)$$

式中 R_Ω 是纯欧姆电阻。第二部分 $\Delta U(t)$与时间有关，是由电化学因素（容抗）引起的。

7.2.3　设备

用于电压检测的设备应具有以下特性：

——准确度：不低于 0.25%；

——精密度：不低于最后一位数字的 50%；

——内阻：≥1 MΩ；

——测量时机：在进行 7.2 和 7.3 的检验时，要确保在电压瞬变的平台区（见图 5）进行闭路电压的测量是很重要的，否则就会由于容抗的产生导致测量误差（内阻偏小）。

测量所需的时间 $\Delta t'$ 与 Δt 相比应当是短暂的，检测设备应与这些要求相适应。

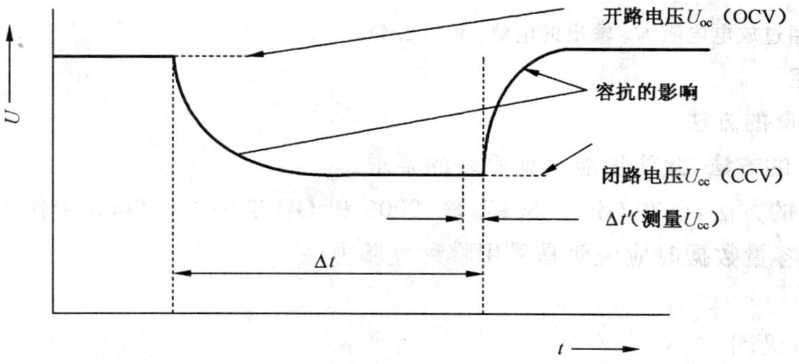

图 5　曲线：$U = f(t)$

7.2.4　开路电压 U_{OC}(OCV)和闭路电压 U_{CC}(CCV)的测量

测量电路原理见图 6。

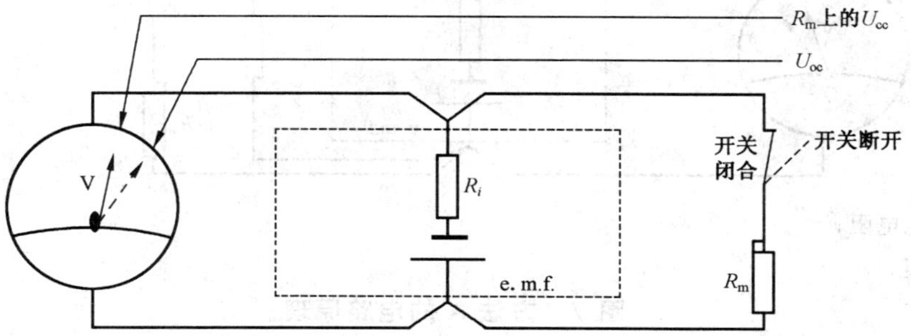

R_m——测量电阻。

图 6　电路原理

首先测量开路电压 U_{oc}：进行测量时将开关断开；

接着测量闭路电压 U_{cc}：进行测量时闭合开关，使被测电池与负载 R_m 相连，持续时间为 Δt 。Δt 见表 6。

表 6　闭路电压 U_{cc}(CCV)的测量方法

检测方法	电解质为 KOH 的电池[a]		所有其他电池	
	R_m/Ω	Δt/s	R_m/Ω	Δt/ms
A[b]	150±0.75	1±0.05	1 500±7.5	10±0.5
B[c]	150±0.75	0.5～2.0	470±2.35	500～2 000
C[d]	200±1.0	5±0.25	2 000±10	7.8±0.39
注：R_m 应包括被测量电池连接线的电阻以及开关的接触电阻。				

a　该电池适用于需要有高峰值电流输出的应用。

b　方法 A(推荐的检验方法)：需要专用测试仪器。

c　方法 B：无方法 A 的测试仪器时使用。

d　方法 C：只有在供需双方同意下才使用。

7.2.5　内阻 R_i 的计算

内阻按下式计算：

$$R_i = \frac{U_{oc} - U_{cc}}{U_{cc}/R_m}$$

注：U_{cc}/R_m表示通过放电电阻 R_m 输出的电流(见 7.2.4)。

7.2.6 容量的测定

有两种测定容量的方法：

方法 A 是推荐的方法，此法更能表征手表的要求。

方法 B 是普通的方法，已在 GB/T 8897.1—2003 和 GB 8897.2—2005 中作了规定。

生产商在出示容量数据时应说明是采用哪种检验方法。

7.2.6.1 方法 A

a) 电路原理(见图 7)

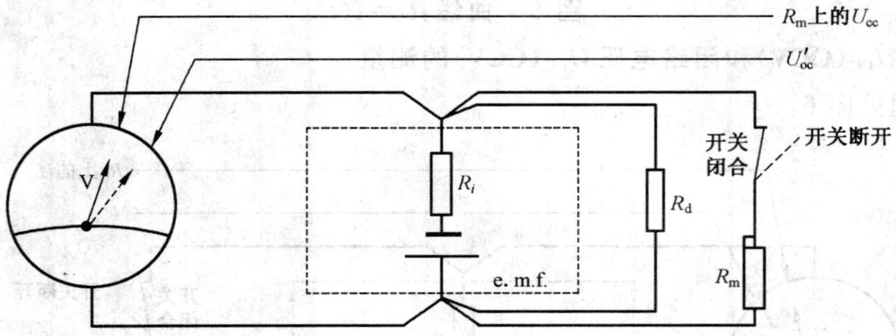

R_d——连续放电电阻；

R_m——测量电阻。

图 7 方法 A 的电路原理

b) 检验程序

进行放电时间约为 30 d 的恒电阻放电检验，其负载电阻 R_d 的值(在表 8 中规定)应包括外电路所有的电阻，准确度应在±0.5%以内。

c) 容量的确定

一旦电池固定性地连接上 R_d，每天至少要测量一次开路电压 U'_{oc}和闭路电压 U_{cc}，直至 U_{cc}首次低于终止电压。终止电压在表 5 作了规定。

1) 首先测量 U'_{oc}：由于 R_d 大大高于 R_m，U'_{oc}约等于 U_{oc}。进行测量时开关断开。

2) 接着测量 U_{cc}：将被测电池与 R_m 相连，在表 7 规定的时间 Δt 内开关合上。

表 7 测量 U_{cc}(CCV)的方法 A

电解质为 KOH 的电池		所有其他电池	
R_m/Ω	Δt/s	R_m/Ω	Δt/ms
150±0.75	1±0.05	1500±7.5	10±0.5

注 1：负载电阻(包括外电路各个部分的电阻)应符合表 7 和表 8 的规定。

3) 容量 C 的计算：电池容量为各部分容量 C_p 之和，即 $C=\sum C_p$。在每次测量后 C_p 按下式计算：

$$C_p = \frac{U'_{oc} \times t_i}{R_d}$$

式中：

t_i——两次测量的间隔时间。

注 2：建议在放电末期每天测量若干次以便获得足够的准确度。

表 8　放电电阻值

尺寸代码		电化学体系代码			尺寸代码		电化学体系代码	
GB/T 8897.3—2006	GB 8897.2—2005	L	S	G	GB/T 8897.3—2006	GB 8897.2—2005	C	B
		放电电阻/kΩ					放电电阻/kΩ	
510					1 212			
512								
514					1 216			
516	R62		150					
521	R63		100		1 220		62	
527	R64		68					
610					1 225			
612								
614			120		1 612			
616	R65		100					
621	R60		68		1 616			
626	R66		47					
710					1 620		47	
712			100					
714			68		1 625			
716	R67		68					
721	R58		47		2 012			
726	R59		33					
731			27		2 016		30	
736	R41		22					
754	R48		15		2 020		30	
910								
912					2 025		15	
914								
916	R68		47		2 312			
920			33					
927	R57		22		2 316			
936	R45		15					
1 110					2 320		15	
1 112								
1 114					2 325			
1 116			39					
1 120			22		2 412			
1 126	R56		15					
1 130	R54		15		2 416			
1 136	R42		15					
1 142	R43		10		2 420		15	
1 154	R44		6.8		2 425		15	

注：空白处未填入的放电电阻值尚在研究中。

7.2.6.2　**方法 B**

a）电路原理（见图 8）

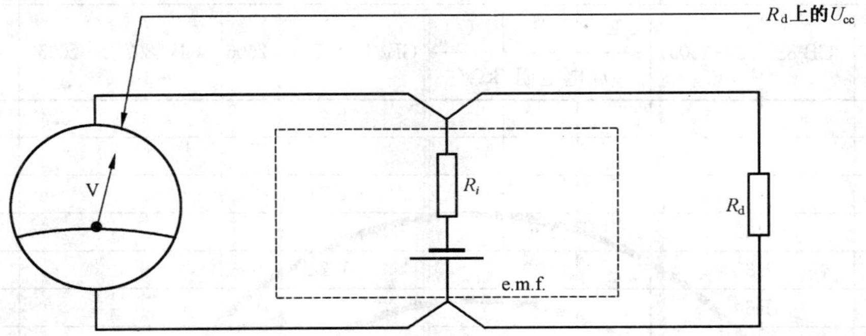

R_d——放电电阻。

图 8　方法 B 的电路原理

b）检验程序：按 7.2.6.1b）。

c）放电时间（使用寿命）的确定：当被测电池的闭路电压首次降低到表 5 规定的终止电压时，计算时间 t 并定义为放电时间（使用寿命）。

容量按下式计算：

$$C = \frac{U_{cc}(\text{平均})}{R_d}t$$

式中：

C——容量；

U_{cc}(平均)——在放电时间（$0 \sim t$）内 U_{cc} 的平均电压值；

t——放电时间（使用寿命）。

7.2.7　**按方法 A 放电时内阻 R_i 的计算（选择项，可做可不做）**

按 7.2.6 的程序每次测量 U'_{oc} 和 U_{cc} 之后，可采用下式计算电池的内阻。

$$R_i = \frac{U'_{oc} - U_{cc}}{U_{cc}/R_m}$$

7.3　**耐漏液性能检验方法**

7.3.1　**预置条件及预检验**

电池在进行 7.3.2 和 7.3.3 的检验之前先按第 8 章进行外观检验。

电池在进行 7.3.2.1 和 7.3.2.2 的检验之前，应分别在规定的温度（40℃和 45℃）下预置 2 h，以避免在高湿度下形成冷凝。

7.3.2　**高温高湿检验**

7.3.2.1　**推荐的检验方法**

电池应在表 9 规定的条件下贮存

表 9　推荐的检验方法的贮存条件

温度/℃	相对湿度/%	检验时间/d
40±2	90～95	30 或 90

注：进行快速例行质量控制检验时，检验时间可为 30 d，而对新的电池进行质量鉴定检验时，检验时间应为 90 d。

7.3.2.2　**供选择的检验方法**

经供需双方同意可选择下列的检验条件：

表 10 供选择的检验方法的贮存条件

温度/℃	相对湿度/%	检验时间/d
45±2	90～95	20 或 60
注：进行快速例行质量控制检验时，检验时间可为 20 d，而对新的电池进行质量鉴定检验定时，检验时间应为 60 d。		

7.3.3 温度循环检验

电池应按图 9 的规定进行 150 次温度循环检验。

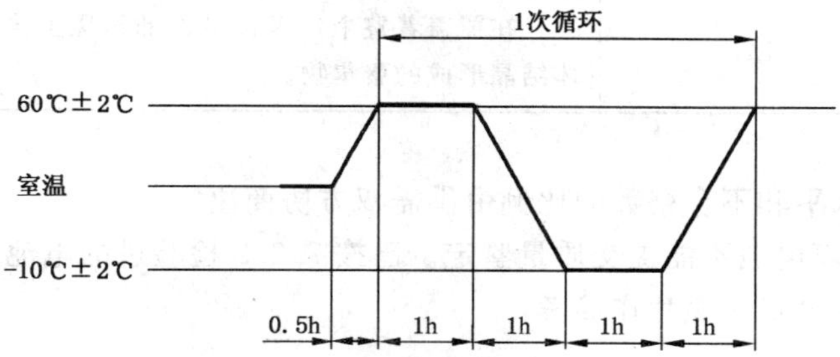

图 9 温度循环检验

相对湿度在室温下应为 50%至 60%，随后它将随着温度的变化而变化。

8 外观检查及合格条件

8.1 预置条件

电池在进行外观检查之前或在进行了第 7 章所规定的检验之后，要在室温及相对湿度为 45%～70%下至少存放 24 h。

注 1：规定应在电解质结晶后观察漏液，必要时电池存放时间可超过 24 h。

注 2：此项检查适用于未使用过的电池、使用过的电池或已做过不同检验的电池。

8.2 放大倍率

外观检查应在 10×或 15×的放大倍率下进行，要检出轻微的漏液需要 15×的放大倍率。

8.3 照明

进行外观检查时，被检电池表面的漫射白光的照度为 900 lx 至 1 100 lx。

8.4 漏液程度及分类

漏液程度及分类见表 11。

表 11 漏液程度及分类

漏液程度		定　　义
类别	等级	
盐析	S1	用肉眼无法看出的，需在 15×的放大倍率下能看出的在密封圈附近很少量的漏液，其影响范围应小于密封圈周长的 10%。
	S2	肉眼可看出的在密封圈附近的轻微漏液。在 15×的放大倍率下，可以看出漏液的影响范围超过密封圈周长的 10%。
	S3	肉眼可看出在密封圈两侧有漏液扩散形成的污斑，但污斑未扩展到负极接触面。

表 11（续）

漏液程度		定　义
类别	等级	
污斑	C1	在密封圈两侧有漏液扩散形成的污斑，但污斑未扩展到负极接触面的中心部分。
	C2	漏液扩散形成的污斑已扩展到负极接触面的中心部分。
漏液	L1	在覆盖着整个负极接触面的污斑上部分堆积着源自电解质的液体结晶形成的聚集物。
	L2	在覆盖着整个负极接触面的污斑上全部堆积着源自电解质的液体结晶形成的聚集物。

8.5 可接收合格条件

漏液程度的可接收水平和不合格数的比例由供需双方协商决定。

漏液程度超过 S1 的新电池不能提交质量鉴定。已按 7.3.2 检验过的电池，其可接收指标可适当放宽。若有必要外观检查可规定用照片作参考。

附　录　A
（规范性附录）
型号命名

以遵循本部分为目的而生产的手表电池应按如下所示命名型号，即用一个体系字母代码和其他数字和代码来命名，字母 W 则表示执行 GB/T 8897.3—2006 或 IEC 60086-3:2004。

示例：

S　R　7　21　P　W

- S：电化学体系字母代码（按表 5 确定）
- R：外形代码（按 GB/T 8897.1—2003 的规定）
  R 表示圆柱形电池
- 7：直径的尺寸（以毫米为单位）
- 21：高度的尺寸（以毫米的十分之一为单位）
- P：电解质代码：
  ——S（可有可无）：电解质为氢氧化钠 NaOH
  ——P（可有可无）：电解质为氢氧化钾 KOH
  ——无：有机电解质
- W：表示执行标准为 GB/T 8897.3—2006 或 IEC 60086-3:2004

附 录 B
(规范性附录)
检 验 规 则

B.1 交收检验

按 GB/T 8897.1—2003 的 7.1.1 或 7.1.2 进行。

B.2 例行检验

按 GB/T 2829—2002 的一次抽样方案进行，例行检验(即周期检查)的项目、程序、不合格质量水平(RQL)、判别水平(DL)和判定数组(Ac,Re)见表 B.1。

表 B.1 例行检验的项目、程序、不合格质量水平、判别水平和判定数组

<table>
<tr><th>序号</th><th colspan="2">检验项目</th><th>检验方法</th><th>技术要求</th><th>DL</th><th>RQL
(Ac,Re)</th></tr>
<tr><td rowspan="2">1</td><td rowspan="2">尺寸</td><td>直径</td><td rowspan="2">GB/T 8897.1—2003
的 5.6</td><td rowspan="2">4.1</td><td rowspan="6">Ⅲ</td><td rowspan="2">10(0,1)</td></tr>
<tr><td>总高度</td></tr>
<tr><td rowspan="2">2</td><td colspan="2" rowspan="2">外观</td><td rowspan="2">8.1</td><td>清洁、无锈蚀、标志清晰</td><td>10(0,1)</td></tr>
<tr><td>无盐析、无污斑、不漏液</td><td>漏液程度[d]为 S1:20(1,2)
漏液程度超过 S1:10(0,1)</td></tr>
<tr><td>3</td><td colspan="2">开路电压</td><td>GB/T 8897.1—2003
的 5.5</td><td>5.1</td><td>10(0,1)</td></tr>
<tr><td>4</td><td colspan="2">耐漏液性能</td><td>7.3.1；
7.3.2.1</td><td>无盐析、无污斑、不漏液</td><td>漏液程度[d]为 S1:25(2,3)
漏液程度超过 S1:10(0,1)</td></tr>
<tr><td>5</td><td colspan="2">容量或放电时间</td><td>7.2.6.2[a]</td><td>GB 8897.2—2005 的第 7 章[c]</td><td colspan="2" rowspan="2">按 GB/T 8897.1—2003 的 5.3</td></tr>
<tr><td>6</td><td colspan="2">容量保持率</td><td>7.2.6.2[b]</td><td>5.4</td></tr>
<tr><td colspan="7">a 放电条件按 GB/T 8897.1—2003 的 6.1、6.2 和 6.3，放电方式按 GB 8897.2—2005 规定的放电量检验；
b 电池在标准条件下贮存 12 个月后进行放电量检验；
c 放电时间要求按 GB 8897.2—2005 的第 7 章，容量要求由供需双方协商确定；
d 漏液程度分类参见表 11。</td></tr>
</table>

参 考 文 献

IEC 60068-2-78:2001,环境检验　第二部分:检验　检验 Ca:潮湿热,稳定态
GB 8897.4—2002/IEC 60086-4:2000　原电池　第 4 部分:锂电池的安全要求
ISO 8601:2000,数据参数和交换格式　信息交换　日期与时间的表达

ICS 29.220
K 82

中华人民共和国国家标准

GB 8897.5—2006

原电池　第5部分：水溶液电解质电池的安全要求

Primary batteries—Part 5:Safety of batteries with aqueous electrolyte

(IEC 60086-5:2005,MOD)

2006-07-25 发布　　2007-05-01 实施

中华人民共和国国家质量监督检验检疫总局
中国国家标准化管理委员会　发布

前 言

本部分的全部技术内容为强制性。

《原电池》标准分为5个部分：

—— GB/T 8897.1《原电池 第1部分：总则》

—— GB 8897.2《原电池 第2部分：外形尺寸和技术要求》

—— GB/T 8897.3《原电池 第3部分：手表电池》

—— GB 8897.4《原电池 第4部分：锂电池的安全要求》

—— GB 8897.5《原电池 第5部分：水溶液电解质电池的安全要求》

本部分是《原电池》标准的第5部分，本部分修改采用IEC 60086-5:2005《原电池 第5部分：水溶液电解质电池的安全要求》(第2版)。

本部分与IEC 60086-5:2005的唯一差异是：由于我国圆柱形锌-二氧化锰电池(锌碳电池)结构的特殊性，此类电池免做试验D项目。

本部分的附录A和附录B为资料性附录。

本部分由中国轻工业联合会提出。

本部分由全国原电池标准化技术委员会归口。

本部分主要起草单位：国家轻工业电池质量监督检测中心，河南出入境检验检疫局、广州市虎头电池集团有限公司，福建南平南孚电池有限公司，中银(宁波)电池有限公司，深圳出入境检验检疫局、厦门三圈日化有限公司，河北衡水电池集团有限公司，广西梧州新华电池股份有限公司，四川长虹电器股份有限公司，浙江永高电池有限公司。

本部分参加起草单位：重庆电池总厂、上海白象天鹅电池有限公司、宁波豹王电池有限公司，山东金罗电池有限公司，浙江三特电池有限公司。

本部分主要起草人：林佩云、金苗、陈斌、徐嵘、邱仕洲、朱效铭、黄星平、陈国平、白士贤、李树起、杨红林、金成昌、成红、杨林、陈卫国、钱敦勇、丁加成、郑金龙。

本部分为首次发布。

IEC 引言

安全的概念与保护人民生命财产不受损害密切相关。IEC 60086-5 规定的水溶液电解质原电池的安全性能要求和检验方法，是依据 ISO/IEC 导则并参考了所有适用的国家标准和国际标准而制定的。本标准还包含了关于包装、使用、仓储和运输方面的信息以及供电器具设计人员参考的关于电池舱设计的指南。

安全是避免伤害风险和要求产品性能满足其他要求之间的一种平衡。不可能有绝对的安全，即使是安全度最高的产品，也只能是相对的安全。因此，要在风险性评估和安全判断的基础上确定产品的安全性。

由于安全会引起不同的问题，因此不可能提出一整套适用于各种情况的严密防范措施和建议。但是，当明智地以“适合时采用”为基点时，本标准将是一个合理适用的安全标准。

原电池 第5部分：水溶液电解质电池的安全要求

1 范围

GB 8897.5 规定了水溶液电解质原电池的安全性能要求和检验方法，以保证电池在正常使用以及在可以预见到的误用情况下安全使用。

2 规范性引用文件

下列文件中的条款通过本部分的引用而成为本部分的条款。凡是注日期的引用文件，其随后所有的修改单(不包括勘误的内容)或修订版均不适用于本部分，然而，鼓励根据本部分达成协议的各方研究是否可使用这些文件的最新版本。凡是不注日期的引用文件，其最新版本适用于本部分。

GB/T 8897.1—2003 原电池 第1部分：总则(IEC 60086-1:2000, IDT)

GB 8897.2—2005 原电池 第2部分：外形尺寸和技术要求(IEC 60086-2:2001, MOD)

IEC 60050-482:2004 国际电工词汇 第482部分：原电池和蓄电池

3 术语和定义

GB 8897.5 采用 IEC 60050-482:2004 和 GB/T 8897.1—2003 的定义和下列术语和定义。(为方便起见，其中一些定义摘录于下。)

3.1

(原)电池 (primary) battery

由一个或多个单体原电池构成的电源，包括外壳、极端和标志。

3.2

扣式电池 button cell

小型的圆柱形电池，其总高度尺寸小于直径尺寸；电池外型符合 GB 8897.2—2005 的图2、图3和图4。

3.3

单体(原)电池 (primary) cell

直接把化学能转变为电能的一种电源，不可用任何其他电源对其充电。

3.4

圆柱形电池 cylindrical battery

外形符合 GB 8897.2—2005 的图1a)和图1b)，具有圆柱形状，总高度等于或大于直径的原电池。

3.5

电池爆炸 battery explosion

从电池的任何部位瞬间喷射出的固体物质距离电池 25 cm 以外。

3.6

伤害 harm

对人体健康的损伤或对财产和环境的破坏。

3.7

危险 hazard

伤害的潜在源。

注：术语“危险”用来定义预计发生的伤害的起因和特性。(例如：电击危险、拥挤危险、切割危险、中毒危险、火灾危险、溺死危险。)

3.8

指定使用　intended use

按供方提供的信息使用产品、过程和服务。

3.9

泄漏　leakage

电解质、气体或其他物质从电池内意外逸出。

3.10

标称电压　nominal voltage of primary battery

用以标识原电池电压的适当的近似值。

3.11

棱柱形电池　prismatic battery

外形与 GB 8897.2 的 6.7 第六类电池相符的非圆柱形电池。

3.12

可以预见到的误用　reasonably foreseeable misuse

可以预见到的人们因为习惯而不按供方指定的方式使用产品、过程和服务。

3.13

风险　risk

发生伤害的可能性及严重程度。

3.14

安全　safety

没有不可接受的伤害风险。

3.15

泄放　venting

所设计的有意释放电池内部过大压力的一种方式，以防止发生爆炸。

4　安全要求

4.1　设计

4.1.1　总则

电池应设计成在正常(指定)的条件下及在可预见到的误用情况下使用时安全无危险性。

4.1.2　泄放

所有的电池都应安装释放压力的功能部件，或者其结构应设计成当电池内部压力超过防爆值时能释放过大的压力。如果必须将多个单体电池封装在一个外壳内，则所使用的密封剂和密封方法应不会导致电池在正常工作时发生过热或影响压力释放部件的工作。

应选择适当的电池外壳材料和/或最终的装配设计，使得当有一个或多个单体电池发生泄放时，电池外壳本身不会发生危险。

4.1.3　绝缘电阻

在(500±20)V 电压下，电池上外露的金属表面之间(不包括电接触面和任一个极端)的绝缘电阻应不小于 5 MΩ。

4.2　质量计划

生产厂应制定质量计划，规定在生产过程中对材料、零配件、单体电池和成品电池的检验程序，并在生产电池的整个过程中加以实施。

5 抽样

5.1 总则

按经认可的统计方法在产品批中抽取样品。

5.2 型式鉴定抽样

型式鉴定检验抽样及所需样品数见图1。

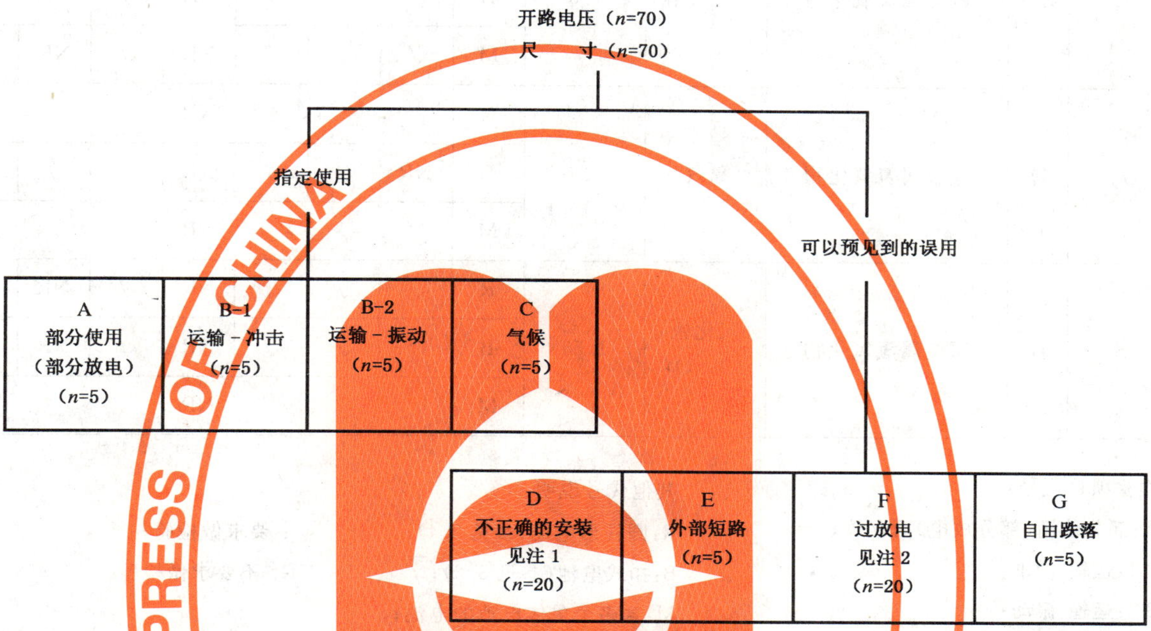

注1：4个电池串联，其中一个反向连接（共5组）；

注2：4个电池串联，其中一个是放过电的（共5组）。

图1　型式鉴定检验抽样及所需样品数

6 检验和要求

6.1 总则

检验方法及技术要求见表1。

表2和表6中的检验项目模拟电池在指定使用和可以预见到的误用时可能遇到的情形。

表1　检验项目

<table>
<tr><th rowspan="2">体系字母代号</th><th rowspan="2">负极</th><th rowspan="2">电解质</th><th rowspan="2">正极</th><th rowspan="2">单体电池的标称电压/V</th><th rowspan="2">外形</th><th colspan="7">检验项目</th></tr>
<tr><th>A</th><th>B-1
B-2</th><th>C</th><th>D</th><th>E</th><th>F</th><th>G</th></tr>
<tr><td rowspan="3">—</td><td rowspan="3">锌</td><td rowspan="3">氯化铵、氯化锌</td><td rowspan="3">二氧化锰</td><td rowspan="3">1.5</td><td>R</td><td>√</td><td>√</td><td>√</td><td>NR</td><td>√</td><td>√</td><td>√</td></tr>
<tr><td>B</td><td colspan="7">NR</td></tr>
<tr><td>M</td><td>√</td><td>√</td><td>√</td><td>NR</td><td>√</td><td>√</td><td>√</td></tr>
<tr><td rowspan="3">A</td><td rowspan="3">锌</td><td rowspan="3">氯化铵、氯化锌</td><td rowspan="3">氧气</td><td rowspan="3">1.4</td><td>R</td><td>√</td><td>√</td><td>√</td><td>NR</td><td>√</td><td>√</td><td>√</td></tr>
<tr><td>B</td><td colspan="7">NR</td></tr>
<tr><td>M</td><td>√</td><td>√</td><td>√</td><td>NR</td><td>√</td><td>√</td><td>√</td></tr>
</table>

表 1(续)

体系字母代号	负极	电解质	正极	单体电池的标称电压/V	外形	检验项目						
						A	B-1 B-2	C	D	E	F	G
L	锌	碱金属氢氧化物	二氧化锰	1.5	R	√	√	√	√	√	√	√
					B	√	√	√	NR	√	NR	√
					M	√	√	√	NR	√	NR	√
P	锌	碱金属氢氧化物	氧气	1.4	R	NR						
					B	NR	√	√	NR	√	√	√
					M	NR						
S	锌	碱金属氢氧化物	氧化银(Ag_2O)	1.55	R	√	√	√	NR	√	NR	√
					B	√	√	√	NR	√	NR	√
					M	NR						

检验项目代号：
A:部分使用(部分放电)后存放；
B-1:运输-冲击；
B-2:运输-振动；
C:气候-温度循环；
D:不正确安装；
E:外部短路；
F:过放电；
G:自由跌落。

其他代号说明：
R:圆柱形电池(参见3.4)；
B:扣式电池(参见3.2)；
M:含多个单体电池的电池；
√：要求做检验；
NR：不要求做检验。

注：容量低于250 mAh的L体系和S体系的扣式单体电池或电池以及容量低于700 mAh的P体系扣式单体电池或电池免做任何检验。

6.1.1 **安全警示**

> **警示：**
> 在检验过程中如果不采取适当的防护措施，则有可能造成人身伤害。
> 在拟定这些检验方法时，是假定检验已采取了适当的防护措施，由有经验、有资格的技术人员来进行的。

6.1.2 **环境温度**

除非另有规定，检验应在(20±5) ℃下进行。

6.2 指定使用

6.2.1 **指定使用的检验项目及要求**(见表2)

表 2 指定使用的检验项目及要求

检验项目		所模拟的指定使用	要求
电性能检验	A	电池部分使用(部分放电)后贮存	不泄漏 不爆炸
环境检验	B-1	运输-冲击	不泄漏 不爆炸
	B-2	运输-振动	不泄漏 不爆炸
气候-温度环境	C	气候-温度循环	不爆炸

6.2.2 指定使用检验方法

6.2.2.1 检验 A:电池部分使用(部分放电)后贮存

a) 目的

该项检验模拟已装入电器具的电池在关掉电器具后已部分放电的情形。这些电池可能会长时间地放在电器具内或者从电器具中取出后长时间的存放。

b) 检验方法

未经放电的电池按 GB 8897.2—2005 规定的负载电阻最小的那一项应用检验/放电量检验的条件放电,直至其寿命下降了最小平均放电时间(MAD)的 50 %,再在 45 ℃±5 ℃下贮存 30 d。

c) 要求

电池在检验过程中应不发生泄漏或爆炸。

6.2.2.2 检验 B-1:运输-冲击

a) 目的

该检验模拟装有电池的电器具不小心被跌落的情形。检验条件在 GB/T 2423.5 作了一般性规定。

b) 检验方法

未经放电的电池进行如下检验。

按表 3 规定的条件和表 4 规定的步骤进行检验。

冲击脉冲:施加于电池的冲击脉冲要求如下。

表 3 冲击脉冲

加速度		波形
最初 3 ms 最小平均加速度	最大加速度	
75 g_n	125 g_n～175 g_n	半正弦

注:g_n 为当地重力加速度。

表 4 检验步骤

步骤	搁置时间	电池取向	冲击次数	目视检验时段
1	—	—	—	检验前
2	—	见注	1 次	—
3	—	见注	1 次	—
4	—	见注	1 次	—
5	1 h	—	—	—
6				检验后

注:在电池互相垂直的三个方向上各冲击一次。

第1步:记录电池的开路电压。

第2步至第4步:按表3规定和表4的步骤进行冲击检验。

第5步:电池搁置1 h。

第6步:记录检验结果。

c) 要求

电池在检验过程中应不发生泄漏或爆炸。

6.2.2.3 检验B-2:运输-振动

a) 目的

该检验模拟运输中的振动,检验条件在GB/T 2423.10中作了一般性规定。

b) 检验方法

未经放电的电池进行如下检验。

按下列条件及表5中的步骤进行检验。

振动——对电池施加振幅为0.8 mm,最大总振幅为1.6 mm的简谐运动。频率变化1 Hz/min,频率范围10 Hz~55 Hz。电池分别承受相互垂直的三个方向的振动,每个方向往(10 Hz~55 Hz)、返(55 Hz ~10 Hz)振动(90±5)min。

表5 检验步骤

步骤	搁置时间	电池取向	振动时间	目视检验时段
1	—	—	—	检验前
2	—	见注	每次(90±5)min	—
3	—	见注	每次(90±5)min	—
4	—	见注	每次(90±5)min	—
5	1 h	—	—	—
6				检验后

注:在电池互相垂直的三个方向上各振动一次。

第1步:记录电池的开路电压。

第2步至第4步:按表5的步骤和6.2.2.3的规定进行振动检验。

第5步:电池搁置1 h。

第6步:记录检验结果。

c) 要求

电池在检验过程中应不发生泄漏或爆炸。

6.2.2.4 检验C:气候-温度循环

a) 目的

该检验用来评估经过温度循环后有可能被削弱的电池的整体密封性能。

b) 检验方法

未经放电的电池按以下方法进行检验。

温度循环步骤(见下和/或图2):

1) 置电池于检验舱内,在30 min(t_1)内将检验舱温度升至70 ℃± 5 ℃;

2) 保持在此温度下4 h(t_2);

3) 在30 min(t_1)内将检验舱温度降至20 ℃ ± 5 ℃,并保持在此温度下2 h(t_3);

4) 在30 min(t_1)内将检验舱温度降至−20 ℃± 5 ℃,并保持在此温度下4 h(t_2);

5) 在30 min(t_1)内将检验舱温度升至20 ℃± 5 ℃;

6） 重复以上步骤继续进行另 9 个循环；

7） 经上述 10 个循环后，再存放 7 d 后进行检验。

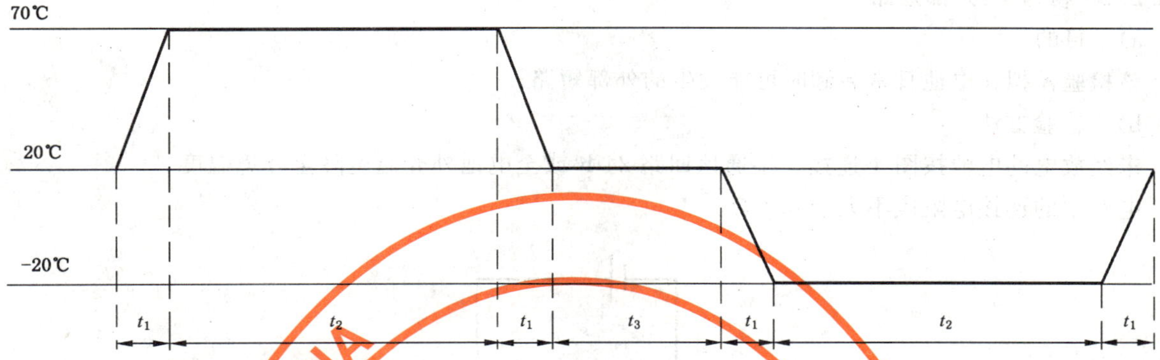

t_1：30 min　t_2：4 h　t_3：2 h

图 2　温度循环步骤

c） 要求

电池在检验过程中应不发生爆炸。

6.3　可以预见到的误用

6.3.1　可预见误用的检验和要求

表 6　可预见误用的检验和要求

检验项目		所模拟的误用	要　求
电性能检验	D	不正确的安装	不爆炸[a]
	E	外部短路	不爆炸
	F	过放电	不爆炸
环境检验	G	自由跌落	不爆炸
a　见 6.3.2.1b)的注 2。			

6.3.2　可预见误用的检验方法

6.3.2.1　检验 D：不正确的安装

a） 目的

该检验模拟一组（4 个电池串联）电池中有一个电池反向连接的情形。

b） 检验方法

如图 3 所示，4 个相同商标、型号和来源的未放过电的电池串联连接，其中一个电池（B1）反向连接，接通该回路 24 h 或至电池外壳温度降至环境温度。

电路中相互连接的电阻应不大于 0.1 Ω。

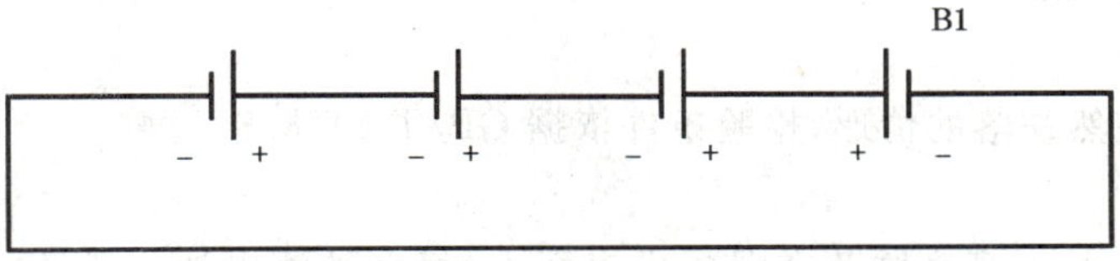

图 3　不正确的安装（4 个电池串联）

注 1：图 3 的回路模拟一种典型的误用情况。

注 2：原电池不可被充电，然而当 3 个或多个串联的电池中有一个电池反向安装时，这个反向的电池就处于被充电的状况。虽然圆柱形电池已设计成能释放内部过高的压力，但是在某些情况下仍有可能发生爆炸。所以应该清晰明了地提醒使用者要根据电池的极性（＋和－）正确装入电池，以避免造成伤害（见 9.1i)）。

c) 要求

电池在检验过程中应不发生爆炸(见 6.3.2.1b)的注 2)。

6.3.2.2 **检验 E:外部短路**

a) 目的

该检验模拟在电池日常装卸时可能发生的外部短路。

b) 检验方法

未经放电的电池按图 4 连接。接通该回路 24 h 或至电池外壳温度降至环境温度。

电路中的连接电阻应不大于 0.1 Ω。

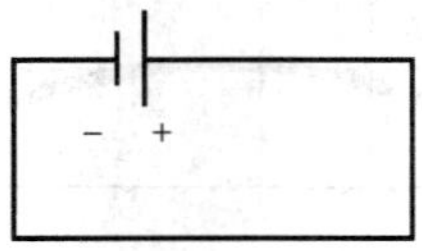

图 4 外部短路

c) 要求

电池在检验过程中应不发生爆炸。

6.3.2.3 **检验 F:过放电**

a) 目的

该检验模拟 1 个已放电的电池与另外 3 个未放电电池串联的情形。

b) 检验方法

一个未经放电的电池(C1)按 GB 8897.2—2005 规定的(以时间单位表示的)MAD 值最高的那项应用检验或放电量检验的条件放电,直至负荷电压降至 $n\times0.6$ V(n 为该电池中的单体电池数),然后将该放过电的电池(C1)和 3 个相同商标、型号和来源的未放电电池按图 5 所示串联连接。接通回路直至总的负荷电压降至 $4\times(n\times0.6$ V)。

R1 的电阻值应约为 GB 8897.2—2005 中规定的该电池电阻负载检验中的最小电阻阻值的 4 倍,并最终确定为最接近于 GB/T 8897.1—2003 的 6.4 中的某个阻值。

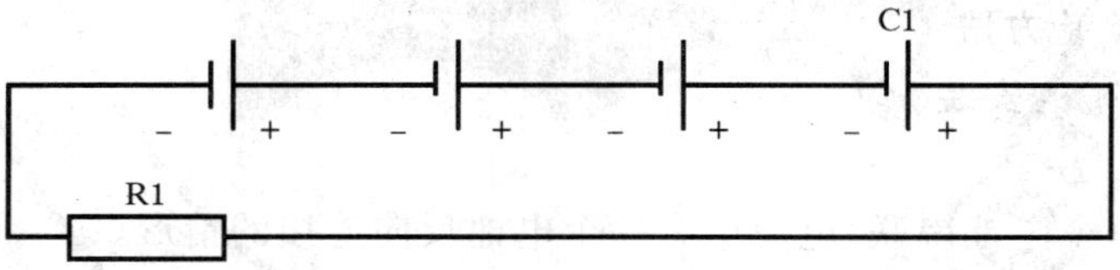

图 5 过放电

c) 要求

电池在检验过程中应不发生爆炸。

6.3.2.4 **检验 G:自由跌落**

a) 目的

该检验模拟电池突然跌落的情形,检验条件依据 GB/T 2423.8。

b) 检验步骤

未放过电的电池从 1 m 高度跌落在混凝土表面上,每个被测电池应跌落 6 次,棱柱形电池的六个面上各 1 次,圆柱形电池如图 6 所示在三个轴向上各两次,然后将被测电池放置 1 h。

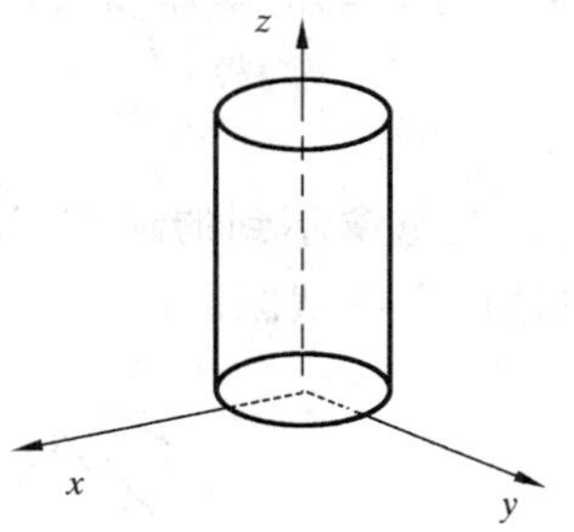

图 6　自由跌落的 *XYZ* 轴向

c)　要求

电池在检验过程中应不发生爆炸。

7　安全信息

7.1　使用电池安全注意事项

当正确使用时，水溶液电解质电池是一种安全可靠的电源。但是，如果误用或滥用电池，则可能导致泄漏，在极端情况下还有可能爆炸和/或着火。

a)　应按电池及电器具上标明的极性标志(＋和－)正确地装入电池

不正确装入电器具的电池有可能被短路或充电，使电池温度迅速升高，导致泄放、泄漏和爆炸。

b)　不要使电池短路

当电池的正极(＋)和负极(－)直接连接时，电池就被短路了。例如，把电池和钥匙或硬币等金属物一起放在衣袋里，电池就可能被短路，从而导致泄放、泄漏和爆炸，有可能造成人体伤害。

c)　不要对电池充电

试图对不可充电的原电池充电会使电池内部产生气体和/或热量，导致泄放、泄漏和爆炸，有可能造成人体伤害。

d)　不要强制电池放电

当电池被外电源强制放电时，电池的电压将被迫降至设计值以下并使电池内部产生气体，可导致泄放、泄漏和爆炸，有可能造成人体伤害。

e)　不要将新旧电池或不同类型或牌号的电池混用

更换电池时，要用相同牌号、相同类型的新电池同时换掉所有的电池。

当不同牌号或种类的电池一起使用，或新旧电池一起使用时，由于电池的电压或容量的不同，会使一些电池过放电而导致泄放、泄漏和爆炸，有可能造成人体伤害。

f)　应及时从电器具中取出电量已耗尽的电池并妥善处理

放过电的电池长时间留在电器具中有可能发生电解液泄漏而造成电器具损坏和/或人体伤害。

g)　不要加热电池

电池被加热后有可能发生泄放、泄漏和爆炸并导致人体伤害。

h)　不要直接焊接电池

当直接焊接电池时，电池有可能因受热而损坏，导致内部短路并引起泄放、泄漏和爆炸，可能导致人体伤害。

i)　不要拆卸电池

拆卸电池时与电池内的部件接触是有害的，可能会导致人体伤害或着火。

j)　不要破坏电池

不要对电池挤压、打孔或进行其他形式的破坏，如此滥用可导致泄放、泄漏、爆炸及人体伤害。

k)　不要用火处理电池

用火处理电池时,所产生的热量可导致电池爆炸和人体伤害。不要焚烧电池,除非被允许在可以控制的炉子里进行处理。

l) 电池应放在儿童拿不到的地方

易被儿童吞下的电池一定要放在儿童拿不到的地方,尤其是尺寸在吸入量规(见图7)限度范围以内的小电池。万一误吞电池应立即就医。

单位为毫米

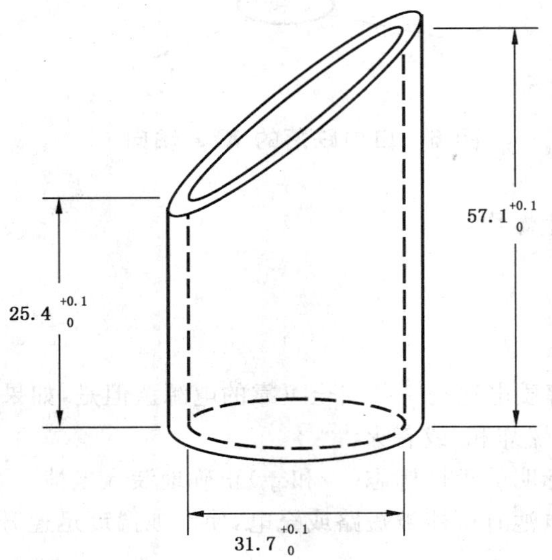

图7 吸入量规

m) 无成人监督时不要让儿童更换电池。

n) 不要密封和/或改装电池

对电池进行密封或其他改装,可能导致电池的安全泄放装置被堵塞而引起爆炸和人体伤害,如果必须要对电池进行改装时应征求电池生产厂的意见。

o) 将不用的电池放在原包装内,远离易引起短路的金属物体。如果包装已经拆掉,不要把电池乱混在一起。

去掉包装的电池可能会和金属物体混在一起,造成电池短路,从而引发泄放、泄漏、爆炸和人体伤害。避免发生短路的最好的方法之一是将不用的电池存放在原包装内。

p) 从预计将长时间不用的电器具中(紧急用途的电器具除外)取出电池

及时从已不能正常工作或估计较长时间不使用的电器具中取出电池是有益的。虽然现在市场上的大部分电池都带有保护性外套或采用其他容纳泄漏物的方式,但已部分放过电或电能已耗尽的电池比未用过的电池更易泄漏。

7.2 包装

应采用适当的包装,以避免电池在运输、装卸和堆放过程中损坏,应选择适当的包装材料和包装结构,防止电池意外导电、极端腐蚀,并有适当保护以免受环境影响。

7.3 箱装电池的装卸

粗暴装卸箱装电池会使电池受损,电性能下降,可能导致泄漏、爆炸、着火和人体伤害。

7.4 陈列和贮存

a) 电池应贮存在通风良好、阴凉干燥处。

高温或高湿可能会损害电池性能或造成电池表面腐蚀。

b) 电池箱不应层层堆叠(或不应超过规定的高度)。

如果过多的电池箱堆叠着,最底层箱中的电池有可能发生变形并导致泄漏。

c) 贮存在仓库或陈列在零售店中的电池不应当长时间暴露在阳光直射处或置于雨淋之处。

电池受潮后其绝缘电阻减小，有可能发生自放电及锈蚀。

d) 不要将去掉包装的电池混堆在一起。
当电池混堆在一起时，有可能受到机械损伤或由于外部短路引起过热，从而发生泄漏和/或爆炸。为避免发生危险，电池在使用前应保留在其包装内。

e) 其他信息详见附录A。

7.5 运输

在运输装载电池时，电池包装箱应稳妥叠放以防跌落。包装箱不能叠得太高，否则会压坏最底层的电池箱。要有抵御恶劣天气的防护措施。

7.6 处理

a) 不要拆卸电池；

b) 除使用可控制的炉子外，不要用火处理电池；

c) 在不违背当地法规的情况下，原电池可作为公共垃圾处理；

d) 对废电池有回收规定的地方，要考虑下列几点：

- 将收集的废电池存放在非导电的容器中。
- 将收集的废电池存放在通风良好的地方。因为有些用过的电池还有残余的电量，这些电池有可能被短路、充电或被强制放电并释放出氢气。如果收集电池的容器和存放处通风不良，氢气将会聚集，遇火源就会发生爆炸。
- 不要将收集的电池与其他物质或材料放在一起，因为有些用过的电池还有残余电量，这些电池有可能被短路、充电或被强制放电，由此产生的热量有可能引燃易燃的废物如油布、纸张或木头并引起火灾。
- 要注意保护废电池的极端，尤其是电压高的电池，以防止短路、充电和强制放电，例如可用绝缘带将电池的极端包起来。
- 不遵循这些建议有可能导致电池漏液、着火和/或爆炸以及人体伤害。

8 使用说明

a) 要始终正确地选择最合适的电池(尺寸和型号)用于某种指定的用途。随电器具提供的、可帮助人们正确选用电池的资料应妥善保存以供参考；

b) 同时更换一组电池中的所有电池；

c) 电池装入电器具前应清洁电池和电器具的电接触件；

d) 确保按极性(+和−)正确装入电池；

e) 长时间不使用电器具时应取出电池；

f) 及时从电器具中取出电量已耗尽的电池。

9 标志

9.1 一般规则

除小电池外，每个电池上均应标明以下内容：

a) 型号；

b) 清晰地标明制造年、月和保质期；或标明保质期的截止期限；

c) 极端的极性(适用时)；

d) 标称电压；

e) 含汞量(“低汞”或“无汞”)(适用时)；

f) 制造厂或供应商的名称和通讯地址；

g) 执行标准编号；

h） 商标；

i） 安全使用注意事项(警示说明)；

j） 当心吞入较小电池的警告(参见 7.1 的 l))。

9.2 小电池

当电池外表面过小不足以标出 9.1 规定的各项内容时，应在电池上标明 9.1a)型号和 9.1c)极性。9.1 中所示的所有其他标志应标在电池的直接包装上。

附 录 A
（资料性附录）
关于7.4条款的附加信息

本附录的目的是概述一些好的实践经验，更确切地说，是根据经验告诉人们避免一些有害的做法。它以建议的形式告知电池生产厂、批发商、使用者以及电器具的设计者。

贮存及库存周转

正常的贮存温度应在 10 ℃～25 ℃之间，不应当超过 30 ℃。应避免长时间处于极端湿度（相对湿度高于 95%或低于 40%）下，因为这样的湿度对电池和包装都有害。因此电池不应存放在散热器或锅炉等热源旁，也不应置于阳光直射处。

尽管在室温下贮存的电池其寿命较长，但在采取了特殊预防措施后存放在较低的温度下，电池的贮存寿命会得以提高。电池应密封在专门的保护性包装中（如密封塑料之类），在电池温度回升至环境温度的过程中仍应保留此包装，以保护电池免受冷凝水的影响。快速升温是有害的。

冷藏后恢复至室温的电池应尽快使用。

如果电池生产厂认为合适的话，电池可以装在电器具或其包装内贮存。

电池可堆放的高度取决于包装箱的强度。一般规定纸箱堆放高度不超过 1.5 m，木箱不超过 3 m。

上述建议也适用于电池在长途运输中的存放条件，因此电池应存放在远离船舶发动机的地方；夏季不应当长时间地滞留在金属棚车（集装箱）内。

生产出的电池应立即发送，通过配送中心周转到用户。可实行存货按次序周转（先进的货先发出），贮存区和陈列品应作适当的安排，并在包装上作适当的标记。

附　录　B
（资料性附录）
电池舱设计指南

B.1　背景

以电池作电源的电器具技术的日益发展，促使原电池在电化学性能和结构两方面趋于成熟，电池的容量和放电能力得以提高。由于原电池技术的不断发展、进步以及人们对“电池可以满足安全和高性能两方面的需求”的认可，有关“电池因滥用而导致电器具故障的情形大多数是由于消费者偶然误用而造成”的说法已经被人们所接受。

下列内容可以帮助以电池作电源的电器具的设计者们了解如何才能大大减少或消除电池故障。

B.1.1　电池舱设计不佳导致电池故障

电池舱设计不良可导致电池反向装入或使电池短路。

B.1.2　由于电池反向引起的潜在危险

在由三个或更多的电池串联组成的电路中，如果有一个电池反向，就存在下列潜在的危险：

a）　该反向电池被充电；

注：充电电流受外电路/负载的限制。

b）　该反向电池内部产生气体；

c）　该反向电池发生泄放；

d）　该反向电池的电解质泄漏。

注：电池的电解质对人体组织是有害的。

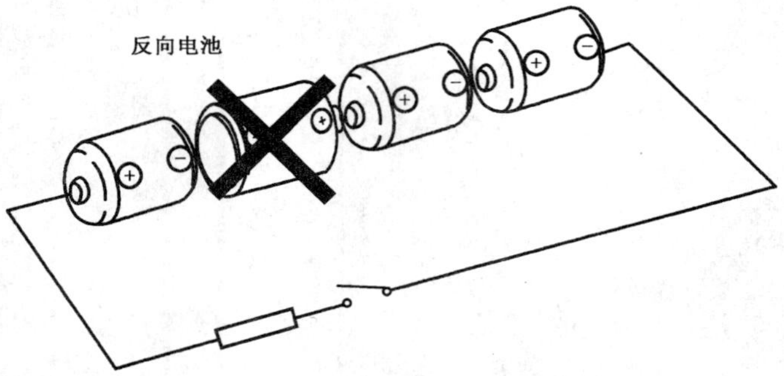

图 B.1　示例：串联连接时有一个电池反向

B.1.3　由短路引起的潜在危险

a）　大电流通过导致热量产生；

b）　产生气体；

c）　发生泄放；

d）　电解质泄漏；

e）　产生的热量损坏绝缘的外包装（如造成外包装收缩）。

注：电池的电解质对人体组织有害，产生的热量有可能引起灼伤。

B.2　电器具设计指南

B.2.1　首先考虑的有关电池的关键因素

该指南主要针对尺寸范围从 R1 到 R20 的圆柱形电池，所涉及到的电池体系一般是碱性锌-二氧化锰体系和碳锌体系。虽然这两个体系是可以互换的，但是这两个体系的电池决不能放在一起使用。

在电池舱设计的初期阶段，就应当注意到这两个体系下述的外形差异和允许的设计特征。

a) 碱性锌-二氧化锰电池的正极端与电池外壳相连。

b) 碳锌电池的正极端与电池外壳绝缘。

c) 这两种类型的电池都有绝缘的外包装，可以是纸、塑料或其他非导电的材料。外包装偶尔也可能是金属的（导电性的），但此时它是与电池的基本单元相绝缘的。

d) 在设计构成电器具的负极接触件时，应当注意到有些电池的负极端可能是凹进去的（解释参见 GB/T 8897.1—2003 的 4.1.3）。因此为了确保能形成良好的电接触，电器具应避免采用完全扁平的接触件。

e) 无论在什么环境下，电池的连接件或电器具电路上的任何部分都不能和电池的外包装相接触。如果电池舱的设计允许发生上述情况，则要冒发生短路的风险。

注：例如，当装入电池时，用作负极连接件的螺旋状的（非圆柱形的）弹簧应当被均匀地压下而不是架在电池的外壳上。（不建议电器具与电池正极的接触采用弹簧连接件。）

B.2.2 其他要考虑的重要因素

a) 建议生产以电池作电源的电器具公司与电池行业保持密切的联系。在电器具设计之初就应考虑现有的各种电池的性能。只要有可能，就应选择 GB 8897.2—2005 中已有的电池类型。

b) 电池舱应设计成使电池易于装入而不易掉出。

c) 电池舱应设计成能防止幼儿易于接触到电池。

d) 尺寸不应当局限于某一电池厂的电池，否则当要更换装入不同来源的电池时就会有麻烦。在设计电池舱时应考虑到 GB 8897.2—2005 所规定的电池尺寸和公差。

e) 清晰地标明所用电池的类型、极性（+和－）的正确排列及电池装入的方向。

f) 虽然电池的耐泄漏性能已得到极大改善，但偶尔仍会发生泄漏。如果电池舱无法与电器具完全隔开时，应将其置于适当的位置，使电器具因电池泄漏而损坏的可能性降至最小。

g) 电器具的电路应设计成当每个电池的电压降至 0.7 V 时，即串联电池的总电压降至 $0.7\times n_s$ 时（n_s 为串联连接的电池数）电器具就不能工作。低于此电压的电池继续放电会使电池内发生不利的化学反应而导致泄漏。

B.3 防止电池反向安装的措施

为了解决由于电池反向安装而带来的问题，在电池舱的设计阶段就应当考虑要确保电池不会装错，或者即使装错也无法形成电接触。

B.3.1 正极接触件的设计

对于 R03、R1、R6、R14、R20 这些尺寸的电池，建议按图 B.2 和图 B.3 所示设计电池舱，同时还要采取措施防止电池在电池舱中不必要的移动。

注：电池的接触件应加以掩护以防止发生短路。

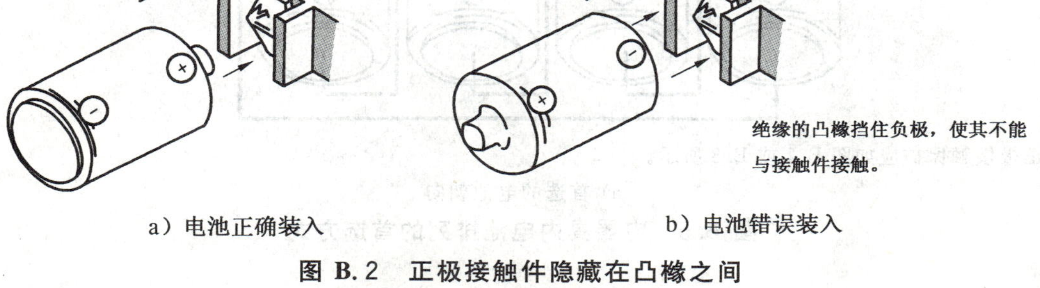

a）电池正确装入　　b）电池错误装入

图 B.2 正极接触件隐藏在凸檐之间

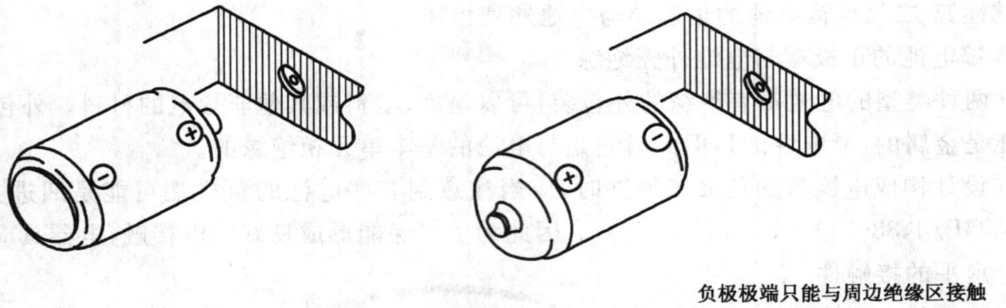

a）电池正确装入　　　　b）电池错误装入

图 B.3　正极接触件凹隐在周围的绝缘体中

B.3.2　负极接触件的设计

为 R03、R1、R6、R14 和 R20 尺寸的电池设计电池舱的建议见图 B.4。

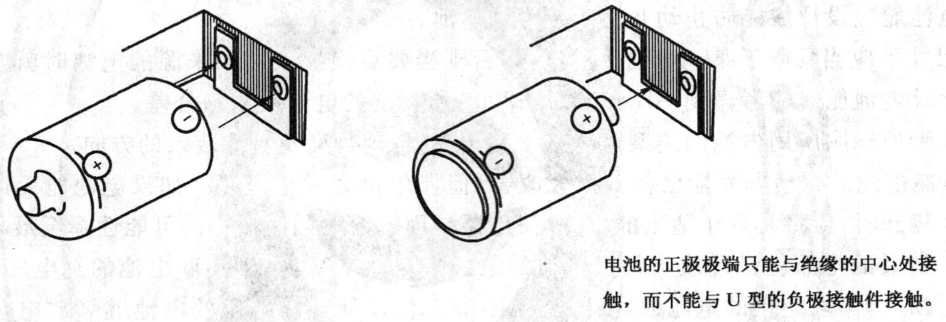

a）电池正确装入　　　　b）电池错误装入

图 B.4　U 型的负极接触件使得电池的正极不能与之形成接触

B.3.3　设计时应考虑电池的朝向

为了避免反向装入电池，建议所有的电池应朝向一致，图 B.5a）和图 B.5b）为两个示例。图 B.5a）展示的是电池在电器具中安置的首选方式，而图 B.5b）是一个可选方式。

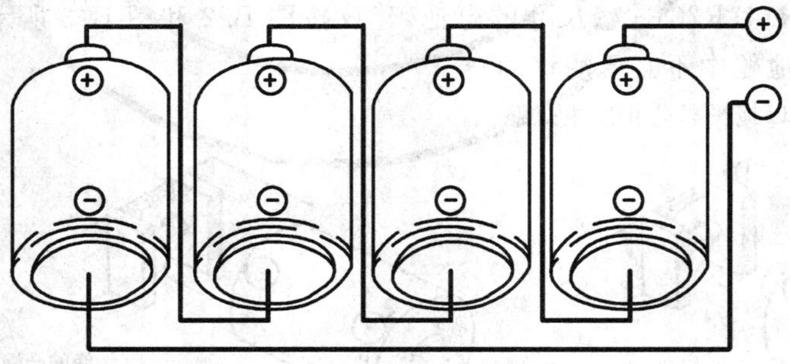

注：正极接触保护应如图 B.2 或 B.3 所示。

a）首选的电池朝向

图 B.5　电器具内电池排列的首选方式

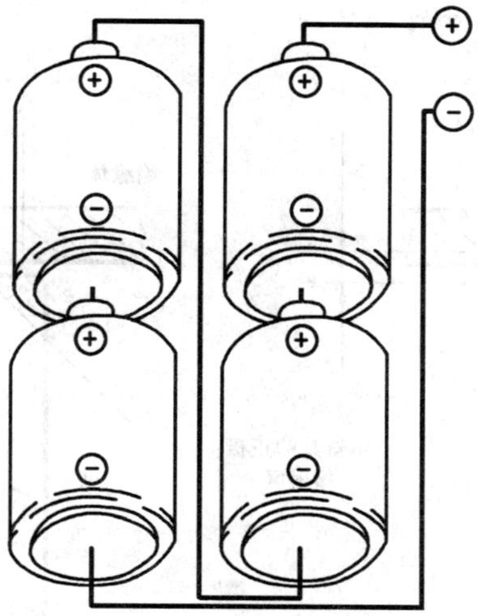

b）可选的电池朝向

注 1：正极接触保护应如图 B.2 或图 B.3 所示，负极接触保护应如图 B.4 所示。

注 2：图 B.5b)的排列方式只能实际用于 R14 和 R20 尺寸的电池，因为其他尺寸电池的负极区(相应规范中的尺寸 C)较小。

图 B.5 （续）

B.3.4 尺寸

表 B.1 列出了有关电池极端尺寸的临界值和电器具正极接触件尺寸的推荐值。参照图 B.6 并依据表 B.1 所示的尺寸所设计的正极接触件，当电池反向装入、电池的负极极端遭遇电器具的正极接触件时，就会出现“安全断开”的情形，即不会形成电接触。

表 B.1 电池极端尺寸及图 B.6 所示的电器具正极接触件的推荐尺寸 单位为毫米

相关电池	电池负极极端的尺寸	电池正极极端的尺寸		图 B.6 所示的电器具正极接触件的推荐尺寸	
	C^{a}（最小值）	F^{a}（最大值）	G^{a}（最小值）	X	Y
R20,LR20	18.0	9.5	1.5	9.6～11.0	0.5～1.4
R14,LR14	13.0	7.5	1.5	7.6～9.0	0.5～1.4
R6,LR6	7.0	5.5	1.0	5.6～6.8	0.4～0.9
R03,LR03	4.3	3.8	0.8	3.9～4.2	0.4～0.7
R1,LR1	5.0	4.0	0.5	4.1～4.9	0.1～0.4
[a] 参见 GB 8897.2—2005。					

该凹孔的直径应大于电池正极极端的直径(F)但应小于电池负极极端的直径(C)。图 B.6a)中电池的安装是正确的。在图 B.6b)中电池是反向安装的，在这种情况下，电池的负极极端只能与四周的绝缘体相接触，从而避免形成电接触。

图 B.6 中的字母符号的说明见下：

C——电池负极端接触面的外径。

F——突起的电池正极端的直径。

G——电池正极端突起面与其次高部分之间的距离。

X——作为正极接触件的凹孔的直径，X 应大于 F 但小于 C。

Y——作为正极接触件的凹孔的深度，Y 应当小于 G。

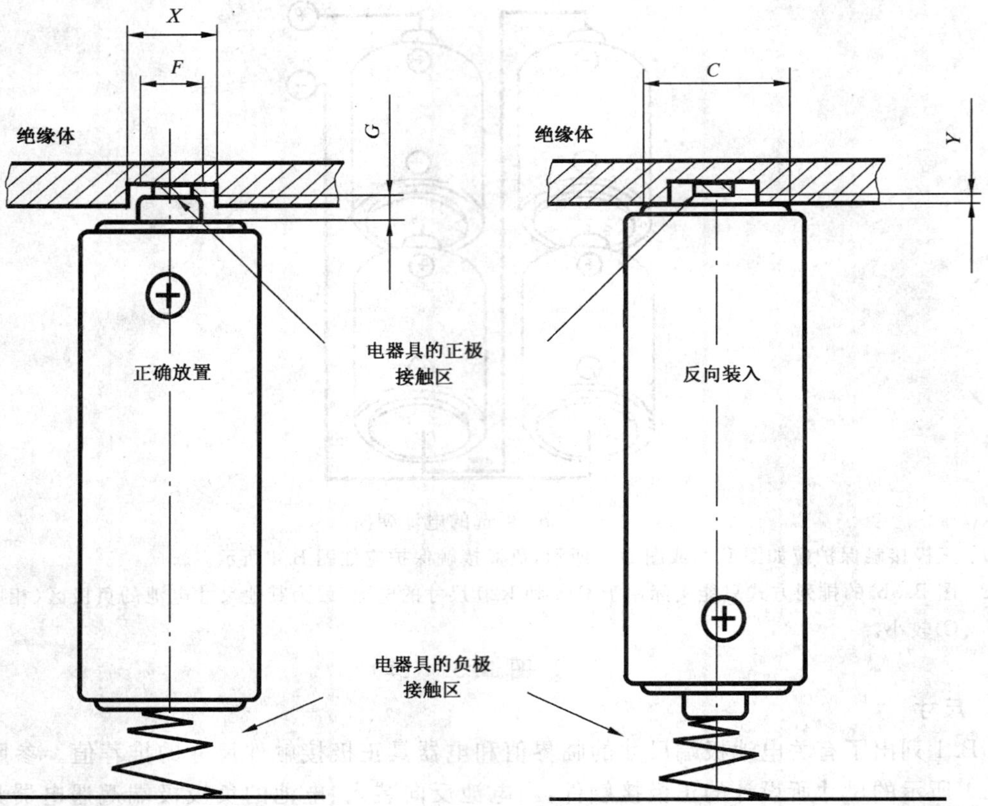

注：电器具的正极接触件凹隐在周围的绝缘体中。

图 B.6　电器具正极接触件设计结构示例以及正极接触件的推荐尺寸

B.4　防止电池短路的方法

B.4.1　防止因电池外包装套损坏而短路的方法

就碱性锌-二氧化锰电池而言，包着绝缘外套(见 B.2.1c))的钢壳具有和正极相同的电压。如果该层绝缘外套被电器具中导电线路的任何一处割裂或刺破的话，就可能发生如图 B.7 所示的短路(应当注意的是，如果电器具遭受物理性滥用，如受到非正常的振动、跌落等，上述这种物理性损伤则有可能进一步加重)。

注 1：由短路造成的各种潜在的危险见 B.1.3 中的说明。

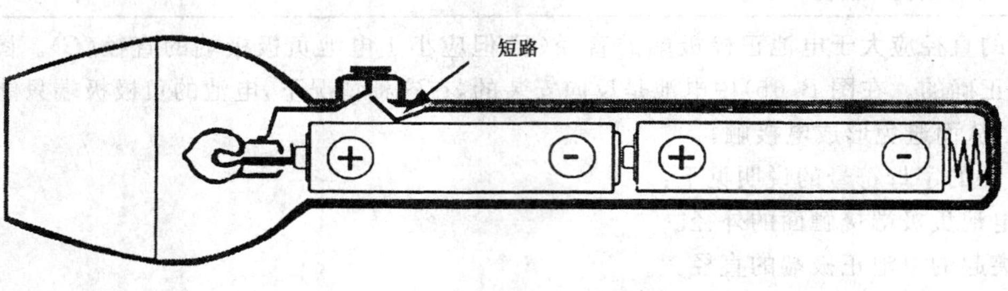

图 B.7　短路示例：开关刺穿绝缘外套

注 2：虽然图 B.7 所举的例子一般指碱性锌-二氧化锰电池体系，但在该附录中提到电池都是可以互换的(见 B.2.1)

预防措施：如图 B.8 所示放置绝缘材料可以防止开关损坏电池外包装套。

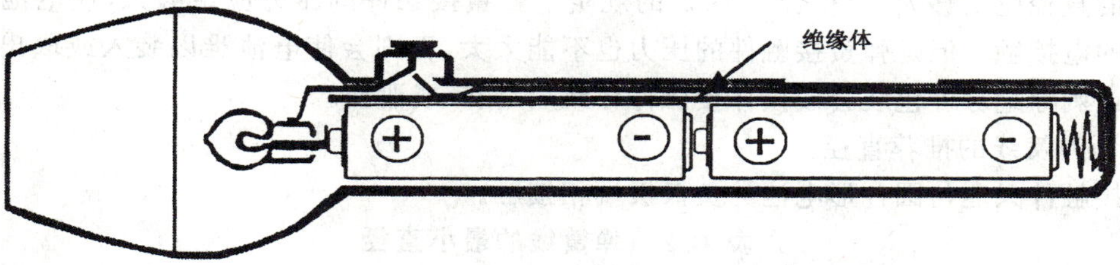

图 B.8　用绝缘方式防止短路的典型示例

为避免短路，电器具电路中的任何部分(包括用来固定电池接触件的可导电的铆钉和螺丝等)都不能和电池的外壳接触。

B.4.2　当采用弹簧卷作为接触件连接电池时防止电池外部短路的方法

如图 B.9 所示放置电池时(先放入正极端)，有可能使负极(—)弹簧接触件扭曲变形，继而在电池完全装入时(如图 B.10 所示)割破或刺穿电池的绝缘外包装套。

图 B.9　逆着弹簧安装(应避免发生这种情况)

a) 弹簧滑到外套之下并接触到金属外壳　　b) 外套被刺穿

图 B.10　弹簧扭曲变形的示例

预防措施：为了避免发生如图 B.10 所示的情形，建议电池舱的设计应使得当电池正确装入(负极先进)时能如图 B.11 所示的那样均匀地压住弹簧卷。图 B.11 中负极连接件上方的绝缘导板起到了能确保如此实施的作用。

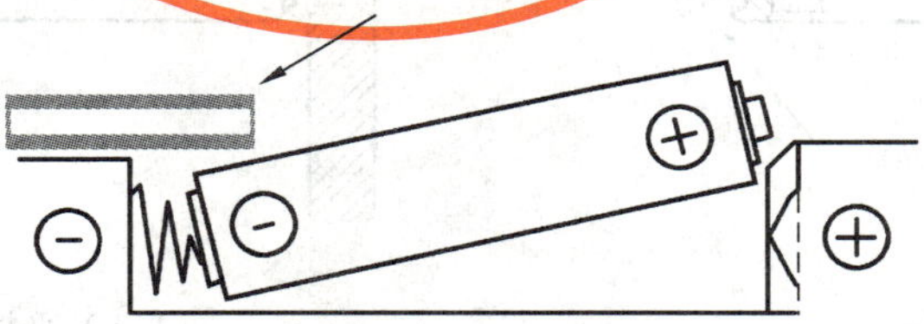

图 B.11　装入电池时的保护措施示例

弹簧卷的顶端(即最终与电池极端接触的部位)应当弯向弹簧卷的中心，使其尖锐的边缘不会碰到电池的外包装套。

弹簧线的直径应足够大，应符合表 B.2 的规定。弹簧接触件的压力应足够大，使电池能始终形成并保持良好的电接触。但是弹簧接触件的压力也不能太大，否则会使电池难以装入或取出。压力过大有可能割破或刺穿绝缘外包装套或损坏接触件导致短路和/或泄漏。

表 B.2 为弹簧线的推荐直径。

弹簧卷接触件只能与圆柱形电池的负极极端相接触。

表 B.2 弹簧线的最小直径

电池类型		弹簧线最小直径/mm
R20	LR20	0.8
R14	LR14	0.8
R6	LR6	0.4
R03	LR03	0.4
R1	LR1	0.4

B.5 关于凹进型负极接触件的注意事项

GB 8897.2—2005 规定了电池负极端从外包装套量起的最大凹进值。许多 R20、LR20、R14 和 LR14 电池的负极端是凹进去的。为了防止反向安装的电池形成电接触，有的电池在负极端上涂了起保护作用的绝缘树脂。

注：上述的电池负极端在形状和尺寸方面的特点应当在电器具负极接触件的设计之初就要予以考虑。三类常用接触件的相关注意事项见下。

a) 当采用弹簧卷作为电器具的负极接触件时，与电池接触的弹簧卷的直径应小于电池负极端接触面的外径 C。

b) 当用金属片加工成形构成负极接触件时(见图 B.12)，应当注意并参照表 B.3 所规定的尺寸 E 和 C。如图 B.12 所示，负极接触件上应当有一个突起或尖顶。该突起或尖顶要足够高，以适应电池极端上的任何一种凹进(尺寸 E)。无视此建议则可能会发生电池接触失败。

c) 当采用扁平的金属板作为电器具的负极接触件时，接触件上有一个或多个尖顶或突起是必要的，这样可以确保与电池形成接触。该突起应足够高，以适应电池负极极端上的任何一种凹进(尺寸 E)，该突起应位于电池极端接触区(尺寸 C)内。

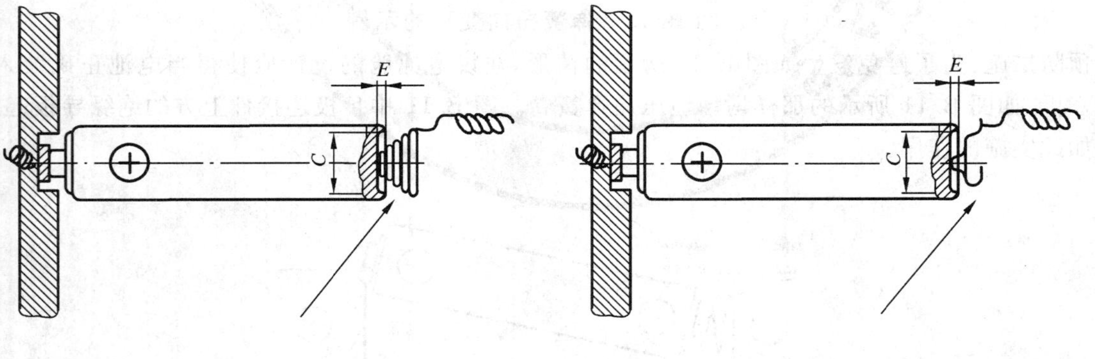

a) 弹簧卷　　b) 平板式弹簧

图 B.12 负极接触件示例

表 B.3 电池负极极端的尺寸

单位为毫米

电池类型	电池负极端的最大凹进值 E^{a}	电池负极极端接触面外径 C^{a}
R20、LR20	1.0	18.0
R14、LR14	0.9	13.0
R6、LR6	0.5	7.0
R03、LR03	0.5	4.3
R1、LR1	0.2	5.0
[a] 参见 GB 8897.2—2005。		

必须强调的是，电池舱的尺寸不应当局限于某一电池厂的尺寸和公差，否则当更换装入不同来源的电池时就会有麻烦。

电池尺寸，尤其是正极极端和负极极端的尺寸，详见 GB 8897.2—2005 的图 1a）和图 1b）及 GB 8897.2—2005中相关电池的规定。

B.6 防水的和不透气的电器具

使电池产生的氢气通过复合反应被消除或被允许逸出是很重要的，否则一个火星就有可能点燃残留的氢气/空气混合气体使电器具发生爆炸。在此类电器具的设计阶段就应当征询电池生产厂的意见。

B.7 在设计上要注意的其他事项

a） 只有电池的极端才能与电路形成物理接触。电池舱与电路之间应当是电绝缘的并且要妥善安排电池舱所处的位置，把由于电池泄漏可能造成的损坏和/或伤害的风险降至最低程度。

b） 许多电器具设计成可使用转换电源的（如电网电源加上电池电源），在原电池存储器上的应用尤其是这样。在这种情况下，电器具的电路应设计成：

1） 能防止对原电池充电，或

2） 应加上保护原电池的元件，如二极管。这样，通过保护元件流经原电池的充电（漏电）电流就不会超过电池生产厂的建议值。

应根据原电池的类型及电化学体系来选择合适的并且不易发生元件故障的保护电路。建议电器具的设计者在设计原电池存储器保护电路时，听取电池生产厂的意见。

不采取上述的预防保护措施会导致电池寿命缩短、泄漏或爆炸。

c） 正极（＋）和负极（－）接触件在外形上应明显不同，以免装入电池时混淆。

d） 极端接触件应选用电阻最小并且能与电池的接触件相匹配的材料制成。

e） 电池舱应当是非导电的，耐热、不易燃和易散热的，在电池装入后不会变形。

f） 采用 A 体系或 P 体系锌-空气（氧）电池作电源的设备应能让足够的空气进入。对于 A 体系的电池，在正常工作时最好处于直立状态。

g） 不提倡电池并联连接，因为如果有一个电池装错，即使电器具的开关没有合上时也会导致多个电池连续放电。为了克服上述因反向装入电池而引起的问题并为终端用户着想，可考虑按图 B.5a 和图 B.5b 来安排电池。

警告：在某些电池并联的电路中，其放电电流可能与一个电池短路时的情况相类似。

由并联电路中反向安装电池引起的潜在危险见 B.1.2。

注：在极端情况下电池有可能发生爆炸。

h） 不推荐采用如图 B.13 所示的具有多种输出电压的电池串联连接的方式，因为已放电的那个部分有可能引起电压反向。

示例：在图 B.13 中，两个电池通过电阻 R1 放电，如果在它们放电之后开关转向 R3 电路，就有可能使这两个电池强制放电。

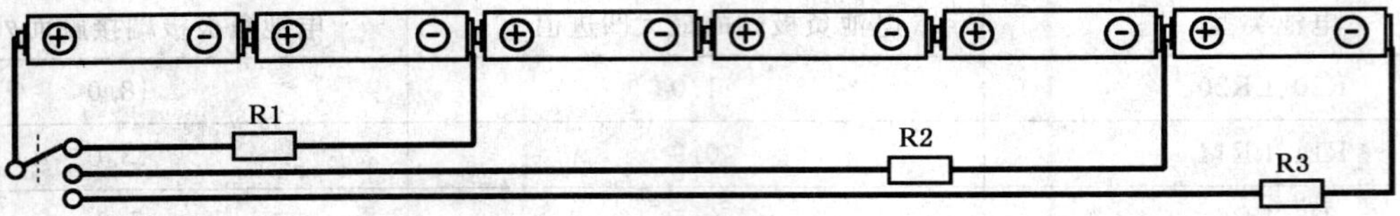

图 B.13 具有分压性质的电池串联方式示例

强制放电导致电压反向的潜在危险：

1) 被强制放电的电池内部产生气体；

2) 发生泄放；

3) 电解质泄漏。

注：电池的电解质对人体组织是有害的。

参 考 文 献

[1] GB/T 2423.5—1995 电工电子产品环境试验 第二部分:试验方法 试验 Ea 和导则:冲击
[2] GB/T 2423.8—1995 电工电子产品环境试验 第二部分:试验方法 试验 Ed:自由跌落
[3] GB/T 2423.10—1995 电工电子产品环境试验 第二部分:试验方法 试验 Fc 和导则:振动(正弦)
[4] GB/T 2900.62—2003 电工术语 原电池
[5] GB 8897.4—2002 原电池 第 4 部分:锂电池的安全要求
[6] IEC 60086-3:2004 Primary batteries-part 3:Watch batteries
[7] ISO/IEC Guide 51:1990 Guidelines for the inclusion of safety aspects in standards

ICS 25.140.01
J 48

中华人民共和国国家标准

GB/T 8910.6—2006/ISO 8662-6:1994

手持便携式动力工具 手柄振动测量方法 第6部分:冲击钻

Hand-held portable power tools—Measurements of vibrations at the handle—Part 6: Impact drills

(ISO 8662-6:1994,IDT)

2006-11-08 发布 2007-04-01 实施

中华人民共和国国家质量监督检验检疫总局
中国国家标准化管理委员会 发布

前　　言

GB/T 8910《手持便携式动力工具　手柄振动测量方法》目前包括以下14个部分：

——第1部分：总则；

——第2部分：铲和铆钉机；

——第3部分：凿岩机和回转锤；

——第4部分：砂轮机；

——第5部分：路面破碎机和建筑工程用镐；

——第6部分：冲击钻；

——第7部分：冲击、脉冲、棘轮扳手、螺丝刀和螺母旋具；

——第8部分：抛光机和回转式轨道、特殊轨道磨光机；

——第9部分：捣固机；

——第10部分：冲剪和剪；

——第11部分：打钉机；

——第12部分：带式锯和锉、摆式或回转式锯；

——第13部分：模具用砂轮机；

——第14部分：采石用工具和针束除锈器。

本部分为GB/T 8910的第6部分，需与第1部分结合使用。

本部分等同采用ISO 8662-6:1994《手持便携式动力工具　手柄振动测量方法　第6部分：冲击钻》。

本部分与ISO 8662.6—1994的差异如下：

1）编辑性修改，将带有要求性质的注改为本部分中的条文。这种修改的地方页边用竖线标出，以便于使用理解。

2）原文4.2中的“传感器包括它安置的总质量应小于5 g”改为“传感器包括其安装件的总质量应不大于5 g”。

本部分的附录A为资料性附录。

本部分由中国电器工业协会提出。

本部分由全国电动工具标准化技术委员会(CAS/TC 68)归口并负责解释。

本部分由上海电动工具研究所负责起草。

本部分主要起草人：潘顺芳、顾菁。

引　言

作为对GB/T 8910.1规定的手持便携式动力工具手柄振动测量总则的补充,GB/T 8910的本部分规定了冲击钻手柄振动测量的型式试验方法。它规定了工具型式试验的操作规程和其他性能方面的要求。

冲击钻用于在压强为50 MPa材料上钻孔。用于型式试验的混凝土墙应至少具有40 MPa的压强。这种方法几乎等同典型作业环境。它规定了明确的运行条件并由此得到理想的可重复性。由于采用少量混凝土,由此产生的粉尘量低而对测量场所几乎没有损害影响。

GB/T 8910的本部分涉及工具的工作原理是通过旋转凸轮提升机构或用犬牙离合器产生冲击力,并将冲击力传递到输出轴和钻头。冲击钻通常由电力驱动。

对冲击钻,冲击能量的幅度是由进给力确定的。

手持便携式动力工具　手柄振动测量方法 第6部分:冲击钻

1　范围

GB/T 8910的本部分规定了手持式动力驱动冲击钻手柄部位振动测量的实验室测量方法,确定了被测冲击钻在特定负载状态下运转时,手柄部位振动大小的型式试验程序。

本部分旨在使用测试结果对不同类型或同类型但不同型号的冲击钻进行比较。

2　规范性引用文件

下列文件中的条款通过本部分的引用而成为本部分的条款。凡是注日期的引用文件,其随后所有的修改单(不包括勘误的内容)或修订版均不适用于本标准,然而,鼓励根据本部分达成协议的各方研究是否可使用这些文件的最新版本。凡是不注日期的引用文件,其最新版本适用于本部分。

GB/T 5621　凿岩机械与气动工具　性能测试方法(eqv ISO 2787:1984)

GB/T 8910.1—2004　手持便携式动力工具　手柄振动测量方法　第1部分:总则(ISO 8662-1:1988,IDT)

GB/T 17671—1999　水泥胶砂强度检验方法(ISO法)

3　测量的量

根据GB/T 8910.1—2004中3.1的规定,被测量的量是加速度;根据GB/T 8910.1—2004中3.3的规定,以计权加速度来表示。

缺乏直接耦合手段时,应当用频率分析或其他方法来进行测量。

4　使用仪器

4.1　通则

有关仪器的技术要求见GB/T 8910.1—2004的4.1~4.6的规定。

4.2　传感器

有关传感器的技术要求见GB/T 8910.1—2004中4.1的规定。

在塑料制成的手柄上,如果其塑料本身能起到机械滤波器作用,传感器包括其安装件的总质量应不大于5 g。

4.3　传感器的固定

传感器和机械滤波器的固定应符合GB/T 8910.1—2004中4.2的规定(见图1)。对于塑料手柄,可不必使用机械滤波器(见GB/T 8910.1—2004中4.3)。

小型传感器可用合适的黏合剂粘结在平面上。如果手柄上有一软的弹性罩盖,该罩盖应予拆除(见GB/T 8910.1—2004中4.3)

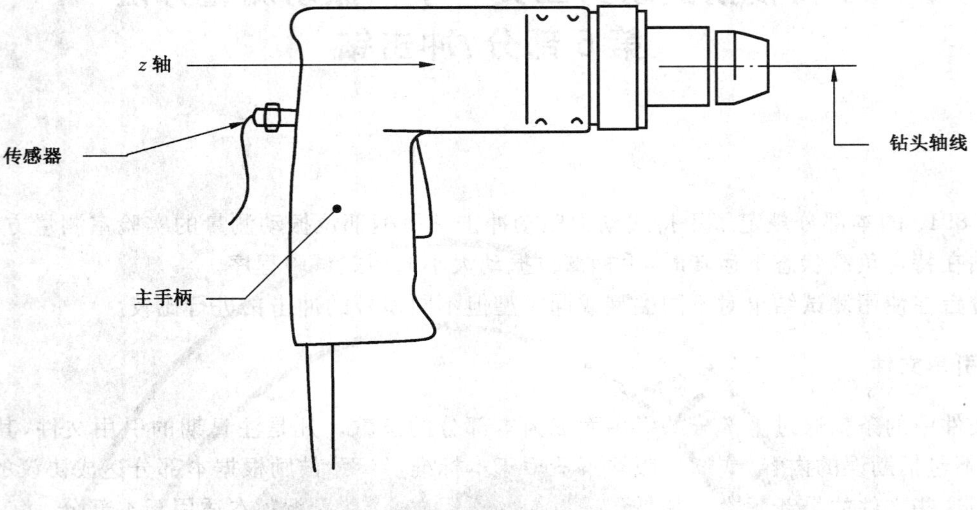

图 1　传感器的定位和固定以及测量方向的示例

4.4　辅助仪器

应使用有效值(r.m.s)读数的仪表来测定电动冲击钻的电源电压。

应使用精密压力表来测量气压或液压。

应使用适当的测量装置来测定水平进给力(见 6.3 和图 2)。

4.5　校准

校准应按 GB/T 8910.1—2004 中 4.8 的规定进行。

5　测量方向和位置

5.1　测量方向

测量应在与钻头轴线平行的方向即 z 向(见图 1)上进行。

5.2　测量位置

测量位置应设在操作者正常握持并施加进给力的主手柄上。

传感器应尽可能放置在靠近拇指和食指之间的位置(见图 1)。

6　操作规程

6.1　通则

测量应在经良好保养和润滑的新制冲击钻上进行。

测试期间,冲击钻应以额定值,例如额定电压或压力运行,应按制造商的要求使用。操作应平稳、规范(见 6.3)。

测试时,冲击钻性能参数的设定应符合制造商规定的钻头特性(见 6.4)。

就测试而言,操作时,工件应放置得:使操作者成站立状态,水平操作冲击钻,垂直于墙面施力(见图 2)。

6.2　加载装置

测量时,操作者应向抗压强度至少达到 40 MPa(混凝土凝固 28 天后),最大骨料颗粒直径为 4 mm 的非加强型混凝土墙钻孔。墙体强度应按 GB/T 17671 的规定测定。

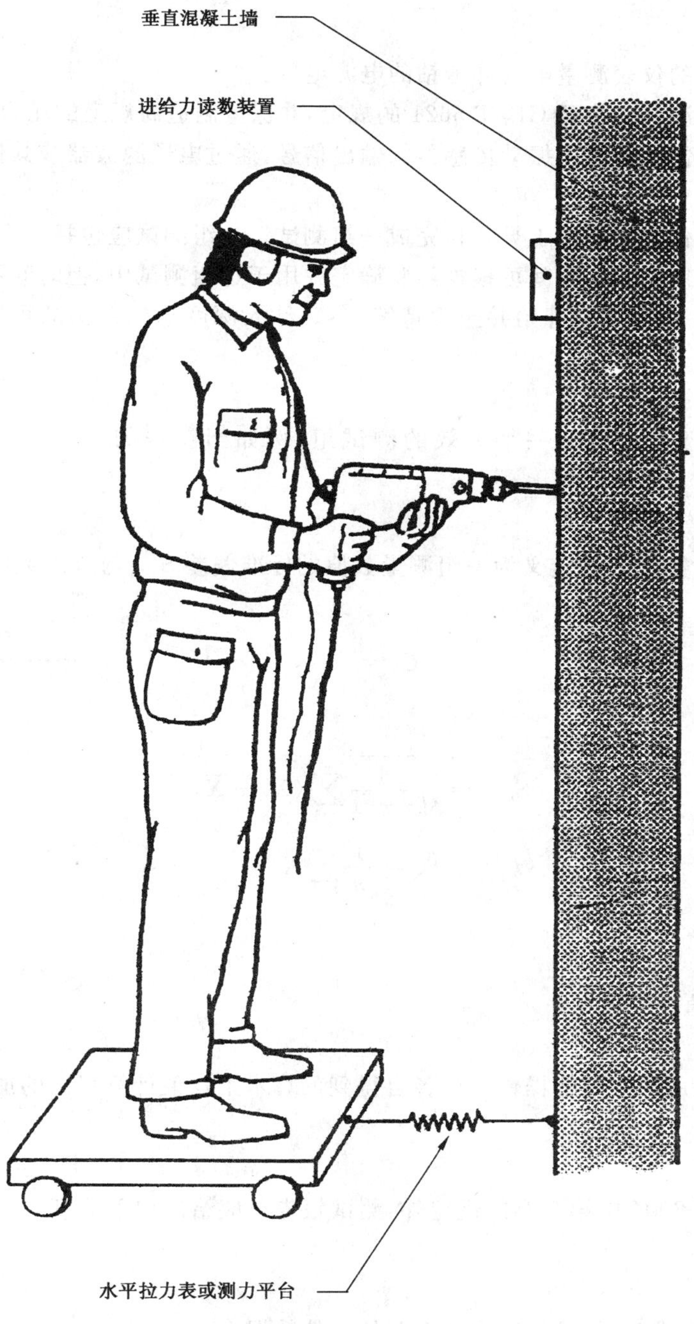

图 2 操作者作业位置

6.3 进给力

进给力将保证冲击钻在其正常性能水平下平稳运转。

对所有的冲击钻，进给力 F_A 应保持在 150 N～180 N 的范围内。

测试期间，进给力 F_A 必须受控并且其值显示于操作者。

注：不仅是进给力，手柄上的握持力也对振动有相当的影响，特别对自重较轻的冲击钻。目前还不可能通过简单装置测量握持力。

6.4 钻头

就冲击钻的振动测试而言，应使用具有直径 8 mm、作业长度至少 80 mm 的混凝土用新钻头。

7 测量程序和规范的有效性

7.1 动力源

应使用有效值读数的仪表测量电动冲击钻的电源电压。

气动冲击钻的气压测量应按照 GB/T 5621 的规定，并保持制造商规定的压力值。

测量期间工具的冲击频率可由振动传感器的输出信号，通过电子滤波器或其他适当方法得到。

7.2 测量程序

应由三名熟练的操作者对被试工具各自完成一组测试。一组测试应包括 5 次钻削操作。

在混凝土墙上钻削所必需的时间可根据经验确定并用于这组测试中，但时间不应少于 8 s。

读数应从钻头钻入 10 mm 时开始并至少持续 8 s。钻入深度达到钻头的可用长度的 80% 应停止读数。

7.3 测量的有效性

测量必须持续进行直到得到一个有效的测试组，例如当获得的 5 个连续计权值的变异系数(见 7.4)小于 0.15。

7.4 变异系数

一组测试的变异系数(C_V)被定义为一组测量数值的标准偏差 S_{n-1} 与该组数值的均值 $\overline{X}$ 的比，公式表示为：

$$C_V = \frac{S_{n-1}}{\overline{X}} \qquad \cdots\cdots(1)$$

其中：

$$S_{n-1} = \sqrt{\frac{1}{n-1}\sum_{i=1}^{n}(X_i - \overline{X})^2}$$

$$\overline{X} = \frac{1}{n}\sum_{i=1}^{n}X_i$$

式中：

n——测量次数；

X_i——第 i 次测量值。

7.5 结果的表示

振动测量的结果是用三个熟练操作人员各自得到的算术平均值计算得出的加速度总算术平均值。

8 测试报告

除 GB/T 8910.1—2004 中第 7 章的规定外，测试报告还应给出如下信息：

a) 钻头直径；

b) 钻头长度；

c) 电源电压、气压或液压，或与动力源有关的其他数据；

d) 冲击钻的冲击频率和转速；

e) 进给力；

f) 测试所用混凝土的抗压强度；

g) 振动测量结果(见 7.5)；

h) 显示手柄位置和加速度器位置的简图。

附录 A 列出了一个测试报告的范本。

附 录 A
（资料性附录）
冲击钻的测试报告范本

本测试按照 GB/T 8910.1 和 GB/T 8910.6 进行。

基本信息

测试者：………………………… 批准者：…………………………

日期：…………………………

被测动力工具

类型： 制造商：

型号： 序列号：

质量/kg：

所插入的钻头

直径/mm：………………………… 长度/ mm：…………………………

操作条件

冲击频率/Hz：………………………… 压力/MPa 或电压/V：…………………………

进给力/N：………………………… 测试运行时间/s：…………………………

测量设备

加速度测量仪-制造商，类型：…………………………

加速度测量仪-质量/g：…………………………

机械滤波器-制造商，类型：…………………………

机械滤波器-质量/g：…………………………

放大器-制造商，类型：…………………………

分析仪-制造商，类型：…………………………

带式记录仪-制造商，类型：…………………………

传感器和机械滤波器的固定

如有传感器和机械滤波器情况下，固定它们的方法说明

信号处理

包含在专用分析仪里的信号类型和确定计权加速度方法的表述。

附加规定

如使用频谱记录仪，记录每个倍频程波段或 1/3 倍频程波段中心频率的修正系数。

如适用，可给出与测量相关的其他数据。

注：应提供频率分析的示例。

测试结果

测试结果应根据下表用计权值表示：

单计权有效值(r.m.s)值——操作者 A

m/s²

测试序号	计权值——传感器位置 1
1	
2	
3	
4	
5	
算术平均值：	
标准偏差：	

单计权有效值(r.m.s)值——操作者 B

m/s²

测试序号	计权值——传感器位置 1
1	
2	
3	
4	
5	
算术平均值：	
标准偏差：	

单计权有效值(r.m.s)值——操作者 C

m/s²

测试序号	计权值——传感器位置 1
1	
2	
3	
4	
5	
算术平均值：	
标准偏差：	

总算术平均值：………………………………………… m/s²

ICS 77.140.60
H 44

中华人民共和国国家标准

GB 8918—2006
代替 GB/T 8918—1996 相应部分

重要用途钢丝绳

Steel wire ropes for important purposes

(ISO 3154:1988, Stranded wire ropes for mine hoisting
—Technical delivery requirements, MOD)

2006-03-01 发布　　2006-09-01 实施

中华人民共和国国家质量监督检验检疫总局
中国国家标准化管理委员会　发布

前　　言

本标准修改采用 ISO 3154:1988《矿井提升用钢丝绳交货技术条件》,在附录 B 中列出了本标准条款和国际标准条款的对照一览表。

由于我国法律要求和工业的特殊需要,本标准在采用国际标准时进行了修改。这些技术性差异用垂直单线标识在它们所涉及的条款的页边空白处。在附录 C 中给出了技术性差异及其原因的一览表以供参考。

本标准为强制性标准,其中,5、6.1、6.2.1、6.2.2、6.2.3、6.2.4、6.2.6、6.2.8、6.3、6.5、7.1.1、7.1.4、7.1.6、7.1.7、7.2、7.3、7.4、7.5、8、9 等章节为强制性条款。

本标准还做了下列编辑性修改:

a) “本国际标准”一词改为“本标准”;

b) 用小数点“.”代替作为小数点的逗号“,”;

c) 删除国际标准的前言。

本标准代替 GB/T 8918—1996《钢丝绳》相应部分。

本标准与 GB/T 8918—1996 相比,技术内容主要变化如下:

——钢丝绳的结构,删除了 6×19(b)类、6×37(b)类、18×19、6×24 类,增加了 35W×7 类,并将 18×19W、18×19S 从 18×7 类中分出,单列一类;

——取消了验收方法中的方法 2(测定钢丝破断拉力总和);

——钢丝公称直径的下限提高到 0.6 mm;

——将某些品种结构钢丝绳直径范围的下限适当提高;

——钢丝绳直径允许偏差上限缩小了 1%;

——不圆度的计算方法有所改变,并将带纤维股芯和异形股钢丝绳的不圆度允许值由 6%降至 4%;

——拆股钢丝的公称抗拉强度:光面和 B 级镀锌钢丝下限取消了 1470 MPa 级,上限提高了一个公称抗拉强度级至 1960 MPa 级;AB 级镀锌钢丝下限取消了 1470 MPa 级,上限提高了一个公称抗拉强度级至 1870 MPa 级;A 级镀锌钢丝下限取消了 1370、1470 MPa 级,上限提高了两个公称抗拉强度级至 1870 MPa 级;

——增加了拆股钢丝强度允差考核;拆股钢丝抗拉强度下限为钢丝公称抗拉强度;

——1670 MPa 、1870 MPa 公称抗拉强度级拆股钢丝的扭转和反复弯曲次数,采用相邻较高公称抗拉强度级(即 1770 MPa 、1960 MPa)的扭转和反复弯曲次数;

——取消了拆股钢丝抗拉强度、扭转和反复弯曲允许低值钢丝根数的规定和表格,改用“合格条件”规定;

——镀锌层重量提高了约 5%;

——对少数类别的钢丝绳的重量系数和最小破断拉力系数进行了调整;

——合格条件加严了。

本标准的附录 A 是规范性附录,附录 B、附录 C、附录 D 是资料性附录。

本标准由中国钢铁工业协会提出。

本标准由全国钢标准化技术委员会归口。

本标准起草单位：鞍钢集团钢绳厂、贵州钢绳股份有限公司、郑州金属制品研究院、江苏神王金属制品有限公司、冶金工业信息标准研究院。

本标准主要起草人：张德英、邢永晟、房义萍、杨红英、张平萍、胡美燕、黄建明、王玲君。

本标准所代替标准的历次版本发布情况为：GB 8918—1988；GB/T 8918—1996。

重要用途钢丝绳

1 范围

本标准规定了重要用途钢丝绳的分类、订货内容、材料、技术要求、检查与试验、验收方法、包装、标志及质量证明书。

本标准适用于矿井提升、高炉卷扬、大型浇铸、石油钻井、大型吊装、繁忙起重、索道、地面缆车、船舶和海上设施等用途的圆股及异形股钢丝绳。

2 规范性引用文件

下列文件中的条款通过本标准的引用而成为本标准的条款。凡是注日期的引用文件，其随后所有的修改单(不包括勘误的内容)或修订版均不适用于本标准。然而，鼓励根据本标准达成协议的各方研究是否可使用这些文件的最新版本。凡是不注日期的引用文件，其最新版本适用于本标准。

GB/T 228 金属材料 室温拉伸试验方法(GB/T 228—2002，ISO 6892:1998，eqv)

GB/T 238 金属材料 线材 反复弯曲试验方法(GB/T 238—2002，ISO 7801:1984，idt)

GB/T 239 金属线材扭转试验方法(GB/T 239—1999，ISO 7800:1984，ISO 9649:1990，eqv)

GB/T 2104 钢丝绳包装、标志及质量证明书的一般规定

GB/T 2973 镀锌钢丝锌层重量试验方法

GB/T 8170 数值修约规则

GB/T 8358 钢丝绳破断拉伸试验方法(GB/T 8358—1987，ISO 3108:1974，eqv)

GB/T 8706 钢丝绳术语(GB/T 8706—1988，ISO 2532:1974，eqv)

GB/T 8707 钢丝绳标记代号(GB/T 8707—1988，ISO 3578:1980，idt)

GB/T 8919 制绳用钢丝

GB/T 15030 剑麻钢丝绳芯

YB/T 081 冶金技术标准的数值修约与检测数值的判定原则

SH/T 0387 钢丝绳表面脂

SH/T 0388 钢丝绳麻芯脂

3 分类

3.1 钢丝绳按其股的断面、股数和股外层钢丝的数目分类，见表1。在圆股和异形股钢丝绳中，如果需方没有明确要求某种结构的钢丝绳时，在同一组别内，结构的选择由供方自行确定。

表1 钢丝绳分类

组别	类别		分类原则	典型结构		直径范围
				钢丝绳	股绳	mm
1	圆股钢丝绳	6×7	6个圆股，每股外层丝可到7根，中心丝(或无)外捻制1～2层钢丝，钢丝等捻距	6×7	(1+6)	8～36
				6×9W	(3+3/3)	14～36
2		6×19	6个圆股，每股外层丝8～12根，中心丝外捻制2～3层钢丝，钢丝等捻距	6×19S	(1+9+9)	12～36
				6×19W	(1+6+6/6)	12～40
				6×25Fi	(1+6+6F+12)	12～44
				6×26WS	(1+5+5/5+10)	20～40
				6×31WS	(1+6+6/6+12)	22～46

表 1（续）

组别	类别		分类原则	典型结构		直径范围
				钢丝绳	股绳	mm
3	圆股钢丝绳	6×37	6 个圆股，每股外层丝 14～18 根，中心丝外捻制 3～4 层钢丝，钢丝等捻距	6×29Fi 6×36WS 6×37S（点线接触） 6×41WS 6×49SWS 6×55SWS	(1+7+7F+14) (1+7+7/7+14) (1+6+15+15) (1+8+8/8+16) (1+8+8+8/8+16) (1+9+9+9/9+18)	14～44 18～60 20～60 32～56 36～60 36～64
4		8×19	8 个圆股，每股外层丝 8～12 根，中心丝外捻制 2～3 层钢丝，钢丝等捻距	8×19S 8×19W 8×25Fi 8×26WS 8×31WS	(1+9+9) (1+6+6/6) (1+6+6F+12) (1+5+5/5+10) (1+6+6/6+12)	20～44 18～48 16～52 24～48 26～56
5		8×37	8 个圆股，每股外层丝 14～18 根，中心丝外捻制 3～4 层钢丝，钢丝等捻距	8×36WS 8×41WS 8×49SWS 8×55SWS	(1+7+7/7+14) (1+8+8/8+16) (1+8+8+8/8+16) (1+9+9+9/9+18)	22～60 40～56 44～64 44～64
6		18×7	钢丝绳中有 17 或 18 个圆股，每股外层丝 4～7 根，在纤维芯或钢芯外捻制 2 层股	17×7 18×7	(1+6) (1+6)	12～60 12～60
7		18×19	钢丝绳中有 17 或 18 个圆股，每股外层丝 8～12 根，钢丝等捻距钢丝等捻距，在纤维芯或钢芯外捻制 2 层股	18×19W 18×19S	(1+6+6/6) (1+9+9)	24～60 28～60
8		34×7	钢丝绳中有 34～36 个圆股，每股外层丝可到 7 根，在纤维芯或钢芯外捻制 3 层股	34×7 36×7	(1+6) (1+6)	16～60 20～60
9		35W×7	钢丝绳中有 24～40 个圆股，每股外层丝 4～8 根，在纤维芯或钢芯(钢丝)外捻制 3 层股	35W×7 24W×7	(1+6)	16～60
10	异形股钢丝绳	6V×7	6 个三角形股，每股外层丝 7～9 根，三角形股芯外捻制 1 层钢丝	6V×18 6V×19	(/3×2+3/+9) (/1×7+3/+9)	20～36 20～36
11		6V×19	6 个三角形股，每股外层丝 10～14 根，三角形股芯或纤维芯外捻制 2 层钢丝	6V×21 6V×24 6V×30 6V×34	(FC+9+12) (FC +12+12) (6+12+12) (/1×7+3/+12+12)	18～36 18～36 20～38 28～44
12		6V×37	6 个三角形股，每股外层丝 15～18 根，三角形股芯外捻制 2 层钢丝	6V×37 6V×37S 6V×43	(/1×7+3/+12+15) (/1×7+3/+12+15) (/1×7+3/+15+18)	32～52 32～52 38～58
13		4V×39	4 个扇形股，每股外层丝 15～18 根，纤维股芯外捻制 3 层钢丝	4V×39S 4V×48S	(FC +9+15+15) (FC +12+18+18)	16～36 20～40
14		6Q×19+6V×21	钢丝绳中有 12～14 个股，在 6 个三角形股外，捻制 6～8 个椭圆股	6Q×19+6V×21 6Q×33+6V×21	外股(5+14) 内股(FC +9+12) 外股(5+13+15) 内股(FC +9+12)	40～52 40～60

注 1：13 组及 11 组中异形股钢丝绳中 6V×21、6V×24 结构仅为纤维绳芯，其余组别的钢丝绳，可由需方指定纤维芯或钢芯。

注 2：三角形股芯的结构可以相互代替，或改用其他结构的三角形股芯，但应在订货合同中注明。

注 3：钢丝绳的主要用途推荐，参见附录 D(资料性附录)。

1～9 组钢丝绳可为交互捻和同向捻。其中 6～9 组多层圆股钢丝绳的内层绳捻法，由生产厂确定。

13 组钢丝绳仅为交互捻。

10～12 组和 14 组异形股钢丝绳为同向捻。14 组钢丝绳的内层与外层绳捻向应相反，且内层绳为同向捻。

3.2 钢丝绳按捻法分为右交互捻、左交互捻、右同向捻和左同向捻四种，如图 1～图 4 所示。图 1 和图 2 绳与股捻向相反，图 3 和图 4 绳与股捻向相同。

3.3 钢丝绳的标记代号按 GB/T 8707 的规定；股的结构由中心向外层进行标记。

图 1 右交互捻(ZS)

图 2 左交互捻(SZ)

图 3 右同向捻(ZZ)

图 4 左同向捻(SS)

4 订货内容

按本标准订货的合同应包括以下主要内容：

a) 标准号；

b) 产品名称；

c) 结构(标记代号)；

d) 公称直径；

e) 捻法；

f) 表面状态；

g) 公称抗拉强度；

h) 数量(长度)；

i) 用途；

j) 其他要求。

5 钢丝绳材料

5.1 制绳用钢丝

5.1.1 制绳用钢丝应符合 GB/T 8919 中重要用途钢丝的规定。

5.1.2 制绳用钢丝包括股芯丝和填充丝(但组成三角股芯的低碳钢丝、填充丝和补棱丝除外)。

5.2 绳芯

钢丝绳绳芯分为纤维芯和钢芯。

5.2.1 纤维芯

纤维芯应符合 GB/T 15030 的规定或用黄麻、合成纤维及其他能符合要求的纤维制成。除需方另有要求，纤维芯应用具有防腐、防锈性能的润滑油脂浸透。

5.2.2 钢芯

钢芯分为独立的钢丝绳芯(IWR)和钢丝股芯(IWS)。

5.3 油脂

钢丝绳用油脂应符合 SH/T 0387 或其他有关要求的规定。

麻芯脂应符合 SH/T 0388 或其他有关要求的规定。

6 技术要求

6.1 股

6.1.1 股应捻制均匀、紧密。

6.1.2 股芯丝和股纤维芯，应具有足够的支撑作用，以使外层包捻的钢丝能均匀捻制，股中相邻钢丝之间允许有均匀的缝隙。用同直径钢丝制成的股及绳中的钢芯，其中心钢丝和中心股应适当加大。

6.2 钢丝绳

6.2.1 捻制

6.2.1.1 钢丝绳应捻制均匀、紧密和不松散。在展开和无负荷情况下，不得呈波浪状。绳内钢丝不得有交错、折弯和断丝等缺陷，但允许有因变形工卡具压紧造成的钢丝压扁现象存在。

6.2.1.2 钢丝绳制造时，同直径钢丝应为同一公称抗拉强度，不同直径钢丝允许采用相同或相邻公称抗拉强度，但应保证钢丝绳最小破断拉力符合表 9～表 23 中的有关规定。

6.2.1.3 钢丝绳的绳芯应具有足够的支撑作用，以使外层包捻的股均匀捻制。允许各相邻股之间有较均匀的缝隙。

6.2.1.4 镀锌钢丝绳中的所有钢丝都应是镀锌的。

6.2.1.5 钢丝绳中钢丝的接头应尽量减少。钢丝接续时，应用对焊连接。股同一次捻制中，各连接点在股内的距离不得小于 10 m。

6.2.2 涂油

除非需方另有要求，钢丝绳应均匀地连续涂敷防锈润滑油脂；需方要求钢丝绳有增摩性能时，钢丝绳应涂增摩油脂。

6.2.3 直径

6.2.3.1 **公称直径 D**

钢丝绳的公称直径应符合表 9～表 23 的规定。

6.2.3.2 **实测直径**

钢丝绳的实测直径是按 7.1.1 条规定的方法测得的直径。其偏差为：圆股 $^{+5\%}_{0}$；异形股 $^{+6\%}_{0}$。

6.2.3.3 **不圆度**

钢丝绳的不圆度应不大于钢丝绳公称直径的 4%。

6.2.4 长度

6.2.4.1 **公称长度**

钢丝绳的公称长度应由供需双方在订货合同中注明，所有试样都应包括在订货长度内。

6.2.4.2 **实测长度**

钢丝绳的实测长度按 7.1.2 条规定进行测量。

钢丝绳的实测长度在无负荷状态下允许与订货长度有如下偏差：

≤400m：$^{+5\%}_{0}$；

>400 m～1 000 m：$^{+20}_{0}$ m；

>1 000 m：$^{+2\%}_{0}$。

6.2.5 重量

6.2.5.1 **参考重量**

钢丝绳的参考重量见表 9～表 23，用 kg/100 m 表示，并按(1)式计算：

$$M = KD^2 \quad \cdots\cdots(1)$$

式中：

M——钢丝绳单位长度的参考重量，单位为：kg/100 m；

D——钢丝绳的公称直径，单位为：mm；

K——充分涂油的某一结构钢丝绳单位长度的重量系数，单位为：kg/100m·mm²。K 值在表 2 中给出。

表 2 钢丝绳重量系数和最小破断拉力系数

组别	类别	钢丝绳重量系数 K (kg/100 m·mm²) 天然纤维芯钢丝绳 K_{1n}	合成纤维芯钢丝绳 K_{1p}	钢芯钢丝绳 K_2	$\frac{K_2}{K_{1n}}$	$\frac{K_2}{K_{1p}}$	最小破断拉力系数 K' 纤维芯钢丝绳 K'_1	钢芯钢丝绳 K'_2	$\frac{K'_2}{K'_1}$
1	6×7	0.351	0.344	0.387	1.10	1.12	0.332	0.359	1.08
2	6×19	0.380	0.371	0.418	1.10	1.13	0.330	0.356	1.08
3	6×37								
4	8×19	0.357	0.344	0.435	1.22	1.26	0.293	0.346	1.18
5	8×37								
6	18×7	0.390		0.430	1.10	1.10	0.310	0.328	1.06
7	18×19								
8	34×7	0.390		0.430	1.10	1.10	0.308	0.318	1.03
9	35W×7	—		0.460	—	—	—	0.360	—
10	6V×7	0.412	0.404	0.437	1.06	1.08	0.375	0.398	1.06
11	6V×19	0.405	0.397	0.429	1.06	1.08	0.360	0.382	1.06
12	6V×37								
13	4V×39	0.410	0.402	—	—	—	0.360	—	—
14	6Q×19+6V×21	0.410	0.402	—	—	—	0.360	—	—

注 1：在 2 组和 4 组钢丝绳中，当股内钢丝的数目为 19 根或 19 根以下时，重量系数应比表中所列的数小 3%。

注 2：在 11 组钢丝绳中，股含纤维芯 6V×21、6V×24 结构钢丝绳的重量系数和最小破断拉力系数，应分别比表中所列的数小 8%，6V×30 结构钢丝绳的最小破断拉力系数，应比表中所列的数小 10%；在 12 组钢丝绳中，股为线接触结构 6V×37S 钢丝绳的重量系数和最小破断拉力系数则应分别比表中所列的数大 3%。

注 3：K_{1P}重量系数是对聚丙烯纤维芯钢绳而言。

6.2.5.2 实测重量

钢丝绳实测重量应按 7.1.3 条规定。

6.2.6 破断拉力

钢丝绳实测破断拉力应不低于表 9～表 23 的规定。钢丝绳最小破断拉力，用 kN 表示，并按(2)式计算：

$$F_0 = \frac{K' \cdot D^2 \cdot R_0}{1\,000} \qquad \cdots\cdots(2)$$

式中：

F_0——钢丝绳最小破断拉力，单位为 kN；

D——钢丝绳公称直径，单位为 mm；

R_0——钢丝绳公称抗拉强度，单位为 MPa；

K'——某一指定结构钢丝绳的最小破断拉力系数（K'值见表 2）。

注：最小钢丝破断拉力总和与钢丝绳最小破断拉力的换算系数见附录 A。

6.2.7 伸长

对于矿井提升、架空索道及其他特殊用途的钢丝绳,在使用中的永久伸长应双方协议。

6.2.8 外观

钢丝绳外观不应存在 GB/T 8706 中列出的制造缺陷。

6.3 拆股钢丝

6.3.1 实测直径

钢丝实测直径应符合 GB/T 8919 的有关规定(由于工卡具压紧造成钢丝压扁允许以断面尺寸大的为准)。

6.3.2 表面状态

钢丝表面状态应符合表 3 规定。

6.3.3 抗拉强度

6.3.3.1 公称抗拉强度

钢丝的公称抗拉强度应符合表 3 规定,表中数值是抗拉强度的下限,上限等于下限加上表 4 规定的允差。

表 3 钢丝表面状态及公称抗拉强度

表面状态	公称抗拉强度 /MPa				
光面和 B 级镀锌	1570	1670	1770	1870	1960
AB 级镀锌	1570	1670	1770	1870	—
A 级镀锌	1570	1670	1770	1870	—

6.3.3.2 强度允差

强度允差应符合表 4 规定。

表 4 强度允差

钢丝公称直径 d/mm	强度允差/MPa
$0.6 \leqslant d < 1$	350
$1 \leqslant d < 1.5$	320
$1.5 \leqslant d < 2$	290
$d \geqslant 2$	260

6.3.4 反复弯曲

钢丝的反复弯曲次数应符合表 5 的规定。

表 5 最小反复弯曲次数

钢丝公称直径 d	弯芯半径	光面及 B 级镀锌钢丝					AB 级镀锌钢丝				A 级镀锌钢丝			
mm		公称抗拉强度/MPa												
		1 570	1 670	1 770	1 870	1 960	1 570	1 670	1 770	1 870	1 570	1 670	1 770	1 870
$0.6 \leqslant d < 0.65$	1.75	12	11	11	10	10	10	9	9	8	8	7	7	6
$0.65 \leqslant d < 0.7$		11	10	10	9	9	9	8	8	7	7	6	6	5
$0.7 \leqslant d < 0.75$	2.50	16	15	15	14	14	15	14	14	13	13	12	12	11
$0.75 \leqslant d < 0.8$		15	14	14	13	13	14	13	13	12	12	11	11	10
$0.8 \leqslant d < 0.9$		13	12	12	11	11	12	11	11	10	10	9	9	8
$0.9 \leqslant d < 1$		12	11	11	10	10	11	10	10	9	9	8	8	7

表 5（续）

钢丝公称直径 d	弯芯半径	光面及 B 级镀锌钢丝					AB 级镀锌钢丝				A 级镀锌钢丝			
mm		公称抗拉强度/MPa												
		1 570	1 670	1 770	1 870	1 960	1 570	1 670	1 770	1 870	1 570	1 670	1 770	1 870
1≤d<1.1		17	16	16	15	15	16	15	15	14	14	13	13	12
1.1≤d<1.2		15	14	14	13	13	14	13	13	12	12	11	11	10
1.2≤d<1.3	3.75	13	12	12	11	11	12	11	11	10	10	9	9	8
1.3≤d<1.4		12	11	11	10	10	11	10	10	9	9	8	8	7
1.4≤d<1.5		11	10	10	9	9	10	9	9	8	8	7	7	6
1.5≤d<1.6		14	13	13	12	12	13	12	12	11	11	10	10	9
1.6≤d<1.7		13	12	12	11	11	12	11	11	10	10	9	9	8
1.7≤d<1.8	5.00	12	11	11	10	10	11	10	10	9	9	8	8	7
1.8≤d<1.9		11	10	10	9	9	10	9	9	8	8	7	7	6
1.9≤d<2		10	9	9	8	8	9	8	8	7	7	6	6	5
2≤d<2.1		15	14	14	13	13	14	13	13	12	12	11	11	10
2.1≤d<2.2		14	13	13	12	12	13	12	12	11	11	10	10	9
2.2≤d<2.3		13	12	12	11	11	12	11	11	10	10	9	9	8
2.3≤d<2.4		13	12	12	11	11	12	11	11	10	10	9	9	8
2.4≤d<2.5		12	11	11	10	10	11	10	10	9	9	8	8	7
2.5≤d<2.6	7.50	11	10	10	9	9	10	9	9	8	8	7	7	6
2.6≤d<2.7		10	9	9	8	8	9	8	8	7	7	6	6	5
2.7≤d<2.8		10	9	9	8	8	9	8	8	7	7	6	6	5
2.8≤d<2.9		9	8	8	7	7	8	7	7	6	6	5	5	4
2.9≤d<3		9	8	8	7	7	8	7	7	6	6	5	5	4
3≤d<3.1		12	11	11	10	10	11	10	10	9	9	8	8	7
3.1≤d<3.2		12	11	11	10	10	11	10	10	9	9	8	8	7
3.2≤d<3.3		11	10	10	9	9	10	9	9	8	8	7	7	6
3.3≤d<3.4		11	10	10	9	9	10	9	9	8	8	7	7	6
3.4≤d<3.5		10	9	9	8	8	9	8	8	7	7	6	6	5
3.5≤d<3.6	10.00	9	8	8	7	7	8	7	7	6	6	5	5	4
3.6≤d<3.7		8	7	7	6	6	7	6	6	5	5	4	4	3
3.7≤d<3.8		7	6	6	5	5	6	5	5	4	5	4	4	3
3.8≤d<3.9		7	6	6	5	5	6	5	5	4	5	4	4	3
3.9≤d<4		6	5	5	4	4	5	4	4	3	4	3	3	2
4≤d<4.1		13	12	12	11	11	12	11	11	10	8	7	7	6
4.1≤d<4.2		12	11	11	10	10	11	10	10	9	7	6	6	5
4.2≤d<4.3	15.00	11	10	10	9	9	10	9	9	8	7	6	6	5
4.3≤d<4.4		11	10	10	9	9	10	9	9	8	7	6	6	5
4.4		10	9	9	8	8	9	8	8	7	6	5	5	4

6.3.5 扭转

钢丝的扭转次数应符合表 6 的规定。

对于异形股钢丝绳：

股中钢丝超过一层的，应比表6所列的扭转次数减少一次；股中钢丝只有一层的应比表6所列的扭转次数减少二次。

表6 最小扭转次数

钢丝公称直径 d	试验长度	光面及B级镀锌钢丝					AB级镀锌钢丝				A级镀锌钢丝			
mm		公称抗拉强度/MPa												
		1 570	1 670	1 770	1 870	1 960	1 570	1 670	1 770	1 870	1 570	1 670	1 770	1 870
0.6≤d<1	100×d	33	31	31	25	25	30	27	27	24	21	19	19	17
1≤d<1.3		31	29	29	24	24	28	25	25	22	19	17	17	15
1.3≤d<1.8		30	27	27	23	23	27	23	23	20	18	16	16	14
1.8≤d<2.3		28	26	26	21	21	25	22	22	19	17	14	14	12
2.3≤d<3		26	23	23	19	19	23	20	20	17	14	11	11	9
3≤d<3.4		24	21	21	18	18	21	18	18	15	9	7	7	6
3.4≤d<3.5		22	19	19	16	16	20	16	16	13	8	6	6	5
3.5≤d<3.7		20	17	17	13	13	18	14	14	11	7	5	5	4
3.7≤d<4		18	15	15	12	12	16	13	13	10	7	5	5	4
4≤d<4.2		16	13	13	10	10	14	11	11	8	6	4	4	3
4.2≤d≤4.4		15	12	12	9	9	13	10	10	7	6	4	4	3

6.3.6 镀锌层

6.3.6.1 级别

镀锌层级别分为三个级别：B级、AB级和A级。

6.3.6.2 锌层重量

镀锌层重量应用单位表面积的镀锌层平均重量表示，单位 g/m²。镀锌层重量应符合表7的规定（异形股除外）。如果锌层重量不符合本标准规定，而其他性能符合光面钢丝绳要求时，则可按光面钢丝绳交货。

表7 最小锌层重量

钢丝公称直径 d/mm	B级	AB级	A级
	g/m²		
0.6≤d<0.7	50	85	110
0.7≤d<0.8	60	85	120
0.8≤d<1	70	95	130
1≤d<1.2	80	110	150
1.2≤d<1.5	90	120	165
1.5≤d<1.9	100	130	180
1.9≤d<2.5	110	150	205
2.5≤d<3.2	125	165	230
3.2≤d<3.5	135	190	250
3.5≤d<3.7	135	190	250
3.7≤d<4	135	190	250
4≤d≤4.4	150	200	260

6.4 需方对以上条款有其他要求时，有关技术要求由供需双方协议。

6.5 数值修约按 GB/T 8170 规定。

7 检查与试验

7.1 钢丝绳检查与试验

7.1.1 直径的测量

7.1.1.1 钢丝绳直径应用带有宽钳口的游标卡尺测量。其钳口的宽度要足以跨越两个相邻的股，见图5。

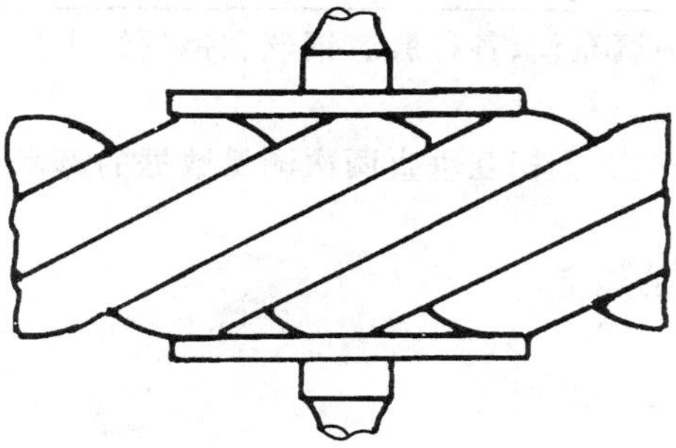

图5 钢丝绳直径测量方法

测量应在无张力的情况下，于钢丝绳端头15 m外的直线部位上进行，在相距至少1 m的两截面上，并在同一截面互相垂直测取两个数值。

四个测量结果的平均值作为钢丝绳的实测直径，该值应符合6.2.3.2的有关规定。

7.1.1.2 不圆度

同一截面测量结果的差与公称直径之比，即为不圆度，应符合6.2.3.3的规定。

7.1.1.3 在有争议的情况下，直径的测量可在给钢丝绳施加不超过最小破断拉力5%的张力情况下进行。

7.1.2 长度的测量

测量钢丝绳长度的方法应由供需双方协议。钢丝绳长度的测量以米为单位。

7.1.3 重量的测量

钢丝绳的总重量包括钢丝绳、卷轴和包装材料的重量，应用衡器测量，用kg表示。

计算钢丝绳的单位重量时，应用钢丝绳的净重量除以钢丝绳实测长度。钢丝绳的实测单位重量用kg/100 m表示。

7.1.4 破断拉力测定

钢丝绳应逐条进行破断拉力的测定，其测定方法按GB/T 8358的规定。

7.1.5 伸长的测量

钢丝绳伸长的测量应由供需双方协议。

7.1.6 不松散检查

将钢丝绳一端解开相对称的两个股，约有两个捻距长，当这两个股重新恢复到原位后，不应自行再散开(多层股、四股扇形股及编结使用的钢丝绳除外)。

7.1.7 外观检查

钢丝绳及其股外观，用手感和目测检查。

7.2 拆股钢丝试验

7.2.1 试验范围与试验数量

7.2.1.1 钢丝绳拆取的股数:单层股钢丝绳任取一股，多层股钢丝绳按表8的规定(焊接点除外)；用于镀锌层试验的钢丝数目应为钢丝绳中同一公称直径钢丝总数的10%(修约成整数)。

表 8　多层股钢丝绳拆取的股数

钢丝绳类型	外　层	中　层	内　层
18×7 类、18×19 类	2	—	1
34×7 类	3	2	1
6Q×19＋6V×21 类	1	—	1
35W×7 类	3	大小股各 1	1

7.2.1.2　试验的钢丝不包括股中填充丝、各种股芯钢丝和钢丝绳中的钢芯。

7.2.2　直径的测量

钢丝实测直径应为钢丝同一截面上相互垂直两次测量数据的算术平均值。

7.2.3　拉力试验

拉力试验应符合 GB/T 228 的规定。

7.2.4　反复弯曲试验

反复弯曲试验应符合 GB/T 238 的规定。

7.2.5　扭转试验

扭转试验应符合 GB/T 239 的规定。

7.2.6　镀锌层试验

钢丝镀锌层试验应符合 GB/T 2973 的规定。

7.2.7　合格条件

钢丝绳拆股钢丝应符合下述要求：

a)　任一种直径的不合格钢丝数不得超过一根，或

b)　如果任一种直径的不合格钢丝数为两根或两根以上，则应对该种直径的其他钢丝逐根进行不合格项目的试验。若不合格的钢丝数不大于同种直径钢丝数的 4%(修约成整数)，则该钢丝绳合格。

同一根钢丝有多项不合格时，只按一根计算。

7.3　当一条钢丝绳截成数条交货时，则从其中任选一条取样试验，如果合格，其余各条免于试验，否则应逐条进行试验。

7.4　钢丝绳力学性能的考核

根据实测钢丝绳破断拉力，查表 9～表 23 对钢丝绳公称抗拉强度进行考核。

7.4.1　钢丝绳内钢丝为同一公称抗拉强度时，钢丝绳的公称抗拉强度与钢丝的公称抗拉强度相同；当钢丝绳内的钢丝为不同公称抗拉强度时，钢丝绳的公称抗拉强度应符合钢丝的公称抗拉强度之一。

7.4.2　拆股钢丝的抗拉强度、反复弯曲和扭转值，按钢丝的公称抗拉强度考核。

7.5　仲裁检验

当供需双方对任一试验结果有争议时，应在双方同意的检验机构进行仲裁检验。

若这些试验结果符合标准和订货合同要求，认为该钢丝绳合格。

8　验收

8.1　钢丝绳出厂前的检查，应在供方进行。

8.2　需方的验收，可委托有钢丝绳检定资格的检测部门进行。验收的依据是本标准和订货合同，验收期不应超过一年(以出厂日期为准)。

8.3　当在制造厂(供方)进行验收试验时，制造厂应提供必要的试样、设备和人力。

9　包装、标志及质量证明书

钢丝绳的包装、标志及质量证明书按 GB/T 2104 的规定。

第 1 组 6×7 类　表 9 图

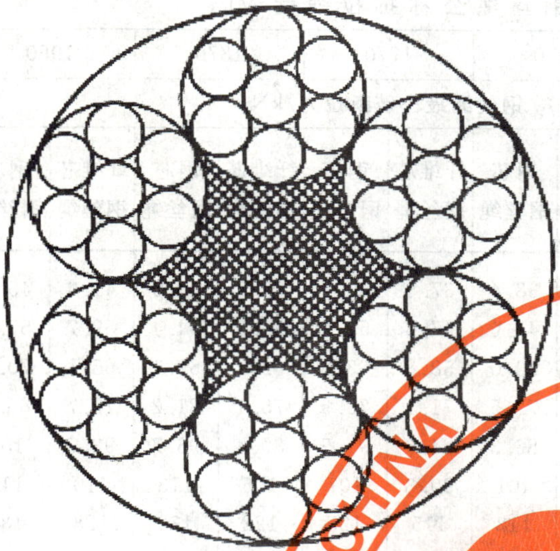

6×7+FC

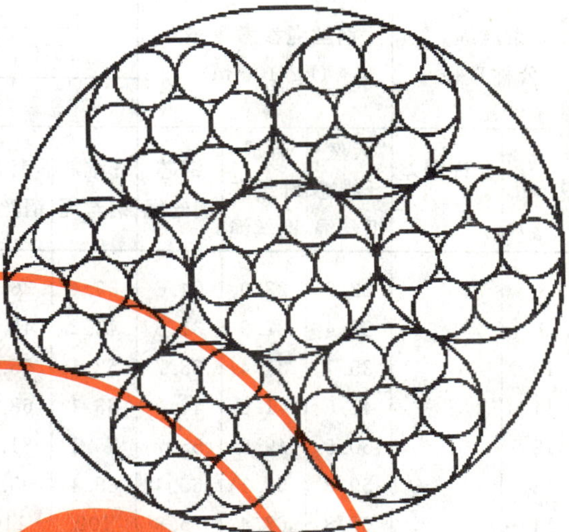

6×7+IWS

直径：8 mm～36 mm

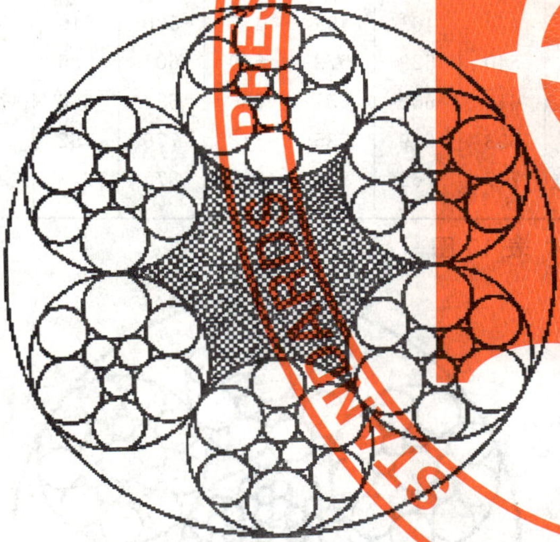

6×9W+FC

6×9W+IWR

直径：14 mm～36 mm

表 9　力学性能

钢丝绳结构：6×7+FC　6×7+IWS　6×9W+FC　6×9W+IWR

钢丝绳公称直径		钢丝绳参考重量/(kg/100 m)			钢丝绳公称抗拉强度/MPa									
					1570		1670		1770		1870		1960	
					钢丝绳最小破断拉力/kN									
D/mm	允许偏差/%	天然纤维芯钢丝绳	合成纤维芯钢丝绳	钢芯钢丝绳	纤维芯钢丝绳	钢芯钢丝绳	纤维芯钢丝绳	钢芯钢丝绳	纤维芯钢丝绳	钢芯钢丝绳	纤维芯钢丝绳	钢芯钢丝绳	纤维芯钢丝绳	钢芯钢丝绳
8	+5 0	22.5	22.0	24.8	33.4	36.1	35.5	38.4	37.6	40.7	39.7	43.0	41.6	45.0
9		28.4	27.9	31.3	42.2	45.7	44.9	48.6	47.6	51.5	50.3	54.4	52.7	57.0
10		35.1	34.4	38.7	52.1	56.4	55.4	60.0	58.8	63.5	62.1	67.1	65.1	70.4
11		42.5	41.6	46.8	63.1	68.2	67.1	72.5	71.1	76.9	75.1	81.2	78.7	85.1
12		50.5	49.5	55.7	75.1	81.2	79.8	86.3	84.6	91.5	89.4	96.7	93.7	101
13		59.3	58.1	65.4	88.1	95.3	93.7	101	99.3	107	105	113	110	119
14		68.8	67.4	75.9	102	110	109	118	115	125	122	132	128	138
16		89.9	88.1	99.1	133	144	142	153	150	163	159	172	167	180
18		114	111	125	169	183	180	194	190	206	201	218	211	228
20		140	138	155	208	225	222	240	235	254	248	269	260	281
22		170	166	187	252	273	268	290	284	308	300	325	315	341
24		202	198	223	300	325	319	345	338	366	358	387	375	405
26		237	233	262	352	381	375	405	397	430	420	454	440	476
28		275	270	303	409	442	435	470	461	498	487	526	510	552
30		316	310	348	469	507	499	540	529	572	559	604	586	633
32		359	352	396	534	577	568	614	602	651	636	687	666	721
34		406	398	447	603	652	641	693	679	735	718	776	752	813
36		455	446	502	676	730	719	777	762	824	805	870	843	912

第 2 组 6×19 类　表 10 图

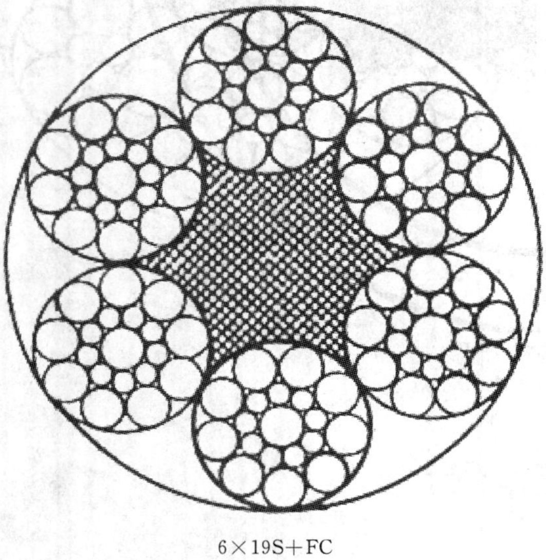

6×19S+FC

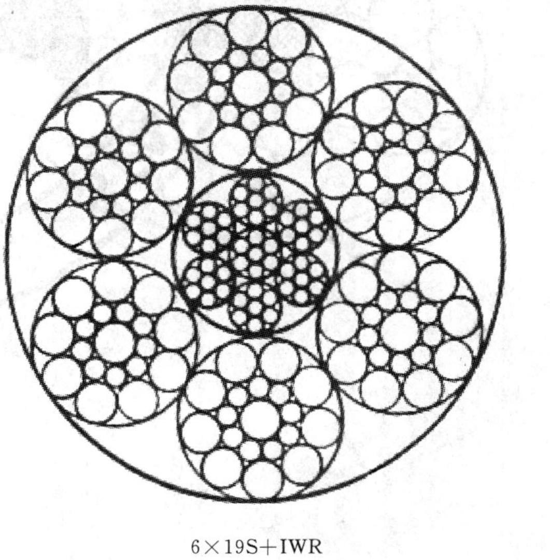

6×19S+IWR

直径：12 mm～36 mm

第 2 组 6×19 类　表 10 图（续）

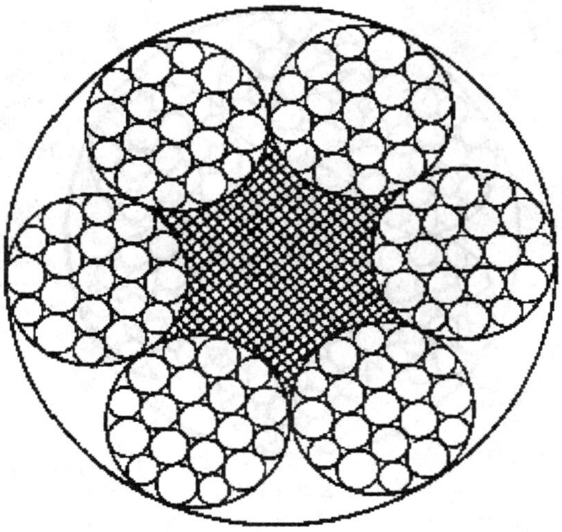

6×19W+FC

6×19W+IWR

直径：12 mm～40 mm

表 10　力学性能

钢丝绳结构 6×19S+FC　6×19S+IWR　6×19W+FC　6×19W+IWR

钢丝绳公称直径		钢丝绳参考重量/(kg/100 m)			钢丝绳公称抗拉强度/MPa									
					1570		1670		1770		1870		1960	
					钢丝绳最小破断拉力/kN									
D/mm	允许偏差/%	天然纤维芯钢丝绳	合成纤维芯钢丝绳	钢芯钢丝绳	纤维芯钢丝绳	钢芯钢丝绳	纤维芯钢丝绳	钢芯钢丝绳	纤维芯钢丝绳	钢芯钢丝绳	纤维芯钢丝绳	钢芯钢丝绳	纤维芯钢丝绳	钢芯钢丝绳
12		53.1	51.8	58.4	74.6	80.5	79.4	85.6	84.1	90.7	88.9	95.9	93.1	100
13		62.3	60.8	68.5	87.6	94.5	93.1	100	98.7	106	104	113	109	118
14		72.2	70.5	79.5	102	110	108	117	114	124	121	130	127	137
16		94.4	92.1	104	133	143	141	152	150	161	158	170	166	179
18		119	117	131	168	181	179	193	189	204	200	216	210	226
20		147	144	162	207	224	220	238	234	252	247	266	259	279
22		178	174	196	251	271	267	288	283	304	299	322	313	338
24	+5	212	207	234	298	322	317	342	336	363	355	383	373	402
26	0	249	243	274	350	378	373	402	395	426	417	450	437	472
28		289	282	318	406	438	432	466	458	494	484	522	507	547
30		332	324	365	466	503	496	535	526	567	555	599	582	628
32		377	369	415	531	572	564	609	598	645	632	682	662	715
34		426	416	469	599	646	637	687	675	728	713	770	748	807
36		478	466	525	671	724	714	770	757	817	800	863	838	904
38		532	520	585	748	807	796	858	843	910	891	961	934	1010
40		590	576	649	829	894	882	951	935	1010	987	1070	1030	1120

第2组6×19类　表11图

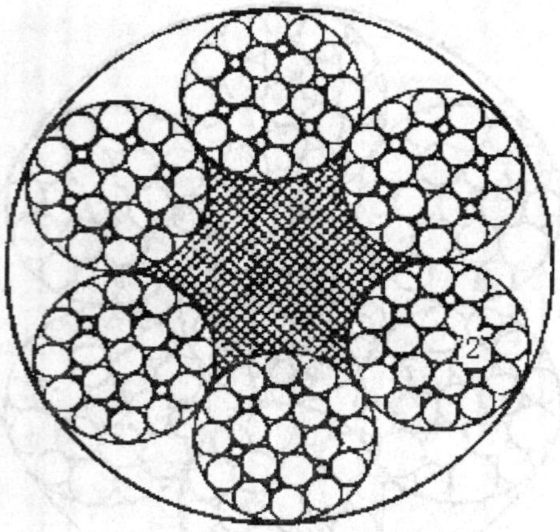

6×25Fi+FC

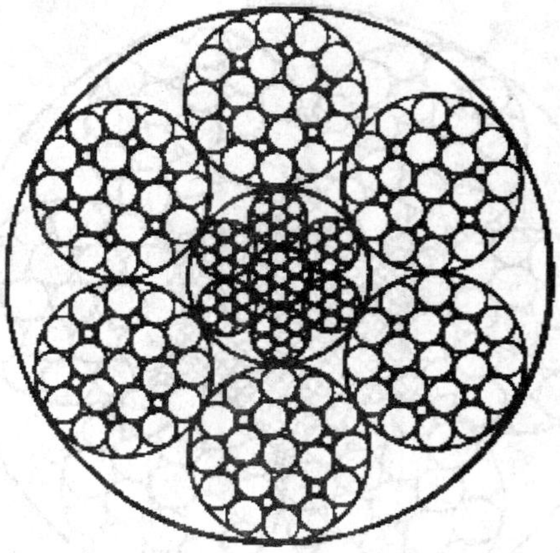

6×25Fi+IWR

直径：12 mm～44 mm

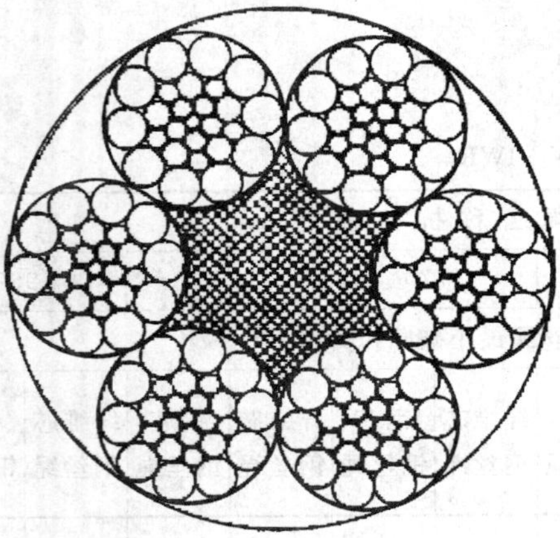

6×26WS+FC

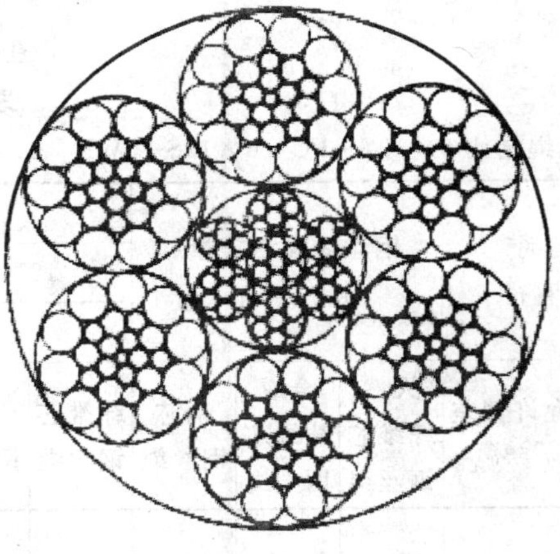

6×26WS+IWR

直径：20 mm～40 mm

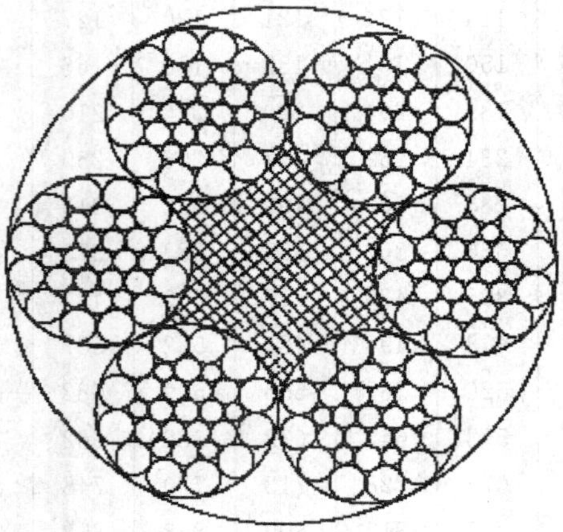

6×31WS+FC

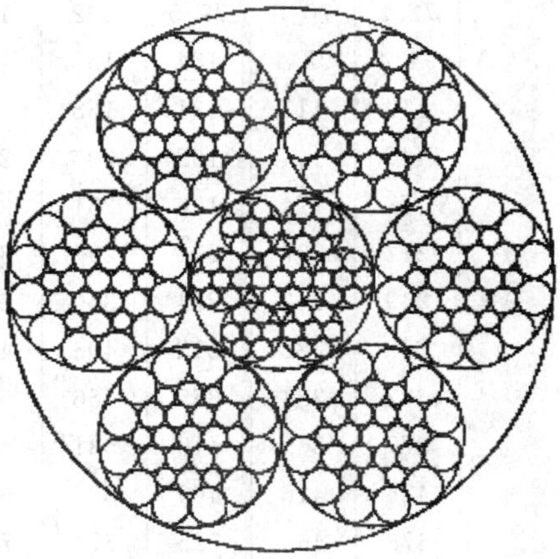

6×31WS+IWR

直径：22 mm～46 mm

第3组6×37类　表11图（续）

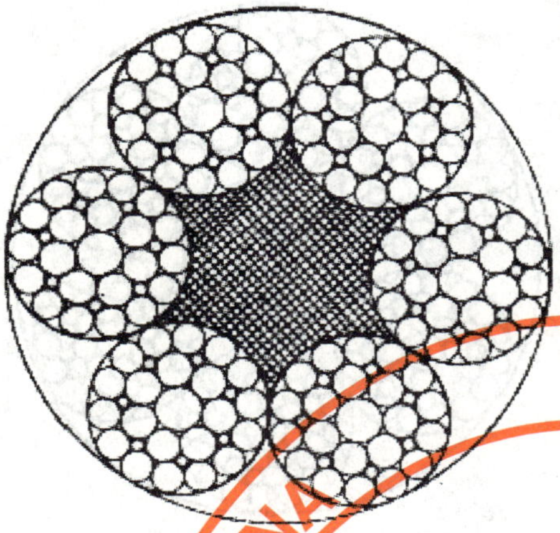

6×29Fi+FC

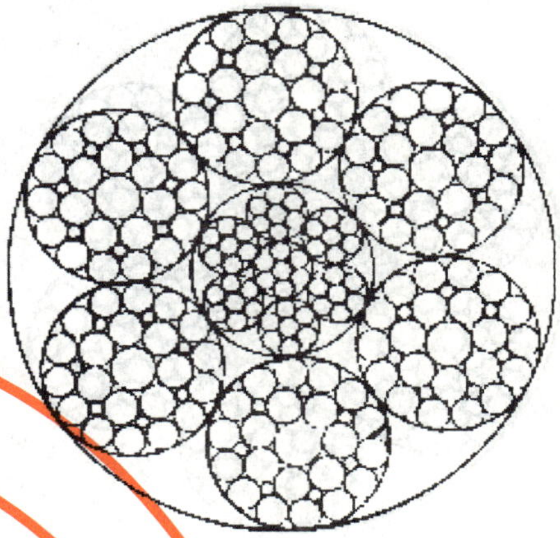

6×29Fi+IWR

直径：14 mm～44 mm

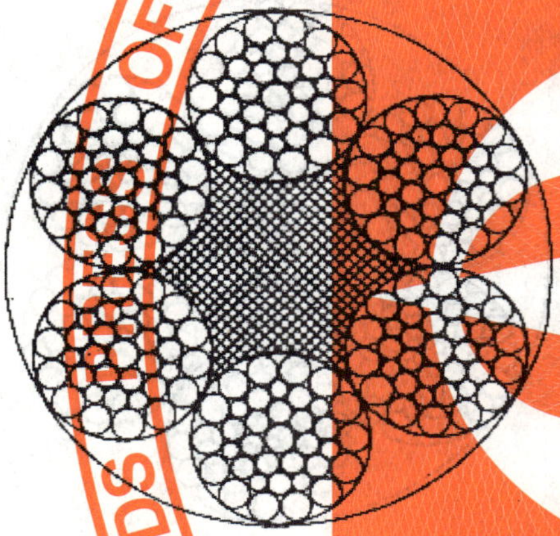

6×36WS+FC

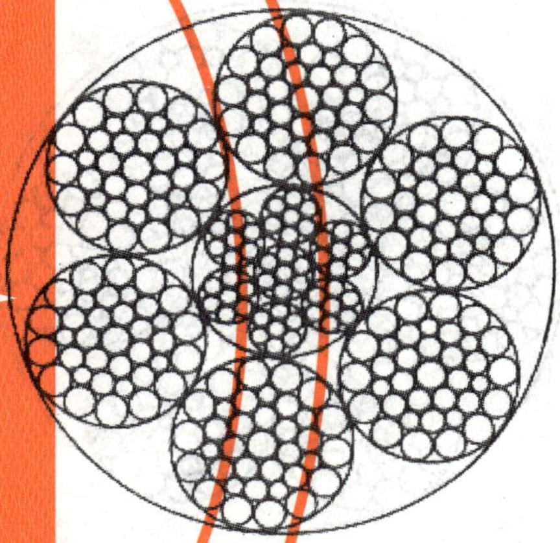

6×36WS+IWR

直径：18 mm～60 mm

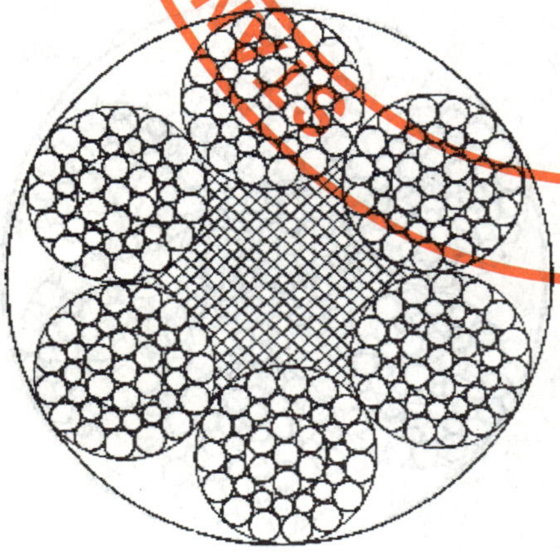

6×37S+FC

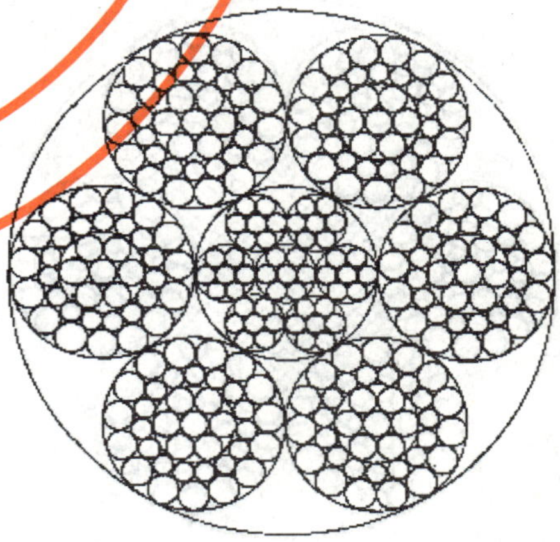

6×37S+IWR

直径：20 mm～60 mm

第 3 组 6×37 类　表 11 图（续）

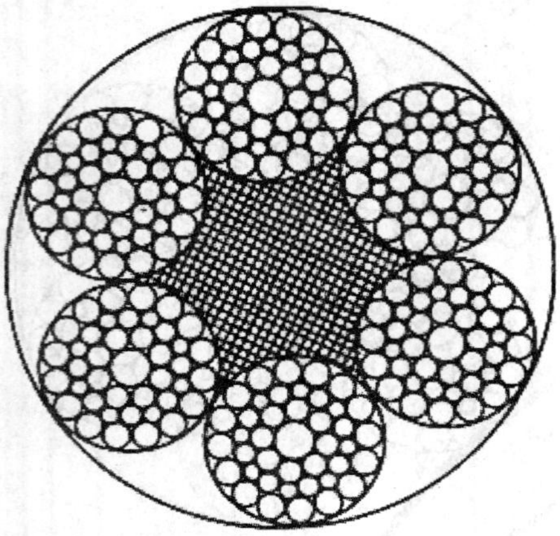

6×41WS+FC

6×41WS+IWR

直径：32 mm～56 mm

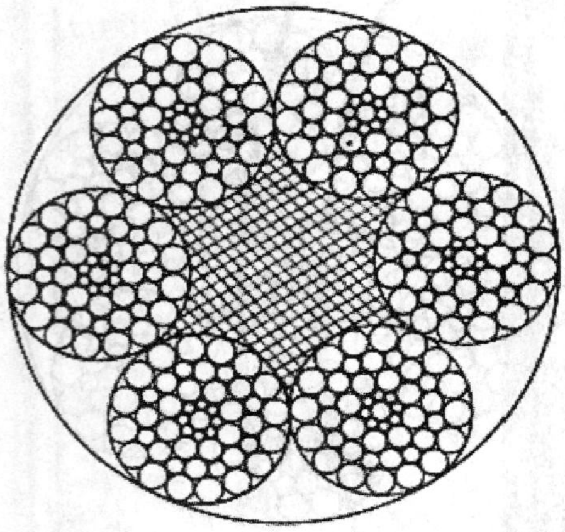

6×49SWS+FC

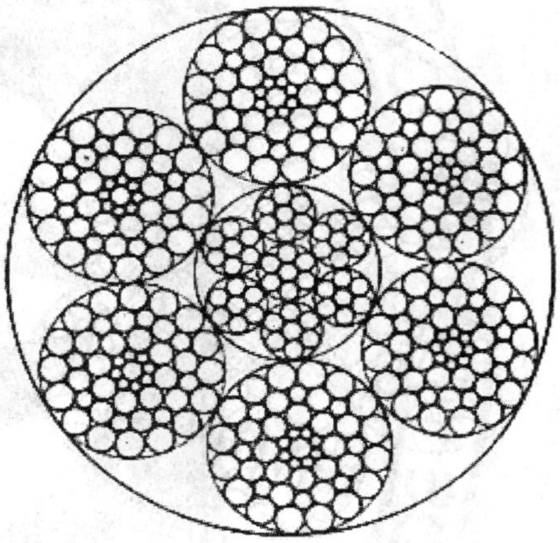

6×49SWS+IWR

直径：36 mm～60 mm

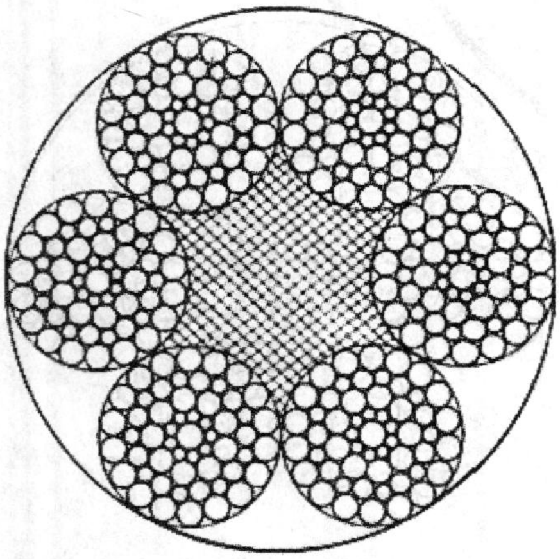

6×55SWS+FC

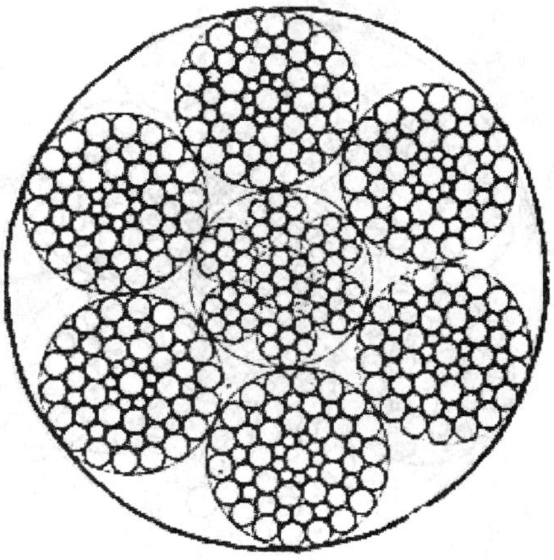

6×55SWS+IWR

直径：36 mm～64 mm

表 11　力学性能

钢丝绳结构：6×25Fi+FC　6×25Fi+IWR　6×26WS+FC　6×26WS+IWR　6×29Fi+FC　6×29Fi+IWR　6×31WS+FC　6×31WS+IWR　6×36WS+FC　6×36WS+IWR　6×37S+FC　6×37S+IWR　6×41WS+FC　6×41WS+IWR　6×49SWS+FC　6×49SWS+IWR　6×55SWS+FC　6×55SWS+IWR

钢丝绳公称直径		钢丝绳参考重量/(kg/100 m)			钢丝绳公称抗拉强度/MPa									
					1570		1670		1770		1870		1960	
					钢丝绳最小破断拉力/kN									
D/mm	允许偏差/%	天然纤维芯钢丝绳	合成纤维芯钢丝绳	钢芯钢丝绳	纤维芯钢丝绳	钢芯钢丝绳	纤维芯钢丝绳	钢芯钢丝绳	纤维芯钢丝绳	钢芯钢丝绳	纤维芯钢丝绳	钢芯钢丝绳	纤维芯钢丝绳	钢芯钢丝绳
12	+5 0	54.7	53.4	60.2	74.6	80.5	79.4	85.6	84.1	90.7	88.9	95.9	93.1	100
13		64.2	62.7	70.6	87.6	94.5	93.1	100	98.7	106	104	113	109	118
14		74.5	72.7	81.9	102	110	108	117	114	124	121	130	127	137
16		97.3	95.0	107	133	143	141	152	150	161	158	170	166	179
18		123	120	135	168	181	179	193	189	204	200	216	210	226
20		152	148	167	207	224	220	238	234	252	247	266	259	279
22		184	180	202	251	271	267	288	283	305	299	322	313	338
24		219	214	241	298	322	317	342	336	363	355	383	373	402
26		257	251	283	350	378	373	402	395	426	417	450	437	472
28		298	291	328	406	438	432	466	458	494	484	522	507	547
30		342	334	376	466	503	496	535	526	567	555	599	582	628
32		389	380	428	531	572	564	609	598	645	632	682	662	715
34		439	429	483	599	646	637	687	675	728	713	770	748	807
36		492	481	542	671	724	714	770	757	817	800	863	838	904
38		549	536	604	748	807	796	858	843	910	891	961	934	1010
40		608	594	669	829	894	882	951	935	1010	987	1070	1030	1120
42		670	654	737	914	986	972	1050	1030	1110	1090	1170	1140	1230
44		736	718	809	1000	1080	1070	1150	1130	1220	1190	1290	1250	1350
46		804	785	884	1100	1180	1170	1260	1240	1330	1310	1410	1370	1480
48		876	855	963	1190	1290	1270	1370	1350	1450	1420	1530	1490	1610
50		950	928	1040	1300	1400	1380	1490	1460	1580	1540	1660	1620	1740
52		1030	1000	1130	1400	1510	1490	1610	1580	1700	1670	1800	1750	1890
54		1110	1080	1220	1510	1630	1610	1730	1700	1840	1800	1940	1890	2030
56		1190	1160	1310	1620	1750	1730	1860	1830	1980	1940	2090	2030	2190
58		1280	1250	1410	1740	1880	1850	2000	1960	2120	2080	2240	2180	2350
60		1370	1340	1500	1870	2010	1980	2140	2100	2270	2220	2400	2330	2510
62		1460	1430	1610	1990	2150	2120	2290	2250	2420	2370	2560	2490	2680
64		1560	1520	1710	2120	2290	2260	2440	2390	2580	2530	2730	2650	2860

第4组 8×19类 表12图

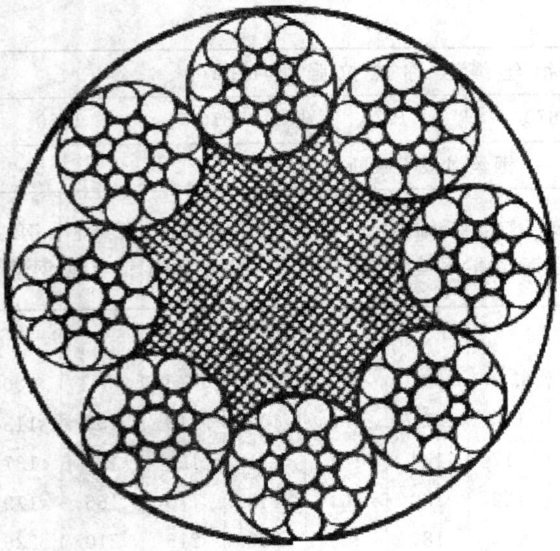

8×19S+FC

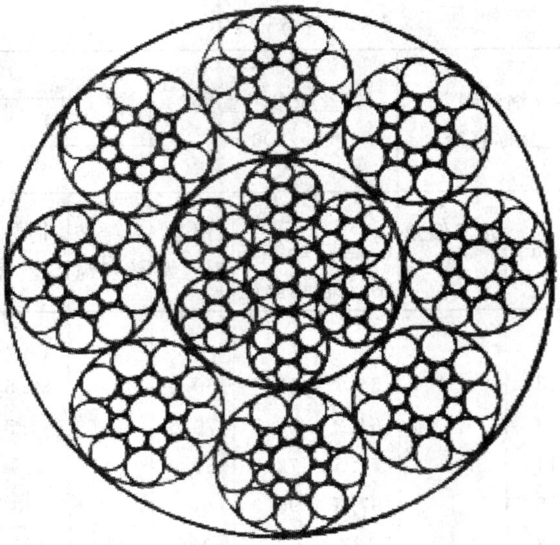

8×19S+IWR

直径:20 mm～44 mm

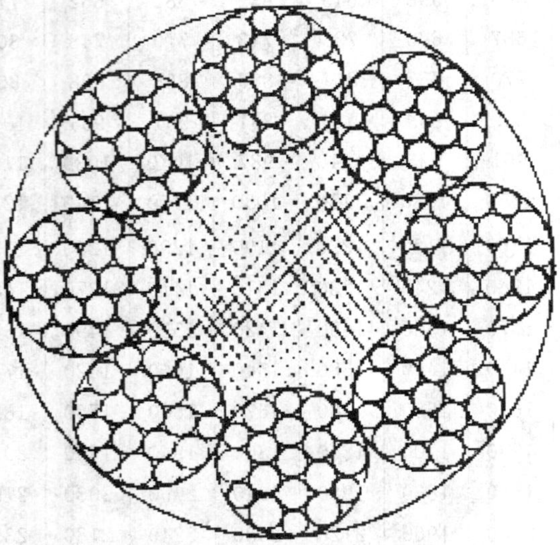

8×19W+FC

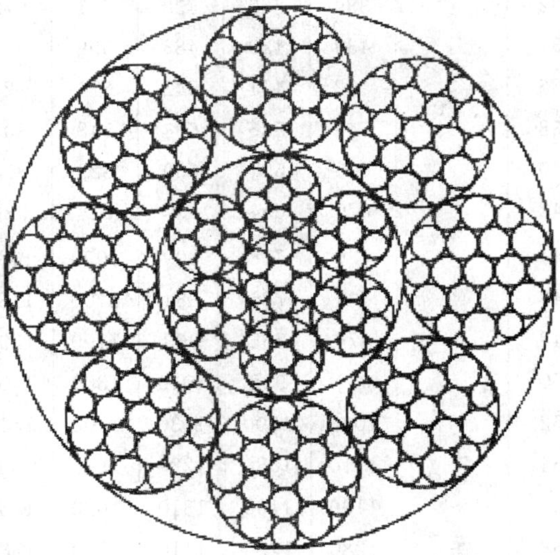

8×19W+IWR

直径:18 mm～48 mm

表 12 力学性能

钢丝绳结构：8×19S+FC 8×19S+IWR 8×19W+FC 8×19W+IWR

钢丝绳公称直径		钢丝绳参考重量/(kg/100 m)			钢丝绳公称抗拉强度/MPa									
					1570		1670		1770		1870		1960	
					钢丝绳最小破断拉力/kN									
D/mm	允许偏差/%	天然纤维芯钢丝绳	合成纤维芯钢丝绳	钢芯钢丝绳	纤维芯钢丝绳	钢芯钢丝绳	纤维芯钢丝绳	钢芯钢丝绳	纤维芯钢丝绳	钢芯钢丝绳	纤维芯钢丝绳	钢芯钢丝绳	纤维芯钢丝绳	钢芯钢丝绳
18	+5 0	112	108	137	149	176	159	187	168	198	178	210	186	220
20		139	133	169	184	217	196	231	207	245	219	259	230	271
22		168	162	204	223	263	237	280	251	296	265	313	278	328
24		199	192	243	265	313	282	333	299	353	316	373	331	391
26		234	226	285	311	367	331	391	351	414	370	437	388	458
28		271	262	331	361	426	384	453	407	480	430	507	450	532
30		312	300	380	414	489	440	520	467	551	493	582	517	610
32		355	342	432	471	556	501	592	531	627	561	663	588	694
34		400	386	488	532	628	566	668	600	708	633	748	664	784
36		449	432	547	596	704	634	749	672	794	710	839	744	879
38		500	482	609	664	784	707	834	749	884	791	934	829	979
40		554	534	675	736	869	783	925	830	980	877	1040	919	1090
42		611	589	744	811	958	863	1020	915	1080	967	1140	1010	1200
44		670	646	817	891	1050	947	1120	1000	1190	1060	1250	1110	1310
46		733	706	893	973	1150	1040	1220	1100	1300	1160	1370	1220	1430
48		798	769	972	1060	1250	1130	1330	1190	1410	1260	1490	1320	1560

第 4 组 8×19 类和第 5 组 8×37 类 表 13 图

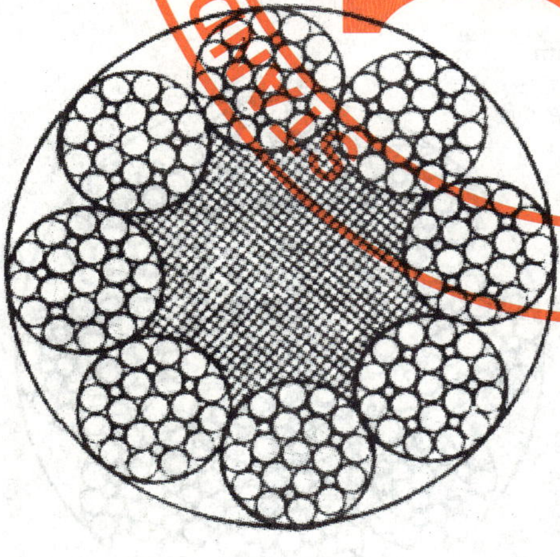

8×25Fi+FC

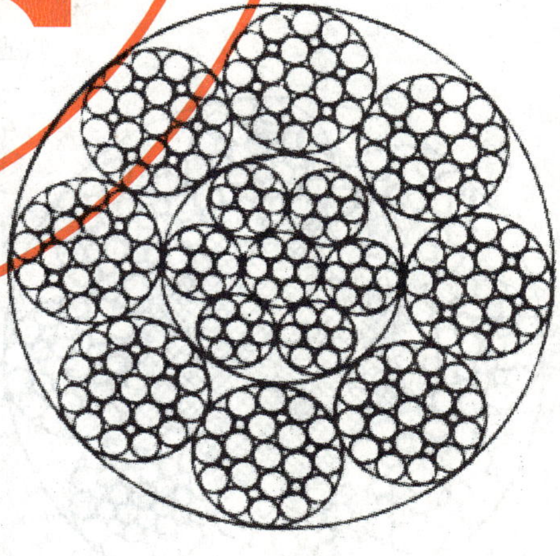

8×25Fi+IWR

直径:16 mm～52 mm

第 4 组 8×19 类和第 5 组 8×37 类　表 13 图（续）

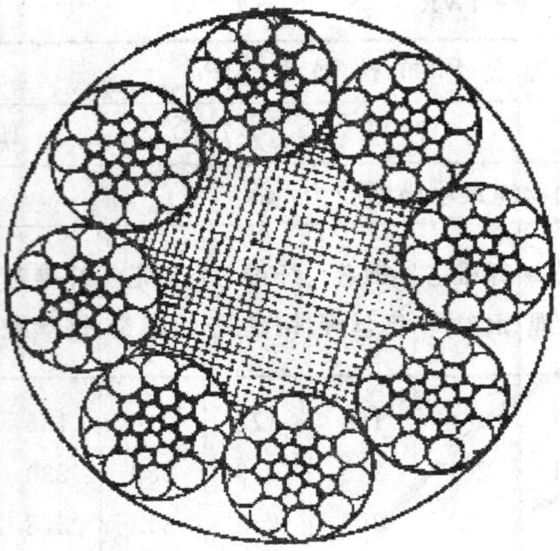

8×26WS+FC

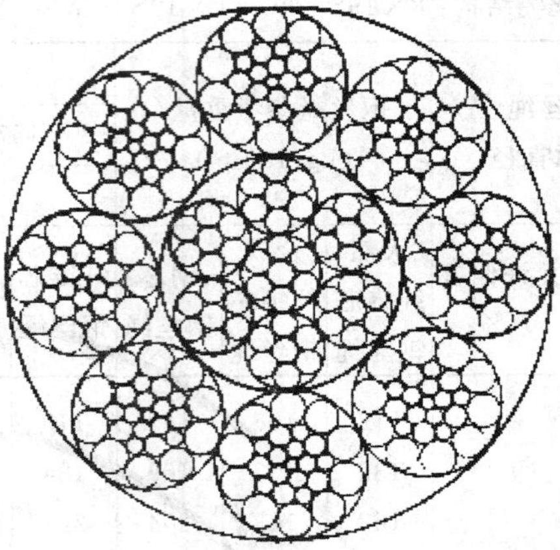

8×26WS+IWR

直径：24 mm～48 mm

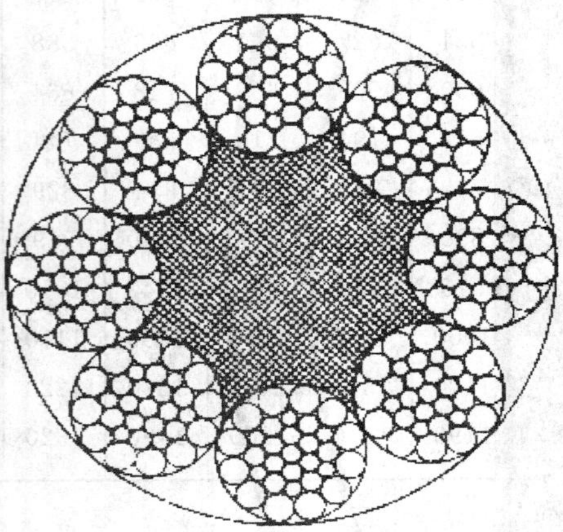

8×31WS+FC

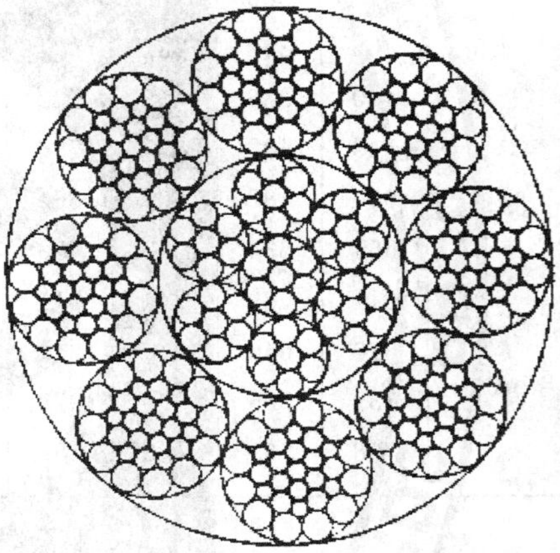

8×31WS+IWR

直径：26 mm～56 mm

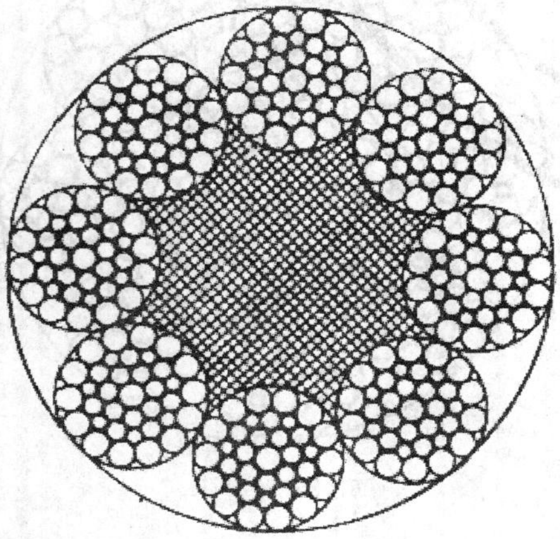

8×36WS+FC

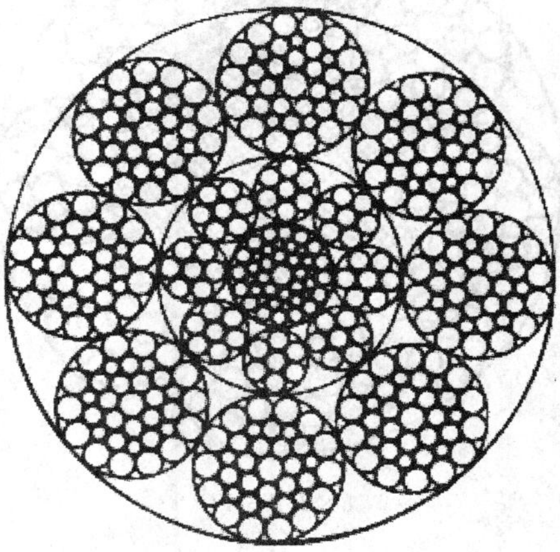

8×36WS+IWR

直径：22 mm～60 mm

第4组8×19类和第5组8×37类　表13图（续）

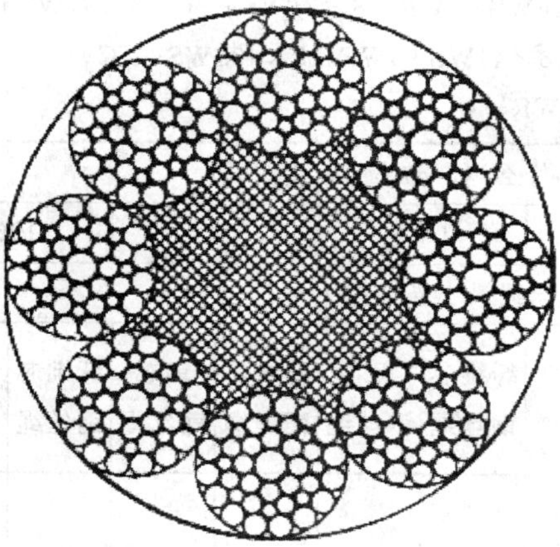

8×41WS+FC

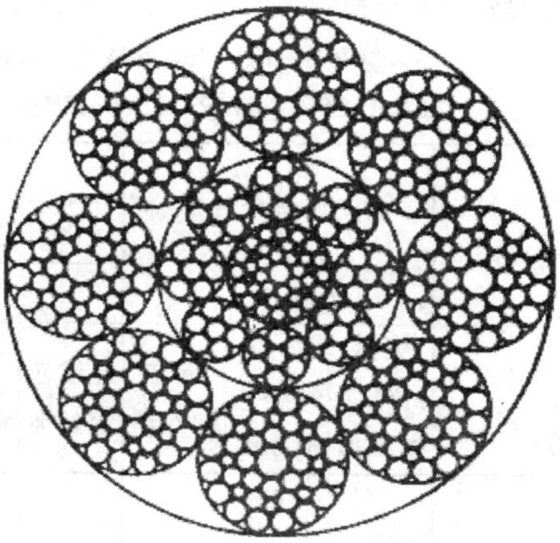

8×41WS+IWR

直径:40 mm～56 mm

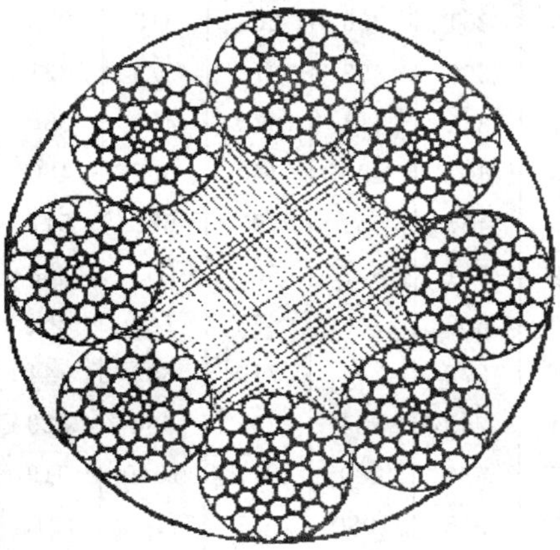

8×49SWS+FC

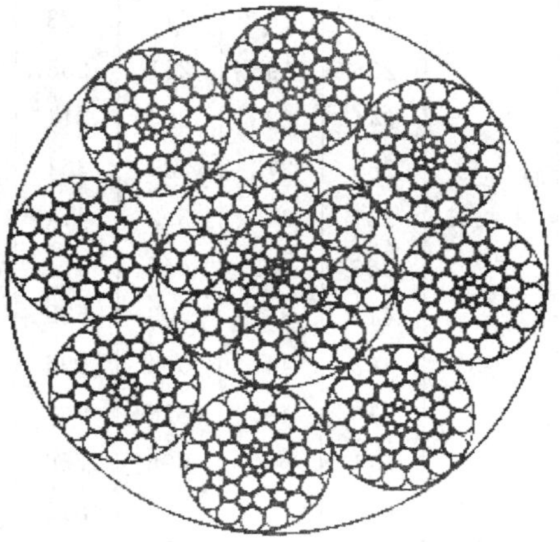

8×49SWS+IWR

直径:44 mm～64 mm

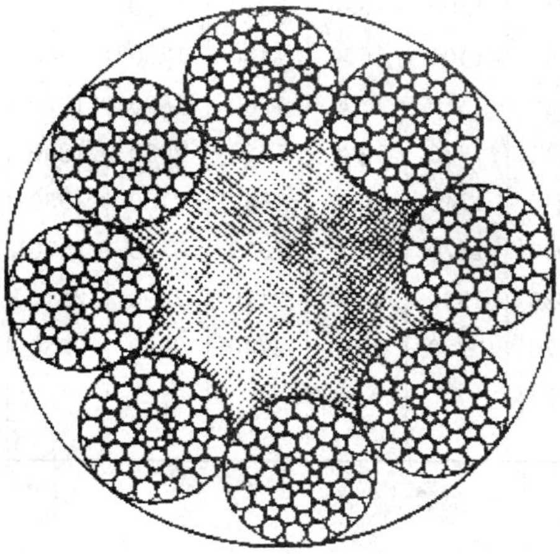

8×55SWS+FC

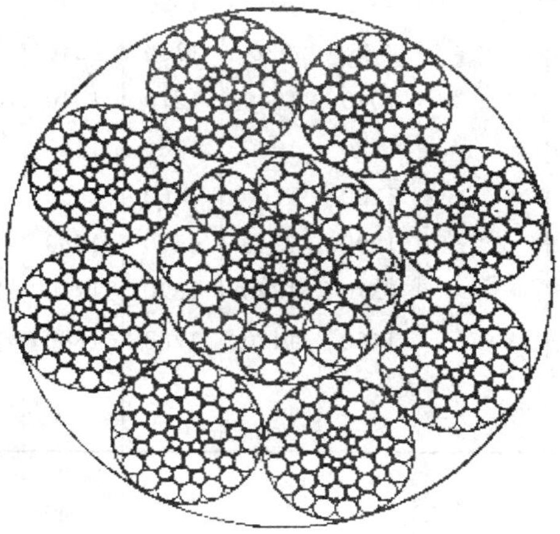

8×55SWS+IWR

直径:44 mm～64 mm

表 13　力学性能

钢丝绳结构：8×25Fi+FC　8×25Fi+IWR 8×26WS+FC　8×26WS+IWR　8×31WS+FC　8×31WS+IWR
8×36WS+FC　8×36WS+IWR　8×41WS+FC　8×41WS+IWR　8×49SWS+FC
8×49SWS+IWR　8×55SWS+FC　8×55SWS+IWR

钢丝绳公称直径		钢丝绳参考重量/(kg/100 m)			钢丝绳公称抗拉强度/MPa									
					1570		1670		1770		1870		1960	
					钢丝绳最小破断拉力/kN									
D/mm	允许偏差/%	天然纤维芯钢丝绳	合成纤维芯钢丝绳	钢芯钢丝绳	纤维芯钢丝绳	钢芯钢丝绳	纤维芯钢丝绳	钢芯钢丝绳	纤维芯钢丝绳	钢芯钢丝绳	纤维芯钢丝绳	钢芯钢丝绳	纤维芯钢丝绳	钢芯钢丝绳
16	+5 0	91.4	88.1	111	118	139	125	148	133	157	140	166	147	174
18		116	111	141	149	176	159	187	168	198	178	210	186	220
20		143	138	174	184	217	196	231	207	245	219	259	230	271
22		173	166	211	223	263	237	280	251	296	265	313	278	328
24		206	198	251	265	313	282	333	299	353	316	373	331	391
26		241	233	294	311	367	331	391	351	414	370	437	388	458
28		280	270	341	361	426	384	453	407	480	430	507	450	532
30		321	310	392	414	489	440	520	467	551	493	582	517	610
32		366	352	445	471	556	501	592	531	627	561	663	588	694
34		413	398	503	532	628	566	668	600	708	633	748	664	784
36		463	446	564	596	704	634	749	672	794	710	839	744	879
38		516	497	628	664	784	707	834	749	884	791	934	829	979
40		571	550	696	736	869	783	925	830	980	877	1040	919	1090
42		630	607	767	811	958	863	1020	915	1080	967	1140	1010	1200
44		691	666	842	891	1050	947	1120	1000	1190	1060	1250	1110	1310
46		755	728	920	973	1150	1040	1220	1100	1300	1160	1370	1220	1430
48		823	793	1000	1060	1250	1130	1330	1190	1410	1260	1490	1320	1560
50		892	860	1090	1150	1360	1220	1440	1300	1530	1370	1620	1440	1700
52		965	930	1180	1240	1470	1320	1560	1400	1660	1480	1750	1550	1830
54		1040	1000	1270	1340	1580	1430	1680	1510	1790	1600	1890	1670	1980
56		1120	1080	1360	1440	1700	1530	1810	1630	1920	1720	2030	1800	2130
58		1200	1160	1460	1550	1830	1650	1940	1740	2060	1840	2180	1930	2280
60		1290	1240	1570	1660	1960	1760	2080	1870	2200	1970	2330	2070	2440
62		1370	1320	1670	1770	2090	1880	2220	1990	2350	2110	2490	2210	2610
64		1460	1410	1780	1880	2230	2000	2370	2120	2510	2240	2650	2350	2780

第 6 组 18×7 类　表 14 图

17×7+FC

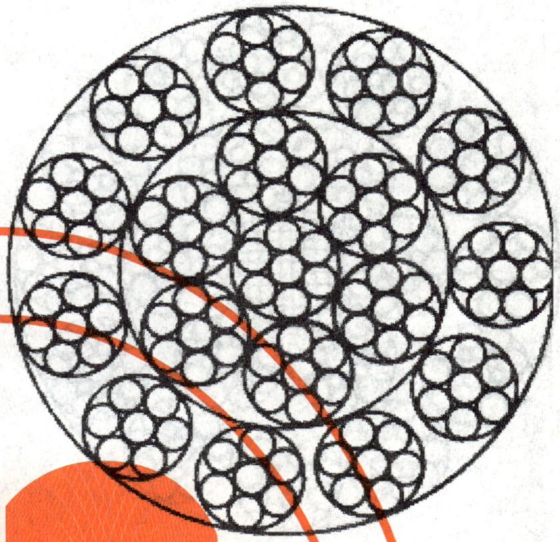

17×7+IWS

直径:12 mm～60 mm

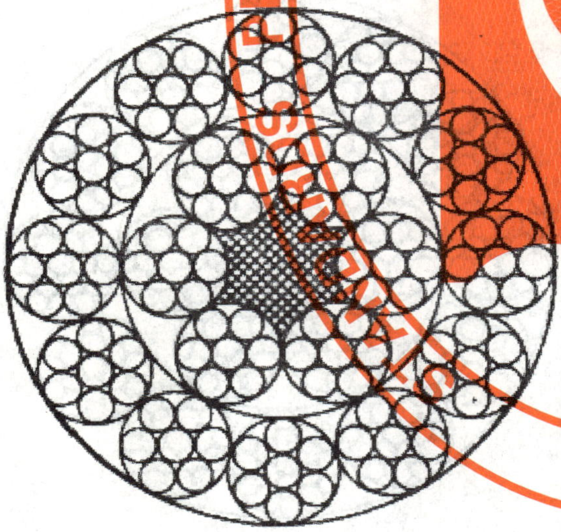

18×7+FC

18×7+IWS

直径:12 mm～60 mm

第 7 组 18×19 类　表 14 图（续）

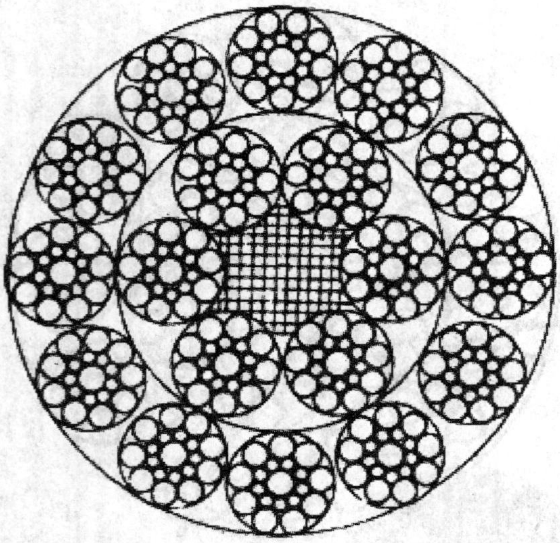

18×19S+FC

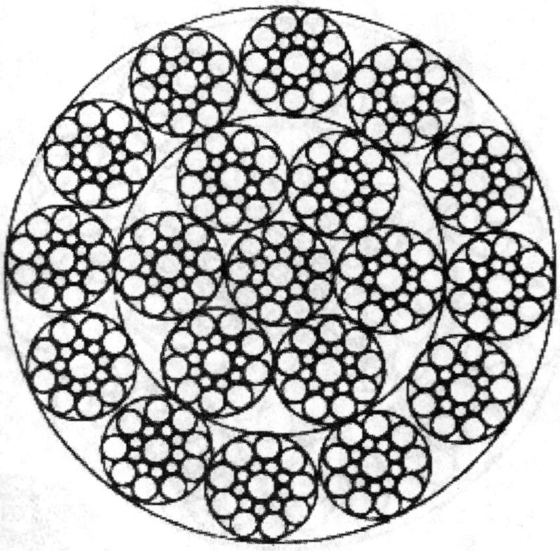

18×19S+IWS

直径:28 mm～60 mm

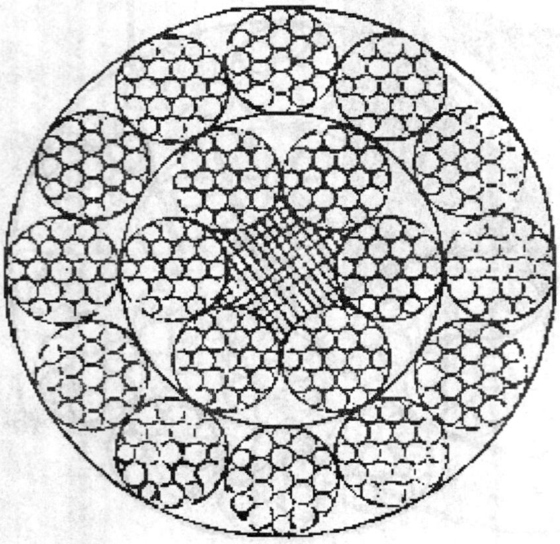

18×19W+FC

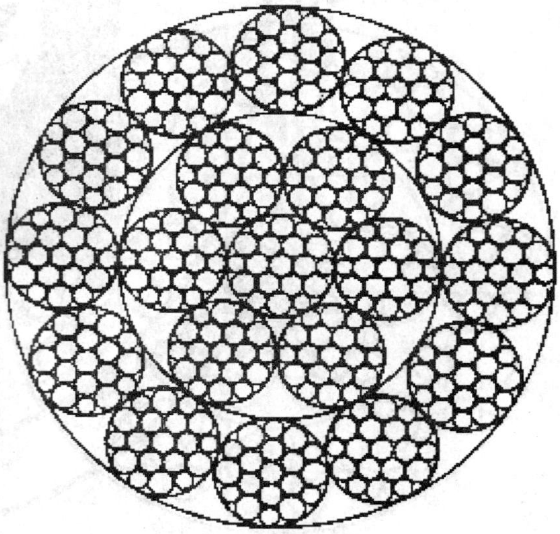

18×19W+IWS

直径:24 mm～60 mm

表 14 力学性能

钢丝绳结构：17×7+FC　17×7+IWS　18×7+FC　18×7+IWS　18×19S+FC　18×19S+IWS　18×19W+FC　18×19W+IWS

钢丝绳公称直径		钢丝绳参考重量/(kg/100 m)		钢丝绳公称抗拉强度/MPa									
				1570		1670		1770		1870		1960	
				钢丝绳最小破断拉力/kN									
D/mm	允许偏差/%	纤维芯钢丝绳	钢芯钢丝绳	纤维芯钢丝绳	钢芯钢丝绳	纤维芯钢丝绳	钢芯钢丝绳	纤维芯钢丝绳	钢芯钢丝绳	纤维芯钢丝绳	钢芯钢丝绳	纤维芯钢丝绳	钢芯钢丝绳
12		56.2	61.9	70.1	74.2	74.5	78.9	79.0	83.6	83.5	88.3	87.5	92.6
13		65.9	72.7	82.3	87.0	87.5	92.6	92.7	98.1	98.0	104	103	109
14		76.4	84.3	95.4	101	101	107	108	114	114	120	119	126
16		99.8	110	125	132	133	140	140	149	148	157	156	165
18		126	139	158	167	168	177	178	188	188	199	197	208
20		156	172	195	206	207	219	219	232	232	245	243	257
22		189	208	236	249	251	265	266	281	281	297	294	311
24		225	248	280	297	298	316	316	334	334	353	350	370
26		264	291	329	348	350	370	371	392	392	415	411	435
28		306	337	382	404	406	429	430	455	454	481	476	504
30	+5 0	351	387	438	463	466	493	494	523	522	552	547	579
32		399	440	498	527	530	561	562	594	594	628	622	658
34		451	497	563	595	598	633	634	671	670	709	702	743
36		505	557	631	667	671	710	711	752	751	795	787	833
38		563	621	703	744	748	791	792	838	837	886	877	928
40		624	688	779	824	828	876	878	929	928	981	972	1030
42		688	759	859	908	913	966	968	1020	1020	1080	1070	1130
44		755	832	942	997	1000	1060	1060	1120	1120	1190	1180	1240
46		825	910	1030	1090	1100	1160	1160	1230	1230	1300	1290	1360
48		899	991	1120	1190	1190	1260	1260	1340	1340	1410	1400	1480
50		975	1080	1220	1290	1290	1370	1370	1450	1450	1530	1520	1610
52		1050	1160	1320	1390	1400	1480	1480	1570	1570	1660	1640	1740
54		1140	1250	1420	1500	1510	1600	1600	1690	1690	1790	1770	1870
56		1220	1350	1530	1610	1620	1720	1720	1820	1820	1920	1910	2020
58		1310	1450	1640	1730	1740	1840	1850	1950	1950	2060	2040	2160
60		1400	1550	1750	1850	1860	1970	1980	2090	2090	2210	2190	2310

第 8 组 34×7 类　表 15 图

34×7＋FC

34×7＋IWS

直径：16 mm～60 mm

36×7＋FC

36×7＋IWS

直径：16 mm～60 mm

表 15 力学性能

钢丝绳结构：34×7+FC 34×7+ IWS 36×7+FC 36×7+IWS

钢丝绳公称直径		钢丝绳参考重量/(kg/100 m)		钢丝绳公称抗拉强度/MPa									
				1570		1670		1770		1870		1960	
				钢丝绳最小破断拉力/kN									
D/mm	允许偏差/%	纤维芯钢丝绳	钢芯钢丝绳	纤维芯钢丝绳	钢芯钢丝绳	纤维芯钢丝绳	钢芯钢丝绳	纤维芯钢丝绳	钢芯钢丝绳	纤维芯钢丝绳	钢芯钢丝绳	纤维芯钢丝绳	钢芯钢丝绳
16		99.8	110	124	128	132	136	140	144	147	152	155	160
18		126	139	157	162	167	172	177	182	187	193	196	202
20		156	172	193	200	206	212	218	225	230	238	241	249
22		189	208	234	242	249	257	264	272	279	288	292	302
24		225	248	279	288	296	306	314	324	332	343	348	359
26		264	291	327	337	348	359	369	380	389	402	408	421
28		306	337	379	391	403	416	427	441	452	466	473	489
30		351	387	435	449	463	478	491	507	518	535	543	561
32		399	440	495	511	527	544	558	576	590	609	618	638
34	+5	451	497	559	577	595	614	630	651	666	687	698	721
36	0	505	557	627	647	667	688	707	729	746	771	782	808
38		563	621	698	721	743	767	787	813	832	859	872	900
40		624	688	774	799	823	850	872	901	922	951	966	997
42		688	759	853	881	907	937	962	993	1020	1050	1060	1100
44		755	832	936	967	996	1030	1060	1090	1120	1150	1170	1210
46		825	910	1020	1060	1090	1120	1150	1190	1220	1260	1280	1320
48		899	991	1110	1150	1190	1220	1260	1300	1330	1370	1390	1440
50		975	1080	1210	1250	1290	1330	1360	1410	1440	1490	1510	1560
52		1050	1160	1310	1350	1390	1440	1470	1520	1560	1610	1630	1690
54		1140	1250	1410	1460	1500	1550	1590	1640	1680	1730	1760	1820
56		1220	1350	1520	1570	1610	1670	1710	1770	1810	1860	1890	1950
58		1310	1450	1630	1680	1730	1790	1830	1890	1940	2000	2030	2100
60		1400	1550	1740	1800	1850	1910	1960	2030	2070	2140	2170	2240

第 9 组 35W×7 类 表 16 图

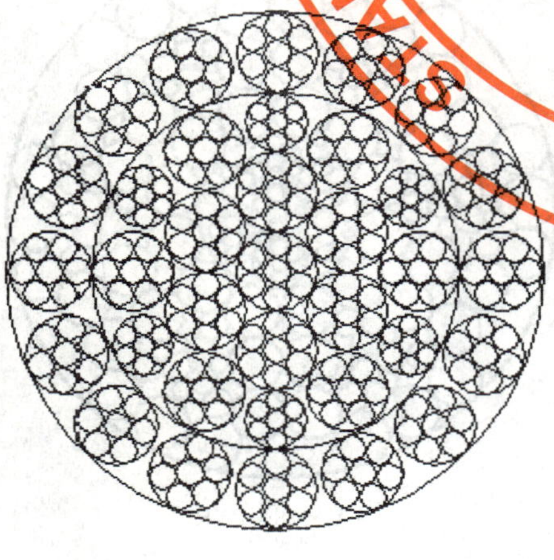

35W×7

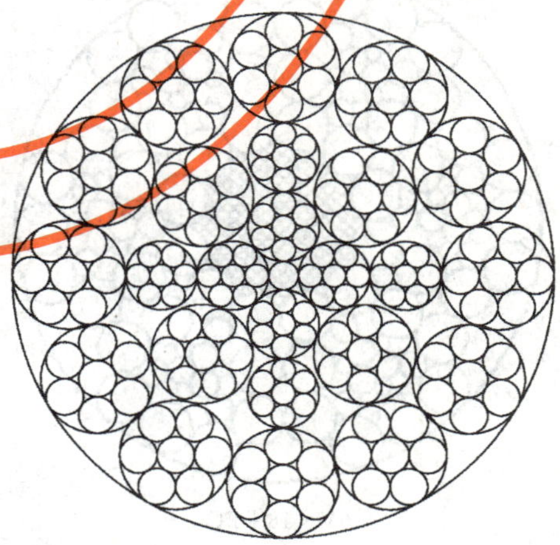

24W×7

直径：16 mm～60 mm

表 16　力学性能

钢丝绳结构：35W×7　24W×7

钢丝绳公称直径		钢丝绳参考重量/(kg/100 m)	钢丝绳公称抗拉强度/MPa				
			1570	1670	1770	1870	1960
D/mm	允许偏差/%		钢丝绳最小破断拉力/kN				
16	+5 0	118	145	154	163	172	181
18		149	183	195	206	218	229
20		184	226	240	255	269	282
22		223	274	291	308	326	342
24		265	326	346	367	388	406
26		311	382	406	431	455	477
28		361	443	471	500	528	553
30		414	509	541	573	606	635
32		471	579	616	652	689	723
34		532	653	695	737	778	816
36		596	732	779	826	872	914
38		664	816	868	920	972	1020
40		736	904	962	1020	1080	1130
42		811	997	1060	1120	1190	1240
44		891	1090	1160	1230	1300	1370
46		973	1200	1270	1350	1420	1490
48		1060	1300	1390	1470	1550	1630
50		1150	1410	1500	1590	1680	1760
52		1240	1530	1630	1720	1820	1910
54		1340	1650	1750	1860	1960	2060
56		1440	1770	1890	2000	2110	2210
58		1550	1900	2020	2140	2260	2370
60		1660	2030	2160	2290	2420	2540

第 10 组 6V×7 类　表 17 图

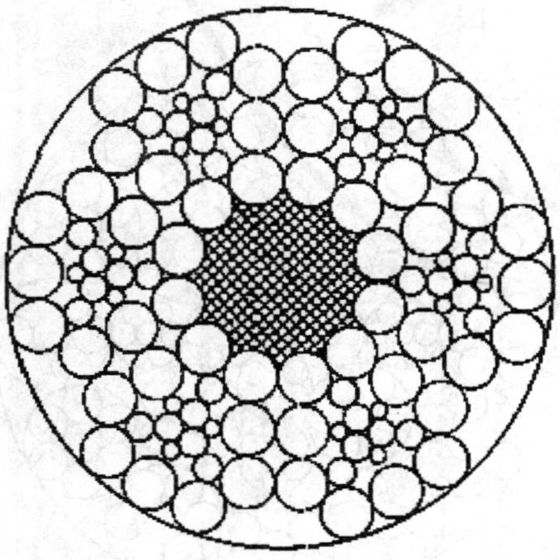

6V×18+FC

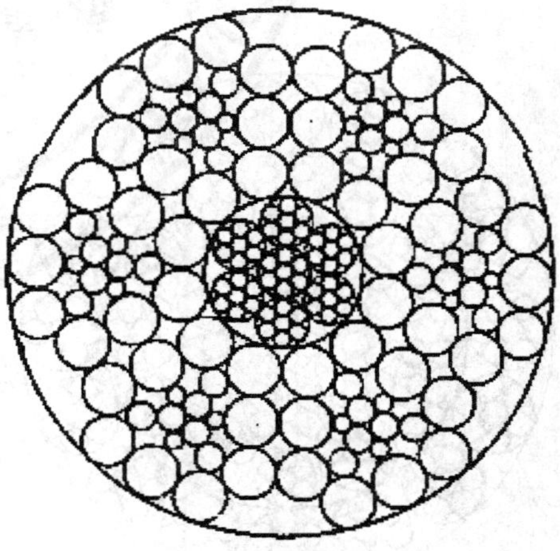

6V×18+IWR

直径：20 mm～36 mm

第 10 组 6V×7 类　表 17 图（续）

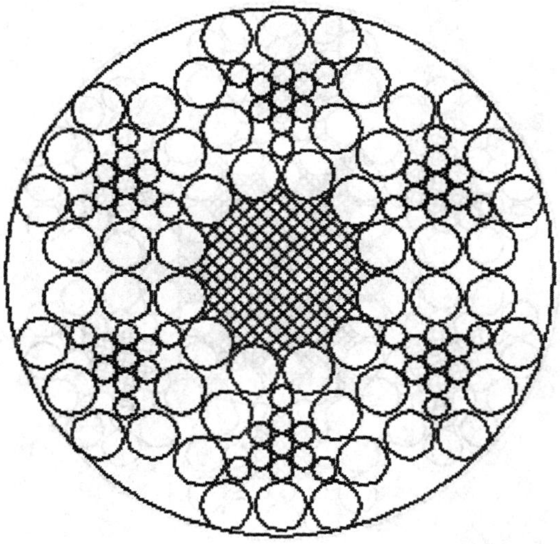

6V×19＋FC

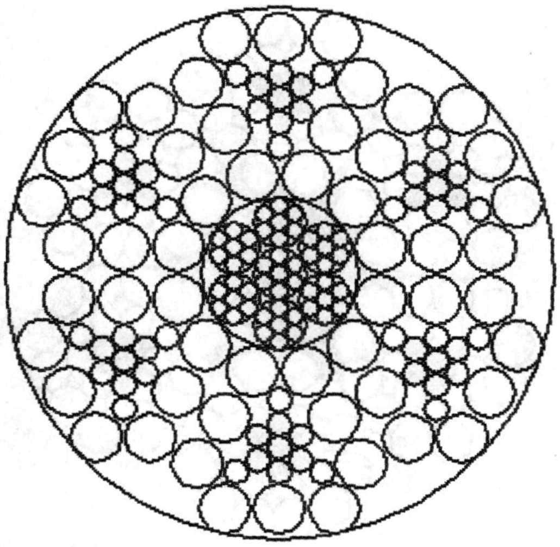

6V×19＋IWR

直径：20 mm～36 mm

表 17　力学性能

钢丝绳结构：6V×18＋FC　6V×18＋IWR　6V×19＋FC　6V×19＋IWR

钢丝绳公称直径		钢丝绳参考重量/(kg/100 m)			钢丝绳公称抗拉强度/MPa									
					1570		1670		1770		1870		1960	
					钢丝绳最小破断拉力/kN									
D/mm	允许偏差/%	天然纤维芯钢丝绳	合成纤维芯钢丝绳	钢芯钢丝绳	纤维芯钢丝绳	钢芯钢丝绳	纤维芯钢丝绳	钢芯钢丝绳	纤维芯钢丝绳	钢芯钢丝绳	纤维芯钢丝绳	钢芯钢丝绳	纤维芯钢丝绳	钢芯钢丝绳
20	+6 0	165	162	175	236	250	250	266	266	282	280	298	294	312
22		199	196	212	285	302	303	322	321	341	339	360	356	378
24		237	233	252	339	360	361	383	382	406	404	429	423	449
26		279	273	295	398	422	423	449	449	476	474	503	497	527
28		323	317	343	462	490	491	521	520	552	550	583	576	612
30		371	364	393	530	562	564	598	597	634	631	670	662	702
32		422	414	447	603	640	641	681	680	721	718	762	753	799
34		476	467	505	681	722	724	768	767	814	811	860	850	902
36		534	524	566	763	810	812	861	860	913	909	965	953	1010

第11组 6V×19类 表18图

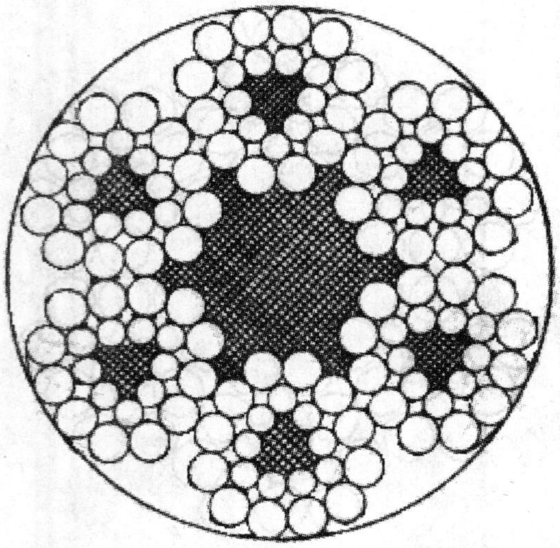

6V×21+7FC

直径：18 mm～36 mm

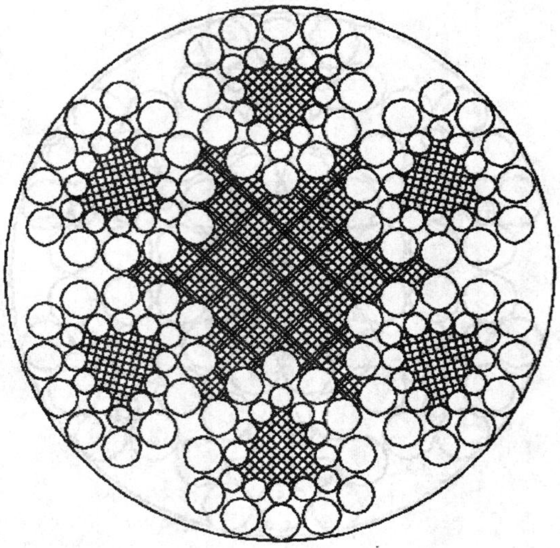

6V×24+7FC

直径：18 mm～36 mm

表18 力学性能

钢丝绳结构：6V×21+7FC 6V×24+7FC

钢丝绳公称直径		钢丝绳参考重量/(kg/100 m)		钢丝绳公称抗拉强度/MPa				
				1570	1670	1770	1870	1960
D/mm	允许偏差/%	天然纤维芯钢丝绳	合成纤维芯钢丝绳	钢丝绳最小破断拉力/kN				
18	+6 0	121	118	168	179	190	201	210
20		149	146	208	221	234	248	260
22		180	177	252	268	284	300	314
24		215	210	300	319	338	357	374
26		252	247	352	374	396	419	439
28		292	286	408	434	460	486	509
30		335	329	468	498	528	557	584
32		382	374	532	566	600	634	665
34		431	422	601	639	678	716	750
36		483	473	674	717	760	803	841

第 11 组 6V×19 类 表 19 图

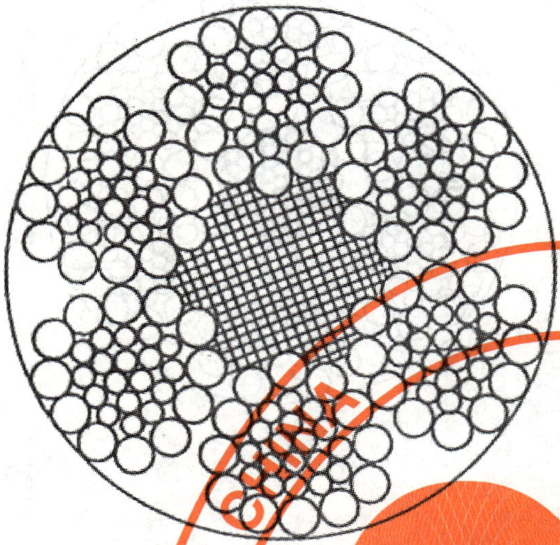

6V×30+FC

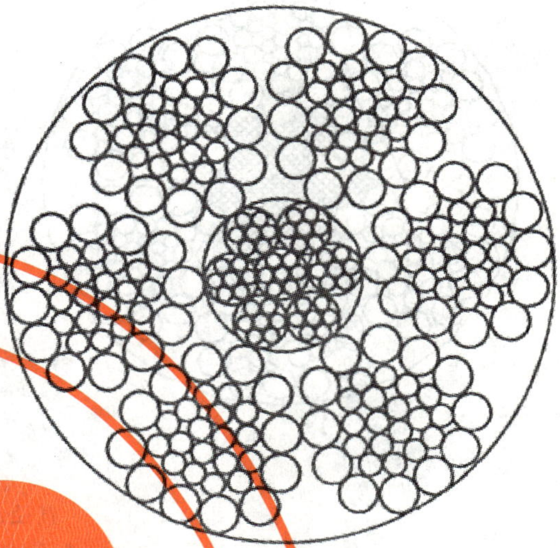

6V×30+IWR

直径：20 mm～38 mm

表 19 力学性能

钢丝绳结构：6V×30+FC 6V×30+IWR

钢丝绳公称直径		钢丝绳参考重量/(kg/100 m)			钢丝绳公称抗拉强度/MPa									
					1570		1670		1770		1870		1960	
					钢丝绳最小破断拉力/kN									
D/mm	允许偏差/%	天然纤维芯钢丝绳	合成纤维芯钢丝绳	钢芯钢丝绳	纤维芯钢丝绳	钢芯钢丝绳	纤维芯钢丝绳	钢芯钢丝绳	纤维芯钢丝绳	钢芯钢丝绳	纤维芯钢丝绳	钢芯钢丝绳	纤维芯钢丝绳	钢芯钢丝绳
20		162	159	172	203	216	216	230	229	243	242	257	254	270
22		196	192	208	246	261	262	278	278	295	293	311	307	326
24		233	229	247	293	311	312	331	330	351	349	370	365	388
26		274	268	290	344	365	366	388	388	411	410	435	429	456
28	+6	318	311	336	399	423	424	450	450	477	475	504	498	528
30	0	365	357	386	458	486	487	517	516	548	545	579	572	606
32		415	407	439	521	553	554	588	587	623	620	658	650	690
34		468	459	496	588	624	625	664	663	703	700	743	734	779
36		525	515	556	659	700	701	744	743	789	785	833	823	873
38		585	573	619	735	779	781	829	828	879	875	928	917	973

钢丝绳结构：6V×30+FC 6V×30+IWR

第 11 组 6V×19 类和第 12 组 6V×37 类　表 20 图

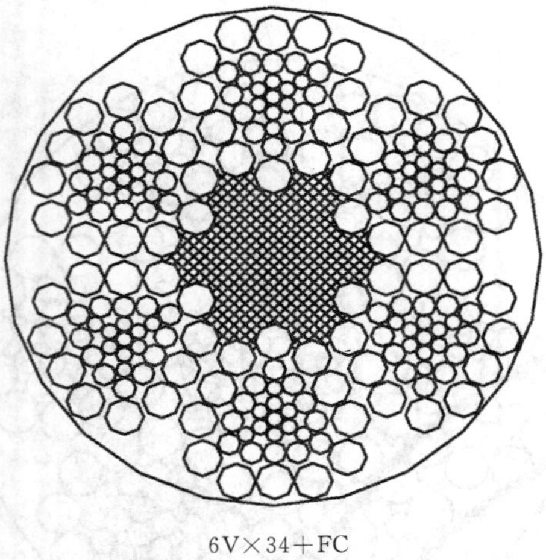

6V×34+FC

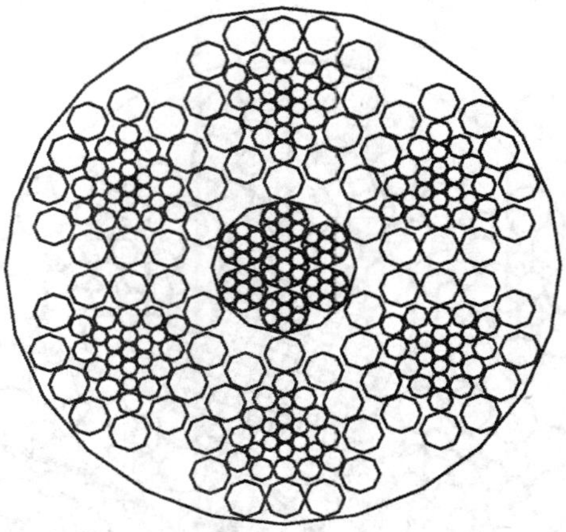

6V×34+IWR

直径：28 mm～44 mm

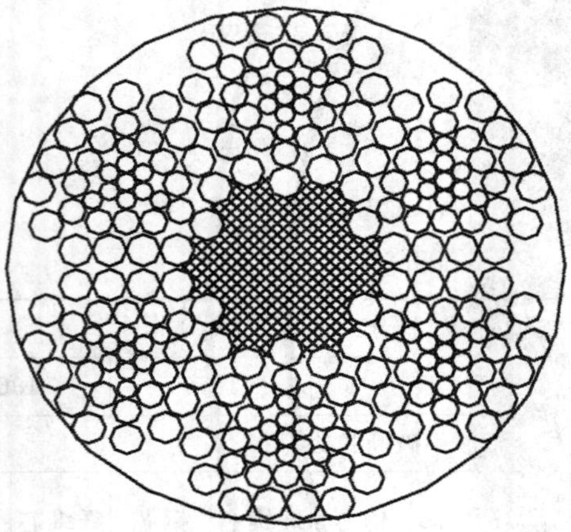

6V×37+FC

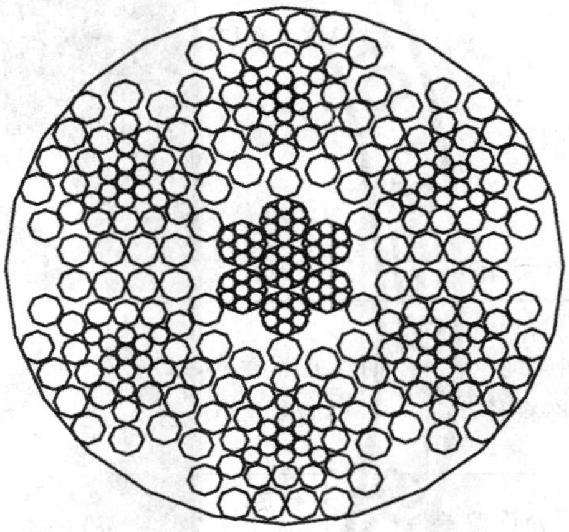

6V×37+IWR

直径：32 mm～52 mm

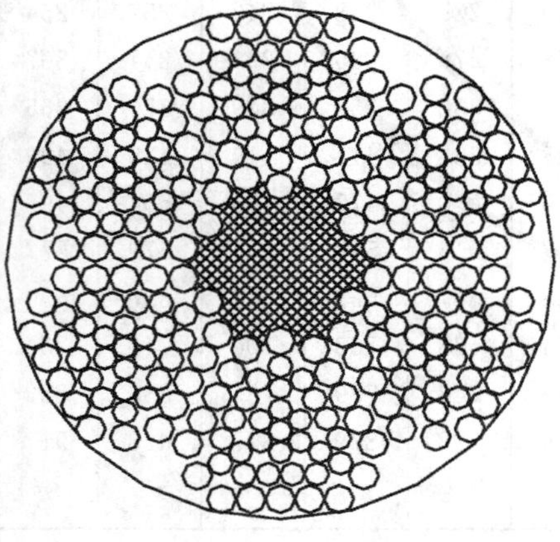

6V×43+FC

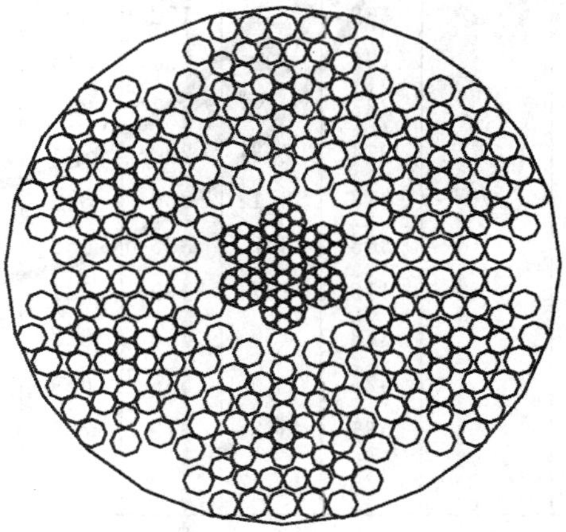

6V×43+IWR

直径：38 mm～58 mm

表 20　力学性能

钢丝绳结构：6V×34+FC　6V×34+IWR　6V×37+FC　6V×37+IWR　6V×43+FC　6V×43+IWR

钢丝绳公称直径		钢丝绳参考重量/(kg/100 m)			钢丝绳公称抗拉强度/MPa									
					1570		1670		1770		1870		1960	
					钢丝绳最小破断拉力/kN									
D/mm	允许偏差/%	天然纤维芯钢丝绳	合成纤维芯钢丝绳	钢芯钢丝绳	纤维芯钢丝绳	钢芯钢丝绳	纤维芯钢丝绳	钢芯钢丝绳	纤维芯钢丝绳	钢芯钢丝绳	纤维芯钢丝绳	钢芯钢丝绳	纤维芯钢丝绳	钢芯钢丝绳
28		318	311	336	443	470	471	500	500	530	528	560	553	587
30		364	357	386	509	540	541	574	573	609	606	643	635	674
32		415	407	439	579	614	616	653	652	692	689	731	723	767
34		468	459	496	653	693	695	737	737	782	778	826	816	866
36		525	515	556	732	777	779	827	826	876	872	926	914	970
38		585	573	619	816	866	868	921	920	976	972	1030	1020	1080
40		648	635	686	904	960	962	1020	1020	1080	1080	1140	1130	1200
42	+6 0	714	700	757	997	1060	1060	1130	1120	1190	1190	1260	1240	1320
44		784	769	831	1090	1160	1160	1240	1230	1310	1300	1380	1370	1450
46		857	840	908	1200	1270	1270	1350	1350	1430	1420	1510	1490	1580
48		933	915	988	1300	1380	1390	1470	1470	1560	1550	1650	1630	1730
50		1010	993	1070	1410	1500	1500	1590	1590	1690	1680	1790	1760	1870
52		1100	1070	1160	1530	1620	1630	1720	1720	1830	1820	1930	1910	2020
54		1180	1160	1250	1650	1750	1750	1860	1860	1970	1960	2080	2060	2180
56		1270	1240	1350	1770	1880	1890	2000	2000	2120	2110	2240	2210	2350
58		1360	1340	1440	1900	2020	2020	2150	2140	2270	2260	2400	2370	2520

第 12 组 6V×37 类　表 21 图

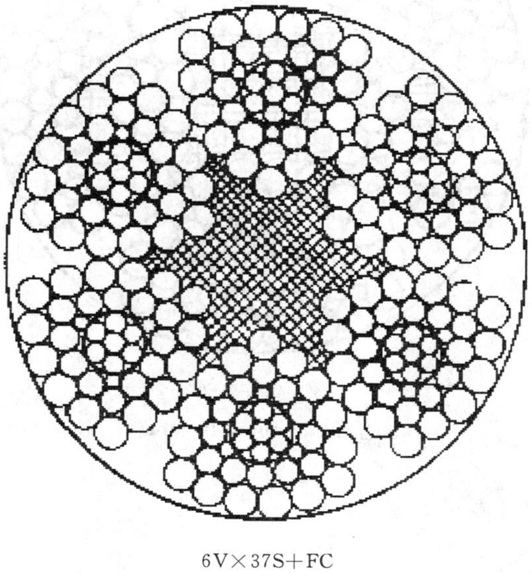

6V×37S+FC

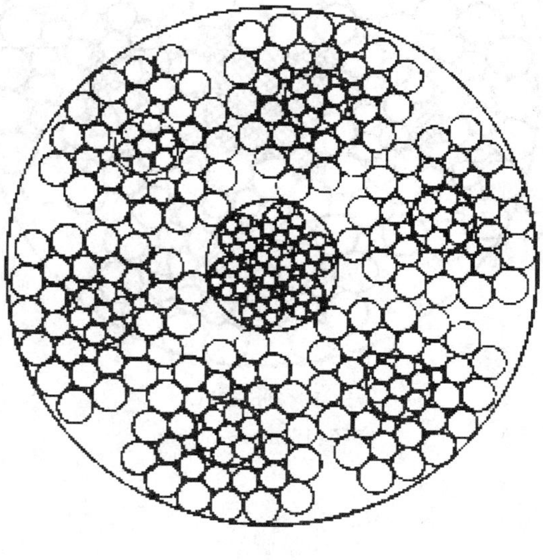

6V×37S+IWR

直径：32 mm～52 mm

表 21 力学性能

钢丝绳结构：6V×37S+FC 6V×37S+IWR

钢丝绳公称直径		钢丝绳参考重量/(kg/100 m)			钢丝绳公称抗拉强度/MPa 1570		1670		1770		1870		1960	
					钢丝绳最小破断拉力/kN									
D/mm	允许偏差/%	天然纤维芯钢丝绳	合成纤维芯钢丝绳	钢芯钢丝绳	纤维芯钢丝绳	钢芯钢丝绳	纤维芯钢丝绳	钢芯钢丝绳	纤维芯钢丝绳	钢芯钢丝绳	纤维芯钢丝绳	钢芯钢丝绳	纤维芯钢丝绳	钢芯钢丝绳
32	+6 0	427	419	452	596	633	634	673	672	713	710	753	744	790
34		482	473	511	673	714	716	760	759	805	802	851	840	891
36		541	530	573	754	801	803	852	851	903	899	954	942	999
38		602	590	638	841	892	894	949	948	1010	1000	1060	1050	1110
40		667	654	707	931	988	991	1050	1050	1110	1110	1180	1160	1230
42		736	721	779	1030	1090	1090	1160	1160	1230	1220	1300	1280	1360
44		808	792	855	1130	1200	1200	1270	1270	1350	1340	1420	1410	1490
46		883	865	935	1230	1310	1310	1390	1390	1470	1470	1560	1540	1630
48		961	942	1020	1340	1420	1430	1510	1510	1600	1600	1700	1670	1780
50		1040	1020	1100	1460	1540	1550	1640	1640	1740	1730	1840	1820	1930
52		1130	1110	1190	1570	1670	1670	1780	1770	1880	1870	1990	1970	2090

第 13 组 4V×39 类 表 22 图

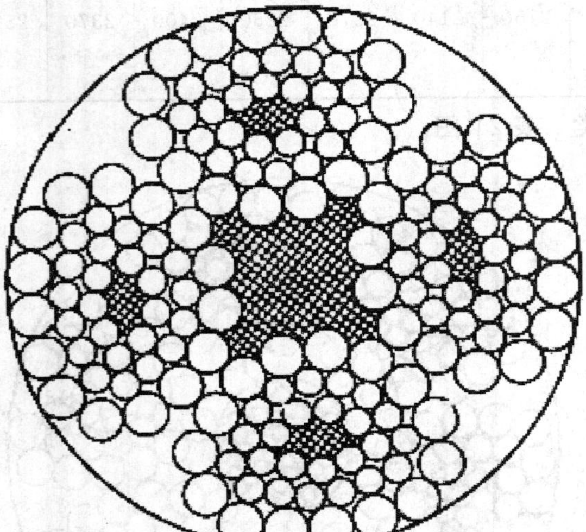

4V×39S+5FC

直径：16 mm～36 mm

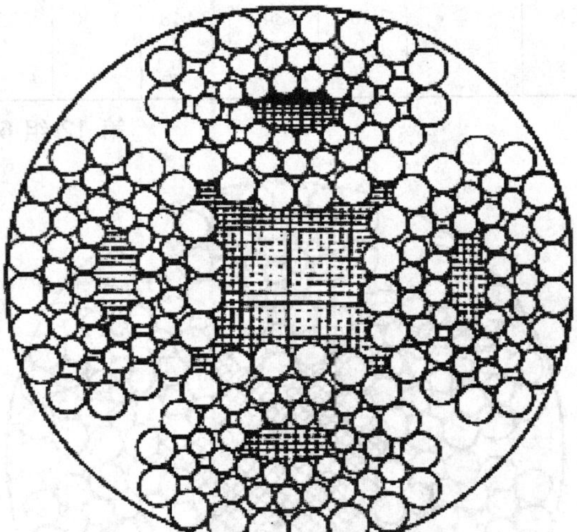

4V×48S+5FC

直径：20 mm～40 mm

表 22 力学性能

钢丝绳结构：4V×39S+5FC 4V×48S+5FC

钢丝绳公称直径		钢丝绳参考重量/(kg/100 m)		钢丝绳公称抗拉强度/MPa				
				1570	1670	1770	1870	1960
D/mm	允许偏差/%	天然纤维芯钢丝绳	合成纤维芯钢丝绳	钢丝绳最小破断拉力/kN				
16	+6 0	105	103	145	154	163	172	181
18		133	130	183	195	206	218	229
20		164	161	226	240	255	269	282
22		198	195	274	291	308	326	342
24		236	232	326	346	367	388	406
26		277	272	382	406	431	455	477
28		321	315	443	471	500	528	553
30		369	362	509	541	573	606	635
32		420	412	579	616	652	689	723
34		474	465	653	695	737	778	816
36		531	521	732	779	826	872	914
38		592	580	816	868	920	972	1020
40		656	643	904	962	1020	1080	1130

第 14 组 6Q×19+6V×21 类 表 23 图

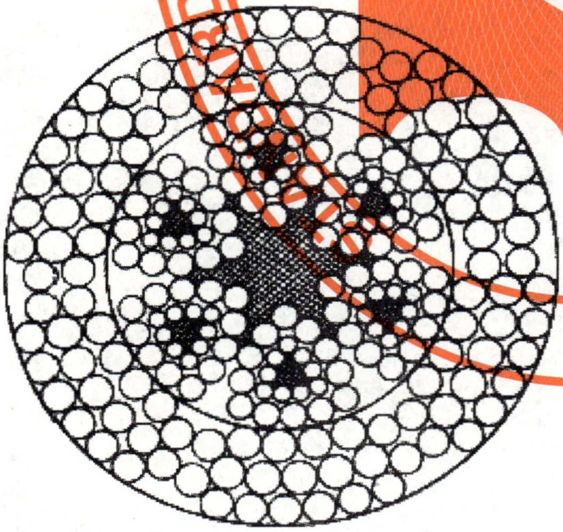

6Q×19+6V×21+7FC

直径：40 mm～52 mm

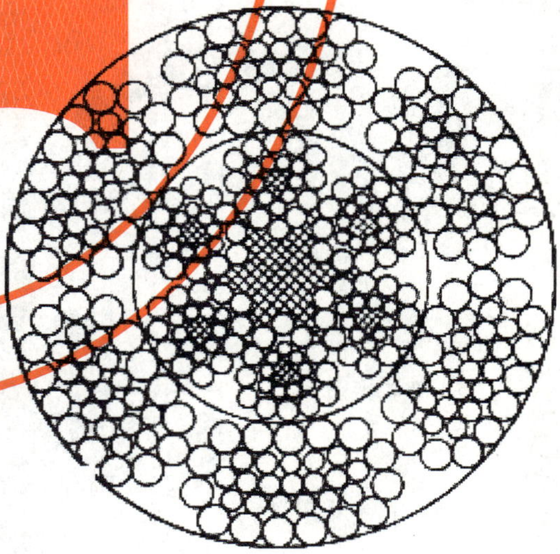

6Q×33+6V×21+7FC

直径：40 mm～60 mm

表 23 力学性能

钢丝绳结构：6Q×19+6V×21+7FC 6Q×33+6V×21+7FC

钢丝绳公称直径		钢丝绳参考重量/(kg/100 m)		钢丝绳公称抗拉强度/MPa				
				1570	1670	1770	1870	1960
D/mm	允许偏差/%	天然纤维芯钢丝绳	合成纤维芯钢丝绳	钢丝绳最小破断拉力/kN				
40	+6 0	656	643	904	962	1020	1080	1130
42		723	709	997	1060	1120	1190	1240
44		794	778	1090	1160	1230	1300	1370
46		868	851	1200	1270	1350	1420	1490
48		945	926	1300	1390	1470	1550	1630
50		1030	1010	1410	1500	1590	1680	1760
52		1110	1090	1530	1630	1720	1820	1910
54		1200	1170	1650	1750	1860	1960	2060
56		1290	1260	1770	1890	2000	2110	2210
58		1380	1350	1900	2020	2140	2260	2370
60		1480	1450	2030	2160	2290	2420	2540

附 录 A
（规范性附录）

表 A.1 最小钢丝破断拉力总和与钢丝绳最小破断拉力的换算系数

钢丝绳类别	典型结构		换算系数	
	钢丝绳	股绳	纤维芯	钢芯
6×7	6×7 6×9W	(1+6) (3+3/3)	1.134	1.214
6×19	6×19S 6×19W	(1+9+9) (1+6+6/6)	1.214	1.308
6×37	6×25Fi 6×26WS 6×31WS 6×29Fi 6×36WS 6×41WS 6×49SWS 6×55SWS	(1+6+6F+12) (1+5+5/5+10) (1+6+6/6+12) (1+7+7F+14) (1+7+7/7+14) (1+8+8/8+16) (1+8+8+8/8+16) (1+9+9+9/9+18)	1.226	1.321
	6×37S	(1+6+15+15)	1.191	1.283
8×19	8×19S 8×19W	(1+9+9) (1+6+6/6)	1.214	1.360
8×37	8×25Fi 8×26WS 8×31WS 8×36WS 8×41WS 8×49SWS 8×55SWS	(1+6+6F+12) (1+5+5/5+10) (1+6+6/6+12) (1+7+7/7+14) (1+8+8/8+16) (1+8+8+8/8+16) (1+9+9+9/9+18)	1.226	1.374
18×7 18×19	17×7	(1+6)	1.250	
	18×7 18×19W 18×19S	(1+6) (1+6+6/6) (1+9+9)	1.283	
34×7	34×7	(1+6)	1.300	
	36×7	(1+6)	1.334	
35W×7 24W×7	35W×7 24W×7	(1+6)	1.287	
6V×7	6V×18 6V×19	(/3×2+3/+9) (/1×7+3/+9)	1.156	1.191

表 A.1（续）

钢丝绳类别	典型结构		换算系数	
	钢丝绳	股绳	纤维芯	钢芯
6V×19	6V×21 6V×24	(FC+9+12) (FC+9+12)	1.177	—
	6V×30 6V×34	(6+12+12) (/1×7+3/+12+12)	1.177	1.213
6V×37	6V×37 6V×43 6V×37S	(/1×7+3/+12+15) (/1×7+3/+15+18) (/1×7+3/+12+15)		
4V×39	4V×39S 4V×48S	(FC+9+15+15) (FC+12+18+18)	1.191	—
6Q×19+6V×21	6Q×19+6V×21 6Q×33+6V×21	外股(5+14) 内股(FC+9+12) 外股(5+13+15) 内股(FC+9+12)	1.250	—

注：最小钢丝破断拉力总和＝钢丝绳最小破断拉力×换算系数。

附　录　B

（资料性附录）

表 B.1　本国家标准与 ISO 3154:1988 条款的对照一览表

本国家标准章条编号	对应的国际标准章条的编号
1	1
2	2
3	—
4	—
5	3
5.1　5.1.1	3.1
5.1.2	—
5.2　5.2.1	3.2
5.2.2	—
5.3	3.3
6	4
6.1,6.1.1～6.1.2	—
6.2	4.1
6.2.1,6.2.1.1～6.2.1.6	—
6.2.2	—
6.2.3	4.1.1
6.2.3.1 6.2.3.2	4.1.1.1 4.1.1.2
6.2.4	4.1.2
6.2.4.1	4.1.2.1
6.2.4.2	4.1.2.2
6.2.5	4.1.3
6.2.5.1	4.1.3.1
6.2.5.2	4.1.3.2
6.2.6	4.1.4 4.1.4.3
6.2.7、6.2.8	—
—	4.1.4.1

表 B.1（续）

本国家标准章条编号	对应的国际标准章条的编号
—	4.1.4.2
6.3	4.2
6.3.1	4.2.1　4.2.1.1　4.2.1.2
6.3.2	—
6.3.3	4.2.2
6.3.3.1	4.2.2.1
6.3.3.2	4.2.2.2
6.3.4	4.2.3
6.3.5	4.2.4
6.3.6	4.2.5
6.3.6.1	4.2.5.1
6.3.6.2	4.2.5.2
—	4.3
7	5
7.1	5.1
7.1.1	5.1.1
7.1.1.1	5.1.1 第 1 段
7.1.1.2	5.1.1 第 2 段
7.1.1.3	5.1.1 第 3 段
7.1.2	5.1.2，5.1.4.1
7.1.3	5.1.3
7.1.4	5.1.4 5.1.4.2，5.1.4.2.1～5.1.4.2.7
7.1.5	—
7.1.6	—
7.2	5.2
7.2.1	5.2.1
—	5.2.1.1
7.2.1.1	5.2.1.2
7.2.1.2	—

表 B.1（续）

本国家标准章条编号	对应的国际标准章条的编号
7.2.2	5.2.2
7.2.3	5.2.3
7.2.4	5.2.4
7.2.5	5.2.5
7.2.6	5.2.6
7.2.7	5.2.7，5.2.7.2
—	5.2.7.1
7.3	—
7.4	—
7.5	5.3
8	6
—	6.1
8.1	—
8.2	6.2
8.3	6.3
9	7,7.1～7.4,8

附 录 C
（资料性附录）

表 C.1 本国家标准与 ISO 3154:1988 技术性差异及其原因

本国家标准的章条编号	技术性差异	原因
1	增加了本标准规定的重要用途钢丝绳的分类、钢丝绳材料、技术要求、检查与试验、验收方法、包装、标志及质量证明书。 增加了适用性中的大型浇铸、石油钻井、大型吊装起重、索道承重牵引、缆车运行等用途的圆股及异型股钢丝绳	按 GB/T 1.1 规定 国际标准适用于矿井提升，本国家标准适用于重要用途，除列出矿井提升外，将其余重要用途也列上，更清楚明了
2	引用了采用国际标准的我国标准，而非国际标准	以适合我国国情
3	增加了本章即分类	以适合我国国情（国际标准在 ISO 2408:2002 中给出）
4	增加了本章即订货内容	以适合我国国情
5.1.2	增加了制绳用钢丝包括股芯丝和填充丝	以适合我国国情
5.2.2	增加钢芯	以适合我国国情
6.1 6.1.1～6.1.2	增加对股的捻制要求	以适合我国国情（国际标准在 ISO 2408—2002 中给出）
6.2.1， 6.2.1.1～6.2.1.6	增加对钢丝绳的捻制要求	以适合我国国情（国际标准在 ISO 2408—2002 中给出）
6.2.2	增加对钢丝绳涂油的要求	以适合我国国情（国际标准在 ISO 2408—2002 中给出）
6.2.3.1	用分品种列表给出代替“双方在合同中注明”	适合国情。方便生产制造和设计、使用单位选择
6.2.5.1	用分品种列表给出代替“双方在合同中注明”	适合国情。方便设计、使用单位选择
6.2.5.2	删除重量偏差	以适合我国国情
6.2.6	删除总则。 删除钢丝破断拉力总和	测钢丝绳破断拉力，除能测定钢丝拉力外，还能考核钢丝绳捻制质量水平，更能保证钢丝绳的实际使用性能；测钢丝破断拉力总和不能反映捻制质量水平，不能完全保证使用性能，是一个“代用”指标。因此本标准只选用钢丝绳最小破断拉力。 为了方便使用及设计，对钢丝最小破断拉力总和与钢丝绳最小破断拉力的换算系数在附录 A 中给出
6.2.7	增加对矿井提升，架空索道及其他特殊用途的钢丝绳，在使用中的永久伸长应双方协议	提高产品水平，方便用户使用

表 C.1（续）

本国家标准的章条编号	技术性差异	原因
6.2.8	增加对外观的技术要求	提高产品质量的捻制技术水平
6.3.1	用符合制绳用钢丝国家标准代替钢丝公称直径及直径允许偏差	《制绳用钢丝》GB/T 8919—1996 明确规定了钢丝公称直径及直径允许偏差
6.3.2	增加钢丝表面状态为光面及 B 级镀锌、AB 级镀锌和 A 级镀锌	更加明了，适合国情
6.3.2.1	增加了 1670、1870 MPa 级钢丝公称抗拉强度	适合国情
6.3.3、6.3.4、6.3.5.2	增加了钢丝直径 0.6≤d<0.8 mm 和 3.5<d≤4.4 mm 段的反复弯曲、扭转次数及最小锌层重量	适合国情
6.3.6.1	增加了 AB 级镀锌层重量	适合国情
6.4	增加了外观的要求	适合国情
7.1.3	增加应用衡器测量	更明确
7.1.4	删除实测破断拉力总和的测定方法。 删除测定钢丝绳破断拉力试验的“试样长度、试样、试验、试验的操作、破断点、伸长的测量”	测钢丝绳破断拉力，除能测定钢丝拉力外，还能考核钢丝绳捻制质量水平，更能保证钢丝绳的实际使用性能；测钢丝破断拉力总和不能反映捻制质量水平。我国有“钢丝绳破断拉力试验方法标准”，在该方法中对试样、试验机、试验操作等做了明确规定
7.1.5	增加钢丝绳测量伸长的双方协议	适合国情
7.1.6	增加了不松散检查	不松散可提高使用寿命和安全性，以适合国情
7.1.7	增加了外观检查	适合国情
7.2.1.1	用抽取一定比例的股数拆成钢丝做试验代替将钢丝绳全部拆成钢丝后抽取 16% 的比例做试验	不管是将钢丝绳拆成钢丝后抽取一定比例的试样，还是抽取一定股数再拆成钢丝做试验，其代表性是一样的，都是随机取样。可以减少检验人员的工作量
7.2.7	删除采用钢丝破断拉力总和的试验方法的合格条件	删除了钢丝破断拉力总和的试验方法
7.3	增加倍尺生产的取样方法	适合国情
7.4	增加钢丝绳力学性能的考核方法	便于生产厂家统一、设计及使用单位了解、验收等
8.2	增加需方的验收检测部门、验收依据及验收期	使需方更清楚明了，避免不必要的麻烦
9	国际标准中逐条列出，本标准规定按国家标准执行	国家标准对包装、标志及质量证明书均有明确规定

附 录 D
（资料性附录）
钢丝绳主要用途推荐表

表 D.1

用途	名称	结构	规格	备注
立井提升	三角股钢丝绳	6V×37S　6V×37　6V×34　6V×30　6V×43　6V×21	见表	
	线接触钢丝绳	6×19S　6×19W　6×25Fi　6×29Fi　6×26WS　6×31WS　6×36WS　6×41WS	见表	推荐同向捻
	多层股钢丝绳	18×7　17×7　35W×7　24W×7	见表	用于钢丝绳罐道的立井
		6Q×19+6V×21　6Q×33+6V×21	见表	
开凿立井提升（建井用）	多层股钢丝绳及异形股钢丝绳	6Q×33+6V×21　17×7　18×7　34×7　36×7　6Q×19+6V×21　4V×39S　4V×48S　35W×7　24W×7	见表	
立井平衡绳	钢丝绳	6×37S　6×36WS　4V×39S　4V×48S	见表	仅适用于交互捻
	多层股钢丝绳	17×7　18×7　34×7　36×7　35W×7　24W×7	见表	仅适用于交互捻
斜井提升（绞车）	三角股钢丝绳	6V×18　6V×19	见表	
	钢丝绳	6×7　6×9W	见表	推荐同向捻
高炉卷扬	三角股钢丝绳	6V×37S　6V×37　6V×30　6V×34　6V×43	见表	
	线接触钢丝绳	6×19S　6×25Fi　6×29Fi　6×26WS　6×31WS　6×36WS　6×41WS	见表	
立井罐道及索道	三角股钢丝绳	6V×18　6V×19	见表	
	多层股钢丝绳	18×7　17×7	见表	推荐同向捻
露天斜坡卷扬	三角股钢丝绳	6V×37S　6V×37　6V×30　6V×34　6V×43	见表	
	线接触钢丝绳	6×36WS　6×37S　6×41WS　6×49SWS　6×55SWS	见表	推荐同向捻
石油钻井	线接触钢丝绳	6×19S　6×19W　6×25Fi　6×29Fi　6×26WS　6×31WS　6×36WS	见表	也可采用钢芯
钢绳牵引胶带运输机、索道及地面缆车	线接触钢丝绳	6×19S　6×19W　6×25Fi　6×29 Fi　6×26WS　6×31WS　6×36WS　6×41WS	见表	推荐同向捻 6×19W 不适合索道
挖掘机（电铲卷扬）	线接触钢丝绳	6×19S+IWR　6×25Fi+IWR　6×19W+IWR　6×29Fi+IWR　6×26WS+IWR　6×31WS+IWR　6×36WS+IWR　6×55SWS+IWR　6×49SWS+IWR　35W×7　24W×7	见表	推荐同向捻
	三角股钢丝绳	6V×30　6V×34　6V×37　6V×37S　6V×43	见表	

表 D.1（续）

用途		名称	结构	规格	备注
起重机	大型浇铸吊车	线接触钢丝绳	6×19S+IWR　6×19W+IWR　6×25Fi+IWR　6×36WS+IWR　6×41WS+IWR	见表	
	港口装卸、水利工程及建筑用塔式起重机	多层股钢丝绳	18×19S　18×19W　34×7　36×7　35W×7　24W×7	见表	
		四股扇形股钢丝绳	4V×39S　4V×48S	见表	
	繁忙起重及其他重要用途	线接触钢丝绳	6×19S　6×19W　6×25Fi　6×29Fi　6×26WS　6×31WS　6×36WS　6×37S　6×41WS　6×49SWS　6×55SWS　8×19S　8×19W　8×25Fi　8×26WS　8×31WS　8×36WS　8×41WS　8×49SWS　8×55SWS	见表	
		四股扇形股钢丝绳	4V×39S　4V×48S	见表	
热移钢机（轧钢厂推钢台）		线接触钢丝绳	6×19S+IWR　6×19W+IWR　6×25Fi+IWR　6×29Fi+IWR　6×31WS+IWR　6×37S+IWR　6×36WS+IWR	见表	
船舶装卸		线接触钢丝绳	6×19W　6×25Fi　6×29Fi　6×31WS　6×36WS　6×37S	见表	镀锌
		多层股钢丝绳	18×19S　18×19W　34×7　36×7　35W×7　24W×7	见表	
		四股扇形股钢丝绳	4V×39S　4V×48S	见表	
拖船、货网		钢丝绳	6×31WS　6×36WS　6×37S	见表	镀锌
船舶张拉桅杆吊桥		钢丝绳	6×7+IWS　6×19S+IWR	见表	镀锌
打捞沉船		钢丝绳	6×37S　6×36WS　6×41WS　6×49SWS　6×31WS　6×55SWS　8×19S　8×19W　8×31WS　8×36WS　8×41WS　8×49SWS　8×55SWS	见表	镀锌

注 1：腐蚀是主要报废原因时，应采用镀锌钢丝绳。

注 2：钢丝绳工作时，终端不能自由旋转，或虽有反拨力，但不能相互纠合在一起的工作场合，应采用同向捻钢丝绳。

ICS 75.040
E 21

中华人民共和国国家标准

GB/T 8929—2006
代替 GB/T 8929—1988

原油水含量的测定　蒸馏法

Crude petroleum—Determination of water—Distillation method

(ISO 9029:1990,MOD)

2006-01-18 发布　　　　2006-07-01 实施

中华人民共和国国家质量监督检验检疫总局
中国国家标准化管理委员会　发布

前　言

本标准修改采用 ISO 9029:1990《原油水含量测定法(蒸馏法)》(英文版)。

本标准根据 ISO 9029:1990 重新起草。本标准与 ISO 9029:1990 的主要技术差异如下:

——将引用标准改为我国相应的国家标准和行业标准;

——将附录 A 引用的 ISO 3170:1988 和 ISO 3171:1988 的相关内容改为相应的我国国家标准和行业标准的相关内容;

——在"范围"一章中,增加了"超出这个范围,可参照此精密度数据执行。"的内容;

——在"溶剂"一章中,增加了"使用油漆工业用溶剂油作为蒸馏溶剂"和"仲裁试验应以二甲苯作溶剂的试验结果为准。在操作中应按附录 A 充分均化样品,防止溶剂爆沸,并充分通风,避免吸入有害的溶剂蒸气"的内容;

——在 9.3 条后面增加一个注,规定也可使用室温自来水作为循环冷却水,但在仲裁实验和对实验结果有争议时,要使用(20～25)℃的循环冷却水;

——为使用方便,重复性和再现性的文字表述按我国习惯进行了修改。

本标准代替 GB/T 8929—1988《原油水含量测定法(蒸馏法)》。

本标准与 GB/T 8929—1988 的主要技术差异如下:

——在"范围"一章中,增加了"本方法的精密度数据是在原油水含量(体积分数)低于 1%的条件下测定的,超出这个范围,可参照此精密度数据执行"的内容;

——增加了"规范性引用文件"一章;

——增加了"意义和用途"一章;

——在"溶剂"一章中,将符合 GB 3407《石油混合二甲苯》中 5℃石油混合二甲苯的要求改为符合 GB 3407《石油混合二甲苯》中优级品的要求,并增加了"仲裁试验应以二甲苯作溶剂的试验结果为准。在操作中应按附录 A 充分均化样品,防止溶剂爆沸,并充分通风,避免吸入有害的溶剂蒸气。"的内容;

——在"仪器"一章中,增加了有关"喷雾器"和"尖状小工具"的叙述;

——将原标准第 4.2.3 条中"……用校正过的 10 mL、20 mL、50 mL、100 mL 或 200 mL 量筒量取流动液体。……用至少 200 mL 二甲苯以每次 40 mL 分 5 次洗涤量筒"改为"……量筒的容积要与所选择的试样量一致。……用与量筒相同体积的二甲苯(见第 6 条)分 5 份清洗量筒";

——增加了附录 A:样品处理。

本标准的附录 A 为规范性附录。

本标准由中国石油化工股份有限公司提出。

本标准由中国石油天然气集团公司油气计量与分析方法专业标准化技术委员会归口。

本标准起草单位:中国石油化工股份有限公司石油化工科学研究院、中国石油原油及石油产品质量监督检验中心。

本标准主要起草人:薄艳红、李季成。

本标准于 1988 年首次发布。

原油水含量的测定 蒸馏法

1 范围

本标准规定了用蒸馏法测定原油中水含量的方法。本方法的精密度数据是在原油水含量(体积分数)低于1%的条件下测定的,超出这个范围,可参照此精密度数据执行。

2 规范性引用文件

下列文件中的条款通过本标准的引用而成为本标准的条款。凡是注日期的引用文件,其随后所有的修改单(不包括勘误的内容)或修订版均不适用于本标准,然而,鼓励根据本标准达成协议的各方研究是否可使用这些文件的最新版本。凡是不注日期的引用文件,其最新版本适用于本标准。

GB 3407 石油混合二甲苯(GB 3407—1990,neq ISO 5280:1979)

GB/T 4756 石油液体手工取样法(GB/T 4756—1998,eqv ISO 3170:1988)

QB 1504 实验室玻璃仪器——互换性锥形磨砂接头(QB 1504—1992,eqv ISO 383:1976)

SH 0005 油漆工业用溶剂油

SY 5317 原油管线自动取样法(SY 5317—1988,neq ISO 3171:1988)

3 意义和用途

在原油的加工、买卖和运输中,应准确测定原油中水的含量。用本方法测定的水含量,用于修正原油交接所涉及的原油数量。

4 原理

在回流条件下,将试样和不溶于水的溶剂混合加热,样品中的水被同时蒸馏。冷凝后的溶剂和水在接受器中连续分离。水沉降在接受器的刻度管中,溶剂则返回到蒸馏烧瓶。

5 仪器

5.1 一般要求

本标准的推荐仪器如图1所示,由一个玻璃蒸馏烧瓶、一个冷凝管、一个带刻度的接受器和一个加热器组成。

5.2 蒸馏烧瓶

1 000 mL,配有24/39锥形磨口的圆底玻璃蒸馏烧瓶。

5.3 接受器

最小刻度值为0.05 mL,带有24/39锥形磨口的5 mL的玻璃制接受器。

5.4 冷凝管

接受器(5.3)应连接一个长400 mm的冷凝管。

5.5 干燥管

一个装有自指示干燥剂的干燥管,放置在冷凝管(5.4)的顶部。

注:干燥管是为了防止空气中水分进入。

5.6 加热器

任何可以把热量均匀地分布到蒸馏烧瓶整个下半部分的合适的气体或电加热器都可以使用。从安全因素考虑电加热套更为适合。

5.7 喷雾器

用于向下洗涤冷凝管的内管，如图2所示。

单位为毫米

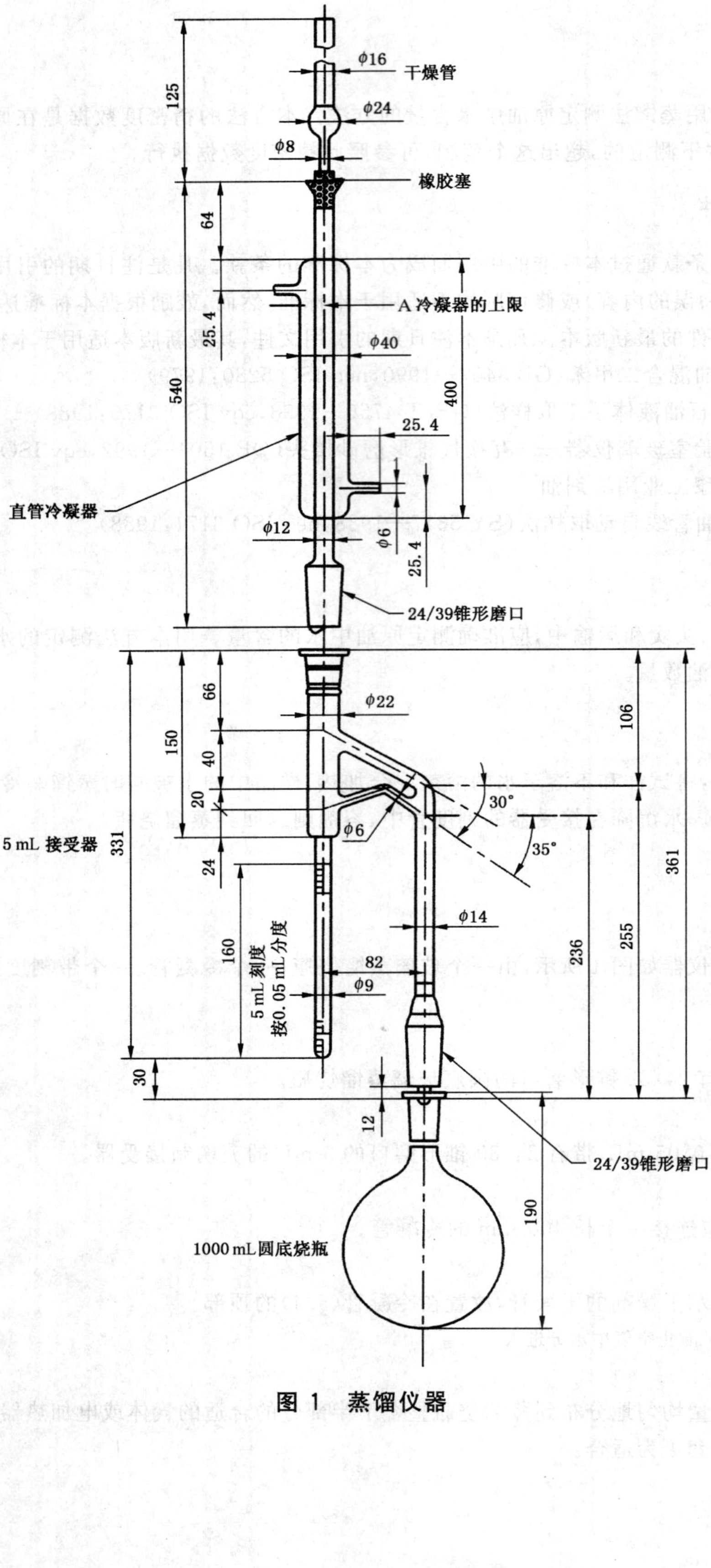

图 1 蒸馏仪器

单位为毫米

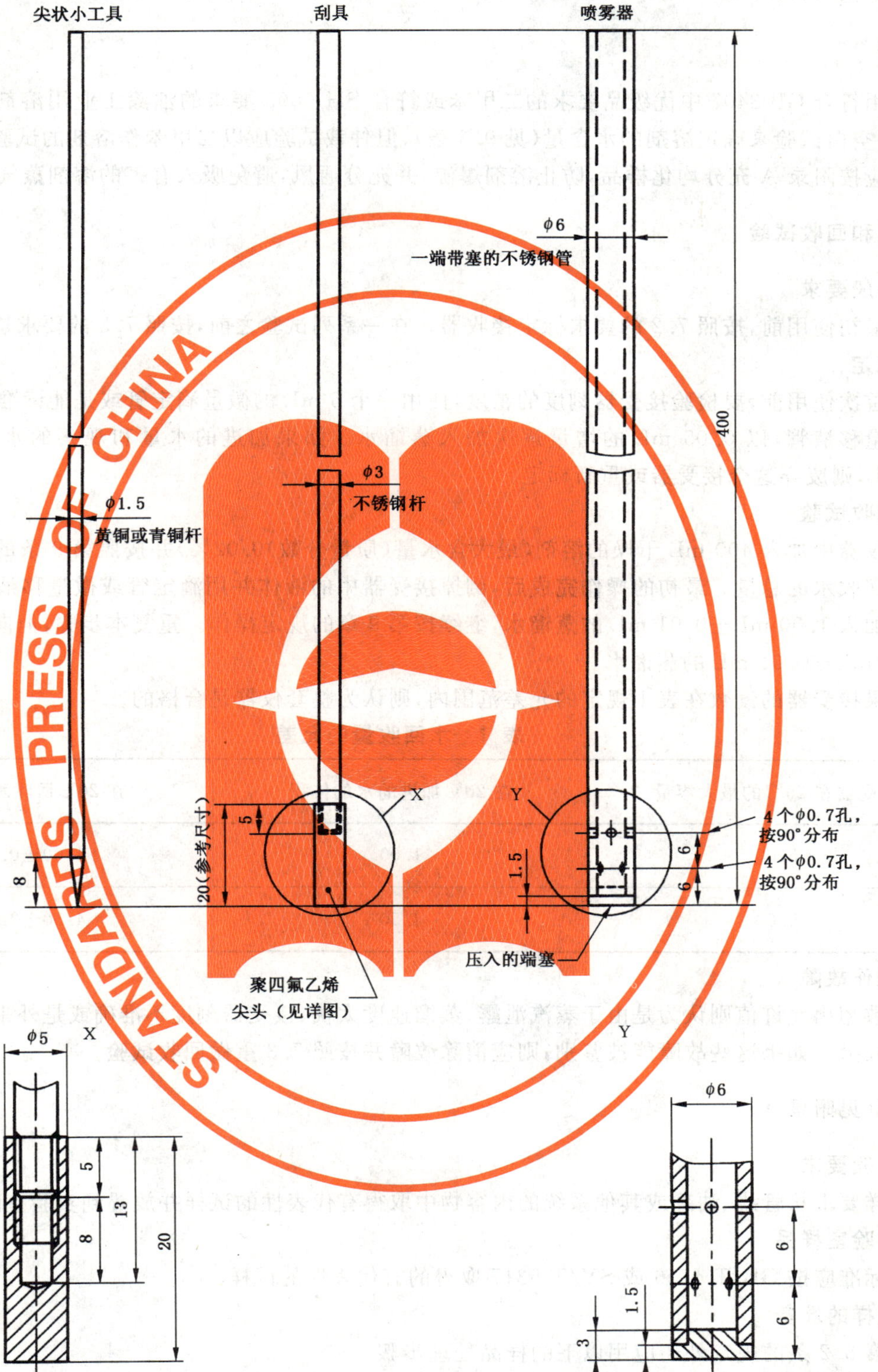

图 2 用于蒸馏仪器的尖状物、刮具、喷雾器

5.8 尖状小工具

由黄铜或青铜制成，或是一个带有聚四氟乙烯尖头的钢制刮具，如图 2 所示。

5.9 仪器标定

整套仪器要按照第7条的规定进行标定和试验，所得读数要在规定的允差范围内。

6 溶剂

使用符合GB 3407中优级品要求的二甲苯或符合SH 0005要求的油漆工业用溶剂油作为蒸馏溶剂，通过空白试验来确定溶剂的水含量(见9.6条)，但仲裁试验应以二甲苯作溶剂的试验结果为准。在操作中应按附录A充分均化样品，防止溶剂爆沸，并充分通风，避免吸入有害的溶剂蒸气。

7 标定和回收试验

7.1 一般要求

在最初使用前，按照7.2的要求标定接收器。在一系列试验之前，按照7.3的要求检查整套仪器。

7.2 标定

在首次使用前，要检验接受器刻度的精度，使用一个5 mL的微量滴定管或是能读准至0.01 mL的精密微量移液管，以0.05 mL的增量逐次加入蒸馏水。如果加进的水量和观察的水量的偏差大于0.05 mL，则废弃这个接受器或重新标定。

7.3 回收试验

向仪器中加入400 mL干燥的溶剂(最大含水量(质量分数)0.02%)并按照第9条的规定来检验整套仪器回收水的总量。最初的操作完成后，倒掉接受器中的液体并用滴定管或微量移液管向蒸馏烧瓶中直接加入1.00 mL±0.01 mL的蒸馏水，继续按第9章的规定操作。重复本步骤，但向蒸馏烧瓶中加入4.50 mL±0.01 mL的蒸馏水。

如果接受器的读数在表1规定的允差范围内，则认为整套仪器是合格的。

表1 水回收量的允差

单位为毫升

接受器在20℃的最大容量	在20℃加进的水的体积	在20℃回收水的允差
5.00	1.00	1.00±0.025
5.00	4.50	4.50±0.025

7.4 操作故障

读数超出允许值则认为是由于蒸汽泄露、蒸馏速度太快、接受器刻度不准确或是外来湿气进入造成的操作故障。如果这些故障能被鉴别，则应消除故障并按照7.3重做回收试验。

8 取样(见附录A)

8.1 一般要求

取样要求从管线、油罐或其他系统的内容物中取得有代表性的试样并放置到实验室的试验容器中。

8.2 实验室样品

本标准应按GB/T 4756或SY/T 5317取得的有代表性的试样。

8.3 试样的准备

除第8.2条的规定外还应用以下的样品处理步骤。

8.3.1 基于样品的预期含水量，根据表2选择试样量。

如果怀疑混合样品的均匀性，而样品量与预期的水含量(见表2)又一致时，应该用样品的总体积进行测定。如果以上情况不可能时，则至少应测定3份试样，报告所有的测定结果并记录它们的平均值作为试样的含水量。

表 2 试样量

预期水含量(质量分数或体积分数)/ %	大约试样量/ g(或 mL)
50.1～100.0	5
25.1～50.0	10
10.1～25.0	20
5.1～10.0	50
1.1～5.0	100
0.5～1.0	200
<0.5	200

8.3.2 测量水的体积分数时,用容积等于按 8.3.1 所选试样量的量筒量取流动液体。仔细缓慢地倾倒试样达到量筒的所要求的刻度并避免夹带空气,严格调整液面尽可能地达到所要求刻度。仔细地把试样倒入蒸馏烧瓶中,用与量筒相同体积的溶剂(见第 6 条)分 5 份清洗量筒,并把清洗液倒入烧瓶中。要彻底倒净量筒,以确保试样完全转移。

8.3.3 测定水的质量分数时,把试样直接倒入蒸馏烧瓶中,称量试样(见 8.3.1)。如果必须使用转移容器(例如:烧杯或量筒),用 8.3.2 中叙述的相同的方法把溶剂分 5 份清洗容器,并把清洗液倒入烧瓶中,然后计算试样的质量。

9 步骤(见附录 A)

9.1 本标准的精密度会受到附着在仪器上的水滴影响,因小水滴没有沉降到水分接受器中而无法测量到。为了减少这种影响,至少每天化学清洗所有的仪器,以除去表面附膜层和有机物残渣,因为这些物质会阻碍仪器中水的自由滴落。如果试验的样品的性质会引起持久的污染,要求做更频繁的清洗。

9.2 测定水的体积分数,按照 8.3.2 的步骤要求进行。在烧瓶中加入足够的溶剂,使其总体积达到 400 mL。

9.2.1 测定水的质量分数,按照 8.3.3 的步骤要求,在烧瓶中加入足够的溶剂,使其总体积达到 400 mL。

9.2.2 为了减少爆沸,磁力搅拌器是最有效的装置。玻璃珠或其他的沸腾辅助手段,虽然作用较小,但也可以使用。

9.3 按照图 1 装配仪器,确保所有接头的气密性和液密性。要求玻璃接头不涂润滑脂,通过冷凝夹套的循环水的温度在 20℃～25℃。

注:在一般情况下,通入冷凝器夹套的循环水可为常温自来水,如果对试验结果有争议和仲裁实验时,则应将循环冷却水的温度保持在 20℃～25℃。

9.4 加热蒸馏烧瓶。由于原油的类型能较大地改变原油-溶剂混合物的沸腾性质,所以加热的初始阶段要缓慢加热(大约 0.5 h～1 h)以防止爆沸和系统的水分损失(冷凝液不能高于冷凝管内管的 3/4 处——图 1 的 A 点;为了使冷凝液容易洗下来,冷凝液要尽量保持接近在冷凝管冷却水的进口处)。初始加热后,调整沸腾速度以便使冷凝液不高于冷凝管内管的 3/4 处。馏出物应以每秒(2～5)滴的速度滴进接受器。继续蒸馏,直到除接受器外仪器的任何部位都看不到可见水,并且接受器内的水的体积在 5 min 内保持为常数。

如果冷凝管内管中有水滴持续积聚,用溶剂冲洗(建议使用一个喷雾器(5.7)或相当的器具)。必须在加热停止至少 15 min 后进行冲洗以防止爆沸。将油溶性破乳剂加入到溶剂洗液中,使其体积分数为 $1\ 000\times10^{-6}$ 可帮助除去黏附的水滴。冲洗后,蒸馏至少 5 min,缓慢加热防止爆沸。

重复此步骤直到冷凝管内没有任何可见水并且接受器内水的体积在至少 5 min 内保持为常数。如果这个步骤不能除掉水时,使用尖状小工具或聚四氟乙烯刮具或是相当的器具,以便把水刮进接受器中。

9.5 当水完全被转移后，让接受器和其内容物冷却至室温。用尖状小工具(5.8)或聚四氟乙烯刮具把黏附在接受器上的任何水滴刮进水层里。读出接受器中水的体积。接受器是按 0.05 mL 的增量刻度的，但是体积要估读至接近 0.025 mL。

9.6 将 400 mL 溶剂倒入蒸馏烧瓶中，按 9.1～9.5 的步骤进行空白试验。

10 结果表示

使用下面一个合适的公式计算样品的水含量。以水分的体积分数 φ_a、φ_b 或质量分数 w_c 计，数值以%表示。

$$\varphi_a = \frac{V_2 - V_0}{V_1} \times 100 \qquad \cdots\cdots(1)$$

$$\varphi_b = \frac{V_2 - V_0}{(m/\rho)} \times 100 \qquad \cdots\cdots(2)$$

$$w_c = \frac{V_2 - V_0}{m} \times 100 \qquad \cdots\cdots(3)$$

式中：

V_0——做空白试验时接受器中水体积的数值(修约到 0.025 mL)，单位为毫升(mL)；

V_1——试样的体积的数值，单位为毫升(mL)；

V_2——接受器中水的体积的数值(修约到 0.025 mL)，单位为毫升(mL)；

m——试样质量的数值，单位为克(g)；

ρ——样品密度，单位为克每毫升(g/mL)。

假定水的密度为 1 g/mL。

如果存在挥发性的水溶性物质，可当作水测量。

报告水含量的结果修约到 0.025%。

11 精密度

本方法的精密度由各实验室在 0.01%～1.0%范围(体积分数)内的实验结果统计得来(95%的置信水平)。

11.1 重复性

同一操作者用同一仪器在恒定的操作条件下对同一种测定试样，按试验方法正确地操作所得连续测定结果之间的差，不超过以下数值：

含水量(体积分数)从 0.0%～0.1%：见图 3；

含水量(体积分数)从 0.1%～1.0%：体积分数为 0.08%。

11.2 再现性

不同操作者，在不同实验室对同一测定试样，按试验方法正确地操作得到的两个独立的结果之间的差，不超过以下数值：

含水量(体积分数)从 0.0%～0.1%：见图 3；

含水量(体积分数)从 0.1%～1.0%：体积分数为 0.11%。

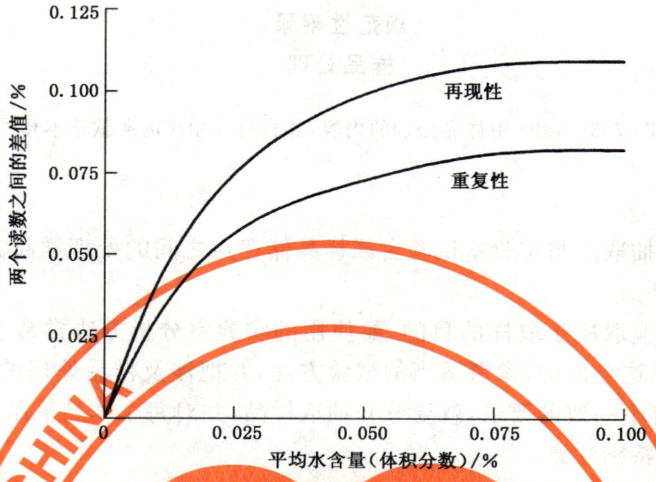

图3　水含量(体积分数)在0.0%～0.1%之间的方法精密度

12　报告

实验报告至少包括以下内容：

a)　鉴定被测产品必须的所有细节；

b)　参照标准；

c)　试验结果(见第10条)；

d)　如果做了多次试验(见8.3)，应有每次试验的单独结果；

e)　与规定步骤的任何差别；

f)　试验日期。

附　录　A
（规范性附录）
样品处理

注：本附录重复了 GB/T 4756—1998 中样品处理的内容，并且与其相应的条款基本相同。

A.1　综述

A.1.1　在样品的提取或抽取点与实验室试验台或样品储存点之间的处理样品方法都应保证保持样品的性质和完整性。

A.1.2　处理样品的方法应取决于取样的目的，要使用的实验室分析方法常常会要求一个要同它结合的特殊的处理方法。由于这个原因，参考适当的试验方法，并把涉及样品处理的必要说明交给取样者。如果要应用的分析方法有不一致的要求，就要分开抽取样品，并对每个样品采用合适的取样方法。

A.1.3　对于下列各项要特别注意：

a)　含有挥发性物质的液体，因为会出现蒸发损失；

b)　含有水和(或)沉淀物的液体，因为水和(或)沉淀物在样品容器中有分离的倾向；

c)　具有潜在的蜡沉积物的液体，如不保持足够的温度，可能出现沉淀物。

A.1.4　制作组合试样时，要特别注意，挥发性液体不能损失轻组分，也不能改变水和沉淀物的含量。这是一个很难的操作，如有可能，应尽量避免进行这一操作。

A.1.5　不能在取样地点把挥发性液体转移到其他容器中，而应在初始的样品容器中把样品运输到实验室。如果必需就地转移，则要冷却和倒置样品容器。样品含有挥发性组分和游离水时，必须特别小心。

A.2　样品的均化

A.2.1　引言

本条叙述了含有水和沉淀物或其他任何方式的不均匀样品，在从样品容器转移到更小的容器或实验室仪器之前，进行均化的方法。A.3 条给出了转移前检验样品是否被混合好的方法。

手工搅拌含有水和沉淀物的液体样品，是不能充分地分散样品中水和沉淀物的。为了在转移和细分试样之前均化样品，必须使用剧烈地机械混合或液力混合。

均化可以使用不同的方法。但不论使用哪种方法，都建议均化系统要使水滴小于 50 μm，而不能小于 1 μm。因为小于 1 μm 的水滴会形成稳定的乳化液，从而不能使用离心法测定水分含量。

A.2.2　用高剪切机械混合器均化

将一个高剪切力的机械搅拌器插进样品容器中，使旋转元件距容器底部不超过 30 mm。把搅拌器的旋转叶片控制在大约 3 000 r/min 通常是适宜的。其他的装置，如果性能良好，也可使用。

为了减少原油或含有挥发性化合物的其他样品的轻组分损失，要通过装在试样容器上的密封压盖操纵搅拌器。把样品搅拌到完全均匀为止。一般搅拌 5 min 就足够了，但容器的大小和样品的性质影响均化时间。因此需要检验样品是否已均匀(见 A.3)。

注：高剪切混合器常常会产生稳定的乳化液，而使得不能用离心法测定搅拌后的水含量。

在混合期间要避免温度显著升高。

A.2.3　用外部搅拌器循环

本方法可用于固定安装的样品容器和便携式容器，对于后者，要使用一个快速拆卸的联接器。使用一个小泵，通过安装在小内径管线上的静力混合器，在外部循环内含物。外部混合器可以有不同型式的设计，但要遵循制造厂的操作说明书。

使用的循环流速要足以使内含物每分钟至少循环1次。典型的混合时间是15 min,但这将根据水含量、烃的类型和系统的设计而改变。当全部试样完全混合时,不停泵,从循环管线上的阀放出要求数量的样品,然后抽空容器,泵入溶剂并彻底清洗整个系统,直到除净烃的全部痕迹为止。

A.3 混合时间的检验

A.3.1 无论选择什么方法从非均匀混合物中取得子样,都要检查混合方法的适用性和得到合适的混合样品所需要的时间。

A.3.2 如果样品在混合之后保持均匀和稳定(例如:象掺和了添加剂的润滑油各组分是完全可溶的),应继续进行混合,直到从样品主体相继抽出的样品得出相同的试验结果时为止。这样确定最短的混合时间。

注:当样品在这个时间后是均匀的,并保持这种状况,不用进一步混合,就可以进行从主体转移。

A.3.3 如果样品混合后在短时间内不能保持均匀时(例如:水和沉淀物是混合物的一部分),就要使用特殊的方法按A.3.4所述来检验混合时间。

注:由于轻烃的特性,细分样品时必须在不断混合下进行。

A.3.4 要确保抽出的样品装到容器的大约四分之三,按一已知的时间均化样品,做好记录。在这个时间内,按时抽出一小部分,立即用标准方法试验每小份的水含量(见A.3.5),当试验结果恒定时,记录得到的值作为空白水含量。

加入1%～2%准确测量过的水,用与空白均化时间相同的时间进行均化,然后取样。如果所测定的水含量之间能较好的吻合(在标准方法的重复性范围之内),就再加入1%～2%准确测量过的水,重复这个操作。如果试验结果仍然有较好的吻合,就认为这个混合时间是足够的。

如果试验结果未能较好的吻合,就废弃它们,回到方法开始,并使用更长的混合时间。

A.3.5 当离心法(GB/T 6533)不能可信地给出总水含量时,对于混合系统的这个检验,不能用其测定水含量。

A.4 样品的转移

A.4.1 如果样品接受器不是便携式的,或者不能方便地把样品直接从接受器取进实验室试验仪器中时,为了运输到实验室,要把代表性样品转移到便携式容器中。

A.4.2 在样品转移的每一步,重要的是使用A.2规定的方法之一来均化被取样的容器中的内含物。

A.4.3 对于容器和混合器的每一次结合,都要使用A.3规定的方法之一来检验混合时间。

A.4.4 要在已知混合物是均匀和稳定的期间内来完成样品的转移。这个期间是很短,要在不超过20 min的时间内完成转移。

ICS 67.120.01
X 14

GB

中华人民共和国国家标准

GB/T 8935—2006
代替 GB/T 8935—1988

工业用猪油

Rendered pork fat for industrial

2006-11-28 发布　　　　2007-03-01 实施

中华人民共和国国家质量监督检验检疫总局
中国国家标准化管理委员会　发布

前言

本标准是对 GB/T 8935—1988《工业用猪油》的修订。

本标推与 GB/T 8935—1988 相比主要变化如下：

——增加了感官指标与理化指标：过氧化值。

——增加了鉴定指标：折光率、相对密度、皂化值、碘值。

——增加了食品添加剂指标：没食子酸丙酯、丁基羟基茴香醚、二丁基羟基甲苯、天然与合成生育酚、柠檬酸、柠檬酸钠。

——增加了污染物最高限量指标：铅、铜、砷、不溶于乙醚的物质。

本标准参考了国际食品法典委员会(CAC)(Codex Stan 29—1981)《炼制猪脂法规标准》的有关内容。

本标准的附录 A 和附录 B 为规范性附录。

本标准由中国商业联合会提出。

本标准由全国食品工业标准化技术委员会肉禽蛋制品分技术委员会归口。

本标准由西南大学食品科学学院、商务部屠宰技术鉴定中心负责起草。

本标准起草人：李洪军、贺稚非、丁晓雯、夏杨毅、王贵际、张新玲、刘虎成。

工 业 用 猪 油

1 范围

本标准规定了工业用猪油的相关术语和定义、质量要求、检验方法、标签和贮存与运输要求。

本标准适用于高温、高压方法炼制的供应工业用的猪油，不适用于食用猪油和精炼猪脂产品。

2 规范性引用文件

下列文件中的条款通过本标准的引用而成为本标准的条款。凡是注日期的引用文件，其随后所有的修改单（不包括勘误的内容）或修订版均不适用于本标准，然而，鼓励根据本标准达成协议的各方研究是否可使用这些文件的最新版本。凡是不注日期的引用文件，其最新版本适用于本标准。

GB/T 5009.3 食品中水分的测定

GB/T 5009.11 食品中总砷及无机砷的测定

GB/T 5009.12 食品中铅的测定

GB/T 5009.13 食品中铜的测定

GB/T 5009.30 食品中叔丁基羟基茴香醚(BHA)与 2,6-二叔丁基对甲酚(BHT)的测定

GB/T 5009.32 油脂中没食子酸丙酯(PG)的测定

GB/T 5530 动植物油脂 酸价和酸度的测定

GB/T 5534 动植物油脂 皂化值的测定

GB/T 5538 油脂过氧化值测定

GB/T 12766 动物油脂 熔点测定

ISO 3961:1996 动植物脂肪和油碘值的测定

FAO/WHO CAC/RM9—1969 t/20 相对密度的测定（英国标准协会方法）

Codex Stan 29—1981 炼制猪脂法规标准

3 术语和定义

下列术语和定义适用于本标准。

3.1

工业用猪油 rendered pork fat for industrial

以经兽医卫生检验可作为工业炼油原料的猪尸体及内脏、一切含脂肪的下脚料、废弃物等为原料，高温、高压炼制而成的油脂。

3.2

加工原料 processed material

经兽医卫生检验判定为非食用的猪尸体、内脏及一切含脂肪的下脚料和废弃物。工业用猪油的原料包括来自骨骼、猪皮、头皮、耳朵、尾巴、内脏以及其他各种含脂组织。

3.3

酸价 acid value

中和 1 g 油脂所含的游离脂肪酸所需的氢氧化钾的毫克数。

3.4

碘值 iodine value

100 g 油脂所吸收的氯化碘或溴化碘，换算成碘的克数。

3.5

皂化值　saponification value

中和1 g油脂所含全部游离脂肪酸和结合脂肪酸(甘油脂)所需的氢氧化钾的毫克数。

4　要求

4.1　质量指标

工业用猪油的质量指标见表1。

表1　工业用猪油的质量指标

项　　目		质　量　指　标
性状及色泽	凝固态	白色或淡黄色,有光泽,呈软膏状
	融化态	微黄色或黄棕色,透明或微浊,无沉淀物
气味	凝固态	允许有焦味和轻哈喇气味
	融化态	允许有明显的焦味和轻哈喇气味
酸价(KOH)/(mg/g)		≤4.0
过氧化值/(%)		≤1.0
水分/(%)		≤0.5

4.2　鉴定指标

工业用猪油鉴定指标见表2。

表2　工业用猪油鉴定指标

项　　目	鉴　定　指　标
折光率(40℃)/(%)	1.448～1.465
相对密度(20℃)	0.894～0.910
皂化值(KOH)/(mg/g)	192～205
碘值/(%)	45～70
熔点/℃	32～45
注:碘值指标采用 Codex Stan 29—1981 的对应指标。	

4.3　抗氧化剂

工业用猪油中抗氧化剂的使用限量见表3。

表3　工业用猪油中抗氧化剂的最大限量

名　　称	最大限量/(mg/kg)	用　　法
没食子酸丙酯(PG)	100	单用或合用
丁基羟基茴香醚(BHT)	200	单用或合用
二丁基羟基甲苯(BHA)	200	单用或合用
PG 与 BHA 或 BHT 或与二者的混合	200	PG 不超过 100 mg/kg
天然与合成生育酚	受良好加工方法限制	单用或合用
柠檬酸	受良好加工方法限制	单用或合用
柠檬酸钠	受良好加工方法限制	单用或合用

4.4 污染物

工业用猪油污染物最大限量见表4。

表4 工业用猪油污染物最高限量

项　　目	最大限量
铅(以 Pb 计)/(mg/kg)	≤1.0
铜(以 Cu 计)/(mg/kg)	≤0.4
砷(以 As 计)/(mg/kg)	≤0.1
乙醚不溶物/(%)	≤0.5
注：铜、砷指标采用 Codex Stan 29—1981 的对应指标。	

5 检验方法

5.1 取样

应对每批产品随机抽样分析检验。每批抽样量应为该批产品总量的10%，如批量过大或过小时，可随批量的大小适当增减抽样比例，但数量大时，抽样量不得少于5%。

5.2 检验

5.2.1 性状及色泽

取直径1.5 cm～2 cm干净透明无色的玻璃试管，将融化的工业用猪油注入其中，观察其透明状态及色泽；其后，在融化状态下，静置适当时间，眼观有无沉淀物；最后，置于15℃～20℃的环境中，待其凝固后眼观凝固态工业用猪油性状及色泽。

5.2.2 气味

用洁净玻璃棒挑起样品一小块，置于50 mL烧杯中，于水浴上加热至50℃，用玻璃棒迅速搅拌，闻其气味。

5.2.3 熔点的测定

按 GB/T 12766 的规定执行。

5.2.4 相对密度的测定

按 CAC/RM9—1969 的方法测定。

结果表示为20℃时的油与20℃时的水相比较的相对密度。

5.2.5 折光率的测定

按附录A规定的方法测定。

5.2.6 水分的测定

按 GB/T 5009.3 的规定执行。

5.2.7 不溶于乙醚的物质含量的测定

按附录B规定的方法测定。

5.2.8 酸价的测定

按 GB/T 5530 的规定执行。

5.2.9 过氧化值的测定

按 GB/T 5538 的规定执行。

5.2.10 皂化值的测定

按 GB/T 5534 的规定执行。

5.2.11 碘值的测定

按 ISO 3961:1996 的规定执行。

5.2.12 铅的测定

按 GB/T 5009.12 的规定执行。

5.2.13 铜的测定

按 GB/T 5009.13 的规定执行。

5.2.14 砷的测定

按 GB/T 5009.11 的规定执行。

5.2.15 抗氧化剂的测定

按 GB/T 5009.32 的规定执行。

5.2.16 食品中叔丁基羟基茴香醚(BHA)与 2,6-二叔丁基对甲酚(BHT)测定

按 GB/T 5009.30 的规定执行。

6 标签

6.1 产品名称

标签上应注明工业用猪油。凡命名为“工业用猪油”的产品均应符合本标准。

6.2 配料表

在标签上应按比例递减顺序完整地标明配料表,表中的各种配料应使用专用名称。

6.3 净含量

标签上应按照产品消费国或购买方的要求,采用国际单位制表明其净含量。

6.4 标志

应注明产品名称、等级、净含量、企业名称、生产日期、贮存条件、保质期、保存期、产品原产国和“检验合格”字样等。

7 贮存与运输

7.1 贮存条件

采用清洗干净的铁桶或洁净容器包装产品,并密封严密。包装好的工业用猪油应贮存在通风良好的成品库中,贮存温度不超过 25℃,产品贮存保质期规定为 1 年。

7.2 运输要求

在产品运输过程中,应保持通风干燥,不得受阳光曝晒或雨淋。如出口或国内销售有特殊规格要求的产品,应按合同条款要求执行。

附　录　A
（规范性附录）
猪油折光率的测定

A.1　折光率

是指空气中进入油脂的入射角正弦与折射角正弦的比。

A.2　仪器

阿贝氏(Abbe)折光计。

A.3　试剂

乙醇或乙醚。

A.4　操作方法

A.4.1　在测定前，折光计应以新制蒸馏水或标准小玻片加以校正。
A.4.2　调节通过阿贝氏折光计的水流，使其温度接近40℃。
A.4.3　开启折光计的两面棱镜，以脱脂棉蘸取乙醇或乙醚拭净。
A.4.4　滴1～2滴油样(必要时过滤)于下面的棱镜上，迅速闭合两棱镜，不能有气泡。
A.4.5　调节反射镜，对准光源，于温度固定15 min后，由目镜观察，转动螺旋至视野分成明暗两部分。转动补偿器螺旋，使两部分界限明晰，其分界线恰在接物镜的十字线交点上。
A.4.6　检读并记录温度和标尺上的刻度。

A.5　计算

油样在40℃时的折光率的计算方法见式(A.1)。

$$x(40℃) = n + 0.000\,38(t - 40) \qquad \cdots\cdots(A.1)$$

式中：

x——油样在40℃时的折光率；
n——由标尺上读得的折光率；
t——记录的温度，单位为摄氏度(℃)；
0.000 38——温度校正系数。

A.6　折光率的测定

折光仪可以用新蒸馏水校正，蒸馏水的折光率如下：

10℃时——1.333 5；
15℃时——1.333 3；
20℃时——1.332 9；
25℃时——1.332 5；
30℃时——1.332 0。

附 录 B
（规范性附录）
不溶于乙醚的物质含量的测定

B.1 样品的准备

如为凝固油样，须在50℃水浴锅上加热30 min，然后冷却混合均匀。

B.2 操作方法

称取样品50 g，置于锥形瓶中，加入等量的乙醚，使样品达到充分溶解。用烘干至恒重的4号砂芯漏斗过滤。砂芯漏斗用乙醚冲洗数次至洗净油迹为止，然后将漏斗在100℃～105℃烘箱内干燥至恒重。

B.3 计算

样品中不溶于乙醚的物质含量的计算方法见式（B.1）。

$$x = \frac{m_2 - m_1}{m_3} \times 100\% \qquad \cdots\cdots\cdots\cdots（B.1）$$

式中：

x——样品中不溶于乙醚的物质含量，%；

m_1——漏斗质量，单位为克（g）；

m_2——漏斗及不溶物的质量，单位为克（g）；

m_3——油样质量，单位为（g）。

两次平行实验结果允许误差不超过0.04%，两次测定平均数为最后结果。

参 考 文 献

[1] ISO/DIS 3100/1:1984 肉和肉制品的取样(第一部分)
[2] Codex Stan 29—1981 炼制猪油

ICS 67.120.01
X 14

中华人民共和国国家标准

GB/T 8937—2006
代替 GB/T 8937—1988

食 用 猪 油

Edible lard

2006-11-28 发布   2007-03-01 实施

中华人民共和国国家质量监督检验检疫总局
中国国家标准化管理委员会 发布

前 言

本标准是对 GB/T 8937—1988《食用猪油》的修订。

本标准与 GB/T 8937—1988 相比主要变化如下：

——增加了物性指标：相对密度。

——增加了理化指标：皂化值、碘值、丙二醛、铅、铜、砷和不溶于乙醚的物质。

——增加了微生物指标：菌落总数、大肠菌群、致病菌。

——增加了食品添加剂指标：没食子酸丙酯、丁基羟基茴香醚、二丁基羟基甲苯、天然与合成生育酚、柠檬酸、柠檬酸钠。

本标准参考了国际食品法典委员会的(Codex Stan 28—1981)《猪脂法规标准》。

本标准附录 A 为规范性附录。

本标准由中国商业联合会提出。

本标准由全国食品工业标准化技术委员会肉禽蛋制品分技术委员会归口。

本标准由西南大学食品科学学院、商务部屠宰技术鉴定中心负责起草。

本标准起草人：李洪军、贺稚非、丁晓雯、尚永彪、王贵际、张新玲、刘虎成。

食 用 猪 油

1 范围

本标准规定了食用猪油的术语和定义、质量要求、物性与卫生指标、检验方法、标签和贮存与运输要求。

本标准适用于高温或离心方法炼制的供应市场及食品加工用的食用猪油，不适用于精炼猪油产品。

2 规范性引用文件

下列文件中的条款通过本标准的引用而成为本标准的条款。凡是注日期的引用文件，其随后所有的修改单（不包括勘误的内容）或修订版均不适用于本标准，然而，鼓励根据本标准达成协议的各方研究是否可使用这些文件的最新版本。凡是不注日期的引用文件，其最新版本适用于本标准。

GB/T 4789.2 食品卫生微生物学检验 菌落总数测定

GB/T 4789.3 食品卫生微生物学检验 大肠菌群测定

GB/T 4789.4 食品卫生微生物学检验 沙门氏菌检验

GB/T 4789.5 食品卫生微生物学检验 志贺氏菌检验

GB/T 4789.10 食品卫生微生物学检验 黄金色葡萄球菌检验

GB/T 4789.11 食品卫生微生物学检验 溶血性链球菌检验

GB/T 5009.3 食品中水分的测定

GB/T 5009.11 食品中总砷及无机砷的测定

GB/T 5009.12 食品中铅的测定

GB/T 5009.13 食品中铜的测定

GB/T 5009.30 食品中叔丁基羟基茴香醚(BHA)与2,6-二叔丁基对甲酚(BHT)的测定

GB/T 5009.32 油脂中没食子酸丙酯(PG)的测定

GB/T 5009.37 食用植物油卫生标准的分析方法

GB/T 5530 动植物油脂 酸价和酸度的测定

GB/T 5534 动植物油脂 皂化值的测定

GB 7718 预包装食品标签通则

GB/T 8935 工业用猪油

GB/T 12766 动物油脂 熔点测定

ISO 3961:1996 动植物脂肪和油 碘值的测定

CAC/RM 9—1969 *t*/20 相对密度的测定（英国标准协会方法）

Codex Stan 28—1981 猪脂法规标准

3 术语和定义

GB/T 8935 确立的以及下列术语和定义适用于本标准。

3.1

食用猪油 edible lard

健康猪经屠宰后，取其新鲜、洁净和完好的脂肪组织炼制而成的油脂。所用的脂肪组织不包含骨、碎皮、头皮、耳朵、尾巴、脏器、甲状腺、肾上腺、淋巴结、气管、粗血管、沉渣、压榨料及其他类似物，应尽可能不含肌肉组织和血管。

4 要求

4.1 感官特征

食用猪油的感官特征见表1。

表1 食用猪油的感官特征

项目		等级指标	
		一级	二级
性状及色泽	凝固态	白色，有光泽，细腻，呈软膏状。	白色或带微黄色，稍有光泽，细腻，呈软膏状。
	融化态	微黄色，澄清透明，不允许有沉淀物。	微黄色，澄清透明。
气味及滋味	凝固态	具有猪油固有的气味及滋味，并无外来的气味和味道。	

4.2 物性与卫生指标

4.2.1 物性指标

食用猪油物理性状指标见表2。

表2 食用猪油物性指标

项目	指标
折光率(40℃)/%	1.448～1.460
相对密度(20℃)	0.896～0.904
熔点/℃	32～45
注：折光率、相对密度指标采用 Codex Stan 28—1981 的对应指标。	

4.2.2 卫生指标

4.2.2.1 理化指标

食用猪油理化指标见表3。

表3 食用猪油理化指标

项目	等级	
	一级	二级
水分/(%)	≤0.20	≤0.25
酸价(KOH)/(mg/g)	≤1.0	≤1.3
过氧化值/(%)	≤0.10	
皂化值(KOH)/(mg/g)	190～202	
碘值/(%)	45～70	
丙二醛/(mg)	≤0.25	
铅(以Pb计)/(mg/kg)	≤1.0	
铜(以Cu计)/(mg/kg)	≤0.4	
砷(以As计)/(mg/kg)	≤0.1	
不溶于乙醚的物质/(%)	≤0.5	
注：碘值、铜、砷指标采用 Codex Stan 28—1981 的对应指标。		

4.2.2.2 微生物指标

食用猪油微生物指标见表4。

表 4 食用猪油微生物指标

项　　目	指　　标
菌落总数/(CFU/g)	≤50 000
大肠菌群/(MPN/100 g)	≤70
致病菌[a]	不得检出
[a] 致病菌指沙门氏菌、志贺氏菌及金黄色葡萄球菌、溶血性链球菌。	

4.2.2.3 食品添加剂指标

食用猪油中食品添加剂的使用限量见表 5。

表 5 食用猪油中食品添加剂的最大限量

名　　称	最大限量/(mg/kg)	用　　法
没食子酸丙酯(PG)	100	单用或合用
丁基羟基茴香醚(BHT)	200	单用或合用
二丁基羟基甲苯(BHA)	200	单用或合用
PG 与 BHA 或 BHT 或与二者的混合	200	PG 不超过 100 mg/kg
天然与合成生育酚	受良好加工方法限制	单用或合用
柠檬酸	受良好加工方法限制	单用或合用
柠檬酸钠	受良好加工方法限制	单用或合用

5 检验方法

5.1 取样

应对每批产品随机抽样分析检验。每批取样量应为该批产品总量的 10%，如批量过大或过小时，可随批量的大小适当增减取样比例，但数量大时，取样量不得少于 5%。

5.2 检验

5.2.1 感官特征分析

5.2.1.1 性状及色泽

取直径 1.5 cm～2 cm 干净透明无色的玻璃试管，将融化的食用猪油注入其中，观察其透明状态及色泽；其后，在融化状态下，静置适当时间，眼观有无沉淀物；最后，置于 15℃～20℃ 的环境中，待其凝固后眼观凝固态食用猪油性状及色泽。

5.2.1.2 气味及滋味

用洁净玻璃棒挑起样品一小块，置于 50 mL 烧杯中，于水浴上加热至 50℃，用玻璃棒迅速搅拌，闻其气味，并用玻璃棒蘸取少许样品，置舌尖上鉴别其滋味。

5.2.2 物理性状指标

5.2.2.1 相对密度的测定

按照 CAC/RM 9—1969 的方法测定。

结果表示为 20℃时的油与 20℃时的水相比较的相对密度。

5.2.2.2 折光率的测定

按 GB/T 8935 规定的方法测定。

5.2.2.3 熔点的测定

按 GB/T 12766 的规定执行。

5.2.3 理化指标

5.2.3.1 水分的测定

按 GB/T 5009.3 的规定执行。

5.2.3.2 丙二醛的测定

按附录 A 规定的方法测定。

5.2.3.3 不溶于乙醚的物质含量的测定

按 GB/T 8935 规定的方法测定。

5.2.3.4 酸价的测定

按 GB/T 5530 的规定执行。

5.2.3.5 过氧化值的测定

按 GB/T 5009.37 的规定执行。

5.2.3.6 皂化值的测定

按 GB/T 5534 的规定执行。

5.2.3.7 碘值的测定

按 ISO 3961 的规定执行。

5.2.3.8 铅的测定

按 GB/T 5009.12 的规定执行。

5.2.3.9 铜的测定

按 GB/T 5009.13 的规定执行。

5.2.3.10 砷的测定

按 GB/T 5009.11 的规定执行。

5.2.4 抗氧化剂的测定

按 GB/T 5009.32 的规定执行。

5.2.5 微生物指标

5.2.5.1 菌落总数

按 GB/T 4789.2 的规定执行。

5.2.5.2 大肠菌群

按 GB/T 4789.3 的规定执行。

5.2.5.3 致病菌

按 GB/T 4789.4、GB/T 4789.5、GB/T 4789.10、GB/T 4789.11 的规定执行。

6 标签

除了执行 GB 7718 的要求外，还应遵照下列规定条款。

6.1 食品名称

标签上应注明“食用猪油”，凡命名为“食用猪油”的产品均应符合本标准。

6.2 配料表

在标签上应按比例递减顺序完整地标明配料表，表中的各种配料应使用专用名称。

6.3 净含量

应按照产品消费国或购买方的要求，采用国际单位制标明其净含量。

6.4 标志

应注明产品名称、等级、净含量、企业名称、批发商、零销商、生产日期、贮存条件、保质期、保存期、产品原产国和“检验合格”字样等。

7 贮存与运输

7.1 贮存

采用清洗干净的铁桶或洁净容器包装产品，并密封严密。包装好的食用猪油应贮存在通风良好的成品库中，贮存温度不超过20℃，产品贮存保质期规定为6个月。

7.2 运输

在产品运输过程中，应保持通风干燥，不得受阳光曝晒或雨淋，更不应与有毒物品混装。如有特殊规格要求的产品，应按合同条款要求执行。

附 录 A
(规范性附录)
食用猪油丙二醛的测定

A.1 原理

猪油受到光、热、空气中氧的作用,发生酸败反应,分解出醛、酸之类的化合物。丙二醛就是分解产物的一种,它能与TBA(硫代巴比妥酸)作用生成粉红色化合物,在538 nm波长处有吸收高峰,利用此性质即能测出丙二醛含量,从而推导出猪油酸败的程度。

A.2 试剂

A.2.1 TBA水溶液:准确称取TBA 0.288 g溶于水中,并稀释至100 mL(如TBA不易溶解,可加热至全溶澄清,然后稀释至100 mL),相当于0.02 mol/L。

A.2.2 三氯乙酸混合液:准确称取三氯乙酸(分析纯)7.5 g及0.1 g EDTA(乙二胺四乙酸二钠,分析纯)用水溶解,稀释至100 mL。

A.2.3 丙二醛标准储备液:精确称取1,1,3,3-四乙氧基丙烷(E. Mesck 97%)0.315 g,溶解后稀释至1 000 mL(每毫升相当于丙二醛含量为100 μg),置冰箱保存。

A.2.4 丙二醛标准使用液:精确移取上述储备液10 mL稀释至100 mL(每毫升相当于丙二醛量为10 μg)置冰箱备用。

A.2.5 三氯甲烷(分析纯)。

A.3 仪器

恒温水浴箱、离心机2 000 r/min、72型分光光度计、100 mL有盖三角瓶、25 mL纳氏比色管、试管和定性滤纸。

A.4 操作方法

样品处理:准确称取在70℃水浴上融化均匀的猪油液10 g,置于100 mL有盖三角瓶内,加入50 mL三氯乙酸混合液,振摇30 min(保持猪油融溶状态,如冷结即在70℃水浴上略微加热使之融化后继续振摇)用双层滤纸过滤,除去油脂、滤液,重复用双层滤纸过滤一次。

准确移取上述滤液5 mL置于25 mL纳氏比色管内,加入5 mL TBA溶液,混匀,加塞,置于90℃水浴内保温40 min,取出,冷却1 h,移入小试管内,离心5 min上清液倾入25 mL纳氏比色管内,加入5 mL三氯甲烷,摇匀,静止,分层,吸出上清液于538 nm波长处比色(同时作空白试验)。

A.5 计算

标准曲线制备:用标准丙二醛浓度分别为1 μg、2 μg、3 μg、4 μg、5 μg作上述步骤处理,根据得出吸光度读数作标准曲线。

样品测出的吸光度读数,从标准曲线求出相应浓度A,然后按式(A.1)计算:

$$B = \frac{A}{10} \qquad \cdots\cdots(\text{A.1})$$

式中:

A——猪油的相应浓度;

B——丙二醛含量,单位为毫克(mg)。

参 考 文 献

[1] ISO/DIS 3100/1:1984 肉和肉制品的取样(第一部分)
[2] Codex Stan 29—1981 炼制猪脂法规标准

ICS 13.100
C 71

中华人民共和国国家标准

GB 8958—2006
代替 GB 8958—1988

缺氧危险作业安全规程

Safety regulation for working under hazardous condition of the oxygen deficiency

2006-06-22 发布　　　　2006-12-01 实施

中华人民共和国国家质量监督检验检疫总局
中国国家标准化管理委员会　发布

前　言

本标准全文强制。

为了更好地保护缺氧作业人员的安全和健康，本标准对国家标准 GB 8958—1988《缺氧危险作业安全规程》进行了修订，使标准更具有可操作性和符合实际情况。本标准代替 GB 8958—1988。

本标准与 GB 8958—1988 相比，内容的变化主要有：

——按照 GB/T 1.1 的要求重新起草了标准文本，增加了规范性引用文件。

——本标准对缺氧定义进行了调整，将缺氧危险作业氧气浓度由 18％提高到 19.5％。

——本标准对缺氧危险作业场所分类的内容进行了调整和更新。

——本标准对一般和特殊缺氧危险作业要求与安全防护措施的内容进行了调整和更新，将属于事故应急救援的内容纳入新增加的事故应急救援部分。

——本标准对安全教育与管理部分修改为安全教育与培训部分，增加了事故应急救援部分，删除了管理部分。同时，对安全教育与培训部分的内容进行了调整和更新。

本标准为强制性标准。

本标准由国家安全生产监督管理总局提出并归口。

本标准起草单位：北京市劳动保护科学研究所。

本标准主要起草人：胡玢、黄燕娣、赵寿堂、王栋、靳江红。

缺氧危险作业安全规程

1 范围

本标准规定了缺氧危险作业的定义和安全防护要求。

本标准适用于缺氧危险作业场所及其人员防护。

2 规范性引用文件

下列文件中的条款通过本标准的引用而成为本标准的条款。凡是注日期的引用文件，其随后所有的修改单(不包括勘误的内容)或修订版均不适用于本标准，然而，鼓励根据本标准达成协议的各方研究是否可使用这些文件的最新版本。凡是不注日期的引用文件，其最新版本适用于本标准。

GB 2894 安全标志

GB 5725 安全网

GB 6095 安全带

GB 6220 长管面具

GB/T 12301 船舱内非危险货物产生有害气体的检测方法

GB 12358 作业环境气体检测报警仪通用技术要求

GB 16556 自给式空气呼吸器

3 术语和定义

3.1

缺氧 oxygen deficiency atmosphere

作业场所空气中的氧含量低于 0.195 的状态。

3.2

缺氧危险作业 hazardous work in oxygen deficiency atmosphere

具有潜在的和明显的缺氧条件下的各种作业，主要包括一般缺氧危险作业和特殊缺氧危险作业。

3.3

一般缺氧危险作业 general hazardous work in oxygen deficiency atmosphere

在作业场所中的单纯缺氧危险作业。

3.4

特殊缺氧危险作业 toxic hazardous work in oxygen deficiency atmosphere

在作业场所中同时存在或可能产生其他有害气体的缺氧危险作业。

4 缺氧危险作业场所分类

缺氧危险作业场所分为以下三类：

a) 密闭设备：指船舱、贮罐、塔(釜)、烟道、沉箱及锅炉等。

b) 地下有限空间：包括地下管道、地下室、地下仓库、地下工程、暗沟、隧道、涵洞、地坑、矿井、废井、地窖、污水池(井)、沼气池及化粪池等。

c) 地上有限空间：包括酒糟池、发酵池、垃圾站、温室、冷库、粮仓、料仓等封闭空间。

5 一般缺氧危险作业要求与安全防护措施

5.1 作业前

5.1.1 当从事具有缺氧危险的作业时，按照先检测后作业的原则，在作业开始前，必须准确测定作业场所空气中的氧含量，并记录下列各项：

a) 测定日期；

b) 测定时间；

c) 测定地点；

d) 测定方法和仪器；

e) 测定时的现场条件；

f) 测定次数；

g) 测定结果；

h) 测定人员和记录人员。

在准确测定氧含量前，严禁进入该作业场所。

5.1.2 根据测定结果采取相应措施，并记录所采取措施的要点及效果。

5.2 作业中

在作业进行中应监测作业场所空气中氧含量的变化并随时采取必要措施。在氧含量可能发生变化的作业中应保持必要的测定次数或连续监测。

5.3 主要防护措施

5.3.1 监测人员必须装备准确可靠的分析仪器，并且应定期标定、维护，仪器的标定和维护应符合相关国家标准的要求。

5.3.2 在已确定为缺氧作业环境的作业场所，必须采取充分的通风换气措施，使该环境空气中氧含量在作业过程中始终保持在 0.195 以上。严禁用纯氧进行通风换气。

5.3.3 作业人员必须配备并使用空气呼吸器或软管面具等隔离式呼吸保护器具。严禁使用过滤式面具。

5.3.4 当存在因缺氧而坠落的危险时，作业人员必须使用安全带(绳)，并在适当位置可靠地安装必要的安全绳网设备。

5.3.5 在每次作业前，必须仔细检查呼吸器具和安全带(绳)。发现异常应立即更换，严禁勉强使用。

5.3.6 在作业人员进入缺氧作业场所前和离开时应准确清点人数。

5.3.7 在存在缺氧危险作业时，必须安排监护人员。监护人员应密切监视作业状况，不得离岗。发现异常情况，应及时采取有效的措施。

5.3.8 作业人员与监护人员应事先规定明确的联络信号，并保持有效联络。

5.3.9 如果作业现场的缺氧危险可能影响附近作业场所人员的安全时，应及时通知这些作业场所。

5.3.10 严禁无关人员进入缺氧作业场所，并应在醒目处做好标志。

6 特殊缺氧危险作业要求与安全防护措施

6.1 第 5 章中的规定均适用于此种作业。

6.2 当作业场所空气中同时存在有害气体时，必须在测定氧含量的同时测定有害气体的含量，并根据测定结果采取相应的措施。在作业场所的空气质量达到标准后方可作业。

6.3 在进行钻探、挖掘隧道等作业时，必须用试钻等方法进行预测调查。发现有硫化氢、二氧化碳或甲烷等有害气体逸出时，应先确定处理方法，调整作业方案，再进行作业。防止作业人员因上述气体逸出而患缺氧中毒综合症。

6.4 在密闭容器内使用氩、二氧化碳或氦气进行焊接作业时，必须在作业过程中通风换气，使氧含量保持在 0.195 以上。

6.5 在通风条件差的作业场所，如地下室、船舱等，配制二氧化碳灭火器时，应将灭火器放置牢固，禁止随便启动，防止二氧化碳意外泄出。在放置灭火器的位置应设立明显的标志。

6.6 当作业人员在特殊场所（如冷库等密闭设备）内部作业时，如果供作业人员出入的门或窗不能很容易地从内部打开而又无通讯、报警装置时，严禁关闭门或窗。

6.7 当作业人员在与输送管道连接的密闭设备内部作业时，必须严密关闭阀门，或者装好盲板。输送有害物质的管道的阀门应有人看守或在醒目处设立禁止启动的标志。

6.8 当作业人员在密闭设备内作业时，一般应打开出入口的门或盖。如果设备与正在抽气或已经处于负压状态的管路相通时，严禁关闭出入口的门或盖。

6.9 在地下进行压气作业时，应防止缺氧空气泄至作业场所。如与作业场所相通的空间中存在缺氧空气，应直接排出，防止缺氧空气进入作业场所。

7 安全教育与培训

7.1 对作业负责人的缺氧作业安全教育应包括如下内容：

7.1.1 与缺氧作业有关的法律法规。

7.1.2 产生缺氧危险的原因、缺氧症的症状、职业禁忌症、防止措施以及缺氧症的急救知识。

7.1.3 防护用品、呼吸保护器具及抢救装置的使用、检查和维护常识。

7.1.4 作业场所空气中氧气的浓度及有害物质的测定方法。

7.1.5 事故应急措施与事故应急预案。

7.2 对作业人员和监护人员的安全教育应包括如下的内容：

7.2.1 缺氧场所的窒息危险性和安全作业的要求。

7.2.2 防护用品、呼吸保护器具及抢救装置的使用知识。

7.2.3 事故应急措施与事故应急预案。

8 事故应急救援

8.1 对缺氧危险作业场所应制定事故应急救援预案。

8.2 当发现缺氧危险时，必须立即停止作业，让作业人员迅速离开作业现场。

8.3 发生缺氧危险时，作业人员和抢救人员必须立即使用隔离式呼吸保护器具。

8.4 在存在缺氧危险的作业场所，必须配备抢救器具。如：呼吸器、梯子、绳缆以及其他必要的器具和设备。以便在非常情况下抢救作业人员。

8.5 对已患缺氧症的作业人员应立即给予急救和医疗处理。

ICS 37.040.20
G 80

中华人民共和国国家标准

GB/T 9045—2006/ISO 6328:2000
代替 GB/T 9045—1988

摄影　照相材料　ISO 分辨力的测定

**Photography—Photographic materials—
Determination of ISO resolving power**

(ISO 6328:2000,IDT)

2006-01-23 发布　　2006-11-01 实施

中华人民共和国国家质量监督检验检疫总局
中国国家标准化管理委员会　发布

前　言

本标准等同采用 ISO 6328:2000《摄影　照相材料　分辨力的测定》(英文版)。

为便于使用,本标准做了下列编辑性修改:

a) “本国际标准”一词改为“本标准”;

b) 用小数点“.”代替作为小数点的逗号“,”;

c) 删除 ISO 6328:2000 的前言;将 ISO 6328:2000 的引言直接翻译做为本标准的引言;

d) 规范性引用文件的引导语改为 GB/T 1.1—2000 规定的引导语。

本标准代替 GB/T 9045—1988《感光材料分辨率的测定》。

本修订版标准在内容上与其前一版本相比,主要包括以下变化:

——将标准名称按国际标准名称翻译,从原来的《感光材料分辨率的测定》改为《摄影　照相材料　ISO 分辨力的测定》。将其中的“分辨率”改译为“分辨力”,比原译更准确。

——增加了前言和引言;

——为了能更清晰的理解标准内容,对“适用范围”这部分内容进行了明确的规定(本版第 1 章,1988 年版第 1 章);

——增加了“规范性引用文件”一章。在引用标准中,因我国现无等同采用被引用国际标准的国家标准,因此,直接引用国际标准(见本版第 2 章);

——“术语和定义”中部分进行了扩充。为了应用的一致性和意义更明确,有些术语已被代替。引入“组元”代替“检测图案”、“三线分辨力标板”代替“检测标板图形”、“ISO 分辨力”代替“国家标准分辨率”。其他还有“标板极性”、“极限组元”等(本版第 3 章,1988 年版第 2 章);

——增加“取样和贮存”一章(本版第 4 章);

——对影像评价过程的描述更详尽(本版 5.3～5.6,1988 年版 3.3～3.6);

——对分辨力相机物镜的技术要求也稍有修改(本版 5.2.3.1～5.6,1988 年版 3.2.3.2);

——对分辨力相机的说明已移到资料性附录 A 中(本版附录 A,1988 年版 3.2.3);

——对相机质量要求的描述已扩充为包含标板(本版 5.2.3.7)。

本标准的附录 A 为资料性附录。

本标准由中国石油和化学工业协会提出。

本标准由全国感光材料标准化技术委员会(SAC/TC 102)归口。

本标准起草单位:中国乐凯胶片集团公司。

本标准主要起草人:唐志健、姜宁、赵燕燕。

本标准所代替标准历次版本发布情况为:

——GB/T 9045—1988。

引　言

照相材料的分辨力用于评估记录在照相材料上可以视觉观察的最小细部。分辨力是与总体影像质量有关的。它综合了调制传递函数，颗粒性和反差等所有对整体影像质量有贡献的因素，以及观察者的影响，每个观察者的质量评价都会有差异。本方法特别适用于评价在高放大倍率下观察的照相材料，例如缩微胶片、8 mm 和 16 mm 电影胶片等。但是还不能将分辨力扩大到预计所有情况下的影像质量，因为影像质量极为复杂，不可能用一个参数表述，对于低反差的连续调照相材料更是如此。

使用拍摄适用的分辨力标板来测定分辨力与测定条件及标板组元的结构非常有关系，测定结果明显取决于所用的拍摄条件以及照明标板上的背景眩光。下面这些因素，如照明光的光谱成分、曝光量、调焦、冲洗程序、拍摄镜头的孔径、标板反差，相机镜头的放大倍数以及观察影像所用的显微镜等都对结果有影响。

测定分辨力时观察者的判断可能是主要的实验误差来源。本标准中选用的分辨力判断标准，比起其他判据，似乎允许的评价变动性更小一些。本修订版对于评价影像具体过程的描述更加详细。

摄影　照相材料　ISO 分辨力的测定

1 范围

本标准规定了照相胶片、干板、相纸，包括黑白胶片、黑白印相纸、彩色反转胶片、彩色负性胶片和彩色相纸的分辨力的测定方法。

本标准不适用于 X 射线和其他高能射线用照相材料，如医用射线照相材料，它们的曝光光源是与胶片(单面或双面乳剂)相接触的增感屏。具有光敏高聚物、重氮盐等光敏层的照相材料也不适用。

2 规范性引用文件

下列文件中的条款通过本标准的引用而成为本标准的条款。凡是注日期的引用文件，其随后所有的修改单(不包括勘误的内容)或修订版均不适用于本标准，然而，鼓励根据本标准达成协议的各方研究是否可使用这些文件的最新版本。凡是不注日期的引用文件，其最新版本适用于本标准。

ISO 497:1973　优先数系列和包含优先数较多归整值系列的选择指南

ISO 554:1976　状态调节和/或试验的标准大气——规范

3 术语和定义

下列术语和定义适用于本标准。

3.1

组元　element

线宽和间隔相等的三个平行线条和二个分隔条。

3.2

组数　group number

位于一组组元前面的方点数量，用于确定三线分辨力标板的位置。

3.3

三线分辨力标板　tribar resolving power target

由(几何)尺寸逐级变小的相同组元构成的阵列。典型标板方式是按中央螺旋排列。

3.4

空间周期　spatial period

三线标板的组元中，二个相邻线条的前边缘之间的距离。

注：空间周期通常用毫米(mm)来表示。

3.5

空间频率　spatial frequency

空间周期的倒数，表示在 1 mm 宽度内包含多少对线条与间隔的数值。

注：空间频率通常用毫米的倒数表示(每毫米多少周)。

3.6

反差比　contrast ratio

组元中线条的亮度与周围背景亮度的比值，也就是线条与周围背景密度差的反对数。

3.7

标板极性　target polarity

平行线条与其周围背景之间的透射关系。

3.7.1

负极性　negative polarity

亮条纹对暗背景。

3.7.2

正极性　positive polarity

暗条纹对亮背景。

3.8

相机　camera

将三线分辨力标板以合适的尺寸缩拍到受试照相材料上使用的光学系统。

3.9

基准面　reference surface

拍摄时照相材料乳剂面紧压的平面。

3.10

(相机)质量合格性　qualification

相机必须有优良的光学性能，这是用于测定分辨力的基本条件。

3.11

重复组　replicate set

相同的调焦和曝光量条件下获得的一组三线分辨力标板影像。

3.12

曝光量系列　exposure series

不同曝光量条件下拍摄的一组影像。

3.13

焦距系列　focus series

不同调焦条件下拍摄的一组影像。

3.14

分辨力　resolving power

照相材料在显影影像中保持小间距平行线条可判定分开的能力。

注：分辨力在数值上等于可分辨最小组元的空间频率。

3.15

极限组元　limiting element

观察者在不知道有三条线条的情况下从三线分辨力标板影像中，相当自信地选出的不再能区分有三条线条和二个间隔的临界点处的那个组元。

3.16

重复组的分辨力　resolving power of replicate set

受试材料的重复组影像的分辨力的中值。

3.17

最大分辨力　maximum resolving power

受试材料在本标准规定的测试条件下，最佳调焦和曝光量条件时的分辨力。

3.18

ISO 分辨力　ISO resolving power

按表 5 和 ISO 497:1973 归整的平均最大分辨力。

注：有 ISO 高反差分辨力和 ISO 低反差分辨力。

4 取样和贮存

测定产品分辨力时，主要是评价的样品能获得用户使用时的平均结果。这就需要在本标准规定的条件下定期地评价几个不同批号的产品。

评价前，样品应在制造商推荐的条件下存放一段时间，用于模拟产品正常应用时的平均老化过程。如果产品没有推荐存放条件，应遵照ISO 554:1976的规定在23℃±2℃和相对湿度(50±5)%下贮存。应进行几次独立评价，以确保设备和冲洗加工都得到正确的校正。按上述方法选择和存储样品的基本目的是保证测试的性能能代表用户在使用时的性能。

5 试验方法

5.1 原理

通过合适的相机系统将三线分辨力标板影像记录在受试材料上，用目视检验测定出材料的分辨力。测定值取决于反差比、极性和曝光量。当曝光量从特性曲线趾部变到肩部，分辨力值经过一个最大值。而且，当调焦条件逐级变化从正确焦距的一侧变到另一侧时，分辨力值也经过一个最大值。

简言之，测试程序是首先确定得到三线分辨力标板最佳影像的曝光量，此时的焦距设置在相机合格性试验确定的条件上。就在此曝光量下，进行焦距系列试验获得最佳焦距。从这组试验得到的最大分辨力，按表5确定样品的ISO分辨力。

由于影像在放大观察时的颗粒结构，重复组的分辨力值有一个分布范围。为了减小这种变化的影响，下面的ISO分辨力是根据一组不少于9个在同样焦距和曝光量条件下重复拍摄的影像的中值确定的。

确定分辨力需要对三线标板影像进行显微观察和读出。因为这种方法要观察者判断确定可分辨到的最细组元，经验表明，如不采用本标准的程序，不同观察者对同一影像评定的分辨力值，相差可以超过一倍。

注：还无已知的经过标定的分辨力影像可供培训和校正之用。

因此，本标准提供一套准则，它的应用可以使不同观察者得到一致的结果。通过此准则的培训和应用，有经验的观察者相互间一致性单次测量±1个组元，即约12%(按每毫米几周)，多次平均达±6%，标准偏差±6%。

5.2 仪器

5.2.1 组元

组元是如图1所示线宽和间隔相等的三个线条和两个间隔组成的方块。对负极性标板，图1中阴影部分代表黑区，非阴影部分为亮区。线条长宽比应为5∶1。以线条加间隔的距离L(周期距离，单位为毫米)为单位，方块的尺寸为$2.5L\times2.5L$。图1中阴影区称为“周围背景”。

图1所示线条和间隔的宽度与目标值相差不应超过±2.5%。组元的总宽度和长度($2.5L$)不应超过目标值±2.5%。

组元的空间频率可用下述a)或b)方法来计算，以毫米的倒数来表示。选择哪种方法取决于所用测量仪器在那个测量距离内能给出较准确的尺寸。

a) 测量线条间距，即周期L，单位毫米，计算公式为：

空间频率$=1/L$

b) 测量组元总宽度($2.5L$)，单位毫米，计算公式为：

空间频率$=2.5/$组元总宽

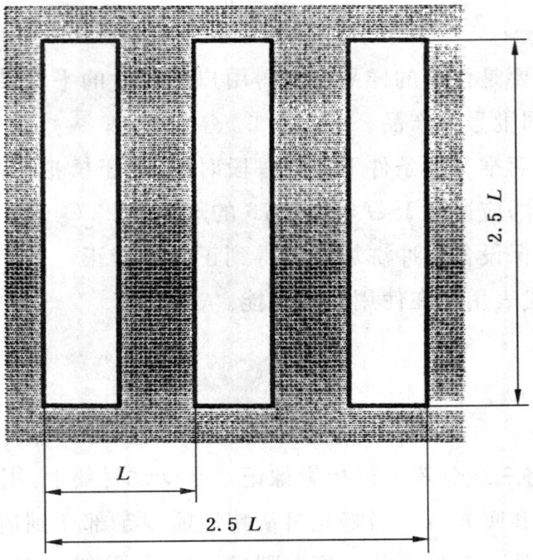

图 1　组元图形

5.2.2　三线分辨力标板

三线分辨力标板应如图 2 所表示的许多组元构成的阵列。

虽然负极性三线分辨力标板是黑背景上的亮线条，为复印清晰起见，图中显示的是白背景上的黑线条。

图 2　三线分辨力标板

该阵列各组元的空间频率应如表 1 所示，相邻组元的空间频率的变化等于 $\sqrt[20]{10}$，相当于增加约 12%。

三线分辨力标板应是光谱无选择性的中性透明体。

图 2 所示的组元阵列约为 100 mm×100 mm,位于约 125 mm×125 mm 的周围背景的中央。两条水平线间距 100 mm±0.5 mm,用于测定放大倍率。

每个组元中三个线条的亮度及周围背景亮度应在作为成像镜头的目镜部位来测量。

注：可以使用点光度计来测量背景亮度和最宽线条亮度,验证分辨力相机的三线分辨力标板的亮度比,因为使用点光度计不太好测量较细线条的亮度,可使用测微密度计来验证标板中从最大到最小组元的反差的一致性。

本标准规定两种不同反差比和极性的三线分辨力标板。

表 1　组元的空间频率

单位为毫米的倒数

组内的组元	组数						
	1	2	3	4	5	6	7
1	0.100	0.200	0.398	0.794	1.58	3.16	6.31
2	0.112	0.224	0.447	0.891	1.78	3.55	7.08
3	0.126	0.251	0.501	1.00	2.00	3.98	7.94
4	0.141	0.282	0.562	1.12	2.24	4.47	
5	0.158	0.316	0.631	1.26	2.51	5.01	
6	0.178	0.355	0.708	1.41	2.82	5.62	

注：表中的数值是图 2 中三线分辨力标板的 39 个组元的以毫米倒数为单位的 L^{-1} 值。图 2 中小方点的数目表示组数。为记录时方便地识别每个组元,可使用 3/2 形式,3 是组数,2 表示该组中的第二个组元。

5.2.2.1　高反差三线分辨力标板

高反差三线分辨力标板中,反差比的常用对数至少为 2.0,相当于反差比大于或等于 100∶1。

5.2.2.2　低反差三线分辨力标板

低反差三线分辨力标板中,反差比的常用对数为 0.2±0.02,相当于反差比约为(1.585±0.073)∶1。

5.2.2.3　三线分辨力标板的照明

三线分辨力标板应使用光谱特性与受试材料要求相似的漫射光源来照明,并在引用 ISO 分辨力时注明。标板亮度最好使曝光时间处于胶片制造商建议的范围内以免引起互易律失效。

在各个组元内,照明均匀性位于平均值的±2.5%范围内。在组元外围区(最远距边缘 10 mm),照明均匀性位于平均值的±5%范围内。使用点光度计测量时要除去标板。

5.2.3　相机

相机可以由一个组合显微镜(物镜、目镜和镜筒),一个使物镜相对于照相材料准确定位的器件和使照相材料保持平整的器件所组成。

这类相机的典型结构示于附录 A 的图 A.1,相机的设计、结构和安装要尽量减少由于振动等原因引起显微镜与受试胶片之间相对运动的可能性,控制光学系统的眩光和内反射也很重要,以免损害焦平面上三线分辨力标板影像的质量。

在对相机设计的一些方面作出详细的规定,以保证用户得到一致结果的同时,也允许其他设计方案,只要能与本标准要求达到同样的结果。

5.2.3.1　显微物镜

显微物镜应是复消色差的,最好是平场复消色差,内部发黑,适用于无盖玻璃,无镜头油。

所用物镜应满足下述要求:

a)　用于测定的照相材料 ISO 分辨力小于 300 mm^{-1} 时,使用数值孔径 0.25 或更大的高质量复消色差物镜。

b) 用于测定的照相材料 ISO 分辨力大于 300 mm^{-1}时，使用数值孔径 0.60 或更大的高质量复消色差物镜。

5.2.3.2 **显微目镜**

显微目镜最好与相机中所用的物镜相配套(可以使用一个×10 的补偿目镜)。在出射光瞳平面上应放置光栏，其直径应与通过目镜观察的物镜光瞳相等。

5.2.3.3 **镜筒**

目镜和物镜牢靠地装在镜筒内。一些物镜适用机械管长，它与通常用管长相差很大，机械管长应符合物镜使用要求。

5.2.3.4 **基准面**

相机内应有一个基准平面，曝光时照相材料的乳剂面应压在此平面上。基准面上的中央孔应尽可能小，但不能阻挡光线，与物镜也不能有机械接触。基准面的面积应尽可能小以避免灰尘、脏物影响调焦。应具有使胶片或相纸保持平整的措施，已发现一个相当满意的用于此目的的平面真空压板。

5.2.3.5 **调焦精度**

相机的调焦精度应在 1 μm 以内重复。

5.2.3.6 **相机缩拍比**

整个光学系统的缩拍因子，以成像平面来计量的话，小数值孔径物镜系统(0.25 或更大)应为200 倍±2.5%。对受试照相材料，这就是在表 1 中的空间频率乘以 200 倍。大数值孔径物镜系统(0.60 或更大)，空间频率应是表 1 中的值乘以 400 倍±2.5%。

5.2.3.7 **相机及标板的合格性**

如果达到下述要求，相机及标板可视为质量合格。

a) 使用负极性标板时该相机及标板应具有测定极高分辨力材料[1)]的能力。

b) 用于测量高反差分辨力高达 300 mm^{-1} 的相机和标板应能在所引用的胶片[1)]获得至少 800 mm^{-1}的 ISO 高反差分辨力和至少 500 mm^{-1}的 ISO 低反差分辨力。

c) 用于测量高反差分辨力大于 300 mm^{-1} 的相机和标板应能在所引用的胶片[1)]上获得至少 1 250 mm^{-1}的 ISO 高反差分辨力和至少 800 mm^{-1}的 ISO 低反差分辨力。

注：使用正极性标板会引起光学眩光，因而降低有效标板反差。如果使用正极性标板，就希望最好用正极性标板来检验相机质量。但是由于缺少具有合适高分辨力的照相材料，检验相机时不推荐使用正极性标板。

5.2.4 **观察显微镜**

冲洗加工后的照相材料应使用显微镜检查，作出评价。

普通的高质量消色差显微物镜用于观察显微镜已够满意，本标准中不应使用油浸显微物镜来观察分辨力测试影像。

推荐的观察显微镜放大倍率在所要测定以毫米的倒数为单位的分辨力的 0.5～1.0 倍之间。

对于分辨力小于 1 000 mm^{-1}的，物镜的数值孔径不应小于所要测定分辨力乘以 0.001 或不小于 0.9，两者中以小的为准。

观察者观察已显影影像的亮度最好调节到舒适。光源最好是连续光谱的，尤其对彩色材料不应使用带线光谱的光源。

三线分辨力标板影像的评价应使用与该材料正常使用时相同的照明方式。通常胶片用透射光观看，相纸用反射光观看，但是有例外情况最好加以说明。检验相纸时应注意保证足够的照明强度。

按 5.2.3.7 检验相机质量时，受试材料[1)]的影像应使用物镜放大倍率×100 的显微镜观看，总放大倍率至少×1000，物镜数值孔径应为 0.9 或更大。

---

1) Kodak 高速全息胶片(聚酯片基)SO-253 (D-19 显影 5 min，20℃)或具有相同反差、颗粒结构和分辨力的其他胶片。Kodak 高速全息胶片是 Kodak 提供的产品的商品名称。给出这一信息是为了方便本标准的使用者，并不表示 ISO 对该产品的认可。

5.3 最佳曝光量试验

5.3.1 环境条件

试样应在温度 23℃±2℃和相对湿度(50±5)%条件下曝光。

5.3.2 曝光

相机焦距接近最佳条件时得到一组曝光量系列,该系列相对曝光量对数应有近似相等的增量。每个曝光量值都进行重复曝光,每个曝光量值的重复组含有奇数个影像。每个重复组内最少有 3 个影像,确定最佳曝光量的详细程序在 5.3.6 中描述。

为避免互易律失效带来的问题,曝光时间应与该材料正常使用时相差不多。

5.3.3 冲洗加工前延迟

在曝光后与冲洗加工前这段时间内,潜影会发生变化。最好在确定最佳曝光量时搞清此特性。

5.3.4 冲洗加工

冲洗套药、加工步骤、设备及加工条件应与材料通常使用时相同。测定时可以采用材料制造商推荐的冲洗加工条件。

因为冲洗加工会影响分辨力测值,在报告 ISO 高(低)反差分辨力时应注明加工条件。

5.3.5 影像的评价

5.3.5.1 分辨力判断标准

一个观察者判定某个组元能分辨,分辨线条的影像应能这样被感知,就是即使不知道有三个线条也能相当自信地数出线条的数目。“相当自信”的概念表示一种介于“完全自信”和“完全没有自信”之间的一种信心级别。这种方法的基本原理是:许多重要信息并未在通过判读可分辨组元所确定的分辨力水平上反映出来。

确定三线分辨力标板影像中极限组元即最大可分辨组元的判断标准是:

a) 每个组元应与其他组元影像的表现无关地独立判断。

b) 线条角变圆和线条变短对刚能分辨组元的判断具有相当影响。组元影像中最好具有长度大致相等的三条线条。但是如果其中任意一条线条的长度至少有其他两条的一半,其他方面符合本判断标准,则该组元可判定为可分辨。

c) 最好在线条与背景之间的整个线条长度范围内都能看出密度差,虽然在线条长度方向上的密度差由于材料的微观颗粒结构或其他外界干扰而不太均匀。

d) 被独立判断为可分辨的组元,如果其相邻更低空间频率和相邻更高空间频率的独立组元不能分辨,就应被看作不能分辨。被独立判断为不可分辨的组元,如果其相邻的两个组元都能分辨,就应被看作能分辨。表 2 举例说明此两种情况。

e) 伪分辨组元[2]不能考虑。

表 2 分辨力实例

组/组元	例 A	例 B
6/1	Y	Y
6/2	Y	Y
6/3	N	N
6/4	Y	Y
6/5	N	Y
6/6	N	N
在上述实例中,“Y”表示可分辨,“N”表示不可分辨。正确的判读记录在例 A 中是 6/2,在例 B 中是 6/5。		

2) 观察具有相位移动的组元时出现线条和间隔的密度反转(就是组元中线条和间隔的位置发生变换)。线条数量不同(不是三条)的组元也会出现上述情况。

5.3.5.2 评价重复组分辨力的程序

应采用5.3.5.1的判断标准来确定一个组元是否能分辨,分辨力就是按此判断标准所能分辨组元的最大空间频率。

受试材料重复组影像各个分辨力值的中值,确定为该重复组影像的分辨力。一组顺序排列的数值的中值是其上下数值的个数相等的这个数值。

5.3.6 最佳曝光量

确定曝光量系列中每个影像的分辨力。表3给出某典型胶片的曝光量系列。以每个曝光量值时重复组的中值分辨力对其相应的相对曝光量对数如图3所示作图。通过各点做出平滑曲线,确定相应于最大值时的曝光量,它被称为最佳曝光量。

表3 曝光量系列

曝光量调整	重复组			中值
	No. 1	No. 2	No. 3	
1	—	—	—	
2	—	—	—	
3	—	—	—	
4	45	45	45	45
5	89	100	79	89
6	126	126	112	126
7	126	158	126	126
8	141	141	126	141
9	126	141	112	126
10	126	112	100	112

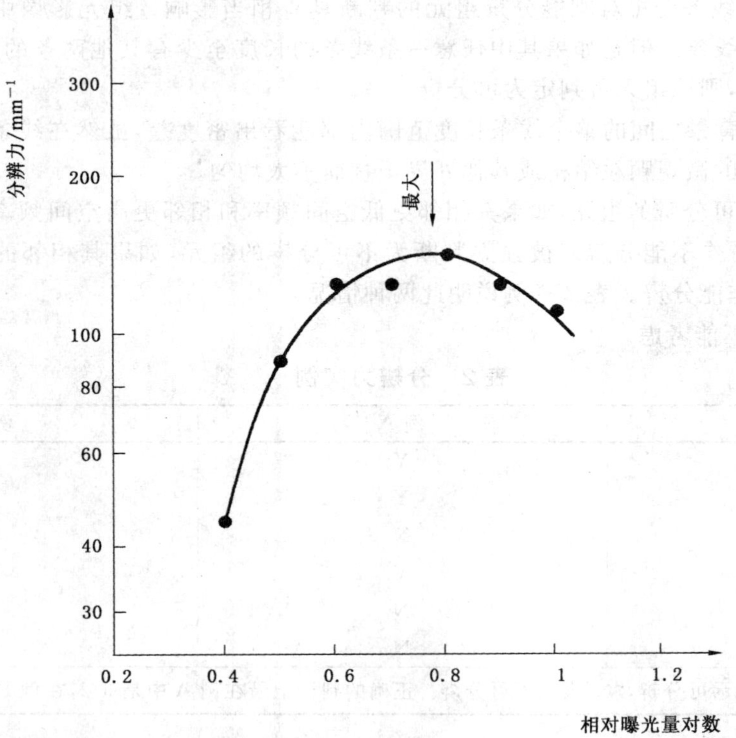

图3 曝光量系列图

为了确保求得的最佳曝光量正确无误，必需满足两个要求。首先，曝光量系列所用的曝光量范围足以保证曲线具有最大值。第二个要求是曝光量系列中逐级曝光量变化不能太大。

在图 3 中最佳曝光量点处作一垂直线。然后在此线两边不远处各选两点(图 3 中横轴坐标分别约为 0.6、0.7、0.8、0.9 四点)。这 4 个点组合中的分辨力最大的不应超过最小的 1 倍。

5.4 最佳焦距试验

5.4.1 环境条件

试样应在温度 23℃±2℃和相对湿度(50±5)%条件下曝光。

5.4.2 曝光

按确定的最佳曝光量制作焦距系列。焦距值应在成像平面有等量增加，各焦距值下的重复组应包含奇数个影像，最少为 9 个。

5.4.3 冲洗加工前延迟

与 5.3.3 相同。

5.4.4 冲洗加工

与 5.3.4 相同。

5.4.5 影像的评价

与 5.3.5 相同。

5.4.6 最佳焦距

确定每个相对焦距值时重复组的中值分辨力。表 4 是某一典型胶片的焦距系列值。如图 4 所示，以每个焦距值时重复组的中值分辨力对相应焦距值作图，通过各点作平滑曲线，确定相应于最大值的焦距值，它被称为“最佳焦距”。

表 4 焦距系列

相对焦距调整	重复组									中值
	No. 1	No. 2	No. 3	No. 4	No. 5	No. 6	No. 7	No. 8	No. 9	
−2	158	100	126	141	112	158	141	112	100	126
−1	141	126	141	126	141	126	158	141	89.1	141
0	141	141	126	141	141	158	126	126	89.1	141
+1	141	158	126	126	141	141	178	141	89.1	141
+2	112	126	141	141	126	126	141	112	79.4	126

为了确保求得的最佳焦距正确无误，必需满足两个要求。首先，焦距系列所用的焦距范围足以保证曲线具有最大值，第二个要求是焦距系列中逐级焦距变化不能太大。

在曲线的最大值处作一垂直线，然后在此线两边不远处各选两点，这组 4 个点的分辨力中最大的不应超过最小的 1 倍。

5.5 最大分辨力

按 5.4.6 得到的中值分辨力的最大值就是该试样的“最大分辨力”。

为了确保准确得到最大分辨力，应将试样的最大分辨力值与 5.3.6 确定的最佳曝光量系列的最大分辨力作比较。

最佳曝光量系列下的最大分辨力不应低于试样最大分辨力的 75%。如果发现超过此范围，应在“最佳焦距”条件下重复进行 5.3.6 的程序，然后按 5.4.6 重复最佳焦距系列试验。

5.6 替代试验方法

5.3 和 5.4 说明的程序包括进行一组曝光(曝光量系列)，冲洗加工试样，然后进行一组曝光(焦距系列)，再次冲洗加工试样。这种二步式程序使所需曝光和评价次数最少。

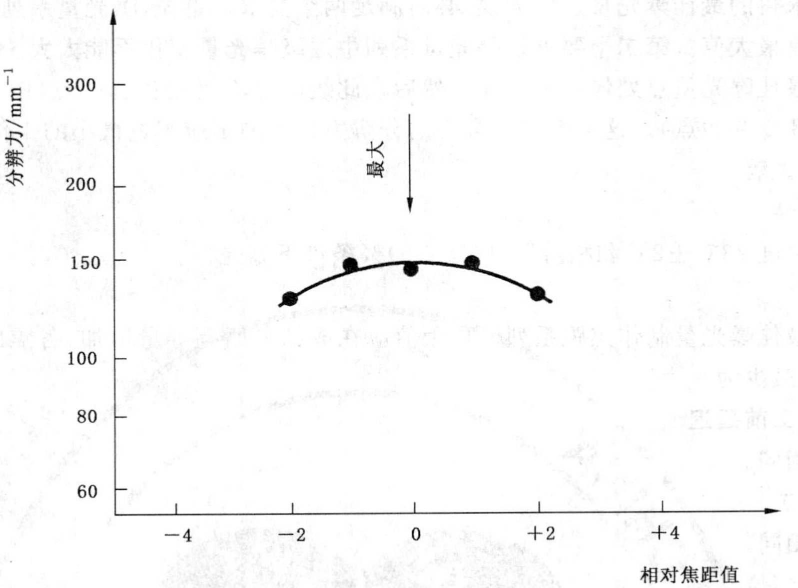

图 4 焦距系列图

有些实验室具有高度自动化的设备，愿意一次进行包括所有曝光量和焦距不同组合的一组曝光。使用这种曝光方式时，在不同焦距值时作如图 3 的曲线，从焦距最合适的那条曲线上确定最佳曝光量。再在最佳曝光量处作如图 4 的曲线。

6 产品分类

6.1 分辨力标度

从试样最大分辨力的算术平均，按表 5 的归整方法直接获得 ISO 分辨力，然后此值按试验标板的反差比是大于 100∶1 或是 1.6∶1 分别标记为受试试样的 ISO 高反差或低反差分辨力。

6.2 产品的分辨力

产品的分辨力(区别于产品试样的分辨力)应从至少三个按上述规定选取、存储和试验的产品试样确定的最大分辨力取平均值求得。

产品的 ISO 高反差或低反差分辨力从不同批号的平均最大分辨力按表 5 来确定。

7 产品标志和标签

按本标准规定方法测定，按表 5 来表示的产品分辨力可以标记为 ISO 高(或低)反差分辨力，并根据标板反差，符号表示为 ISO-RP 320 或 ISO-RPL 320。

为了保证正确理解，报告 ISO 分辨力时最好说明标板反差比、标板极性、曝光时间、照明及冲洗加工条件。

表 5 ISO 分辨力

计算出的分辨力范围		ISO 分辨力值[a]
从	到	
17.8	22.3	20
22.4	28.1	25
28.2	35.4	32

表 5(续)

计算出的分辨力范围		ISO 分辨力值[a]
从	到	
35.5	44.6	40
44.7	56.1	50
56.2	70.7	63
70.8	89.0	80
89.1	111	100
112	141	125
141	177	160
178	223	200
224	281	250
282	354	320
355	446	400
447	561	500
562	707	630
708	890	800
891	1 110	1 000
1 120	1 400	1 250
1 410	1 770	1 600
1 780	2 230	2 000
2 240	2 810	2 500
注：因此表中的有效数字按十进制重复，在两个方向都可以容易地扩展。		
[a] 这些数值表示按 ISO 497:1973 第一归整优先数。		

附　录　A
（资料性附录）
分辨力相机实例图

图 A.1 说明符合本标准规定的典型分辨力相机结构。

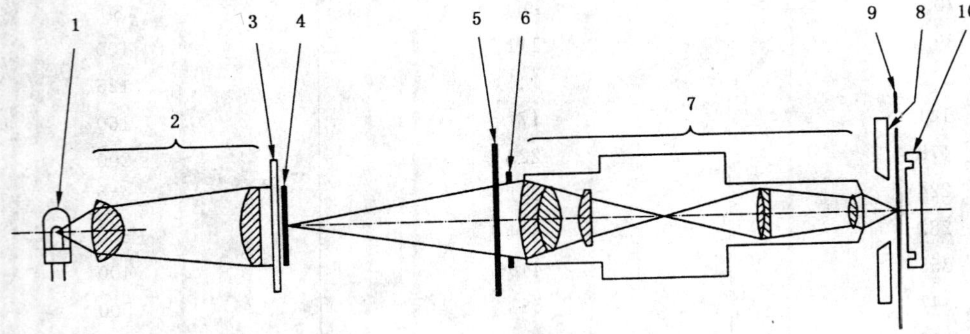

图例：
1——灯；
2——照明光学系统；
3——光漫射器；
4——三线分辨力标板；
5——快门；
6——光阑；
7——成像光学系统；
8——基准面；
9——照相材料；
10——真空压板。

图 A.1　分辨力相机

ICS 25.040.20
J 50

中华人民共和国国家标准

GB/T 9061—2006
代替 GB/T 9061—1988

金属切削机床 通用技术条件

General specifications for metal-cutting machine tools

2006-01-24 发布　　2006-08-01 实施

中华人民共和国国家质量监督检验检疫总局
中国国家标准化管理委员会　发布

前　言

本标准代替GB/T 9061—1988《金属切削机床　通用技术条件》。本次修订按照GB/T 1.1—2000《标准化工作导则　第1部分：标准的结构和编写规则》对原标准进行了编写，标准结构和技术内容有所调整和变化，规定更加具体，提高了可操作性。

本标准与GB/T 9061—1988相比，主要变化如下：

——按照GB/T 1.1的规定，增加了"目次"、"前言"和"引言"。条款表述等用词符合要求，文字措词等力求简洁明确，内容格式和图表按编写规则进行了修改；

——标准结构进行了调整，取消了原标准的第4章"加工和装配质量"及第5章"外观质量"，该两章的技术内容并入本标准的第3章，并将第3章的原标题"基本要求"改为"技术要求"。原标准的第6章改为本标准的第4章，原标题"验收检验"相应更改为"检验与验收"。突出了"技术要求"和"检验与验收"两部分为本标准的主要构成；

——将原标准第1章标题"主题内容与适用范围"改为"范围"，并对原标准适用范围的表述进行了修改，使适用界限和对象更加直观明确；

——本标准第3章增加了"数控系统"一条，相应在第4章增加了"数控系统的检验"；

——由于涉及人身健康或设备安全防护的技术要求属于强制性标准的内容，按照可直接引用原则，对原标准3.8"安全卫生"作出了较大修改(见本版的3.9)；

——参照国外先进标准，并考虑国内目前制造水平和提高产品质量的原则，将原标准6.6.10"整机连续空运转试验"中的数字控制机床连续运转时间进行了调整(见本版的4.6.12)；

——取消了原标准带有的"附则"，原"附则"中的有关技术要求内容写入了本标准，各项规定作了充实和完善；

——增加了规范性附录"确定主轴轴承的稳定温度和温升值的方法"(见附录A)；

——增加了资料性附录"机床主传动系统最大扭矩的试验及近似计算法"(见附录B)；

——增加了资料性附录"机床最大切削抗力的试验及近似计算法)"(见附录C)。

本标准的附录A为规范性附录，附录B、附录C为资料性附录。

本标准由中国机械工业联合会提出。

本标准由全国金属切削机床标准化技术委员会(SAC/TC 22)归口。

本标准起草单位：北京机床研究所。

本标准主要起草人：徐光武、李祥文、张维。

本标准所代替标准的历次版本发布情况为：

——JB 2278—78、GB/T 9061—1988。

引　言

本标准是对 GB/T 9061—1988《金属切削机床　通用技术条件》的修订。修订时，本标准除按照 GB/T 1.1—2000 的要求进行了编写外，在标准结构、技术内容上作出了调整和完善。GB/T 9061—1988 的前身是原第一机械工业部部颁标准 JB 2278—78《金属切削机床　通用技术条件》，已经实施近 15 年。GB/T 9061 是机床产品基本的、共同性质量要求的总规定(也称总标准)，其涉及产品设计、制造及检验验收等的技术要求比较系统、完整，促进了机床产品质量标准体系的发展，对行业的制造技术水平和产品质量的提高具有重要作用。

GB/T 9061 与已补充及具体化为目的而制定的各类型机床产品技术条件(也称分标准)构成了评定产品质量的技术依据。

金属切削机床　通用技术条件

1　范围

本标准规定了金属切削机床(以下简称机床,包括组合机床、机床附件等)基本的、共同性的技术要求。

本标准适用于机床设计、制造、检验与验收。各类型机床产品可根据其使用性能、结构等特点,编制相应的产品技术条件标准,对技术指标、评定方法和检验项目等规定作出补充和具体化。

2　规范性引用文件

下列文件中的条款通过本标准的引用而成为本标准的条款。凡是注日期的引用文件,其随后所有的修改单(不包括勘误的内容)或修订版均不适用于本标准,然而,鼓励根据本标准达成协议的各方研究是否可使用这些文件的最新版本。凡是不注日期的引用文件,其最新版本适用于本标准。

GB/T 191—2000　包装储运图示标志(eqv ISO 780:1997)

GB/T 3167—1993　金属切削机床　操作指示形象化符号(neq ISO 7000:1984)

GB/T 3168—1993　数字控制机床　操作指示形象化符号(neq ISO 2972:1979)

GB 5226.1　机械安全　机械电气设备　第1部分:通用技术条件(GB 5226.1—2002/IEC 60204-1:2000)

GB/T 6477.1—1986　金属切削机床术语　基本术语

GB/T 6477.2—1986　金属切削机床术语　组合机床及组合机床自动线

GB/T 6477.16—1986　金属切削机床术语　机床附件

GB/T 6576—2002　机床　润滑系统(ISO 5170:1977,MOD)

GB/T 7932—2003　气动系统通用技术条件(ISO 4414:1998,IDT)

GB/T 13306—1991　标牌

GB/T 13574—1992　金属切削机床　静刚度检验通则

GB/T 15375—1994　金属切削机床　型号编制方法

GB 15760　金属切削机床　安全防护通用技术条件(GB 15760—2004)

GB/T 16768—1997　金属切削机床　振动测量方法

GB/T 16769—1997　金属切削机床　噪声声压级测量方法

JB/T 2326—1994　机床附件　型号编制方法

JB/T 3051—1999　数控机床　坐标和运动方向的命名(eqv ISO 841:1974)

JB/T 3207—1991　机床附件　产品包装通用技术条件

JB/T 3997—1994　金属切削机床灰铸铁件　技术条件

JB/T 4168—1999　组合机床　型号编制方法

JB/T 8356.1—1996　机床包装　技术条件

JB/T 8356.2—1996　机床包装箱

JB/T 8832—2001　机床数控系统　通用技术条件

JB/T 9872—1999　金属切削机床　机械加工件通用技术条件

JB/T 9873—1999　金属切削机床　焊接件通用技术要求

JB/T 9874—1999　金属切削机床　装配通用技术条件

JB/T 9875—1999　金属切削机床　随机技术文件的编制

JB/T 9877—1999 金属切削机床 清洁度的测定

JB/T 9935—1999 机床附件 随机技术文件的编制

JB/T 10051—1999 金属切削机床 液压系统通用技术条件

3 技术要求

3.1 型号、名称和参数

机床的型号、名称宜按照 GB/T 15375、GB/T 6477.1、GB/T 6477.2、GB/T 6477.16、JB/T 4168 和 JB/T 2326 等的有关规定进行编制和给出。数控机床坐标和运动方向的命名宜符合 JB/T 3051 的规定。机床的参数宜符合各类型机床参数标准的规定。机床与工夹量具、附件等连接部位的型式和尺寸应符合有关标准的规定。

3.2 布局和造型

3.2.1 机床造型设计美观大方，外部结构与色彩匀称、和谐。外露的附件、配套件应与整机协调。

3.2.2 机床各部件及装置应布局合理、高度适中，便于操作者观察加工区域。机床应排屑方便。

3.2.3 机床的手轮、手柄和按钮等应布置合理、操作方便，并符合有关标准的规定。

3.2.4 机床应装、拆、调整和维修方便。整体或拆分运输的机床应符合运输和装载的要求。

3.3 性能与结构

机床性能和结构应满足用户的要求。机床的设计还宜充分考虑系列化、通用化、标准化、模块化。

3.4 附件和工具

机床应备有保证基本性能的附件和工具。扩大机床使用性能的特殊附件，根据用户要求按协议供应。附件和工具宜标有相应的标记或规格。

机床的标准附件和工具，均应保证连接部位的互换性和使用性能。

3.5 电气系统

机床的电气系统应符合 GB 5226.1 的规定。

3.6 数控系统

机床的数控系统应符合 JB/T 8832 的有关规定。

3.7 液压、气动、冷却和润滑系统

3.7.1 机床的液压系统应符合 JB/T 10051 的规定。

3.7.2 机床的气动系统应符合 GB/T 7932 的规定。

3.7.3 机床的冷却系统应保证冷却充分、可靠。

3.7.4 机床的润滑系统应符合 GB/T 6576 的规定。

3.7.5 机床的液压、气动、冷却和润滑系统及其他部位均不应漏(渗)油、漏(渗)水、漏气。切削冷却液不应混入液压系统和润滑系统。

3.8 测量装置

机床和附件的测量装置应准确、可靠，读数部分便于操作观察，视场清晰。有密封要求处应设有可靠的密封装置。

3.9 安全卫生

机床上有可能对人身健康或对设备易造成损伤的部位，应采取安全措施，机床的安全防护应符合 GB 15760 等有关标准的规定。

3.10 寿命

3.10.1 机床重要的及易磨损的导轨副应采取耐磨措施，并符合有关标准的要求。

3.10.2 对机床主轴、丝杠、蜗杆副和高速、重载齿轮副等主要零件也应采取相应措施，提高其工作寿命。

3.10.3 机床主轴、导轨、丝杠等易被尘屑磨损的部位宜采取防护装置。

3.11 标牌

机床上的产品标牌宜符合 GB/T 13306 的有关规定。标牌上的内容应正确并符合有关规定，汉字应采用国家公布的简化字。操作标志等指示形象化符号应符合 GB/T 3167、GB/T 3168 及有关标准和技术文件的规定。

3.12 随机技术文件

机床随机技术文件应包括使用说明书、合格证明书和装箱单。机床随机技术文件的编制方法宜符合 JB/T 9875、JB/T 9935 等标准的规定。

3.13 加工质量

3.13.1 机床上各种零件材料的牌号和机械性能应符合相应标准的规定。零件的加工应符合相应标准、图样和工艺文件的规定。

3.13.2 灰铸铁件质量应符合 JB/T 3997 的规定。

3.13.3 热处理件质量应符合有关标准的规定。

3.13.4 机械加工件质量应符合 JB/T 9872 的规定。

3.13.5 焊接件质量应符合 JB/T 9873 的规定。

3.14 装配质量

3.14.1 机床的装配质量应符合 JB/T 9874 的规定。

3.14.2 机床装配过程中清洁度检测要求和方法宜符合 JB/T 9877 的规定。

3.15 外观质量

3.15.1 机床外观表面不应有图样未规定的凸起、凹陷、粗糙不平和其他损伤。

3.15.2 机床的防护罩应平整、匀称，不应翘曲、凹陷。

3.15.3 机床零、部件外露结合面的边缘应整齐、匀称，除设计允许外不应有明显的错位。错位量和错位不匀称量宜符合表 1 的规定。

机床的门、盖与机床的结合面应贴合，贴合缝隙值不大于表 1 的规定。

机床的电气柜、电气箱等的门、盖周边与其相关件的缝隙应均匀，缝隙不均匀值不大于表 1 的规定。

表 1

单位为毫米

结合面边缘及门、盖边长尺寸	≤500	>500～1250	>1 250～3 150	>3 150
错位量	1.5	2	3	4
错位不匀称量	1	1	1.5	2
贴合缝隙值	1	1.5	2	—
缝隙不均匀值	1	1.5	2	—

注 1：当配合面边缘及门、盖边长尺寸的长、宽不一致时，按长边尺寸确定允许值。

注 2：错位不匀称量指外露结合面边缘同一边或对应边最大错位量与最小错位量之差值。

注 3：缝隙不均匀值指门、盖间对开缝或其相对机床本体间最大缝隙值与最小缝隙值之差值。

3.15.4 外露的焊缝应平直、均匀。

3.15.5 装入沉孔的螺钉不应突出于零件表面，其头部与沉孔之间不应有明显的偏心。固定销（轴用固定销两端均露者除外）一般应略突出于零件外表面。螺栓尾端应略突出于螺母端面。外露轴端一般应突出于包容件的端面，突出值约为倒棱值。内孔表面与壳体凸缘间的壁厚应均匀对称，其凸缘壁厚之差不应大于实际最大壁厚的 25%。

3.15.6 机床外露零件表面不应有磕碰、锈蚀。螺钉、铆钉、销子端部不应有扭伤、锤伤等缺陷。

3.15.7 金属手轮轮缘和操纵手柄应有防护层。

3.15.8 电镀件、发蓝件、发黑件色调应一致，防护层不应有褪色、脱落现象。

3.15.9 电气、液压、润滑和冷却等管道的外露部分应布置紧凑、排列整齐，并不应产生扭曲、折叠等现象。

3.15.10 机床零件未加工的表面应涂以油漆。涂漆应符合有关标准和技术文件的规定。

可拆卸的零、部件装配结合面的接缝处，在涂漆以后应切开，切开时不应扯破漆面。

3.15.11 机床上的各种标牌应清晰、耐久。产品铭牌宜固定在机床的明显位置，并应平整牢固、不歪斜。

4 检验与验收

4.1 概述

4.1.1 每台机床应在制造厂经检验合格后出厂。某些机床需安装在整个生产线上才能进行检验，或检验时需要大量专用毛坯及制造厂不具备特大、特重工件等情况时，经用户同意也可在机床使用处进行检验。

4.1.2 机床检验分为型式试验和出厂检验。

4.1.2.1 属于下列形式之一，应进行型式试验：

a) 新产品试制、定型鉴定；

b) 机床结构、性能较基型有重大改动时。

4.1.2.2 出厂检验一般包括以下内容：

a) 外观检验；

b) 附件和工具的检验；

c) 参数检验(抽查)；

d) 机床的空运转试验(含抽查项)；

e) 机床的负荷试验(含抽查项)；

f) 机床的精度检验(含抽查项)；

g) 其他。

注：注明"抽查"检验的项目，在足以保证成批生产产品的质量条件下，其抽查时间、方法、台份等一般由制造厂规定。

4.2 一般要求

4.2.1 机床检验时，应注意防止气流、光线和热辐射的干扰。

机床应防止受环境温度变化的影响，有恒温要求的机床应在规定的恒温条件下进行检验，检具在使用前应与机床等温。

4.2.2 检验与验收前，应将机床安置在适当的基础上，按照制造厂的使用说明书调平机床，并应符合相应的精度检验标准中所规定的安装要求。

4.2.3 检验过程中，不应调整影响机床精度和性能的机构和零件。用地脚螺栓紧固的机床，在检验过程中不应重新调整安装水平。否则，应复检调整后受到影响的有关项目。

4.2.4 检验原则上是在制造完毕的成品上进行，特殊情况下可按制造厂的使用说明书拆卸某些零、部件。

4.2.5 机床由于结构上的限制或不具备规定的测试工具时，可用与标准有同等效果的方法代替。

4.3 外观检验

4.3.1 按3.2评定机床的布局和造型(仅在型式试验时进行)。

4.3.2 按3.15检验机床的外观质量。

4.4 附件和工具的检验

按3.4检验随机供应的附件和工具是否符合规定。

4.5 参数检验(抽查)

按3.1检验机床的参数。检验机床与工夹量具、附件等连接部位的型式和尺寸是否符合有关标准的规定。

4.6 机床的空运转试验

4.6.1 运转检验

4.6.1.1 机床应在无负荷状态下进行空运转。试验时，机床的主运动机构应从最低速度起依次运转，每级速度的运转时间不应少于 2 min。用交换齿轮、皮带传动变速和无级变速的机床，可作低、中、高速运转。在最高速度时应运转足够的时间(不应少于 1 h)，使主轴轴承(或滑枕)达到稳定温度。

4.6.1.2 进给机构按其各项功能依次作变换进给量(或进给速度)的空运转检查，批量生产产品检验时，可仅作低、中、高进给量(或进给速度)检查。

注：对于进给机构与主运动机构有传动关系的机床应解释为“进给量”；对于进给机构与主运动机构无关系的单独驱动系统应解释为“进给速度”。

有快速移动的机构，应作快速移动的试验。

4.6.2 温升试验

4.6.2.1 主轴轴承达到稳定温度时，检查其温度和温升，温度和温升值不应超过表 2 的规定。确定主轴轴承的稳定温度和温升值的方法见附录 A。

表 2

单位为摄氏度

轴 承 型 式	温 度	温 升
滑动轴承	60	30
滚动轴承	70	40
注：机床经过一定时间的运转后，其测量温度值上升幅度不超过每小时 5℃时，一般可认为已达到稳定温度。		

4.6.2.2 液压系统的温升试验，宜符合 JB/T 10051 的规定。主运动为往复运动的机床，应在最高速度下检查运动件(滑枕、工作台等)导轨的稳定温度。其他重要部位轴承或热源的温度和温升值，应符合有关标准和技术文件的规定。

4.6.3 主运动和进给运动的检验(抽查)

检验主运动速度和进给速度(进给量)的准确性，并检查快速移动速度(或时间)。在所有速度下，机床工作机构均应平稳、可靠。

4.6.4 动作试验

机床动作试验应包括以下内容：

a) 以一个适当的速度检验主运动和进给运动机构的起动、停止(包括制动、反转和点动等)和动作是否灵活、可靠，一般应反复动作 10 次；

b) 检验自动机构(包括自动循环机构)的调整和动作是否灵活、可靠；

c) 反复变换主运动和进给运动的速度，检查变速机构是否平稳、可靠和指示的准确性；

d) 检验转位、定位、分度机构动作是否灵活、可靠；

e) 检验调整机构、夹紧机构、读数指示器和其他附属装置是否灵活、可靠；

f) 检验装卸工件、刀具和附件等装置是否灵活、可靠；

g) 与机床连接有传动关系的随机附件，应进行连接试运转，并检查相互关系是否符合设计要求；

h) 检验其他操纵机构动作是否灵活、可靠；

i) 检验有刻度装置的手轮反向空程量和手轮、手柄的操纵力。手轮反向空程量和手轮、手柄操纵力应符合有关标准的规定。

注：数控机床除按上述各条检验外，还应按有关标准和技术文件进行动作试验。

4.6.5 安全防护装置和保险装置的检验

安全防护装置和保险装置应符合 GB 15760 等有关标准的规定，检查其是否齐备、可靠。

4.6.6 噪声检验

机床的噪声声压级在空运转条件下测量，测量方法宜符合 GB/T 16769 的规定，测量结果应符合

GB 15760 的规定。

4.6.7 空运转功率试验(抽查)

在机床主运动机构各级速度空运转至功率稳定后,检查主传动系统的空运转功率。对于进给运动与主运动分开的机床,必要时宜检查进给系统的空运转功率。

注:检验空运转功率时,应扣除电动机本身消耗的功率,但当电动机直接装在主轴上时(自驱式主轴),则不扣除电动机本身消耗的功率。空运转功率的指标由各类型机床分标准规定。

4.6.8 电气系统的检验

机床电气系统应符合 GB 5226.1 等有关标准的规定,检查其工作性能是否符合要求。

4.6.9 数控系统的检验

机床数控系统应符合 JB/T 8832 的规定,并检验其与主机联接后是否可靠、稳定。

4.6.10 液压、气动、冷却和润滑系统的检验

液压、气动、冷却和润滑系统应符合 3.7 的规定。

4.6.11 测量装置的检验

测量装置应符合 3.8 的规定。

4.6.12 整机连续空运转试验

自动、半自动和数控机床可在全部功能下模拟工作状态作不切削连续空运转试验,其连续运转时间应符合表 3 的规定。连续运转试验过程中不应发生故障,如出现异常或故障,在查明原因进行调整或排除后,应重新开始试验。试验时,自动循环应包括所有功能和全部工作范围,各次自动循环之间的休止时间不应大于 1 min。

表 3

单位为小时

机床控制型式		连续运转时间
机械控制		4
电、液控制		8
数字控制	联动轴数<3	36
	联动轴数≥3	48

4.7 机床的负荷试验

4.7.1 机床承载工件最大重量的运转试验(抽查)

在机床上装上设计规定的机床承载最大重量的工件,机床以低速及设计规定的高速运转,检验机床运转是否平稳、可靠。

4.7.2 机床主传动系统的扭矩试验

扭矩试验包括:

a) 机床主传动系统最大扭矩的试验;

b) 机床短时间超过最大扭矩 25%的试验(数控机床除外)。

试验时,在小于或等于机床计算转速的转速范围内选一适当转速,逐级改变进给量或切削深度,使机床达到规定扭矩。检验机床传动系统各传动元件和变速机构是否可靠,检验机床是否平稳和运动是否准确。机床主传动系统最大扭矩的试验及近似计算法见附录 B。

对于成批生产的机床,允许在 2/3 倍最大扭矩下进行试验,但应定期进行最大扭矩和短时间超过最大扭矩 25%的抽查性试验。

4.7.3 机床切削抗力试验。

切削抗力试验包括:

a) 机床最大切削抗力的试验;

b) 机床短时间超过最大切削抗力 25%的试验(数控机床除外)。

试验时，选用适当的几何参数的刀具，在小于或等于机床计算转速的转速范围内选一适当转速，逐渐改变进给量或切削深度，使机床达到规定的切削抗力。检验各运动机构、传动机构是否灵活、可靠。机床最大切削抗力的试验及近似计算法见附录C。

对于成批生产的机床，允许在2/3倍最大切削抗力下进行试验，但应定期进行最大切削抗力和短时间超过最大切削抗力25%的抽查性试验。

4.7.4 机床主传动系统达到最大功率的试验(抽查)

根据机床的类型，选择适当的加工方式、试件(材料和尺寸)、刀具(材料和几何参数)，常用进给量、切削速度，逐步改变切削深度使机床达到最大功率(一般为电动机的额定功率)，检验机床在最大功率切削下各部分工作状态的稳定性、金属切除率及电气系统等是否可靠。

注1：最大功率是指机床上主电动机的额定功率，不是设计的最大功率。某些机床如只能在设计规定的计算功率下进行最大功率试验时，一般应在机床使用说明书中注明，此情况下可按最大设计计算功率进行试验。

注2：机床设计时，如主电动机额定功率不是从生产效率的角度来确定的(如根据机床起动的要求来确定等)，则该类型机床应在分标准中规定具体的试验方法。

4.7.5 抗振性切削试验(抽查)

对于某些机床除进行最大功率试验外， 还应进行以下试验：

a) 有限功率切削试验(由于工艺条件限制而不能使用全部功率)；

b) 极限切削宽度试验。

根据机床的类型，选择适当的加工方式、试件(材料和尺寸)、刀具(材料和几何参数)、切削速度和进给量，检验机床结构的稳定性。

4.8 机床的精度检验

4.8.1 几何精度检验

按各类型机床产品精度检验等有关标准的规定进行检验。检验时，各部分运动应手动(或用低速机动)。负荷试验前后(不做负荷试验的机床在空运转试验后)均应检验机床的几何精度。凡与温度有关的精度项目(对机床工作精度和使用性能有影响)，在中速稳定温度时进行检验。最后一次精度检验的实测数值应记入产品合格证明书中。

注：中速是指机床主轴(或滑枕)最高速度的二分之一。当主轴转速级数中没有与中速相一致的级数时，要选取高于中速的速度级数。

4.8.2 工作精度检验

按各类型机床产品精度检验等有关标准的规定进行检验。

4.8.3 运动的不均匀性检验

按有关标准的规定进行检验。

4.8.4 振动试验(抽查)

按有关标准的规定进行试验，振动测量方法宜符合GB/T 16768的规定。

4.8.5 刚度试验(抽查)

按有关标准的规定进行试验，静刚度检验宜符合GB/T 13574的规定。

4.8.6 热变形试验(抽查)

按有关标准的规定进行试验。

4.8.7 其他精度检验

按有关技术文件的规定进行检验。

注：不需全面作4.8试验的机床，可按有关标准和技术文件的规定进行。

4.9 其他

可按订货合同中技术要求的有关内容进行。

5 包装

5.1 机床在包装前,必须进行防锈处理。

5.2 出厂的整台机床包装箱内,一般应随机供应一套技术文件。对于结构复杂的机床,宜提供两份使用说明书。

5.3 机床的包装应符合 GB/T 191、JB/T 8356.1、JB/T 8356.2、JB/T 3207 等有关标准的规定。

6 制造厂的保证

在符合机床的运输、保管、安装、调试、维修和遵守使用规程的条件下,用户自收货之日起一年内,因设计、制造或包装质量不良等原因造成机床损坏或其不能正常使用时,制造厂应负责包修、包退、包换。

附 录 A
（规范性附录）
确定主轴轴承的稳定温度和温升值的方法

A.1 主轴轴承温度和室温的测量

A.1.1 机床主轴在最高转速下运转，每间隔一定时间测量主轴轴承的温度和室温。经一定时间的运转后，轴承温度上升幅度不超过每小时 5℃时，可认为已达到稳定温度。

A.1.2 以时间(T)为横坐标，温度(t)为纵坐标，将间隔一定时间测得的轴承温度和室温画成变化曲线图，使每小时温度上升 5℃的斜率线与轴承温度变化曲线相切。该切点定为主轴轴承达到稳定温度时的温度值(t_1)，此值减去同一时间测得的室温值(t_0)，即为主轴轴承达到稳定温度时的温升值(t_2)。轴承温度和室温变化曲线示例见图 A.1。

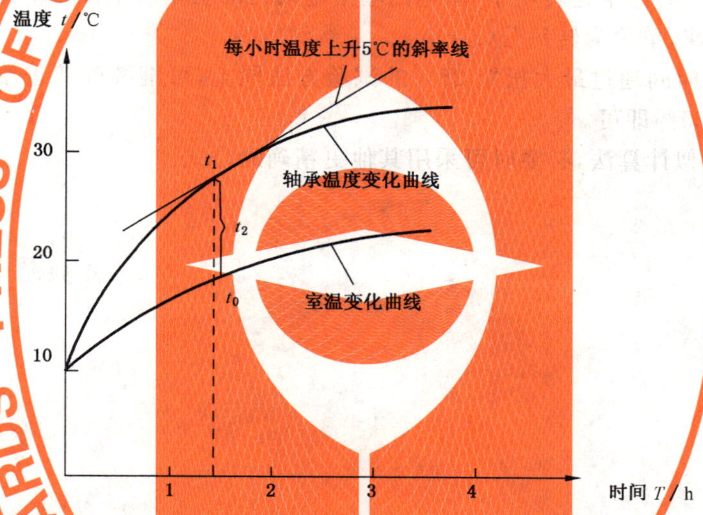

t_0——主轴轴承达到稳定温度时的室温值；

t_1——主轴轴承达到稳定温度时的温度值；

t_2——主轴轴承达到稳定温度时的温升值。

图 A.1 轴承温度和室温变化曲线示例

A.2 测温点的选择

A.2.1 为了测得主轴轴承的实际温度，机床设计时应在结构上予以考虑测温点。

A.2.2 由于受机床结构的限制使直接测量轴承温度受到影响时，实际测温点的温度与轴承温度的差值应通过试验找出规律加以修正，对于成批量生产的产品，其测温点所测温度应按温差规律修正值检验。

附 录 B
（资料性附录）
机床主传动系统最大扭矩的试验及近似计算法

机床主传动系统最大扭矩的试验，可用功率表和转速表分别测量机床电动机的输入功率和机床主轴转速，宜按下面的公式近似计算出机床的扭矩，该扭矩应等于机床的最大扭矩。试验时，一般应在等于或小于机床计算转速范围内选一适当转速，通过逐级改变进给量或切削深度，使机床达到规定扭矩。

$$T \approx 9\ 550(P-P_0)/n \qquad \cdots\cdots(B.1)$$

式中：

T——扭矩，单位为牛米（N·m）；

P——切削时电动机的输入功率（指电网输给电动机的功率），单位为千瓦（kW）；

P_0——机床装有工件时的空运转功率（指电网输给电动机的功率），单位为千瓦（kW）；

n——机床主轴转速，单位为转每分（r/min）。

机床主传动系统短时间超过最大扭矩 25％的试验方法同上，可继续改变进给量或切削深度，使切削扭矩达到额定值的 125％即可。

此公式仅是一种近似计算法，必要时可采用其他更精确的公式。

附　录　C
（资料性附录）
机床最大切削抗力的试验及近似计算法

机床最大切削抗力的试验，可用功率表和转速表分别测量机床电动机的输入功率和机床主轴转速，宜按下面的公式近似计算出机床切削抗力的主分力，按主分力和刀具角度确定机床的切削抗力，该抗力应等于机床的最大切削抗力。试验时，一般应选用机床重切削时最常用的刀具，在等于或小于机床计算转速范围内选一适当转速，通过逐渐改变进给量或切削深度，使机床达到规定的切削抗力。

$$F \approx \frac{9\ 550(P - P_0)}{r \cdot n} \qquad \cdots\cdots\cdots\cdots (C.1)$$

式中：

F——切削抗力的主分力，单位为牛(N)；

P——切削时电动机的输入功率(指电网输给电动机的功率)，单位为千瓦(kW)；

P_0——机床装有工件时的空运转功率(指电网输给电动机的功率)，单位为千瓦(kW)；

r——工件或刀具的切削半径，单位为米(m)；

n——机床主轴转速，单位为转每分(r/min)。

机床短时间超过最大切削抗力25%的试验方法同上，可继续改变进给量或切削深度，使切削抗力达到额定值的125%即可。

此公式仅是一种近似计算法，必要时可采用更精确的公式。对于某些不适用该公式的机床，可按其他有关公式计算。

ICS 25.100.20
J 41

中华人民共和国国家标准

GB/T 9062—2006
代替 GB/T 9062—1988

硬质合金错齿三面刃铣刀

Side and face milling cutters with double alternate helical teeth with carbide tips

2006-12-30 发布　　2007-06-01 实施

中华人民共和国国家质量监督检验检疫总局
中国国家标准化管理委员会　发布

前　言

本标准代替 GB/T 9062—1988《硬质合金错齿三面刃铣刀》。

本标准与 GB/T 9062—1988 相比主要变化如下：

——取消原表 1 中的参考值：齿数、β、γ_0、α_0、α_n、κ_r；

——尺寸 D_1、L_1 及硬质合金刀片型号作为参考值列出；

——修改标记示例部分；

——取消原形状和位置公差表中对外径锥度的要求；

——修改内孔表面、刀齿两侧面和两支承端面的表面粗糙度上限值；

——取消性能试验部分；

——修改标志和包装部分；

——取消原标准中的附录 A。

本标准由中国机械工业联合会提出。

本标准由全国刀具标准化技术委员会归口。

本标准起草单位：成都工具研究所。

本标准主要起草人：刘玉玲、查国兵。

本标准所代替标准的历次版本发布情况为：

——GB/T 9062—1988。

硬质合金错齿三面刃铣刀

1 范围

本标准规定了硬质合金错齿三面刃铣刀的型式和尺寸、外观和表面粗糙度、位置公差、材料和硬度、标志和包装的基本要求。

本标准适用于镶硬质合金刀片的错齿三面刃铣刀。

2 规范性引用文件

下列文件中的条款通过本标准的引用而成为本标准的条款。凡是注日期的引用文件，其随后所有的修改单(不包括勘误的内容)或修订版均不适用于本标准，然而，鼓励根据本标准达成协议的各方研究是否可使用这些文件的最新版本。凡是不注日期的引用文件，其最新版本适用于本标准。

GB/T 2075 切削加工用硬切削材料的用途 切屑形式大组和用途小组的分类代号(GB/T 2075—1998，idt ISO 513:1991)

GB/T 6132 铣刀和铣刀刀杆的互换尺寸(GB/T 6132—2006，ISO 240:1994，IDT)

YS/T 79 硬质合金焊接刀片

3 型式和尺寸

3.1 硬质合金错齿三面刃铣刀的型式和尺寸按图1和表1所示。

3.2 键槽尺寸和偏差按 GB/T 6132 规定。

3.3 硬质合金刀片的型式和尺寸可按 YS/T 79 选用。

3.4 标记示例：

外径 $D=100$ mm，宽度 $L=16$ mm，刀片分类代号为 P20 的硬质合金错齿三面刃铣刀为：

硬质合金错齿三面刃铣刀 100×16-P20 GB/T 9062—2006

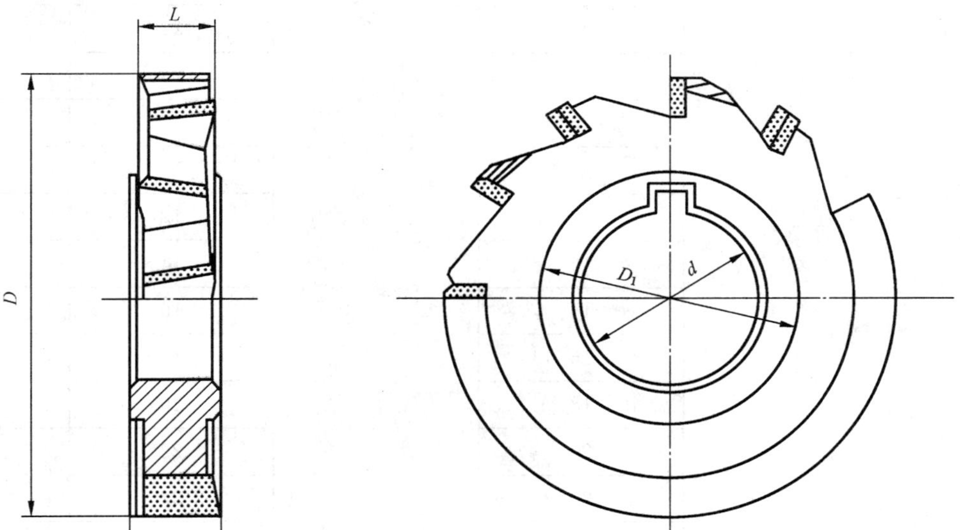

图 1 硬质合金错齿三面刃铣刀

表 1

单位为毫米

D js16	d H7	L k11	D_1	L_1	硬质合金 刀片型号
			（参考）		
63	22	8	34	9	A108
		10		11	D210A
		12		13	
		14		15	D214
		16		17	
80	27	8	41	9	A108
		10		11	D210A
		12		13	A112
		14		15	
		16		17	D214A
		18		20	D218B
		20		22	
100	32	8	47	10	A108
		10		12	D210A
		12		14	A112
		14		16	
		16		18	D214A
		18		20	
		20		22	D220
		22		24	
		25		27	D224
125	40	8		10	A108
		10		12	D210A
		12		14	A112
		14		16	
		16		18	D214A
		18		20	
		20		22	D220
		22		24	
		25		27	D224
		28		30	D226

表 1（续）

单位为毫米

D js16	d H7	L k11	D_1	L_1（参考）	硬质合金刀片型号
160	40	10	55	12	D210A
		12		14	A112
		14		16	
		16		18	D214A
		18		20	
		20		22	D220
		22		24	
		25		27	D222A
		28		30	D226
		32		34	D230
200	50	12		14	A112
		14		16	
		16		18	D214A
		18		20	
		20		22	D220
		22		24	
		25		27	D222A
		28		30	D226
		32		34	D230
250	50	14	68	16	A112
		16		18	D214A
		18		20	
		20		22	D220
		22		24	
		25		27	D222A
		28		30	D226
		32		34	D230

4 技术要求

4.1 外观和表面粗糙度

4.1.1 铣刀刀片不得有裂纹，切削刃不得有崩刃，铣刀表面不得有刻痕和锈迹等影响使用性能的缺陷。

4.1.2 铣刀焊缝处不应有砂眼和未焊透现象。

4.1.3 铣刀表面粗糙度的上限值：

——前面和后面：Rz 3.2 μm；

——内孔表面：Ra 0.8 μm；

——刀齿两侧隙面和两支承端面：Ra 0.8 μm。

4.2 位置公差

硬质合金错齿三面刃铣刀的位置公差按表2所示。

表 2

单位为毫米

项目		公差		
		$D\leqslant80$	$D>80\sim125$	$D>125$
圆周刃对内孔轴线的径向圆跳动	一转	0.040	0.050	0.063
	相邻	0.020	0.025	0.032
端刃对内孔轴线的端面圆跳动	一转	0.032	0.040	0.050
	相邻	0.016	0.020	0.025

4.3 材料和硬度

4.3.1 铣刀刀体用40Cr或同等性能的合金工具钢制造，硬度不低于30 HRC；

4.3.2 铣刀刀片材料按GB/T 2075选用。

5 标志和包装

5.1 标志

5.1.1 铣刀产品上应标志：

——制造厂或销售商的商标；

——外径 D 和宽度 L；

——刀片材料(硬质合金牌号或用途代号)。

5.1.2 包装盒上应标志：

——制造厂或销售商的名称、地址和商标；

——产品名称；

——标准编号；

——外径 D 和宽度 L；

——刀片材料(硬质合金牌号或用途代号)；

——件数；

——制造年月。

5.2 包装

铣刀在包装前应经防锈处理。包装应牢固，防止运输过程中损伤。

ICS 23.100.20
J 20

中华人民共和国国家标准

GB/T 9094—2006/ISO 6099:2001
代替 GB/T 9094—1988

液压缸气缸安装尺寸和安装型式代号

Fluid power systems and components—Cylinders—Identification code for mounting dimensions and mounting types

(ISO 6099:2001,IDT)

2006-08-22 发布　　2007-01-01 实施

中华人民共和国国家质量监督检验检疫总局
中国国家标准化管理委员会　发布

前　言

本标准等同采用国际标准ISO 6099:2001,是对GB/T 9094—1988《液压缸气缸　安装尺寸和安装型式代号》(英文版)的修订。

本标准发布后代替GB/T 9094—1988。

本标准在技术内容上与ISO 6099:2001完全一致,仅在编辑方面做了少量修改,具体修改内容如下:

——在"2　规范性引用文件"中,以相应的国家标准代替国际标准;

——在4.1中,将"示例"置于字母说明之后,使叙述更加符合中文习惯,与前版一致。

本标准与GB/T 9094—1988相比,变化如下:

——原术语"参照点"改为"基准点";

——增加4.6、4.7和图5~图7;

——增加第6章、第7章;

——增加"表2"中"MB1~MDB2"、"MX7~MDX8"的内容;

——增加图25~图28和图85~图88;

——表3中增加代号"*H*、*N*";

——表3(续)中增加:"*DA*、*EA*、*MA*、*RA*、*DB*、*EB*、*MB*、*DC*、*KC*、*AD*、*AE*、*FE*、*KE*、*NE*、*TE*、*OF*、*RF*、*SF*、*DG*、*FG*、*RG*、*EH*、*TH*、*LJ*、*DK*、*FK*、*GK*、*SK*、*TK*、*GL*、*HL*、*JL*、*KL*、*ML*、*NL*、*SL*、*UL*、*VL*、*WL*、*YL*、*FN*、*CO*、*FO*、*GO*、*JO*、*KO*、*LO*、*AP*、*JP*、*KP*、*UP*、*AR*、*BR*、*CR*、*AS*、*CS*、*FS*、*BT*、*XT*、*BU*、*CU*、*CV*、*ZV*、*CW*、*UX*、*ZX*";

——表3(续)中删除"*AM*、*UN*、*AW*、*AX*"。

本标准由中国机械工业联合会提出。

本标准由全国液压气动标准化技术委员会(SAC/TC 3)归口。

本标准起草单位:北京机械工业自动化研究所。

本标准主要起草人:刘新德、赵曼琳。

本标准于1988年首次发布,此次为第一次修订。

引　言

在流体传动系统中，功率是通过在封闭回路内的受压流体（液体或气体）传递和控制的。通常系统及其元件都是为用于特定的流体压力设计和销售。

液压缸和气动缸是这类元件之一。它是将流体动力转换成线性机械力和运动的装置。它包括一个运动部件，即在缸筒内运动的活塞和活塞杆。

虽然本标准提供了用于缸安装的代号和尺寸标注方法，但并未涉及全部尺寸。本标准规定的代号对于今后互换性标准的制定并不完善，它仅对安装尺寸建立统一、规范性的描述。

在不会造成混乱或误解的情况下，本标准规定的代号也可用于类似产品的尺寸。

液压缸气缸安装尺寸和安装型式代号

1 范围

本标准规定了液压缸和气缸(以下简称缸)的安装尺寸和安装型式的标识代号,包括:缸的安装尺寸、外形尺寸、附件尺寸和连接口尺寸,以及安装型式和附件型式的标识代号。

本标准未包括所有液压缸和气缸的安装型式和附件型式。

2 规范性引用文件

下列文件中的条款通过本标准的引用而成为本标准的条款。凡是注日期的引用文件,其随后所有的修改单(不包括勘误的内容)或修订版均不适用于本标准,然而,鼓励根据本标准达成协议的各方研究是否可使用这些文件的最新版本。凡是不注日期的引用文件,其最新版本适用于本标准。

GB/T 17446 流体传动系统及元件 术语(GB/T 17446—1998,idt ISO 5598:1995)

3 术语和定义

在 GB/T 17446 中确立的术语和定义适用于本标准。

4 基准点

4.1 概述

缸的轴向尺寸由一个基准点确定。无论缸的安装方式如何,这一基准点对所有的缸是相同的。这个理论基准点(TRP) (以下简称基准点)是将力从活塞杆传递到运动部件的传递点。

4.2 平面活塞杆端

对于平面活塞杆端,其基准点位于活塞杆端面与活塞杆轴线的交点上,见图 1。

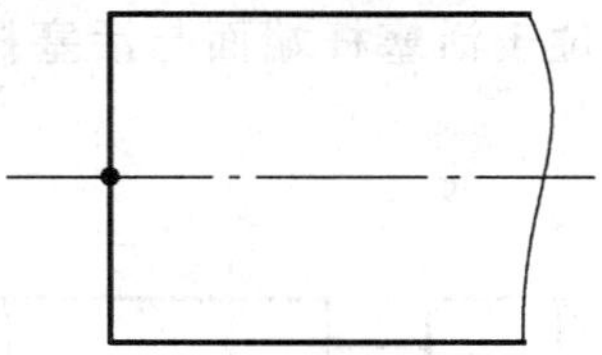

图 1 平面活塞杆端

4.3 带柱销孔的活塞杆端

对于带柱销孔的活塞杆端,其基准点位于柱销孔轴线与活塞杆轴线的交点上,见图 2。

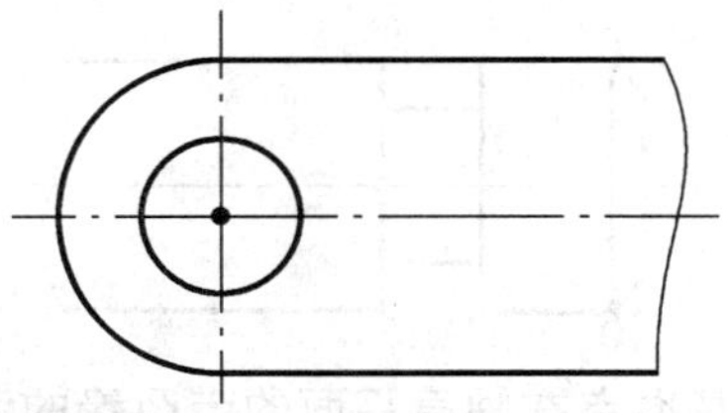

图 2 带柱销孔的活塞杆端

4.4 带内螺纹的活塞杆端

对于带内螺纹的活塞杆端，其基准点位于活塞杆端面与活塞杆轴线的交点上，见图3。

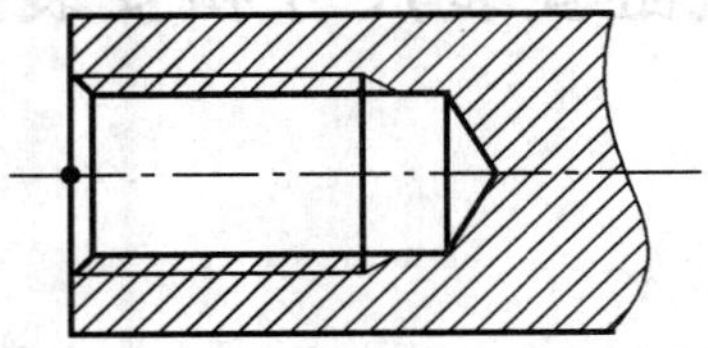

图3 带内螺纹的活塞杆端

4.5 带外螺纹的活塞杆端

对于带外螺纹的活塞杆端，其基准点位于活塞杆轴肩平面与活塞杆轴线的交点上，见图4。

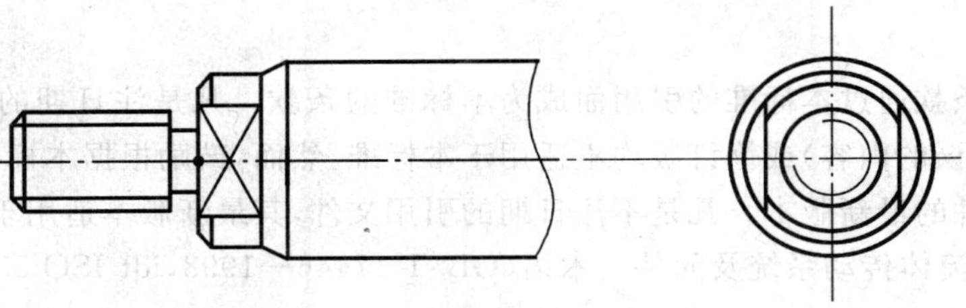

图4 带外螺纹的活塞杆端

4.6 带扳手面的活塞杆端

对于带扳手面的活塞杆端，其基准点位于扳手面的水平对中线与活塞杆轴线的交点上，见图5。

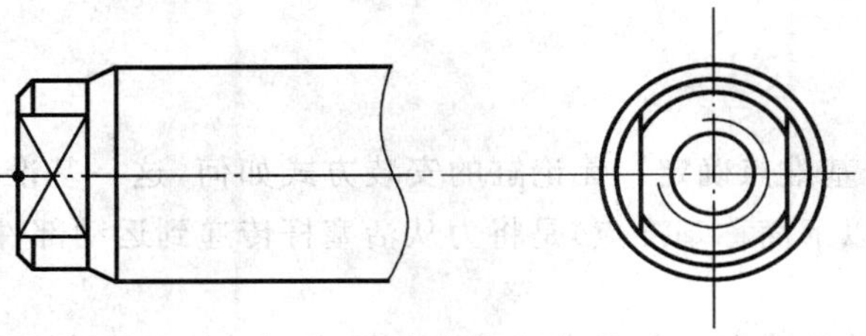

图5 带扳手面的活塞杆端

4.7 带凸缘的活塞杆端(二选一的基准点)

对于带凸缘的活塞杆端，其基准点位于活塞杆端面与活塞杆轴线的交点上(见图6)或轴肩平面与活塞杆轴线的交点上，见图7。

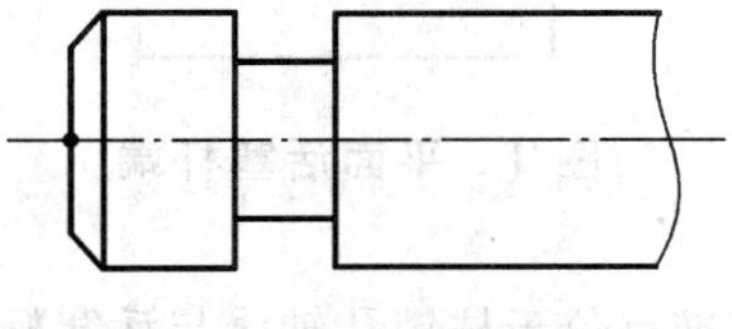

图6 基准点在活塞杆端面的带凸缘的活塞杆端

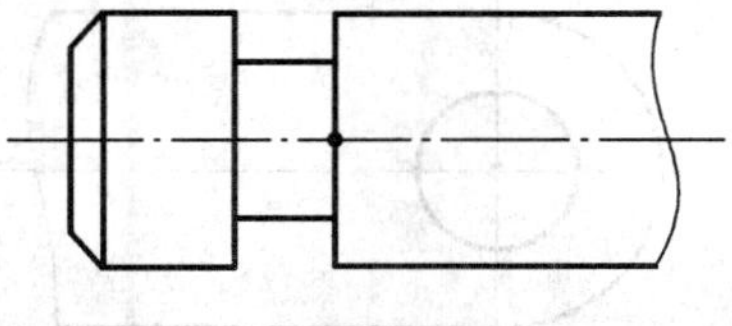

图7 基准点在轴肩平面的带凸缘的活塞杆端

5 安装尺寸、外形尺寸和附件尺寸的标识代号

5.1 概述

缸的安装尺寸、外形尺寸和附件尺寸的标识代号，由一个或两个字母组成。必要时，添加符号+、++或+/。

在5.2～5.5中规定了这些字母和符号的意义。

5.2 字母 *Z*

用 *Z* 开头的任何两个字母组合，表示缸的轴向外形尺寸。

5.3 字母 *U*

用 *U* 开头的任何两个字母组合，表示缸的侧视图外形尺寸。

5.4 字母 *W*、*X*、*Y*、*Z*

用 *W*、*X*、*Y* 或 *Z* 开头的任何两个字母组合，表示以基准点为端点的尺寸。

5.5 符号

在字母后面的符号“+”，表示加上缸的行程：

ZJ +=*ZJ* 加缸的行程。

在字母后面的符号“++”，表示加上两倍缸的行程：

ZM ++=*ZM* 加两倍缸行程。

在字母后面的符号“+/”，表示加上二分之一缸的行程：

XV +/=*XV* 加二分之一缸的行程。

5.6 尺寸标注

缸的总体尺寸见图8，活塞杆端部尺寸见图9。

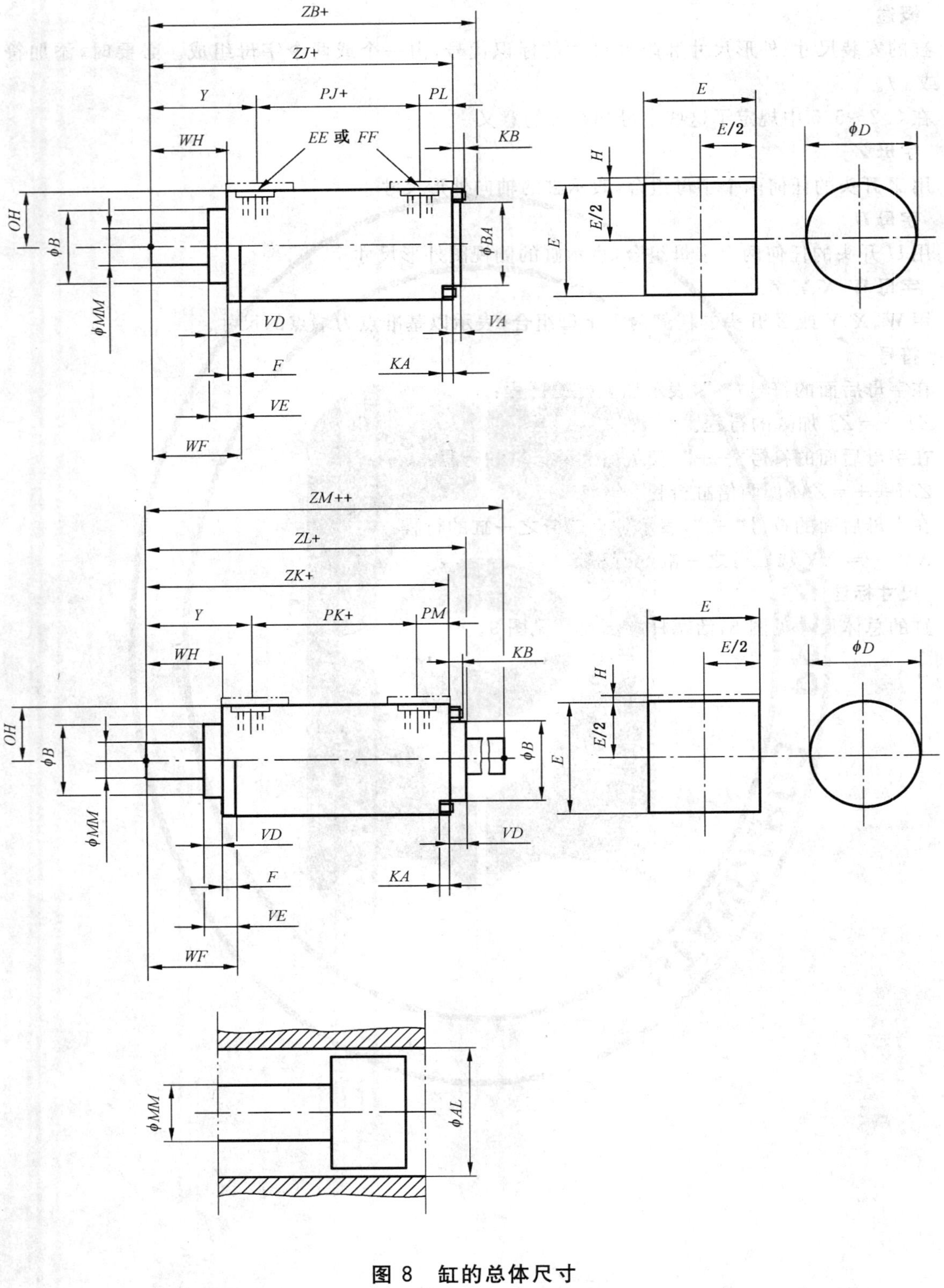
ZB+
ZJ+
Y
PJ+
PL
WH
EE 或 FF
KB
OH
φB
φBA
φMM
VD
VA
F
KA
VE
WF
E
E/2
H
φD
ZM++
ZL+
ZK+
PK+
PM
φAL

图 8 缸的总体尺寸

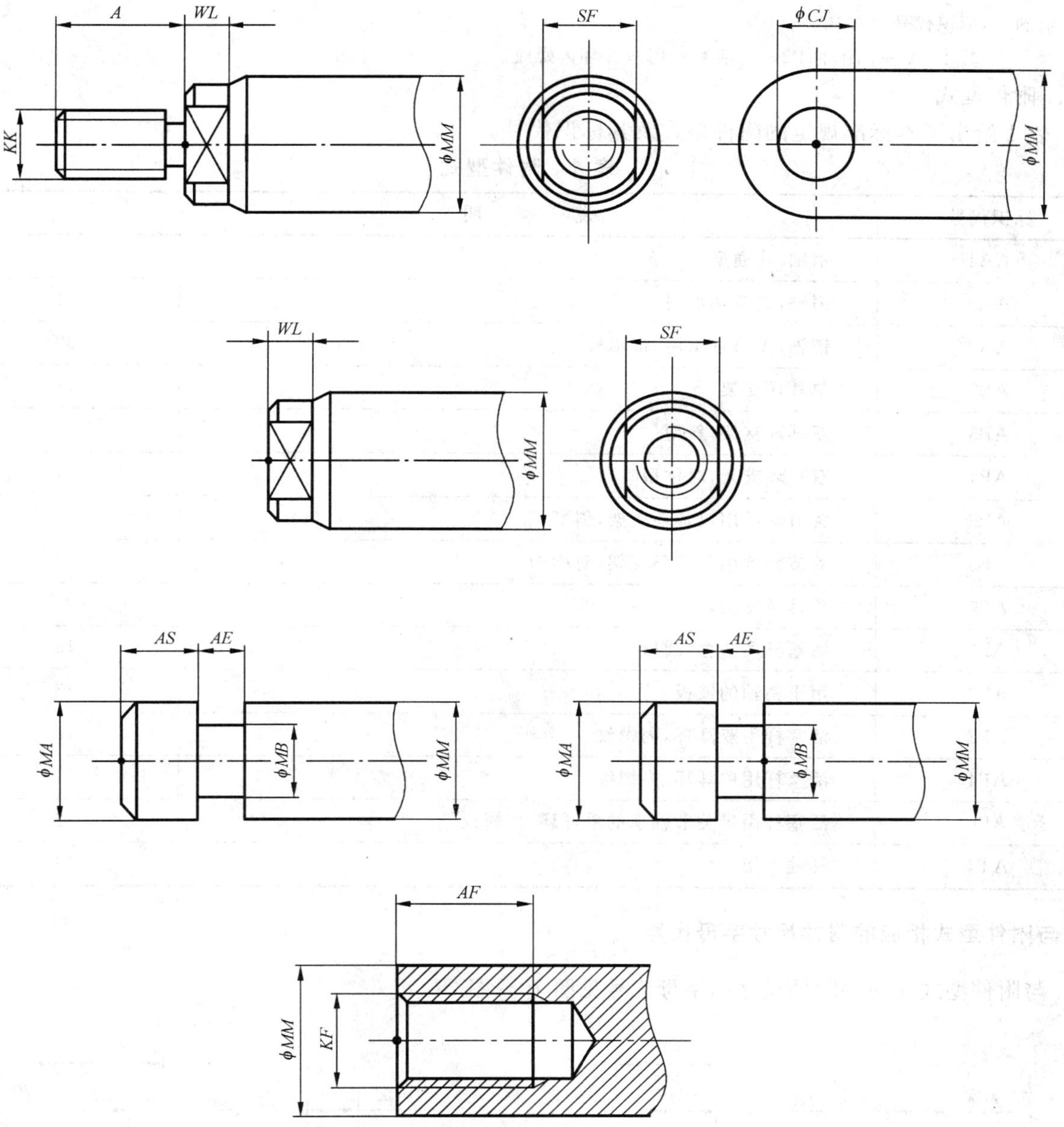
A
WL
KK
φMM
SF
φCJ
φMM
WL
SF
φMM
AS
AE
φMA
φMB
φMM
AS
AE
φMA
φMB
φMM
AF
φMM
KF

图 9　活塞杆端部尺寸

6 附件型式的标识代号

6.1 概述

缸的附件型式的标识代号由两个字母和一个数字组成。

示例：标识代号 A P2

其中：A——附件；P2——活塞杆用双耳环内螺纹。

6.2 附件型式

表1给出了本标准规定的附件型式及其标识代号。

表1 附件型式

标识代号	说明	图号
AA4	销轴，普通型	20
AA6	销轴，关节轴承用	21
AA7	销轴，关节轴承用，带锁板	22
AB2	单耳环支架	13
AB3	双耳环支架，斜型	15
AB4	双耳环支架，对称型	14
AB5	关节轴承用双耳环支架，斜型	17
AB6	关节轴承用双耳环支架，对称型	16
AB7	单耳环支架，斜型	24
AF3	活塞杆用法兰，圆形	18
AL7	用于销轴的锁板	23
AP2	活塞杆用双耳环，内螺纹	10
AP4	活塞杆用单耳环，内螺纹	11
AP6	活塞杆用带关节轴承的单耳环，内螺纹	12
AT4	耳轴支架	19

7 与附件型式相应的附件尺寸字母代号

与附件型式相应的附件尺寸的字母代号见图10～图24。

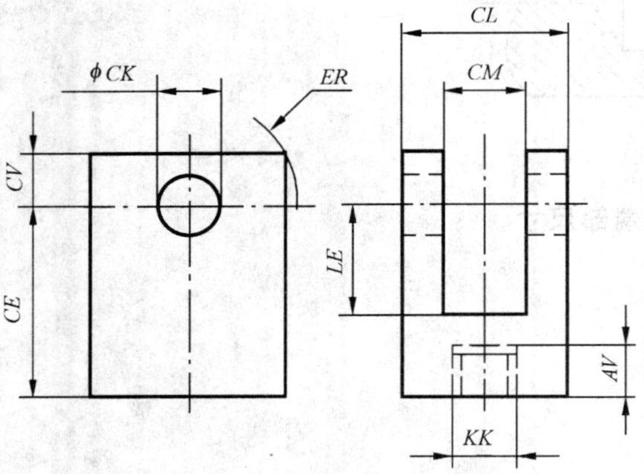

图10 AP2：活塞杆用双耳环，内螺纹

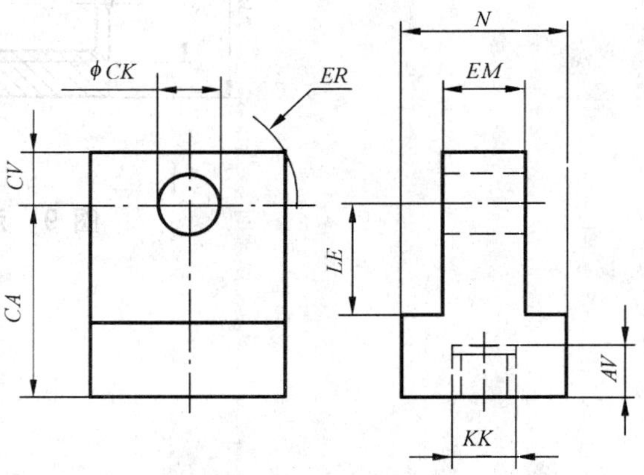

图11 AP4：活塞杆用单耳环，内螺纹

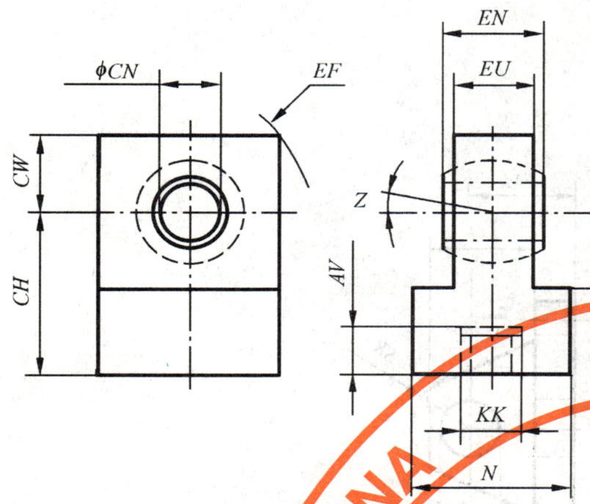

图 12　AP6:活塞杆用带关节轴承的单耳环,内螺纹

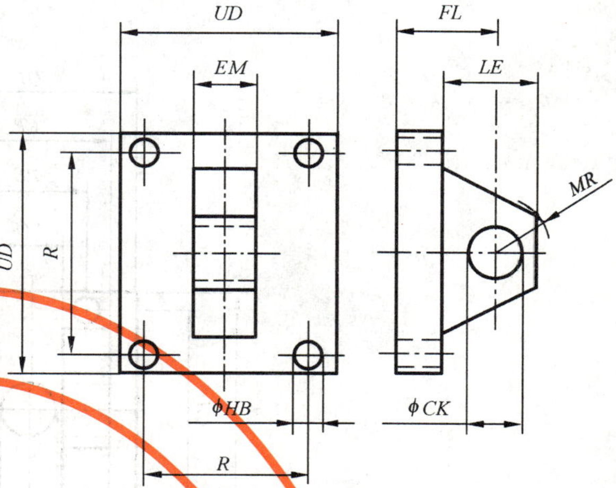

图 13　AB2:单耳环支架

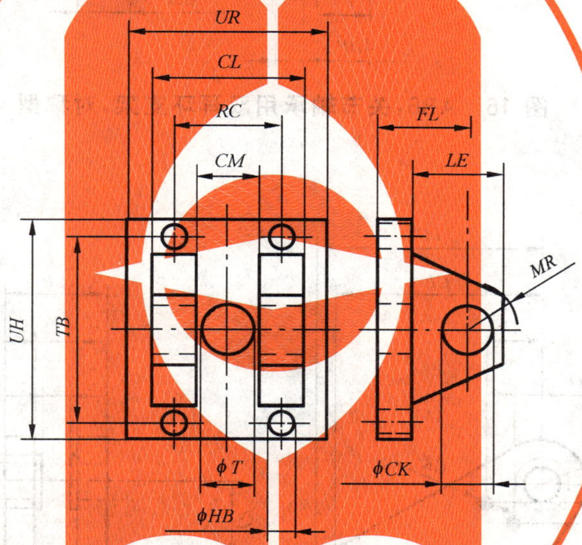

图 14　AB4:双耳环支架,对称型

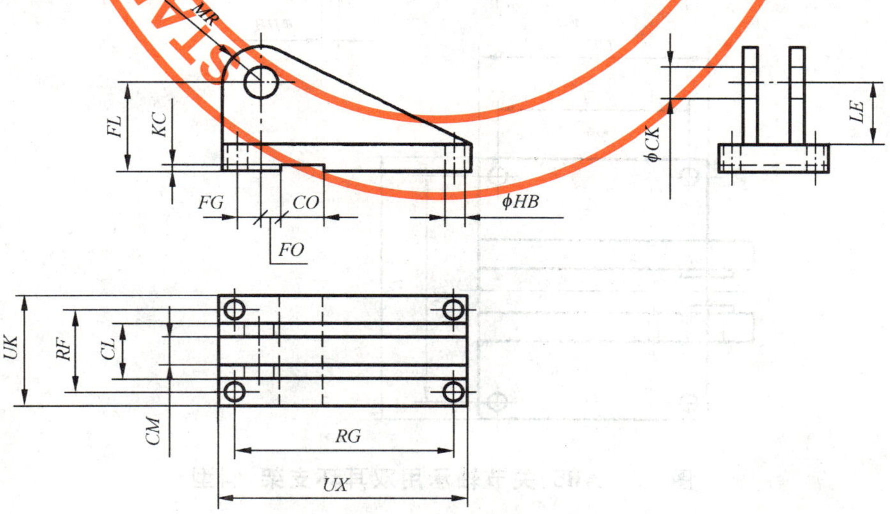

图 15　AB3:双耳环支架,斜型

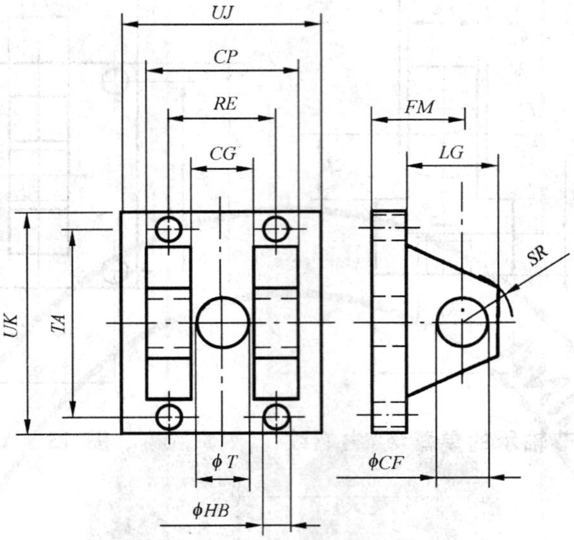

图 16　**AB6**:关节轴承用双耳环支架,对称型

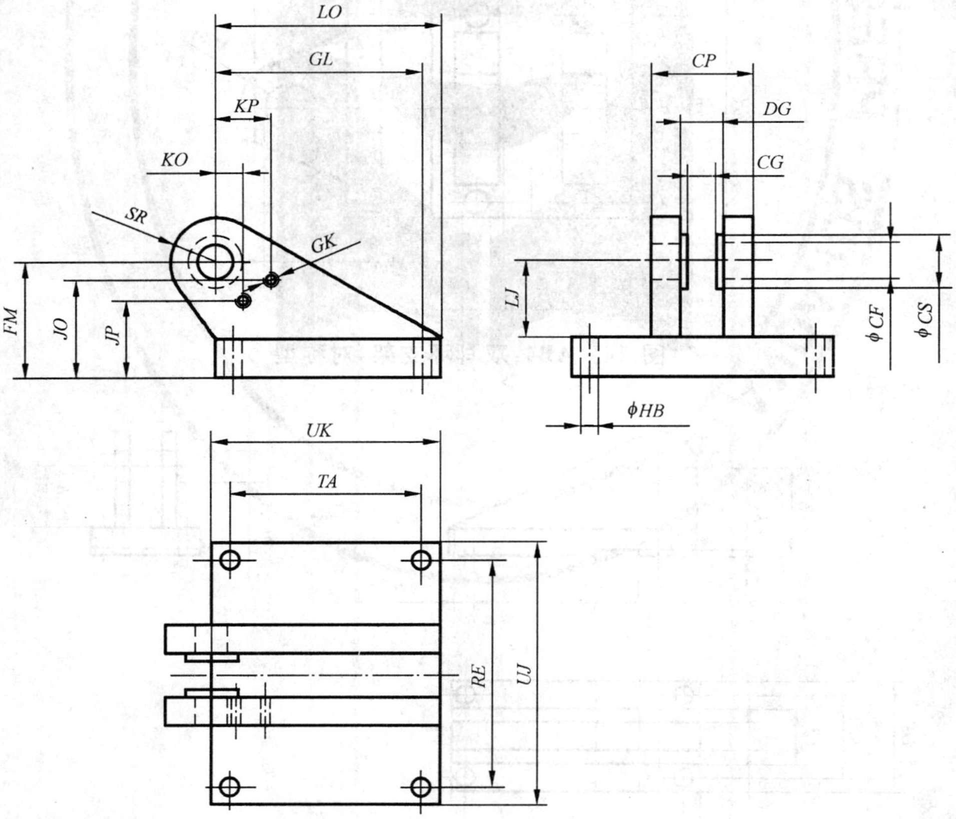

图 17　**AB5**:关节轴承用双耳环支架,斜型

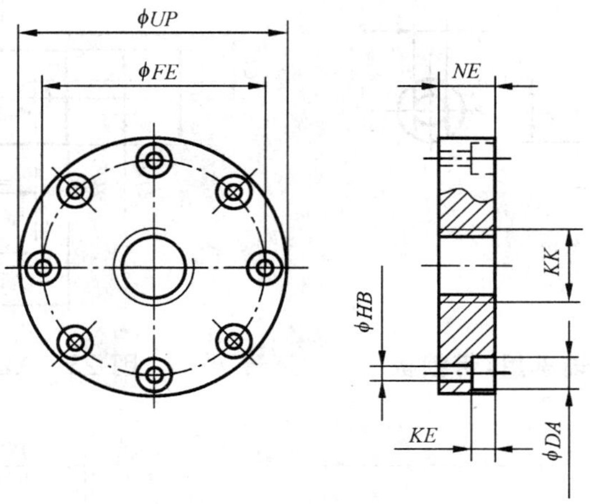

图 18 **AF3**:活塞杆用法兰,圆形

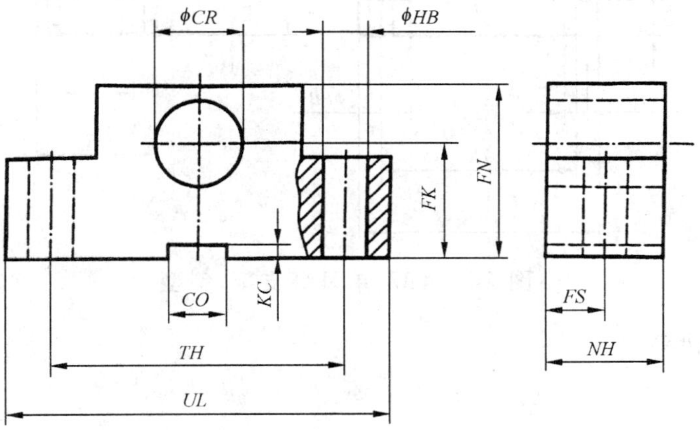

图 19 **AT4**:耳轴支架

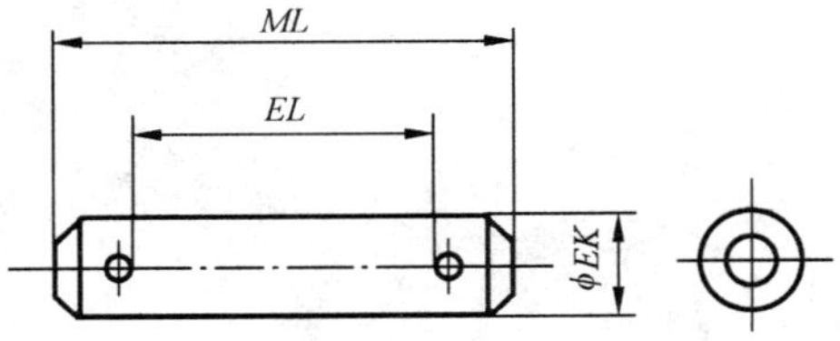

图 20 **AA4**:销轴,普通型

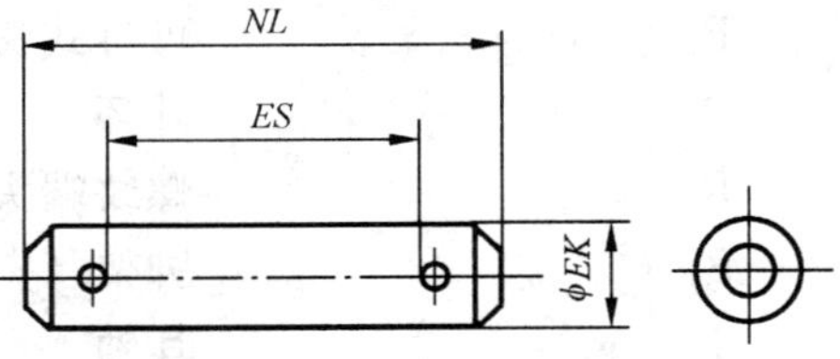

图 21 **AA6**:销轴,关节轴承用

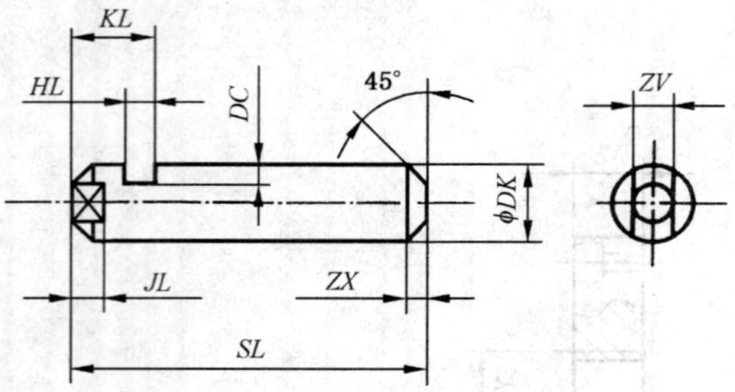

图 22　**AA7:销轴,关节轴承用,带锁板**

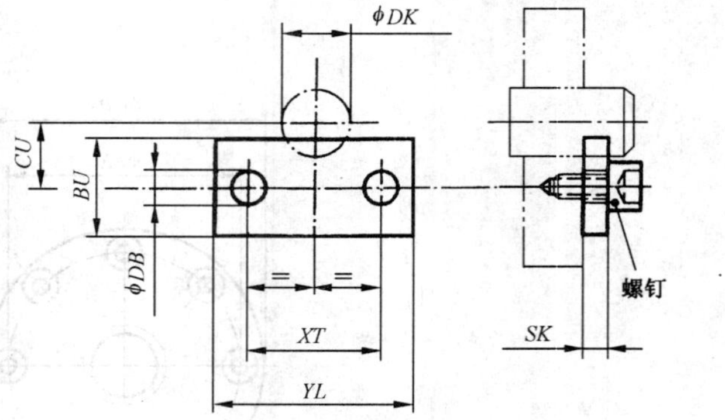

图 23　**AL7:用于销轴的锁板**

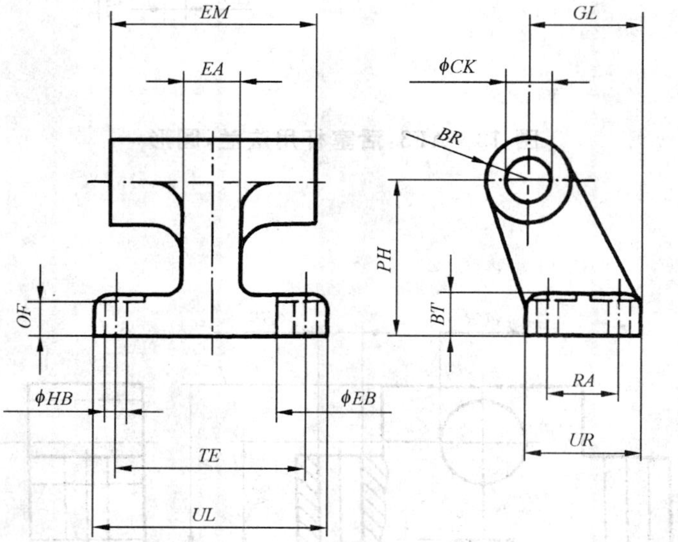

图 24　**AB7:单耳环支架,斜型**

8　缸安装型式的标识代号

8.1　概述

缸安装型式的标识代号由两个或三个字母与一个数字组成。

安装型式用下列字母表示:

字母	安装型式
B	缸体
E	前端盖或后端盖
F	可拆式法兰
P	耳环
R	螺纹端头
S	脚架
T	耳轴
X	双头螺栓或加长连接杆

示例 1:标识代号　MF1

其中:M——安装;F1——法兰类型 1。

示例 2：标识代号　MDF1

其中：M——安装；D——双活塞杆缸；F1——法兰类型 1。

8.2　安装型式

表 2 中给出了本标准中规定的安装型式的标识代号。

表 2　安装型式

标识代号	说　　明	图号
MB1	缸体，螺栓通孔	25
MDB1	缸体，双活塞杆螺栓通孔	26
MB2	圆形缸体，螺栓通孔	27
MDB2	圆形缸体，双活塞杆螺栓通孔	28
ME5	矩形前盖式	29
MDE5	双活塞杆缸的矩形前盖式	30
ME6	矩形后盖式	31
ME7	圆形前盖式	32
MDE7	双活塞杆缸的圆形前盖式	33
ME8	圆形后盖式	34
ME9	方形前盖式	35
MDE9	双活塞杆缸的方形前盖式	36
ME10	方形后盖式	37
ME11	方形前盖式	38
MDE11	双活塞杆缸的方形前盖式	39
ME12	方形后盖式	40
MF1	前端矩形法兰式	41
MDF1	双活塞杆缸的前端矩形法兰式	42
MF2	后端矩形法兰式	43
MF3	前端圆法兰式	44
MDF3	双活塞杆缸的前端圆法兰式	45
MF4	后端圆法兰式	46
MF5	前端方法兰式	47
MDF5	双活塞杆缸的前端方法兰式	48
MF6	后端方法兰式	49
MF7	带后部对中的前端圆法兰式	50
MDF7	双活塞杆缸的带后部对中的前端圆法兰式	51
MF8	前端带双孔的矩形法兰式	52
MP1	后端固定双耳环式	53
MP2	后端可拆双耳环式	54
MP3	后端固定单耳环式	55
MP4	后端可拆单耳环式	56

表 2（续）

标识代号	说　　明	图号
MP5	带关节轴承，后端固定单耳环式	57
MP6	带关节轴承，后端可拆单耳环式	58
MP7	前端可拆双耳环式	59
MR3	前端螺纹式	60
MDR3	双活塞杆缸的前端螺纹式	61
MR4	后端螺纹式	62
MS1	端部脚架式	63
MDS1	双活塞杆缸的端部脚架式	64
MS2	侧面脚架式	65
MDS2	双活塞杆缸的侧面脚架式	66
MS3	前端脚架式	67
MT1	前端整体耳轴式	68
MDT1	双活塞杆缸的前端整体耳轴式	69
MT2	后端整体耳轴式	70
MT4	中间固定或可调耳轴式	71
MDT4	双活塞杆缸的中间固定或可调节耳轴式	72
MT5	前端可拆耳轴式	73
MT6	后端可拆耳轴式	74
MX1	两端双头螺柱或加长连接杆式	75
MDX1	双活塞杆缸的两端双头螺柱或加长连接杆式	76
MX2	后端双头螺柱或加长连接杆式	77
MDX2	双活塞杆缸的后端双头螺柱或加长连接杆式	78
MX3	前端双头螺柱或加长连接杆式	79
MX4	两端两个双头螺柱或加长连接杆式	80
MDX4	双活塞杆缸的两端两个双头螺柱或加长连接杆式	81
MX5	前端带螺孔式	82
MDX5	双活塞杆缸的前端带螺孔式	83
MX6	后端带螺孔式	84
MX7	前端带螺孔和后端双头螺柱或加长连接杆式	85
MDX7	双活塞杆缸的前端带螺孔和后端双头螺柱或加长连接杆式	86
MX8	前端和后端带螺孔式	87
MDX8	双活塞杆缸的前端和后端带螺孔式	88

9　与缸安装型式相应的安装尺寸和外形尺寸的字母代号

与缸安装型式相应的安装尺寸和外形尺寸的字母代号，见图 25～图 88。

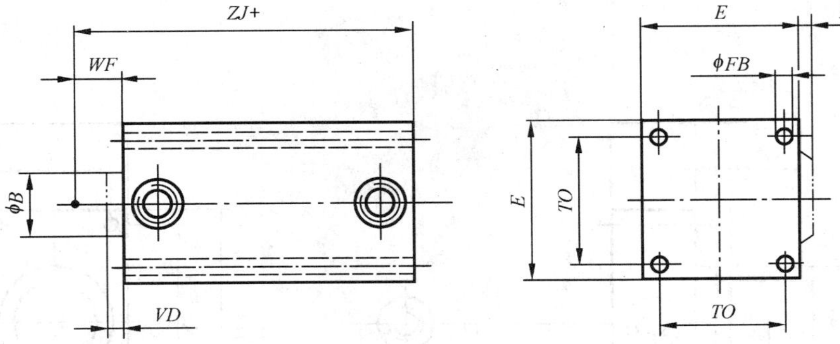

图 25 **MB1**:缸体,螺栓通孔

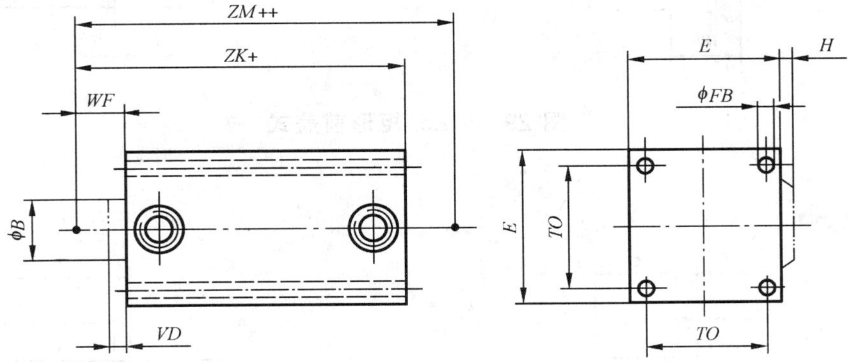

图 26 **MDB1**:缸体,双活塞杆螺栓通孔

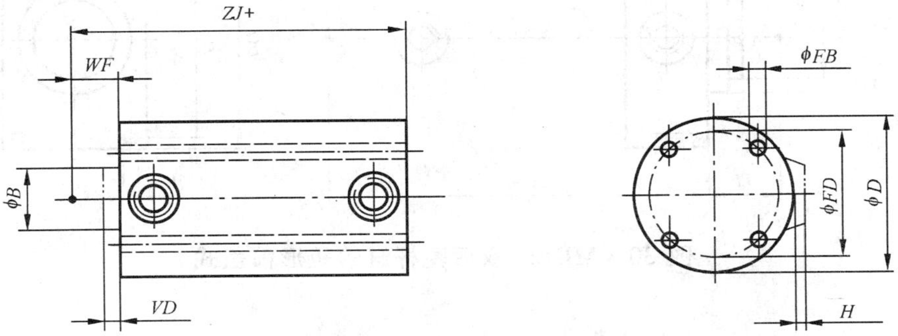

图 27 **MB2**:圆形缸体,螺栓通孔

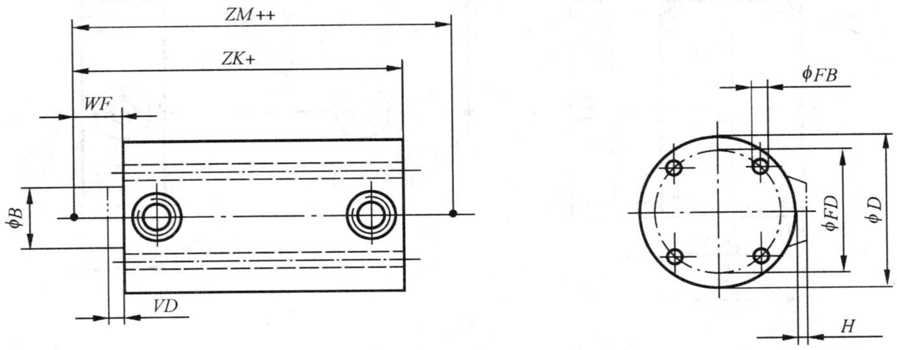

图 28 **MDB2**:圆形缸体,双活塞杆螺栓通孔

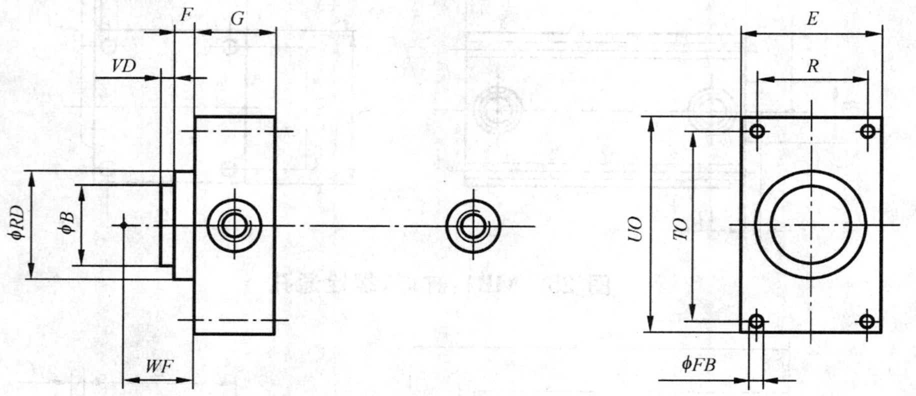

图 29　ME5:矩形前盖式

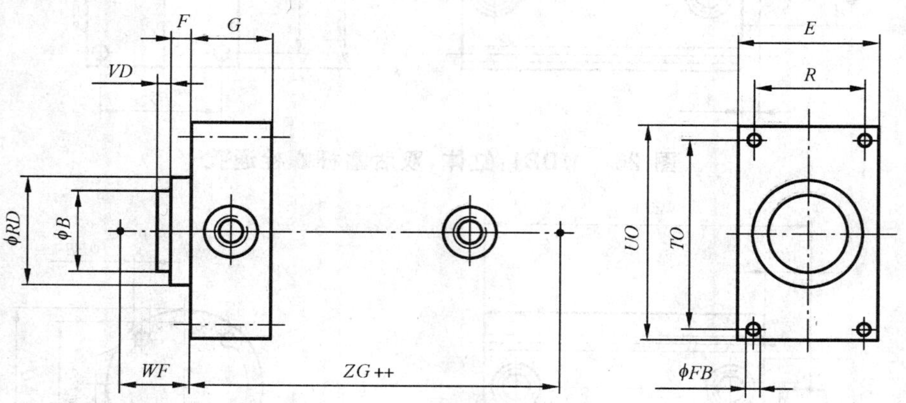

图 30　MDE5:双活塞杆缸的矩形前盖式

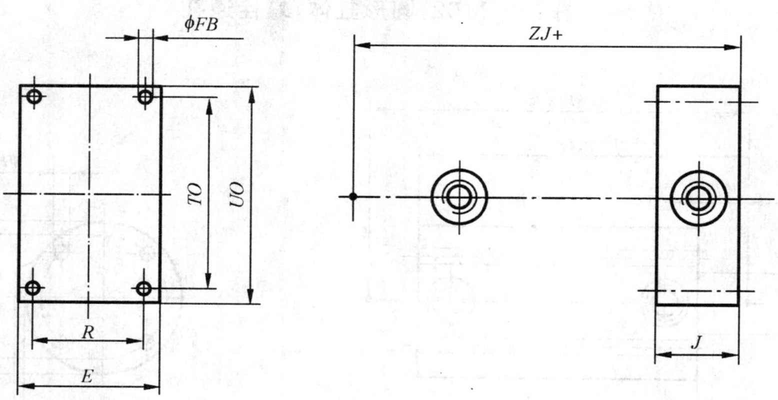

图 31　ME6:矩形后盖式

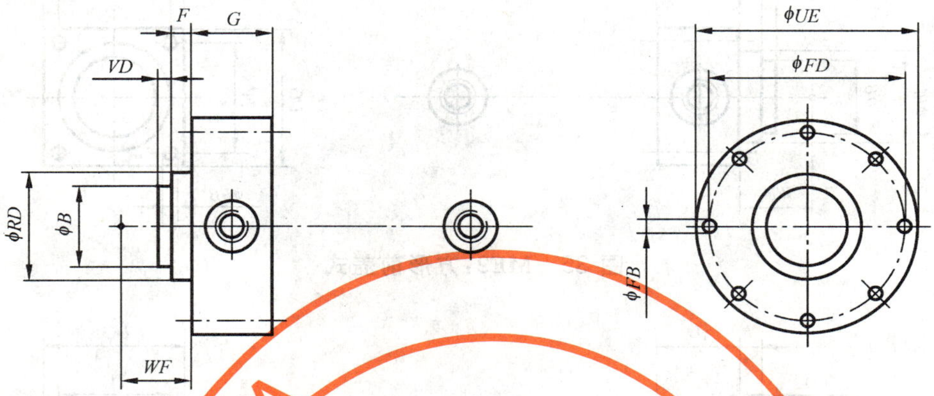

图 32　ME7:圆形前盖式

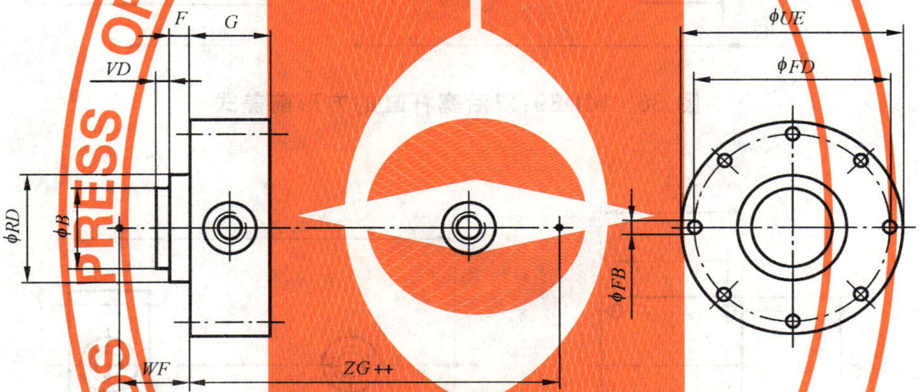

图 33　MDE7:双活塞杆缸的圆形前盖式

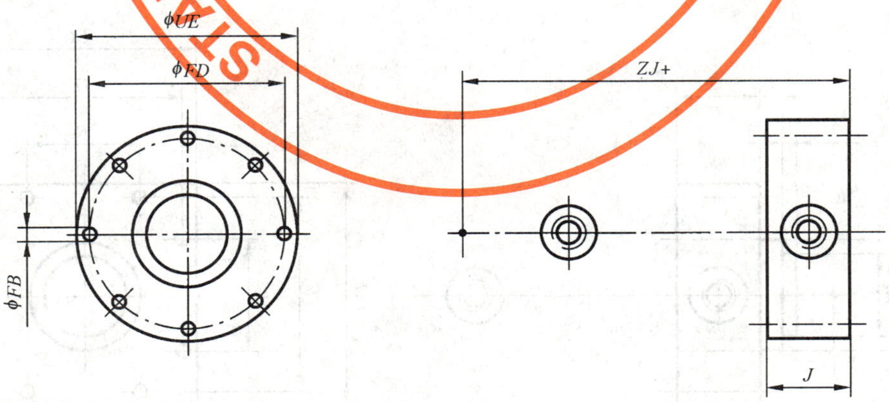

图 34　ME8:圆形后盖式

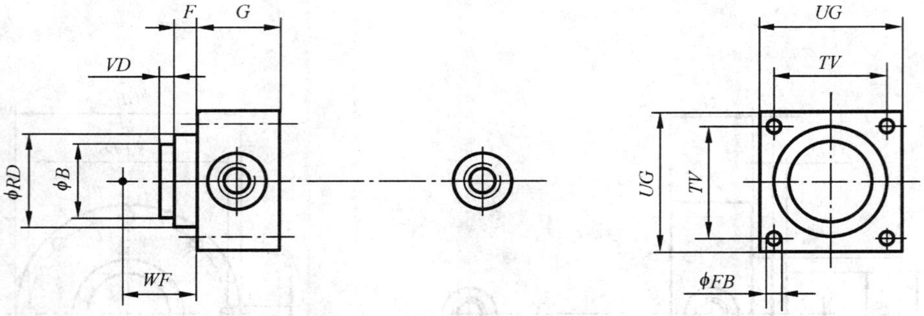

图 35　ME9:方形前盖式

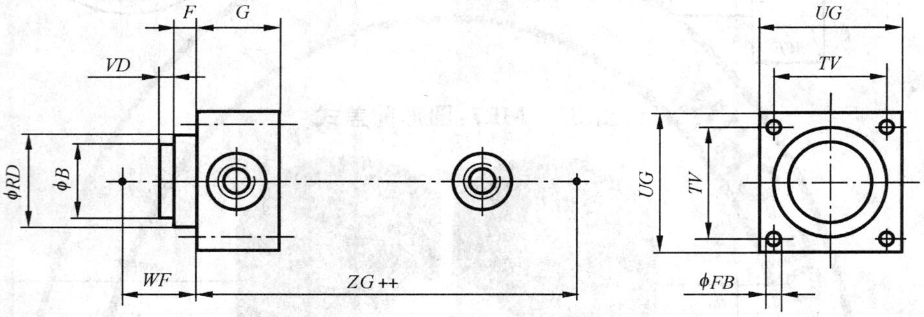

图 36　MDE9:双活塞杆缸的方形前盖式

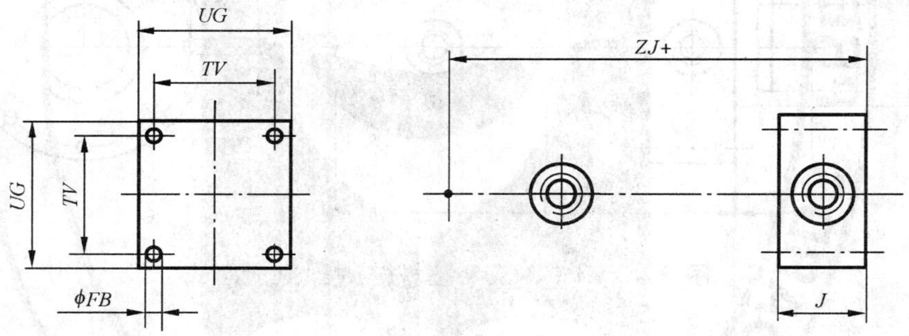

图 37　ME10:方形后盖式

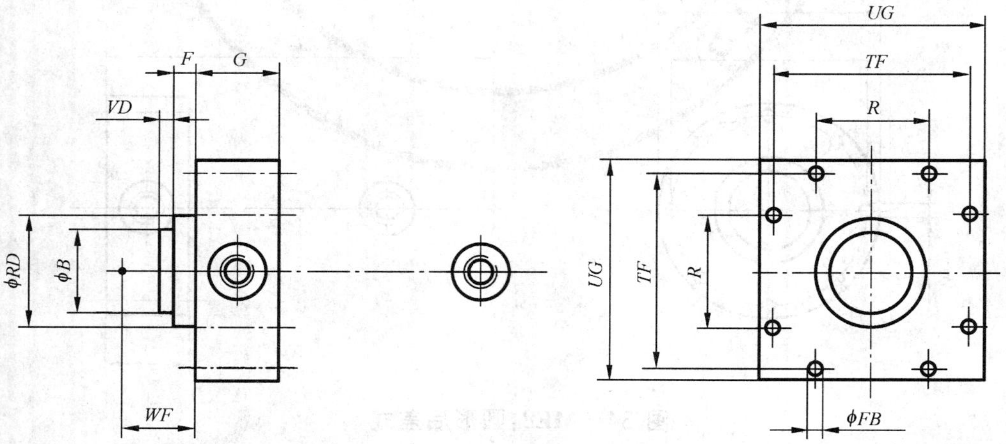

图 38　ME11:方形前盖式

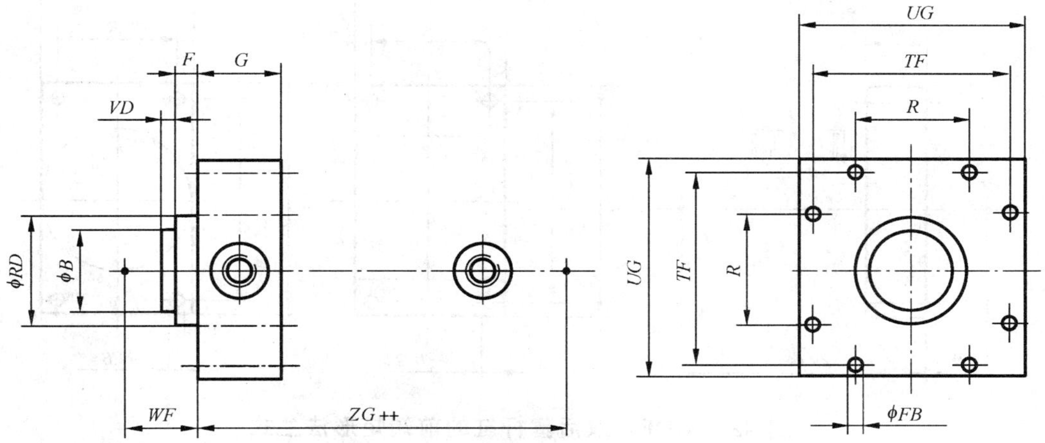

图 39 MDE11:双活塞杆缸的方形前盖式

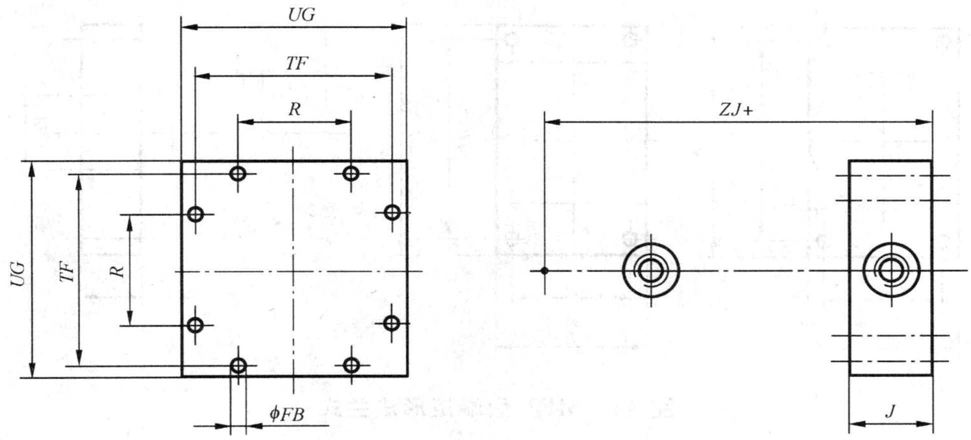

图 40 ME12:方形后盖式

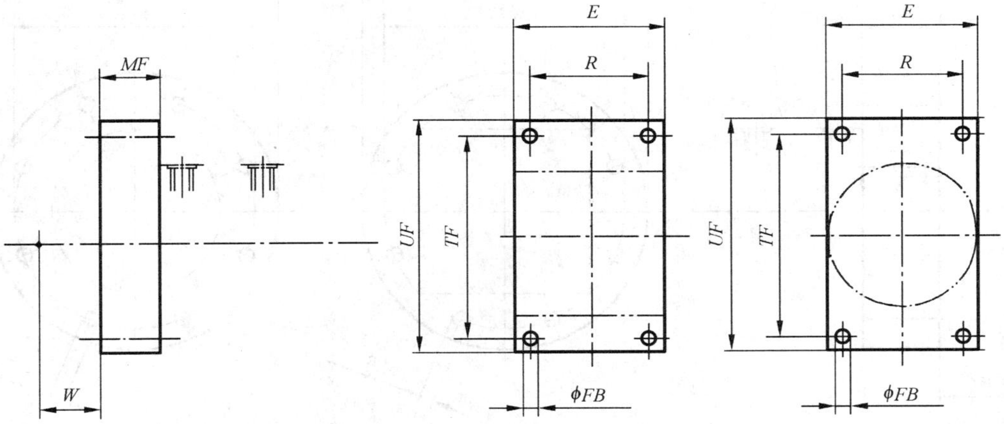

图 41 MF1:前端矩形法兰式

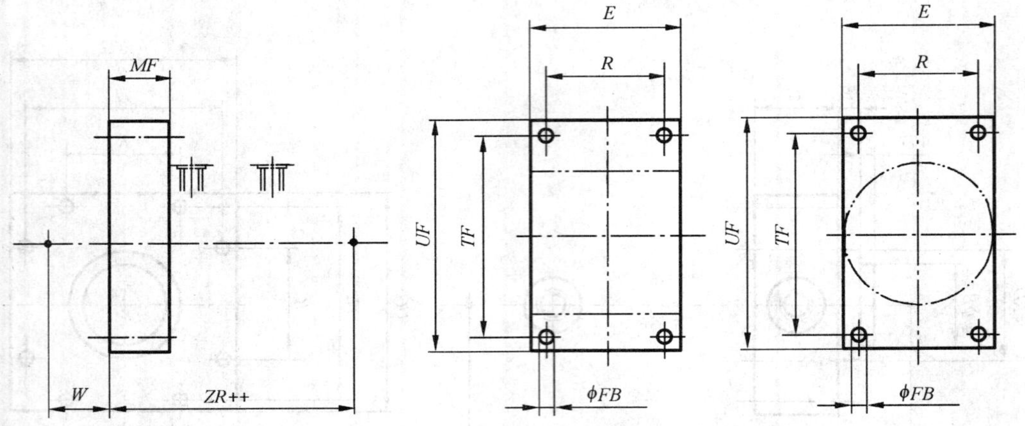

图 42　MDF1:双活塞杆缸的前端矩形法兰式

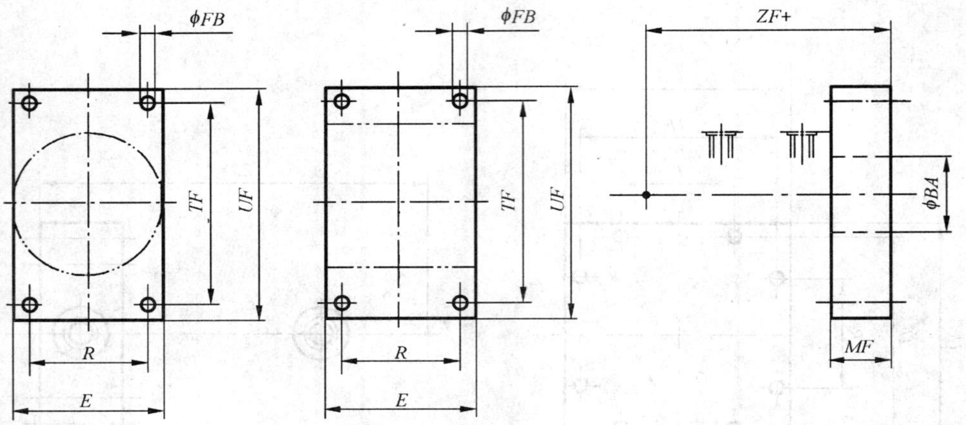

图 43　MF2:后端矩形法兰式

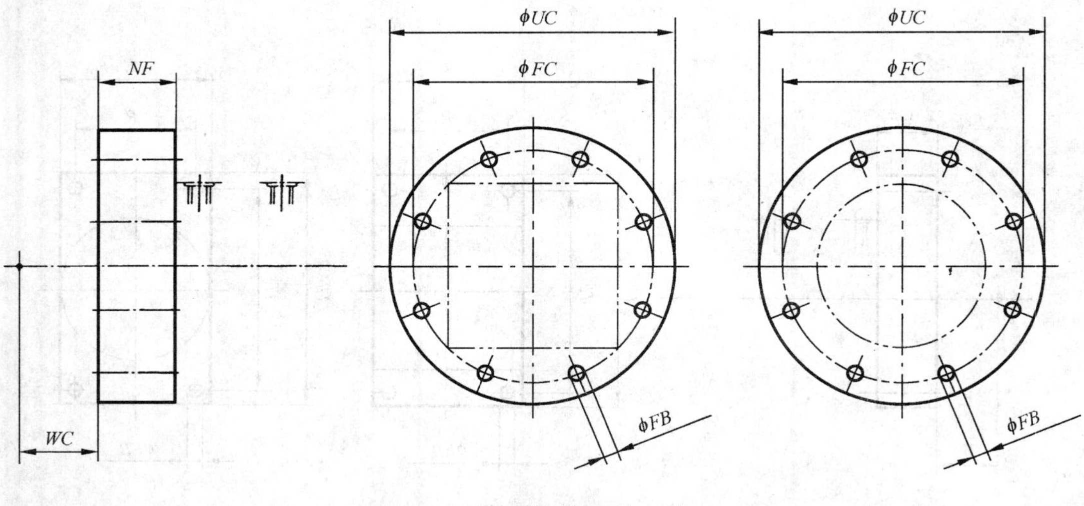

图 44　MF3:前端圆法兰式

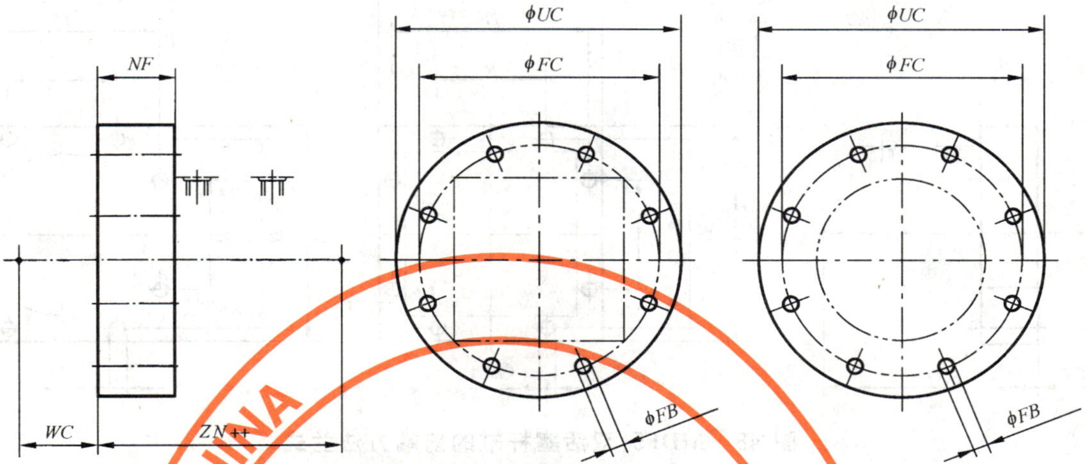

图 45　MDF3:双活塞杆缸的前端圆法兰式

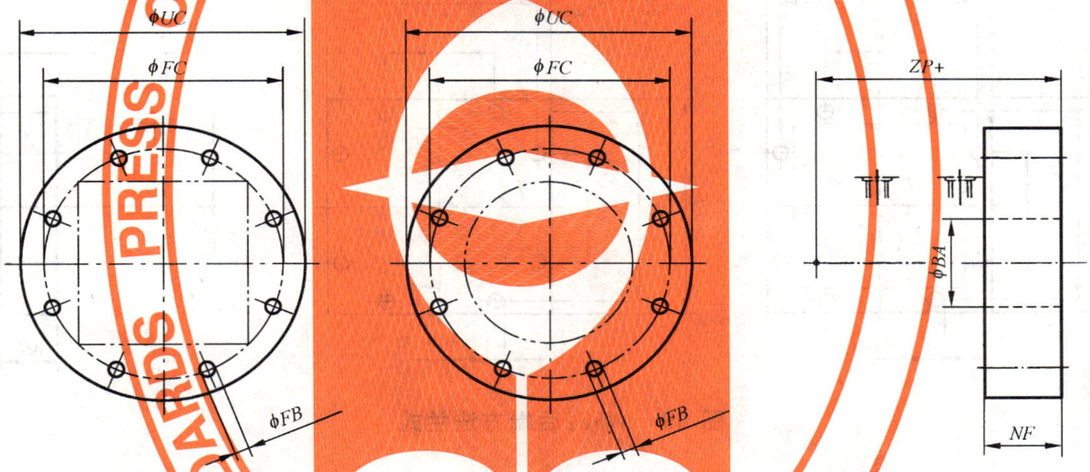

图 46　MF4:后端圆法兰式

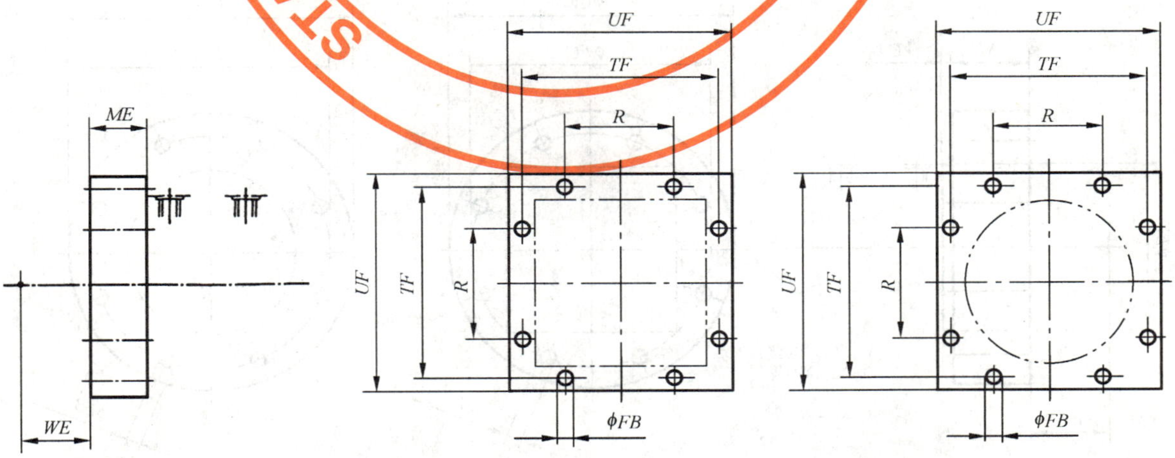

图 47　MF5:前端方法兰式

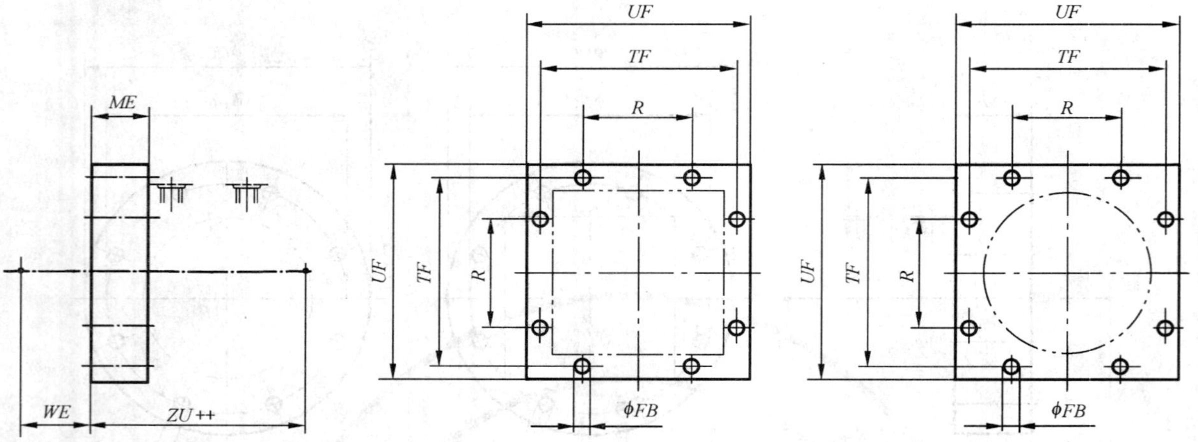

图 48 **MDF5**:双活塞杆缸的前端方法兰式

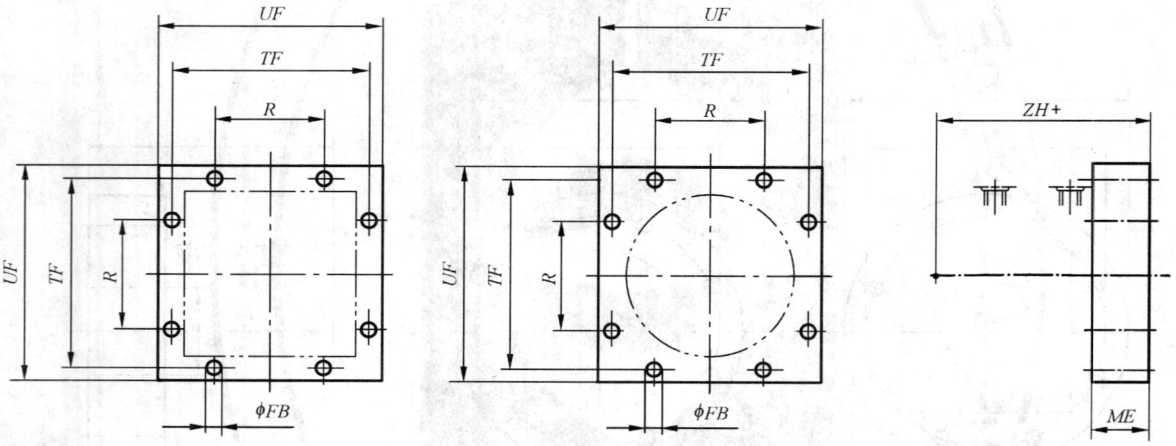

图 49 **MF6**:后端方法兰式

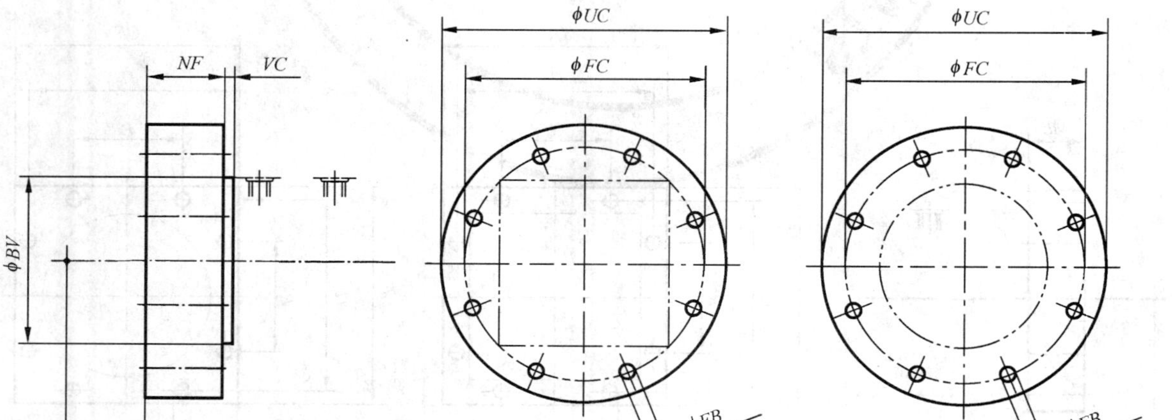

图 50 **MF7**:带后部对中的前端圆法兰式

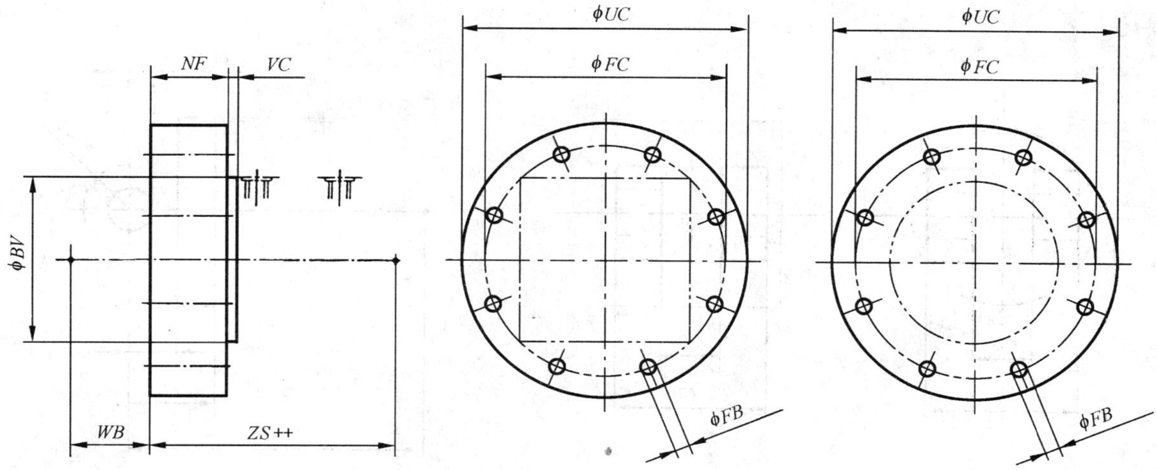

图 51 MDF7:双活塞杆缸的带后部对中的前端圆法兰式

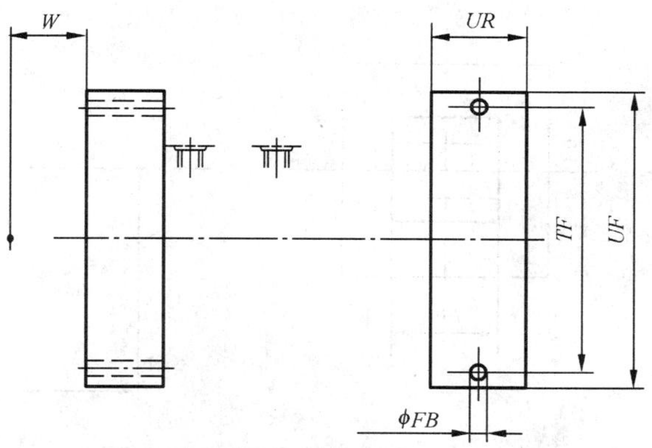

图 52 MF8:前端带双孔的矩形法兰式

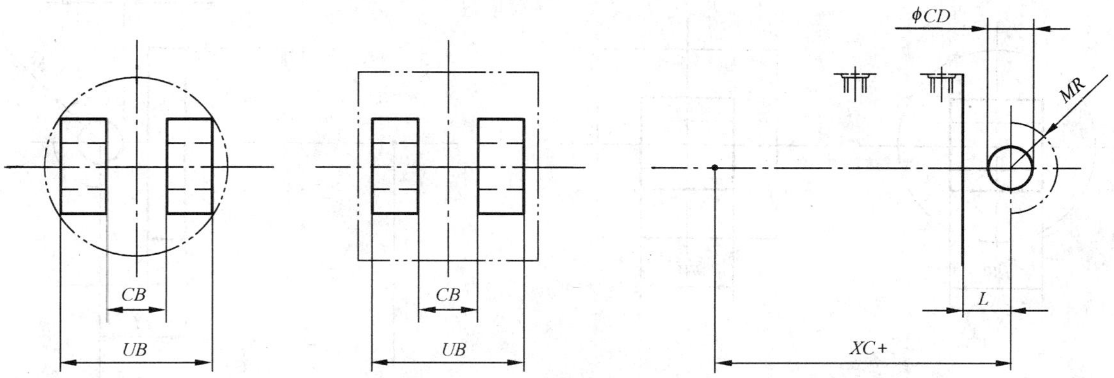

图 53 MP1:后端固定双耳环式

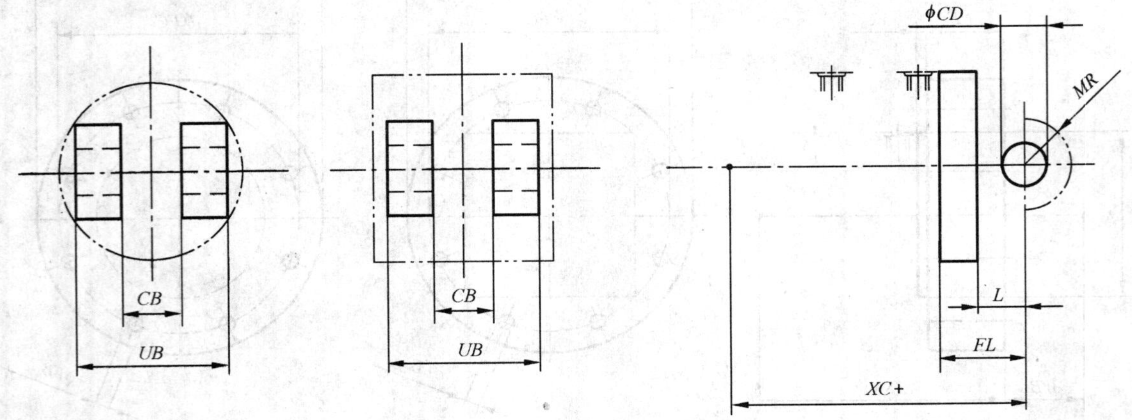

图 54　MP2:后端可拆双耳环式

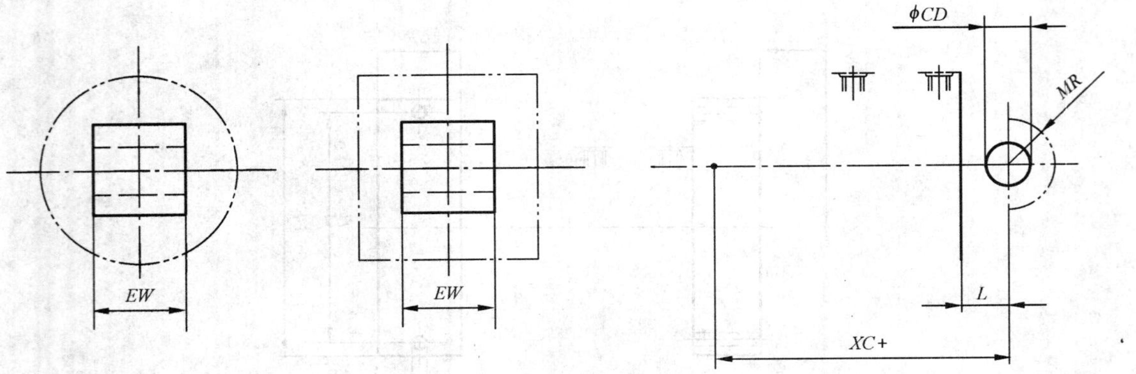

图 55　MP3:后端固定单耳环式

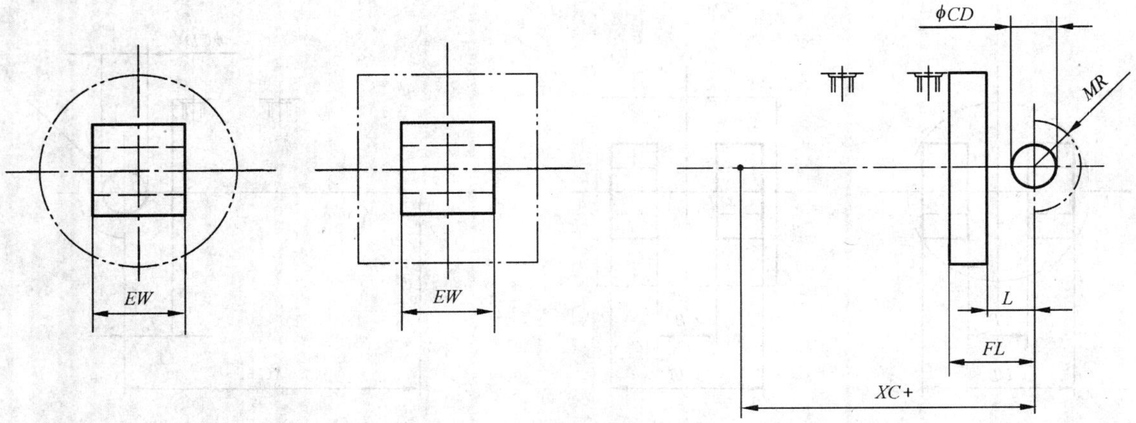

图 56　MP4:后端可拆单耳环式

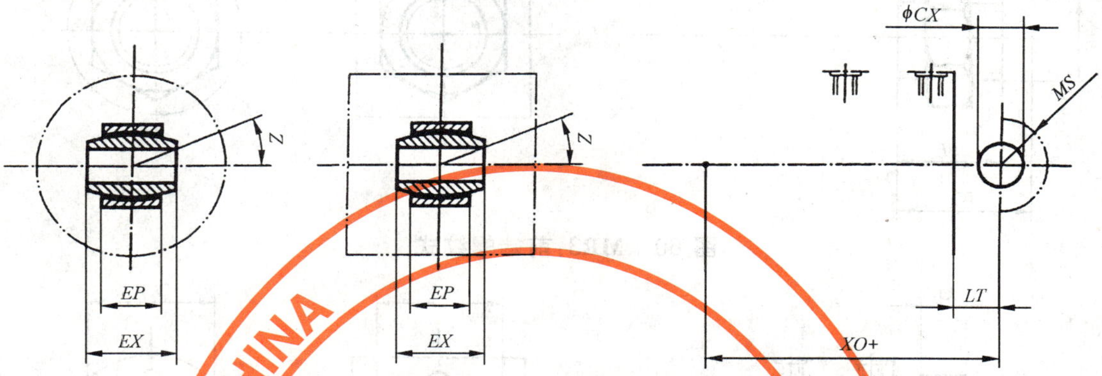

图 57　MP5：带关节轴承，后端固定单耳环式

图 58　MP6：带关节轴承，后端可拆单耳环式

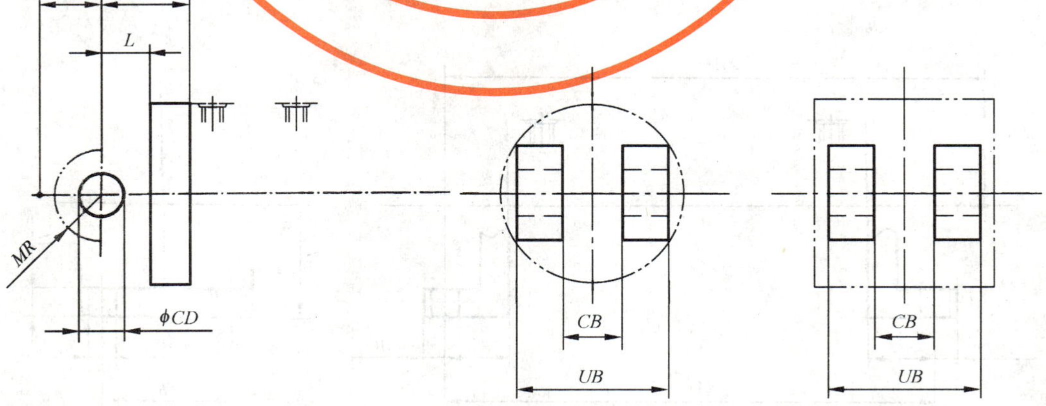

图 59　MP7：前端可拆双耳环式

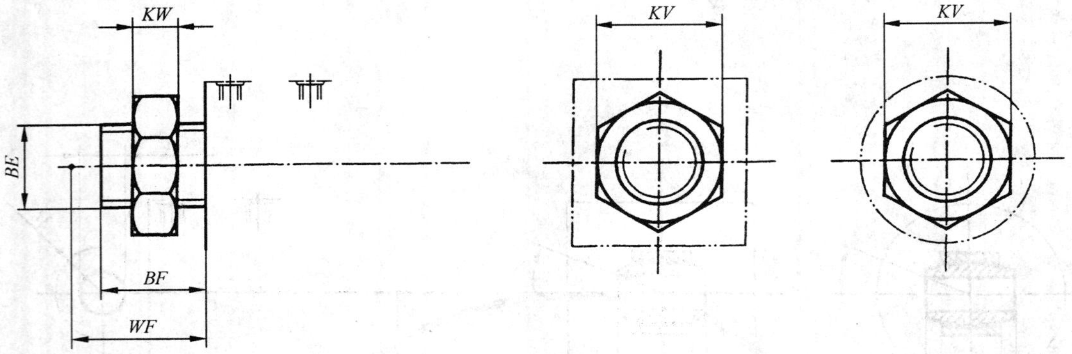

图 60 MR3:前端螺纹式

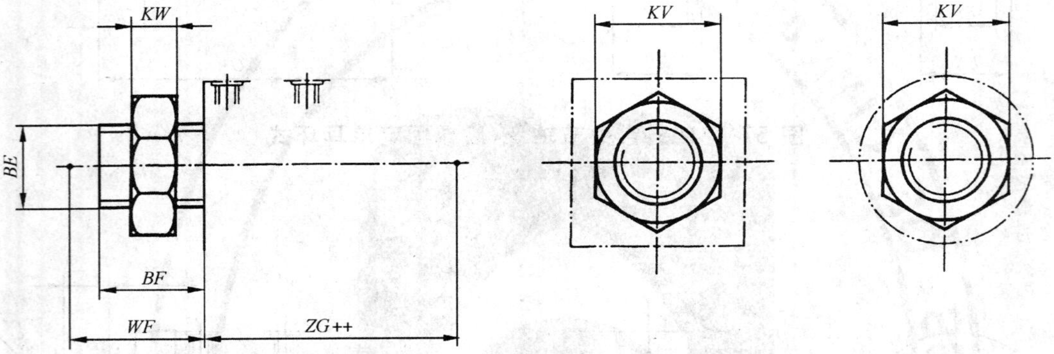

图 61 MDR3:双活塞杆缸的前端螺纹式

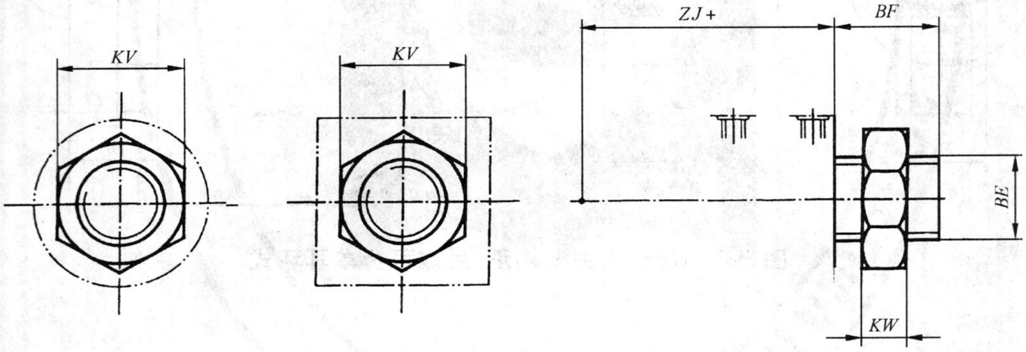

图 62 MR4:后端螺纹式

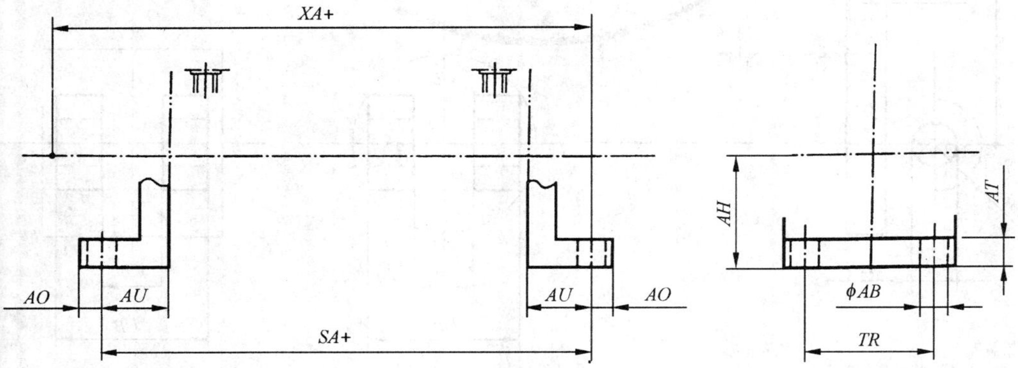

图 63 MS1:端部脚架式

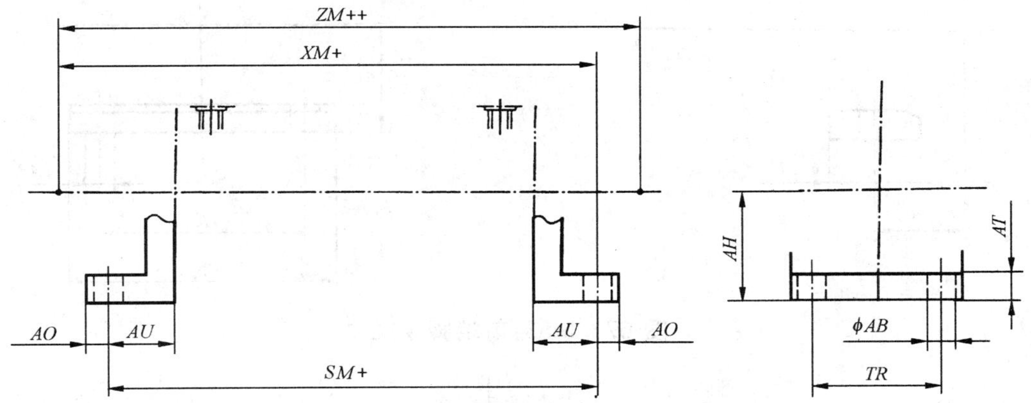

图 64 MDS1:双活塞杆缸的端部脚架式

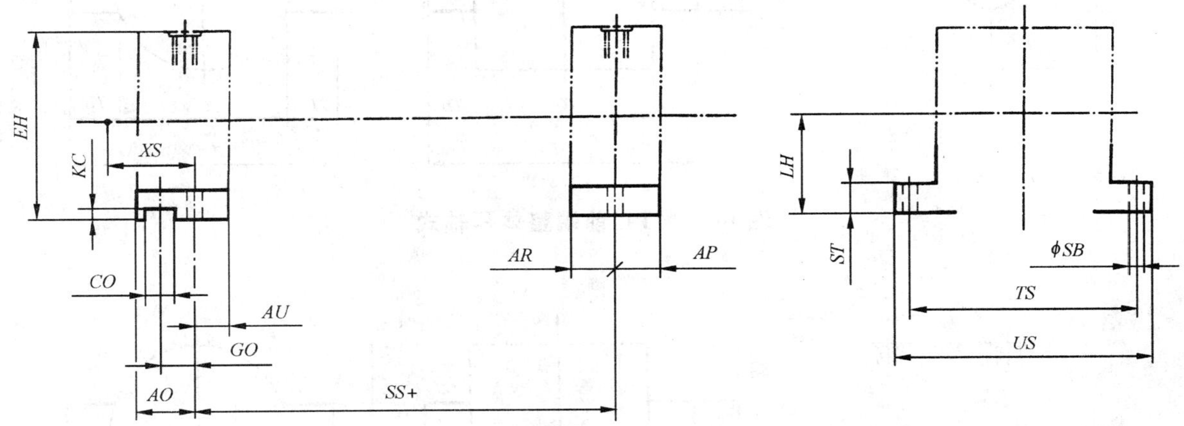

图 65 MS2:侧面脚架式

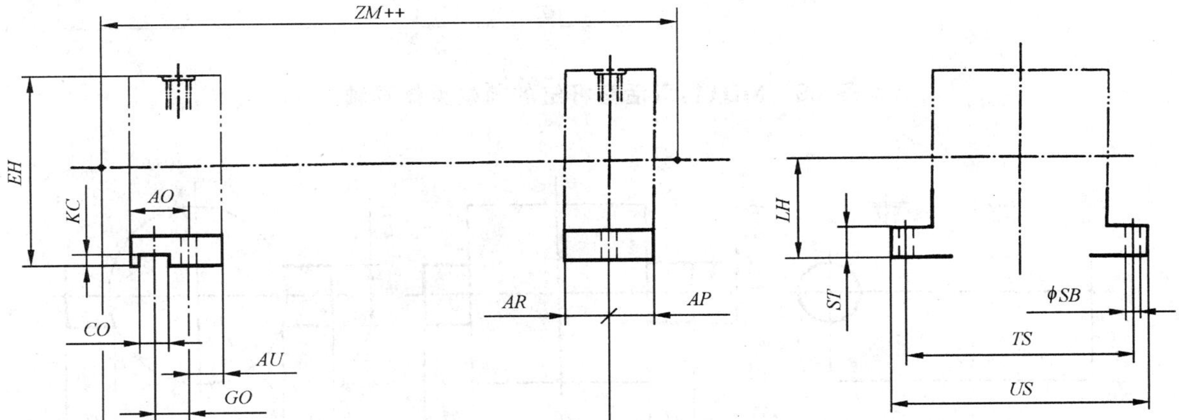

图 66 MDS2:双活塞杆缸的侧面脚架式

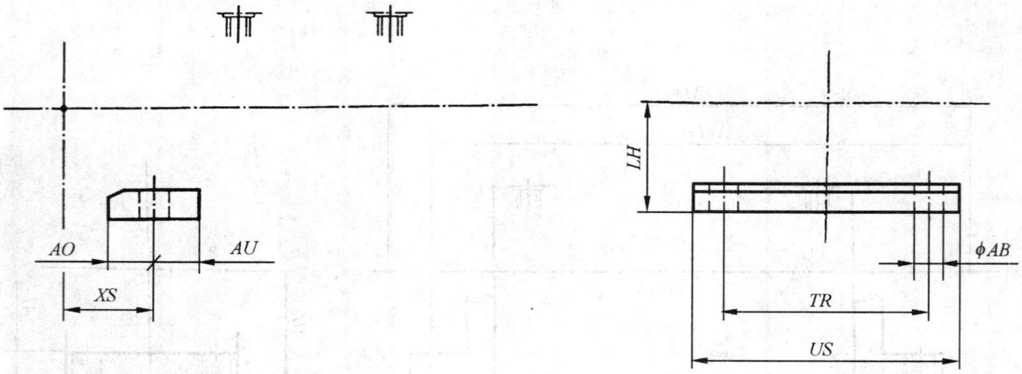

图 67　MS3:前端脚架式

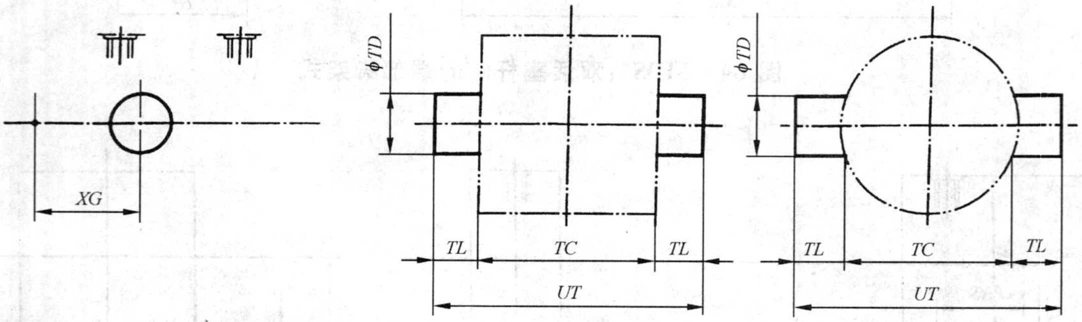

图 68　MT1:前端整体耳轴式

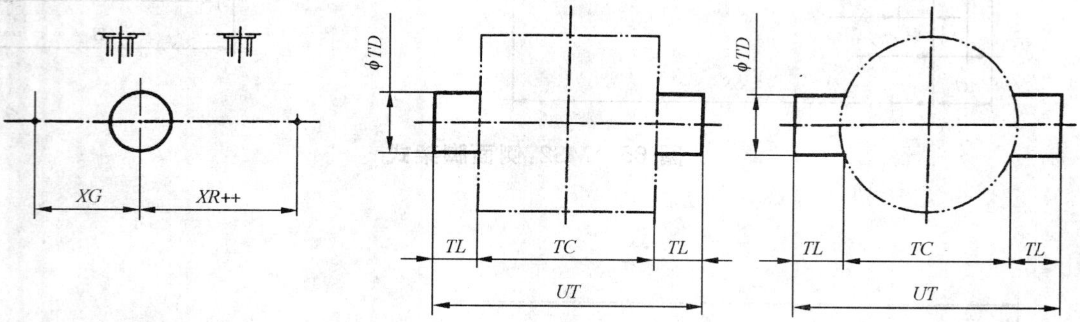

图 69　MDT1:双活塞杆缸的前端整体耳轴式

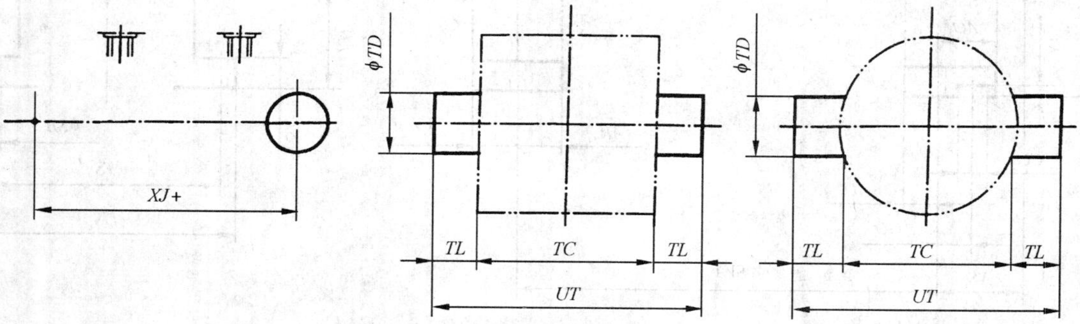

图 70　MT2:后端整体耳轴式

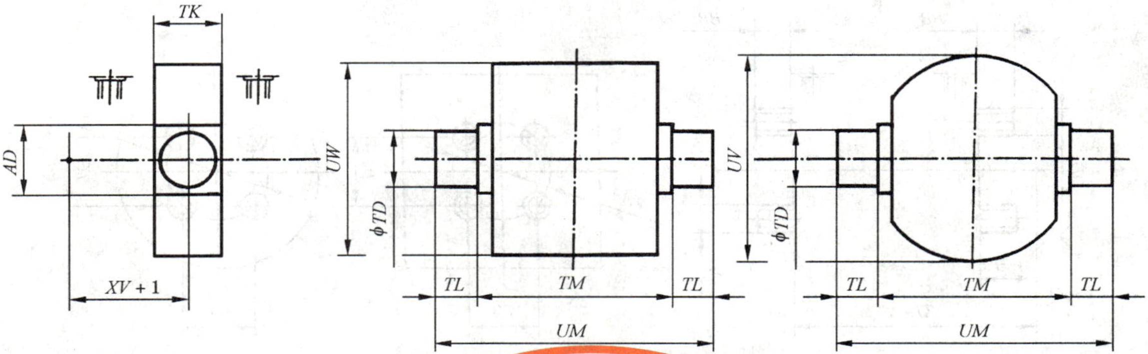

图 71　MT4:中间固定或可调耳轴式

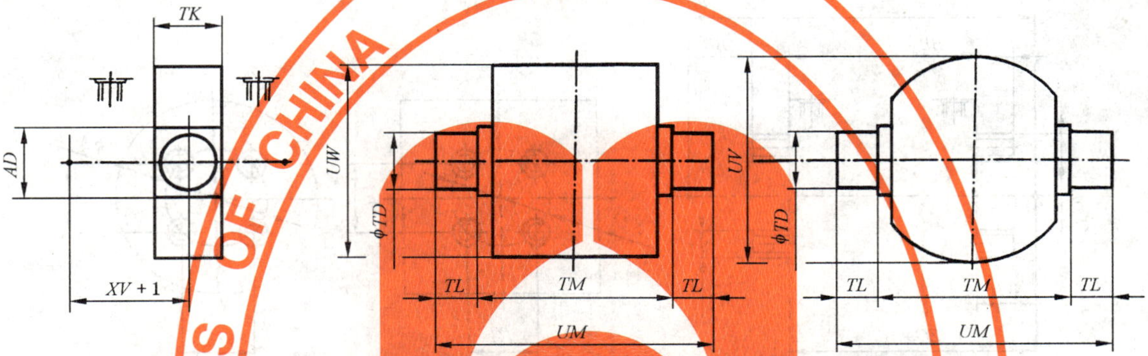

图 72　MDT4:双活塞杆缸的中间固定或可调节耳轴式

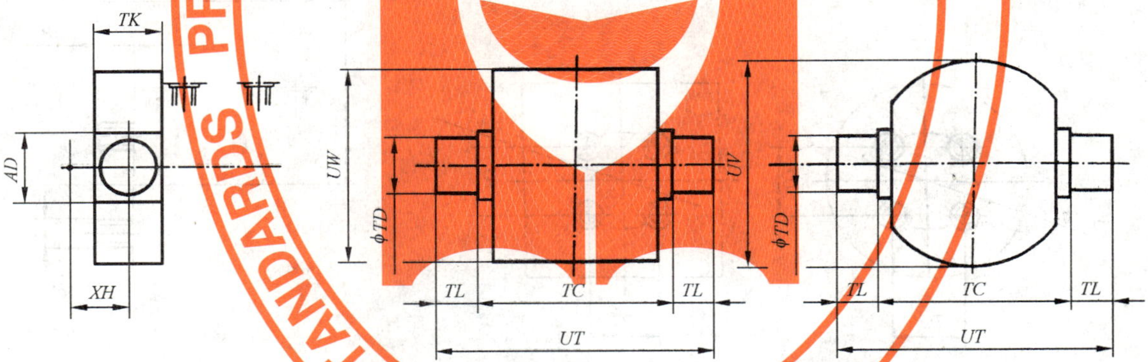

图 73　MT5:前端可拆耳轴式

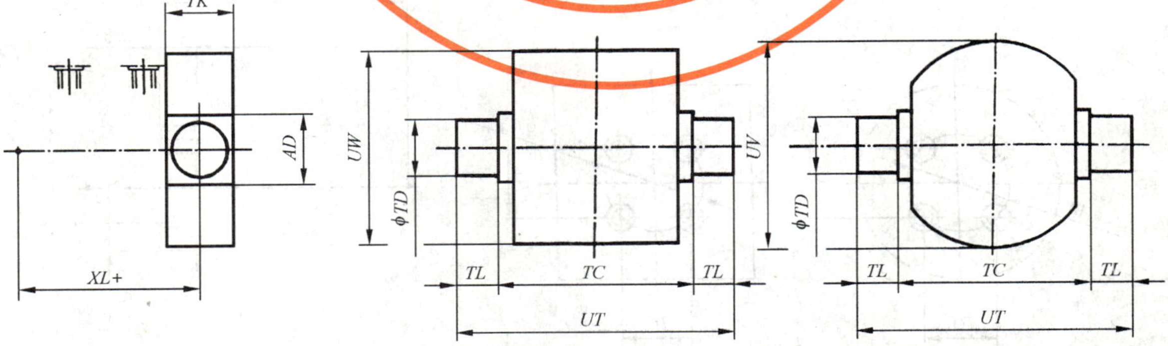

图 74　MT6:后端可拆耳轴式

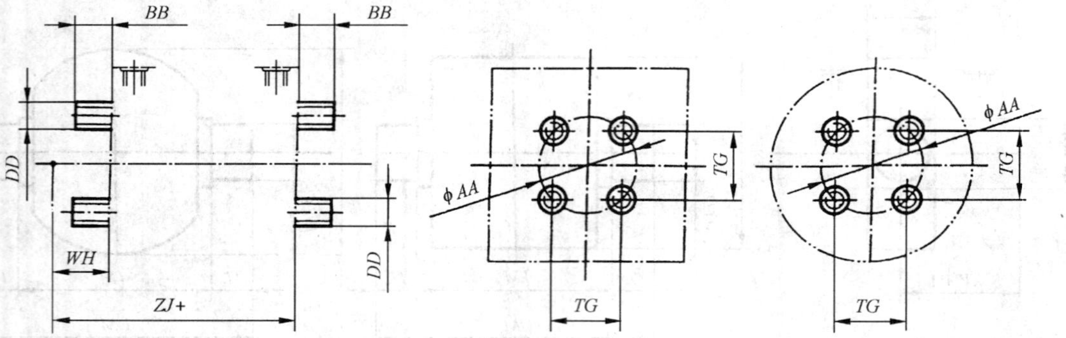

图 75　**MX1**:两端双头螺柱或加长连接杆式

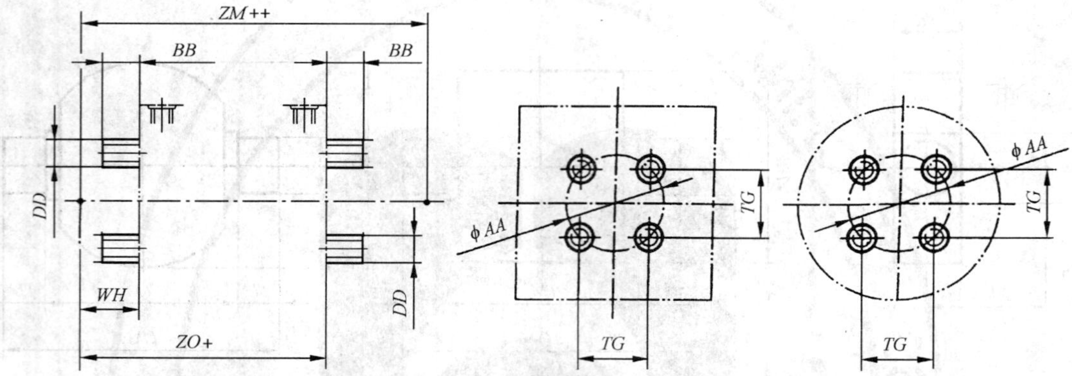

图 76　**MDX1**:双活塞杆缸的两端双头螺柱或加长连接杆式

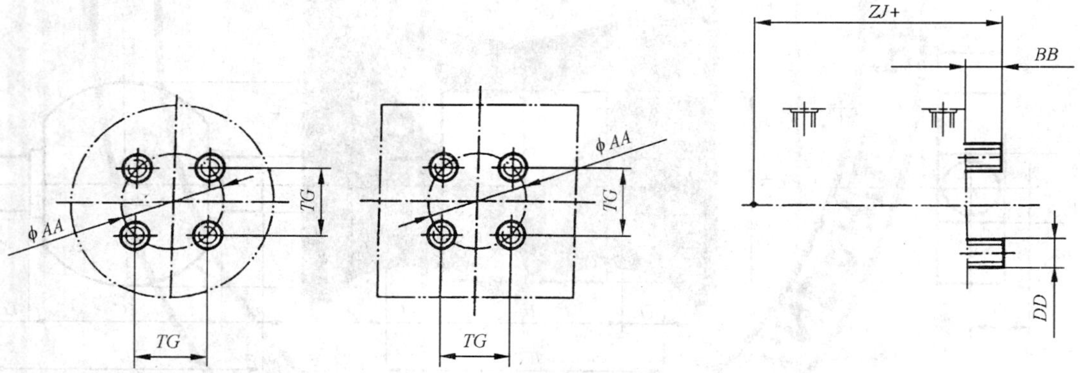

图 77　**MX2**:后端双头螺柱或加长连接杆式

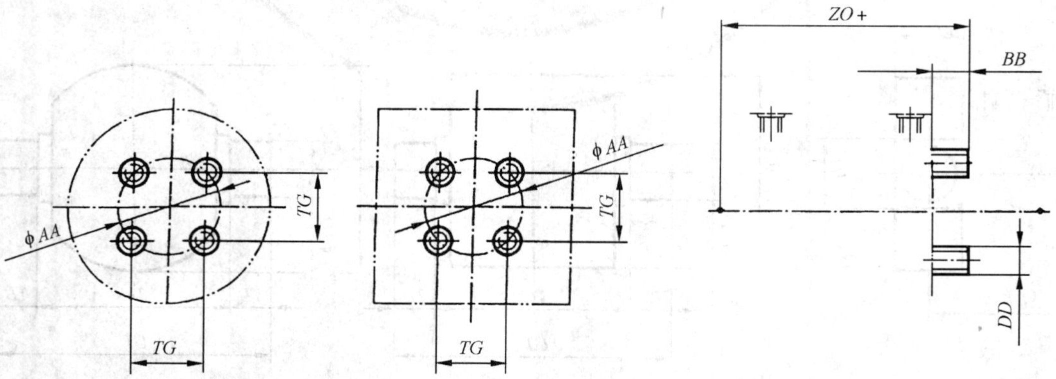

图 78　**MDX2**:双活塞杆缸的后端双头螺柱或加长连接杆式

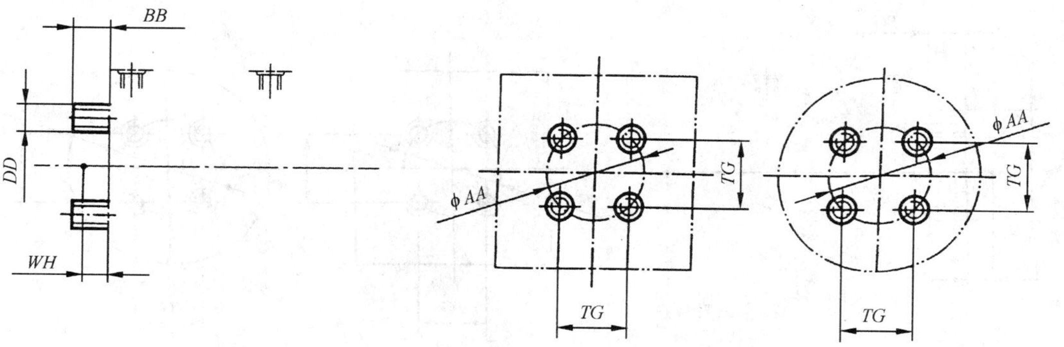

图 79　MX3:前端双头螺柱或加长连接杆式

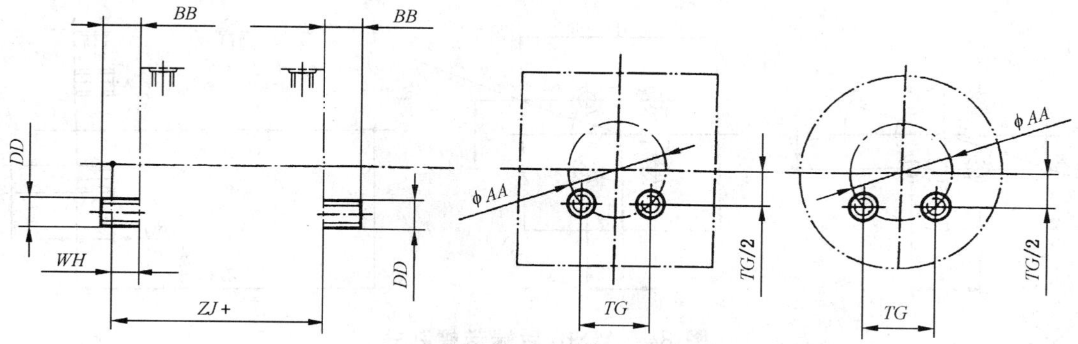

图 80　MX4:两端两个双头螺柱或加长连接杆式

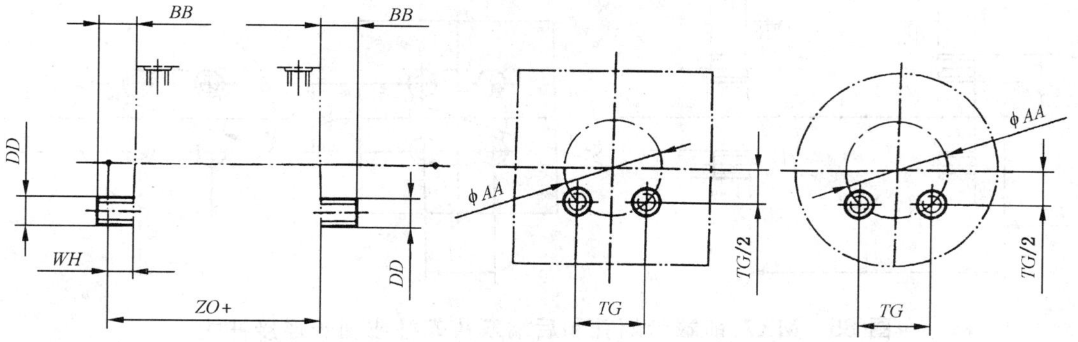

图 81　MDX4:双活塞杆缸的两端两个双头螺柱或加长连接杆式

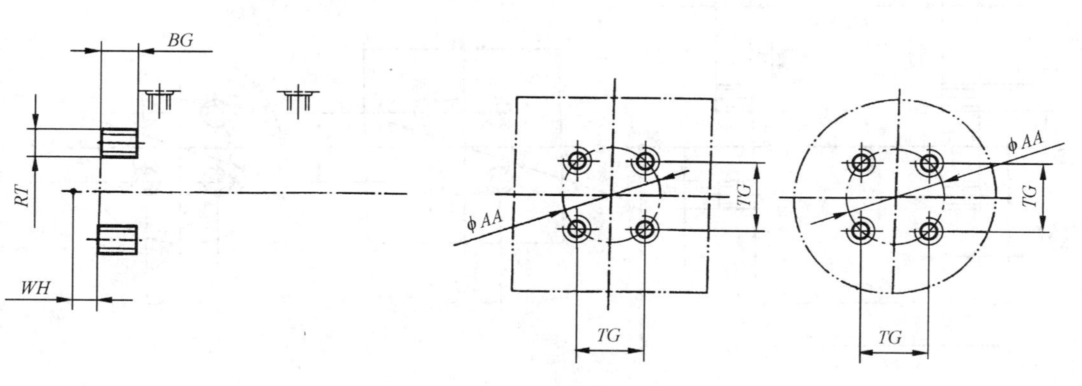

图 82　MX5:前端带螺孔式

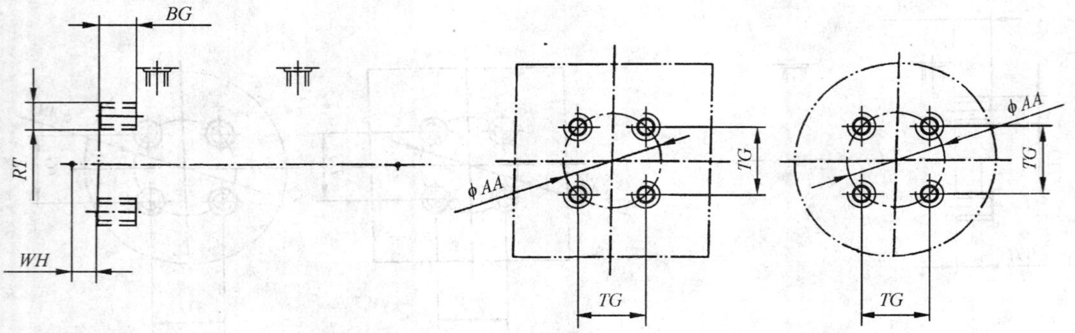

图 83 MDX5:双活塞杆缸的前端带螺孔式

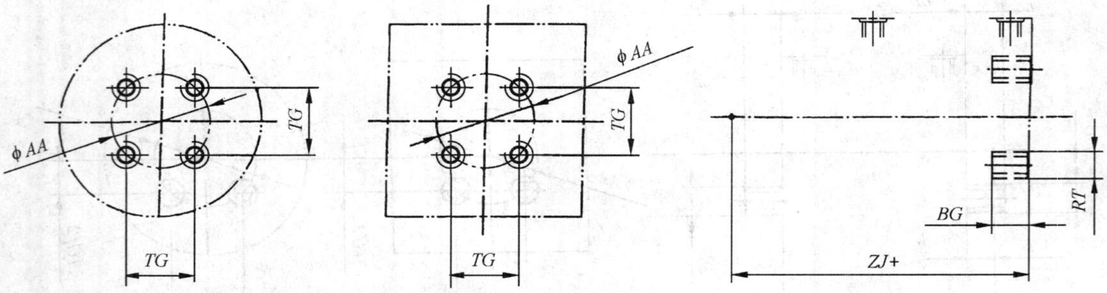

图 84 MX6:后端带螺孔式

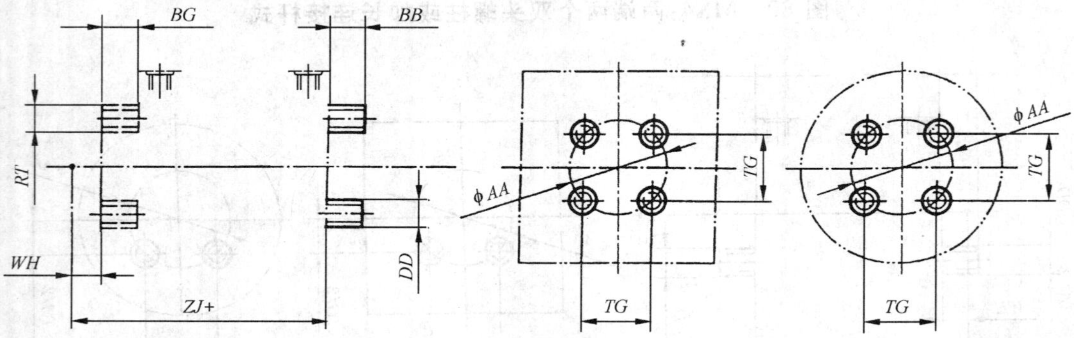

图 85 MX7:前端带螺孔和后端双头螺柱或加长连接杆式

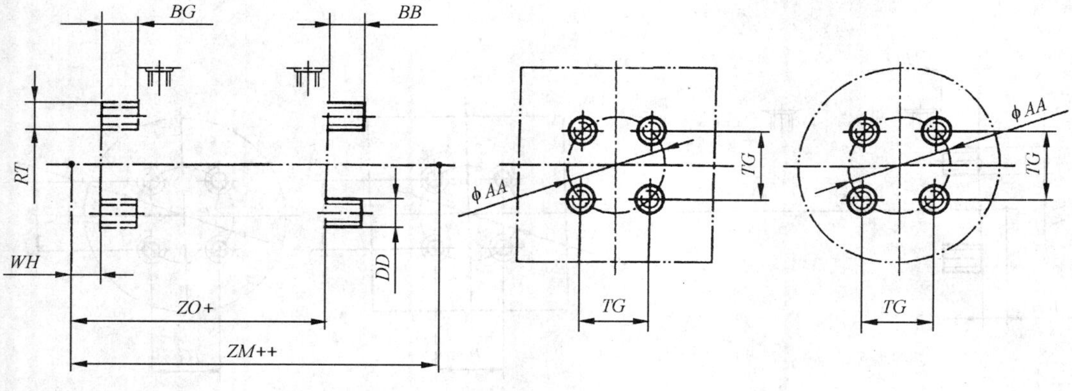

图 86 MDX7:双活塞杆缸的前端带螺孔和后端双头螺柱或加长连接杆式

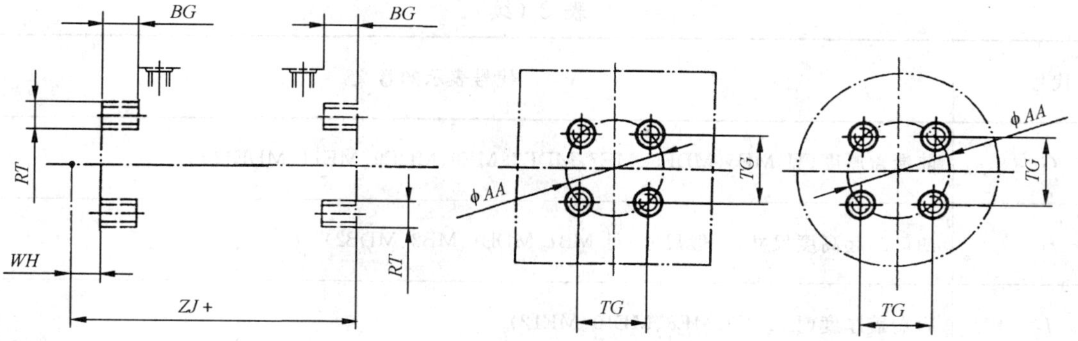

图 87 MX8:前端和后端带螺孔式

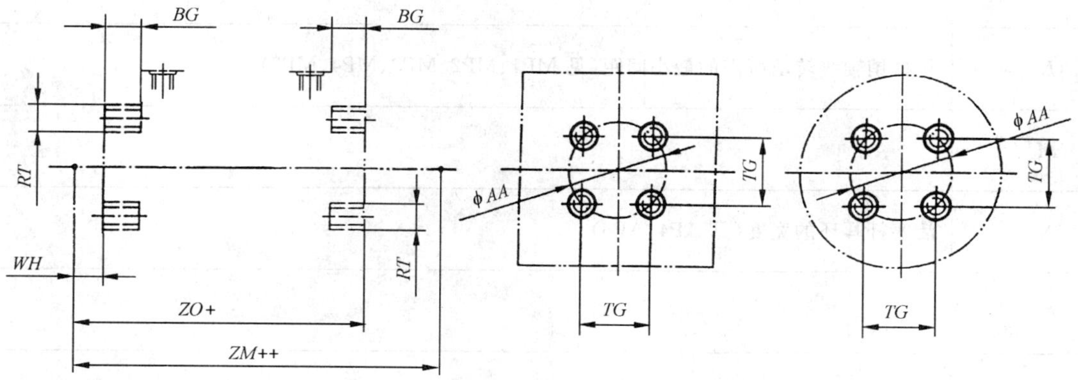

图 88 MDX8:双活塞杆缸的前端和后端带螺孔式

10 尺寸字母代号一览表

表 3 是尺寸字母代号的一览表。

11 标注说明(引用本标准)

当选择遵守本标准时,建议制造商在试验报告、产品目录和销售文件中采用以下说明:"缸安装的标识代号符合 GB/T 9094—2006/ISO 6099:2001《液压缸气缸安装尺寸和安装型式代号》"。

表 3 尺寸字母代号一览表

代号	代号表示的意义
A	活塞杆端外螺纹长度(活塞杆端尺寸)
B	前端导向台肩的直径(一般尺寸,见 MB1、MDB1、MB2、MDB2、ME5、MDE5、ME7、MDE7、ME9、MDE9、ME11、MDE11)
C	
D	端部外形直径(一般尺寸,见 MB2、MDB2)
E	端部外形尺寸(一般尺寸,见 MB1、MDB1、ME5、MDE5、ME6、MF1、MDF1、MF2)
F	定位台肩长度(一般尺寸,见 ME5、MDE5、ME7、MDE7、ME9、MDE9、ME11、MDE11)

表 3（续）

代号	代号表示的意义
G	前端盖厚度(见 ME5、MDE5、ME7、MDE7、ME9、MDE9、ME11、MDE11)
H	油口凸起高度尺寸(一般尺寸，见 MB1、MDB1、MB2、MDB2)
J	后端盖厚度(见 ME6、ME8、ME10、ME12)
K	
L	绕柱销轴线转动所需的最小间距(见 MP1、MP2、MP3、MP4、MP7)
M	
N	活塞杆耳环的宽度(见 AP4、AP6)
O	
P	
R	安装孔间距(见 AB2、ME5、MDE5、ME6、MF1、MDF1、MF2、MF5、MDF5、MF6、ME11、ME12)
S	
T	通过双耳环支架的孔径(见 AB4、AB6)
U	
V	
W	TRP[a] 至前端矩形法兰安装面的距离(见 MF1、MDF1、MF8)
X	
Y	TRP 至前端油口中心线的距离(一般尺寸)
Z	摆动角度(见 AP6、MP5、MP6)

[a] TRP 的定义见 4.1。

表 3（续）

第 2 个字母是 *A* 的代号	代号表示的意义
AA	双头螺柱或加长连接杆的分布圆直径（仅供参考）（见 MX1、MDX1、MX2、MDX2、MX3、MX4、MDX4、MX5、MDX5、MX6、MX7、MDX7、MX8、MDX8）
BA	后端导向台肩的直径（一般尺寸，见 MF2、MF4）
CA	TRP 至销轴孔轴线的距离（见 AP4）
DA	安装螺钉用沉孔的直径（见 AF3）
EA	筋厚度（见 AB7）
FA	
GA	
HA	
JA	
KA	螺母的沉头部分高度（一般尺寸）
LA	
MA	法兰直径（活塞杆端尺寸）
NA	
OA	
PA	
RA	纵向距离（见 AB7）
SA	安装孔之间的轴向距离（见 MS1）
TA	安装孔间距（见 AB5、AB6）
UA	
VA	后端导向台肩的长度（一般尺寸）
WA	
XA	TRP 至后端安装孔的距离（见 MS1）
YA	
ZA	

表 3（续）

第 2 个字母是 *B* 的代号	代号表示的意义
AB	安装孔直径(见 MS1、MDS1、MS3)
BB	双头螺柱或加长连接杆长度(见 MX1、MDX1、MX2、MDX2、MX3、MX4、MDX4、MX7、MDX7)
CB	双耳环槽宽(见 MP1、MP2、MP7)
DB	锁板的安装孔直径(见 AL7)
EB	安装孔锪孔直径(见 AB7)
FB	安装孔直径(见 MB1、MDB1、MB2、MDB2、ME5、MDE5、ME6、ME7、MDE7、ME8、ME9、MDE9、ME10、ME11、MDE11、ME12、MF1、MDF1、MF2、MF3、MDF3、MF4、MF5、MDF5、MF6、MF7、MDF7、MF8)
GB	
HB	支架安装孔直径(见 AB2、AB3、AB4、AB5、AB6、AB7、AF3、AT4)
JB	
KB	螺母外露部分的高度(一般尺寸)
LB	
MB	凹槽直径(活塞杆端尺寸)
NB	
OB	
PB	
RB	
SB	安装孔直径(见 MS2、MDS2)
TB	安装孔间距(见 AB4)
UB	双耳环两外端面的距离(见 MP1、MP2、MP7)
VB	
WB	TRP 至安装面的距离(见 MF7、MDF7)
XB	
YB	
ZB	TRP 至后部终端的距离(一般尺寸)

表 3（续）

第 2 个字母是 C 的代号	代号表示的意义
AC	
BC	
CC	
DC	U 形支架凹槽深度(见 AA7)
EC	
FC	安装孔分布圆直径(见 MF3、MDF3、MF4、MF7、MDF7)
GC	
HC	
JC	
KC	键槽深度(见 MS2、MDS2、AB3、AT4)
LC	
MC	
NC	
OC	
PC	
RC	安装孔间距(见 AB4)
SC	
TC	耳轴间距(见 MT1、MDT1、MT2、MT5、MT6)
UC	外轮廓直径(见 MF3、MDF3、MF4、MF7、MDF7)
VC	法兰导向台肩长度(见 MF7、MDF7)
WC	TRP 至安装面的距离(见 MF3、MDF3)
XC	TRP 至销轴孔轴线的距离(见 MP1、MP3)
YC	
ZC	

表 3（续）

第 2 个字母是 *D* 的代号	代号表示的意义
AD	耳轴支架尺寸(见 MT4、MDT4、MT5、MT6)
BD	
CD	耳环销轴孔直径(见 MP1、MP2、MP3、MP4、MP7)
DD	螺纹规格(见 MX1、MDX1、MX2、MDX2、MX3、MX4、MDX4、MX7、MDX7)
ED	
FD	安装孔分布圆直径(见 ME7、MDE7、ME8、MB2、MDB2)
GD	
HD	
JD	
KD	
LD	
MD	
ND	
OD	
PD	
RD	定位台肩直径(见 ME5、MDE5、ME7、MDE7、ME9、MDE9、ME11、MDE11)
SD	
TD	耳轴直径(见 MT1、MDT1、MT2、MT4、MDT4、MT5、MT6)
UD	外形尺寸(见 AB2)
VD	前端导向台肩长度(一般尺寸，见 MB1、MDB1、MB2、MDB2、ME5、MDE5、ME7、MDE7、ME9、MDE9、ME11、MDE11)
WD	
XD	TRP 至销轴孔轴线的距离(见 MP2、MP4)
YD	
ZD	

表 3（续）

第 2 个字母是 *E* 的代号	代号表示的意义
AE	槽宽(活塞杆端尺寸)
BE	安装螺纹规格(见 MR3、MDR3、MR4)
CE	TRP 至销轴轴线的距离(见 AP2)
DE	
EE	油口尺寸(螺纹的,一般尺寸)
FE	安装孔分布圆直径(见 AF3)
GE	
HE	
JE	
KE	螺纹安装孔深度(见 AF3)
LE	绕销轴轴线转动所需的最小间距(见 AB2、AB3、AB4、AP2、AP4)
ME	法兰厚度(见 MF5、MDF5、MF6)
NE	活塞杆法兰厚度(见 AF3)
OE	
PE	
RE	安装孔间距(见 AB5、AB6)
SE	
TE	安装孔之间的横向距离(见 AB7)
UE	圆形端盖外径(见 ME7、MDE7、ME8)
VE	定位导向台肩的总长度(一般尺寸,$VE=VD+F$)
WE	TRP 至安装面的距离(见 MF5、MDF5)
XE	
YE	
ZE	

表 3（续）

第 2 个字母是 F 的代号	代号表示的意义
AF	活塞杆内螺纹长度
BF	安装用螺纹长度(见 MR3、MDR3、MR4)
CF	销轴直径(见 AB5、AB6)
DF	
EF	绕销轴轴线转动所需的最小半径(见 AP6)
FF	法兰油口尺寸(一般尺寸)
GF	
HF	
JF	
KF	活塞杆端内螺纹规格
LF	绕销轴轴线转动所需的最小间距(见 AP6)
MF	法兰厚度(见 MF1、MDF1、MF2)
NF	法兰厚度(见 MF3、MDF3、MF4、MF7、MDF7)
OF	由锪孔平面至支架底面的距离(见 AB7)
PF	
RF	安装孔的距离(见 AB3)
SF	扳手平面的宽度(活塞杆端尺寸)
TF	安装孔间距(见 ME11、MDE11、ME12、MF1、MDF1、MF2、MF5、MDF5、MF6、MF8)
UF	外形尺寸(见 MF1、MDF1、MF2、MF5、MDF5、MF6、MF8)
VF	
WF	TRP 至安装面底部的距离(一般尺寸，见 MB1、MDB1、MB2、MDB2、ME5、MDE5、ME7、MDE7、ME9、MDE9、MR3、MDR3、ME11、MDE11)
XF	
YF	
ZF	TRP 至后端法兰安装面的距离(见 MF2)

表 3（续）

第 2 个字母是 *G* 的代号	代号表示的意义
AG	
BG	安装孔螺纹深度(见 MX5、MDX5、MX6、MX7、MDX7、MX8、MDX8)
CG	关节轴承用双耳环支架的槽宽(见 AB5、AB6)
DG	绕销轴轴线转动所需的最小间距(见 AB5)
EG	
FG	螺柱至安装孔的距离(见 AB3)
GG	
HG	
JG	
KG	
LG	绕销轴轴线转动所需的最小间距(见 AB 6)
MG	
NF	
OG	
PG	
RG	安装螺栓间距(见 AB3)
SG	
TG	螺栓或加长连接杆之间的间距(见 MX1、MDX1、MX2、MDX2、MX3、MX4、MDX4、MX5、MDX5、MX6、MX7、MDX7、MX8、MDX8)
UG	外形尺寸(见 ME9、MDE9、ME10、ME11、MDE11、ME12)
VG	
WG	
XG	TRP 至耳轴轴线的距离(见 MT1、MDT1)
YG	
ZG	安装面至另一端活塞杆台肩的距离(见 MDE5、MDE7、MDE9、MDE11、MDR3)

表 3（续）

第 2 个字母是 H 的代号	代号表示的意义
AH	中心线高度(见 MS1、MDS1)
BH	
CH	TRP 至销轴轴线的距离(见 AP6)
DH	
EH	可拆式侧面脚架的高度(见 MS2、MDS2)
FH	
GH	
HH	
JH	
KH	
LH	中心线高度(见 MS2、MDS2、MS3)
MH	
NH	耳轴支架的厚度(见 AT4)
OH	缸中心线至油口端面的高度(一般尺寸)
PH	安装后的缸中心线高度(见 AB7)
RH	
SH	
TH	安装螺栓间距(见 AT4)
UH	外形尺寸(见 AB4)
VH	
WH	TRP 至安装面的距离(一般尺寸，见 MX1、MDX1、MX3、MX4、MDX4、MX5、MDX5、MX7、MX8、MDX8)
XH	TRP 至耳轴轴线的距离(见 MT5)
YH	
ZH	TRP 至后端法兰安装面的距离(见 MF6)

表 3（续）

第 2 个字母是 J 的代号	代号表示的意义
AJ	
BJ	
CJ	销轴孔直径(活塞杆端头尺寸)
DJ	
EJ	
FJ	
GJ	
HJ	
JJ	
KJ	
LJ	绕销轴轴线转动的最小距离(见 AB5)
MJ	
NJ	
OJ	
PJ	油口间距(一般尺寸)
RJ	
SJ	
TJ	
UJ	外形尺寸(见 AB5、AB6)
VJ	
WJ	
XJ	TRP 至后端整体耳轴轴线的距离(见 MT2)
YJ	
ZJ	TRP 至后端端部的距离(一般尺寸，见 MB1、MB2、ME6、ME8、ME10、ME12、MR4、MX1、MX2、MX4、MX6、MX7、MX8)

表 3（续）

第 2 个字母是 K 的代号	代号表示的意义
AK	
BK	
CK	销轴孔直径(见 AB2、AB3、AB4、AB7、AP2、AP4)
DK	销轴直径(见 AA7、AL7)
EK	销轴直径(见 AA4)
FK	安装面至销轴轴线的距离(见 AT4)
GK	安装螺栓的螺纹规格(见 AB5)
HK	
JK	销轴直径(见 AA6)
KK	内螺纹或外螺纹的规格(活塞杆端尺寸，见 AP2、AP4、AP6、AF3)
LK	
MK	
NK	
OK	
PK	油口间距(一般尺寸)
RK	
SK	锁板厚度(见 AL7)
TK	可拆式耳轴座的厚度(见 MT4、MDT4、MT5、MT6)
UK	外形尺寸(见 AB3、AB5、AB6)
VK	
WK	
XK	
YK	
ZK	TRP 至另一端端面的距离(一般尺寸，见 MDB1、MDB2)

表 3（续）

第 2 个字母是 *L* 的代号	代号表示的意义
AL	缸内孔（一般尺寸）
BL	
CL	双耳环两外端面的距离（见 AB3、AB4、AP2）
DL	关节轴承支架安装面至销轴轴线的距离（见 MP6）
EL	销轴的安装长度（见 AA4）
FL	安装面至销轴轴线的距离（见 MP2、MP4、MP7、AB2、AB3、AB4）
GL	安装孔与销轴孔的中心距（见 AB5、AB7）
HL	锁板用 U 形槽宽（见 AA7）
JL	扳手平面的长度（见 AA7）
KL	U 形槽至销轴端面的距离（见 AA7）
LL	
ML	普通销轴的长度（见 AA4）
NL	关节轴承用销轴的长度（见 AA6）
OL	
PL	后端油口至后端面的距离（一般尺寸）
RL	
SL	销轴长度（见 AA7）
TL	耳轴长度（见 MT1、MDT1、MT2、MT4、MDT4、MT5、MT6）
UL	外形尺寸（见 AB7、AT4）
VL	导向台肩的长度（见 ME5、MDE5）
WL	扳手平面的长度（活塞杆端尺寸）
XL	TRP 至耳轴轴线的距离（见 MT6）
YL	锁板长度（见 AL7）
ZL	TRP 至另一端终端（除活塞杆外）的距离（一般尺寸）

表 3（续）

第 2 个字母是 *M* 的代号	代号表示的意义
AM	
BM	
CM	活塞杆用双耳环或双耳环支架的槽宽(见 AB3、AB4、AP2)
DM	
EM	单耳环支架的耳环宽度(见 AB2、AB7、AP4)
FM	安装面至销轴轴线的距离(见 AB5、AB6)
GM	
HM	
JM	
KM	
LM	
MM	活塞杆直径 d(一般尺寸)
NM	
OM	
PM	远端油口至另一端端部的距离(一般尺寸)
RM	
SM	安装孔间的轴向距离(见 MDS1)
TM	耳轴座的间距(见 MT4、MDT4)
UM	外形尺寸(见 MT4、MDT4)
VM	
WM	
XM	TRP 至另一端的安装孔轴线的平面间距(见 MDS1)
YM	
ZM	TRP 至另一端活塞杆台肩的距离(一般尺寸，见 MDB1、MDB2、MDS1、MDS2、MDX1、MDX7、MDX8)

表 3（续）

第 2 个字母是 N 的代号	代号表示的意义
AN	
BN	
CN	销轴孔的直径(见 AP6)
DN	
EN	关节轴承的宽度
FN	耳轴支架的总高(见 AT4)
GN	
HN	
JN	
KN	
LN	
MN	
NN	
ON	
PN	
RN	
SN	
TN	
UN	
VN	
WN	
XN	TRP 至销轴孔轴线的距离(见 MP6)
YN	
ZN	安装面至另一端 TRP 的距离(见 MDF3)

表 3（续）

第 2 个字母是 *O* 的代号	代号表示的意义
AO	由安装孔轴线至缸安装面的距离（见 MS1、MDS1、MS2、MDS2、MS3）
BO	
CO	键槽宽度（见 MS2、MDS2、AB3、AT4）
DO	
EO	
FO	U 形槽与销轴轴线的间距（见 AB3）
GO	U 形槽与安装孔轴线的间距（见 MS2、MDS2）
HO	
JO	用于锁板的安装螺栓间距（见 AB5）
KO	用于锁板的安装螺栓间距（见 AB5）
LO	销轴孔至外轮廓的距离（见 AB5）
MO	
NO	
OO	
PO	
RO	
SO	
TO	安装孔间距（见 MB1、MDB1、ME5、MDE5、ME6）
UO	外形尺寸（见 ME5、MDE5、ME6）
VO	
WO	
XO	TRP 至销轴孔轴线的距离（见 MP5）
YO	
ZO	TRP 至安装面的距离（见 MDX1、MDX2、MDX4、MDX7、MDX8）

表 3（续）

第 2 个字母是 *P* 的代号	代号表示的意义
AP	从安装孔至缸安装面的距离（见 MS2、MDS2）
BP	
CP	双耳环支架的外形尺寸（见 AB5、AB6）
DP	
EP	耳环宽度（见 MP5、MP6）
FP	
GP	
HP	
JP	用于锁板的安装螺栓距离（见 AB5）
KP	用于锁板的安装螺栓距离（见 AB5）
LP	
MP	
NP	
OP	
PP	
RP	
SP	
TP	
UP	用于活塞杆法兰的外径（见 AF3）
VP	
WP	
XP	
YP	
ZP	TRP 至后端法兰安装面的距离（见 MF4）

表 3（续）

第 2 个字母是 *R* 的代号	代号表示的意义
AR	由安装孔至缸安装面的距离(见 MS2、MDS2)
BR	带角度的耳环支架的半径(见 AB7)
CR	在耳轴支架上用于螺栓的孔(见 AT4)
DR	
ER	绕销轴轴线转动的最小半径(见 AP2、AP4)
FR	
GR	
HR	
JR	
KR	
LR	
MR	绕销轴轴线转动的最小半径(见 MP1、MP2、MP3、MP4、MP7、AB2、AB3、AB4)
NR	
OR	
PR	
RR	
SR	绕销轴轴线转动的最小半径(见 AB5、AB6)
TR	侧向一端安装孔的距离(见 MS1、MDS1、MS3)
UR	外形尺寸(见 MF8、AB4、AB7)
VR	
WR	
XR	耳轴轴线至另一端活塞杆台肩的距离(见 MDT1)
YR	
ZR	安装面至另一端 TRP 的距离(见 MDF1)

表 3（续）

第2个字母是*S*的代号	代号表示的意义
AS	法兰活塞杆端的长度(活塞杆端尺寸)
BS	
CS	双耳环支架上止动圆台的外径(见 AB5)
DS	
ES	销轴的安装长度(见 AA6)
FS	安装孔的距离(见 AT4)
GS	
HS	
JS	
KS	
LS	
MS	绕销轴轴线转动所需的最小半径(见 MP5、MP6)
NS	
OS	
PS	
RS	
SS	安装孔的轴向距离(见 MS2)
TS	侧向一端安装孔的距离(见 MS2、MDS2)
US	外形尺寸(见 MS2、MDS2、MS3)
VS	
WS	
XS	TRP 至前端安装孔的距离(见 MS2、MDS2、MS3)
YS	
ZS	安装面至另一端 TRP 的距离(见 MDF7)

表 3（续）

第 2 个字母是 *T* 的代号	代号表示的意义
AT	脚架安装的厚度(见 MS1、MDS1)
BT	肋板厚度(见 AB7)
CT	
DT	
ET	
FT	
GT	
HT	
JT	
KT	
LT	绕销轴孔轴线转动所需的最小间距(见 MP5、MP6)
MT	
NT	
OT	
PT	
RT	螺纹安装孔的规格(见 MX5、MDX5、MX6、MX7、MDX7、MX8、MDX8)
ST	脚架的厚度(见 MS2、MDS2)
TT	
UT	外形尺寸(见 MT1、MDT1、MT2、MT5、MT6)
VT	
WT	
XT	在锁板上的安装孔的间距(见 AL7)
YJ	
ZT	

表 3（续）

第 2 个字母是 *U* 的代号	代号表示的意义
AU	由安装孔轴线至缸安装面的距离(见 MS1、MDS1、MS2、MDS2、MS3)
BU	锁板宽度(见 AL7)
CU	安装螺栓至销轴中心的距离(见 AL7)
DU	
EU	耳环宽度(见 AP6)
FU	
GU	
HU	
JU	
KU	
LU	
MU	
NU	
OU	
PU	
RU	
SU	
TU	
UU	
VU	
WU	
XU	
YU	
ZU	安装面至另一端 TRP 的距离(见 MDF5)

表 3（续）

第 2 个字母是 *V* 的代号	代号表示的意义
AV	螺纹孔长度(见 AP2、AP4、AP6)
BV	导向台肩直径(见 MF7、MDF7)
CV	轴中心线至顶端的距离(见 AP2、AP4)
DV	
EV	
FV	
GV	
HV	
JV	
KV	螺母对边距离(见 MR3、MDR3、MR4)
LV	
MV	
NV	
OV	
PV	
RV	
SV	安装孔的轴向距离(见 MDS2)
TV	安装孔间距(见 ME9、MDE9、ME10)
UV	外形尺寸(见 MT4、MDT4、MT5、MT6)
VV	
WV	
XV	TRP 至耳轴轴线的距离(见 MT4、MDT4)
YV	
ZV	销轴扳手面的宽度(见 AA7)

表 3（续）

第 2 个字母是 *W* 的代号	代号表示的意义
AW	
BW	
CW	销轴孔中心线至顶端的距离(见 AP6)
DW	
EW	耳环宽度(见 MP3、MP4)
FW	
GW	
HW	
JW	
KW	螺母厚度(见 MR3、MDR3、MR4)
LW	
MW	
NW	
OW	
PW	
RW	
SW	
TW	
UW	纵向的外形尺寸(见 MT4、MDT4、MT5、MT6)
VW	
WW	
XW	TRP 至销轴孔轴线的距离(见 MP7)
YW	
ZW	

表 3（续）

第 2 个字母是 X 的代号	代号表示的意义
AX	
BX	
CX	销轴孔的直径(见 MP5、MP6)
DX	
EX	关节轴承宽度(见 MP5、MP6)
FX	
GX	
HX	
JX	
KX	
LX	
MX	
NX	
OX	
PX	
RX	
SX	
TX	
UX	双耳环外轮廓尺寸(见 AB3)
VX	
WX	
XX	
YX	
ZX	销轴上的倒角宽度(见 AA7)